Neue ökonomische Grundrisse

Herausgegeben von

Jürgen Eichberger und Werner Neus

Matthias Kräkel

Organisation und Management

6., überarbeitete und ergänzte Auflage

Mohr Siebeck

Matthias Kräkel, geboren 1965; Studium der Wirtschaftswissenschaften in Hannover; 1992 Promotion; 1997 Habilitation; seit 1997 Professor für Betriebswirtschaftslehre an der Universität Bonn.

ISBN 978-3-16-153975-6

Die Deutsche Nationalbibliothek verzeichnet diese Publikation in der Deutschen Nationalbibliographie; detaillierte bibliographische Daten sind im Internet über *http://dnb.dnb.de* abrufbar.

1. Auflage 1999
2. Auflage 2004 (neu bearbeitet und erweitert)
3. Auflage 2007 (überarbeitet und erweitert)
4. Auflage 2010 (überarbeitet und ergänzt)
5. Auflage 2012 (überarbeitet und ergänzt)

Das Buch wurde von Gulde Druck in Tübingen auf alterungsbeständiges Werkdruckpapier gedruckt und gebunden.

Vorwort

Die Neue Institutionenökonomik hat in den vergangenen Jahren auch im deutschsprachigen Raum immer stärkere Beachtung innerhalb der Betriebswirtschaftslehre gefunden. Einige betriebswirtschaftliche Teildisziplinen wie die Finanzierungstheorie haben schon seit längerem auf institutionenökonomische Erkenntnisse zurückgegriffen. Andere Teildisziplinen wie beispielsweise Personal, Organisation und Management dagegen taten sich mit der Beachtung der Neuen Institutionenökonomik lange Zeit eher schwer. Dies verwundert umso mehr, als einige der grundlegenden institutionenökonomischen Ergebnisse gerade auf den zuletzt genannten Gebieten erzielt wurden. Nur exemplarisch sei in diesem Zusammenhang auf die Arbeiten von WILLIAMSON und ALCHIAN/DEMSETZ verwiesen.

Seit Beginn der 90er Jahre hat die Neue Institutionenökonomik nun auch vereinzelt in Lehrbüchern zu „Organisation und Management" Einzug gefunden. Genau genommen liegen mit MILGROM/ROBERTS (1992), BRICKLEY/SMITH/ZIMMERMAN (1997) und PICOT/DIETL/FRANCK (1997) drei Lehrbücher zum Bereich „Organisation und Management" vor, die den Rückgriff auf institutionenökonomische Ergebnisse auf ihre Banner geschrieben haben. Dies impliziert natürlich die Frage, warum noch ein viertes Lehrbuch hierzu notwendig ist. Ohne genauer zwischen den drei genannten Lehrbüchern diskriminieren zu wollen, sei zur Beantwortung der Frage mit MILGROM/ROBERTS (1992) das wohl bekannteste der drei Bücher betrachtet. Dieses Buch bietet ohne Frage eine brillante sowie umfassende Diskussion von Organisations- und Managementproblemen aus institutionenökonomischer Sicht und liest sich zudem außerordentlich gut, wozu insbesondere die zahlreichen empirischen Beispiele beitragen. Gerade aus dieser Stärke des Buches von MILGROM und ROBERTS kann jedoch eine nicht unbeachtliche Gefahr für Studierende entstehen, denen die Grundlagen der Neuen Institutionenökonomik fehlen und die dennoch auf MILGROM/ROBERTS (1992) zugreifen. Diese Studierenden haben – im Gegensatz zu den beiden Autoren – nicht die betreffenden Modellstrukturen im Hinterkopf, die den Ausführungen des Lehrbuches zugrunde liegen. Weil nun das Lesen des Buches jedoch so gut vonstatten geht, mag mancher Studierende zur Einsicht gelangen, nach der Lektüre des Buches die institutionenökonomischen Aspekte des Bereichs „Organisation und Management" vollständig durchdrungen zu haben. Dass es sich auf Seiten der Studierenden hierbei teilweise um einen Trugschluss handelt, belegen zumindest meine Erfahrungen mit der Verwendung von MILGROM/ROBERTS (1992) in der Lehre. Genau hieraus entstand die Motivation für ein eigenes Lehrbuch zu „Organisation und Management". Das vorliegende Buch betont daher mehr die institutionenökonomischen, modelltheoretischen Grundlagen, die für ein tiefergehendes Verständnis von Organisations- und Managementproblemen sowie zum Entwickeln einzelner Lösungsansätze notwendig sind. Insofern stellt es eine Art Ergänzung zum Lehrbuch von MILGROM und ROBERTS dar. Die formalen – mathematischen sowie spieltheoretischen – Anforderungen für den Leser wurden trotz der modelltheoretischen Orientierung auf ein Minimum beschränkt. Das Buch ist mit den mathematischen Kenntnissen, die im Rahmen eines wirtschaftswissenschaftlichen Grundstudiums erworben werden, ohne Probleme zu verstehen. Zudem werden einzelne vertiefende Aspekte in Exkursen behandelt, die vom Leser auch übersprungen werden können, ohne dass darunter das Gesamtverständnis des Buches leidet.

Ziel des Buches ist es, die Entstehung von Organisationen im Sinne der Neuen Institutionenökonomik zu erklären (Kapitel II) und deren grundlegende Probleme zu diskutieren (Kapitel III und IV). Ferner soll im Falle der Publikumsgesellschaft die besondere Problematik diskutiert werden, die sich aus der Trennung von Eigentum und Unternehmensführung ergibt (Managementprobleme, Kapitel V). Da die Neue Institutionenökonomik letztlich eine Vielzahl von Organisationsformen zu erklären vermag, soll in Kapitel VI im Rahmen einer komparativen Institutionenanalyse auf weitere, spezielle Organisationsformen eingegangen werden. Den Kern des Buches bilden – auch vom Seitenumfang her – die Kapitel III und IV zu Organisationsproblemen. Hier werden die modelltheoretischen Grundlagen erarbeitet, die nicht nur die wichtigsten Organisationsprobleme beschreiben, sondern die großenteils auch die Basis für die Diskussion der Managementprobleme sowie der alternativen Organisationsformen in den Folgekapiteln bilden. Dies erklärt auch den leichten methodischen Bruch hin zu Kapitel V, welches deutlich weniger modellorientiert ausfällt. Die Bausteine der Neuen Institutionenökonomik werden in Kapitel II behandelt. Da sich das vorliegende Buch insbesondere an Studierende im Hauptstudium richtet, wurden einzelne Begriffsdefinitionen in die Fußnoten verbannt (was im Sachverzeichnis allerdings berücksichtigt wird). Zur Unterstützung kann der Leser bei Bedarf auf weitere Bücher der Reihe „Neue ökonomische Grundrisse“ zurückgreifen, vor allem auf NEUS (2011), SCHWEIZER (1999) und RICHTER/FURUBOTN (2010).

Abschließend möchte ich mich bei all jenen ganz herzlich bedanken, die mich bei der Fertigstellung des Lehrbuches tatkräftig unterstützt haben. Für die Diskussion einer vorläufigen Fassung des Lehrbuches danke ich insbesondere meinen Mitarbeitern Silke Becker, Guido Bulmahn, Christian Grund und Gunter Steiner, die im Einzelnen nicht mit Kritik gespart haben. Für fachliche Kritik und wichtige Verbesserungsvorschläge sei zudem (in alphabetischer Reihenfolge) Marc Gürtler, Leonhard Knoll, Rudolf Richter, Bernd Schauenberg, Joachim Schuhmacher, Stefan Winter und zwei anonymen Gutachtern gedankt. Bernd Schauenberg gilt zudem mein nachhaltiger Dank, mich während meines Studiums für die Neue Institutionenökonomik begeistert zu haben. Diese Begeisterung hielt über die Promotion und Habilitation unter seiner Regie hinaus bis zum heutigen Tage an. Das Lehrbuch hätte nicht in so kurzer Zeit entstehen können, wenn ich nicht entscheidende Unterstützung beim Abtippen des Manuskriptes sowie bei der Suche nach Tippfehlern gehabt hätte. Für ihren unermüdlichen Einsatz hierbei danke ich Christiane Held sowie den studentischen Hilfskräften des Lehrstuhls, Nina Borowczak, Julia Deike, Holmer Glietz, Stephan Grau, Bernhard Löffler, Pamela Müller, Gerald Neu und Holger Zimmermann. Für hilfreiche Formatierungshinweise möchte ich Friedrich Dannwolff vom Verlag Mohr Siebeck danken. Nicht zuletzt danke ich auch allen, die mich moralisch beim Schreiben des Buches unterstützt haben. Mein ganz besonderer Dank gilt dabei meiner Frau Gudrun.

Vorwort zur sechsten Auflage

Die neue Auflage habe ich genutzt, um einige Unterabschnitte der fünften Auflage zu überarbeiten und zu ergänzen. Insbesondere habe ich Unterabschnitt III.2.4 über die „Verwendung von Turnierlösungen" umgeschrieben. Sprachlich geht es jetzt nicht mehr um die U.S.-Variante und die Japan-Variante der Turnierlösung, sondern um Beförderungsturniere (BT) und bonus pools (BP). Die neuen Begriffe beschreiben die verwendeten Turniervarianten inhaltlich viel besser und suggerieren nicht fälschlicherweise, dass bestimmte Arten von Turnieren nur in bestimmten Ländern anzutreffen sind. Entsprechend wurden auch in den auf Unterabschnitt III.2.4 aufbauenden Abschnitten die alten Begriffe durch die neuen (hoffentlich vollständig) ersetzt, vor allem in den Abschnitten IV.3 und IV.4. Formal habe ich bonus pools (also die ehemalige Japan-Variante) um einen Basislohn erweitert, wodurch faktisch dieselbe Lösung erreicht wird wie bei Beförderungsturnieren: Da die Arbeitnehmer nicht eigenmittelbeschränkt sind, wird der Arbeitgeber über den Verliererpreis des Beförderungsturniers bzw. über den Basislohn beim bonus pool sämtliche Renten abschöpfen. Aus diesem Grund wird der Arbeitgeber nun auch bei beiden Lösungen effiziente Anstrengungen implementieren, wodurch sich die umständliche Diskussion der fünften Auflage erübrigt und gestrichen werden konnte.

Überarbeitet wurden zudem diverse technische Teile, die nun – hoffentlich – vollständig sind. Hierzu zählen der Hinweis auf ein Kontinuum an optimalen Verträgen im binären Moral-hazard-Modell bei bindender Akzeptanzbedingung (Unterabschnitt II.2.2.2), ein weiteres Gleichgewicht bei Teamarbeit

(Unterabschnitt II.2.3.1) sowie einzelne Annahmen über zweite und dritte Ableitungen, die die Gültigkeit der Bedingung zweiter Ordnung sichern. Ergänzungen wurden weitestgehend mit entsprechenden Kürzungen kombiniert, so dass sich Struktur und Umfang des Buches nur unwesentlich geändert haben.

Zum Teil wurden die Literaturhinweise durch neue Quellen ergänzt. Wenn ich dabei zusätzliche einschlägige Publikationen übersehen habe, möchte ich hiermit die betreffenden Autoren um Verzeihung bitten. Hinweise auf diese Arbeiten nehme ich dankbar für mögliche spätere Überarbeitungen der derzeitigen Version auf.

Insgesamt verbleibt eine gewisse Zweiteilung des Buches, die unter anderem auch der Abschaffung der Diplomstudiengänge Rechnung trägt. Die bereits für die dritte Auflage „formal herunter gekochten" Passagen für Bachelorstudenten sowie andere nicht-modelltheoretische Teile des Buches sind sicherlich bachelorgeeignet – auch für eine Grundlagenveranstaltung zur Theorie der Unternehmung. Andere Teile des Buches hingegen beschäftigen sich eingehend mit modelltheoretischen Analysen, die vermehrt die Bereitschaft zur Diskussion formaler Modelle beim Leser voraussetzen. Diese Teile sind eher für Studenten in höheren Bachelorsemestern bzw. für Masterstudenten geeignet. Letztlich bleibt es aber eine Geschmacksfrage auf Seiten der Studierenden und der Dozenten, welcher Adressatenkreis geeignet ist. Die allermeisten Teile des Buches sollten zumindest ohne Hilfsmittel in sich verständlich sein.

Auch für diese Auflage gab es wieder hilfreiche Anmerkungen, die entsprechend berücksichtigt werden konnten – ein entsprechender Dank geht stellvertretend an einen namentlich mir unbekannten Studenten meiner Erstsemesterveranstaltung „Grundzüge der BWL: Einführung in die Theorie der Unternehmung" für seinen Hinweis, wie sich die Anreizbedingung bei bonus pools so schreiben lässt, dass sie besser mit der Anreizbedingung bei Beförderungsturnieren vergleichbar ist.

Bonn, im April 2015 Matthias Kräkel

Inhaltsübersicht

Inhaltsverzeichnis

Kapitel I

Einleitung

Kapitel II

Erklärungsansätze der Neuen Institutionenökonomik für die Existenz von Organisationen auf Märkten

Kapitel III

Vertikale Organisationsprobleme

Kapitel IV

Horizontale Organisationsprobleme

Kapitel V

Managementprobleme

Kapitel VI

Alternative Organisationsformen

Kapitel VII

Schlussbemerkungen

Kapitel I

Einleitung

Organisationen wie Unternehmen, Parteien und Verbände begegnen uns tagtäglich im realen Leben, so dass man dazu neigen könnte, ihre Existenz als selbstverständlich anzusehen. Aus ökonomischer Sicht ist das Entstehen und die dauerhafte Beobachtbarkeit von Organisationen in Form von Mehr-Personen-Zusammenschlüssen jedoch nicht ohne weiteres nachvollziehbar: Wirtschaftliches Handeln lässt sich zunächst einmal aus der Knappheit von Gütern und der Arbeitsteilung zwischen einzelnen Akteuren ableiten, die zu entsprechenden Tauschprozessen (= Transaktionen) und schließlich zur Entstehung von Märkten führen. Sofern diese Märkte problemlos funktionieren, sind (andere) Organisationen streng genommen überflüssig,[1] da Märkte zur Koordination von Tauschprozessen vollkommen ausreichen. Bei näherer Betrachtung erscheint die Existenz real beobachtbarer Organisationen daher durchaus erklärungsbedürftig.

Ziel des vorliegenden Buches ist es, die ***Entstehung von Organisationen aus ökonomischer Sicht zu erklären sowie interne Organisationsprobleme und mögliche Lösungsansätze zu diskutieren***. Der Titel „Organisation und Management" ergibt sich aus der Konzeption des Buches. Der Schwerpunkt der folgenden Überlegungen liegt auf der Diskussion von Organisationen in Form moderner Großunternehmen. Diese zeichnen sich üblicherweise durch eine Reihe von ***Organisationsproblemen*** aus, die sich aus der Interaktion zwischen den verschiedenen Organisationsmitgliedern ergeben.[2] Unter ***Management*** wird im Folgenden die Lösung von Organisationsproblemen verstanden. Diese zentrale Aufgabe obliegt der Unternehmensleitung bzw. dem Topmanagement eines Großunternehmens. Eine besondere Problematik bergen Großunternehmen, die in der Rechtsform „Publikumsgesellschaft" organisiert sind. Hierbei kommt es zu einer strikten Trennung von Eigentum (Ak-

---

[1] Kapitel II wird zeigen, dass bei konsistenter Argumentation auch Märkte unter den Organisationsbegriff der Neuen Institutionenökonomik zu subsumieren sind. Um die Unterschiede zwischen Unternehmen und Märkten zu diskutieren, werden im Folgenden jedoch i.d.R. unter „Organisationen" alle Organisationen, ausgenommen der Märkte, verstanden.

[2] Weitestgehend ausgeblendet werden hingegen Probleme bei der Aufnahme neuer Organisationsmitglieder und deren Allokation innerhalb der Organisation, da eine entsprechende Diskussion primär dem Bereich personalökonomischer Fragen zuzuordnen ist.

tionäre bzw. Anteilseigner) und Unternehmensführung (Topmanagement). Besitzt das Topmanagement einen diskretionären Entscheidungsspielraum, so ist nicht ohne weiteres davon auszugehen, dass es seiner Managementaufgabe, die Organisationsprobleme zu lösen, in effizienter Weise nachkommt. Solche möglichen ineffizienten Verhaltensweisen des Topmanagements werden im Folgenden als ***Managementprobleme*** bezeichnet. Die Existenz von Managementproblemen impliziert dann auch die Frage nach geeigneten Institutionen der Managerkontrolle.

Die theoretische Basis der Ausführungen bildet die ***Neue Institutionenökonomik*** (***Neoinstitutionalismus***),[3] speziell die Ergebnisse des Transaktionskostenansatzes, der Informationsökonomie bzw. des Prinzipal-Agent-Ansatzes sowie der Theorie der Verfügungsrechte (Property-rights-Ansatz). Methodisch erfolgt – wo erforderlich – ein Rückgriff auf Lösungskonzepte der nicht-kooperativen Spieltheorie, mit der sich die Interaktionsbeziehungen zwischen den einzelnen Akteuren modellieren lassen. Die allgemeine Herangehensweise lässt sich in dem Sinne als problembezogen bezeichnen, als im Ausgangspunkt der einzelnen Überlegungen typischerweise spezielle Probleme von Märkten und Organisationen stehen. Zur Überwindung (oder gegebenenfalls Ausnutzung) dieser Probleme lassen sich entsprechende Lösungen herleiten, die dann zur Erklärung der verschiedenen real beobachtbaren Organisationen sowie deren Mikrostruktur herangezogen werden. In einzelnen Fällen können zudem grobe Gestaltungsempfehlungen zur Vermeidung einzelner Probleme abgeleitet werden. Zum besseren Verständnis der Argumentation soll im weiteren Verlauf auch auf empirische Befunde und Beispiele zurückgegriffen werden. Zwei große Bereiche werden in diesem Buch jedoch ausgeklammert. Zum einen wird auf die Darstellung der verschiedenen betriebswirtschaftlichen Organisationstheorien und -konzepte verzichtet, auch wenn einzelne Konzepte in sich geschlossen sind und einen wertvollen systematischen Überblick über Grundprobleme der internen Organisation geben.[4] Zum anderen werden auch Fragen des Strategischen Managements im Folgenden

[3] Die Begriffe „Neue Institutionenökonomik" sowie „Neoinstitutionalismus" werden im weiteren Verlauf synonym verwendet. Vgl. zu einer umfassenden Diskussion der Neuen Institutionenökonomik RICHTER/FURUBOTN (2010) sowie für einen ersten Überblick RICHTER (1998). Zu einer Einführung sowie zu einer Klärung wichtiger Grundbegriffe vgl. zudem NEUS (2011).

[4] Zu einem Überblick über verschiedene Organisationstheorien und -konzepte vgl. z.B. SCOTT (1992), S. 27–122; KIESER (1995). Vgl. zu einem entscheidungstheoretisch konzipierten Organisationskonzept LAUX (1979a); LAUX/LIERMANN (1997). Zu einer Darstellung von Organisationsstrukturen anhand von Strukturvariablen vgl. PICOT (1993). Zu einem spieltheoretisch fundierten Organisationsansatz vgl. JOST (1998)

nicht behandelt.[5] Eine zufrieden stellende Auseinandersetzung mit diesen beiden Problembereichen würde vermutlich den Rahmen des Buches sprengen und zudem die Gefahr beinhalten, sich zu weit von der gewählten theoretischen Basis, der Neuen Institutionenökonomik, zu entfernen.

Zunächst wird in **Kapitel II** anhand des ***Transaktionskostenansatzes*** sowie des so genannten **„*Marktfehler-Ansatzes*"** erklärt, inwiefern Institutionen und Organisationen infolge positiver Kosten der Marktbenutzung bzw. infolge von Funktionsschwächen von Märkten entstehen können. Zum einen können Unternehmen zur internen Abwicklung von Transaktionen entstehen, wenn eine externe Abwicklung über Märkte vergleichsweise hohe Kosten der Koordination (so genannte Transaktionskosten) verursachen würde. Zum anderen lässt sich die Existenz von Unternehmen auch beispielsweise darauf zurückführen, dass Tauschprozesse auf Märkten aufgrund ungleich verteilter Informationen zwischen den einzelnen Akteuren höchstgradig problematisch sind. Je nach Ausgestaltung der verschiedenen Funktionsschwächen von Märkten lässt sich auf diese Weise die Existenz unterschiedlichster Typen von Organisationen – also nicht nur die Entstehung von Großunternehmen – als eine Art von Kompensationsmechanismen erklären.

Auch wenn Organisationen der Vermeidung von Transaktionskosten oder der Überwindung von Marktschwächen dienen, die *zwischen Einzelakteuren* bestehen, ist naheliegenderweise davon auszugehen, dass auch Organisationen in Form von *Mehr-Personen*-Zusammenschlüssen nicht völlig reibungslos funktionieren. Da der Fokus des Buches auf Großunternehmen mit einer *Vielzahl interdependenter Unternehmensmitglieder* liegt, muss gerade für diesen Typ von Organisation ein nicht unerhebliches Ausmaß an Reibungsverlusten bzw. internen Problemen (z.B. interne Koordinationskosten, ungleiche Informationsstände innerhalb des Unternehmens) befürchtet werden. Genau diese Überlegung bildet den Ausgangspunkt für Kapitel III und IV. Hier werden zwei Gruppen von internen ***Organisationsproblemen*** unterschieden – ***vertikale*** Probleme zwischen den verschiedenen Hierarchieebenen innerhalb eines Unternehmens (**Kapitel III**) sowie ***horizontale*** Probleme zwischen hierarchisch gleichgestellten Akteuren (**Kapitel IV**). Angenommen wird in diesen beiden Kapiteln, dass die Unternehmensleitung – das Topmanagement – ihrer Managementaufgabe nachkommt und an einer Lösung der vielfältigen vertikalen und horizontalen Probleme interessiert ist, damit der Marktwert der Unternehmung maximiert wird.

Kapitel V hinterfragt diese zentrale Prämisse. In einer Großunternehmung in Gestalt einer Publikums(aktien)gesellschaft sind zunächst einmal nur die

[5] Vgl. hierzu z.B. die Arbeiten von PORTER (1988), (1989); GHEMAWAT (1991); BRANDENBURGER/NALEBUFF (1996) sowie die Beiträge im Strategic Management Journal.

Anteilseigner (Aktionäre bzw. Eigenkapitalgeber) an einer Maximierung des Unternehmenswertes interessiert. Sofern das ***Topmanagement***, das von den Anteilseignern mit der Unternehmensführung betraut ist, andere Ziele verfolgt und zudem über einen diskretionären Entscheidungsspielraum verfügt, ist die Gültigkeit der zentralen Prämisse für reale Großunternehmen stark in Zweifel zu ziehen. Zu Beginn von Kapitel V wird gezeigt, welche Ziele auf Seiten des Topmanagements zu erwarten sind und inwiefern sich hieraus ein Interessenkonflikt zwischen Anteilseignern und Topmanagement folgern lässt. Geht man realistischerweise von einem gewissen Handlungsspielraum des Topmanagements aus, so ist aus Sicht der Anteilseigner zu befürchten, dass das Topmanagement *nicht* primär an einer Lösung der in den Kapiteln III und IV aufgezeigten internen Probleme interessiert ist, sondern statt dessen eigene Interessen verfolgt. In Kapitel V über ***„Managementprobleme"*** soll vor diesem Hintergrund den Fragen nachgegangen werden, welche ***Institutionen der Managerkontrolle*** existieren, wie stark das Kontrollinteresse einzelner Akteure ist und welche Möglichkeiten ihnen zur Verfügung stehen, um das Topmanagement zu einem am Unternehmenswert orientierten, effizienten Entscheidungsverhalten zu bewegen – und damit zu einer Lösung der internen Probleme aus Kapitel III und IV.[6] Da die Institutionen der Managerkontrolle entscheidend vom Typ der jeweils gegebenen Unternehmensverfassung sowie von den gesetzlichen Rahmenbedingungen determiniert werden, soll in diesem Zusammenhang die deutsche Form der Aktiengesellschaft dem US-amerikanischen Board-System gegenübergestellt werden.

Das zweite Kapitel bietet nicht nur eine Erklärung für die Existenz von Großunternehmen, sondern ganz allgemein für das Entstehen unterschiedlichster Organisationsformen zur Umgehung von Märkten und damit auch von Marktschwächen. **Kapitel VI** beschäftigt sich daher mit ***weiteren Organisationsformen***, die neben der Publikumsgesellschaft in der Realität beobachtbar sind – beispielsweise Einzelunternehmen, Partnerschaften als Zusammenschlüsse von Freiberuflern, Genossenschaften und Franchisesysteme. Hierbei werden sowohl besondere Stärken der einzelnen Organisationsformen hergeleitet als auch spezifische Schwächen erläutert. Letztere können herangezogen werden, um die nur begrenzte Verbreitung einzelner alternativer Organisationsformen zu begründen.

Das Buch endet mit einigen Schlussbemerkungen in **Kapitel VII**.

---

[6] Als „Managementprobleme" sollen in Kapitel V nur die Probleme im Zusammenhang mit Topmanagern (Unternehmensleitung) diskutiert werden. Probleme mit untergeordneten Managern zählen zu den Organisationsproblemen und werden daher in den Kapiteln III und IV behandelt.

Kapitel II

Erklärungsansätze der Neuen Institutionenökonomik für die Existenz von Organisationen auf Märkten

Die Neue Institutionenökonomik beschäftigt sich im Kern mit der Frage, warum wir in der realen Welt bestimmte Institutionen beobachten können, die im Rahmen einer neoklassischen Theorie friktionsloser Märkte schlichtweg überflüssig sind.[1] Zu verstehen sei unter einer ***Institution*** „ein auf ein bestimmtes Zielbündel abgestelltes System von formalen und informellen Regeln (Normen) einschließlich ihrer Garantieinstrumente, mit dem Zweck, das individuelle Verhalten in eine bestimmte Richtung zu lenken" (RICHTER 1998, S. 325). Konkrete Mehr-Personen-Zusammenschlüsse, die auf solch einem Regelsystem aufbauen, seien im Folgenden mit ***Organisationen*** bezeichnet.[2] Beispiele für Institutionen sind Gesetze, Staatsverfassungen, Satzungen und Unternehmensverfassungen. Entsprechende Beispiele hierauf aufbauender Organisationen bilden die einzelnen Nationalstaaten, Vereine sowie Unternehmen. Selbst einzelne Märkte, die auf einer Institution in Form einer Markt- bzw. Wirtschaftsordnung basieren, lassen sich streng genommen als Organisationen interpretieren. Um den Vergleich marktlicher versus nichtmarktlicher Lösungen (z.B. Unternehmen) genauer herausarbeiten zu können, soll im weiteren Verlauf jedoch nur dann von Organisationen gesprochen werden, wenn gerade nicht Märkte, sondern alternative Organisationen zur Umgehung von Märkten gemeint sind. Der Schwerpunkt des Buches liegt im Folgenden auf Organisationen in Form von Unternehmen – speziell auf Großunternehmen.

Die bisherigen Ausführungen haben bereits angedeutet, dass Institutionen und Organisationen mit der neoklassischen Welt friktionsloser Märkte nicht vereinbar sind. Der Umkehrschluss führt zu der Überlegung, dass genau dann die Existenz von Institutionen und Organisationen erklärbar ist, wenn die Benutzung von Märkten zu Kosten führt und/oder Märkte Funktionsschwächen

---

[1] Genau genommen ist auch die neoklassische Theorie nicht vollkommen institutionenfrei, da die Regelung von Tauschbeziehungen mittels Verträge ein funktionsfähiges Rechtssystem voraussetzt.

[2] Vgl. RICHTER (1998), S. 332.

aufweisen.[3] Diese These soll anhand der folgenden beiden Abschnitte belegt werden. In diesen Abschnitten II.1 und II.2 wird erläutert, inwiefern Tauschbeziehungen nicht problemlos über Märkte abgewickelt werden können und auf welche Weise Institutionen und Organisationen hierbei als Kompensationsmechanismen angesehen werden können.[4] In jedem der beiden Abschnitte wird ***zunächst einmal*** der zugrunde liegende ***theoretische Ansatz allgemein*** erläutert. Erst anschließend wird in einem ***zweiten Schritt*** der entsprechende Ansatz auf die ***Erklärung der Entstehung*** von Institutionen und Organisationen angewendet. In Abschnitt II.3 soll schließlich gezeigt werden, dass Organisationen trotz ihres Charakters als Kompensationsmechanismen bzw. Lösungsansätze eigene Probleme aufweisen, so dass es sich lohnt, über die internen Probleme von Organisationen und mögliche Lösungen nachzudenken.

II.1 Transaktionskostenansatz

In einer neoklassischen Welt, in der Tauschbeziehungen ohne Kosten abgewickelt werden können, so dass alle Akteure vollständig informiert sind, Vertragsprobleme nicht existieren und eine unendlich schnelle, effiziente Ressourcenallokation stattfindet, ist das Nachdenken über Alternativen zum Markt als Koordinationsmechanismus überflüssig. Sämtliche Knappheitsinformationen würden durch Preise wiedergegeben; Angebot und Nachfrage könnten problemlos aufeinander abgestimmt werden. Die Neue Institutionenökonomik geht – im Gegensatz zur Neoklassik – jedoch realistischerweise davon aus, dass die Abwicklung von Tauschbeziehungen (= Transaktionen) Kosten verursacht, die so genannten ***Transaktionskosten***. Damit soll nicht zum Ausdruck gebracht werden, die Neoklassik sei grundsätzlich als ökonomische Theorie abzulehnen.[5] Festzuhalten ist allerdings, dass die Neoklassik dann als ökonomische Referenztheorie ungeeignet erscheint, wenn außerhalb der reinen Gleichgewichtsmechanik von Märkten real beobachtbare Phänomene wie Organisationen diskutiert werden sollen.

RICHTER (1998) fasst den Transaktionskostenbegriff noch weiter: „*Transaktionskosten* sind die Kosten der Begründung und Nutzung von Institutionen" (RICHTER 1998, S. 326). Mit Transaktionskosten lassen sich somit nicht

---

[3] Vgl. SCHAUENBERG/SCHMIDT (1983); SCHAUENBERG (1998), S. 26–46.

[4] Auf Institutionen und Organisationen zur Kompensation von Entscheidungsanomalien soll in dieser Arbeit nicht eingegangen werden. Vgl. statt dessen FREY/EICHENBERGER (1989a), (1989b); FREY (1990a), (1990b); KLOSE (1992), (1994); KRÄKEL (1992), S. 3–4.

[5] Von der neoklassischen Theorie wird auch nicht der Anspruch erhoben, die Existenz real beobachtbarer Organisationen erklären zu können.

nur die Reibungsverluste bei Tauschprozessen auf Märkten in monetären Größen fassen, sondern u.a. auch die internen Reibungsverluste in Organisationen bei der Regelung der Interaktionsbeziehungen zwischen den Organisationsmitgliedern (z.B. durch den Einsatz interner Kontroll- und Anreizmechanismen). Es lassen sich daher grob ***externe Transaktionskosten*** auf Märkten von den ***internen Transaktionskosten*** in Organisationen – oder kurz: ***Organisationskosten*** – trennen. Die Argumentation über Transaktionskosten geht jedoch noch viel weiter. Die Existenz positiver Transaktionskosten liefert z.B. mögliche Erklärungen dafür, warum bestimmte Wirtschaftssysteme besser funktionieren als andere, warum bestimmte Organisationsformen im Zeitablauf entstanden oder wieder verschwunden sind und warum bestimmte Märkte gar nicht existieren.

Zur Verdeutlichung des abstrakten Transaktionskostenbegriffs seien als Beispiel die externen Transaktionskosten auf Märkten betrachtet. Transaktionskosten sind zunächst einmal strikt von den Produktionskosten zu trennen. Folgt man einer Klassifikation von PICOT (1993), so fallen unter die externen Transaktionskosten

- ***Anbahnungskosten*** (z.B. zur Ermittlung des Transaktionspartners)
- ***Vereinbarungskosten*** (z.B. Opportunitätskosten der Zeit für langwierige Vertragsverhandlungen)
- ***Kontrollkosten*** (z.B. für das Überprüfen vertraglich zugesicherter Qualität des Tauschobjekts)
- ***Durchsetzungskosten*** (z.B. für die Realisierung impliziter und expliziter vertraglicher Ansprüche vor Gericht)
- ***Anpassungskosten*** (z.B. für nachträgliche Änderungen von Vertragsbestandteilen bei langfristig variablen Vertragsparametern).[6]

Diese monetären Reibungsverluste für die Abwicklung von Tauschbeziehungen werden in ihrer Höhe entscheidend von den Transaktionseigenschaften sowie den Eigenschaften der Transaktionspartner bestimmt. Nach WILLIAMSON (1990, S. 59–69) lassen sich Transaktionen insbesondere anhand der ***Häufigkeit*** ihrer Durchführung, anhand des Grades der mit ihnen verbundenen ***Unsicherheit*** sowie anhand der Höhe der notwendigen ***transaktionsspezifischen Investitionen*** beschreiben. Beispielsweise sind die externen Transak-

[6] Vgl. PICOT (1993), S. 7. Genau genommen ist die gewählte Klassifikation nicht exakt mit der von PICOT identisch. PICOT unterscheidet statt Durchsetzungskosten so genannte „Abwicklungskosten", wobei beide Begriffe nicht deckungsgleich sein müssen. Der Begriff „Durchsetzungskosten" findet sich bei FÖHR (1991), S. 53. Auf den Begriff „Abwicklungskosten" wird stattdessen verzichtet, weil er Missverständnisse hervorrufen könnte. Man könnte ihn mit Produktionskosten oder aber mit einem Sammelbegriff für Transaktionskosten verwechseln.

tionskosten pro einmaliger Transaktionsdurchführung bei großer Häufigkeit infolge von Kostendegressionseffekten und bei geringer Unsicherheit infolge niedriger Vereinbarungs-, Kontroll- und Durchsetzungskosten vergleichsweise gering. Als mögliche Eigenschaften der Transaktionspartner unterscheidet WILLIAMSON ***begrenzte Rationalität*** und die Neigung zu ***Opportunismus***.[7] Diese beiden Eigenschaften sowie transaktionsspezifische Investitionen sind von besonderer Bedeutung für die Erklärung der Existenz von Organisationen, so dass hierauf später genauer eingegangen werden soll.

II.1.1 Der Erklärungsansatz von COASE

Einen ***ersten Ansatz*** zur Erklärung der Existenz von Organisationen mit Hilfe von Transaktionskosten lieferte **COASE (1937)**. Nach COASE lohnt sich die Umgehung des Marktes durch die organisationsinterne Abwicklung einer bestimmten Transaktion ceteris paribus dann, wenn die internen Transaktionskosten hierfür geringer sind als die externen Transaktionskosten, die bei der Benutzung des Marktmechanismus angefallen wären. Der Vorteil einer Organisation lässt sich dabei an der Höhe der eingesparten Transaktionskosten messen. Die Ceteris-paribus-Annahme ist von entscheidender Bedeutung, da die relativen Transaktionskostenvorteile einer internen Abwicklung ansonsten beispielsweise durch höhere Produktionskosten oder eine niedrigere Qualität wieder zunichte gemacht werden könnten. Die Überlegung von COASE geht zunächst einmal nicht von der Annahme einer Funktionsschwäche von Märkten aus. Vielmehr wird „lediglich" die Null-Transaktionskosten-Annahme der Neoklassik aufgehoben, so dass nun die Benutzung des Marktmechanismus sowie die Verwendung von Institutionen und Organisationen Kosten verursacht. In solch einer realistischeren Welt sind bei funktionierenden Märkten Fälle möglich, in denen Organisationen allein aufgrund von Transaktionskostenvorteilen existieren. Beispielsweise sei eine Transaktionsbeziehung zwischen den beiden Akteuren *A* und *B* betrachtet, bei der *A* ein Gut produziert, das dieser dem *B* liefert, der dieses Gut wiederum für seine Produktion benötigt. Schließen sich nun *A* und *B* unter dem gemeinsamen Dach einer Unternehmung zusammen, so lassen sich möglicherweise Kontrollkosten einsparen, indem beide Akteure z.B. in einer gemeinsamen Werkhalle produzieren und sich dabei vergleichsweise einfach gegenseitig kontrollieren können. Erwirbt der *B* das Eigentum an den Ressourcen des *A* und stellt diesen als Arbeitneh-

[7] Vgl. WILLIAMSON (1990), S. 49–59. Wichtig ist, darauf hinzuweisen, dass die Opportunismusannahme zunächst einmal nur eine „Worst-case-Annahme" ist und nicht zwingender Bestandteil des Menschenbilds aus Sicht der Neuen Institutionenökonomik (vgl. auch SCHAUENBERG/FÖHR (1995), S. 190–191). Wenn Akteure die Möglichkeit haben, sich auf Kosten anderer einen persönlichen Vorteil zu verschaffen, so ist es durchaus legitim, die Gefahr solch eines Verhaltens abzuwägen und über Vorkehrungsmaßnahmen nachzudenken.

mer ein, so lassen sich gegebenenfalls zusätzlich Vereinbarungs- und Kontrollkosten einsparen, indem ein Arbeitsvertrag aufgesetzt wird, der lediglich grob den Tätigkeitsbereich des *A* umschreibt. Wirkungsvolle Sanktionsmöglichkeiten des Arbeitgebers *B* (u.a. Autorität innerhalb des im Arbeitsvertrag fixierten Tätigkeitsbereiches des *A*, Entlassung, Beförderungsstopp in größeren Unternehmen) verhindern, dass der Arbeitnehmer *A* seine Freiräume opportunistisch ausnutzt.

Zudem sind mit Hilfe des Transaktionskostenkalküls auch Überlegungen zu ***Make-or-buy-Entscheidungen*** möglich, was durch die vorangegangenen Überlegungen bereits angedeutet wurde. Beispielsweise lohnt sich ceteris paribus die Einrichtung einer organisationsinternen Kantine (Eigenerstellung), wenn der externe Bezug des Mittagessens (Fremdbezug) höhere Transaktionskosten verursachen würde.

Nach COASE (1937) lassen sich anhand eines Marginalitätskalküls sogar Aussagen über die ***optimale Organisationsgröße*** treffen. Aus Sicht des Transaktionskostenansatzes ist ceteris paribus genau dann die optimale Organisationsgröße erreicht, wenn – bei infinitesimal kleinen Transaktionseinheiten – die zusätzlichen internen Transaktionskosten der letzten von der Organisation aufgenommenen Transaktionseinheit den externen Transaktionskosten entsprechen, die bei einer Abwicklung der Transaktionseinheit über den Markt entstanden wären. Genau dann entspricht der „Grenznutzen der Marktumgehung“ (= zusätzlich eingesparte externe Transaktionskosten) den „Grenzkosten der Marktumgehung“ (= zusätzlich verursachte interne Transaktionskosten). Intuitiv einsichtig ist, dass für jede Organisation eine natürliche Wachstumsgrenze entsteht, wenn die Transaktionen mit den größten relativen Transaktionskostenvorteilen im Falle interner Abwicklung bereits vom Markt gezogen sind. Eine kontinuierliche Ausweitung der Organisation würde nun dazu führen, dass die internen Transaktionskosten ab einem bestimmten Punkt überhand nehmen.

II.1.2 Der Erklärungsansatz von WILLIAMSON

Einen ***zweiten, spezielleren Erklärungsansatz*** für die Existenz von Organisationen aus Transaktionskostensicht liefert die Verbindung unvollständiger Verträge mit transaktionsspezifischen Investitionen sowie den beiden Annahmen begrenzter Rationalität und opportunistischen Verhaltens durch **WILLIAMSON (1971, 1979, 1990)**.[8] Verträge sind in der friktionslosen neoklassischen Welt grundsätzlich in dem Sinne vollständig, dass sämtliche transaktionsrelevanten Details explizit im Vertrag geregelt und alle Vertragsab-

[8] Vgl. zu unvollständigen Verträgen auch den grundlegenden Beitrag von GROSSMAN/HART (1986) sowie die hierauf aufbauende Incomplete-contract-Literatur.

sprachen bei Durchsetzungskosten in Höhe von Null umsetzbar sind. In der realitätsnäheren neoinstitutionalistischen Welt mit positiven Transaktionskosten hingegen stellen ***unvollständige Verträge*** den Regelfall dar. Verträge können aus unterschiedlichen Gründen Lücken aufweisen:

- Infolge ***begrenzter Rationalität*** sind nicht sämtliche zukünftigen, transaktionsrelevanten Umweltzustände von den Vertragspartnern antizipierbar. Es kann zu ***Ex-post-Überraschungen***[9] kommen, d.h. zum Eintritt von Zuständen, die im Zustandsraum, der den Vertragsparteien bei der Kalkulation ihrer vertraglichen Absprachen zugrunde lag, nicht enthalten waren.

- Vertragslücken entstehen infolge ***prohibitiv hoher Vereinbarungskosten*** für den Fall einer vollständigen vertraglichen Regelung. Die Vertragspartner werden sich in der Realität nicht darum bemühen, sämtliche denkbaren – wenn auch noch so unwahrscheinlichen – Zukunftskonstellationen vertraglich zu regeln. Allein die Opportunitätskosten der Zeit wären für entsprechende Vereinbarungen prohibitiv hoch.

- Denkbar sind zudem Fälle, in denen die Erfüllung vertraglicher Absprachen durch beide Transaktionspartner zwar überprüfbar ist, eine explizite vertragliche Regelung aber aufgrund ***prohibitiv hoher Durchsetzungskosten*** vor einer dritten Partei (z.B. Gericht) nicht möglich ist.[10] Derartige Absprachen sind zwar *implizit* zwischen den Vertragsparteien möglich, von dritter Seite her jedoch nicht nachprüfbar („verifizierbar") und daher auch *nicht explizit kontrahierbar*. Solche ***Nicht-Kontrahierbarkeiten*** bzw. ***nicht-kontrahierbaren Interaktionssituationen*** treten in der Praxis sehr häufig auf und zwar nicht nur auf Märkten, sondern auch in Unternehmen. Sie sind daher für den weiteren Verlauf der Arbeit von zentraler Bedeutung.

Unvollständige Verträge sind vor allem dann von erheblicher Brisanz, wenn von mindestens einer Vertragspartei transaktionsspezifische Investitionen unternommen werden. Eine Investition kann als transaktionsspezifisch bezeichnet werden, wenn sie außerhalb der Transaktion von geringerem Wert ist.[11] Der Grad der Spezifität lässt sich anhand der ***Quasi-Rente*** messen, die

---

[9] Zu Ex-post-Überraschungen vgl. SCHNEIDER (1993), S. 7; MASKIN/TIROLE (1999).

[10] Diese Problematik ist daher auch nicht dem Bereich asymmetrisch verteilter Informationen zuzuordnen. Bei asymmetrisch verteilten Informationen besitzen die *Vertragsparteien* unterschiedliche Informationsstände (vgl. Unterabschnitt II.2.2). Hier jedoch verfügen die Vertragsparteien über die gleichen Informationen. Lediglich *zwischen den beiden Parteien und einer Durchsetzungsinstanz* bestehen Informationsprobleme.

[11] Der Übergang von einer ursprünglich reinen Konkurrenzbeziehung zu einem beidseitigen Abhängigkeitsverhältnis (eine Art bilaterales Monopol) infolge transaktionsspezifischer Investitionen wird von WILLIAMSON als *fundamentale Transformation* bezeichnet; vgl. WILLIAMSON (1990), S. 70–72; FÖHR (1994). Sofern beide Partner gleichermaßen spezifisch investieren oder sich die Investitionskosten aufteilen, wird die Transaktionsbeziehung zu-

mit einer Investition erzielbar ist.[12] Als Quasi-Rente bezeichnet man die Differenz zwischen dem Wert einer Investition in der aktuellen Verwendung bzw. Transaktion und dem Wert der Investition in der nächstbesten Verwendung. Je höher die mit einer Investition verbundene Quasi-Rente, desto höher ist der Spezifitätsgrad der Investition. Werden nun transaktionsspezifische Investitionen im Rahmen eines unvollständigen Vertrages vorgenommen und ist die Gefahr opportunistischen Verhaltens von Akteuren nicht auszuschließen, so ergibt sich folgende weitere Begründung für die Existenz von Organisationen: Derjenige Vertragspartner, der die transaktionsspezifische Investition unternimmt, begibt sich in eine wirtschaftliche Abhängigkeit vom anderen Vertragspartner. Letzterer könnte die bestehenden Vertragslücken opportunistisch zu Lasten des Investors so weit ausnutzen, bis er maximal die Quasi-Rente des Investors erbeutet bzw. appropriiert hat. Der ausgebeutete Vertragspartner kann in solch einer Situation nicht glaubhaft mit einem Abbruch der Vertragsbeziehungen drohen, solange ihm noch ein marginaler Anteil an der Quasi-Rente verbleibt. Auch die Einschaltung von Gerichten ist als Lösung nicht möglich, da die ausbeutende Partei dort opportunistisch aktiv wird, wo – z.B. aufgrund prohibitiv hoher Durchsetzungskosten – keine rechtsverbindlichen, expliziten Vertragsabsprachen gelten. Diese Art von nachvertraglichem Opportunismus vor dem Hintergrund transaktionsspezifischer Investitionen und unvollständiger Verträge findet man in der Literatur auch unter der Bezeichnung ***Hold-up-Problem***.[13]

Betrachtet sei dazu das Beispiel einer Transaktionsbeziehung zwischen einem Zulieferer und einem Abnehmer. Angenommen sei, dass der Zulieferer in eine Spezialmaschine investiert hat, mit der sich lediglich Zulieferteile für den betrachteten Abnehmer fertigen lassen und die ansonsten wertlos ist, so dass eine hohe Quasi-Rente besteht. Ferner sei angenommen, dass die Vertragsparteien aufgrund hoher Nachfrageschwankungen bei den Endprodukten des Abnehmers nur den Zulieferpreis, nicht jedoch die Menge für einen längeren Zeitraum kontrahiert haben. Auch auf eine im Detail geregelte Qualitätsabsprache im Vertrag sei aufgrund prohibitiv hoher Transaktionskosten verzichtet worden. Sofern der Abnehmer die entsprechenden Zulieferteile auch

---

nächst nur stabilisiert. Sofern jedoch ungleich spezifisch investiert wird, entsteht die Gefahr von Abhängigkeit und Ausbeutbarkeit.

[12] Zum Begriff der Quasi-Rente vgl. KLEIN/CRAWFORD/ALCHIAN (1978); MILGROM/ROBERTS (1992), S. 602; RICHTER/FURUBOTN (2010), S. 372. KLEIN/CRAWFORD/ALCHIAN (1978) behandeln die Zulieferbeziehung zwischen dem Produzenten einer Druckpresse und einem Zeitungsverlag. Hierbei besteht eine hohe Quasi-Rente, da die Druckpresse lediglich für die Fertigung einer speziellen Zeitung geeignet ist und in der nächstbesten Verwendung als Alternativwert daher der Schrottwert zu veranschlagen ist.

[13] Vgl. KLEIN/CRAWFORD/ALCHIAN (1978), S. 302; MILGROM/ROBERTS (1992), S. 136–139; EWERHART/SCHMITZ (1997); RICHTER (1998), S. 330.

ohne größere Probleme von einem anderen Lieferanten beziehen kann, ist der Zulieferer mit der Spezialmaschine in Höhe der Quasi-Rente vom Abnehmer ausbeutbar. Letzterer könnte zusätzliche Kulanzleistungen, Preisnachlässe oder ungewöhnlich hohe Qualitätsanforderungen vom Zulieferer verlangen und bei einer Nichterfüllung der Forderungen beispielsweise mit einer Abwanderung zu einem anderen Zulieferer drohen oder mit der Abnahme lediglich so geringer Mengen, dass der Zulieferer gerade noch eine Fixkostendeckung (z.B. bei den gemieteten Werkhallen) realisiert. Solange die Quasi-Rente noch nicht vollständig vom Abnehmer abgeschöpft ist, wäre eine Auflösung der Vertragsbeziehung aus Sicht des Zulieferers nicht rational. Da der betrachtete Zulieferer jedoch die Hold-up-Gefahr antizipieren kann, wird er sich ex ante – ohne Vorableistungen (z.B. Aufteilung der Investitionskosten) des Abnehmers – eventuell erst gar nicht zu einer transaktionsspezifischen Investition bereit erklären.

Dieses Zulieferer-Beispiel lässt sich wie folgt verallgemeinern: Verlangt eine Transaktion zwischen zwei Einzelakteuren bei einem nur unvollständigen Vertrag auf dem Markt eine spezifische Investition, so ist aufgrund der antizipierbaren Hold-up-Gefahr eine Unterinvestition zu befürchten. Genau diese Problematik lässt sich vermeiden, indem auf eine (unvollständige) vertragliche Lösung über den Markt verzichtet wird und sich die beiden Akteure stattdessen in einer gemeinsamen Organisation zusammenschließen, in der über Autorität, Kontrolle und Anreize das Unterinvestitionsproblem verhindert wird. Solch eine ***Organisationslösung zur Sicherung von Quasi-Renten*** als Alternative zu einer Markttransaktion findet man in der Realität häufig in Form so genannter ***vertikaler Integration***, bei der ein Akteur einen anderen aufkauft, der auf der vorgelagerten oder nachgelagerten Produktionsstufe derselben Wertschöpfungskette angesiedelt ist.[14] Festzuhalten bleibt allerdings, dass – wie bereits angedeutet – die Organisationslösung nur eine Möglichkeit, nicht jedoch eine zwingende Ausweichalternative darstellt.[15] Ist der Transaktionspartner mit der spezifischen Investition in der Lage, die Höhe der Quasi-Rente ex ante genau zu bestimmen, so kann er sich z.B. schon bei Abschluss des unvollständigen Vertrages die Zahlung einer fixen Summe in Höhe der Quasi-Rente durch den anderen Transaktionspartner vertraglich zusichern lassen. Oder er könnte eine entsprechende Beteiligung des anderen Transakti-

[14] Lautet die Wertschöpfungskette *A* → *B* → *C*, so spricht man im Falle eines Aufkaufs von *A* durch *B* von *Rückwärts-* und im Falle eines Aufkaufs von *C* durch *B* von *Vorwärtsintegration*.

[15] Denkbar sind letztlich eine ganze Reihe von Lösungsansätzen, z.B. sich selbst durchsetzende Verträge und der Austausch von „Geiseln" i.w.S., Reputation und gegenseitige Sanktionierung bei Beachtung von Dauerhaftigkeit, die Einschaltung Dritter usw.; vgl. RICHTER/FURUBOTN (2010), S. 184.

onspartners an den Kosten der Investition verlangen. Solche Alternativen zur Organisationslösung sind im einfachen Hold-up-Fall grundsätzlich möglich, da es sich um ein Problem bei ***symmetrisch verteilten Informationen***[16] handelt.[17]

II.1.3 Empirische Befunde

Der hohe Erklärungsgehalt des Transaktionskostenansatzes soll abschließend anhand zweier empirischer Beispiele belegt werden.[18] Das erste Beispiel steht im engen Zusammenhang mit dem Erklärungsansatz von COASE:

Beispiel II–1: Aufbau eines eigenen Vertriebssystems bei Coca-Cola und Pepsi-Cola[19]

In den Anfängen der Softdrinkindustrie in den USA bestand das Vertriebssystem bei Coca-Cola und Pepsi-Cola aus zahlreichen unabhängigen Fabriken, an die jeweils nur das Cola-Konzentrat geliefert wurde.[20] In den einzelnen Fabriken wurde aus dem Konzentrat der fertige Softdrink produziert, der dann an Abnehmer wie Supermärkte, Großhändler und Fastfood-Restaurants verkauft wurde. Aus Transaktionskostensicht stellte die damalige Gestaltungsform des Vertriebs eine rationale Lösung dar. Es existierten hunderte kleine, geographisch weit verstreute Fabriken, die mit vergleichsweise geringer Kapazität für noch kleinere lokale Abnehmer produzierten. Eine vertikale Integration und dadurch zentrale Koordination des Vertriebs durch Coca-Cola bzw. Pepsi-Cola hätte zu der Zeit prohibitiv hohe Transaktionskosten für ein erforderliches Kommunikations-, Transport- und Kontrollsystem verursacht.

In den 60er und 70er Jahren ergaben sich jedoch grundlegende Veränderungen sowohl bei der Marktstrategie als auch in der Unternehmensumwelt von Coca-Cola und Pepsi: Neue

---

[16] Vgl. auch RICHTER/FURUBOTN (2010), S. 100–101. Unverständlicherweise findet man in der Literatur das Hold-up-Problem zum Teil dem Problembereich asymmetrisch verteilter Informationen zugeordnet, so z.B. bei SPREMANN (1990); PICOT/DIETL/FRANCK (1997), S. 86, 88. Hierbei wird dann anhand von „Verhaltensunsicherheit" oder „hidden intention" argumentiert, was bei näherer Betrachtung im Falle des hold up der Annahme eines zeitinkonsistenten Rationalitätsbegriffs gleichkommt („Verhaltensunsicherheit" würde streng genommen in jedem sequentiellen Spiel mit perfekter Information herrschen) oder aber lediglich einem Spezialfall von hidden information in Form von Qualitätsunsicherheit; vgl. auch NEUS (2011), S. 147.

[17] Spieltheoretisch gesehen liegt hier ein zweistufiges Spiel mit perfekter Information vor, bei dem der Abnehmer auf der zweiten Stufe die Hold-up-Option besitzt und der Zulieferer vor dem Hintergrund der antizipierbaren Abnehmerstrategie auf der ersten Stufe darauf seine beste Antwort (z.B. Kostenbeteiligung, Unterinvestition) wählt. Ein typisches Beispiel für solch ein zweistufiges Spiel, bei dem es zu einer Aufteilung der Kosten und damit auch der Quasi-Rente kommt, liefert die Teilungsregel für betriebsspezifisches Humankapital von GARY BECKER; vgl. BECKER (1962), S. 20; HUTCHENS (1989), S. 51.

[18] Die Anzahl der empirischen Studien zum Transaktionskostenansatz ist zu groß, als dass ein kompletter Überblick gegeben werden kann. Vgl. zu einer Auswahl MONTEVERDE/TEECE (1982); MARIOTTI/CAINARCA (1986); JOSKOW (1988a), (1988b), (1990); PICOT/FRANCK (1993).

[19] Vgl. MURIS/SCHEFFMAN/SPILLER (1992).

[20] Genau genommen bestanden zwischen Coca-Cola bzw. Pepsi-Cola und den jeweiligen unabhängigen Fabriken Franchise-Verträge. Zu Franchising vgl. auch Abschnitt VI.4.

Produkte und Verpackungen (u.a. auch Pfandflaschen) wurden entwickelt, Werbung über Massenmedien wie das Fernsehen spielte eine immer größer werdende Rolle, die Abnehmer wie Supermarkt- und Fast-food-Ketten wurden – gerade im Vergleich zu den ursprünglichen Fabriken – immer größer und fragten Softdrinks nunmehr überregional nach, die so genannten „Cola-Kriege“ führten zu einem erbitterten Kampf um Marktanteile. In einer ersten Folge kam es zu Konzentrationsprozessen unter den unabhängigen Fabriken. Die Anzahl der Fabriken in der Softdrinkindustrie sank von ursprünglich 3000 auf unter 800 im Jahr 1970. Die so entstandenen Fabriken konnten Größenvorteile bei der Produktion (economies of scale)[21] realisieren und zudem einer überregionalen Nachfrage durch große Abnehmer gerecht werden. In einem zweiten Schritt folgte Ende der 70er Jahre dann der Übergang zu einer eigenen Herstellung und einem eigenen Vertrieb des Endprodukts durch Coca-Cola und Pepsi selbst. Beide Softdrinkunternehmen kauften einige große der von ihnen belieferten Fabriken auf und produzierten und vertrieben ihre Endprodukte fortan auf eigene Rechnung. Aus Transaktionskostensicht erscheint dieser Übergang auf ein eigenes Vertriebssystem rational. Die Werbungs-, Kommunikations-, Kontroll- und Transportkosten konnten im Vergleich zu einer dezentralen Lösung über viele kleine unabhängige Fabriken durch Fortschritte in den entsprechenden Technologien und eine Beschränkung auf nur noch wenige große Fabriken sowie die Konzentration auf wenige überregionale Vertragsbeziehungen mit großen Abnehmern (z.B. Fast-food-Ketten) erheblich gesenkt werden.

Das zweite Beispiel betont vor allem die Rolle transaktionsspezifischer Investitionen und bildet damit einen Beleg für die hohe Bedeutung des Erklärungsansatzes von WILLIAMSON:

Beispiel II–2: Vertikale Integration von Kohlebergwerken durch Elektrizitätsunternehmen in den USA

JOSKOW (1985) berichtet in seiner empirischen Studie, auf welch vielfältige Weise Zulieferbeziehungen zwischen Kohleanbietern und Elektrizitätsunternehmen in den USA gestaltet werden. Die Wahl der Gestaltungsform – vertikale Integration, langfristiger Vertrag, kurzfristiger Vertrag oder eine Mischform aus den ersten drei genannten Formen – ist von zahlreichen Einflussfaktoren abhängig. Hierzu zählen das unterschiedliche regionale Angebot von Kohle, die unterschiedliche Qualität von Kohle aus verschiedenen Minen, die Transportmöglichkeiten mittels Eisenbahn sowie das Ausmaß spezifischer Investitionen auf Seiten der Kohlebergwerke und der Elektrizitätsunternehmen.

Der empirische Befund von JOSKOW zeigt, dass vertikale Integration oftmals dann von Elektrizitätsunternehmen als Gestaltungsform gewählt wird, wenn diese sich entschieden haben, eine Fabrik zur Weiterverarbeitung der Kohle in unmittelbarer Nachbarschaft eines Kohlebergwerkes zu bauen. Die Investition in diese Fabrik ist für ein Elektrizitätsunternehmen aus mehreren Gründen transaktionsspezifisch. Zum einen gibt es sehr unterschiedliche Arten von Kohle, und die Fabrik wird genau auf die spezifischen Eigenschaften der Kohle aus dem benachbarten Kohlebergwerk eingestellt. Zum anderen bestehen auch dadurch hohe Wechselkosten zu einem alternativen Kohleanbieter, dass dann ein aufwendiges Transportsystem verwendet werden müsste. Im Extremfall müsste eine eigene Eisenbahnverbindung zwischen dem alternativen Anbieter und der Fabrik gebaut werden. Insgesamt folgt aus der Investition in die Fabrik eine starke Abhängigkeit des Elektrizitätsunternehmens vom be-

[21] *Größenvorteile bei der Produktion* bzw. *economies of scale* existieren dann, wenn – im Einproduktfall – bei einer Vervielfachung sämtlicher Inputmengen die Outputmenge um mehr als das Vielfache steigt. Hierdurch lassen sich die Vorteile der Massenproduktion nutzen, indem mit zunehmender Outputmenge die Stückkosten sinken.

nachbarten Kohlebergwerk und aus Sicht des Transaktionskostenansatzes damit der Trend zur vertikalen Integration zur Vermeidung von Hold-up-Problemen.

Die empirischen Ergebnisse belegen, dass solche spezifischen Fabriken zwar nur zu 15% für den gesamten Kohleverbrauch von Elektrizitätsunternehmen verantwortlich sind, jedoch eine zentrale Rolle für die Wahl von vertikaler Integration als Gestaltungsform spielen. In über 50% aller Fälle, in denen es zu einer vertikalen Integration von Kohlebergwerken durch Elektrizitätsunternehmen kommt, existieren spezifische Fabriken. In den anderen Fällen mit spezifischen Fabriken findet man häufig sehr langfristige und komplexe Lieferverträge sowie Mischformen aus vertikaler Integration und langfristigen Verträgen. Diese sehr langfristigen Verträge enthalten entsprechende Anpassungsklauseln an veränderte Rahmenbedingungen (z.B. Preisentwicklungen) sowie Vorkehrungen gegen opportunistisches Verhalten durch eine der beiden Seiten. JOSKOW kommt insgesamt zu folgender Einschätzung: „Overall, I have found the transaction cost framework to be an extremely powerful vehicle for gaining a better understanding of the nature of vertical supply relationships between power plant owners and their coal suppliers" (JOSKOW 1985, S. 77).

Abschließend lässt sich festhalten, dass der von COASE (1937) begründete und von WILLIAMSON (1979, 1990) weiterentwickelte Transaktionskostenansatz eine erste Erklärung für die Existenz von Organisationen – wie z.B. Unternehmen – im Sinne der Neuen Institutionenökonomik liefert. Danach können Organisationen entstehen, wenn durch sie Transaktionskostenvorteile gegenüber einer Marktlösung erzielt (COASE) oder Unterinvestitions- bzw. Hold-up-Probleme verhindert werden (WILLIAMSON). Organisationen dienen hierbei der Einsparung von Transaktionskosten oder der Sicherung von Quasi-Renten aus der Kooperation mehrerer Einzelakteure. Der Transaktionskostenansatz geht nicht von bestehenden Marktfehlern aus. Er hebt zunächst einmal nur die Null-Transaktionskosten-Annahme der Neoklassik auf, wodurch die Existenz von Organisationen sogar dann erklärt werden kann, wenn eine Abwicklung von Transaktionen alternativ auch über Märkte möglich wäre.

II.2 Funktionsschwächen von Märkten

Im vorangegangenen Abschnitt wurde gezeigt, dass Organisationen auf Märkten entstehen können, die im Prinzip voll funktionstüchtig sind. Einzige Voraussetzung für die Argumentation war, dass die Benutzung von Institutionen und Organisationen – und damit auch die von Märkten als eine spezielle Organisation, die auf Wettbewerbsregeln aufbaut – mit „ökonomischen Reibungsverlusten" in Form von Transaktionskosten verbunden ist. Eine andere Art der Erklärung für die Existenz von Organisationen bietet der Ansatz von ARROW (1969), der auf Funktionsschwächen von Märkten basiert. Der Transaktionskostenansatz von COASE (1937) und der Ansatz von ARROW (1969) schließen sich nicht gegenseitig aus, sie ergänzen sich vielmehr. Beispielsweise lassen sich die meisten der von ARROW aufgezeigten Funktionsschwächen auf die Existenz prohibitiv hoher Transaktionskosten zurückführen. Dennoch soll der „Marktfehler-Ansatz" von ARROW hier zusätzlich diskutiert werden, da durch seine Art der Argumentation ganz neue Erkenntnisse über die Entstehung von Organisationen im Sinne der Neuen Institutionenökonomik möglich werden. Begonnen werden soll zunächst mit einer Darstellung der so genannten ARROW-DEBREU-Welt und der zwei Hauptsätze der Wohlfahrtstheorie, die auf zwei zentralen Annahmen basieren. Im Anschluss daran lassen sich genau dann verschiedene Funktionsschwächen von Märkten aufzeigen, wenn gerade diese beiden zentralen Annahmen nicht erfüllt sind, was für viele Situationen in der realen Welt zutrifft.

II.2.1 ARROW-DEBREU-Welt

Ausgehend vom neoklassischen Wettbewerbsmodell zeigt die ***Allgemeine Gleichgewichtstheorie***,[22] unter welchen Bedingungen bei ***Sicherheit*** perfekt kompetitive Gleichgewichte (im Folgenden kurz: Konkurrenzgleichgewichte) möglich und wann diese Konkurrenzgleichgewichte zudem Pareto-effizient sind.[23] Ein ***Konkurrenzgleichgewicht*** beschreibt einen Zustand, bei dem sämtliche Konsumenten und Produzenten solche Gütermengenentscheidungen treffen, die zu einer Nutzen- und Gewinnmaximierung und zusätzlich zu einem Ausgleich zwischen dem Gesamtangebot und der Gesamtnachfrage nach Gütern führen. Sämtliche Akteure befinden sich dann in einer Art Ruhezustand, aus dem kein Beteiligter mehr individuell abweichen möchte. Ein Zustand kann als ***Pareto-effizient*** bezeichnet werden, wenn kein Akteur durch ein Abweichen vom Zustand seinen Nutzen bzw. Gewinn erhöhen kann, ohne dass sich der Nutzen bzw. Gewinn mindestens eines anderen Akteurs verringert. Zwei zentrale Annahmen sind für die Existenz und Effizienz von Konkurrenzgleichgewichten entscheidend:[24]

- ***Annahme U*** (Universalität von Märkten): Für jedes relevante Gut, das zwischen den Akteuren gehandelt wird, existiert ein Markt mit entsprechenden Marktpreisen, die allen Beteiligten bekannt sind. Alle Akteure verhalten sich als perfekte Mengenanpasser.

- ***Annahme K*** (Konvexität): Sämtliche Nutzenindifferenzkurven der Konsumenten und sämtliche Ertragsisoquanten der Produzenten verlaufen konvex zum Ursprung.

---

[22] Für eine umfassende Darstellung vgl. DEBREU (1959); ARROW/HAHN (1971); MAS-COLELL/WHINSTON/GREEN (1995), Part 4.

[23] Zur folgenden Darstellung vgl. ARROW (1969), (1985b).

[24] Vgl. ARROW (1969), S. 49, (1985b), S. 111; MAS-COLELL/WHINSTON/GREEN (1995), S. 308.

Annahme U sichert u.a., dass sämtliche Handlungen der Akteure erfolgsrelevant werden und dem entsprechenden Akteur über Marktpreise – positiv oder negativ – in Rechnung gestellt werden, wobei die Annahme perfekter Mengenanpasser die Existenz positiver Transaktionskosten ausschließt. Annahme K hingegen stellt z.B. sicher, dass Konsumenten mit abnehmendem Grenznutzen konsumieren und die Produzenten mit abnehmender Grenzproduktivität produzieren. Es lässt sich zeigen, dass bei Gültigkeit der Annahme U ein Konkurrenzgleichgewicht Pareto-effizient ist (unabhängig davon, ob Annahme K gilt) und bei Gültigkeit der Annahme K ein Konkurrenzgleichgewicht existiert (unabhängig davon, ob Annahme U gilt).[25] Zusammenfassend lassen sich folgende zwei Hauptsätze der Wohlfahrtstheorie herleiten:[26]

- ***Erster Hauptsatz der Wohlfahrtstheorie:*** Gilt die Annahme U, so führen Märkte zu einem Pareto-effizienten Zustand (d.h. jedes Konkurrenzgleichgewicht ist Pareto-effizient).
- ***Zweiter Hauptsatz der Wohlfahrtstheorie:*** Gelten die Annahmen U und K zugleich, so kann auf Märkten durch eine geeignete Umverteilung der Anfangsausstattungen und entsprechende Ausgleichszahlungen grundsätzlich jeder Pareto-effiziente Zustand als Konkurrenzgleichgewicht erreicht werden.

Die ökonomische Welt der Allgemeinen Gleichgewichtstheorie kann als noch vergleichsweise realitätsfern bezeichnet werden, da sämtliche Akteure ihre Entscheidungen bei Sicherheit treffen. Die ***ARROW-DEBREU-Welt*** hingegen führt zu einer Erweiterung der Allgemeinen Gleichgewichtstheorie, indem – unter ansonsten gleich bleibenden Annahmen – die Annahme von ***Unsicherheit*** eingeführt wird.[27] Unter Unsicherheit ist hierbei zu verstehen, dass jeder Akteur zum Zeitpunkt des Vertragsabschlusses eine eigene subjektive Wahrscheinlichkeitsverteilung über alle möglichen zukünftigen Umweltzustände besitzt und im Zeitpunkt des Eintritts eines bestimmten Umweltzustandes sämtliche Unsicherheit zwischen den Akteuren verschwunden ist. Entscheidend ist also, dass (i) der Zustandsraum jedes Akteurs alle denkbaren zukünftigen Zustände der Welt enthält und (ii) bei Realisation eines Zustandes in dem Sinne symmetrische Information herrscht, dass jedem Akteur klar ist, welcher Zustand vorliegt und wie er zustande gekommen ist. Während (i) Ex-post-Überraschungen ausschließt, werden über (ii) mögliche ***Beschrei-***

[25] Vgl. ARROW (1969), S. 49–50.

[26] Vgl. ARROW (1969), S. 49–51, (1985b), S. 110–112; MAS-COLELL/WHINSTON/GREEN (1995), S. 308.

[27] Vgl. ARROW (1969), S. 54–56, (1985b), S. 115–116; SCHAUENBERG/SCHMIDT (1983), S. 254.

bungs- und Unterscheidungsprobleme[28] ausgeschlossen. Nicht entscheidend ist hingegen, dass sämtliche Akteure über identische subjektive Wahrscheinlichkeitsverteilungen verfügen. Folgende Aussage lässt sich nun für die Einführung von Unsicherheit treffen:[29]

> Werden die Zielfunktionen von Konsumenten und Produzenten sowie der zugrunde gelegte Gutsbegriff der neuen Situation mit Unsicherheit entsprechend angepasst, so gelten in der ***ARROW-DEBREU-Welt*** die beiden Hauptsätze der Wohlfahrtstheorie in analoger Weise.

Die erste Anpassung verlangt lediglich, dass die Nutzenfunktionen der Konsumenten durch Risikoaversion charakterisiert sind und sich die Akteure nun statt am Nutzen bzw. Gewinn am Erwartungsnutzen bzw. erwarteten Gewinn orientieren. Die Anpassung des Gutsbegriffs hingegen bedarf zusätzlicher Erklärungen. Da in der ARROW-DEBREU-Welt Unsicherheit herrscht, können nicht wie bisher problemlos Gütermengen und deterministische Ansprüche zwischen den Akteuren gehandelt werden, sondern lediglich ***zustandsabhängige Ansprüche*** (contingent claims). Hierbei einigen sich zwei Akteure *A* und *B* (z.B. Zulieferer und Abnehmer) auf einen vollständigen, bedingten Vertrag, der sich aus einer ganzen Reihe zustandsabhängiger Ansprüche zusammensetzt: „Wenn Zustand Z_1 eintritt, geht das Gut x zum Preis von p_1 vom Eigentum des *A* in das des *B* über; wenn Zustand Z_2 eintritt, geht das Gut x zum Preis von p_2 vom Eigentum des *A* in das des *B* über; usw.“. Da jeder Akteur für alle Zustände Z_1, Z_2 usw. über subjektive Wahrscheinlichkeiten verfügt, kann auch jeder Akteur für alle denkbaren vollständigen Verträge und alle kontrahierbaren Preise entsprechende Erwartungsnutzenwerte bzw. erwartete Gewinne als Entscheidungsgrundlage berechnen. Ersetzt man also den bisherigen Gutsbegriff, so dass nun in der ARROW-DEBREU-Welt über zustandsabhängige Ansprüche (z.B. Transaktion bestimmter Gütermengen zu zustandsabhängigen Preisen) kontrahiert wird, so bleiben die bisherigen Ergebnisse der Allgemeinen Gleichgewichtstheorie in analoger Form erhalten. Die abgeschlossenen Verträge werden lediglich komplexer, und zusätzliche Märkte (für Termingeschäfte, Wertpapieroptionen, Versicherungen) entstehen.

---

[28] *Beschreibungsprobleme* bestehen, wenn mindestens einer der Transaktionspartner oder die anderen Marktakteure nicht mit Sicherheit angeben können, welcher konkrete Zustand realisiert wurde. *Unterscheidungsprobleme* bestehen, wenn nicht allen Akteuren mit Sicherheit bekannt ist, ob exogene Ursachen („Spielzug der Natur“) oder aber endogene Handlungen eines Akteurs zu einem bestimmten Umweltzustand geführt haben; vgl. SCHAUENBERG (1998), S. 28. Diese Art von Problemen werden in den nächsten beiden Unterabschnitten II.2.2 und II.2.3 unter den Bezeichnungen „externe Effekte“, „hidden action“ und „hidden information“ im Detail behandelt.

[29] Vgl. ARROW (1969), S. 54, (1985b), S. 115–116; SCHAUENBERG/SCHMIDT (1983), S. 254.

Zusammenfassend lässt sich festhalten: Sind die zentralen Annahmen U und K der Allgemeinen Gleichgewichtstheorie erfüllt, so ist auch in der ARROW-DEBREU-Welt trotz Unsicherheit mit Marktergebnissen zu rechnen, die Pareto-effizient sind und für die bei keinem der Marktakteure ein Interesse besteht, seine individuellen Entscheidungen bzw. Pläne zu revidieren.[30] Dies wiederum bedeutet, dass kein Akteur daran interessiert ist, Institutionen und Organisationen ins Leben zu rufen. In der ARROW-DEBREU-Welt mit perfekt funktionierenden Märkten ist daher kein Platz für Institutionen und Organisationen. Interessant ist jedoch nach ARROW (1969) gerade der Umkehrschluss, der sich aus den bisherigen Überlegungen dieses Unterabschnitts ergibt. Gerade wenn die zentralen Annahmen U oder K ***nicht*** erfüllt sind, macht es Sinn, über die Existenz von Institutionen und Organisationen nachzudenken. Wenn U und/oder K nicht erfüllt sind, kann mit Funktionsschwächen von Märkten gerechnet werden, d.h. Marktergebnisse sind gegebenenfalls nicht Pareto-effizient bzw. nicht stabil. Märkte versagen eventuell vollständig oder entstehen erst gar nicht. In solch einer Welt ohne die Annahme U und/oder K können demnach Anreize für Akteure entstehen, kollektiv nach einer Lösung in Form von Institutionen und Organisationen zu suchen, die die Funktionsschwächen von Märkten kompensieren (oder gegebenenfalls ausnutzen) können. In diesem Sinne lassen sich Institutionen und Organisationen dann als eine Art (Second-best-)Kompensationsmechanismen interpretieren. In den folgenden Unterabschnitten soll nun anhand asymmetrisch verteilter Informationen, externer Effekte und steigender Skalenerträge gezeigt werden, auf welche Weise die Annahmen U und K verletzt und damit die Entstehung von Institutionen und Organisationen erklärt werden können.

II.2.2 Asymmetrisch verteilte Informationen

Eine erste Verletzung der zentralen Annahme U liegt dann vor, wenn ein Marktakteur über Informationen verfügt, die ein anderer nicht hat. Man spricht in diesem Fall auch von einer ***asymmetrischen Informationsverteilung***. In der Realität sind die unterschiedlichsten Fälle vorstellbar, bei denen Informationen beidseitig asymmetrisch verteilt sind, so dass innerhalb einer Transaktionsbeziehung zwischen zwei Akteuren jeder Akteur gegenüber dem jeweils anderen bestimmte Informationsvorsprünge (so genannte ***private In-***

---

[30] Die ARROW-DEBREU-Welt lässt sich damit auch als *First-best-Welt* und entsprechende Marktergebnisse lassen sich als *First-best-Lösungen* bezeichnen. In einer *Second-best-Welt*, in der die beiden zentralen Annahmen U und K nicht erfüllt sind, lassen sich hingegen lediglich *Second-best-Lösungen* erzielen, die im Vergleich zur First-best-Welt durch Wohlfahrtsverluste gekennzeichnet sind.

formationen) besitzt. Beispielsweise könnte in einer Zulieferer-Abnehmer-Beziehung der Zulieferer besser über die Qualität der gelieferten Ware und die Einhaltung der Lieferfrist informiert sein, während der Abnehmer genauere Informationen über seine Zahlungsfähigkeit besitzt. Auch wenn solche Fälle einer beidseitigen asymmetrischen Informationsverteilung in der Realität nicht unüblich sein dürften, wird in der Theorie aus Vereinfachungsgründen davon oftmals abstrahiert. Dieser vereinfachten Sichtweise soll auch hier im weiteren Verlauf gefolgt werden, so dass bei der Betrachtung einer konkreten Transaktions- bzw. Vertragsbeziehung zwischen einer besser informierten Partei und einer schlechter informierten Partei differenziert werden kann. Die beiden Vertragsparteien lassen sich nicht nur anhand ihrer Informationsstände unterscheiden, sondern auch anhand der Rollen, die ihnen im Rahmen der Vertragsbeziehung zukommen. Bei einem einfachen Kaufvertrag beispielsweise unterscheidet man zwischen ***Verkäufer*** und ***Käufer***. Bei Auftragsbeziehungen hingegen kann zwischen einem Auftraggeber, dem ***Prinzipal***, und einem Beauftragten, dem ***Agenten***, unterschieden werden. Beispiele für derartige Vertragsbeziehungen bilden Arbeitsverträge zwischen einem Arbeitgeber (= Prinzipal) und einem Arbeitnehmer (= Agent) oder Lieferverträge zwischen einem Abnehmer (= Prinzipal) und einem Zulieferer (= Agent). Mittlerweile existiert eine Fülle von Veröffentlichungen, die sich mit einer modelltheoretischen Analyse von Auftragsbeziehungen beschäftigen.[31] Als Oberbegriff für den hieraus entstandenen Forschungsansatz hat sich – in Anlehnung an die beiden Vertragsparteien – die Bezeichnung ***Prinzipal-Agent-Ansatz*** herausgebildet. Den Kern der Prinzipal-Agent-Modelle bilden in der Regel Vertragsprobleme aufgrund asymmetrisch verteilter Informationen. Üblicherweise wird hierbei davon ausgegangen, dass es sich beim Agenten um die besser informierte Partei und beim Prinzipal um die schlechter informierte Partei handelt.

Dass die zentrale Annahme U infolge asymmetrisch verteilter Informationen verletzt sein kann, wurde bereits im vorangegangenen Unterabschnitt II.2.1 anhand des Beschreibungs- und des Unterscheidungsproblems angesprochen. Die Annahme U verlangt für die ARROW-DEBREU-Welt, dass sämtliche zustandsabhängigen Ansprüche auf Märkten handelbar sind und beim Eintritt eines Zustands sämtliche Unsicherheit verschwunden ist. Bei asymmetrisch verteilten Informationen ist jedoch möglich, dass z.B. im Rahmen einer Auftragsbeziehung der Prinzipal im Gegensatz zum Agenten nicht feststellen kann, (a) welcher Zustand eingetreten ist (*Beschreibungsproblem*) oder

[31] Vgl. u.a. ROSS (1973); GROSSMAN/HART (1983); ARROW (1985a); MAS-COLELL/WHINSTON/GREEN (1995), S. 477–510; SCHWEIZER (1996), S. 234–253; MACHO-STADLER/PÉREZ-CASTRILLO (1997); WOLFSTETTER (1999), Teil III; LAFFONT/MARTIMORT (2002); RICHTER/FURUBOTN (2010), S. 173–179, 217–266; DEMOUGIN/JOST (2001); KRÄKEL (2004c).

aber (b) – falls doch – inwiefern Handlungen des Agenten oder exogene Ursachen für das Eintreten des Zustandes verantwortlich sind (*Unterscheidungsproblem*). Ansprüche, die sich auf solche Zustände beziehen, sind nicht handelbar, wodurch die Bedingung U verletzt ist, d.h. es existieren keine Märkte für die betreffenden Ansprüche. In solchen Fällen kann eine Pareto-effiziente Ressourcenallokation nicht garantiert werden (z.B. werden von einzelnen Akteuren Ressourcen dafür aufgewendet, die bestehende asymmetrische Informationsverteilung abzubauen).

Dieser recht lange Unterabschnitt II.2.2 über eines der Kerngebiete der Neuen Institutionenökonomik ist wie folgt gegliedert. Zunächst einmal sollen die verschiedenen Formen von asymmetrischer Informationsverteilung (Unterabschnitt II.2.2.1) und mögliche Lösungen hierfür (Unterabschnitt II.2.2.2) diskutiert werden. In Unterabschnitt II.2.2.3 wird anschließend in das so genannte LEN-Modell eingeführt, das in modifizierter Form noch mehrfach in diesem Lehrbuch anzutreffen ist. Anhand dieses einfachen, didaktischen Modells soll dann erklärt werden, auf welche Weise sich Organisationen zur Verringerung von Problemen aus Informationsasymmetrie rekonstruieren lassen.

II.2.2.1 Formen asymmetrisch verteilter Informationen

Im Falle einer Auftragsbeziehung kann man zwei grundsätzliche Typen von Situationen mit asymmetrisch verteilten Informationen unterscheiden:

- ***hidden action:*** Der Agent verfügt über Handlungsalternativen, die der Prinzipal nicht beobachten kann und auf die der Prinzipal auch durch die Beobachtung anderer Größen nicht schließen kann.
- ***hidden information:*** Der Agent verfügt über Informationen hinsichtlich eigener Charakteristika oder hinsichtlich entscheidungsrelevanter Zustände, von denen der Prinzipal keine Kenntnis besitzt.

Während sich die Informationsdefizite des Prinzipals im Hidden-action-Modell auf ***endogene Handlungen des Agenten*** beziehen, betrifft die Hidden-information-Problematik Informationsdefizite des Prinzipals über ***exogene Parameter bzw. den exogen gegebenen Typ des Agenten***.[32] Hidden action liegt beispielsweise vor, wenn lediglich der Agent die Intensität seiner Arbeitsanstrengungen beurteilen kann. Hidden information hingegen kann z.B. hinsichtlich der Risikoneigung des Agenten bestehen, hinsichtlich seines Talentes bzw. Leistungspotentials oder hinsichtlich der Beobachtbarkeit der

[32] Auch im Hidden-action-Fall existieren zwar exogene Größen – stochastische Störgrößen –, die vom Prinzipal nicht beobachtbar sind, diese werden jedoch nur zur Modellierung benötigt, damit der Prinzipal vom beobachtbaren Arbeitsergebnis nicht auf den unbeobachtbaren Arbeitseinsatz des Agenten schließen kann.

Vertragssituation (u.a. schwierige versus leichte Arbeitsbedingungen für den Agenten). Beide Typen von Informationsproblemen können zudem eng miteinander zusammenhängen. So kann beispielsweise ein Maschinenbediener unbeobachtbar die Wartungsintensität für die von ihm genutzte Maschine des Prinzipals verringern, wodurch sich – für den Prinzipal unbeobachtbar – die Ausfallwahrscheinlichkeit der Maschine erhöht.

Die effizienzmindernden Auswirkungen von hidden action und hidden information werden dann deutlich, wenn man die Folgeprobleme asymmetrisch verteilter Informationen betrachtet.[33] Ein typisches Folgeproblem von Hidden-action-Situationen stellt nachvertragliches opportunistisches Verhalten des Agenten dar, was in der Literatur auch oftmals als ***moral hazard*** bezeichnet wird.[34] Ein Beispiel hierfür bildet eine Vertragsbeziehung zwischen einem besser informierten Versicherungsnehmer und einem schlechter informierten Versicherungsgeber über ein bestimmtes Risiko, wenn der Versicherungsnehmer nach Vertragsabschluss keine eigenen Anstrengungen zur Risikovermeidung mehr unternimmt oder gar den Eintritt des Versicherungsfalls unbeobachtbar selbst herbeiführt.

Betrachtet sei beispielsweise der Fall, dass ein Landwirt eine Feuerversicherung für seine Scheune abschließt. Zu moral hazard als Folge von hidden action kommt es, wenn der Landwirt unbeobachtbar nach Vertragsabschluss keine Vorsorgemaßnahmen mehr gegen einen möglichen Brand der Scheune trifft (z.B. Verzicht auf die Verwendung von Taschenlampen oder elektrischem Licht anstatt von Petroleumlampen in der Scheune) oder gegebenenfalls sogar selbst die Scheune in Brand setzt. In dieser Situation besteht ein ***Unterscheidungsproblem***, da im Falle eines Brandes vom Versicherungsunternehmen nicht unbedingt nachprüfbar ist, ob das Verhalten des Landwirts oder exogene Zufalls- bzw. Fremdeinflüsse letztendlich für den Brand ursächlich waren. Daher können auch keine vollständigen, zustandsabhängigen Verträge im Sinne der ARROW-DEBREU-Welt abgeschlossen werden, wodurch die Annahme U verletzt wird und die Möglichkeit Pareto-ineffizienter Marktergebnisse nicht mehr ausgeschlossen werden kann.

---

[33] Es existiert in der Literatur keine einheitliche Verwendung der vier Begriffe „hidden action", „hidden information", „moral hazard" und „adverse selection". Zum Teil wird moral hazard als Synonym für hidden action und adverse selection als Synonym für hidden information verwendet; vgl. hierzu die Hinweise von ARROW (1985a), S. 38; CAMPBELL (1995), S. 10. Zum Teil werden hidden action und hidden information ausschließlich als *nachvertragliche* Probleme diskutiert, welche insgesamt unter den Begriff moral hazard subsumiert werden, während alle *vorvertraglichen* Probleme aus asymmetrisch verteilten Informationen unter hidden characteristics bzw. adverse selection zusammengefasst werden; vgl. SCHWEIZER (1996), S. 232–233; RICHTER/FURUBOTN (2010), S. 241–266; JOST (2001).

[34] Vgl. MAS-COLELL/WHINSTON/GREEN (1995), S. 477–478.

Ein typisches Folgeproblem von Hidden-information-Situationen stellt ***adverse selection*** dar. Hierunter sind jene Fälle zu subsumieren, bei denen der Entschluss einer Vertragspartei, eine bestimmte Transaktion durchzuführen, entscheidend von ihren privaten Informationen beeinflusst wird und die andere Vertragspartei dadurch letztlich zu Schaden kommt.[35] Im obigen Versicherungsbeispiel mit dem Landwirt und der Feuerversicherung läge solch ein Fall dann vor, wenn der Landwirt im Gegensatz zum Versicherungsunternehmen weiß, dass er selbst zu einem äußerst unvorsichtigen Umgang mit Petroleumlampen neigt[36] oder dass die Scheune in einer feuergefährdeten Gegend liegt, und aus eben diesem Grund eine Feuerversicherung abschließen möchte.

Ein anderes Beispiel bietet der von AKERLOF (1970) diskutierte Gebrauchtwagenmarkt. Ein Kfz-Eigentümer wird gerade dann bereit sein, seinen Gebrauchtwagen zu einem durchschnittlich hohen Preis (bezogen auf den betrachteten Markt) zu verkaufen, wenn sein Gebrauchtwagen nur von unterdurchschnittlicher Qualität ist. Die Bezeichnung adverse selection wird noch deutlicher, wenn man die entsprechende Situation aus der Sicht eines potentiellen Käufers betrachtet. Ein Käufer, der beispielsweise die Häufigkeitsverteilung der einzelnen Qualitätsklassen bei Gebrauchtwagen kennt, nicht jedoch die Qualität eines bestimmten Wagens beurteilen kann, wird sich bei seiner Preisofferte an der durchschnittlichen Qualität bzw. am erwarteten Wert des Wagens orientieren. Er wird daher nur einen durchschnittlichen Kaufpreis bieten, wodurch es in dem Sinne zu einer verkehrten Selektion kommt, dass nicht die schlechten Qualitäten – wie bei einem funktionierenden Wettbewerb –, sondern die guten Qualitäten unter den Gebrauchtwagen den Markt verlassen. Beide Sichtweisen – die des Verkäufers und die des Käufers – zusammengenommen können gedanklich dazu führen, dass nur noch die Gebrauchtwagen der untersten Qualitätsklasse auf dem Markt übrig bleiben: Der Käufer bietet einen an der Häufigkeitsverteilung orientierten durchschnittlichen Kaufpreis, woraufhin die Verkäufer mit überdurchschnittlich guten Gebrauchtwagen ihre Angebote vom Markt ziehen. Antizipiert dies der Käufer, so müsste er einen neuen Kaufpreis auf Grundlage der neuen, deutlich geringeren Durchschnittsqualität auf dem Gebrauchtwagenmarkt kalkulieren, der unter dem ursprünglichen Preis liegt. Hierdurch käme es wiederum zu Reaktionen auf der Angebotsseite usw., bis nur noch die Angebote der untersten Qualitätsklasse erhalten bleiben.

Der gesamte Gebrauchtwagenmarkt muss allerdings nicht zwingend zusammenbrechen bzw. die gedankliche Eskalation in der Realität nicht grund-

---

[35] Vgl. MAS-COLELL/WHINSTON/GREEN (1995), S. 436.

[36] Die grundsätzliche Unvorsichtigkeit des Landwirts ist dabei ein exogen gegebenes Persönlichkeitsmerkmal und beschreibt damit den „Typ" von Landwirt in dieser Situation.

sätzlich bis zur untersten Qualitätsklasse führen, da die Verkäufer für ihre Gebrauchtwagen nur über begrenzte alternative Verwendungen verfügen. Jedoch führt adverse selection unweigerlich zu einer Verletzung der Annahme U, da hier nicht für jede Qualitätsklasse ein entsprechender Markt existiert. Die Folge ist wiederum die Gefahr eines Wohlfahrtsverlustes, da in dieser Situation entweder keine Pareto-effiziente Allokation der unterschiedlichen Qualitäten möglich ist oder aber nur mittels Ressourcenverbrauch für eine Informationsaufdeckung, so dass auch im letzten Fall insgesamt Pareto-Effizienz nicht erzielbar ist. Anders ausgedrückt besteht in dieser Situation ein ***Beschreibungsproblem***, da der Käufer die Qualität der angebotenen Gebrauchtwagen nicht beurteilen kann. Hierdurch sind wiederum keine vollständigen, zustandsabhängigen Verträge im Sinne der ARROW-DEBREU-Welt kontrahierbar, so dass die Annahme U verletzt ist und die Gefahr Pareto-ineffizienter Marktergebnisse besteht.

II.2.2.2 Lösungsmöglichkeiten

Die bisherigen Ausführungen zu hidden action und hidden information berücksichtigen noch nicht explizit die Möglichkeit, dass von einem der Beteiligten ***Maßnahmen zum Abbau der Informationsdefizite*** unternommen werden. Im Hidden-action-Fall besteht hierzu auf Seiten des Prinzipals bzw. Käufers ein hohes Interesse, im Hidden-information-Fall auf Seiten des Prinzipals bzw. Käufers und derjenigen Agenten bzw. Verkäufer, die eine überdurchschnittliche Qualität zu bieten haben. Es lässt sich allerdings zeigen, dass trotz möglicher Gegenmaßnahmen dennoch Probleme bestehen. Zum einen ist der Einsatz von Gegenmaßnahmen üblicherweise mit ***Kosten*** verbunden, die ohne Informationsasymmetrie nicht entstünden. Zum anderen ist nicht auszuschließen, dass trotz der Gegenmaßnahmen ***kein effizientes Ergebnis*** zustande kommt. Dieses soll zunächst für den ***Hidden-action-Fall*** verdeutlicht werden.

Anreize über Bonuszahlungen bei hidden action

Betrachtet sei ein Werkvertrag zwischen dem Agenten A und dem Prinzipal P. A hat die Auswahl zwischen zwei von P nicht beobachtbaren Leistungsanstrengungen, mit denen er das für den P zu fertigende Leistungsergebnis π beeinflussen kann.[37] A kann sich hierbei für eine hohe Anstrengung e_H oder aber für eine niedrige Anstrengung e_L entscheiden.[38] Formal kann A mit seiner

---

[37] Vgl. zu einer allgemeineren Modellierung z.B. ARROW (1985a), S. 38; COLES/MALCOMSON (1989), S. 137–142; MAS-COLELL/WHINSTON/GREEN (1995), S. 478–488.

[38] e_H steht für „high effort" und e_L für „low effort".

Wahl von $e \in \{e_L, e_H\}$ eine von zwei bedingten Wahrscheinlichkeitsverteilungen bzw. Lotterien im entscheidungstheoretischen Sinne wählen, welche in Abbildung II.1 beschrieben sind.

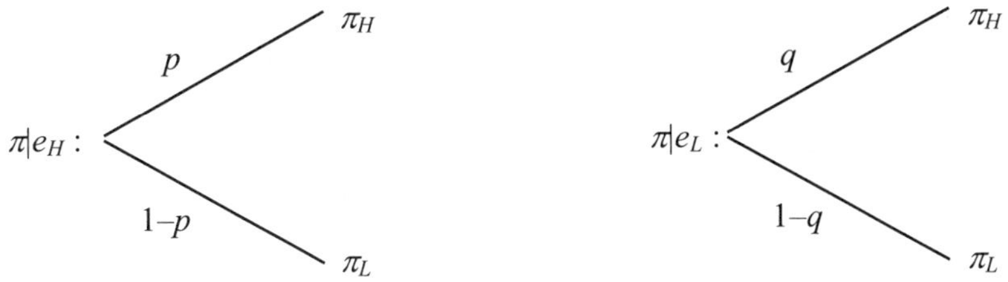

Abbildung II.1: Hidden action

Die Realisation von π, d.h. π_H oder π_L mit $\pi_H > \pi_L$, sei von P beobachtbar (und vor Gericht verifizierbar), nicht jedoch die Wahl von e. Die Verteilung für $\pi|e_H$ dominiere die für $\pi|e_L$ in dem Sinne stochastisch, als für die Eintrittswahrscheinlichkeiten die Relation $p > q$ gilt. Ferner sei angenommen, dass A für die gewählte Anstrengung Arbeitsleid empfindet, welches für ihn einen Disnutzen bewirkt und in monetären Größen in Form einer Arbeitsleidfunktion $c(e)$ angegeben werden kann mit $c(e_H) > c(e_L)$.[39] Die Funktion $c(e)$ sei gemeinsames Wissen von A und P. In dieser Situation liegt ein typisches Rückschlussproblem für den P vor: Anhand der Realisation von π kann P nicht auf die Wahl der Anstrengung des A schließen, da π_H und π_L sowohl bei e_H als auch bei e_L möglich sind. Aufgrund von $p > q$ möchte er den A zur Wahl von e_H bewegen; da die Beobachtung von π_H oder π_L jedoch keinen Rückschluss auf die gewählte Anstrengung zulässt (und e von P nicht beobachtet werden kann), sind anstrengungsabhängige Verträge nicht möglich. Formal ist somit aufgrund der Nichtexistenz des Marktes für e-bedingte Ansprüche die zentrale Annahme U der Allgemeinen Gleichgewichtstheorie verletzt. Da $c(e_H) > c(e_L)$ gilt, ist aus Sicht des P nicht damit zu rechnen, dass A freiwillig e_H wählt. Allerdings sei hier angenommen, dass das hohe Anstrengungsniveau ***e_H effizient*** ist: Es gelte also

$$\pi_H \cdot p + \pi_L \cdot (1-p) - c(e_H) \geq \pi_H \cdot q + \pi_L \cdot (1-q) - c(e_L)$$

$$\Leftrightarrow (\pi_H - \pi_L) \cdot (p-q) \geq c(e_H) - c(e_L), \qquad \text{(II.1)}$$

[39] Realistischerweise wird angenommen, dass der Disnutzen mit zunehmender Anstrengung steigt. Man geht nicht davon aus, dass der Agent prinzipiell mit seiner Arbeit einen Disnutzen verbindet. Modelliert wird jedoch nur der ökonomisch interessante Bereich an Anstrengungen, in dem es für den Agenten beschwerlich wird; vgl. HOLMSTRÖM/MILGROM (1990), S. 87, Fn. 2.

d.h. der zusätzliche erwartete Ertrag der Mehranstrengung sei mindestens so groß wie die zusätzlichen Kosten.

P könnte jedoch ein ***Anreizschema*** in Form eines ***ergebnisabhängigen Entlohnungsvertrages*** für *A* wählen, so dass auch *A* an einem hohen Ergebnis π_H interessiert ist. *P* kann einen hohen Bonus b_H für den Fall festlegen, dass der *A* Erfolg hat und π_H realisiert, sowie einen niedrigen Bonus b_L für den Fall eines Misserfolgs $\pi = \pi_L$. Für die Herleitung der optimalen Bonuszahlungen sei angenommen, dass beide Vertragsparteien risikoneutral seien, der Reservationsnutzen des *A*, d.h. sein Nutzen (in Geldgrößen) aus einem alternativen Vertrag, $\bar{u} \geq 0$ betrage und der *A* in dem Sinne ***eigenmittelbeschränkt*** (***Limited-liability-Annahme***) ist, als beide Bonuszahlungen nicht-negativ sein müssen: $b_H, b_L \geq 0$. Der *P* hat damit keine Möglichkeit, eine Art Eintrittszahlung vom *A* zu verlangen (d.h. der *A* kann sich nicht in das Geschäft des *P* einkaufen wie z.B. bei Partnerschaften in der Praxis durchaus üblich; vgl. dazu Unterabschnitt VI.2). Schließlich sei angenommen, dass *A* das hohe Anstrengungsniveau wählt, wenn er zwischen e_H und e_L indifferent ist. Der optimale Vertrag zur Implementierung von e_H hat zwei Nebenbedingungen zu erfüllen. Als erstes muss die so genannte ***Anreizbedingung*** oder ***Anreizkompatibilitätsbedingung*** sicherstellen, dass *A* aufgrund der gebotenen Bonuszahlungen aus Eigeninteresse e_H wählt. Dies ist genau dann der Fall, wenn sein erwartetes Nettoeinkommen bei der Wahl von e_H mindestens so groß ist wie bei der Wahl von e_L:

$$b_H \cdot p + b_L \cdot (1-p) - c(e_H) \geq b_H \cdot q + b_L \cdot (1-q) - c(e_L)$$

$$\Leftrightarrow \Delta b \cdot (p-q) \geq c(e_H) - c(e_L) \qquad \text{(II.2)}$$

mit $\Delta b := b_H - b_L$ als Bonusdifferenz. Da *A* bei Indifferenz zwischen beiden Anstrengungsniveaus das höhere wählt, lautet aus Sicht des *P* die optimale Bonusdifferenz $\Delta b^* = [c(e_H) - c(e_L)]/[p - q]$. Als zweite Nebenbedingung muss gewährleistet sein, dass der *A* den angebotenen Vertrag auch tatsächlich annimmt. Dies ist dann der Fall, wenn das erwartete Nettoeinkommen aus dem angebotenen Vertrag mindestens so groß ist wie der Reservationsnutzen aus der nächstbesten ausgeschlagenen Vertragsalternative, $\bar{u}$. Die entsprechende ***Akzeptanzbedingung*** (bzw. ***Partizipationsbedingung*** oder ***Teilnahmebedingung***) lautet daher

$$b_H \cdot p + b_L \cdot (1-p) - c(e_H) \geq \bar{u}$$

$$\Leftrightarrow b_L + \Delta b \cdot p \geq \bar{u} + c(e_H). \qquad \text{(II.3)}$$

Der *A* muss also einen so hohen „Basislohn“ b_L und eine so hohe Bonusdifferenz Δb bekommen, damit er für die ausgeschlagene Vertragsalternative und das zu tragende Arbeitsleid mindestens kompensiert wird.

Zwei mögliche Lösungen sind jetzt denkbar: ***Zum einen*** kann die optimale Bonusdifferenz Δb^* bereits so groß sein, dass damit automatisch auch die Akzeptanzbedingung erfüllt ist:

$$\Delta b^* \cdot p \geq \bar{u} + c(e_H).$$

Um Lohnkosten möglichst klein zu halten, würde P in diesem Fall einen optimalen Basislohn in Höhe von Null anbieten: $b_L^* = 0$. Die optimale Bonusdifferenz wäre daher identisch mit dem optimalen hohen Bonus im Erfolgsfall: $\Delta b^* = b_H^*$. In dieser Situation würde der A eine nicht-negative ***Rente***

$$R := \Delta b^* \cdot p - c(e_H) - \bar{u}$$

erzielen, d.h. P müsste dem A aus Anreizgründen ein erwartetes Nettoeinkommen bieten, das mindestens so groß und typischerweise echt größer ist als das Nettoeinkommen aus der nächstbesten Vertragsalternative, also größer als der Reservationsnutzen $\bar{u}$.[40] ***Zum anderen*** ist es möglich, dass

$$\Delta b^* \cdot p < \bar{u} + c(e_H)$$

gilt. In diesem Fall erhält A keine Rente. Optimal sind alle Kombinationen aus b_L^* und b_H^*, die der Anreizbedingung (II.2) genügen *und* die Akzeptanzbedingung (II.3) gerade noch erfüllen: $b_L^* + (b_H^* - b_L^*) \cdot p = \bar{u} + c(e_H)$.

Dass der Einsatz von Anreizmechanismen zur Lösung von Hidden-action-Problemen für den P zu Kosten führt, die ohne asymmetrische Informationsverteilung nicht anfielen, zeigt der erste der beiden Fälle, wenn A eine positive Rente erzielt: Ohne Informationsprobleme könnte P dem A immer das effiziente Anstrengungsniveau e_H vorgeben und ihn zum Ausgleich über einen erfolgs***un***abhängigen Bonus für das erlittene Arbeitsleid sowie die ausgeschlagene Vertragsalternative exakt kompensieren (d.h. $b_L = b_H = \bar{u} + c(e_H)$). Im Falle einer positiven Rente trägt der P hingegen höhere erwartete Lohnkosten.

Der Fall einer positiven Rente zeigt zudem, dass möglicherweise kein effizientes Anstrengungsniveau gewählt wird, da dem P die Anreizsetzung zu teuer ist. Dies ist genau dann der Fall, wenn der erwartete Nettogewinn (also nach Abzug der Lohnkosten) bei der Implementierung von e_H und der Zahlung einer positiven Rente kleiner ist als der erwartete Nettogewinn bei der Implementierung von e_L, wofür der P lediglich $b_H = b_L = \bar{u} + c(e_L)$ als Lohnkosten zu zahlen hat:

$$(\pi_H - \Delta b^*) \cdot p + \pi_L \cdot (1 - p) < \pi_H \cdot q + \pi_L \cdot (1 - q) - \bar{u} - c(e_L)$$

[40] MILGROM/ROBERTS (1992), S. 603: „A return received in an activity that is in excess of the minimum needed to attract the resources to that activity."

$$\Leftrightarrow (\pi_H - \pi_L) \cdot (p-q) < \frac{c(e_H)-c(e_L)}{p-q} \cdot p - c(e_L) - \bar{u}\,.$$

Diese Bedingung steht nicht im Widerspruch zur Effizienzbedingung (II.1), sofern

$$\bar{u} \cdot (p-q) < q \cdot c(e_H) - p \cdot c(e_L)$$

erfüllt ist. Wenn die Erfolgswahrscheinlichkeit – also die Wahrscheinlichkeit für die Realisation von π_H – nur wenig von der Anstrengung abhängt (d.h. p und q unterscheiden sich nur geringfügig), die Kostendifferenz $c(e_H) - c(e_L)$ recht groß ist und der Reservationsnutzen $\bar{u}$ recht klein, dann besteht eine große Gefahr, dass der P nicht an einer Implementierung des hohen Anstrengungsniveaus interessiert ist, da die optimale Bonusdifferenz und die Rente des A in diesem Fall sehr hoch wären.

Die Lösung über einen Anreizmechanismus ist noch problematischer, wenn A nicht risikoneutral, sondern ***risikoavers*** ist (zur Definition von Risikoaversion, Risikoneutralität und Risikoprämie vgl. den Exkurs zu diesem Kapitel II). Nun würden durch die Anreizgestaltung des A ***Risikokosten*** in Form der Risikoprämie entstehen: Da der A über die ergebnisabhängigen Bonuszahlungen auch am exogenen Ergebnisrisiko beteiligt wird und er hieraus einen Disnutzen erleidet, kommt es zu einem Wohlfahrtsverlust in Höhe der Risikoprämie, der ohne Informationsasymmetrie vermieden werden könnte. Bei einer effizienten Risikoverteilung würde der risikoneutrale P sämtliches Ergebnisrisiko auf sich nehmen, da hierbei keine Risikokosten entstünden, und der A würde über einen ergebnisunabhängigen Lohn vollständig gegen Einkommensschwankungen versichert werden. Allerdings bestünden in diesem Fall für den A überhaupt keine Leistungsanreize. Eine hohe Bonusdifferenz würde umgekehrt zu hohen Leistungsanreizen führen, jedoch auch zu einem sehr hohen Einkommensrisiko und damit zu hohen Risikokosten. Auf eine explizite Lösung des Optimierungsproblems bei Risikoaversion wird an dieser Stelle verzichtet. Dafür wird in Unterabschnitt II.2.2.3 jedoch ein formales Prinzipal-Agent-Modell mit einem linearen Entlohnungsschema diskutiert, das weitergehende interessante Schlussfolgerungen ermöglicht.

Signaling und screening bei hidden information

Betrachtet sei nun der ***Hidden-information-Fall.*** Wie oben bereits angedeutet, haben hierbei die schlechter informierte Marktseite sowie diejenigen Besserinformierten, die eine überdurchschnittliche Qualität zu bieten haben, ein Interesse daran, die Informationsasymmetrie aufzuheben: z.B. die Nachfrager nach Gebrauchtwagen, um nicht eine Zitrone („lemon“) unter den angebotenen Gebrauchtwagen auszuwählen, und die überdurchschnittlichen Anbieter, um nicht mit den anderen Anbietern in einem Pool zusammengefasst zu werden und dadurch nur einen durchschnittlichen Preis zu realisieren. Entsprechende ***Maßnahmen der besser informierten Marktseite*** werden in der Literatur zur Informationsökonomie allgemein unter dem Begriff ***signaling*** zusammengefasst, ***Maßnahmen der schlechter informierten Marktseite*** dagegen unter dem Begriff ***screening***. Zusätzlich kann man noch zwei weitere Fälle unterscheiden, durch die die Marktsituation charakterisiert wird – kompetitiver versus nicht-kompetitiver Markt –, so dass sich insgesamt vier Typen von Hidden-information-Konstellationen unterscheiden lassen. Diese vier Fälle sind in Abbildung II.2 zusammengefasst.

Hidden-information-Modelle auf ***kompetitiven Märkten*** modellieren sowohl den Wettbewerb auf der besser informierten Angebots- als auch den auf der schlechter informierten Nachfrageseite und gehen davon aus, dass infolge des Wettbewerbs sämtliche Nachfrager einer Null-Gewinn-Bedingung unterliegen. Beispiele hierfür bilden das Signaling-Gleichgewicht von SPENCE (1973, 1974) sowie das Screening-Gleichgewicht von ROTHSCHILD/STIGLITZ (1976).

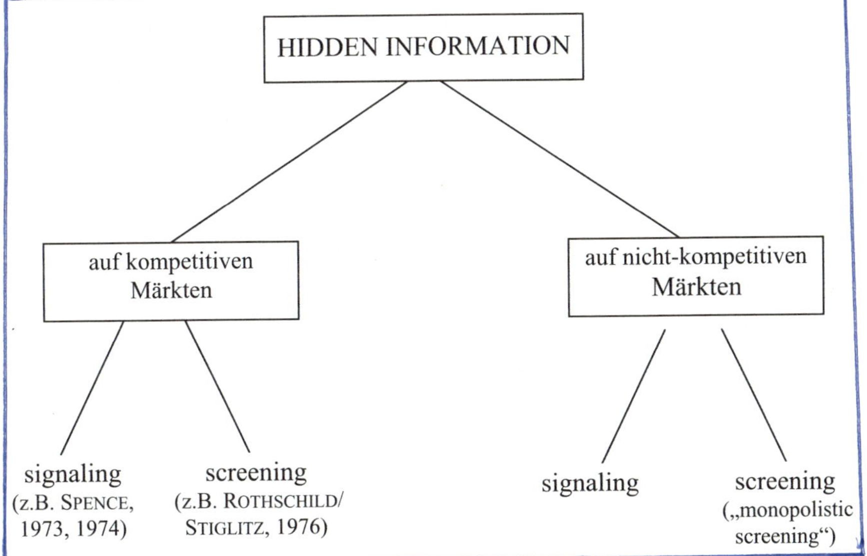

Abbildung II.2: Hidden information

Da bereits hervorragende Lehrbuchdarstellungen zu den beiden Gleichgewichtskonzepten existieren,[41] soll auf eine ausführliche Darstellung an dieser

[41] Vgl. z.B. KREPS (1990a), S. 629–643; MAS-COLELL/WHINSTON/GREEN (1995), Kapitel 13; RICHTER/FURUBOTN (2010), S. 252–259; VARIAN (1992), S. 464–468; SCHWEIZER

Stelle verzichtet werden. Auf zwei mögliche Marktergebnisse, die sowohl SPENCE als auch ROTHSCHILD/STIGLITZ diskutieren, soll jedoch kurz eingegangen werden: Zum einen ist es denkbar, dass durch Signaling- oder Screening-Maßnahmen die unterschiedlichen Qualitäten bzw. Typen der Anbieter aufgedeckt werden. Sofern es sich hierbei um eine Gleichgewichtssituation handelt, bei der kein Marktteilnehmer ein individuelles Interesse an einer Revision seiner bisherigen Entscheidungen (und Erwartungen) hat, kann von einem ***Separating-Gleichgewicht*** gesprochen werden. Zum anderen ist jedoch auch denkbar, dass solch eine Trennung der unterschiedlichen Typen von Anbietern nicht möglich bzw. gewollt ist. Im Falle eines Gleichgewichts wird dann von einem ***Pooling-Gleichgewicht*** gesprochen, da die Anbieter nichtunterscheidbar bleiben und somit in einem gemeinsamen Pool zusammengefasst werden. Während im SPENCE-Modell viele verschiedene (Pooling- wie auch Separating-)Gleichgewichte möglich sind, existiert im Modell von ROTHSCHILD und STIGLITZ maximal ein Gleichgewicht, das dann jedoch zwingend ein Separating-Gleichgewicht ist.[42]

Hidden-information-Modelle auf ***nicht-kompetitiven Märkten*** verzichten hingegen auf die Annahme einer Null-Gewinn-Bedingung (für die Nachfrageseite). Im Gegenteil, im Fall des „monopolistic screening" wird angenommen, dass ein einzelner Nachfrager bzw. Prinzipal existiert, der zwischen verschiedenen Anbietern bzw. Agenten zu wählen hat. Diese sind durch einen bestimmten Reservationsnutzen charakterisiert, der vom Prinzipal in der Partizipationsbedingung seines Optimierungskalküls zu beachten ist. Der Prinzipal kann die Agenten oftmals durch eine geeignete Vertragsgestaltung auf ihren Reservationsnutzen „drücken". Damit verfügt im Gegensatz zum screening auf kompetitiven Märkten nun nicht mehr die Angebots-, sondern die Nachfrageseite – d.h. der Prinzipal – über die gesamte Verhandlungsmacht.[43] Letztlich wird sowohl beim signaling als auch beim screening auf nicht-kompetitiven Märkten lediglich ein Teilausschnitt eines Marktes betrachtet. Hierbei trifft entweder ein überdurchschnittlicher Agent oder aber ein Prinzi-

---

(1999); RILEY (2001). Alternativ zu diesen beiden Typen von Gleichgewichten findet man noch weitere Konzepte, insbesondere die von WILSON (1977) und RILEY (1979).

[42] Ein Pooling-Gleichgewicht ist bei ROTHSCHILD/STIGLITZ (1976) also nicht möglich. Nicht auszuschließen ist allerdings, dass gar kein Gleichgewicht existiert. Dieses könnte z.B. dann passieren, wenn der Anteil der überdurchschnittlichen Anbieter auf dem betrachteten Markt sehr groß ist, so dass ein Nachfrager bei einer zufälligen Auswahl nur mit geringer Wahrscheinlichkeit einen unterdurchschnittlichen Anbieter als Transaktionspartner auswählt. In solch einer Situation würde sich Screening für einen Nachfrager nicht lohnen.

[43] Beide Konstellationen – kompetitive und nicht-kompetitive Märkte – stellen genau genommen lediglich zwei polare Fälle dar, auf die aus Vereinfachungsgründen regelmäßig in den Modellen zurückgegriffen wird. Prinzipiell sind jedoch ganz unterschiedliche Verhandlungssituationen vorstellbar, in denen beide Marktseiten über eine gewisse Verhandlungsmacht verfügen; vgl. SCHWEIZER (1996), S. 233.

pal vor dem Hintergrund seines individuellen Optimierungskalküls eine Entscheidung über seine Signaling- bzw. Screening-Maßnahmen. Zur Veranschaulichung sollen dazu zwei Beispiele betrachtet werden, die zwar zeigen, dass Informationsaufdeckungsmaßnahmen möglich sind, diese jedoch mit Kosten und Effizienzverlusten verbunden sein können. Das erste Beispiel beschäftigt sich mit Signalisierungsmaßnahmen der besser informierten Marktseite:

Beispiel II–3: Signaling auf nicht-kompetitiven Märkten[44]

Angenommen sei, dass ein überdurchschnittlich begabter Student *A*, der seine Qualität bzw. seine Fähigkeiten wie Intelligenz und Durchhaltevermögen präzise kennt, über eine glaubhafte Signalisierung seine Qualität auf dem Arbeitsmarkt aufdecken möchte. Eine solche Signalisierung wäre theoretisch über den Erwerb eines Prädikatsexamens möglich. Entscheidende Bedingungen für eine glaubhafte Signalisierung mittels Prädikatsexamen sind jedoch die so genannten ***Signaling-costs-Bedingungen*** von SPENCE (1973):[45] Zum einen muss der Erwerb eines Prädikatsexamens für den betrachteten Studenten *A* mit so geringen Kosten (z.B. Opportunitätskosten der Zeit für Lernaktivitäten) verbunden sein, dass sich eine Signalisierung für ihn lohnt. Zum anderen müssen die Kosten (Opportunitätskosten der Zeit) für den Erwerb eines Prädikatsexamens für weniger fähige Studenten hinreichend hoch sein, so dass diese aus Eigeninteresse auf eine Signalisierung verzichten. Sind diese beiden Bedingungen erfüllt, so ist der beobachtbare Erwerb eines Prädikatsexamens für einen Arbeitgeber *P*, der die Fähigkeiten des *A* nicht beobachten kann, ein trennscharfes Signal über das unbekannte Potential des *A*. Allerdings bestehen auch in dieser Second-best-Welt mit hidden information Effizienzeinbußen. Der Student *A* investiert mit dem Erwerb seines Bildungszertifikats hier nicht in sein Humankapital, wodurch seine Arbeitsproduktivität stiege.[46] Er investiert lediglich in eine Informationsaufdeckung bezüglich seiner bereits bestehenden Grundfähigkeiten wie Intelligenz und Durchhaltevermögen. Die Bildungsausgaben des *A* führen daher nicht zu Produktivitätszuwächsen. Sie stellen stattdessen einen Ressourcenverbrauch dar, welcher in der ARROW-DEBREU-Welt unnötig wäre.

Dieses Beispiel gibt zudem Hinweise darauf, dass Universitäten in einer Second-best-Welt selbst dann allgemein von Nutzen sein können, wenn durch sie kein praxisrelevantes, produktivitätserhöhendes Wissen vermittelt wird. Voraussetzung ist jedoch, dass die Universitäten in diesem Fall eine glaubhafte Signalisierung im Sinne von SPENCE ermöglichen: Talentierte Gymnasiasten, die in absehbarer Zeit mit dem Erwerb eines Hochschulzertifikats rechnen können, besuchen eine Universität. Für weniger talentierte Gymnasiasten wäre eine

---

[44] Zu einem Zahlenbeispiel vgl. MILGROM/ROBERTS (1992), S. 154–156.

[45] Im Gebrauchtwagenmarktmodell von AKERLOF (1970) wäre analog eine glaubhafte Signalisierung mittels Garantieversprechen der Autoanbieter denkbar.

[46] Natürlich ist es möglich, dass das erlernte Wissen durchaus nützlich ist und daher zu einer Produktivitätserhöhung im Sinne der Humankapitaltheorie führt. Dennoch ist es wichtig, zunächst einmal streng zwischen Signalisierungs- und Humankapitaleffekten zu unterscheiden: Bei der hier betrachteten glaubhaften Signalisierung im Sinne von SPENCE deckt der *A* lediglich Informationen über seine exogen gegebene Qualität bzw. seinen Typ (im spieltheoretischen Sinne, z.B. Grundfähigkeiten wie Intelligenz und Durchhaltevermögen) auf. Eine solche Signalisierung vermittelt Eigenschaften des *A*, die für einen Arbeitgeber äußerst relevant sind, ohne dass das im Rahmen der Signalisierung erworbene Wissen in irgendeinem Zusammenhang mit den späteren Arbeitsaufgaben des *A* stehen muss. Bei der Humankapitaltheorie hingegen erwirbt der *A* ein Fachwissen, welches unmittelbar zu einer Verbesserung seiner beruflichen Fähigkeiten und damit zu einer Produktivitätserhöhung führt.

solche Signalisierung jedoch mit zu hohen Signalisierungskosten in Form entgangenen Einkommens verbunden, da sie mit einer langen Studienzeit rechnen müssen und ein erfolgreicher Universitätsabschluss fraglich ist. Diese Schüler wählen stattdessen aus Eigeninteresse z.B. eine Lehrstelle und erzielen dadurch bereits in relativ kurzer Zeit ein positives Einkommen, wenngleich dieses auch geringer ausfällt als das von Universitätsabsolventen.

Das zweite Beispiel beschäftigt sich mit monopolistic screening der schlechter informierten Marktseite: [47]

Beispiel II–4: Screening auf nicht-kompetitiven Märkten[48]

Betrachtet sei hier ein Teil des Arbeitsmarktes, auf dem ein einzelner Arbeitgeber sowie zwei Typen von Arbeitnehmern anzutreffen sind –Arbeitnehmer, die an einem langfristigen Beschäftigungsverhältnis interessiert sind (Typ *A*), und Arbeitnehmer, die lediglich kurzfristig beim Arbeitgeber verweilen wollen (Typ *B*), um anschließend eine weitere berufliche Alternative auszuprobieren. Beide Arbeitnehmertypen haben exakt die gleiche Produktivität, die vom Arbeitgeber perfekt beobachtbar sei, während der jeweilige Typ ausschließlich dem betreffenden Arbeitnehmer bekannt ist. In dieser Situation wäre der Arbeitgeber üblicherweise daran interessiert, für eine vakante Stelle einen Arbeitnehmer vom Typ *A* einzustellen und nicht einen Typ *B*-Arbeitnehmer, da Letzterer höhere Fluktuationskosten verursachen würde (z.B. wiederholt anfallende Kosten für die Suche nach einem neuen Arbeitnehmer, Verluste durch die Vakanz einer wichtigen Stelle).

Der Arbeitgeber kann nun als Screening-Maßnahme versuchen, durch das Angebot eines ***Menüs an Entlohnungskontrakten*** die Arbeitnehmer unterschiedlichen Typs voneinander zu trennen, indem er die Kontrakte genau so gestaltet, dass er von der Wahlhandlung eines Arbeitnehmers auf den konkreten Typ schließen kann. Durch die Wahlhandlungen kommt es somit zu einer ***Selbsteinordnung*** bzw. ***Selbstselektion*** der Arbeitnehmer. Wichtig ist dabei ein optimales Design des Menüs, so dass jeder Arbeitnehmertyp aus Eigeninteresse genau jenen Kontrakt wählt, der ihm aus Arbeitgebersicht zugedacht ist, und daher auch exakt seinen Typ offenbart. Im betrachteten Beispielfall könnte eine simple Lösung ein Menü an Kontrakten sein, das lediglich aus einem einzigen Entlohnungskontrakt besteht. Sieht dieser Kontrakt eine im Zeitablauf steigende Entlohnung vor, so dass Typ *B* aufgrund seiner kurzfristigen Orientierung weniger bekäme als seinen externen Alternativlohn und der langfristig orientierte Typ *A* infolge der steigenden Entlohnungsfunktion hingegen mehr als seinen Alternativlohn, so könnte eine Selbsteinordnung der Arbeitnehmertypen induziert werden: Arbeitnehmer vom Typ *A* akzeptieren das Vertragsangebot, Typ *B*-Arbeitnehmer hingegen nicht.

Ähnlich wie im Falle von hidden action kann es auch durch Gegenmaßnahmen bei hidden information zu zusätzlichen Kosten für den Arbeitgeber oder Prinzipal kommen, die ohne asymmetrisch verteilte Informationen nicht anfielen. Häufig besteht in Screening-Situationen die Notwendigkeit, dem besser informierten Agenten durch eine recht hohe Entlohnung entsprechende Anreize zu setzen, seinen genauen Typ zu offenbaren. Ist der Lohn dann größer als der Alternativlohn, den der Agent in seiner nächstbesten Beschäftigungsalternative erhielte, so erzielt dieser eine positive ***Informationsrente***.

Insgesamt lässt sich festhalten: Bei asymmetrisch verteilten Informationen über die gewählte Handlungsalternative (hidden action) oder den Typ eines

[47] Zu einer allgemeinen Darstellung des Optimierungskalküls sowie der Lösung des Prinzipals bei „monopolistischem" screening vgl. MAS-COLELL/WHINSTON/GREEN (1995), S. 488–501. Vgl. zu einem anderen Beispiel KRÄKEL (1993a), S. 492–498.

[48] Vgl. SALOP/SALOP (1976).

Akteurs (hidden information) ist die zentrale Annahme U der ARROW-DEBREU-Welt verletzt. Es herrschen Beschreibungs- und Unterscheidungsprobleme hinsichtlich der Zustände der Welt, wodurch sich nicht für alle denkbaren unsicheren Zustände perfekte ***Versicherungsmärkte*** implementieren lassen. Durch die Verletzung der Annahme U ist wiederum der erste Hauptsatz der Wohlfahrtstheorie nicht mehr anwendbar. Stattdessen ist mit Effizienzeinbußen im Vergleich zur ARROW-DEBREU-Welt zu rechnen.

Bevor im nächsten Unterabschnitt II.2.2.3 anhand des so genannten LEN-Modells die Entstehung von Organisationen aufgrund asymmetrisch verteilter Informationen hergeleitet wird, soll abschließend auf einige Kritikpunkte an dem vorgestellten informationsökonomischen Ansatz hingewiesen werden: So elegant und *formal* überzeugend die kontrakttheoretischen Lösungsansätze zu Hidden-action- und Hidden-information-Problemen auch sind, es kann trotzdem kritisiert werden, dass es sich hierbei *inhaltlich* streng genommen nur um einen halbherzigen Anwendungsfall der Transaktionskostentheorie handelt. Bei Problemen asymmetrisch verteilter Informationen handelt es sich deshalb lediglich um einen „Anwendungsfall der Transaktionskostentheorie", weil in einer Null-Transaktionskosten-Welt keine Informationsprobleme existieren. Als „halbherzig" lässt sich der Anwendungsfall bezeichnen, da die Problematik asymmetrisch verteilter Informationen nicht konsequent genug in den einzelnen Modellen verfolgt wird.[49] So wird in vielen Prinzipal-Agent-Modellen z.B. angenommen, dass bei hidden action der Prinzipal nicht die Handlungen des Agenten beobachten kann, wohl aber dessen Nutzenfunktion exakt anzugeben vermag. Mit solchen heroischen Informationsannahmen wird letztlich dem Wunsch Rechnung getragen, formale Modelle möglichst vollständig „durchrechnen" zu können. Zur Verteidigung des informationsökonomischen Ansatzes lässt sich jedoch anführen, dass vielfach auch realistischere Prinzipal-Agent-Modelle in der Literatur diskutiert werden, z.B. hybride Modelle mit hidden action und hidden information, in denen der Prinzipal sowohl die gewählte Aktion des Agenten wie auch Bestandteile seiner Nutzenfunktion (z.B. das Arbeitsleid) nicht kennt.[50] Zudem ist es ein Verdienst der Informationsökonomie, die Folgeprobleme positiver Transaktionskosten in eine bestimmte Richtung zu konkretisieren, indem über die Annahme asymmetrisch verteilter Informationen Transaktionskosten immer indirekt mitdiskutiert werden. Dadurch lassen sich diese besser operationalisieren als durch Modelle, bei denen die Existenz positiver Transaktionskosten bloß behauptet wird und diese unspezifiziert für sämtliche real beobachtbaren Institutionen und Organisationen verantwortlich gemacht werden.

---

[49] Vgl. z.B. auch die Kritik von RICHTER (1998), S. 327–328.

[50] Vgl. dazu Unterabschnitt III.1.3.1.

Zwei kleinere Kritikpunkte verbleiben: *Zum einen* werden in zahlreichen Hidden-information-Modellen Charakteristika von Akteuren als exogen und (implizit) zeitinvariant angesehen, die in realen Situationen eher endogen (z.B. geplante Verweildauer von Arbeitnehmern bei einem Arbeitgeber)[51] und im Zeitablauf eher instabil (z.B. Risikoneigung, Produktivität) sind. *Zum anderen* wird in Prinzipal-Agent-Modellen kaum die Problematik angesprochen, dass ein Prinzipal zunächst einmal wissen muss, wo genau seine Informationsdefizite liegen, bevor er aktiv wird.[52] Diese implizite Annahme dürfte gerade für Situationen mit asymmetrisch verteilten Informationen nicht zwingend erfüllt sein. Beispielsweise muss ein Prinzipal erkennen können, ob eine Hidden-action-, eine Hidden-information- oder eine Situation mit symmetrischer Unsicherheit vorliegt.[53] Im letzten der drei Fälle können beispielsweise Informationsaufdeckungsverfahren des Prinzipals zu keinen vernünftigen Ergebnissen führen, da es nichts aufzudecken gibt.[54]

II.2.2.3 LEN-Modell und die Entstehung von Organisationen

In diesem Unterabschnitt soll zunächst einmal eine didaktisch sehr gelungene Version eines Hidden-action-Modells dargestellt werden – das so genannte ***LEN-Modell*** bzw. ***SPREMANN-Modell*** aus SPREMANN (1987).[55] Hieran soll u.a. präzisiert werden, auf welche Weise es im Hidden-action-Fall zu Wohlfahrtsverlusten kommt und welche Gegenläufigkeiten (trade offs) zwischen Anreizgestaltung und effizienter Risikoverteilung bestehen. Der Name „LEN-Modell" ist darauf zurückzuführen, dass die zentralen Bausteine des Modells auf **L**inearitäts-, **E**xponential- und **N**ormalverteilungsannahmen beruhen. Auf dem LEN-Modell aufbauend soll im Anschluss gezeigt werden, wie sich in Organisationen die Hidden-action-Problematik tendenziell entschärfen lässt. Hieraus lässt sich dann wiederum ein Grund für die Entstehung von Organisationen ableiten.

---

[51] Bei SALOP/SALOP (1976) beschreibt die geplante Verweildauer eines Arbeitnehmers hingegen als exogen gegebene Größe den jeweiligen Typ von Arbeitnehmer.

[52] Vgl. SCHAUENBERG/FÖHR (1995). Als Ausnahme vgl. LEWIS/SAPPINGTON (1993).

[53] Unter *symmetrischer Unsicherheit* ist z.B. eine Situation zu verstehen, bei der weder der Prinzipal noch der Agent das Talent des Agenten genau kennt, sondern jeder der beiden Akteure lediglich eine (subjektive) Wahrscheinlichkeitsverteilung hierüber besitzt.

[54] Einschlägig wären in einem dynamischen Kontext hier dagegen reine Bayesianische Lernmodelle. Vgl. z.B. MACDONALD (1982), (1988a), (1988b).

[55] Das Modell ist zwar bei SPREMANN (1987) im Detail nachzulesen. Da das LEN-Modell jedoch sehr anschauliche Interpretationsmöglichkeiten erlaubt, soll an dieser Stelle dennoch eine ausführliche Darstellung des Modells erfolgen. Zu Varianten des Grundmodells vgl. KOPEL (1998); PRENDERGAST (1999); GÖX/BUDDE/SCHÖNDUBE (2002).

Annahmen des LEN-Modells

Betrachtet wird ein Hidden-action-Problem, bei dem ein Agent A von einem Prinzipal P angestellt *wird*, um für diesen ein möglichst hohes monetäres Ergebnis π zu erzielen. Die ***Linearitätsannahmen*** des Modells betreffen die Produktionsfunktion, die zum Ergebnis π führt, das von P gewählte Entlohnungsschema sowie die Nutzenfunktion des P. Die Produktionsfunktion des A laute:

$$\pi = e + \theta, \tag{II.4}$$

mit e als Arbeitseinsatz des A und θ als stochastischer Störterm, der als Zufallsvariable die exogenen Zufallseinflüsse auf das Produktionsergebnis beschreibt. Alternativ kann θ auch den Messfehler charakterisieren, mit dem der P das Ergebnis des A ermittelt. Ein Hidden-action-Problem bestehe hierbei insofern, als P zwar (ex post) das realisierte Ergebnis π beobachten kann, jedoch keine der beiden Größen auf der rechten Seite der Gleichung (II.4). π sei nicht nur beobachtbar, sondern auch kontrahierbar, so dass der P mit dem A einen ergebnisabhängigen Vertrag abschließen kann. Die Arbeitsanstrengung e sei für den A nutzenmindernd und kann als so genanntes Arbeitsleid in monetären Größen über die Funktion

$$c(e) = e^2 \tag{II.5}$$

beschrieben werden. Gemäß (II.5) steigt das Arbeitsleid mit zunehmender Anstrengung überproportional. Angenommen sei ferner, dass der P dem A zu Anreizzwecken ein lineares Entlohnungsschema anbietet:[56]

$$w(\pi) = \alpha + \beta\pi \tag{II.6}$$

mit α als Fixum und $\beta \in [0,1]$ als Beteiligungsparameter. Die Nutzenfunktion des P sei linear, d.h. P sei risikoneutral:

$$\delta = \pi - w(\pi). \tag{II.7}$$

---

[56] Die Beschränkung auf lineare Entlohnungskontrakte erscheint zunächst einmal sehr restriktiv. Von den Lösungen zum allgemeinen Hidden-action-Modell ist bekannt, dass optimale Entlohnungskontrakte $w(\pi)$ in der Regel nicht linear sind. Sofern die monotone likelihood ratio property nicht erfüllt ist, muss $w(\pi)$ im Optimum noch nicht einmal in π steigen; vgl. dazu MAS-COLELL/WHINSTON/GREEN (1995), S. 485. Allerdings kann die Beschränkung auf lineare Entlohnungsschemata in Anbetracht der didaktisch sehr wertvollen, noch herzuleitenden Ergebnisse durchaus gerechtfertigt werden. Zudem wird in der Realität infolge der bestehenden Komplexität oftmals auf vergleichsweise einfache Entlohnungsschemata zurückgegriffen. Zu einer theoretischen Rechtfertigung der Annahme linearer Kontrakte vgl. HOLMSTRÖM/MILGROM (1987).

Der von P zu maximierende Nutzen wird gemäß (II.7) als monetärer Nettoerfolg aus der Differenz zwischen dem Bruttoerfolg π und den Lohnzahlungen $w(\pi)$ an den A gebildet.

Die ***Exponentialannahme*** des LEN-Modells bezieht sich auf die Nutzenfunktion des A. Diese sei durch konstante absolute Risikoaversion gekennzeichnet und laute gemäß Gleichung (2) aus dem Exkurs zu Kapitel 2:

$$u(v) = 1 - \exp(-r \cdot v) \tag{II.8}$$

mit $r = -u''(\cdot)/u'(\cdot) = \text{const.}$ als konstantes ARROW-PRATT-Maß für absolute Risikoaversion und

$$v = \alpha + \beta\pi - e^2 \tag{II.9}$$

als Vermögen (= Lohn – Arbeitsleid) des A. Angenommen sei, dass A auch über Alternativen zum betrachteten Vertragsverhältnis verfügt, wobei $\bar{v}$ dasjenige Vermögen sei, das A in der nächstbesten Vertragsbeziehung erhalten würde (Reservationswert).

Die ***Normalverteilungsannahme*** des LEN-Modells betrifft den Störterm θ. Die Zufallsvariable θ sei normalverteilt mit Erwartungswert $E(\theta) = 0$ und Varianz $Var(\theta) = \sigma^2$. Ausgegangen wird also davon, dass sich die positiven und negativen Zufallseinflüsse auf das Produktionsergebnis π im Durchschnitt wieder ausgleichen. σ^2 kann als Maß für dasjenige exogene Risiko interpretiert werden, mit dem die verwendete Produktionstechnologie behaftet ist. Der Kehrwert $1/\sigma^2$ charakterisiert die Präzision des Leistungssignals π.[57]

Second-best-Lösung

Die zeitliche Struktur des betrachteten Hidden-action-Problems lässt sich wie folgt darstellen:

P wählt $w(\pi)$	A nimmt Vertrag an und wählt e	θ wird realisiert	A und P erhalten ihre Zahlungen	→ Zeit

Zunächst einmal wählt P einen geeigneten Entlohnungskontrakt $w(\pi)$, der den A mindestens so gut wie in der nächstbesten Vertragsbeziehung stellt, bei der er $\bar{v}$ erhalten würde (Partizipationsbedingung). Im Anschluss daran wählt der A nach Annahme des Vertrags seinen unbeobachtbaren Arbeitseinsatz e. Nach der Realisierung der Zufallsvariablen θ steht schließlich das realisierte Ergebnis π fest, so dass gemäß Fixum α und Beteiligungsparameter β das Ergebnis π als Zahlungen an A und P aufgeteilt werden kann. Formal handelt es

[57] Vgl. hierzu auch die Diskussion von career concerns in Abschnitt III.7.

sich hierbei um ein mehrstufiges nicht-kooperatives Spiel, das sich mittels Rückwärtsinduktion lösen lässt. Da lediglich auf den ersten beiden der vier Stufen von den Akteuren A und P Entscheidungen zu treffen sind, wird mit der zweiten Stufe begonnen, auf der A über e entscheidet. Vor dem Hintergrund der Reaktionsfunktion des A wählt P dann seinen optimalen linearen Kontrakt.

A wählt auf der ***zweiten Stufe*** seinen Arbeitseinsatz e so, dass sein Erwartungsnutzen bzw. das Sicherheitsäquivalent seines Vermögens v maximiert wird. Das Sicherheitsäquivalent $SÄ(e;\ \alpha, \beta)$ des A entspricht der Differenz aus erwartetem Vermögen und Risikoprämie. Gemäß Gleichung (3) aus dem Exkurs zu diesem Kapitel in Verbindung mit Gleichung (II.9) erhält man:

$$\begin{aligned} SÄ(e;\ \alpha, \beta) &= \mathrm{E}(v) - \frac{r}{2}\mathrm{Var}(v) \\ &= \alpha + \beta e - e^2 - \frac{r}{2}\beta^2\sigma^2. \end{aligned} \qquad \text{(II.10)}$$

Die Bedingung erster Ordnung führt zu folgendem Ergebnis:[58]

$$\frac{\partial\, SÄ}{\partial\, e} = \beta - 2e = 0 \quad \Rightarrow \quad e^* = \frac{\beta}{2}.^{59} \qquad \text{(II.11)}$$

Der Ausdruck (II.11) für den aus Agentensicht optimalen Arbeitseinsatz e^* umschreibt die Reaktion des A auf den vom P gewählten linearen Entlohnungskontrakt (charakterisiert durch α und β) – die ***Reaktionsfunktion des A***. Gleichung (II.11) zeigt, dass weder das Fixum α noch der Reservationswert $\bar{v}$ einen Einfluss auf die Entscheidung des A über e haben. (II.11) zeigt zudem, dass eine vollständige Versicherung des A im Sinne von $\beta = 0$ (und α dementsprechend hoch) den geringstmöglichen Arbeitseinsatz $e^* = 0$ nach sich ziehen würde. M.a.W. ist für eine optimale Anreizgestaltung notwendig, dass A einen gewissen Anteil am Ergebnisrisiko trägt.

Als nächstes kann die ***erste Stufe*** des obigen Prinzipal-Agent-Spiels betrachtet werden, auf der der P über den linearen Entlohnungskontrakt zu entscheiden hat. Zunächst einmal muss P sicherstellen, dass A den angebotenen Kontrakt auch akzeptiert (***Partizipationsbedingung***). Setzt man den Ausdruck (II.11) für e^* in denjenigen für das Sicherheitsäquivalent ein, Gleichung (II.10), so erhält man:

---

[58] Die Bedingung zweiter Ordnung ist auf jeden Fall erfüllt.

[59] Die Werte der Second-best-Lösung sollen im Folgenden mit „*“ gekennzeichnet werden. Die First-best-Lösung, die im nächsten Abschnitt hergeleitet wird, bekommt im Gegensatz dazu zwei Sternchen „**“ zugeordnet.

$$\begin{aligned} S\ddot{A}(e^*;\alpha,\beta) &= \alpha + \frac{\beta^2}{2} - \frac{\beta^2}{4} - \frac{r}{2}\beta^2\sigma^2 \\ &= \alpha + \frac{\beta^2}{4}\left(1-2r\sigma^2\right). \end{aligned} \tag{II.12}$$

Die Partizipationsbedingung lautet demnach:

$$\alpha + \frac{\beta^2}{4}\left(1-2r\sigma^2\right) \geq \bar{v} \quad \Leftrightarrow \quad \alpha \geq \bar{v} - \frac{\beta^2}{4}\left(1-2r\sigma^2\right). \tag{II.13}$$

Die Ungleichung (II.13) lässt sich wie folgt interpretieren: Auf den ersten Blick liegt die Vermutung nahe, dass die Entlohnungsparameter α und β gegeneinander substituierbar sind, um dem A mindestens seinen Reservationswert $\bar{v}$ zu garantieren. In diesem Fall müsste bei gegebenem $\bar{v}$ das Fixum α steigen, wenn β sinkt, und umgekehrt. Diese Substituierbarkeit muss aber gemäß (II.13) nicht zwingend gelten, da insgesamt drei Effekte zu unterscheiden sind, die von einer Variation des Beteiligungsparameters β ausgehen:

- ein ***Vermögenseffekt***: Steigt β, so erhöht sich die erwartete Lohnzahlung an den A, woraus oben die Substituierbarkeit zwischen α und β abgeleitet wurde.
- ein ***Anreizeffekt***: Gemäß Gleichung (II.11) führt ein höheres β zu einem höheren optimalen Arbeitseinsatz e^*.
- ein ***Risikoeffekt***: Ein höheres β erhöht die Risikoprämie $\frac{r}{2}\beta^2\sigma^2$ des A.

Anhand von (II.13) wird deutlich, dass die vermutete Substituierbarkeit dann nicht zutrifft, wenn der Risikoeffekt dominiert, wenn also $2r\sigma^2>1$ gilt. In diesem Fall sind die Risikoaversion – gemessen in r – und/oder das exogene Ergebnisrisiko – gemessen in σ^2 – so groß, dass der Klammerausdruck in (II.13) negativ wird. Gemäß (II.13) verlangt dann aber eine Erhöhung von β eine entsprechende Erhöhung von α, da nun die Risikokompensation über eine Erhöhung des Fixums, d.h. der Risikoeffekt, und nicht mehr der Vermögenseffekt im Vordergrund steht.

Ist die Annahme des Vertrags durch den A über die Bedingung (II.13) gesichert, so hat der P nun über seinen optimalen linearen Entlohnungskontrakt zu entscheiden. Die Nutzenfunktion des risikoneutralen P lautet gemäß Gleichung (II.7):

$$\begin{aligned} \delta &= \pi - w(\pi) = \pi - \alpha - \beta\pi \\ &= (1-\beta)\pi - \alpha = (1-\beta)(e+\theta) - \alpha. \end{aligned}$$

Für die ***Zielfunktion des P*** erhält man somit

$$\max_{\alpha,\beta} \mathrm{E}[\delta(e;\alpha,\beta)] = \max_{\alpha,\beta}\{(1-\beta)e-\alpha\}. \qquad \text{(II.14)}$$

Wie aus dem allgemeinen Lösungsansatz zu Hidden-action-Problemen bekannt ist (vgl. MAS-COLELL/WHINSTON/GREEN 1995, S. 483), maximiert P seine Zielfunktion unter Beachtung zweier Nebenbedingungen – der Anreizkompatibilitätsbedingung sowie der Partizipationsbedingung. Im hier diskutierten LEN-Modell berücksichtigt P die Anreizkompatibilitätsbedingung,[60] indem er die Reaktionsfunktion (II.11) des A in seine Zielfunktion (II.14) einsetzt. Die Partizipationsbedingung wurde durch Ungleichung (II.13) beschrieben. Um seine Lohnkosten nicht unnötig in die Höhe zu treiben, wird P seine Entlohnungsparameter α und β so wählen, dass in (II.13) das „="-Zeichen gilt. Die Partizipationsbedingung lässt sich nun in die Zielfunktion integrieren, indem in (II.14) der entsprechende Ausdruck aus (II.13) für α substituiert wird. Aus (II.11), (II.13) und (II.14) ergibt sich somit:[61]

$$\max_{\alpha,\beta} \mathrm{E}[\delta(e^*;\alpha,\beta)] = \max_{\beta} \mathrm{E}[\delta(e^*;\beta)]$$

$$= \max_{\beta}\left\{(1-\beta)\frac{\beta}{2} - \bar{v} + \frac{\beta^2}{4}\left(1-2r\sigma^2\right)\right\} \qquad \text{(II.15)}$$

Aus der Bedingung erster Ordnung für den optimalen Beteiligungsparameter β^* erhält man:

$$\frac{\partial\, \mathrm{E}[\delta]}{\partial\, \beta} = \frac{1}{2} - \beta + \frac{\beta}{2}\left(1-2r\sigma^2\right) = 0$$

$$\Rightarrow \quad \beta^* = \frac{1}{1+2r\sigma^2}. \qquad \text{(II.16)}$$

Der Ausdruck (II.16) veranschaulicht die Gegenläufigkeiten zwischen Anreizgestaltung und effizienter Risikoaufteilung. Je größer die Risikoaversion des A (r) und/oder das Ergebnisrisiko (σ^2) sind, desto kleiner ist der optimale Beteiligungsparameter β^*, damit die verursachten Risikokosten in Form der Risikoprämie des A nicht zu groß werden.

---

[60] Unter der *Anreizkompatibilitätsbedingung* ist allgemein diejenige Nebenbedingung des Optimierungsproblems des P zu verstehen, die sicherstellt, dass A die vom P gewünschte Handlungsalternative wählt.

[61] Ein einfacherer Lösungsweg sähe wie folgt aus: Da im Optimum der A (über die Wahl von α durch P) immer auf seinen Reservationswert gedrückt wird und P daher den gesamten Überschuss realisiert, könnte P gleich von Anfang an den Anreizparameter so wählen, dass die gesamte Wohlfahrt – bestehend aus erwartetem Output abzüglich Arbeitsleid abzüglich Risikoprämie – maximiert wird. Diese Vorgehensweise hätte den Vorteil, dass der Anreizparameter ohne Verwendung der Partizipationsbedingung ermittelt werden könnte.

Mit Hilfe des optimalen Beteiligungsparameters β^* gemäß (II.16) und den zuvor hergeleiteten Ausdrücken lässt sich die Second-best-Lösung des P für das gegebene Hidden-action-Problem nun vollständig beschreiben:

$$\alpha^* = \bar{v} - \frac{\beta^{*2}}{4}\left(1-2r\sigma^2\right) = \bar{v} - \frac{1-2r\sigma^2}{4\left(1+2r\sigma^2\right)^2} \tag{II.17}$$

$$e^* = \frac{\beta^*}{2} = \frac{1}{2\left(1+2r\sigma^2\right)} \tag{II.18}$$

$$\mathrm{E}[\delta^*\left(\mathrm{e}^*;\alpha^*,\beta^*\right)] = \left(1-\beta^*\right)\frac{\beta^*}{2} - \bar{v} + \frac{\beta^{*2}}{4}\left(1-2r\sigma^2\right) = \frac{1}{4\left(1+2r\sigma^2\right)} - \bar{v} \tag{II.19}$$

$$S\ddot{A}^* = \bar{v}\ . \tag{II.20}$$

Anhand der Second-best-Lösung, speziell anhand der Gleichung (II.19), lassen sich abschließend Aussagen darüber treffen, was für ein Typ von Agent vom P als Vertragspartner bevorzugt wird, wenn P zwischen mehreren Agenten auswählen und deren Charakteristika beurteilen kann. Da gemäß (II.19) der Second-best-Erwartungsnutzen des P, $\mathrm{E}[\delta^*(e^*, \alpha^*, \beta^*)]$, sowohl in $\bar{v}$, als auch in r, als auch in σ^2 sinkt, wird P jenen Agenten wählen, der

- einen möglichst niedrigen Reservationswert,
- einen möglichst niedrigen Grad an Risikoaversion sowie
- eine möglichst sichere Produktionstechnologie hat.

Im nächsten Schritt soll nun derjenige Wohlfahrtsverlust als so genannte Agency-Kosten bestimmt werden, der sich infolge des Hidden-action-Problems zwangsläufig (für den P) ergibt.

First-best-Lösung und Agency-Kosten

Unter den ***Agency-Kosten*** versteht man denjenigen Wohlfahrtsverlust, der sich dadurch ergibt, dass Vertragsbeziehungen unter Second-best-Bedingungen (***mit*** Informationsproblemen) und nicht unter First-best-Bedingungen (***ohne*** Informationsprobleme) stattfinden. Da der A sowohl unter Second-best- als auch unter First-best-Bedingungen vom P als Vertragsgestalter auf den

Reservationswert $\bar{v}$ gedrückt wird, lassen sich die Agency-Kosten berechnen, indem vom First-best-Erwartungsnutzen des P dessen Second-best-Erwartungsnutzen subtrahiert wird.

Zunächst einmal soll der ***First-best-Erwartungsnutzen des P*** berechnet werden. Unter First-best-Bedingungen gibt es kein Hidden-action-Problem, d.h. der Arbeitseinsatz e des A ist von P beobachtbar und kontrahierbar. In diesem Fall wird P denjenigen Arbeitseinsatz e^{**} wählen und dem A vorschreiben, der den Erwartungsnutzen des P maximiert. P wird dem A dafür keinen ergebnisabhängigen Lohn zahlen ($\beta^{**} = 0$), sondern lediglich ein Fixum. Unter First-best-Bedingungen kann also eine Pareto-effiziente Risikoaufteilung vorgenommen werden, indem der risikoaverse A vollständig durch P versichert wird. Möglich wird dieses, weil im First-best-Fall keine Gegenläufigkeiten zwischen Anreizgestaltung und effizienter Risikoaufteilung mehr existieren. Der P hat bei der Festlegung des Fixums zum einen den Reservationswert des A zu beachten und zum anderen dessen zu kompensierendes Arbeitsleid. Aufgrund des letzten Punktes wird P daher auch keinen unendlich großen Arbeitseinsatz wählen, obwohl π monoton in e steigt. Das Vermögen des A unter First-best-Bedingungen mit $\beta^{**} = 0$ beträgt

$$\begin{aligned} & v^{**} = SA^{**} = \alpha^{**} - e^{**2} = \bar{v} \\ \Leftrightarrow\ & \alpha^{**} = \bar{v} + e^{**2}, \end{aligned} \tag{II.21}$$

d.h. A wird über das Fixum α^{**} vollständig für sein Arbeitsleid e^{**2} kompensiert sowie für den Verzicht auf das nächstbeste Vertragsangebot, das mit einem Vermögen von $\bar{v}$ verbunden wäre. Der First-best-Erwartungsnutzen des P lautet daher

$$\begin{aligned} \mathrm{E}[\delta^{**}(e;\alpha^{**})] &= \mathrm{E}[\pi] - \alpha^{**} \\ &= e - \bar{v} - e^2. \end{aligned} \tag{II.22}$$

Gesucht ist nun der von P präferierte, First-best-Arbeitseinsatz e^{**} mit

$$e^{**} = \underset{e}{\operatorname{argmax}}\left\{e - \bar{v} - e^2\right\}.$$

Hieraus ergibt sich als Lösung

$$e^{**} = \frac{1}{2}. \tag{II.23}$$

Unter First-best-Bedingungen eines von P beobachtbaren Arbeitseinsatzes des A bevorzugt P also einen Wert in Höhe von $e^{**} = ½$. Der First-best-Erwartungsnutzen des P lautet nach Einsetzen von e^{**}:

$$\mathrm{E}[\delta^{**}] = \frac{1}{4} - \bar{v}. \tag{II.24}$$

Bevor nun die Agency-Kosten berechnet werden, soll zuvor ein wichtiges Zwischenergebnis belegt werden: *Es lässt sich zeigen, dass die First-best-Lösung selbst unter hidden action durch den P erreichbar ist, sofern der A risikoneutral ist ($r = 0$).* Das bedeutet, dass hidden action allein nicht zu einem Wohlfahrtsverlust führen muss, wohl aber in Kombination mit Risikoaversion auf Seiten des Agenten. Ist der *A* risikoneutral, so kann der *P* optimale Anreize ohne eine Verursachung von Risikokosten gestalten, indem er das gesamte Ergebnisrisiko auf den *A* überträgt, d.h. $\beta = 1$. Formal kommt man zum gleichen Ergebnis, indem die neue Annahme $r = 0$ in Gleichung (II.16) für den optimalen Beteiligungsparameter beachtet wird. Setzt man nun $\beta = 1$ und $r = 0$ in die Gleichungen (II.17) und (II.19) ein, so sieht man zweierlei:

- Der *A* bekommt im Vergleich zur First-best-Lösung mit beobachtbarem *e* nun ein entsprechend niedrigeres Fixum $\alpha = \bar{v} - \frac{1}{4}$, welches berücksichtigt, dass ein erwarteter Output in Höhe von ½ erzielt wird, den der *A* wegen $\beta = 1$ vollständig einbehält. Dadurch wird nicht nur das Arbeitsleid in Höhe von ¼ kompensiert, sondern der *P* kann zudem auf eine vollständige Kompensation des abgelehnten nächstbesten Vertragsangebots beim *A* verzichten und diesem als Fixum lediglich den Reservationswert abzüglich ¼ bezahlen.

- Der First-best-Erwartungsnutzen lautet auch hier $E[\delta^{**}] = (1/4) - \bar{v}$. Durch den Vergleich mit dem Fixum wird deutlich, dass entweder α oder $E[\delta^{**}]$ negativ sein müssen. Gilt $\alpha < 0$, so bedeutet dies, dass der *A* dem *P* einen Kaufpreis für den gesamten[62] erwarteten Output entrichtet („selling the firm"). Damit ist aber auch klar, dass eine solche Implementierung der First-best-Lösung im Limited-liability-Fall (d.h. der *A* verfügt nur über begrenzte Eigenmittel und kann sich nur sehr eingeschränkt verschulden) möglicherweise nicht stattfindet.[63] Ist hingegen $E[\delta^{**}] < 0$, so ist unter realen Bedingungen davon auszugehen, dass der *P* an einem Vertrag mit dem *A* nicht interessiert ist. Allerdings ist die Nutzenfunktion eines Akteurs nur bis auf eine positive lineare Transformation eindeutig bestimmt, d.h. man könnte in (II.7) die Nutzenfunktion des *P* durch die Addition einer positiven Konstante so modifizieren, dass insgesamt $E[\delta^{**}] > 0$ gilt. Hinzu kommt, dass für den Reservationsnutzen des *P* oben keine Annahmen getroffen wurden.

Die ***Agency-Kosten (AK)*** lassen sich nun als Differenz zwischen $E[\delta^{**}]$ und $E[\delta^{*}]$ berechnen. Gemäß (II.19) und (II.24) erhält man

$$AK = E[\delta^{**}] - E[\delta^{*}]$$

---

[62] Es war $\beta = 1$. Ein reales Beispiel hierfür bilden z.B. Management Buyouts

[63] Vgl. zu optimalen Verträgen unter limited liability INNES (1990); PARK (1995); SCHWEIZER (1996), S. 237–238; KIM (1997); MACHO-STADLER/PÉREZ-CASTRILLO (1997), S. 64–66; PITCHFORD (1998).

$$= \frac{1}{4} - \bar{v} - \frac{1}{4\left(1+2r\sigma^2\right)} + \bar{v} = \frac{r\sigma^2}{2+4r\sigma^2}. \qquad \text{(II.25)}$$

Gleichung (II.25) zeigt, dass die Agency-Kosten unabhängig vom Reservationswert des A sind und eine steigende Funktion des ARROW-PRATT-Maßes r sowie des Ergebnisrisikos σ^2 darstellen. Die Agency-Kosten lassen sich nicht nur als derjenige Wohlfahrtsverlust interpretieren, der sich beim Übergang von der First-best- zur Second-best-Welt ergibt. Sie können auch als derjenige „Preis" interpretiert werden, den ein Prinzipal (Auftraggeber) in einer realistischen Welt mit Informationsproblemen zwangsläufig für eine Arbeitsteilung mit einem Agenten (Auftragnehmer) zu zahlen hat.[64]

Entstehung von Organisationen

Anhand des LEN-Modells lässt sich nun zeigen, dass verschiedene Einzelakteure eine Organisation gründen könnten, um Probleme aus asymmetrisch verteilten Informationen sowie die damit verbundenen Effizienzverluste zu verringern. Zunächst jedoch soll das grundlegende Argument verbal erläutert werden: In einer Organisation in Form eines Unternehmens arbeiten verschiedene Akteure typischerweise über einen längeren Zeitraum hinweg relativ eng miteinander zusammen. Beide Aspekte – sowohl die ***Dauerhaftigkeit*** als auch die ***enge Zusammenarbeit*** – sind für eine Verringerung der Informationsprobleme von großer Bedeutung. Durch die Dauerhaftigkeit werden z.B. Zufallseinflüsse auf das Arbeitsergebnis einzelner Akteure langfristig herausgefiltert, so dass deren Anstrengung und ihr Typ immer deutlicher hervortreten.[65] Dadurch können die Organisationsmitglieder ihre Leistungsbereitschaft (d.h. ihre Anstrengung) sowie ihre Leistungsfähigkeit (d.h. ihren Typ) im Zeitablauf immer besser gegenseitig beurteilen. Auch eine vergleichsweise enge Zusammenarbeit verschiedener Akteure unter dem Dach einer Organisation verringert die Informationsprobleme zwischen den Akteuren, da nun durch die größere Nähe im Arbeitsprozess gegenseitige Informationsdefizite über Arbeitsanstrengung und Typ besser abbaubar sind.[66] Im Vergleich zu reinen

[64] Handelt es sich beim P um den/die Anteilseigner eines Großunternehmens und beim A um den angestellten Topmanager, so zeigt das LEN-Modell, dass in einer realistischen Welt mit einem diskretionären Entscheidungsspielraum des Topmanagements zwangsläufig Wohlfahrtsverluste infolge der Arbeitsteilung zwischen Eigentum und Unternehmensführung in Kauf zu nehmen sind. Dies ist genau das Ergebnis des Managermodells von WILLIAMSON aus Unterabschnitt V.1.1.3.

[65] Vgl. hierzu auch Abschnitt III.7 zu career concerns.

[66] Durch die Dauerhaftigkeit und die größere Nähe ist letztlich eine bessere gegenseitige Versicherung gegen Einkommensrisiken unter den Organisationsmitgliedern möglich. Dieser Aspekt wird durch die Ausführungen des Unterabschnitts VI.2.1 zu Partnerschaften noch weiter verdeutlicht.

Marktlösungen sind durch Organisationen auf diese Weise Effizienzvorteile erzielbar. Man erreicht dann zwar infolge der Second-best-Rahmenbedingungen wiederum nur eine Second-best-Lösung, jedoch eine bessere als über reine Kontraktbeziehungen auf Märkten. In diesem Sinne lassen sich ***Organisationen als Kompensationsmechanismen gegen Informationsprobleme*** interpretieren.

Bezieht man das obige LEN-Modell auf organisationsinterne Interaktionsbeziehungen, so kann man sich beispielsweise unter dem *P* (als internen Auftraggeber) einen Vorgesetzten und unter dem *A* (als internen Auftragnehmer) einen untergeordneten Mitarbeiter vorstellen. Die ***Dauerhaftigkeit*** der Interaktion würde dann dazu führen, dass mit zunehmender Anzahl an beobachteten Leistungssignalen π das exogene Risiko σ^2 kleiner bzw. die Präzision $1/\sigma^2$ größer wird (vgl. dazu formal Abschnitt III.7), d.h. die Unsicherheit über das tatsächliche Leistungsniveau des *A* würde immer geringer werden. Dass es hierdurch zu einer Wohlfahrtsverbesserung kommt, wird unmittelbar am Ausdruck (II.25) für die Agency-Kosten deutlich, die mit sinkendem σ^2 ebenfalls sinken. Der Aspekt der ***engen Zusammenarbeit*** lässt sich ähnlich diskutieren. Interpretiert man die Störgröße θ als Messfehler des *P*, so kann eine enge Zusammenarbeit innerhalb einer Unternehmung den Einfluss solcher Messfehler verringern. Formal wäre dies gleichbedeutend mit einer hohen Messgenauigkeit bzw. Präzision $1/\sigma^2$, die dann gemäß (II.25) wiederum vergleichsweise geringe Agency-Kosten implizierte. Insgesamt kann also festgehalten werden, dass sich die Entstehung von Organisationen vor dem Hintergrund der Hidden-action-Problematik über eine Verringerung von Unsicherheit und der damit einhergehenden Entschärfung des trade off zwischen Anreizgestaltung und Risikoteilung erklären lässt.

II.2.3 Verfügungsrechte und externe Effekte

Die Theorie der Verfügungsrechte (Property-rights-Ansatz) geht von einer streng ökonomischen Perspektive bei der Betrachtung von Gütern aus. Den Ausgangspunkt bildet dabei die Überlegung, dass sich der Wert eines Gutes nicht aus dessen technischen oder physischen Eigenschaften ergibt, sondern aus den (Verfügungs-)Rechten, die mit dem Gut verbunden sind. Diese Rechte lassen sich grob in Nutzungsrechte (usus), Rechte auf den Nutzungsertrag (usus fructus), Rechte auf Veränderung des Gutes (abusus) und Verkaufsrechte einteilen.[67] Ein Gut stellt aus Sicht des Property-rights-Ansatzes daher ein ***Bündel von Verfügungsrechten*** dar, die einzeln oder aber zusammen im Rahmen einer Transaktion auf andere übertragbar sind. Beispielsweise kann ein Akteur das Mietrecht für sein Haus gegen ein monatliches Entgelt auf ei-

[67] Vgl. z.B. RICKETTS (2002), S. 87.

nen anderen Akteur übertragen, ohne dass er hierdurch das Verkaufsrecht verliert. Hieran wird auch ersichtlich, dass der Property-rights-Ansatz zu einer Präzisierung des Begriffs „Transaktion" führt: Getauscht werden nicht grundsätzlich komplette Güter, sondern oftmals lediglich einzelne Verfügungsrechte.

In der Literatur findet man verschiedene Klassifikationen für Verfügungsrechte. Beispielsweise lassen sich absolute von relativen Verfügungsrechten unterscheiden.[68] Während ***absolute*** Verfügungsrechte von allen Akteuren zu beachten sind (z.B. Privateigentum an einzelnen Sachen), beziehen sich ***relative*** Verfügungsrechte auf bestimmte Vertragsverhältnisse und betreffen nur die jeweiligen Vertragspartner (z.B. Arbeitsvertrag zwischen Arbeitnehmer und Arbeitgeber). Eine andere Klassifikation wird von RICKETTS (2002, S. 88–92) vorgenommen, der u.a. Privatrechte, Gemeinschaftsrechte und Kollektivrechte unterscheidet. ***Privatrechte*** werden von einem einzigen Akteur gehalten. Er ist Alleineigentümer dieser Rechte, während für alle anderen Akteure das Ausschlussprinzip gilt. ***Gemeinschaftsrechte*** werden zwar von mehreren Akteuren gleichzeitig gehalten, jeder einzelne Akteur darf jedoch individuell darüber entscheiden, wann und in welchem Umfang er diese Rechte ausübt (z.B. Zugriffsrechte auf eine Dorfwiese, die allen Dorfbewohnern zur Verfügung steht). Die Gemeinschaft aus Akteuren, auf die sich die Nutzung der Rechte beschränkt, kann unterschiedlich groß sein. Es kann sich z.B. um eine Ehegemeinschaft handeln oder aber um einen Staat, dessen Verfassungsrechte alle Staatsbürger betreffen. Gegenüber Akteuren, die nicht zur Gemeinschaft gehören, gilt das Ausschlussprinzip. Hiervon strikt zu trennen sind die ***Kollektivrechte***. Diese sind zwar auch in der Hand einer abgegrenzten Gruppe aus mehreren Akteuren, können jedoch nicht durch Individual-, sondern nur durch Kollektiventscheidungen ausgeübt werden (z.B. kollektive Festlegung bestimmter Zeiten für die Nutzung der Sporthalle eines Sportclubs).

Transaktionskosten und Verfügungsrechte hängen sehr eng miteinander zusammen, was sich anhand dreier Beispiele zeigen lässt. *Zum einen* lässt sich die Effizienz eines Systems aus Verfügungsrechten (z.B. die Effizienz eines Wirtschaftssystems) partiell an den Transaktionskosten bemessen, die für seine Implementierung, Durchsetzung, Anpassung usw. notwendig sind. Zu beachten ist dabei, dass verschiedene Verteilungslösungen für Verfügungsrechte zu ganz unterschiedlichen Anreizwirkungen führen können.[69]

---

[68] Vgl. RICHTER/FURUBOTN (2010), S. 95–102.

[69] Beispielsweise lässt sich ein Hauptproblem sozialistischer Wirtschaftssysteme darin sehen, dass die Gemeinschaftsrechte individuellen Anreizen zur Wertschöpfung entgegenwirken und stattdessen Anreize für ein Trittbrettfahrerverhalten schaffen.

Zum anderen zeigt sich der enge Zusammenhang zwischen Transaktionskosten und Verfügungsrechten auch am ***Coase-Theorem***.[70] Nach diesem Theorem hat in einer Null-Transaktionskosten-Welt die ursprüngliche Allokation der Verfügungsrechte innerhalb eines Wirtschaftssystems keinen Einfluss auf das gesamtwirtschaftliche Ergebnis,[71] da sich über friktionslose Tauschprozesse ex post grundsätzlich die Pareto-effiziente Verteilung der Verfügungsrechte einspielt. Entscheidend ist hierbei der Umkehrschluss: Gerade weil die reale Welt keine Null-Transaktionskosten-Welt ist, muss der (Ausgangs-)Verteilung von Verfügungsrechten große Beachtung geschenkt werden, will man gesamtwirtschaftlich ineffiziente Ergebnisse verhindern.

Ein *drittes Beispiel* für den engen Zusammenhang zwischen Transaktionskosten und Verfügungsrechten bilden schließlich die ***externen Effekte*** bzw. ***Externalitäten***. ***Externe Effekte i.w.S.*** liegen vor, wenn die Produktions- oder Nutzenfunktion eines Akteurs durch die Aktivitäten eines anderen Akteurs beeinflusst wird.[72] ***Externe Effekte i.e.S.*** sind dann gegeben, wenn diese Beeinflussung nicht über den Preismechanismus bzw. Märkte entgolten wird. In diesem Fall ist die zentrale Annahme U der Arrow-Debreu-Welt verletzt, da kein Markt für externe Effekte i.e.S. existiert. Das bestehende System aus Verfügungsrechten ist so unvollständig spezifiziert, dass hinsichtlich der betrachteten Aktivitäten, die zu externen Effekten i.e.S. führen, das Ausschlussprinzip versagt. Der Grund könnte in der Existenz prohibitiv hoher Transaktionskosten (Spezifizierungskosten) für eine vollständige Spezifizierung von Privatrechten liegen. Das Problem externer Effekte i.e.S. findet sich daher häufig bei Gemeinschaftsrechten, da zwischen den Mitgliedern einer Gemeinschaft keine Privatrechte spezifiziert sind und der individuell rationale Zugriff auf die Gemeinschaftsressource oftmals zu einer Überbeanspruchung der Ressource führt, was wiederum negative Konsequenzen für die Produktions- oder Nutzenfunktionen der Gemeinschaftsmitglieder hat.[73]

Weiterhin lassen sich ***positive*** und ***negative*** externe Effekte i.e.S. unterscheiden, je nachdem ob die Produktion bzw. der Nutzen des Empfängers der Externalität steigt oder aber fällt. In beiden Fällen ist jedoch die zentrale An-

---

[70] Vgl. Coase (1960).

[71] Wohl aber auf die Einkommensverteilung zwischen den Akteuren innerhalb des Wirtschaftssystems.

[72] Externe Effekte i.w.S. stehen im unmittelbaren Zusammenhang mit dem Coase-Theorem. Beispielsweise stellen negative externe Effekte i.w.S. in einer Null-Transaktionskosten-Welt kein Problem dar, da gemäß dem Coase-Theorem über entsprechende Ausgleichszahlungen eine Pareto-effiziente Allokation der Verfügungsrechte erreicht werden kann (die Annahme U der Arrow-Debreu-Welt ist hier nicht verletzt); vgl. zu einer anschaulichen grafischen Darstellung Neumann (1987), S. 248–249.

[73] Vgl. z.B. zur „Tragödie der Allmende" („tragedy of the commons") Hardin (1968); Richter/Furubotn (2010), S. 119–125; Ricketts (2002), S. 92–98.

nahme U verletzt und der erste Hauptsatz der Wohlfahrtstheorie nicht mehr anwendbar. Damit ist die Realisierung Pareto-effizienter Marktergebnisse gefährdet. Deutlich wird dies z.B. anhand negativer externer Effekte i.e.S. in Form von Umweltverschmutzung, bei der beispielsweise der Produzent P_1 durch die Einleitung seiner Industrieabfälle in einen Fluss den Produzenten P_2 schädigt.[74] Hierdurch werden die Kosten des P_1 geringer sein als die tatsächlich von ihm verursachten Kosten, und die Kosten des P_2 werden entsprechend höher sein als seine tatsächlich verursachten Kosten. Bezogen auf das Pareto-effiziente Marktergebnis wird P_1 daher eine zu hohe und P_2 eine zu geringe Gütermenge produzieren, d.h. die Verletzung der Annahme U über externe Effekte i.e.S. führt zu gesamtwirtschaftlichen Effizienzverlusten infolge einer verzerrten Kostenstruktur. Die hierbei von P_1 auf die Gemeinschaft (und daher auch teilweise oder gänzlich auf P_2) übertragenen Kosten der Umweltverschmutzung, die P_1 nicht trägt, lassen sich allgemein als ***soziale Kosten*** bezeichnen.[75] Im Fall positiver externer Effekte i.e.S. kann analog von ***sozialen Erträgen*** gesprochen werden.

II.2.3.1 Kooperationsprobleme und die Entstehung von Unternehmen

Die zentrale These des Abschnitts II.2 über Funktionsschwächen von Märkten war die, dass Institutionen und Organisationen bei einer Verletzung der Annahmen U und/oder K zur Kompensation oder aber Ausnutzung dieser Funktionsschwächen durch eine Gruppe von Akteuren ins Leben gerufen werden. Diese These lässt sich nun auch sehr deutlich anhand externer Effekte i.e.S. belegen. Institutionen und Organisationen zur Kompensation negativer externer Effekte können beispielsweise in der Verabschiedung von Umweltgesetzen und der Gründung des Bundesamtes für Umweltschutz sowie untergeordneter Kontrollinstanzen in Deutschland gesehen werden. Ein Ausnutzen positiver externer Effekte i.e.S. kann hingegen zur Entstehung von Organisationen in Form der ***privaten Unternehmung*** führen, wie der Ansatz von ALCHIAN/DEMSETZ (1972) zeigt.[76] Die Ausgangssituation in dem von ALCHIAN und DEMSETZ beschriebenen Szenario bildet eine Teamproduktion zwischen zwei Akteuren *i* und *j*. Deren gemeinsame Produktionsfunktion laute $\pi(e_i,e_j)$, wobei e_i den Arbeitseinsatz des *i* und e_j den des *j* bezeichne. Der Teamoutput π sei beobachtbar und verifizierbar bzw. kontrahierbar. Die Arbeitsanstrengungen e_i und e_j hingegen seien zwar im Prinzip innerhalb des Teams beobachtbar, aufgrund prohibitiv hoher Durchsetzungskosten jedoch nicht kontrahierbar.

---

[74] Der Anschaulichkeit halber kann man sich unter P_1 z.B. ein Chemieunternehmen und unter P_2 einen Binnenfischer vorstellen.

[75] Zu einer umfassenden Diskussion sozialer Kosten vgl. KAPP (1988).

[76] Vgl. auch SCHAUENBERG/SCHMIDT (1983), S. 259.

$\pi(e_i, e_j)$ steige sowohl in e_i als auch in e_j. Formal gelte für die Teamproduktionsfunktion $\pi(e_i, e_j)$ die ***Nichtseparabilitätsbedingung***

$$\frac{\partial^2 \pi}{\partial e_i \partial e_j} \neq 0 .^{77} \tag{II.26}$$

Die Nichtseparabilitätsbedingung (II.26) hat die folgende Bedeutung: Das einzelne Teammitglied *i* bzw. *j* kann durch eine Erhöhung des individuellen Arbeitseinsatzes zwar die Produktivität des anderen Teammitglieds und dadurch auch den gesamten Teamoutput erhöhen, eine individuelle Zurechnung der Ertragssteigerung ist aufgrund von (II.26) jedoch nicht möglich.[78] In diesem Fall lassen sich daher keine Privatrechte für individuelle Leistungen formulieren, sondern lediglich ein Gemeinschaftsrecht beider Teammitglieder zusammen für den gesamten Teamoutput. Technisch besagt die Bedingung (II.26), dass die individuellen Grenzproduktivitäten der beiden Akteure nicht voneinander isoliert werden können, so dass auch keine Entlohnung über das individuelle Wertgrenzprodukt gemäß der neoklassischen Inputregel zur Gewinnmaximierung möglich ist.[79] Eine der obigen Annahmen war, dass *input*-abhängige Verträge auf Basis individuell geleisteter Anstrengungen infolge prohibitiv hoher Durchsetzungskosten vor einer dritten Partei (z.B. Gericht) nicht kontrahierbar sind. In diesem Fall existiert produktionstechnisch bedingt die Möglichkeit von positiven externen Effekten i.e.S.: Jeder Akteur kann die Produktivität des anderen und damit den Teamoutput zwar erhöhen, ein Entgelt als Kompensation für die geleistete zusätzliche Anstrengung kann der betreffende Akteur wegen fehlender Kontrahierungsmöglichkeiten jedoch nicht erwarten. Individuell rational wäre für das einzelne Teammitglied daher ein Verhalten als so genannter ***Trittbrettfahrer*** oder ***Freifahrer***, indem er selbst Leistung – und damit Arbeitsleid – zurückhält und darauf hofft, dass der andere Akteur sich hingegen anstrengt. Da dieses individuell rationale Kalkül

---

[77] Bestehen nur positive Verbundeffekte innerhalb des Teams, so kann das „≠"-Zeichen auch durch „>" ersetzt werden.

[78] Genau genommen wird für die folgende Argumentation die technische Bedingung (II.26) gar nicht benötigt, sondern lediglich die Annahme, dass die individuellen Leistungsbeiträge der Teammitglieder nicht verifizierbar sind. Diese könnten daher auch perfekte Substitute innerhalb der Produktionsfunktion sein.

[79] Die neoklassische Zielfunktion der Unternehmung lautet für den statischen Einproduktfall $G(L, K) = Y(L, K) \cdot p - L \cdot w - K \cdot r \rightarrow \max_{L, K}$, mit G als Gewinn, L als homogener Inputfaktor „Arbeit", K als homogener Inputfaktor „Kapital", Y als Produktionsfunktion, p als Preis pro Outputeinheit, w als Lohn- und r als Zinssatz. Als Bedingung erster Ordnung für ein Gewinnmaximum erhält man für den Faktor „Arbeit": $(\partial Y/\partial L)\cdot p = w$. Nach dieser so genannten *Inputregel* wird der Faktor „Arbeit" demnach im Gewinnmaximum in Höhe seines Wertgrenzproduktes $(\partial Y/\partial L)\cdot p$ entlohnt. Solch eine individuelle leistungsgemäße Entlohnung ist bei Teamproduktion aufgrund der Nichtseparabilitätsbedingung nicht mehr möglich.

jedoch für beide Einzelakteure gilt, ist nicht damit zu rechnen, dass die positiven externen Effekte i.e.S. entstehen bzw. die realisierbaren sozialen Erträge aus Teamproduktion gesichert werden können.

Um das Trittbrettfahrerproblem genauer zu beschreiben, sei ***beispielhaft*** angenommen, dass die gemeinsame Produktionsfunktion beider Teammitglieder $\pi(e_i, e_j) = a \cdot e_i \cdot e_j$ laute mit $a > 0$ als Produktivitätsparameter. Die Kosten- bzw. Arbeitsleidfunktionen der Mitglieder seien identisch: $c(e_i) = (k/3) \cdot e_i^3$ und $c(e_j) = (k/3) \cdot e_j^3$ mit $k > 0$. Da lediglich das gemeinsame Teamergebnis kontrahierbar ist und beide Teammitglieder homogen sind, sei von einer gleichmäßigen Aufteilung des Teamergebnisses ausgegangen (profit sharing). Die streng konkave Zielfunktion von Teammitglied i lautet demnach:[80]

$$\frac{ae_i e_j}{2} - \frac{k}{3} e_i^3 .$$

Die Bedingung erster Ordnung für den optimalen Arbeitseinsatz des i, $(ae_j)/2 - ke_i^2 = 0$, lässt sich umformen zu

$$e_i^*(e_j) = \sqrt{\frac{ae_j}{2k}} .$$

Die Funktion $e_i^*(e_j)$ beschreibt als ***Reaktionsfunktion*** des i, wie Teammitglied i optimal auf die von j gewählte Anstrengung reagieren sollte. Deutlich werden hierbei die Auswirkungen der positiven externen Effekte i.e.S.: Je mehr sich j anstrengt, umso größer ist die Produktivität des i und desto mehr wird sich i daher auch anstrengen. Als erste Lösung folgt unmittelbar $e_i^* = e_j^* = 0$. Zusammen mit der Optimalitätsbedingung für die Anstrengung des j, $(ae_i)/2 - ke_j^2 = 0$, ergibt sich als zweite Lösung:[81]

$$e_i^* = e_j^* = e^* = \frac{a}{2k} .$$

Bei der zweiten Lösung wird sich jedes Teammitglied im Optimum umso mehr anstrengen, je höher die Arbeitsproduktivität a und je niedriger der Kostenparameter k ausfallen. Die ***Pareto-effizienten Anstrengungen*** der Teammitglieder würden hingegen die streng konkave ***Wohlfahrtsfunktion***

[80] Die Bedingung zweiter Ordnung ist aufgrund der strengen Konkavität auf jeden Fall erfüllt.

[81] Die Lösungen bilden NASH-Gleichgewichte im Sinne der nicht-kooperativen Spieltheorie. Sie beschreiben diejenigen Stellen, an denen sich die Reaktionsfunktionen der beiden Akteure schneiden, wobei eine Reaktionsfunktion sämtliche besten Antworten auf die vom anderen Akteur jeweils gewählte Anstrengung zusammenfasst.

$$ae_ie_j - \frac{k}{3}e_i^3 - \frac{k}{3}e_j^3$$

maximieren. Aus den Bedingungen erster Ordnung, $ae_j - ke_i^2 = 0$ und $ae_i - ke_j^2 = 0$, erhält man die symmetrische Lösung

$$e_i^P = e_j^P = e^P = \frac{a}{k} > e^*.$$

Die individuell optimale Anstrengung jedes Teammitglieds, e^*, liegt also unterhalb des effizienten Anstrengungsniveaus. Zwar wird jedes Mitglied zum Teil die positiven externen Effekte nutzen und sich bei Mehranstrengung des anderen Mitglieds jeweils auch mehr anstrengen (siehe oben), dennoch ist es für den Einzelnen rational, als Trittbrettfahrer zu agieren und insgesamt Anstrengungen zurückzuhalten: Der Trittbrettfahrer profitiert unmittelbar selbst von dem eingesparten Arbeitsleid, während der verringerte Teamoutput aufgrund der Ergebnisteilung von beiden Mitgliedern jeweils zur Hälfte getragen wird. Im Endergebnis ist daher die individuell optimale Anstrengung jedes Teammitglieds nur halb so groß wie die Pareto-effiziente Anstrengung.

Man kann die bestehende Problematik auch anhand eines weiteren zentralen Begriffs des Property-rights-Ansatzes erläutern – anhand des Begriffs des ***öffentlichen Gutes*** (***public good***).[82] In dieser Situation gilt nicht das Ausschlussprinzip für Privatrechte, da *j* von einer Leistungserhöhung des *i* im Rahmen des gemeinsam erwirtschafteten Teamoutputs (= Gemeinschaftsgut) wegen der fehlenden Kontrahierbarkeit individueller Leistungen unweigerlich profitieren würde. Daher kann in diesem Fall auch von der Produktion eines öffentlichen Gutes durch den mehr leistenden Akteur gesprochen werden. Da Märkte für (positive) externe Effekte i.e.S. bzw. für öffentliche Güter jedoch nicht existieren, ist hier die zentrale Annahme U der ARROW-DEBREU-Welt verletzt.

Die grundsätzliche Problematik der Teamproduktion von ALCHIAN/DEMSETZ (1972) und die Entstehung der privaten Unternehmung zur Sicherung der sozialen Erträge aus Teamproduktion lässt sich didaktisch vereinfacht anhand eines nicht-kooperativen Spiels vom Typ ***Gefangenendilemma*** veranschauli-

[82] Öffentliche Güter lassen sich primär über zwei Eigenschaften charakterisieren. Zum einen ist für sie das *Ausschlussprinzip* privater Güter verletzt, d.h. Dritte können – aufgrund prohibitiv hoher Transaktionskosten – nicht vom Konsum eines öffentlichen Gutes abgehalten werden. Dies ist das Hauptmerkmal öffentlicher Güter, welches bewirkt, dass diese in der Regel nicht von Privatpersonen hergestellt werden. Zum anderen wird für öffentliche Güter oftmals auch zusätzlich *Nichtrivalität im Konsum* angenommen, d.h. eine bestimmte Einheit des öffentlichen Gutes kann von mehreren Konsumenten ohne Nutzenverlust gleichermaßen in Anspruch genommen werden.

chen.[83] Der Rückgriff auf die nicht-kooperative Spieltheorie an dieser Stelle empfiehlt sich aus zweierlei Gründen. Zum einen lassen sich spieltheoretisch Interdependenzen zwischen Einzelakteuren vergleichsweise präzise fassen. Zum anderen beruht die nicht-kooperative – im Gegensatz zur kooperativen – Spieltheorie auf der zentralen Prämisse, dass verbindliche Absprachen zwischen Akteuren (Spielern) ex ante nicht möglich sind, d.h. es existieren ***nicht-kontrahierbare Interaktionssituationen***. Zu erwartende Interaktionsergebnisse müssen daher allein anhand bestehender bzw. fehlender Gleichgewichtseigenschaften beurteilt werden. Die Unmöglichkeit bindender Absprachen im Rahmen nicht-kooperativer Spiele ließe sich inhaltlich beispielsweise auf die Existenz prohibitiv hoher Transaktionskosten zurückführen, wodurch man sich dann wiederum im Zentrum der Neuen Institutionenökonomik befände. Im einfachen Gefangenendilemmaspiel hat jedes Teammitglied lediglich zwei Handlungsalternativen (= Strategien). Akteur i (bzw. j) kann sich entweder für Kooperation – Strategie C – oder aber für Leistungszurückhaltung bzw. Defektion – Strategie D – entscheiden. Die Wahl der Strategie C bedeutet, dass der betreffende Akteur eine vergleichsweise hohe Arbeitsanstrengung wählt, Die Wahl von D hingegen bedeutet, dass der betreffende Akteur sich als Trittbrettfahrer verhält und sich zur Minimierung seines Arbeitsleids für eine möglichst geringe Anstrengung entscheidet. Die Gefangenendilemmasituation kann als Matrixspiel daher wie folgt skizziert werden:

		j: C	*j*: D
i	C	y , y	w , z
	D	z , w	x , x

mit $z > y > x > w$.

Die Eintragungen seien der Einfachheit halber monetäre Werte, wobei der Wert links vom Komma für das individuelle Ergebnis des Zeilenspielers i und der Wert rechts vom Komma für das individuelle Ergebnis des Spaltenspielers j steht.[84] Informationsprobleme seien hier insofern ausgeschlossen, als die Matrix und die Relationen zwischen den Ergebniswerten gemeinsames Wis-

[83] Vgl. SCHAUENBERG (1991); FÖHR (1991), S. 81–102.

[84] Das individuelle monetäre Ergebnis eines Spielers berechnet sich hier als Anteil am Teamergebnis verringert um das individuelle Arbeitsleid des Spielers.

sen von i und j seien.[85] Das beste individuelle Ergebnis (z) erzielt ein Akteur, wenn er sich erfolgreich als Trittbrettfahrer verhält. Hierbei spart er selbst persönliches Arbeitsleid ein, profitiert jedoch durch seinen Anteil am Teamoutput von der Anstrengung des anderen. Für Letzteren wird in solch einer Situation das denkbar schlechteste individuelle Ergebnis (w) realisiert. Ferner wird in der Matrix davon ausgegangen, dass in dem Sinne durch Teamproduktion Zusatzvorteile für die Beteiligten erzielbar sind, als das individuelle Ergebnis (= Anteil am Teamoutput abzüglich des geleisteten Arbeitsleids in monetären Größen) bei Kooperation größer als bei Defektion ist: $y > x$.

Eine ***Gleichgewichtslösung*** für das Gefangenendilemma ist nun einfach zu finden. Man sieht, dass wegen $z > y$ und $x > w$ für jeden der beiden Akteure D grundsätzlich die bessere Strategie ist, unabhängig, ob der jeweils andere Akteur C oder D wählt. Spieltheoretisch liegt damit ein eindeutiges NASH-Gleichgewicht[86] ***in dominanten Strategien*** vor; die Wahl von D ist zwingend individuell rational für jeden Akteur in diesem Kontext. Das Dilemma in dieser Situation besteht darin, dass für beide Akteure durch die Wahl der Strategiekombination (C, C) im Vergleich zu (D, D) eine Pareto-Verbesserung realisiert würde,[87] (C, C) jedoch kein NASH-Gleichgewicht darstellt und als Lösung des Spiels damit auch nicht zu erwarten ist.

Dieser ***Widerspruch zwischen individueller und kollektiver Rationalität*** lässt sich nun auf die Problematik positiver externer Effekte i.e.S. beziehen. Im obigen Gefangenendilemma kann die Differenz $\Delta := 2(y - x)$ als diejenigen sozialen Erträge interpretiert werden, die im Rahmen gemeinsamer Teamproduktion möglich wären. Aufgrund prohibitiv hoher Transaktionskosten, die eine Marktlösung über gegenseitige Verträge für das Kooperationsproblem verhindern, ist eine Sicherung dieser sozialen Erträge zunächst einmal jedoch nicht erreichbar. Ein analoges Ergebnis würde sich bei einer Teamproduktion mit mehr als zwei Akteuren einstellen. Das Trittbrettfahrerproblem würde sich lediglich noch weiter verschärfen, da sich mit zunehmender Teamgröße der individuelle Vorteil aus vermehrter Arbeitsanstrengung verringern würde,

---

[85] Allerdings ist mindestens ein Teil dieses gemeinsamen Wissens nicht vor einer dritten Partei durchsetzbar, so dass explizite Kontraktlösungen versagen.

[86] Eine Strategiekombination aus wechselseitig besten Antworten wird als *NASH-Gleichgewicht* bezeichnet, wobei eine *beste Antwort* diejenige Strategie eines Akteurs ist, die seinen Nutzen bei gegebener Strategie des anderen (im Fall $n > 2$ Akteure: bei gegebenen Strategien der anderen Akteure) maximiert. Die Überprüfung eines NASH-Gleichgewichts im obigen Matrixspiel mit lediglich vier Matrixzellen ist schnell getan: Ein NASH-Gleichgewicht liegt vor, wenn jeder Akteur bei gegebener Strategie des jeweils anderen Akteurs keinen Anreiz mehr hat, individuell von seiner Strategie abzuweichen.

[87] Die Strategiekombination (C, C) kann damit auch als kollektiv rational bezeichnet werden.

während der individuelle Vorteil aus Leistungszurückhaltung – eingespartes Arbeitsleid – gleich bleiben würde.[88]

Entstehung der kapitalistischen Unternehmung

An dieser Stelle kommt nun ***der klassische Unternehmer*** bei ALCHIAN/DEMSETZ (1972) ins Spiel. Die Überlegung von ALCHIAN und DEMSETZ ist dabei die, dass sich in der gegebenen Dilemma-Situation ein Akteur (ein Teammitglied oder ein Außenstehender) darauf spezialisiert, die individuell geleisteten Arbeitsanstrengungen sämtlicher Teammitglieder zu überwachen. Dieser Überwacher hat infolge seiner Spezialisierung und der Beobachtung direkt vor Ort nur vergleichsweise niedrige Kontrollkosten. Er kauft den Teammitgliedern quasi die Kontrollrechte über sie ab, indem er ihnen im Gegenzug ein festes Kontrakteinkommen gewährt. Der Anreiz zur Kontrolle entsteht für den Überwacher dadurch, dass er das Residualeinkommen, d.h. den monetären Teamoutput nach Abzug der Kontrakteinkommen und der Kosten für sonstige Inputfaktoren, erhält. Er wird daher ein entsprechend großes Interesse daran haben, dass die Teammitglieder ihren versprochenen Arbeitsanstrengungen auch nachkommen. Insgesamt lässt sich der Überwacher durch ein ganzes ***Bündel an Verfügungsrechten*** näher charakterisieren:[89] Er erhält (1) das Recht auf das Residualeinkommen, (2) das Recht auf eine Kontrolle bzw. Überwachung der individuellen Arbeitsanstrengungen der Teammitglieder, (3) das Recht, mit allen Teammitgliedern Verträge abzuschließen, und (4) das Recht, die vorangegangenen Rechte zu veräußern. Die Rechte (1) und (4) bewirken entsprechende Kontroll- und Disziplinierungs*anreize* auf Seiten des Überwachers. Die Anreizwirkung des Residualrechts (1) wurde oben bereits erläutert. Das Verkaufsrecht (4) sichert, dass der Überwacher nicht nur kurzfristige Kontrollanreize verspürt, sondern ebenso an der langfristigen Leistungsfähigkeit des Teams interessiert ist. Die Rechte (2) und (3) sind entscheidend, damit der Überwacher neben einer Inputkontrolle auch die *Möglichkeit* hat, eine wirkungsvolle Disziplinierung vorzunehmen und nach entdeckter Defektion das entsprechende Teammitglied aus dem Team auszuschließen. Der entdeckte Trittbrettfahrer hätte durch den Ausschluss aus der

[88] Implizit angenommen wird damit eine Gleichverteilung des Teamoutputs auf alle Teammitglieder, so dass der individuelle Anteil am Teamoutput bei gegebener (hoher) Arbeitsanstrengung mit zunehmender Teamgröße sinkt. Insgesamt ergibt sich folgende Konstellation: Sei $\pi(\boldsymbol{e})$ die Teamproduktionsfunktion, $\boldsymbol{e} = (e_1,..., e_i,..., e_n)$ der Vektor der individuellen Arbeitsanstrengungen, n die Anzahl der Teammitglieder und $c_i(e_i)$ das Arbeitsleid des Akteurs i in monetären Größen. Bei einer Gleichverteilung des Teamoutputs auf alle Teammitglieder würde sich – bei gegebenen Anstrengungen der Akteure – das individuelle Ergebnis $\pi(e)/n - c_i(e_i)$ des i bei der Wahl von C mit zunehmendem n verringern.

[89] Vgl. ALCHIAN/DEMSETZ (1972), S. 783.

Gemeinschaft den Nachteil, fortan nicht mehr an den sozialen Erträgen aus der Teamarbeit partizipieren zu können. Alle Rechte (1) bis (4) zusammen definieren den Überwacher als ***„klassischen" Unternehmer*** bzw. ***Eigentümer der kapitalistischen Unternehmung***.

Diskussion

Anhand des obigen Gefangenendilemmas zwischen den Akteuren *i* und *j* lässt sich nun genauer angeben, unter welchen Bedingungen die kapitalistische Unternehmung als spezielle Organisation zur Sicherung der sozialen Erträge aus Teamproduktion lohnenswert ist. Die Gründung einer solchen Unternehmung zur Ausnutzung der Marktschwäche „positive externe Effekte i.e.S." lohnt sich insgesamt dann für alle Beteiligten, wenn die erreichbaren ***sozialen Erträge*** (bzw. die ***Kooperationsrente***)[90] – im 2-Personen-Fall: die dauerhafte Realisierung von $\Delta = 2(y - x)$ – größer sind als die internen Transaktionskosten, die insbesondere durch die Überwachung der Teammitglieder für den Unternehmer anfallen. Mit der Entstehung einer Unternehmung vom ALCHIAN/DEMSETZ-Typ ist also nicht grundsätzlich, sondern nur dann zu rechnen, wenn die erreichbaren sozialen Erträge vergleichsweise hoch und die verursachten internen Transaktionskosten zur Sicherung der sozialen Erträge vergleichsweise gering sind. Die ***internen Transaktionskosten*** dürften infolge der Spezialisierung des Unternehmers auf seine Überwachungsfunktion und die räumliche Nähe zu den Teammitgliedern – alle arbeiten unter dem gemeinsamen Dach einer Organisation zusammen – relativ gering sein.

Auch wenn die internen Transaktionskosten deutlich niedriger ausfallen als die externen Transaktionskosten, verbleibt ein grundsätzliches Problem bei der ALCHIAN/DEMSETZ-Lösung: Um ***Sanktionen*** gegen einen Trittbrettfahrer im Team durchsetzen zu können, bedarf es der ***Verifizierbarkeit bzw. Kontrahierbarkeit eines Fehlverhaltens***. Mit anderen Worten, der Unternehmer muss vor einer dritten Partei (z.B. Gericht) glaubhaft belegen können, dass ein Teammitglied *D* und nicht *C* gespielt hat. Genau dies war jedoch ***bisher annahmegemäß ausgeschlossen*** worden, so dass auch externe Vertragslösungen über den Markt versagen. Wenn bei fehlender Verifizierbarkeit dem Unternehmer ein unbedingtes Sanktionsrecht per Arbeitsvertrag zugebilligt wird, ohne dass zuvor ein Fehlverhalten eines Teammitglieds vor Gericht belegt werden muss, besteht jedoch die hohe ***Gefahr opportunistischen Verhaltens durch den Unternehmer***. Dieser könnte im statischen (d.h. einperiodigen) Gefangenendilemma den Teammitgliedern ein bestimmtes Kontrakteinkommen nach geleisteter Arbeitsanstrengung für den Fall versprechen, dass die

[90] Vgl. zu dieser alternativen Bezeichnung SCHAUENBERG (1991), S. 334; FÖHR (1991), S. 93.

Teammitglieder sich im Sinne der Strategie *C* verhalten. Ex post, also nach Wahl von *C* durch jedes Teammitglied, wäre es dann jedoch rational für den Unternehmer zu behaupten, jedes Teammitglied hätte *D* gewählt, um es anschließend unter Einbehaltung des Kontrakteinkommens zu entlassen. Damit hätte der Unternehmer seine Lohnkosten minimiert. Genau genommen wäre es für den Unternehmer ex post immer rational, die Wahl von *D* durch jedes Teammitglied zu behaupten, unabhängig vom tatsächlichen Verhalten. Dies würde jedoch von beiden Teammitgliedern antizipiert werden, so dass bei rationalem Verhalten aller Beteiligten ein Team und damit auch Teamproduktion erst gar nicht zustande kämen. Alternativ könnte der Unternehmer ein unbedingtes Sanktionsrecht auch dafür verwenden, höhere als die vereinbarten Anstrengungen von den Teammitgliedern zu erpressen. Auch dies würde von potentiellen Teammitgliedern antizipiert werden, so dass wiederum Arbeitsverhältnisse erst gar nicht zustande kämen. Insgesamt bleibt daher festzuhalten, dass ***erhebliche Bedenken gegen die Autoritätslösung*** von ALCHIAN und DEMSETZ sprechen.

Geht man allerdings von einem ***dynamischen Kontext*** aus, bei dem das statische Gefangenendilemma wiederholt gespielt wird, so bestände – wie oben implizit argumentiert wurde – die Möglichkeit, Trittbrettfahrer durch drohenden Ausschluss aus dem Team zu sanktionieren: Diese hätten durch „Ausschluss aus der Gemeinschaft den Nachteil, fortan nicht mehr an den sozialen Erträgen aus der Teamarbeit partizipieren zu können". Hat ein Teammitglied in einer Periode die Strategie *D* gewählt, so könnte der Unternehmer nach dieser Periode den ***Vertrag einfach nicht mehr verlängern***. Sofern die entgangenen Kontrakteinkommen (als Anteile an der Kooperationsrente) für die Teammitglieder hinreichend groß sind, wäre nun eine Sanktionierung möglich, ohne dass die Wahl von *D* kontrahierbar ist. Auch könnten ***Reputationseffekte*** in einem dynamischen Kontext dazu beitragen, dass die ALCHIAN/ DEMSETZ-Lösung nun funktioniert. Angenommen sei, dass der Unternehmer wiederum ein unbedingtes Sanktionsrecht hätte, ohne ein Fehlverhalten beweisen zu müssen. Auch wenn opportunistisches Verhalten des Unternehmers immer noch nicht durch ein Gericht verhindert werden könnte, ist jedoch nicht auszuschließen, dass dieses Verhalten (partiell) extern beobachtbar ist und sich auf dem Arbeitsmarkt (z.B. per „Mund-zu-Mund-Propaganda") herumspricht. Wenn nun die Reputation des Unternehmers so schwer beschädigt wäre, dass zukünftig kein Arbeitnehmer mehr bereit ist, einen Kontrakt als Teammitglied zu unterschreiben, dann könnte opportunistisches Verhalten durch den Unternehmer verhindert werden. Bei hinreichend hoher ***Markttransparenz*** dürfte die Autoritätslösung dann also anwendbar sein.

In einem ***dynamischen Kontext*** ist die ***Notwendigkeit einer Autoritätslösung*** in Form eines kapitalistischen Unternehmers jedoch auch ***grundsätzlich***

anzuzweifeln. Vielmehr ist vorstellbar, dass sich nun eine ***freiwillige Kooperation*** der Teammitglieder ergibt. Bei Wiederholung des Gefangenendilemmas besteht für ein Teammitglied die Möglichkeit, bei der Wahl von *D* durch das andere Teammitglied mit Sanktionen in Form verweigerter Kooperation in den nachfolgenden Spielen zu reagieren. Durch die gegenseitige glaubhafte Androhung solcher Sanktionen ist es unter bestimmten Bedingungen möglich, dass zwischen *i* und *j* aus Eigeninteresse eine dauerhafte Kooperation zustande kommt.[91] Im Falle gegenseitig perfekt beobachtbarer Strategienwahl ist eine wichtige Bedingung für freiwillige Kooperation, dass der Zeitpunkt des letzten Aufeinandertreffens den beiden Akteuren *i* und *j* nicht bekannt ist. Ansonsten ist auch im wiederholten Gefangenendilemmaspiel damit zu rechnen, dass von *i* und *j* dauerhaft *D* gewählt wird.[92] Entscheidend ist daher eine unendliche Wiederholung des einfachen Gefangenendilemmaspiels bzw. ein ***offener Zeithorizont*** bei *i* und *j*, wodurch nach jeder Wiederholung jeweils eine positive Wahrscheinlichkeit dafür besteht, auch in der Folgeperiode wieder im Rahmen der Teamproduktion aufeinander zu treffen. Weitere Bedingungen für eine freiwillige dauerhafte Kooperation sind beispielsweise hinreichend große Diskontparameter (bzw. kleine Kalkulationszinssätze) bei den Beteiligten, so dass zukünftige Kooperationserträge mit nicht unerheblichem Gewicht in das Kalkül der beiden Akteure eingehen, sowie die Wahl bedingt kooperativer Superspielstrategien.[93] Ist nun eine freiwillige dauerhafte Kooperation aufgrund günstiger Situationsbedingungen zwischen *i* und *j* möglich, so wird der ALCHIAN/DEMSETZ-Unternehmer zur Sicherung der sozialen Erträge nicht mehr benötigt und daher auch keine Organisation als Kompensationsmechanismus.

Eine zusätzliche Überlegung kann jedoch für die Entstehung von Organisationen infolge von Kooperationsproblemen vom Typ Gefangenendilemma angeführt werden: Für reine Markttransaktionen besteht im Prinzip jederzeit die Möglichkeit, dass Akteur *i* nach einmaliger Ausnutzung der Kooperationsbereitschaft des *j* die bestehende Teamproduktion verlässt, um mit einem anderen Akteur *k* eine neue Teamproduktion zu beginnen. Eine dauerhafte Sankti-

---

[91] Vgl. SCHAUENBERG (1991).

[92] Dieses Ergebnis folgt aus der Lösung des endlichen Spiels mittels *Rückwärtsinduktion*: Die letzte Wiederholung des einfachen Gefangenendilemmas entspricht dem statischen Spiel, so dass beide Akteure hier als jeweils dominante Strategie *D* wählen. Damit geht man einen Schritt zur vorletzten Wiederholung zurück. Da das Ergebnis der letzten Wiederholung antizipierbar ist, bestehen auch im vorletzten Spiel keine glaubhaften Sanktionsmöglichkeiten mehr. Beide werden daher auch im vorletzten Spiel jeweils *D* wählen usw.

[93] Eine solche Strategie bildet z.B. die so genannte *Trigger-Strategie*, bei der ein Akteur zunächst mit *C* beginnt und so lange weiter *C* wählt, wie auch der andere *C* gewählt hat. Wählt der andere Akteur einmal *D*, so wird der betrachtete Akteur mit massiver Vergeltung darauf reagieren, indem er fortan nur noch *D* wählt.

onierung des i durch den j wäre dann nicht mehr möglich. Die ***Interaktionshäufigkeit zwischen Einzelakteuren unter dem Dach einer Organisation*** ist in der Regel jedoch ***viel größer***. Versteht man in diesem Sinne eine „Unternehmung als eine auf Dauer angelegte kooperative Veranstaltung von Individuen mit nicht notwendigerweise identischen Interessen zur Sicherung von höchst prekären möglichen Vorteilen gemeinsamen und koordinierten Verhaltens" (SCHAUENBERG/SCHMIDT 1983, S. 249), so ist eine dauerhafte Interaktion, die zu einer freiwilligen Kooperation führt, tendenziell eher in Unternehmen als in reinen Marktbeziehungen zu erwarten.

II.2.3.2 Koordinationsprobleme und die Entstehung von Unternehmen

Ein weiterer Aspekt wurde im letzten wörtlichen Zitat bereits angesprochen: koordiniertes Verhalten. Den Ausgangspunkt für das Gefangenendilemma bildete die allgemeine Problematik, dass infolge prohibitiv hoher Transaktionskosten bestimmte Ansprüche, Verfügungsrechte oder Aktionen nicht von einer dritten Partei nachprüfbar und daher auch nicht über explizite Verträge kontrahierbar sind. Diese Problematik muss jedoch nicht zwingend zu Kooperationsproblemen (im Sinne des Gefangenendilemmas) auf Märkten führen. Denkbar ist z.B. auch eine zweite Art von Problem, bei dem keine gravierenden Interessenunterschiede bestehen, sondern stattdessen verschiedene Gleichgewichtslösungen. In diesem Fall stehen die Akteure vor einem Abstimmungs- bzw. ***Koordinationsproblem***. Betrachtet sei dazu beispielsweise das folgende einfache Matrixspiel mit perfekter Information:[94]

		j: T_1	j: T_2
i	T_1	y, x	$0, 0$
	T_2	$0, 0$	x, y

mit $y > x > 0$.

Die beiden Akteure i und j verfügen jeweils über die zwei Strategien T_1 und T_2. Inhaltlich kann mit den beiden Strategien z.B. gemeint sein, dass jeder Akteur als Produzent auf dem Markt zwischen zwei technischen Standards T_1 und T_2 wählen kann, wobei T_1 der bisher von i und T_2 der bisher von j verwendete Standard sei. Angenommen sei ferner, dass beide Endprodukte – das des i (z.B. Computer) und das des j (z.B. Drucker) – zusammen von einem

[94] Dieses Spiel ist vom Typ „Kampf der Geschlechter"; vgl. z.B. RIECK (1993), S. 45.

Konsumenten nachgefragt werden müssen, damit dieser einen Nutzen aus dem Kauf realisiert. Wichtig ist daher für *i* und *j*, den gleichen technischen Standard zu wählen, da die Nachfrage nach beiden Endprodukten ansonsten gleich Null wäre. Dieses entspräche im obigen Spiel den beiden Strategiekombinationen (T_2, T_1) und (T_1, T_2).[95] Neben diesen Strategiekombinationen bestehen noch die Möglichkeiten, dass der *j* auf den Standard des *i* wechselt, (T_1, T_1), oder dass der *i* den Standard des *j* übernimmt, (T_2, T_2). In beiden Fällen realisieren die Akteure positive Marktgewinne, nur dass wegen $x < y$ im ersten Fall der *j* und im zweiten Fall der *i* Umstellungskosten zu tragen hat.[96] Spieltheoretisch erhält man hier zwei verschiedene NASH-Gleichgewichte als Lösungen – (T_1, T_1) und (T_2, T_2). Es liegt daher ein Koordinationsproblem mit Verteilungswirkungen vor.[97] Unkoordiniertes Verhalten bei den Marktakteuren könnte nun dazu führen, dass jeder seinen ursprünglichen technischen Standard beibehält und somit die für beide Seiten ungünstige Kombination (T_1, T_2) gewählt wird, die beiden ein Ergebnis in Höhe von Null beschert.[98]

Denkbar wäre in dieser Situation nun eine Lösung durch einen Akteur – einer der beiden oder aber ein neuer dritter Akteur –, der sich gegen ein Entgelt die Koordinationsrechte sowie das Anrecht auf den Koordinationsertrag vertraglich sichert, so dass die zwischen *i* und *j* bestehenden Verbundvorteile auf jeden Fall realisiert werden. Als Ergänzung zum ALCHIAN/DEMSETZ-Unternehmer würde hier die ***Unternehmerfunktion*** nicht in der Kooperations-, sondern in der ***Koordinationssicherung*** bestehen.[99] Analog zu ALCHIAN/DEMSETZ (1972) wäre dann mit dem Entstehen einer Unternehmung zur Kompensation der Marktschwäche „Koordinationsprobleme“ zu rechnen, wenn die erzielbaren Koordinationserträge relativ groß und die internen Transaktions-

[95] Die erste angegebene Strategie steht für die vom Zeilenspieler *i* und die zweite für die vom Spaltenspieler *j* gewählte Strategie.

[96] Umstellungskosten für beide Akteure im Falle von (T_2, T_1) wurden vernachlässigt, da in dieser Situation rationalerweise von beiden Akteuren nicht produziert wird.

[97] Ein reines Koordinationsproblem (ohne Verteilungswirkungen) in Form mehrerer Gleichgewichtslösungen wäre im Fall $x = y$ gegeben. Denkbar ist auch eine Spielsituation, bei der die beiden Akteure in der Matrixzelle oben links (y, y) und in der Zelle unten rechts (x, x) mit $x < y$ realisieren sowie ansonsten (0, 0). Möglich wäre dann ein zusätzliches Koordinationsproblem dergestalt, dass sich die Akteure im schlechteren Gleichgewicht treffen und (x, x) erhalten. Zu bedenken ist allerdings, dass dieses Ergebnis nicht koalitionssicher im Sinne von BERNHEIM/PELEG/WHINSTON (1987) wäre.

[98] Vorstellbar ist auch, dass beide Akteure jeweils ihre Technologie wechseln, um (T_1, T_2) zu vermeiden. Wechselt jedoch jeder Akteur seine Technologie, so wird über (T_2, T_1) auch wiederum nur ein Ergebnis in Höhe von Null erzielt.

[99] Analog zum ALCHIAN/DEMSETZ-Fall könnte auch hier eine vergleichbare Diskussion der Bedeutung von Dauerhaftigkeit für die Lösung von Koordinationsproblemen geführt werden.

kosten zur Koordination relativ gering wären.[100] Im Gegensatz zum obigen Kooperationsproblem besteht im Falle des Koordinationsproblems jedoch der große Vorteil, dass die Umsetzung der vom Unternehmer vorgeschlagenen Lösung auch ohne zusätzliche Sicherungsmaßnahmen oder Annahmen über dauerhafte Interaktion zu erwarten ist, da sie als NASH-Gleichgewicht ***sich selbst durchsetzend (self enforcing)*** ist.

Zusammenfassend kann festgehalten werden: Die Existenz von Unternehmen lässt sich vor dem Hintergrund des Property-rights-Ansatzes damit erklären, dass durch das Zusammenwirken verschiedener Einzelakteure Verbundvorteile realisierbar sind, die sich über eine reine Marktlösung nicht sichern lassen. Zweierlei ***Typen von Verbundvorteilen*** wurden aufgezeigt – ***Kooperationsvorteile*** in Form sozialer Erträge bzw. Kooperationsrenten sowie ***Koordinationsvorteile***. Zur Gründung einer Unternehmung aus Kooperations- bzw. Koordinationsüberlegungen sind allerdings den realisierbaren Vorteilen die internen Transaktionskosten gegenüberzustellen, die bei einer Unternehmenslösung anfallen. Property-rights-Ansatz und Transaktionskosten hängen insgesamt sehr eng miteinander zusammen, da in einer Null-Transaktionskosten-Welt für alle denkbaren zustandsabhängigen Ansprüche Privatrechte formulierbar und ohne Probleme durchsetzbar wären. In solch einer Welt gäbe es keine externen Effekte i.e.S. und keine Verletzung der Annahme U der ARROW-DEBREU-Welt. Damit bildet die Existenz positiver Transaktionskosten nicht nur den zentralen Ausgangspunkt für informationsökonomische Überlegungen, sondern auch für den Property-rights-Ansatz.

II.2.4 Steigende Skalenerträge

In Unterabschnitt II.2.1 wurde im Rahmen der Allgemeinen Gleichgewichtstheorie gezeigt, dass Funktionsschwächen von Märkten nicht nur bei einer Verletzung der zentralen Annahme U, sondern auch infolge einer Verletzung der zweiten zentralen Annahme – der Konvexitätsannahme K – auftreten können. Ein typisches Beispiel für die Verletzung der Annahme K stellt die Existenz einer Technologie dar, die eine Produktion bei steigenden Skalenerträgen erlaubt. ***Steigende Skalenerträge*** liegen dann vor, wenn bei einer Vervielfachung sämtlicher Inputmengen um den Proportionalitätsfaktor λ der Output um mehr als das λ-fache steigt. Steigende Skalenerträge implizieren, dass die

[100] Eine typische Lösung realer Koordinationsprobleme der beschriebenen Art bildet eine Integration, bei der einer der beiden Akteure vom anderen aufgekauft wird und dadurch ein einheitlicher Standard erreicht wird. Eine andere Lösung könnte darin bestehen, dass nicht beide Akteure ihre Strategien simultan wählen, sondern einer der Akteure sein Endprodukt mit dem bisherigen Standard auf den Markt bringt, wodurch der andere Akteur in Zugzwang gerät; vgl. allgemein zu einer solchen Art von *first mover advantage* FÖHR (1997), S. 161.

Stückkosten mit zunehmender Ausbringungsmenge fallen und dass die Ertragsisoquanten nicht konvex zum Ursprung verlaufen. Letzteres bedeutet, dass die zentrale Annahme K verletzt ist. Nach den Ausführungen des Unterabschnitts II.2.1 ist die Annahme K eine hinreichende Bedingung für die Existenz eines Konkurrenzgleichgewichtes, d.h. für die Existenz einer stabilen Marktlösung. Steigende Skalenerträge beinhalten daher die Möglichkeit, dass ein Konkurrenzgleichgewicht nicht erreicht wird. Diese Gefahr lässt sich intuitiv wie folgt begründen: Ein Produzent, dessen Technologie steigende Skalenerträge aufweist, besitzt ein optimales Outputniveau, das theoretisch im Unendlichen und praktisch bei der Abnahmekapazität des von ihm belieferten Marktes liegt. Alle anderen sich ursprünglich auf dem Markt befindlichen Produzenten, die keine steigenden Skalenerträge aufweisen, würden vom betrachteten Produzenten vom Markt verdrängt werden.[101] Letztlich würde auf diese Weise ein Monopol entstehen, bei dem der Produzent mit den steigenden Skalenerträgen Monopolpreise und -mengen bestimmt, wodurch ein Konkurrenzgleichgewicht mit entsprechenden Konkurrenzpreisen und -mengen nicht mehr zustande kommt.

Durch den Übergang von der Allgemeinen Gleichgewichtstheorie bei Sicherheit zur ARROW-DEBREU-Welt bei Unsicherheit ergeben sich zusätzliche Möglichkeiten einer Verletzung der Annahme K. Beispielsweise besteht bei Unsicherheit die Möglichkeit ***stochastisch bedingter steigender Skalenerträge*** infolge von Versicherungseffekten und des Gesetzes der großen Zahlen.[102] Ein einfaches Zahlenbeispiel hierzu findet man bereits bei ARROW (1970). ARROW geht von folgender Situation aus:[103] Betrachtet seien Faktorkombinationen, die jeweils aus zwei Maschinen und einem Arbeiter bestehen. Die Maschinen können entweder laufen und dabei eine Outputeinheit erbringen oder aber infolge einer technischen Störung ausfallen, so dass kein Output erzeugt wird. Die Ausfallwahrscheinlichkeit jeder Maschine betrage ½, und die Maschinen seien stochastisch unabhängig. Ferner sei angenommen, dass jeder Arbeiter maximal eine Maschine zur gleichen Zeit bedienen kann. Es lässt sich nun zeigen, dass mit dem Übergang von einer auf zwei Faktorkombinationen steigende Skalenerträge beim erwarteten Output realisiert werden. Bei *einer Faktorkombination* beträgt der erwartete Output ¾, da in drei von vier möglichen Fällen mindestens eine Maschine läuft, so dass dann der eine Arbeiter eine Outputeinheit erzeugt. Verdoppelt man sämtliche Inputs, so dass

[101] Der betrachtete Produzent könnte durch die Ausweitung seiner Herstellmenge seinen Output bei so niedrigen Preisen anbieten, dass kein anderer Produzent außer ihm zu gleichen Preisen mindestens kostendeckend produziert.

[102] Ein anderes Beispiel bildet die Möglichkeit risikofreudiger Konsumenten, so dass die Menge unterhalb der Nutzenfunktion dieser Akteure nicht mehr konvex ist.

[103] Vgl. auch TIROLE (1988), S. 18.

zwei Faktorkombinationen – bestehend aus vier Maschinen und zwei Arbeitern – vorliegen, so ergibt sich ein erwarteter Output in Höhe von 13/8.[104] Beim Vergleich beider Erwartungswerte sieht man, dass eine Verdoppelung aller Inputs zu einem mehr als doppelt so großen erwarteten Output geführt hat: 13/8 > 2 · ¾ = 12/8. Verallgemeinert auf den Fall von *m* Maschinen und ½ *m* Arbeitern erhält man für den erwarteten Output, E(*m*), folgenden Ausdruck:[105]

$$\mathrm{E}(m) = \sum_{i=1}^{\frac{1}{2}m-1} i\binom{m}{i}0{,}5^m + \sum_{i=\frac{1}{2}m}^{m} 0{,}5m\binom{m}{i}0{,}5^m .$$

Man kann nun zeigen, dass die Hinzunahme weiterer Faktorkombinationen nicht nur zu positiven Differenzen E(*m* + 2) – E(*m*), sondern auch zu steigenden Differenzen führt, d.h. [E(*m* + 4) – E(*m* + 2)] – [E(*m* + 2) – E(*m*)] > 0.[106] In diesem Sinne werden durch die Ausweitung der Faktorkombinationen stochastisch bedingte Skalenvorteile ermöglicht, wodurch wiederum die zentrale Annahme K verletzt ist. Inhaltlich lassen sich die Skalenvorteile damit erklären, dass durch die weitere Hinzunahme zusätzlicher Faktorkombinationen Versicherungseffekte genutzt werden, die sich über das Gesetz der großen Zahlen ergeben. Durch die Erhöhung des Risikopools an unsicheren Maschinen kann letztlich der erwartete Output überproportional gesteigert werden.

Auch mit Hilfe steigender Skalenerträge lassen sich Organisationen in Form privater Unternehmen rekonstruieren, wobei Unternehmen nun nicht als Kompensationsmechanismen fungieren, sondern als soziale Gebilde zur Ausnutzung einer Marktschwäche. Von zentraler Bedeutung ist hierbei die Überlegung, dass steigende Skalenerträge vor allem dann genutzt werden können, wenn sich verschiedene Einzelakteure zu einem Mehr-Personen-Unternehmen zusammenschließen und durch die Kombination ihrer individuellen Ressourcen ***Verbundvorteile*** realisieren. Bei *Sicherheit* kann durch den Zusammenschluss mehrerer Faktorkombinationen ein Unternehmensoutput erzielt werden, der technologisch bedingt größer ist als die Summe der Einzeloutputs bei einer isolierten Produktion der Einzelakteure auf dem Markt. Verbundvorteile entstehen hierbei in Form von ***Vorteilen der Massenproduktion***. Diese Überlegung lässt sich sehr gut anhand realgeschichtlicher Befunde zur Industriellen Revolution verdeutlichen, die die Entstehung moderner Großunternehmen

---

[104] Der stochastische Output ist binomialverteilt, wodurch man im Falle zweier Faktorkombinationen einen Erwartungswert in Höhe von $1\binom{4}{1}0{,}5^4 + \sum_{i=2}^{4} 2\binom{4}{i}0{,}5^4 = 13/8$ erhält.

[105] *m* sei eine beliebige gerade natürliche Zahl. Vgl. KRÄKEL (1998a).

[106] Vgl. KRÄKEL (1998a), S. 14–16.

aufgrund von Vorteilen der Massenproduktion belegen.[107] Bei *Unsicherheit* können sich noch weitere Verbundvorteile für Unternehmen ergeben. Das obige Beispiel von ARROW hat gezeigt, dass durch den Zusammenschluss mehrerer Faktorkombinationen unter dem Dach einer Unternehmung unter bestimmten Bedingungen ***Versicherungsvorteile*** erzielbar sind. Reale Beispiele hierfür bilden joint ventures und strategische Allianzen auf dem Gebiet der Forschung und Entwicklung. Wenn mehrere Unternehmen ihre Industrieforscher zu einem gemeinsamen Forschungsprojekt zusammenziehen, so lässt sich hier möglicherweise ein Versicherungsvorteil erzielen.[108]

Die in den Unterabschnitten II.2.2 und II.2.3 aufgezeigten Ursachen für die Entstehung von Unternehmen konnten bei näherer Betrachtung letztlich auf die Existenz positiver Transaktionskosten zurückgeführt werden. Das Verhältnis der hier vorgestellten Skalenvorteile von Unternehmen zum ***Transaktionskostenansatz*** ist auf den ersten Blick nicht unbedingt ersichtlich. Skalenvorteile erlauben eine Produktion bei sinkenden Stückkosten. Produktionskosten sind jedoch gerade keine Transaktionskosten. Zunächst einmal liegt daher der Schluss nahe, dass die Existenz positiver Transaktionskosten in keinem Zusammenhang mit der Begründung von Unternehmen über Skalenvorteile steht. In den bei steigender Unternehmensgröße verursachten diseconomies of scale in Form interner Transaktionskosten kann vielmehr ein Grund dafür gesehen werden, warum reale Unternehmen mit steigenden Skalenerträgen an eine „natürliche Wachstumsgrenze" stoßen. Auf den zweiten Blick wird jedoch deutlich, dass in einer Null-Transaktionskosten-Welt auch ohne Unternehmen rein vertragliche Marktlösungen denkbar sind, die die Nutzung von Skalenvorteilen erlauben.[109] U.a. könnten in dem obigen Beispiel von ARROW die Arbeiter untereinander Versicherungsverträge abschließen: Bezogen auf den Erwartungswert, ist im Durchschnitt damit zu rechnen, dass pro Faktorkombination zu einem Arbeiter genau eine funktionsfähige Maschine korrespondiert. Betrachtet man z.B. zwei Faktorkombinationen, so sind jedoch Einzelfälle denkbar, in denen in der einen Faktorkombination der Arbeiter zwei funktionsfähige Maschinen besitzt, während der Arbeiter der anderen Faktorkombination über keine funktionsfähige Maschine verfügt. In einer Null-Transaktionskosten-Welt könnten nun vollständige Versicherungsverträge zwischen den Arbeitern geschlossen werden, die hierbei insofern zu einem Risikoausgleich führen, als im betrachteten Fall der Arbeiter der zweiten Faktorkombination gegen ein Entgelt eine der beiden Maschinen des ersten Ar-

---

107 Vgl. CHANDLER (1977), S. 240–314.

108 Diese Versicherungsvorteile werden aber eventuell zu dem Preis erkauft, dass es nun zu Trittbrettfahrerproblemen zwischen den beteiligten Unternehmen kommt, indem z.B. nur die unterdurchschnittlich fähigen Forscher geschickt werden.

109 Vgl. TIROLE (1988), S. 20–21.

beiters nutzen kann. Unternehmen ließen sich in dieser Situation daher erst dann begründen, wenn Skalenvorteile zusammen mit hohen externen Transaktionskosten auftreten, die eine reine Marktlösung unvorteilhaft erscheinen lassen. Letztendlich zeigen diese Überlegungen, dass bei näherer Betrachtung auch zwischen der Argumentation über Skalenvorteile und dem Transaktionskosten-Ansatz Verbindungen bestehen.

II.3 Zwischenfazit: Institutionen, Organisationen und Organisationsprobleme

Halten wir fest: Im Rahmen der Allgemeinen Gleichgewichtstheorie sowie in der ARROW-DEBREU-Welt sind sämtliche Transaktionskosten gleich Null und alle Märkte ohne Funktionsschwächen. Unter solchen Bedingungen gibt es für Einzelakteure keinen Anlass, über eine kollektive Absprache Institutionen und Organisationen zur Einsparung von Transaktionskosten oder zur Kompensation bzw. Ausnutzung von Marktschwächen zu gründen. Die Entstehung von Organisationen in Form von Mehr-Personen-Zusammenschlüssen lässt sich erst dann erklären, wenn man von der Annahme einer Null-Transaktionskosten-Welt sowie perfekter Märkte abrückt.[110] Unter den realistischeren Annahmen einer Second-best-Welt lässt sich insbesondere die Existenz privater ***Unternehmen*** damit begründen, dass durch die Umgehung des Marktes Transaktionskosten eingespart, Quasi-Renten gesichert, Probleme aus asymmetrisch verteilten Informationen besser gelöst, Kooperationsrenten und Koordinationserträge gesichert sowie Skalenvorteile ausgenutzt werden können. Von zentraler Bedeutung für diesen neoinstitutionalistischen Erklärungsansatz für die Existenz von Unternehmen ist dabei die Annahme positiver Transaktionskosten. U.a. lassen sich die Argumente der Unterabschnitte II.2.2 und II.2.3 über eine Verletzung der Annahme U der ARROW-DEBREU-Welt als Spezialfälle der Transaktionskostentheorie deuten, da in einer Null-Transaktionskosten-Welt weder Informationsprobleme noch Probleme hinsichtlich der genauen Spezifikation von Verfügungsrechten existieren. Mit Hilfe des Transaktionskostenansatzes von COASE (1937) lässt sich die Existenz von Unternehmen zusätzlich auch dann erklären, wenn sämtliche Märkte vorhanden und ohne Funktionsschwächen sind. Die bisherigen Überlegungen zur Begründung von Unternehmen im Sinne der Neuen Institutionen-ökonomik sind noch einmal in Abbildung II.3 zusammengefasst.

---

[110] Unternehmen existieren in der neoklassischen Theorie lediglich als stilisierte Einzelakteure; vgl. SCHAUENBERG (1993), Sp. 4169–4170.

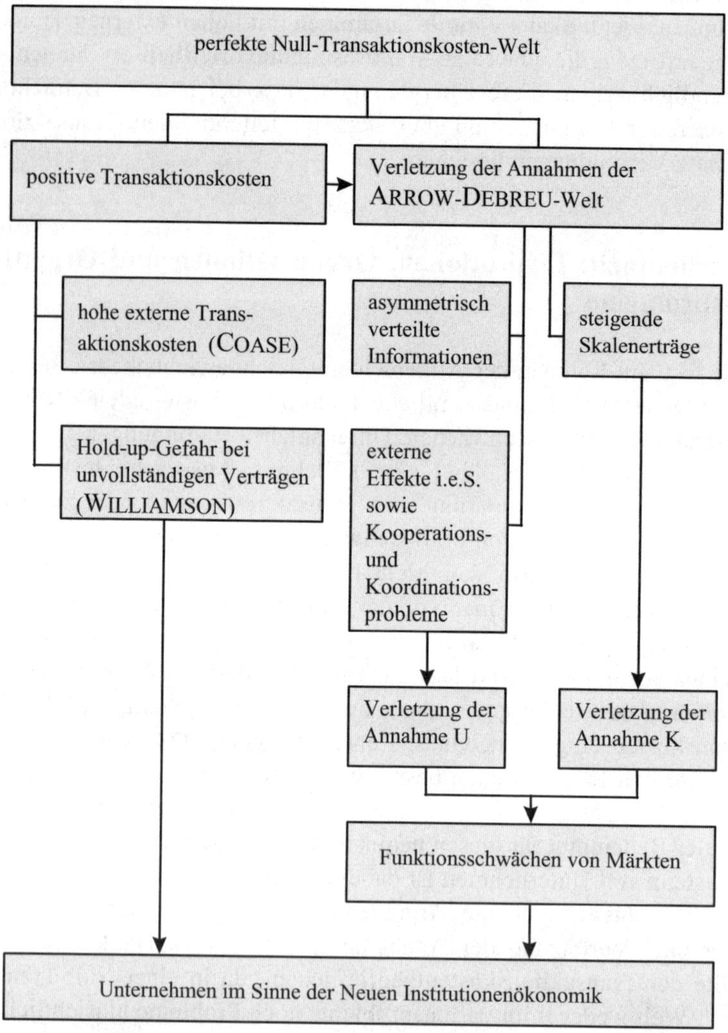

Abbildung II.3: Entstehung von Unternehmen

Will man die dauerhafte Beobachtbarkeit von Unternehmen auf Märkten vor dem Hintergrund der Neuen Institutionenökonomik erklären, so reicht streng genommen der bloße Hinweis auf kollektive Vorteile der „Unternehmensgründer" nicht aus. ***Zum einen*** weisen Unternehmen in der Second-best-Welt der Neuen Institutionenökonomik auch ***eigene interne Probleme*** auf, die teilweise eng miteinander zusammenhängen:

- In Unternehmen existieren interne Reibungsverluste, die sich ökonomisch größtenteils in Form ***interner Transaktionskosten*** niederschlagen. Die Wahl verschiedener Organisationsstrukturen für ein Unternehmen kann mit unterschiedlich hohen internen Transaktionskosten für die Benutzung der Strukturen verbunden sein. In Unterabschnitt III.1.2 soll dieser Zusammenhang exemplarisch anhand des realgeschichtlichen Übergangs von der funktionalen auf die divisionale Organisationsstruktur verdeutlicht werden (vgl. Beispiel III–1).

- Aus der Existenz positiver Transaktionskosten folgt zudem, dass auch ***interne Interaktionsbeziehungen*** in der Regel nur ***unvollständig geregelt*** sind. Sofern eines der Organisationsmitglieder spezifische Investitionen tätigt, sind nun auch innerhalb einer Organisation Ausbeutungs- bzw. Hold-up-Probleme durch andere Organisationsmitglieder nicht mehr auszuschließen. Ein typisches Beispiel bilden unvollständige Arbeitsverträge zwischen der Unternehmensleitung und Arbeitnehmern im Zusammenhang mit betriebsspezifischen Humankapitalinvestitionen. Allerdings sind auch ohne spezifische Investitionen bereits interne Probleme infolge unvollständig geregelter Interaktionsbeziehungen zu erwarten. Ist beispielsweise das Arbeitsergebnis eines Arbeitnehmers zwar von der Unternehmensleitung und dem Arbeitnehmer beobachtbar, nicht jedoch von einer dritten Partei, so sind keine ergebnisabhängigen Arbeitsverträge kontrahierbar. Bei einem solchen Arbeitsvertrag könnte die Unternehmensleitung dem Arbeitnehmer jederzeit unter der Behauptung eines schlechten Ergebnisses die Entlohnung vorenthalten. Ohne ergebnisabhängige Arbeitsverträge sind damit auch die meisten ergebnisabhängigen Anreizsysteme wie z.B. Prämien- oder Bonussysteme nicht anwendbar. Hieraus ergibt sich die Notwendigkeit, alternative Anreizsysteme zu suchen, die eine mögliche Leistungszurückhaltung des Arbeitnehmers verhindern. Auf diese Probleme sowie auf Lösungen, aber auch Folgeprobleme, wird in Kapitel III und IV noch ausführlicher eingegangen.

- Analog zu Märkten können auch Unternehmen Funktionsschwächen aufweisen. Auch wenn beispielsweise Unternehmen zur Kompensation von ***Anreiz- und Informationsproblemen*** auf Märkten entstehen, ist nicht davon auszugehen, dass *sämtliche internen* Anreiz- und Informationsprobleme gelöst sind. Hidden-action-Probleme in Form von Leistungszurückhaltung oder unbeobachtbarem opportunistischen Verhalten sind auch intern nicht vollkommen auszuschließen. Ebenso können Hidden-information-Probleme intern nicht mit Sicherheit verhindert werden. Wenn ein interner Akteur z.B. entsprechend seiner Risikoneigung am unsicheren Unternehmenserfolg partizipieren soll, so ist nicht ohne weiteres davon auszugehen, dass dieser seine tatsächliche Risikoneigung wahrheitsgemäß aufdeckt.

• Wie gezeigt wurde, lohnt sich der kollektive Zusammenschluss mehrerer Akteure zu einem Unternehmen im Prinzip dann, wenn hierdurch ein gemeinsamer Vorteil erzielt wird. Dabei kann es sich z.B. um Quasi-Renten infolge transaktionsspezifischer Investitionen (vgl. Abschnitt II.1), informationsbedingte Quasi-Renten[111] oder Kooperationsrenten handeln. Die Existenz solch interner (Quasi-)Renten birgt jedoch die Gefahr eines ***internen rent seeking***. Der Begriff „rent seeking" entstammt ursprünglich der Diskussion um Monopolrenten in der Wohlfahrtstheorie. Er lässt sich jedoch analog auf den Fall interner (Quasi-)Renten anwenden. Internes rent seeking umschreibt dann den ineffizienten Ressourceneinsatz (u.a. Arbeitsanstrengung, Arbeitszeit) einzelner Unternehmensmitglieder zur Erhöhung des eigenen (Quasi-)Rentenanteils auf Kosten anderer Unternehmensmitglieder.[112] Damit ist internes rent seeking nicht auf das Gewinnstreben des Unternehmens („profit seeking") ausgerichtet, sondern stattdessen auf ein opportunistisches Umverteilen der durch die Unternehmung erzielbaren Vorteile. Da diese Vorteile jedoch gerade die Existenz der Unternehmung begründen, ist internes rent seeking streng genommen ein unvermeidbares Folgeproblem.[113]

• Eng mit dem Problem des internen rent seeking hängt ein weiteres Folgeproblem zusammen, das sich speziell aus der Charakterisierung eines Unternehmens als ***Mehr-Personen-Zusammenschluss*** ergibt. Immer dann, wenn

---

[111] Sind durch die gemeinsame Zusammenarbeit verschiedener Akteure in einem Unternehmen die größten Informationsdefizite zwischen diesen abgebaut, so besteht dennoch eine asymmetrische Informationsverteilung zwischen unternehmensinternen und unternehmensexternen Akteuren. Die hierbei infolge symmetrischer Informationen entstehenden relativen Effizienzvorteile innerhalb eines Unternehmens würden durch die Auflösung des Unternehmens gänzlich und durch den Weggang einzelner Unternehmensmitglieder partiell verloren gehen. Diese relativen Effizienzvorteile lassen sich in diesem Zusammenhang als informationsbedingte Quasi-Renten interpretieren. Vgl. z.B. zu informationsbedingten Quasi-Renten bei nicht-spezifischen Humankapitalinvestitionen KATZ/ZIDERMAN (1990); CHIANG/CHIANG (1990a), (1990b).

[112] Formal lassen sich solche Verteilungskämpfe in Anlehnung an TULLOCK (1980) über so genannte rent-seeking contests diskutieren. Beispielsweise sei B die von einer Organisation erzielte Rente. Die Organisation bestehe aus $n > 2$ Mitgliedern und jedes Mitglied l ($l = 1, \ldots, n$) kann sich durch den Einsatz von x_i Ressourcen den Anteil $x_i /(x_i + \Sigma_{j \neq i}\, x_j)$ an B sichern. Jedes Mitglied i wird daher x_i so wählen, dass $B\, x_i /(x_i + \Sigma_{j \neq i}\, x_j) - x_i$ maximiert wird. Man erhält ein eindeutiges symmetrisches NASH-Gleichgewicht mit $x^* = B(n-1)/n^2$. Je größer also die Organisation ist, desto niedriger fällt zwar der Ressourceneinsatz x^* des Einzelnen aus („Entmutigungseffekt"), desto größer ist jedoch das gesamte Ausmaß $n\, x^*$ an Ressourcenverschwendung. Es existiert eine sehr umfangreiche Literatur zu rent-seeking contests; vgl. exemplarisch HILLMAN/RILEY (1989); GRADSTEIN/KONRAD (1999); HIRSHLEIFER (2001); KONRAD (2009). Zur Anwendung auf Organisationen vgl. MÜLLER/WÄRNERYD (2001); INDERST/MÜLLER/WÄRNERYD (2003); KRÄKEL (2006a), (2006b). In KRÄKEL (2006a) wird gezeigt, unter welchen Bedingungen exzessives internes rent seeking die Gründung von Organisationen verhindern kann.

[113] Die im vorletzten Punkt genannten internen Hold-up-Probleme lassen sich als Spezialfall von internem rent seeking interpretieren.

sich mindestens drei Akteure kollektiv zusammenschließen, bestehen im Prinzip Möglichkeiten ***interner Koalitionsbildungen***. Nicht auszuschließen ist daher, dass in einer Second-best-Welt intern opportunistisch nutzbare Freiräume existieren, so dass mindestens zwei Unternehmensmitglieder eine profitable und stabile Absprache (Kollusion) gegen mindestens ein anderes Unternehmensmitglied treffen.[114]

Zum anderen ist darauf hinzuweisen, dass durch die Erklärungsansätze der Neuen Institutionenökonomik nicht nur die Entstehung von Organisationen in Form von Unternehmen begründet werden kann, sondern auch die Entstehung ganz anderer Typen von Organisationen sowie die Entstehung von Institutionen. Dieser ***allgemeinere Erklärungsanspruch*** der Neuen Institutionenökonomik lässt sich bereits anhand weniger Beispiele verdeutlichen:

- Über die Bereitstellung positiver externer Effekte i.e.S. (öffentliche Güter) sowie einer Unterbindung negativer externer Effekte i.e.S. (z.B. Umweltverschmutzung, Überbeanspruchung frei zugänglicher Ressourcen) lassen sich der Staat im allgemeinen sowie die Verfassung, die gesetzlich geregelte Eigentumsrechtsordnung, öffentliche Einrichtungen und Behörden, die Strafgesetze usw. im speziellen begründen.
- Über steigende Skalenerträge lässt sich teilweise die Existenz bestimmter öffentlicher Behörden und öffentlicher Unternehmen erklären (z.B. öffentliche Energieversorgung, Müllabfuhr, Frischwasserversorgung, Abwasserentsorgung, öffentlicher Nahverkehr).[115]
- Transaktionskosten- und Skalenvorteile liefern Erklärungsansätze für bestimmte Intermediäre wie private Arbeitsvermittler.[116]
- Öffentliche Bildungseinrichtungen (z.B. Universitäten), durch die Akteure Arbeitsmarktzertifikate (z.B. Diplome) erwerben können, lassen sich über den Signaling-Ansatz von SPENCE (1973) rekonstruieren.[117]

---

[114] Spieltheoretisch sind Interaktionsbeziehungen daher nicht nur auf die Existenz von NASH-Gleichgewichten hin zu untersuchen, sondern im Fall mehrerer Gleichgewichte und mehrerer Akteure zusätzlich auf die Koalitionssicherheit (coalition proofness) einzelner Gleichgewichtspunkte. Ein NASH-Gleichgewicht ist dabei *koalitionssicher*, wenn keine stabile Koalition an Akteuren besteht, die sich durch ein gemeinsames Abweichen zu einer anderen Strategiekombination Pareto-besser stellen kann. Vgl. zu diesem NASH-Refinement BERNHEIM/PELEG/WHINSTON (1987) sowie die Diskussion in RAY (1996); MORENO/WOODERS (1996); MILGROM/ROBERTS (1996).

[115] Alternativ lassen sich diese (infolge von Skalenvorteilen) „natürlichen Monopole" auch privatisieren, wobei die Privatunternehmen üblicherweise dann einer staatlichen Regulierung unterliegen.

[116] Vgl. FÖHR (1995).

[117] Vgl. Beispiel II–3.

- Mit Hilfe von Transaktionskosten und anderen Bausteinen der Neuen Institutionenökonomik lassen sich alternativ zur privaten Unternehmung auch andere Organisationsformen wie z.B. Partnerschaften, Genossenschaften und Franchising erklären. Hierauf wird im Kapitel VI dieses Buches noch im Detail eingegangen.

Fasst man die beiden ergänzenden Punkte – den Hinweis auf interne Probleme von Unternehmen sowie den Hinweis auf den allgemeinen Erklärungsanspruch der Neuen Institutionenökonomik – zusammen, so lassen sich die bisherigen Aussagen zur Entstehung von Unternehmen in zwei Hauptergebnissen präzisieren:[118]

- ***Erstes Hauptergebnis:*** Eine notwendige Bedingung für die Existenz einer Unternehmung ist, dass durch die Unternehmensmitglieder kollektiv Nettovorteile erzielt werden. Die Nettovorteile ergeben sich aus dem gemeinsamen (Brutto-)Vorteil der Marktumgehung und der Kompensation bzw. Nutzung von Marktschwächen „abzüglich" der eigenen internen Probleme.

- ***Zweites Hauptergebnis:*** Institutionen und/oder Organisationen stehen untereinander in einem allgemeinen Konkurrenzverhältnis. Langfristig ist zu erwarten, dass sich – bezogen auf einzelne Teilmärkte –[119] diejenigen Institutionen und/oder Organisationen durchsetzen werden, die die jeweils größten Nettovorteile realisieren.[120] Hierbei kann es sich um die private Unternehmung, speziell in Form der modernen Aktiengesellschaft, handeln. Selbst dann ist jedoch nicht ausgeschlossen, dass die relative Überlegenheit der privaten Unternehmung z.B. nur auf einen einzelnen Teilmarkt beschränkt ist, auf dem sie mit anderen Organisationen in dauerhafter Konkurrenz steht.

Da die relative Vorteilhaftigkeit von Organisationen als Lösungsansatz in einer Second-best-Welt entscheidend davon abhängt, inwiefern die internen Organisationsprobleme gelöst werden können, soll auf diese Organisationsprobleme und deren Lösung nun in den folgenden Kapiteln III und IV genauer eingegangen werden.

---

[118] Vgl. auch RICHTER (1998), S. 326.

[119] Beispielsweise mag der Staat die überlegene Lösung beim Umgang mit bestimmten öffentlichen Gütern sein, eine allgemeine „staatlich gelenkte Marktwirtschaft" lässt sich daraus aber nicht ableiten.

[120] Zur evolutorischen Entwicklung von Institutionen und Organisationen vgl. insbesondere die Arbeiten von NORTH (1988), (1992).

Exkurs: Risikoneigungen

Es lassen sich drei grundsätzlich verschiedene Typen von Risikoneigungen bei den Akteuren bzw. Entscheidungsträgern unterscheiden – Risikoneutralität, Risikoaversion und Risikofreude. Mit „Risiko" ist sowohl das Verlust- als auch das Gewinnrisiko (bezogen auf den status quo) gemeint, so dass allgemein auch von Einkommensrisiko gesprochen werden kann. Entscheidend ist die Umweltunsicherheit, für die die Akteure unterschiedliche Präferenzen haben. Denkbar ist, dass Akteure dem Einkommensrisiko weder einen Disnutzen noch einen Zusatznutzen zuordnen, sondern ihm neutral gegenüberstehen und sich nur an den durchschnittlich erzielbaren Einkommensgrößen orientieren (***Risikoneutralität***). Realistischer noch ist die Annahme von ***Risikoaversion*** bei einem Akteur. Hierbei wird dem Risiko vom Akteur ein Disnutzen zugeordnet; er ist bereit, für die Vermeidung des Risikos einen Geldbetrag zu entrichten. Bei ***Risikofreude*** schließlich ist die Übernahme von Risiko mit einer Nutzensteigerung verbunden; einem risikofreudigen Akteur muss ein Entgelt entrichtet werden, damit dieser bereit ist, auf ein Risiko zu verzichten.

Für die Darstellung der verschiedenen Risikoneigungen findet man in der Literatur mehrere Möglichkeiten.[121] Sei x beispielsweise eine mit Risiko behaftete Einkommensgröße, $\mathrm{E}(x)$ der Erwartungswert der Zufallsvariable x und $S\ddot{A}$ als so genanntes ***Sicherheitsäquivalent*** derjenige sichere Geldbetrag, bei dem ein Akteur zwischen x und $S\ddot{A}$ indifferent ist. Die Differenz $R = \mathrm{E}(x) - S\ddot{A}$ sei als ***Risikoprämie*** definiert.[122] Für einen ***risikoneutralen*** Akteur gilt $\mathrm{E}(x) = S\ddot{A}$ bzw. $R = 0$, da für ihn lediglich das durchschnittliche Einkommen entscheidungsrelevant ist. Für einen ***risikoaversen*** Akteur hingegen gilt $\mathrm{E}(x) > S\ddot{A}$ bzw. $R > 0$, da er bereit ist, auf einen Teil des zu erwartenden Einkommens zu verzichten, wenn er dadurch das Risiko umgehen kann. Je größer R ist, desto stärker ist die Risikoaversion beim betrachteten Akteur ausgeprägt. Für einen ***risikofreudigen*** Akteur schließlich gilt $\mathrm{E}(x) < S\ddot{A}$ bzw. $R < 0$.

Für eine genauere Angabe des Grades an Risikoaversion, die ein Akteur empfindet, kann auf das ***Arrow-Pratt-Maß***[123] für lokale, absolute Risikoaversion zurückgegriffen werden. Sei $u(x)$ die zweimal differenzierbare Nutzenfunktion eines Akteurs, so lautet seine lokale Risikoaversion an der Stelle x:

---

[121] Vgl. z.B. Bamberg/Coenenberg (1996), S. 80–93.

[122] Genau genommen kann man zwischen vorteilhaften Risiken (Gewinnrisiken) und unvorteilhaften Risiken (Verlustrisiken) unterscheiden sowie zwischen einer *Risikoprämie* im ersten und einer *Versicherungsprämie* im zweiten Fall; vgl. Pratt (1964), S. 124–125. Auf solch eine Unterscheidung soll im Rahmen dieser Arbeit jedoch verzichtet werden.

[123] Vgl. Pratt (1964); Arrow (1970), S. 90–120.

$$r(x) := -\frac{u''(x)}{u'(x)} \tag{1}$$

Bei einem risikoaversen Akteur ist aufgrund der Konkavität der Nutzenfunktion $r(x) > 0$; je höher der Grad an Risikoaversion, desto größer ist $r(x)$.

Sicherheitsäquivalent, Risikoprämie und ARROW-PRATT-Maß hängen eng miteinander zusammen. Dazu sei der häufig in der Literatur anzutreffende Standardfall ***konstanter absoluter Risikoaversion (CARA)*** mit normalverteiltem Einkommen betrachtet. Hierbei sei μ der Erwartungswert und σ^2 die Varianz der normalverteilten Zufallsvariable x mit Dichtefunktion

$$f(x) = \frac{1}{\sigma\sqrt{2\pi}} \exp\left(-\frac{(x-\mu)^2}{2\sigma^2}\right).$$ [124]

Konstante absolute Risikoaversion bedeutet formal, dass das ARROW-PRATT-Maß $r(x)$ an jeder Stelle gleichgroß, also eine Konstante r, sei. Inhaltlich wird im CARA-Fall angenommen, dass sich der Grad der Risikoaversion eines Akteurs nicht ändert, wenn sein Vermögen größer oder kleiner wird.[125] Die Nutzenfunktion eines Akteurs mit konstanter absoluter Risikoaversion lautet $u(x) \sim -\exp(-rx)$ mit $r > 0$ als konstantes ARROW-PRATT-Maß.[126] „~" soll bedeuten, dass die beiden Ausdrücke bis auf eine positiv lineare Transformation gleich sind. Um die Nutzenfunktion im Ursprung beginnen zu lassen, kann im CARA-Fall auch von folgender (transformierter) Nutzenfunktion ausgegangen werden:

$$u(x) = 1 - \exp(-rx) \quad , r > 0. \tag{2}$$

Zusammen mit der Normalverteilungsannahme erhält man einen mathematisch sehr einfachen Zusammenhang zwischen Sicherheitsäquivalent, Risikoprämie und ARROW-PRATT-Maß für den CARA-Fall:[127] Der Erwartungsnutzen beträgt

$$\mathrm{E}[u(x)] = \int_{-\infty}^{\infty} (1-\exp(-rx)) \frac{1}{\sigma\sqrt{2\pi}} \exp\left(-\frac{(x-\mu)^2}{2\sigma^2}\right) dx$$

---

[124] „exp(·)" bezeichnet hierbei die Exponentialfunktion.

[125] Zwei andere Fälle werden hiervon in der Literatur unterschieden – der Fall abnehmender absoluter Risikoaversion (DARA = decreasing absolute risk aversion) sowie der Fall zunehmender absoluter Risikoaversion (IARA = increasing absolute risk aversion). Im DARA-Fall (IARA-Fall) wird davon ausgegangen, dass die Risikoaversion eines Akteurs mit zunehmendem Vermögen abnimmt (zunimmt). Vgl. zu den drei Fällen absoluter Risikoaversion sowie der Diskussion relativer Risikoaversion umfassend PRATT (1964).

[126] Vgl. PRATT (1964), S. 130.

[127] Vgl. BAMBERG/SPREMANN (1981), S. 212; WOLFSTETTER (1999), S. 347–348; STADLER (2003), S. 339.

$$= \int_{-\infty}^{\infty} 1 f(x)dx - \int_{-\infty}^{\infty} \frac{1}{\sigma\sqrt{2\pi}} \exp\left(-rx - \frac{(x-\mu)^2}{2\sigma^2}\right)dx$$

$$= 1 - \exp\left(-r\left(\mu - \frac{r}{2}\sigma^2\right)\right) \int_{-\infty}^{\infty} \frac{1}{\sigma\sqrt{2\pi}} \exp\left(-\frac{(x-(\mu - r\sigma^2))^2}{2\sigma^2}\right)dx.$$

Da der Integrand die Dichtefunktion einer Normalverteilung mit Erwartungswert $\mu - r\sigma^2$ und Varianz σ^2 beschreibt und die Fläche unterhalb einer Dichtefunktion immer 1 beträgt, folgt

$$\mathrm{E}[u(x)] = 1 - \exp\left(-r\left(\mu - \frac{r}{2}\sigma^2\right)\right) = u\left(\mu - \frac{r}{2}\sigma^2\right).$$

Weil nun für das Sicherheitsäquivalent definitionsgemäß $\mathrm{E}[u(x)] = u(SÄ)$ gilt, erhält man schließlich

$$SÄ = \mu - \tfrac{1}{2}\, r\, \sigma^2 = \mu - R. \tag{3}$$

Gleichung (3) besagt, dass im CARA-Fall mit normalverteiltem Einkommen x das Sicherheitsäquivalent als Differenz zwischen Erwartungswert μ und Risikoprämie R dadurch berechnet wird, dass man von μ die Hälfte des Produkts aus ARROW-PRATT-Maß r und Varianz σ^2 des Einkommens subtrahiert. Da der Erwartungsnutzen eines Akteurs als Erwartungswert des Ausdrucks (2) für eine Diskussion von Hidden-action-Problemen nicht so gut handhabbar ist wie $SÄ$ gemäß Gleichung (3), mit beiden Ausdrücken jedoch gleichermaßen die Präferenzen des Akteurs erfasst werden, wird in Hidden-action-Modellen mit CARA und Normalverteilung oftmals allein über das Sicherheitsäquivalent argumentiert. Hidden-action-Modelle sind dadurch relativ einfach zu lösen, was anhand der Ausführungen zum LEN-Modell in Unterabschnitt II.2.2.3 deutlich wird.

Lektürevorschläge zu Kapitel II

Lesenswert sind auf alle Fälle die wegweisenden Beiträge von COASE (1937), ARROW (1969), ALCHIAN/DEMSETZ (1972) und WILLIAMSON (1990), auf denen das Kapitel II im Wesentlichen aufbaut. Die Konzeption des Kapitels ist vor allem durch den Beitrag von SCHAUENBERG/SCHMIDT (1983) geprägt, der erste entscheidende Vorarbeiten für eine moderne Unternehmenstheorie im deutschsprachigen Bereich geliefert hat. Für einen umfassenden Überblick über den aktuellen Stand der Diskussion innerhalb der Neuen Institutionenökonomik sei auf RICHTER/FURUBOTN (2010) verwiesen. Einen ersten Einblick bietet bereits der Übersichtsartikel von RICHTER (1998).

Zusammenfassung

1. Innerhalb der neoklassischen Theorie friktionsloser Märkte erübrigt sich streng genommen eine Diskussion von Institutionen und Organisationen. Benötigt wird hier lediglich ein funktionsfähiges Rechtssystem als Basisinstitution, die der Regelung von Tauschbeziehungen dient.

2. Erst der Rahmen der Neuen Institutionenökonomik, welche von positiven Transaktionskosten und möglichen Funktionsschwächen von Märkten ausgeht, liefert eine geeignete Referenztheorie für die Erklärung der Existenz von Unternehmen in Form von Mehr-Personen-Zusammenschlüssen.

3. Als Ursachen für Funktionsschwächen von Märkten wurden asymmetrisch verteilte Informationen, externe Effekte i.e.S. und steigende Skalenerträge diskutiert.

4. Unter den – im Vergleich zur Neoklassik – realistischeren Annahmen der Neuen Institutionenökonomik sind jedoch auch Organisationen (wie z.B. Unternehmen) nicht frei von internen Problemen. Zudem sind viele verschiedene Institutionen und Organisationsformen denkbar, die zur Einsparung von Transaktionskosten oder zur Kompensation bzw. Ausnutzung von Marktschwächen entstehen können. Notwendig erscheint daher eine komparative Institutionenanalyse, mit deren Hilfe untersucht wird, welche Institutionen und/oder Organisationen sich in einer bestimmten Situation aufgrund der größten Nettovorteile durchsetzen werden.

Schlüsselbegriffe

adverse selection
ARROW-DEBREU-Welt
asymmetrische Informationsverteilung
Beschreibungsprobleme
Dauerhaftigkeit
hidden action
hidden information
hold up
Institutionen
Konvexität
Kooperationsprobleme
Koordinationsprobleme
LEN-Modell
moral hazard
Neue Institutionenökonomik
Nicht-Kontrahierbarkeiten
Organisationen
Prinzipal-Agent-Ansatz
Quasi-Rente
Transaktionskosten
Universalität von Märkten
Unterscheidungsprobleme

Kapitel III

Vertikale Organisationsprobleme

Die Ausführungen in Kapitel II haben gezeigt, dass auf der einen Seite Organisationen entstehen können, wenn durch die Umgehung des Marktes Vorteile erzielbar sind, auf der anderen Seite Organisationen jedoch auch eigene ***interne Probleme*** aufweisen. Hierzu zählen beispielsweise hohe interne Transaktionskosten, die durch die Wahl einer geeigneten Organisationsstruktur zum Teil vermieden werden können, sowie interne Hold-up-Probleme, Anreiz- und Informationsprobleme, internes rent seeking und ineffiziente Koalitionsbildungen (Kollusionen). Diese internen Probleme sollen nun unter dem Begriff „Organisationsprobleme" zusammengefasst und in den Kapiteln III und IV diskutiert werden. Im Vordergrund stehen dabei Organisationen in Form ***privater Großunternehmen***, wobei als *zentrale Prämisse* davon ausgegangen wird, dass die ***Unternehmensleitung*** die bestehenden Organisationsprobleme möglichst vollständig beheben will, da sie an einer ***Maximierung des Marktwertes der Unternehmung*** interessiert ist. Unter dem Marktwert der Unternehmung sei hierbei der ***shareholder value*** zu verstehen, der sich als Summe der erwarteten diskontierten Einzahlungsüberschüsse der Unternehmung (inklusive Liquidationswert) berechnet.[1] Den Ausgangspunkt der folgenden Überlegungen bildet grob die Vorstellung einer Prinzipal-Agent(en)-Beziehung zwischen der Unternehmensleitung als Prinzipal und den übrigen Unternehmensmitgliedern als Agenten.[2] Die folgende Beschränkung auf private Großunternehmen ist zwar an vielen Stellen nicht zwingend. Durch diese Beschränkung werden jedoch Differenzierungen zwischen unterschiedlichen Organisationsformen unnötig, die später gesondert in Kapitel VI behandelt wer-

---

[1] Für den shareholder value existiert keine einheitliche Definition; vgl. WENGER/KNOLL (1999). Die obige Beschreibung reicht jedoch als grobe Arbeitsdefinition für die weiteren Überlegungen aus. Der definierte Wert berücksichtigt im Rahmen der Einzahlungs*überschüsse* also bereits die – explizit oder implizit – kontrahierten Auszahlungsansprüche sämtlicher Parteien, die mit der Unternehmung in einer Vertragsbeziehung stehen (z.B. Arbeitnehmer, Zulieferer, Fremdkapitalgeber), und beziffert damit als Nettogröße die den Anteilseignern verbleibenden Residualrückflüsse.

[2] Damit ist nicht gemeint, dass *sämtliche* Organisationsprobleme auf asymmetrisch verteilte Informationen zurückzuführen sind. Die folgenden Überlegungen werden zeigen, dass einige der internen Probleme selbst bei symmetrischer Informationsverteilung auftreten können, sofern infolge prohibitiv hoher Durchsetzungskosten Interaktionsbeziehungen nichtkontrahierbar sind.

den. Auf diese Weise lässt sich hier das Hauptaugenmerk auf grundsätzliche interne Probleme und deren Lösungsmöglichkeiten in Organisationen bzw. Unternehmen richten.

In diesem Kapitel sollen diejenigen Organisationsprobleme diskutiert werden, die zwischen verschiedenen Hierarchieebenen im Unternehmen – speziell: zwischen anderen Unternehmensmitgliedern und der Unternehmensleitung – bestehen. Diese Probleme werden im Folgenden als ***vertikale Organisationsprobleme*** bezeichnet. Das Kapitel beginnt in Abschnitt III.1 zunächst einmal mit einem kurzen Überblick über die verschiedenen Organisationsbegriffe und -strukturen. Da der Prinzipal-Agent-Ansatz im folgenden den allgemeinen Rahmen für die Diskussion vertikaler Organisationsprobleme zwischen der Unternehmensleitung und den untergeordneten Unternehmensmitgliedern bildet, soll zudem auf die verschiedenen Varianten des Prinzipal-Agent-Grundmodells[3] näher eingegangen werden, die die internen Zusammenhänge in Organisationen besser abbilden als das einfache Standardmodell. Anschließend sollen in den Abschnitten III.2 bis III.7 die verschiedenen vertikalen Organisationsprobleme in Unternehmen behandelt werden. Ein absoluter Anspruch auf Vollständigkeit wird hierbei zwar nicht erhoben, der Diskussion liegt jedoch die Hoffnung zugrunde, dass die grundsätzlichen vertikalen Organisationsprobleme, die in beliebigen Organisationsstrukturen auftauchen können, damit abgedeckt sind.

III.1 Vorbemerkungen

III.1.1 Organisationsbegriffe

In der Literatur finden sich insbesondere zwei unterschiedliche Organisationsbegriffe, die einander gegenübergestellt werden – ein institutioneller Organisationsbegriff und ein instrumenteller Organisationsbegriff.[4] Die beiden Begriffe werden oftmals daran unterschieden, dass im ersten Fall eine Unternehmung eine Organisation *ist*, während im zweiten Fall eine Unternehmung eine Organisation *hat*.

Beim ***institutionellen*** Organisationsbegriff wird unter einer Organisation ein soziales Gebilde verstanden, zu dem sich mehrere Einzelakteure zur Erreichung eines gemeinsamen Ziels zusammengeschlossen haben. Dieser Organisationsbegriff entspricht weitestgehend dem bisher verwendeten Begriff einer Organisation als konkretes soziales, auf institutionellen Regeln aufgebautes

---

[3] Vgl. im Zusammenhang mit hidden action vor allem das LEN-Modell in Unterabschnitt II.2.2.3.

[4] Vgl. u.a. PICOT/DIETL/FRANCK (1997), S. 28–29.

Gebilde im Sinne der Neuen Institutionenökonomik. Das „gemeinsame Ziel“ kann mit dem Erreichen desjenigen gemeinsamen Vorteils gleichgesetzt werden, der in einer Second-best-Welt durch den kollektiven Zusammenschluss von Einzelakteuren erzielbar ist – z.B. eine Einsparung von Transaktionskosten oder die Sicherung von Quasi-Renten, Kooperationsrenten und anderen Verbundvorteilen.[5]

Beim ***instrumentellen*** Organisationsbegriff versteht man unter „Organisation“ ein Mittel zum Zwecke der Lösung von Koordinations-, Kooperations- und anderen Interaktionsproblemen zwischen Einzelakteuren. Sofern unter all diesen Problemen genau jene Marktprobleme zu verstehen sind, zu deren Lösung sich Einzelakteure unter dem Dach einer Organisation als soziales Gebilde zusammengefunden haben, ist der instrumentelle Organisationsbegriff ebenfalls im Begriff „Organisation“ im Sinne der Neuen Institutionenökonomik bereits enthalten. Subsumiert man unter den instrumentellen Organisationsbegriff allerdings sämtliche Maßnahmen, die in den Bereich „Organisieren“ fallen, so werden mit ihm zusätzlich auch die im folgenden zu diskutierenden Lösungsansätze für vertikale und horizontale Organisationsprobleme erfasst.

Insgesamt lassen sich für die folgenden Überlegungen damit auch zwei verschiedene Organisationsbegriffe unterscheiden. Zum einen sei unter „Organisation“ weiterhin der aus der Neuen Institutionenökonomik bekannte Begriff eines Mehr-Personen-Zusammenschlusses zur Erzielung eines kollektiven Vorteils in einer Second-best-Welt zu verstehen. Zum anderen sollte man für die folgenden Ausführungen auch ergänzend den Begriff des Organisierens im Hinterkopf behalten, wenn die Unternehmensleitung versucht, durch gezielte Maßnahmen die internen Organisationsprobleme zu lösen.

III.1.2 Organisationsstrukturen

Organisationsstrukturen beschreiben die Weisungs- und Kommunikationslinien zwischen den verschiedenen Organisationseinheiten.[6] Sie bilden daher quasi das Gerüst einer Unternehmung ab. Formale Organisationsstrukturen können bis hinunter auf die Ebene individueller Akteure festgelegt werden, so dass einzelne mit bestimmten Aufgaben versehene Stellen existieren und damit insgesamt eine fein gegliederte Stellenstruktur. Die traditionelle Struktur von Unternehmen stellt die ***funktionale Organisationsstruktur*** dar. Zentrales Merkmal dieser Struktur ist eine Gliederung der Organisationseinheiten auf der zweithöchsten Hierarchiestufe nach den unterschiedlichen betrieblichen

---

[5] Vgl. dazu Kapitel II.

[6] Zu einer genaueren Beschreibung von Organisations- und Stellenstrukturen vgl. PICOT (1993).

Funktionen.[7] Ein stark vereinfachtes Beispiel zeigt das Organigramm aus Abbildung III.1.

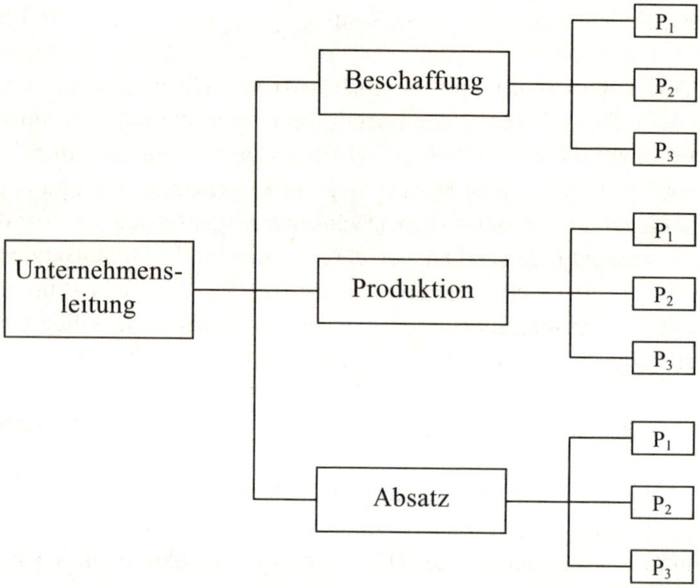

Abbildung III.1: Funktionale Organisationsstruktur

Unmittelbar nach der Unternehmensleitung schließt sich eine Stufe mit einzelnen Abteilungen für Beschaffung, Produktion und Absatz an. Eine Untergliederung nach den verschiedenen Produkten bzw. Produktgruppen P_1, P_2 und P_3 des Unternehmens erfolgt erst auf der dritten Ebene. Der große Vorteil dieser Organisationsstruktur besteht darin, dass auf der zweiten Stufe verstärkt Spezialisierungs- und Größenvorteile genutzt werden können. Beispielsweise kann für die Abteilung „Beschaffung" als Abteilungsleiter ein entsprechender Spezialist eingestellt werden, der sämtliche Beschaffungsaktivitäten für alle Produkte durchführt und dabei z.B. als Größenvorteil Preisnachlässe bei der Beschaffung sehr umfangreicher Rohstoffmengen erzielt. Aufgabe der Unternehmensleitung ist es, die Entscheidungen bezüglich der einzelnen Produkte so zu koordinieren, dass Beschaffung, Produktion und Absatz hinsichtlich P_1, P_2 und P_3 aufeinander abgestimmt sind.

[7] Vgl. KIESER/KUBICEK (1992), S. 86–95; PICOT/DIETL/FRANCK (1997), S. 211–217.

Die funktionale Organisationsstruktur wurde in der ersten Hälfte des 20. Jahrhunderts in vielen Großunternehmen durch die ***divisionale Organisationsstruktur*** abgelöst. Der wesentliche Unterschied zur funktionalen Organisationsstruktur besteht darin, dass auf der zweiten Ebene Organisationseinheiten – so genannte Divisionen – geschaffen werden, deren Leiter bzw. Manager speziell für einzelne Produkte oder Produktgruppen verantwortlich sind. Eine Untergliederung nach betrieblichen Funktionen erfolgt hier erst auf der dritten Ebene.[8] Ein einfaches Beispiel einer divisionalen Organisationsstruktur zeigt Abbildung III.2.

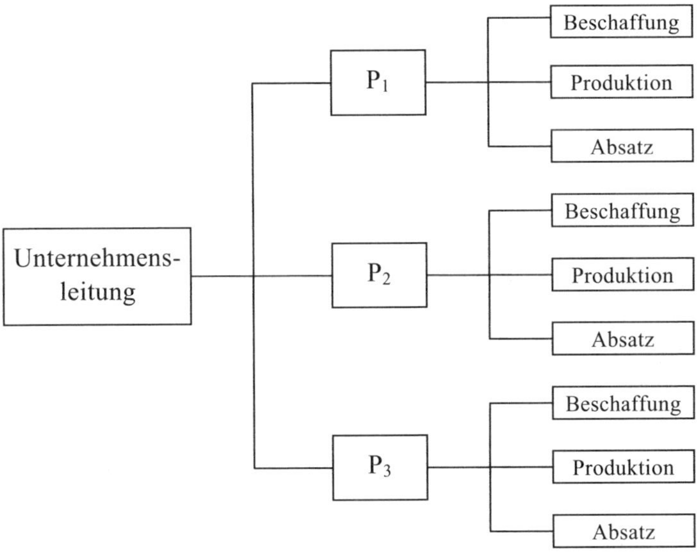

Abbildung III.2: Divisionale Organisationsstruktur

Ein großer Vorteil der divisionalen Organisationsstruktur kann darin gesehen werden, dass sämtliche betrieblichen Entscheidungen hinsichtlich eines bestimmten Produktes in der Hand eines einzigen Produktmanagers bzw. Divisionsleiters sind. Dieser kann nun beispielsweise sehr schnell auf Marktveränderungen bei „seinem" Produkt reagieren und Beschaffung, Produktion und Absatz unmittelbar der neuen Marktsituation anpassen. Aufgabe der Unter-

[8] Vgl. KIESER/KUBICEK (1992), S. 86–95, 236–252; PICOT/DIETL/FRANCK (1997), S. 236–258. Als Synonyme für „divisionale Organisationsstruktur" findet man auch die Bezeichnungen „Spartenorganisation", „M-Form" bzw. „multidivisionale Form" sowie „Geschäftsbereichsorganisation".

nehmensleitung ist es hier, die Entscheidungen der verschiedenen Divisionsleiter zu koordinieren, so dass Synergieeffekte zwischen den Divisionen genutzt werden und eine gegenseitige Konkurrenz auf dem Markt verhindert wird.[9]

Der Übergang von der funktionalen auf die divisionale Organisationsstruktur in US-amerikanischen Großunternehmen wird ausführlich in den realgeschichtlichen Arbeiten von CHANDLER (1962, 1977) geschildert. Dass diese Entwicklung auch mit Hilfe der Neuen Institutionenökonomik erklärt werden kann, soll mit folgendem Beispiel exemplarisch gezeigt werden:

Beispiel III–1: Structure follows strategy

CHANDLERS These „structure follows strategy" – die Organisationsstruktur folgt der gewählten Marktstrategie – basiert vor allem auf seinen Beobachtungen über die historische Entwicklung der vier US-amerikanischen Großunternehmen General Motors, DuPont, Sears Roebuck und Standard Oil of New Jersey.[10] Die vier Unternehmen entschieden sich Anfang des 20. Jahrhunderts für eine ***Diversifikation*** als neue Marktstrategie: Statt nur ein einziges Produkt anzubieten, wurde dazu übergegangen, mit einem breiten Angebot an Produkten auf den Markt zu gehen. Der daraufhin vollzogene Wechsel der Organisationsstruktur von der funktionalen hin zur divisionalen Organisationsstruktur bei den vier Unternehmen lässt sich nach CHANDLER als direkte Folge der neuen Marktstrategie „Diversifikation" erklären. Für solch einen Erklärungsansatz sprechen auch Überlegungen der Neuen Institutionenökonomik:[11] Während bei der funktionalen Organisationsstruktur die für den Unternehmenserfolg wesentlichen Produktentscheidungen zentral von der Unternehmensleitung getroffen werden, finden die entsprechenden Entscheidungen bei der divisionalen Organisationsstruktur dezentral auf der Ebene der Divisionsleiter statt. Bei der funktionalen Organisationsstruktur müssen sämtliche Produktinformationen bis hinauf in die Unternehmensspitze gemeldet werden, die dort von einer kleinen Gruppe von Topmanagern verarbeitet und in Produktentscheidungen umgesetzt werden müssen, welche anschließend wiederum hierarchieabwärts weitergeleitet werden. Bei der divisionalen Organisationsstruktur hingegen verfügen die für die Produktentscheidungen verantwortlichen Divisionsleiter aufgrund ihrer unmittelbaren Marktnähe bereits über die notwendigen dezentralen Informationen. Durch den Übergang zu einem Mehr-Produkt-Unternehmen infolge von Diversifikation empfiehlt sich aus Sicht des Transaktionskostenansatzes ein Wechsel von der funktionalen zur divisionalen Organisationsstruktur. Zum einen wird im Transaktionskostenansatz von nur begrenzt rationalen Akt-

[9] Der Zusatz „auf dem Markt" ist wichtig, da ein unternehmensinterner Leistungswettbewerb zwischen den Divisionen aus Sicht der Unternehmensleitung durchaus wünschenswert sein kann.

[10] Vgl. CHANDLER (1962), (1977); KIESER/KUBICEK (1992), S. 238–246; MILGROM/ROBERTS (1992), S. 540–546.

[11] Vgl. MILGROM/ROBERTS (1992), S. 544–546. Die folgenden Ausführungen sollen lediglich einen möglichen Erklärungsansatz für die historische Entscheidung diversifizierter Großunternehmen geben, die ihre Organisationsstruktur auf eine divisionale Form umgestellt haben, obwohl eine derart umfassende Reorganisation mit erheblichen (Opportunitäts)Kosten verbunden war. Der Übergang zu Divisionalisierung soll nicht darüber hinwegtäuschen, dass auch divisionale Organisationsstrukturen mit Problemen behaftet sind. Oftmals bestehen beispielsweise zwischen Divisionen Interdependenzen durch gemeinsam genutzte Ressourcen oder durch einen innerbetrieblichen Leistungsaustausch. Mögliche Folgeprobleme sowie Lösungsansätze hierzu werden in den Unterabschnitten III.4 und IV.1 diskutiert.

euren ausgegangen.[12] Werden vom Unternehmen nun sehr viele unterschiedliche Produkte hergestellt, besteht die Gefahr, dass bei einer funktionalen Organisationsstruktur das Topmanagement aufgrund der sehr vielen und sehr unterschiedlichen Informationen und Entscheidungen völlig überlastet wird. Bei einer divisionalen Organisationsstruktur hingegen muss sich ein einzelner Divisionsleiter zusammen mit seinem Führungsstab lediglich um „sein" einzelnes Produkt kümmern. Zum anderen sind die Weisungs- und Kommunikationswege in einer funktionalen Organisationsstruktur sehr lang und damit die hierbei entstehenden internen Transaktionskosten sehr hoch. Durch den Übergang zum Mehr-Produkt-Unternehmen könnten diese internen Transaktionskosten für eine vollständige Koordination sämtlicher Produktentscheidungen prohibitiv hoch ansteigen. Bei einer divisionalen Organisationsstruktur fällt ein Großteil dieser internen Transaktionskosten hingegen weg, da der Divisionsleiter selbst schon die entscheidungsrelevanten Informationen „vor Ort" erhält und daraufhin unmittelbar reagieren kann. Schließlich weisen divisionale im Vergleich zu funktionalen Organisationsstrukturen auch insofern Transaktionskosten-Vorteile auf, als Kontrollkosten relativ gering und Anreizschemata vergleichsweise einfach zu implementieren sind. Ein bestimmter Divisionsleiter ist allein für „sein" Produkt verantwortlich, so dass eine Erfolgskontrolle ohne großen Aufwand anhand von Erfolgskennzahlen (wie z.B. Entwicklung des Divisionsdeckungsbeitrags) möglich ist. Eine anreizkompatible Entlohnung (z.B. als profit center) im Sinne der Prinzipal-Agent-Theorie kann daher ohne große Schwierigkeiten vorgenommen werden. Zwar sind in diesem Zusammenhang die in Unterabschnitt II.2.2 erläuterten Hidden-action-Probleme (z.B. Leistungszurückhaltung) beim Divisionsleiter nicht zu verhindern, da dieser einen dezentralen Informationsvorteil gegenüber der Unternehmensleitung besitzt. Jedoch liegen die Verantwortlichkeiten für die einzelnen Produkte eindeutig fest, was eine notwendige Voraussetzung für die Einführung einer anreizkompatiblen, ergebnisabhängigen Entlohnung ist. Bei einer funktionalen Organisationsstruktur ist hingegen oftmals nicht zu verhindern, dass der sinkende Markterfolg eines bestimmten Produktes dem dafür verantwortlichen Entscheidungsträger nicht genau zuzuordnen ist. Möglich wären ein Fehlverhalten beim Beschaffungsmanager, beim Produktionsmanager oder beim Absatzmanager oder aber ein unkoordiniertes Entscheidungsverhalten zwischen den dreien.[13] Entscheidend hinsichtlich der Ausgangsthese von CHANDLER ist, dass auch die zuletzt genannten Transaktionskosten- und Anreizvorteile der divisionalen gegenüber der funktionalen Organisationsstruktur mit steigendem Diversifikationsgrad entsprechend zunehmen.

Als dritte idealtypische Form einer Organisationsstruktur wird in der Literatur die ***Matrixorganisation*** unterschieden.[14] Ein vereinfachtes Beispiel findet sich in Abbildung III.3. Bei einer Matrixorganisation wird bewusst eine Überschneidung von Verantwortlichkeiten in Kauf genommen, um sowohl die Vorteile der funktionalen als auch die der divisionalen Organisationsstruktur zusammen nutzen zu können. P_1, P_2 und P_3 können hierbei sowohl für Produkte (bzw. Produktgruppen) als auch für Projekte stehen. Mit der Matrixor-

[12] Zu dieser Bounded-rationality-Annahme von WILLIAMSON vgl. Abschnitt II.1.

[13] Eindeutige Erfolgskennzahlen und darauf aufbauende Anreizsysteme wären zwar auch bei funktionaler Organisationsstruktur möglich – z.B. Kostenminimierung beim Produktions- und Umsatzmaximierung beim Absatzmanager –, ein unkoordiniertes Entscheidungsverhalten würde dadurch jedoch möglicherweise noch verstärkt werden. Z.B. würde der Produktionsmanager eine geringe Zahl an Produktvarianten präferieren, um die Rüstkosten bei der Sortenfertigung möglichst gering zu halten, während der Absatzmanager eher für eine große Vielfalt an Produktvarianten plädieren würde, um die breiten Konsumentenwünsche besser befriedigen zu können.

[14] Vgl. KIESER/KUBICEK (1992), S. 141–150; PICOT/DIETL/FRANCK (1997), S. 227, 233.

ganisation soll erreicht werden, dass auf der einen Seite die Spezialisierungsvorteile der Funktionsbereichsleiter und auf der anderen Seite die dezentralen Informationen der Produkt- bzw. Projektmanager genutzt werden können. Problematisch ist allerdings, dass einzelne Entscheidungen immer in die Verantwortungsbereiche mindestens zweier Führungskräfte fallen (z.B. beim ersten Schnittpunkt in der Abbildung III.3 in die Verantwortung von Beschaffungsmanager und Produkt- bzw. Projektmanager 1). Bei häufigen Streitigkeiten zwischen den Verantwortlichen kann damit auch der Koordinations- und Schlichtungsaufwand für die Unternehmensleitung erheblich ansteigen.

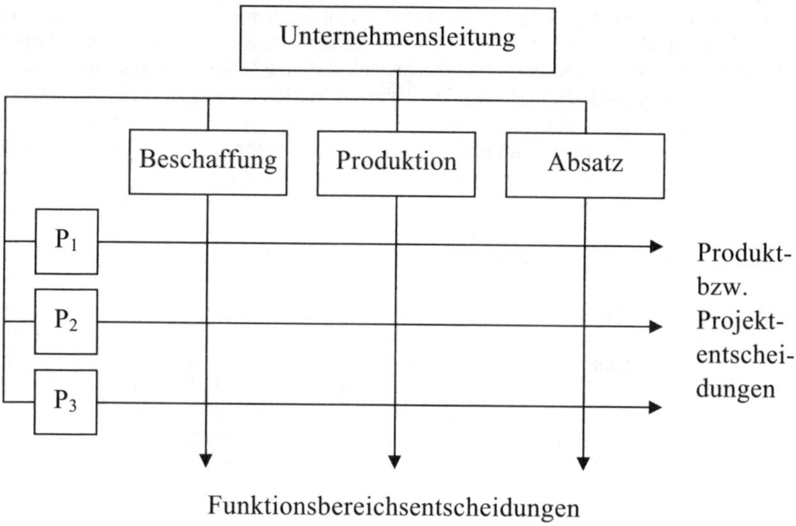

Abbildung III.3: Matrixorganisation

Eine Matrixorganisation muss nicht zwingend die Dimension „Produkte/Projekte" und „Funktionsbereiche" aufweisen. Denkbar sind auch Kombinationen aus den zwei Dimensionen „Produkte" und „Regionen" – gerade für multinationale Unternehmen –, wie das folgende Beispiel zeigt:

Beispiel III–2: Organisationsstruktur bei ABB (Asea Brown Boveri)[15]

ABB ist ein multinationales Unternehmen mit Sitz in der Schweiz, das als Anbieter von elektrotechnischem Zubehör und als Systemanbieter im Bereich Elektrotechnik (z.B. Produktion und Verkauf von Leistungstransformatoren, Schaltanlagen, Kraftwerkstechnik) tätig ist. Das Unternehmen beschäftigte 1992 insgesamt 215.000 Arbeitnehmer (38.000 davon in

[15] Vgl. KOERBER (1993), S. 1062–1064.

Deutschland) und wies ein Auftragsvolumen in Höhe von 50 Milliarden DM auf. Die Unternehmens- bzw. Konzernstruktur wird in Abbildung III.4 beschrieben.

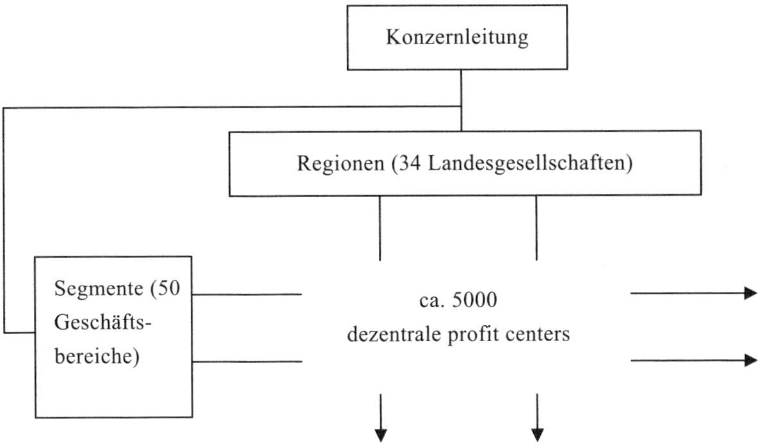

Abbildung III.4: Organisationsstruktur von ABB[16]

Die horizontale Dimension ist nach Regionen in insgesamt 34 Landesgesellschaften gegliedert, wodurch der globalen Geschäftstätigkeit des Konzerns Rechnung getragen wird. Die vertikale Dimension wird durch 50 produktbezogene Geschäftsbereiche gebildet, die für Stromerzeugung, Verkehr usw. zuständig sind. Mehrverantwortlichkeit ergibt sich grundsätzlich, wenn in einem bestimmten Land eine Segmententscheidung von einem der 5.000 dezentralen Unternehmen zu treffen ist, die erfolgsabhängig als profit centers geführt werden. Der Konzernleitung obliegt die globale Steuerung des multinationalen Unternehmens. Ihr steht ein executive committee vor, das sich aus lediglich acht Mitgliedern unterschiedlicher Nationalität zusammensetzt. Durch die Matrixstruktur von ABB kann nicht nur das Spezialwissen der Segmentleiter über die einzelnen Produkte genutzt werden, sondern auch das Spezialwissen der Leiter der Landesgesellschaften über regionale Besonderheiten in der Gesetzgebung, über aktuelle politische Entwicklungen, über technische Normen, über spezifische Sitten und Gebräuche usw. Aufgabe der Konzernleitung ist es, die globale Koordination und Strategiebestimmung wahrzunehmen sowie für eine reibungslose Weitergabe wichtiger Informationen und erworbener Kompetenzen zwischen den verschiedenen Unternehmensteilen zu sorgen. Im Idealfall wird auf diese Weise nach dem Motto „Global denken, lokal handeln" eine Selbstkoordination der profit centers vor Ort im Rahmen der strategischen Vorgaben der Konzernleitung und vor dem Hintergrund möglicher Hilfestellungen durch die entsprechenden Spezialisten in den Geschäftsbereichen und Landesgesellschaften erreicht.

Insgesamt lässt sich festhalten, dass bei genauerer Betrachtung vertikale (wie auch horizontale) Organisationsprobleme bei keinem Typ von Organisationsstruktur auszuschließen sind: Beispielsweise sind Anreiz- und Rent-seeking-Probleme gegenüber der Unternehmensleitung im Prinzip bei allen unterge-

---

[16] Vgl. KOERBER (1993), S. 1061.

ordneten Organisationseinheiten und Entscheidungsträgern denkbar, sofern infolge unterschiedlicher Informationsstände opportunistisch ausnutzbare Entscheidungsspielräume existieren. Auch Kollusionen gegen die Unternehmensleitung sind sowohl bei der funktionalen Organisationsstruktur als auch bei der divisionalen Organisationsstruktur als auch bei der Matrixorganisation möglich – z.B. zwischen einem Funktionsbereichsleiter und den ihm untergeordneten Arbeitnehmern, zwischen einem Divisionsleiter und seinen Mitarbeitern sowie im Fall der Matrixorganisation zwischen einem Funktionsbereichs- und einem Divisionsleiter. Daher soll im weiteren Verlauf primär den grundsätzlichen vertikalen (wie auch horizontalen) Organisationsproblemen im Unternehmen Beachtung geschenkt werden. Lediglich wenn eine bestimmte Organisationsstruktur als Ausgangspunkt für eines der Organisationsprobleme dient, wird darauf im Folgenden entsprechend hingewiesen.[17]

III.1.3 Organisationsprobleme und Prinzipal-Agent-Ansatz

Im Prinzip lassen sich zwei Ursachen für die Entstehung von Organisationsproblemen unterscheiden. *Zum einen* können bei symmetrischer Informationsverteilung ***Interaktionssituationen*** zwischen Organisationsmitgliedern aufgrund prohibitiv hoher Durchsetzungskosten ***nicht-kontrahierbar*** sein. In diesem Fall beständen zwar keine Beobachtungsprobleme zwischen den Akteuren, möglicherweise aber dennoch Opportunismusprobleme, da für diese Situationen keine (durch Dritte nachprüfbare) expliziten Regelungen existieren. Diese Art von Problemen wird von der so genannten Incomplete-contract-Literatur[18] diskutiert. *Zum anderen* sind Organisationsprobleme auch auf ***asymmetrisch verteilte Informationen*** zurückzuführen. Derartige Probleme werden in der Prinzipal-Agent-Literatur grob in Hidden-action- und Hidden-information-Probleme eingeteilt (vgl. Unterabschnitt II.2.2). Solch eine Prinzipal-Agent-Problematik zwischen der tendenziell schlechter informierten Unternehmensleitung als Prinzipal und den besser informierten untergeordneten Entscheidungsträgern (z.B. Funktionsbereichsleiter, Divisionsleiter/ Produktmanager) als Agenten lässt sich jedoch nur unzureichend über die in Unterabschnitt II.2.2 skizzierten Grundmodelle abbilden. Bevor im weiteren Verlauf auf die verschiedenen grundsätzlichen Organisationsprobleme eingegangen wird, soll daher in diesem Unterabschnitt zunächst ein Überblick

---

[17] Damit ist nicht gemeint, dass die Wahl der Organisationsstruktur kein ökonomisch relevantes Problem darstellt. Dies wurde bereits anhand des Beispiels III–1 deutlich. Vgl. als weiteres Beispiel zudem SAH/STIGLITZ (1985), (1986) zur Diskussion des Zusammenhangs zwischen Entscheidungsfehlern in Organisationen und der jeweiligen Organisationsstruktur.

[18] Vgl. grundlegend GROSSMAN/HART (1986) sowie hierauf aufbauend z.B. HART/MOORE (1988); HART (1989), (1991); SPIER (1992); NOSAL (1992); HOSIOS/PETERS (1993); AL-NAJJAR (1995); TIROLE (1999); MASKIN/TIROLE (1999).

über die wichtigsten Varianten des Prinzipal-Agent-Ansatzes gegeben werden, mit denen sich Organisationsprobleme besser diskutieren lassen.[19]

III.1.3.1 Hybride Modelle

Denkbar ist, dass in einer Prinzipal-Agent-Beziehung gleichzeitig Hidden-action- und Hidden-information-Probleme auftreten. Man kann in diesem Fall auch von einem Misch- oder hybriden Modell sprechen. Die „Produktionsfunktion" des Agenten lässt sich in dieser Situation durch

$$\pi = \pi(e, t, \theta)$$

beschreiben mit π als Leistungsergebnis des Agenten, welches aus Sicht des Prinzipals möglichst hoch ausfallen soll, e als Leistungsanstrengung des Agenten („effort"), t als sein Typ oder Talent[20] sowie θ als Störterm, der die exogenen stochastischen Einflüsse auf π angibt. Geht man davon aus, dass π zwar vom Prinzipal beobachtbar und kontrahierbar ist, der Prinzipal jedoch e, t und θ nicht beobachten kann, so folgt hieraus ein verschärftes Rückschlussproblem, verglichen mit dem einfachen Hidden-action- und Hidden-information-Modell. Im hybriden Modell ist vom Prinzipal beispielsweise nicht beurteilbar, ob ein hohes Leistungsergebnis lediglich auf Glück (d.h. auf eine günstige Realisation von θ), auf ein hohes Leistungspotential bzw. eine hohe Leistungsfähigkeit des Agenten (d.h. auf ein hohes t) oder aber auf eine hohe Anstrengung bzw. eine hohe Leistungsbereitschaft des Agenten (d.h. auf ein hohes e) zurückzuführen ist. Selbst wenn stochastische Einflüsse in Form von θ ausgeschlossen werden könnten, beständen für den Prinzipal durch e und t noch Rückschlussprobleme. Die Verantwortung für die Realisation von π wäre zwar nun eindeutig dem Agenten zuzuschreiben, wodurch sich Anreizprobleme zum Teil entschärfen. Der Prinzipal könnte jedoch immer noch nicht beurteilen, ob eine dauerhafte Vertragsbeziehung mit dem Agenten aufgrund eines hohen t wünschenswert ist, oder aber ob der Agent durch die Wahl eines hohen e einen sehr talentierten Agenten lediglich zu imitieren versucht. Diese Problematik ergibt sich oftmals in Organisationen, wenn im Rahmen einer Probezeit über die Aufnahme bzw. Weiterbeschäftigung neuer Organisationsmitglieder zu entscheiden ist. Auch im statischen Fall wäre eine Unter-

---

[19] Da solch eine Unterscheidung einzelner Varianten im Rahmen der Incomplete-contract-Literatur nicht existiert, soll an dieser Stelle auf die erstgenannte Quelle für Organisationsprobleme – trotz ihrer hohen Bedeutung – nicht weiter eingegangen werden.

[20] Mit „Typ" oder „Talent" ist üblicherweise die *absolute* Qualität (z.B. „gut" oder „schlecht") eines Agenten gemeint. Denkbar ist jedoch auch ein *relativer* Qualitätsbegriff, wonach Agenten nicht an sich gut oder schlecht sind, sondern jeweils nur bezogen auf eine bestimmte Aufgabe, für die sie vom Prinzipal engagiert wurden. Vgl. zu dieser Unterscheidung KRÄKEL (1994), S. 435, (1997c), S. 112–115.

scheidung zwischen *e* und *t* aus Sicht des Prinzipals wünschenswert, da lediglich über *e* beim Agenten Arbeitsleid entsteht, für das er durch eine entsprechend hohe Entlohnung kompensiert werden muss.

III.1.3.2 Mehrperiodenmodelle

Mehrperiodenmodelle sind dadurch gekennzeichnet, dass sich die einfache Prinzipal-Agent-Beziehung in aufeinander folgenden Perioden mehrfach wiederholt.[21] Durch eine solche Dynamisierung der Vertragsbeziehung ergeben sich zunächst einmal verschiedene Vorteile, die von beiden Akteuren effizienzsteigernd genutzt werden können:[22] Bei einer mehrperiodigen Vertragsbeziehung kann die Entlohnung des Agenten nicht nur an das aktuelle Leistungsergebnis, sondern zusätzlich auch an die Ergebnisse sämtlicher Vorperioden geknüpft werden, wodurch sich für den Prinzipal ein breiteres Spektrum an Anreizmöglichkeiten ergibt. Langfristige Prinzipal-Agent-Verträge können auch zu Vorteilen in Form einer intertemporalen Einkommensglättung führen, wenn Prinzipal und Agent unterschiedliche Zeitpräferenzen haben, transaktionsspezifische Investitionen zu tätigen sind, eine verbesserte Risikoverteilung im Zeitablauf realisiert wird oder der Agent nur unvollkommene Verschuldungsmöglichkeiten auf dem Kapitalmarkt hat. Ein intertemporaler Risikoausgleich für den Agenten findet bereits dann statt, wenn sich positive und negative stochastische Einflüsse im Durchschnitt langfristig ausgleichen. Langfristige Verträge führen außerdem zu (Bayesianischen) Lernprozessen und können dadurch Informationsprobleme abschwächen.[23] Schließlich schaffen mehrperiodige Prinzipal-Agent-Verträge die Voraussetzung für Investitionen in das Wissen bzw. Humankapital des Agenten. Sie führen zudem tendenziell zu einer verbesserten Koordinationsfähigkeit (durch das Entstehen impliziter Verhaltensnormen) sowie einer erhöhten Kooperationsbereitschaft (infolge der mit der Periodenanzahl steigenden Sanktionsmöglichkeiten) zwischen Prinzipal und Agent.[24]

[21] Hierbei kann es sich sowohl um ein wiederholtes Hidden-action- als auch um ein wiederholtes Hidden-information-Problem handeln.

[22] Eine detaillierte Diskussion, die u.a. die Unterscheidung zwischen endlicher und unendlicher Wiederholung nötig werden lässt, soll an dieser Stelle nicht erfolgen. Vgl. stattdessen z.B. RADNER (1981), (1985); TOWNSEND (1982); LAMBERT (1983); ROGERSON (1985); MALCOMSON/SPINNEWYN (1988); REY/SALANIE (1990); FUDENBERG/HOLMSTRÖM/ MILGROM (1990).

[23] Unter einem *Bayesianischen Lernprozess* ist zu verstehen, dass ein Entscheider im Laufe der Zeit zusätzliche Informationen erhält und seine bisherigen Wahrscheinlichkeitsurteile im Lichte der neuen Informationen gemäß der Bayes-Formel entsprechend anpasst; vgl. zur Bayes-Formel z.B. MOOD/GRAYBILL/BOES (1974), S. 36.

[24] Koordinations- und Kooperationsprobleme wurden – wenn auch nicht unter der Annahme asymmetrisch verteilter Informationen – in Unterabschnitt II.2.3 diskutiert: Eine

Allerdings bergen mehrperiodige Prinzipal-Agent-Verträge auch zusätzliche Probleme, die im statischen Standardmodell nicht auftreten können. Hierzu zählt zum einen der so genannte ***ratchet effect (Sperrklinkeneffekt)***:[25] In einem mehrperiodigen hybriden Prinzipal-Agent-Modell beispielsweise kann es dazu kommen, dass der Prinzipal von einem hohen Leistungsergebnis auf ein hohes Talent des Agenten schließt und daraufhin in den Folgeperioden seine Anforderungsstandards an den Agenten erhöht. Agenten, die dies antizipieren, könnten als rationale Strategie ihre Leistungsanstrengungen in den Anfangsperioden möglichst zurückhalten, um solch einer Erhöhung der Standards zu entgehen. Zum anderen besteht in Mehrperiodenmodellen die Gefahr von ***Career-concerns-Problemen***.[26] Hierunter ist zu verstehen, dass Agenten unbeobachtbare Aktionen durchführen oder relevante Informationen unterdrücken bzw. verfälschen könnten, um ihrer zukünftigen inner- wie überbetrieblichen Karriere nicht zu schaden. Solch ein individuell rationales Verhalten des Agenten kann jedoch oftmals zu Lasten des Prinzipals gehen. Des Weiteren erhöht eine mehrperiodige Interaktion zwischen den Agenten nicht nur deren effiziente Kooperationsbereitschaft, sondern auch die Stabilität von ineffizienten Absprachen (***Kollusionen***). Schließlich bergen mehrperiodige Prinzipal-Agent-Beziehungen auch das Problem, dass ursprünglich getroffene Vereinbarungen nachverhandelt werden können. Werden solche ***Nachverhandlungen*** ex ante antizipiert, so führt dies zu entsprechend negativen Anreizeffekten, da die Bindungswirkung der ursprünglichen Vereinbarungen entfällt.[27]

Da die Interaktionsbeziehungen zwischen Einzelakteuren in Unternehmen in der Regel mehrperiodig sind, wird auf drei der skizzierten Zusatzprobleme infolge der Mehrperiodigkeit – ratchet effect, Career-concerns-Probleme sowie höhere Kollusionsgefahr – in den Abschnitten III.6, III.7 und IV.3 noch ausführlich eingegangen.

Wiederholung des Koordinationsproblems könnte z.B. dazu führen, dass über eine implizite Verhaltensnorm eines der beiden Gleichgewichte (T_1, T_1) oder (T_2, T_2) dauerhaft von den Akteuren angestrebt wird. Bei einer Wiederholung des Gefangenendilemmas ist es möglich, dass Kooperationsverweigerung des einen Akteurs in den Folgeperioden mit Kooperationsentzug durch den anderen Akteur geahndet wird, wodurch sich letztlich beide Akteure über die gegenseitige Androhung dauerhaften Kooperationsentzugs für Strategie *C* entscheiden.

[25] Vgl. u.a. BARON/BESANKO (1984); FREIXAS/GUESNERIE/TIROLE (1985); LAFFONT/TIROLE (1988); KANEMOTO/MACLEOD (1992b); MILGROM/ROBERTS (1992), S. 233–236; LITWACK (1993).

[26] Vgl. zu einem Überblick BORLAND (1992).

[27] Vgl. im Zusammenhang mit dem LEN-Modell SLIWKA (2002); DAWID/KOPEL (2003).

III.1.3.3 Mehragentenmodelle

Innerhalb der Prinzipal-Agent-Literatur finden sich insgesamt drei Klassen von Mehragentenmodellen. Die erste Klasse lässt sich als ***mehrstufige Prinzipal-Agent-Modelle*** bezeichnen mit dem Prinzipal auf der obersten, einem Überwacher (supervisor) auf der mittleren und mindestens einem Agenten auf der untersten Hierarchiestufe des Unternehmens.[28] Im Vordergrund steht hier das Problem, dass zu der dreistufigen Weisungshierarchie eine umgekehrte „Informationshierarchie“ korrespondiert – der Agent (die Agenten) verfügt (verfügen) hinsichtlich verdeckter Aktionen oder entscheidungsrelevanter Tatbestände über die meisten Informationen, der Überwacher über die zweitmeisten und der Prinzipal über die wenigsten Informationen. Wird nun der Überwacher vom Prinzipal damit beauftragt, Informationen über Handlungen des Agenten oder Tatbestände, die das Leistungsergebnis des Agenten beeinflussen, zu sammeln und an den Prinzipal weiterzuleiten, so könnten sich zwischen Agent und Überwacher vorteilhafte Absprachen (Kollusionen) zu Lasten des Prinzipals ergeben. Beispielsweise könnte der Agent ein hohes Ergebnis erzielt haben, und der Prinzipal möchte für die Festsetzung einer leistungsgerechten Agentenentlohnung vom Überwacher erfahren, ob das Ergebnis auf eine hohe Leistungsanstrengung oder aber positive Zufallseinflüsse zurückzuführen ist. Hat sich der Agent nur relativ wenig angestrengt, jedoch viel Glück gehabt, so könnte es sich für ihn lohnen, den Überwacher über eine Seitenzahlung (side payment) zu veranlassen, dass dieser dem Prinzipal berichtet, er könne keine näheren Angaben über die Zufallseinflüsse machen. Agent und Überwacher könnten sich durch diese Form von Kollusion auf Kosten des Prinzipals bereichern. Der Prinzipal müsste dem Agenten mangels genauerer Informationen eine vergleichsweise hohe Kompensation für sein Arbeitsleid zahlen, und der Agent reicht einen Anteil des so realisierten Kollusionsgewinns[29] über die Seitenzahlung an den Überwacher weiter. Um genau solche Fälle zu verhindern, erweitert sich formal das Optimierungsproblem des Prinzipals zur Konstruktion des optimalen Vertrags um einen weiteren Typ von Nebenbedingung. Im Prinzipal-Agent-Standardmodell hat der Prinzipal zwei Typen von Nebenbedingungen zu beachten – Partizipationsbedingungen, damit der Agent den angebotenen Vertrag der nächstbesten Alternative vorzieht, sowie Anreizkompatibilitätsbedingungen, damit der Agent die vom Prinzipal gewünschte Anstrengung oder Aktion wählt (hidden action)

[28] Vgl. u.a. TIROLE (1986), (1992); ODLE/GORMAN (1986); BALLWIESER (1987); KOFMAN (1990), S. 1–92; KOFMAN/LAWARRÉE (1993), (1996a), (1996b); KHALIL/LAWARRÉE (1995); sowie zu verdeckten Spielen mit mehreren Agenten auf der untersten Stufe LAFFONT (1988), (1990); KRÄKEL (1995).

[29] Als Kollusionsgewinn ergibt sich hier die über die leistungsgerechte Entlohnung hinausgehende Kompensation durch den Prinzipal.

bzw. seine Informationen wahrheitsgemäß aufdeckt (hidden information). Als dritter Typ von Nebenbedingung hat der Prinzipal nun so genannte Koalitionsanreizkompatibilitätsbedingungen zu beachten, die lohnenswerte Absprachen zwischen Agent und Überwacher verhindern.[30] Da solche mehrstufigen Prinzipal-Agent-Beziehungen insbesondere in hierarchischen Mehr-Personen-Zusammenschlüssen wie Unternehmen zu finden sind, bilden die hieraus ableitbaren Kollusionsprobleme einen wesentlichen Bestandteil vertikaler Organisationsprobleme in Unternehmen.

Die zweite Klasse von Mehragentenmodellen bilden ***relative Leistungsturniere (rank-order tournaments)***.[31] Derartige Turniere können vom Prinzipal zwischen mehreren Agenten mit ähnlichen – und daher vergleichbaren – Aufgaben veranstaltet werden. Der Prinzipal legt vor Turnierbeginn eine bestimmte Turnierpreisstruktur fest, bestehend aus Gewinnerpreis, zweiter Preis, dritter Preis, ..., Verliererpreis. Leistungsanreize werden im Turnier nun dadurch bei den Agenten induziert, dass diese anhand der ordinalen Rangfolge ihrer erzielten Leistungsergebnisse gemäß der vorgegebenen Turnierpreisstruktur entlohnt werden, d.h. der Beste erhält den Gewinnerpreis, der Zweitbeste den zweiten Preis usw. Je nach Festlegung der Turnierpreise und Turnierpreisdifferenzen ist für den Prinzipal eine Abschwächung der bestehenden Hidden-action-Probleme möglich. Alternativ lassen sich Turniere auch als Selektionsinstrument zur Auswahl von Agenten mit hohem Talent einsetzen.[32] Relative Leistungsturniere weisen zahlreiche Vor- und Nachteile auf. Zu den wichtigsten Vorteilen zählen vergleichsweise geringe Messkosten, da Leistungsdaten nur auf einem ordinalen Niveau erhoben werden müssen.[33] Einen weiteren Vorteil bildet das Herausfiltern gemeinsamer Störeinflüsse (z.B. Konjunktureinflüsse), die alle Agenten gleichermaßen treffen, und damit eine Einsparung von Risikokosten in Form der Risikoprämie, ohne dass hierdurch die Anreizwirkung gemindert wird. Ein dritter bedeutender Vorteil kann in der Selbstbindung des Prinzipals gesehen werden. Dieser Vorteil ist für die Lösung vertikaler Organisationsprobleme von zentraler Bedeutung und soll

---

[30] Zu einer formalen Darstellung vgl. TIROLE (1986).

[31] Vgl. u.a. LAZEAR/ROSEN (1981); NALEBUFF/STIGLITZ (1983); GREEN/STOKEY (1983); O'KEEFE/VISCUSI/ZECKHAUSER (1984); ROSEN (1986); MCLAUGHLIN (1988); WINTER (1997); BACKES-GELLNER/LAZEAR/WOLFF (2001), S. 155–255; SADOWSKI (2002), S. 146–152. Zu einem Überblick vgl. WINTER (1996b); KRÄKEL (1999b), S. 227–277.

[32] Zu unterscheiden sind hierbei Situationen, bei denen eine symmetrische Unsicherheit zwischen allen Beteiligten über die Talente der Turnierteilnehmer herrscht (hidden action mit Ex-ante-Homogenität), und Situationen mit asymmetrisch verteilten Talentinformationen (hidden information); vgl. hierzu KRÄKEL (1999b), S. 230–232, sowie die dort zitierte Literatur.

[33] Bei einem Wettrennen zwischen den Agenten spart man beispielsweise Messkosten in Form einer Stoppuhr, da lediglich die Reihenfolge beobachtet werden muss, in der die Agenten durch das Ziel gehen.

daher in Abschnitt III.2 ausführlich erläutert werden. Zu den wichtigsten Nachteilen von relativen Leistungsturnieren zählen zum einen die Gefahr sehr riskanter Aktionen durch die Agenten oder aber das Zusammenbrechen sämtlicher Leistungsanreize, sobald Zwischeninformationen über den bisherigen Turnierstand bekannt werden. Nachteile bestehen zum anderen in der Gefahr von Sabotageaktivitäten gegen Turniergegner, mit denen sich ein Agent in der Turnierrangfolge verbessern kann. Problematisch sind zudem die mögliche Gefahr horizontaler Kollusionen zwischen den Turnierteilnehmern sowie die Tatsache, dass sich der kompetitive Charakter relativer Leistungsturniere zur Kooperationsidee von Teamarbeit genau konträr verhält.[34] Es lassen sich viele Beispiele für mögliche Leistungsturniere in Unternehmen finden, beispielsweise Turniere zwischen Außendienstmitarbeitern oder Verkäufern, Turniere zwischen unterschiedlichen Filialen einer Unternehmung (z.B. bei Banken, Brauereien und im Handel) sowie ganz allgemein Beförderungsturniere zur Regelung des hierarchischen Aufstiegs von Mitarbeitern im Unternehmen. Aufgrund der hohen Relevanz relativer Leistungsturniere für Unternehmen soll auf die wichtigsten Probleme von Turnieren im Rahmen horizontaler Organisationsprobleme (Kapitel IV) noch genauer eingegangen werden.

Die dritte Klasse von Mehragentenmodellen beschäftigt sich mit ***Teamarbeit***.[35] Bei Teamarbeit existiert nicht wie bisher pro Agent eine individuelle Produktionsfunktion, sondern alle Agenten zusammen produzieren ein kollektives Leistungsergebnis, welches sich bei n Agenten beispielsweise durch

$$\pi = \pi(e_1,\ldots,e_n;\theta_1,\ldots,\theta_m)$$

beschreiben lässt mit e_i als Leistungsanstrengung des Agenten i ($i = 1,\ldots,n$) und θ_j ($j = 1,\ldots,m$) als exogene stochastische Störeinflüsse. Problematisch ist hier, dass lediglich leistungsabhängige Verträge abgeschlossen werden können, die auf dem Teamergebnis π basieren. Ist π beobachtbar und kontrahierbar, jedoch keines der Argumente innerhalb der Teamproduktionsfunktion $\pi(\cdot)$, so liegt wiederum ein erhebliches Rückschlussproblem für den Prinzipal vor. Sind die Agenten von ihm nicht unterscheidbar, so wäre zunächst einmal eine gleiche Entlohnung pro Agent nahe liegend. Beispielsweise würde unter extremen Wettbewerbsbedingungen der Prinzipal durch eine Null-Gewinn-Bedingung gezwungen sein, den Teamoutput gleichermaßen auf alle Teammitglieder auszuschütten, so dass jeder Agent $\pi(\cdot)/n$ erhält. Dieses würde

---

[34] Damit sind relative *Leistungs*turniere und Teamarbeit zunächst einmal nicht miteinander vereinbar. Möglich wäre jedoch beispielsweise eine Modifikation des Leistungskriteriums, so dass nun auch Hilfsbereitschaft und Wissensweitergabe honoriert werden; vgl. zu solch einer Modifikation Unterabschnitt IV.2.5.

[35] Vgl. z.B. HOLMSTRÖM (1982b); MCAFEE/MCMILLAN (1991); AOKI (1994a); BARUA/LEE/WHINSTON (1995).

jedoch zu einem Trittbrettfahrerverhalten unter den Agenten führen. Für jeden Agenten wäre Leistungszurückhaltung nun eine rationale Strategie, da jeder Agent unmittelbar sein Arbeitsleid hierdurch verringern könnte, während die Kosten der Leistungszurückhaltung von allen Teammitgliedern zu tragen wären. Ein Agent trägt durch seine Leistungszurückhaltung nur Opportunitätskosten in Höhe seines Anteils $1/n$ am verringerten Teamoutput. Je größer das Team, d.h. je höher n, desto größer ist das bestehende Trittbrettfahrerproblem, da mit steigendem n die individuellen Opportunitätskosten eines Teammitglieds für Leistungszurückhaltung sinken. Weil Teamarbeit (z.B. zur Erzielung von Synergieeffekten und Kooperationsrenten)[36] sehr häufig in Unternehmen anzutreffen ist, soll auf die hiermit verbundenen Trittbrettfahrerprobleme gesondert in Abschnitt IV.2 eingegangen werden. Dabei ist zu beachten, dass Trittbrettfahrerprobleme in Teams nicht nur infolge von Rückschlussproblemen aufgrund asymmetrisch verteilter Informationen auftreten können, sondern bereits dann, wenn zwischen den Beteiligten keine Informationsprobleme bestehen. Dieser Fall betrifft Situationen, in denen die individuelle Leistung e_i eines Teammitglieds i zwar von der Unternehmensleitung beobachtbar ist, jedoch nicht von einer dritten Partei nachgeprüft und daher auch nicht in einem Arbeitsvertrag kontrahiert werden kann.

III.1.3.4 Mehraktionenmodelle

Bei dieser Art von Modellen[37] wird der individuelle Output eines Agenten durch die Produktionsfunktion

$$\pi = \pi(\boldsymbol{e}, \theta)$$

beschrieben mit π als Leistungsergebnis, $\boldsymbol{e} = (e^1, ..., e^l)$ als Vektor der Leistungsanstrengungen für l verschiedene Tätigkeiten und θ wiederum als Störterm, der die exogenen Zufallseinflüsse zusammenfasst. Auch hier besteht wie im Standardmodell vom Hidden-action-Typ die Problematik darin, dass zwar π vom Prinzipal direkt beobachtbar ist, aber keines der Argumente innerhalb der Produktionsfunktion $\pi(\cdot)$. Das Besondere am Mehraktionenmodell ist jedoch, dass der Arbeitseinsatz hier nicht durch einen Skalar, sondern durch einen Vektor $\boldsymbol{e}$ beschrieben wird. Möglich ist nun beispielsweise, dass der Prinzipal zwar $\boldsymbol{e}$ nicht direkt beobachten kann, aber verzerrte Signale über einzelne Teiltätigkeiten empfängt; z.B. beobachtet der Prinzipal neben dem

---

[36] Vgl. für den Fall ohne asymmetrisch verteilte Informationen die Ausführungen zum Gefangenendilemma in Unterabschnitt II.2.3.1.

[37] Vgl. HOLMSTRÖM/MILGROM (1991); FELTHAM/XIE (1994); SLADE (1996); WAGENHOFER (1996); RAU-BREDOW (1997); WAGENHOFER/RIEGLER (1999); DEWATRIPONT/JEWITT/TIROLE (2000); BARDSLEY (2001); BAKER (2002); SCHNEDLER (2004).

Output π noch das Signal $z = e^1 + \varepsilon$ mit ε als Störterm. Da es für den Prinzipal rational ist, die Beobachtung z – trotz des Störterms – für die Festlegung der Agentenentlohnung zu verwenden, kommt es zwangsläufig zu einer Fehlallokation von Arbeitseinsatz auf die unterschiedlichen Teiltätigkeiten durch den Agenten. Der Agent wird in diesem Beispiel übertrieben viel Arbeitseinsatz für die Teiltätigkeit 1 verwenden, da diese im Gegensatz zu den anderen Teiltätigkeiten über zwei Beobachtungen des Prinzipals – über π und z – entlohnungsrelevant wird. Weitere Probleme könnten dann auftreten, wenn das Arbeitsleid des Agenten für die verschiedenen vom Prinzipal nicht (direkt) beobachtbaren Teiltätigkeiten unterschiedlich groß ist und zudem die Teiltätigkeiten mit dem höchsten Arbeitsleid am meisten zur Erhöhung des Leistungsergebnisses π beitragen. In diesem Fall käme es zu einem erheblichen Interessenkonflikt zwischen Prinzipal und Agent, der sich noch weiter verschärft, wenn der Prinzipal für die verschiedenen Teiltätigkeiten über unterschiedlich präzise Signale verfügt.[38]

Innerhalb einer Unternehmung finden sich zahlreiche Anwendungsfälle für Mehraktionenmodelle. Beispielsweise beeinflussen Divisionsmanager nicht nur durch ihre Produktionsentscheidung bezüglich der Warenqualität, sondern auch durch ihre Marketingentscheidungen den Erfolg „ihrer" Produkte. Ein anderes Beispiel betrifft Maschinenbenutzer, die nicht nur für die Anwendung, sondern auch für die Wartung der Maschinen verantwortlich sind. Ein weiterer großer Anwendungsbereich der Mehraktionenmodelle umfasst als Variante die Problematik kontraproduktiver Beeinflussungsaktivitäten (influence activities). In solch einem Fall kann beispielsweise ein Mitarbeiter seine effektive Arbeitszeit auf rein produktive Tätigkeiten und solche Tätigkeiten aufteilen, die hauptsächlich der Verbesserung seiner Karrierechancen dienen (z.B. wenig produktive Aktionen, die den Mitarbeiter jedoch im persönlichen Ansehen des Vorgesetzten steigen lassen). Auf die Mehraktionenproblematik soll in Abschnitt III.6 im Zusammenhang mit influence activities noch genauer eingegangen werden.

III.1.3.5 Mehrprinzipalemodelle

Quasi als Gegenpol zu den Mehragentenmodellen sind auch Modelle vorstellbar, in denen es nur einen Agenten, aber mehrere Prinzipale als Auftraggeber

---

[38] Die Präzision lässt sich hierbei anhand des reziproken Wertes der Störgrößenvarianz des Signals messen, z.B. beim obigen Signal z anhand des reziproken Wertes der Varianz von ε.

gibt.[39] Solche Situationen sind dann problematisch, wenn die Prinzipale unterschiedliche Interessen verfolgen oder die Entscheidungssituation unterschiedlich einschätzen. Beispiele für Mehrprinzipalemodelle stellen Geschäftsbeziehungen zwischen mehreren Kunden oder Klienten und einem Intermediär (z.B. Immobilienmakler, Arbeitsvermittler) dar. Optimal wäre es, wenn die Prinzipale miteinander kooperieren und auf diese Weise zur Second-best-Lösung analog zum Prinzipal-Agent-Standardmodell gelangen. Solch eine Kooperation ist – zumindest ohne Kompensationszahlungen – bei unterschiedlichen Interessen auf Seiten der Prinzipale jedoch nicht zu erwarten. Jeder Prinzipal ist primär daran interessiert, dass der Agent möglichst viel Zeit und Mühe für seinen einzelnen Auftrag verwendet, was bei begrenzter Kapazität des Agenten zu Lasten der anderen Prinzipale geht. Ein Kooperationsproblem zwischen den Prinzipalen ergibt sich selbst dann, wenn *keine* Interessenunterschiede zwischen ihnen bestehen. Haben alle Prinzipale ein gemeinsames Ziel, für dessen Erreichung ein Agent beauftragt wird (z.B. Erbengemeinschaft beauftragt für den Verkauf eines geerbten Hauses gemeinsam einen Immobilienmakler), so ist hinsichtlich der Kontrolle des Agenten ein Trittbrettfahrerproblem bei den Prinzipalen zu erwarten. In dieser Situation wäre es individuell rational für jeden Prinzipal, selbst möglichst wenig Kontrolle auszuüben, um Arbeitsleid zu sparen, auf der anderen Seite jedoch von der Kontrolle der anderen Prinzipale zu profitieren.[40] Zwei Lösungswege für dieses Trittbrettfahrerproblem sind denkbar.[41] Zum einen könnten die Prinzipale einen von ihnen zum „Meta-Prinzipal" ernennen, der allein mit den übrig gebliebenen Prinzipalen einen ergebnisabhängigen Vertrag abschließt und nicht selbst in die Geschäftsbeziehung mit dem Agenten eingreift. Zum anderen könnten die Prinzipale aber auch gemeinsam einen risikoneutralen Überwacher für den Agenten einsetzen und mit diesem einen ergebnisabhängigen Vertrag abschließen. Der Überwacher wiederum würde zwecks Anreizgestaltung einen ergebnisabhängigen Vertrag mit dem Agenten abschließen.

Mehrprinzipalemodelle lassen sich auf die verschiedensten Situationen in Unternehmen anwenden. Beispielsweise können die Aktionäre einer Aktiengesellschaft als Prinzipale interpretiert werden, die das Topmanagement als Agent mit der Geschäftsführung beauftragen. Sofern die Aktionäre (z.B. aufgrund unterschiedlicher Zeitpräferenzen oder unterschiedlicher Unternehmensanteile sowie verschiedener individueller Portfolios) unterschiedliche

---

[39] Vgl. BERNHEIM/WHINSTON (1986); MACHO-STADLER/PÉREZ-CASTRILLO (1997), S. 99–100; MEZZETTI (1997); DIXIT/GROSSMAN/HELPMAN (1997); SIQUEIRA (2001); CORTS (2001); MARTIMORT/STOLE (2002).

[40] Vorstellbar wären Situationen vom Typ „Gefangenendilemma" zwischen den Prinzipalen.

[41] Vgl. MACHO-STADLER/PÉREZ-CASTRILLO (1997), S. 100.

Interessen aufweisen, kann es zu entsprechenden Kooperationsproblemen kommen. Sogar dann, wenn man allen Aktionären als gemeinsames Ziel die Marktwertmaximierung des Unternehmens unterstellt, sind Kooperationsprobleme in Form eines Trittbrettfahrerverhaltens bei der Managerkontrolle zu erwarten. Man findet noch weitere Beispiele für Mehrprinzipalesituationen in Unternehmen. Hierzu zählen Situationen innerhalb einer Matrixorganisation, in denen der Leiter eines dezentralen profit center den Weisungsbefugnissen eines Produktmanagers und eines Regionalmanagers zugleich unterstellt ist.[42] Auch die zwei oben skizzierten Lösungswege für die Mehrprinzipaleproblematik lassen sich in Unternehmen finden. Ein Beispiel für den ersten Lösungsweg stellt der Fall einer Matrixorganisation dar, bei der die Konzernleitung als Meta-Prinzipal des Produkt- und des Regionalmanagers aktiv wird. Ein Beispiel für den zweiten Lösungsweg bildet der Fall mehrerer Anteilseigner einer Unternehmung, die einen risikoneutralen Geschäftsführer einsetzen, der als Überwacher mit der Anreizgestaltung für die Führungs- und Nichtführungskräfte im Unternehmen beauftragt wird.

Zusammenfassend lässt sich feststellen, dass mit der Beschreibung der Varianten zum Prinzipal-Agent-Standardmodell schon zahlreiche vertikale (wie auch horizontale) Organisationsprobleme angesprochen wurden. Dennoch soll in den verbleibenden Abschnitten dieses Kapitels sowie im folgenden Kapitel IV noch einmal genauer auf die wichtigsten Organisationsprobleme eingegangen werden, zumal ein Hauptproblem – nicht-kontrahierbare Interaktionssituationen in Unternehmen – mit den obigen Prinzipal-Agent-Varianten nicht erfasst wurde. Die folgenden Abschnitte beschäftigen sich zunächst einmal mit Organisationsproblemen zwischen Unternehmensmitgliedern, die sich auf unterschiedlichen Hierarchieebenen befinden. Beispiele hierfür finden sich in den Beziehungen zwischen der Unternehmensleitung bzw. Topmanagement und untergeordneten Entscheidungsträgern (z.B. Divisionsmanager, Nichtführungskräfte), zwischen Linienvorgesetzten bzw. Abteilungsleitern und Mitarbeitern sowie zwischen Vorarbeitern und Arbeitern. Im Vordergrund sollen im Folgenden vertikale Organisationsprobleme zwischen der Unternehmensleitung (als Prinzipal) und untergeordneten Entscheidungsträgern (als Agenten) stehen, wobei als zentrale Prämisse angenommen wird, dass die Unternehmensleitung an der Maximierung des Unternehmenswertes und daher auch an der Lösung der vertikalen Organisationsprobleme interessiert ist.[43]

---

[42] Vgl. Beispiel III–2 zur Organisationsstruktur von ABB.

[43] Warum bzw. ob Unternehmen überhaupt hierarchisch strukturiert sein müssen, soll hier nicht näher problematisiert werden. Zumindest haben die bisherigen Ausführungen gezeigt, dass oftmals von mindestens zwei Hierarchieebenen (Unternehmensleitung und Mitarbeiter) auszugehen ist. Nur als Beispiel sei auf die Unternehmensleitung verwiesen, die in Unterab-

III.2 Nicht-kontrahierbare Interaktionssituationen

In einer Second-best-Welt werden nicht nur auf Märkten, sondern auch in Unternehmen Vertragsbeziehungen[44] bzw. Interaktionsbeziehungen in der Regel nur unvollständig geregelt sein. Verantwortlich dafür sind die Möglichkeit von Ex-post-Überraschungen infolge begrenzter Rationalität der Akteure, ein Verzicht auf vollständige Verträge aufgrund prohibitiv hoher Vereinbarungskosten sowie die Tatsache, dass manche Interaktionen zwar von den Beteiligten vollständig beobachtbar, infolge prohibitiv hoher Durchsetzungskosten jedoch nicht-kontrahierbar sind.[45] Gerade der letzte Fall ***nicht-kontrahierbarer Interaktionssituationen*** bzw. ***Nicht-Kontrahierbarkeiten*** ist in der Realität sehr häufig anzutreffen, insbesondere in Arbeitsbeziehungen. Als Folge sind die zwischen der Unternehmensleitung und den untergeordneten Entscheidungsträgern abgeschlossenen ***Arbeitsverträge*** lediglich ***unvollständig***. Bevor auf die hieraus resultierenden Organisationsprobleme näher eingegangen wird, sollen an dieser Stelle noch einmal kurz die Unterschiede zu Prinzipal-Agent-Situationen mit asymmetrisch verteilten Informationen skizziert werden.[46] In letzterem Fall liegen auf Seiten der Unternehmensleitung (Prinzipal) einseitige Informationsdefizite hinsichtlich der Anstrengungen bzw. Aktionen eines Arbeitnehmers (hidden action) oder hinsichtlich exogener Umweltzustände bzw. den Typ von Arbeitnehmer (hidden information) vor. Da Leistungs*ergebnisse* jedoch beobachtbar und kontrahierbar sind, lassen sich *ergebnis*abhängige Verträge zur Anreizgestaltung und Informationsaufdeckung schreiben. Bei reinen Nicht-Kontrahierbarkeiten bestehen zwischen der Unternehmensleitung und einem Arbeitnehmer hingegen keine Informationsprobleme, wohl aber zwischen den Beteiligten und einer dritten Partei (z.B. Gericht). Die Beteiligten können in diesem Fall zwar keine ergebnisabhängigen Verträge abschließen, da die Leistungsergebnisse nicht durch eine dritte Partei nachprüfbar sind, sie können aus ihren Beobachtungen jedoch immerhin noch entsprechende Konsequenzen (z.B. für Folgeperioden) ziehen.[47] Bei nicht-kontrahierbaren Interaktionssituationen müssen stabile

---

schnitt II.2.3 Kooperations- und Koordinationsprobleme zu lösen vermochte. Hierarchien lassen sich gegebenenfalls auch als gestaffelte Überwachungssysteme rekonstruieren. Zur Diskussion des Überwachungsaspekts vgl. CALVO/WELLISZ (1978), (1979); CALVO (1987); CARSTENSEN (1992); YANG (1995).

[44] Hier: zwischen der Unternehmensleitung und den übrigen Mitgliedern der Unternehmung.

[45] Vgl. hierzu Abschnitt II.1 über den Transaktionskostenansatz.

[46] Vgl. auch TIROLE (1988), S. 38–39.

[47] Beide Typen von Problemen – Prinzipal-Agent-Probleme mit asymmetrisch verteilten Informationen und Nicht-Kontrahierbarkeiten – schließen sich nicht gegenseitig aus, sie

Vereinbarungen sich selbst durchsetzend (self-enforcing) sein, d.h. sie müssen Gleichgewichtseigenschaften im Sinne der nicht-kooperativen Spieltheorie besitzen.

III.2.1 Kontrahierbarkeitsprobleme

Im Rahmen unvollständiger Arbeitsverträge ergeben sich insbesondere zwei Kontrahierbarkeitsprobleme zwischen Unternehmensleitung und Arbeitnehmern:

- ***nicht-kontrahierbare Arbeitsleistungen (Problem 1)***
- ***nicht-kontrahierbares, betriebsspezifisches Humankapital (Problem 2)***.

Mit betriebsspezifischem Humankapital ist hierbei dasjenige erlernte Wissen des Arbeitnehmers gemeint, welches seine Produktivität lediglich in der gegebenen Arbeitsbeziehung erhöht und beim Wechsel zu einem anderen Unternehmen unweigerlich verloren ginge (z.B. Wissen über spezifische innerbetriebliche Abläufe und Kommunikationswege, Wissen über die Bedienung von Spezialmaschinen). Auch nicht-betriebsspezifisches Humankapital kann zwar gegebenenfalls nicht-kontrahierbar sein, da dieses Wissen jedoch auch außerhalb der Unternehmung Anwendung findet, sind Kontrahierbarkeitsprobleme hier weniger wahrscheinlich.

Sowohl bei Problem 1 als auch bei Problem 2 besteht die Gefahr des ***doppelseitigen Opportunismus***, je nachdem, welcher Vertragspartner vorleistet.[48] Leistet die Unternehmensleitung vor und entlohnt den Arbeitnehmer vor der Erbringung der Arbeitsleistung bzw. vor dem Wissenserwerb, so hat der Arbeitnehmer keinen Anreiz mehr, der versprochenen Arbeitsleistung bzw. dem versprochenen Wissenserwerb nachzukommen (Fall 1). Leistet hingegen der Arbeitnehmer über einen Arbeitseinsatz bzw. einen Wissenserwerb vor, so hat der Arbeitgeber anschließend keinen Anreiz, die versprochene Entlohnung zu entrichten (Fall 2). Hintergrund dieses doppelseitigen Opportunismusproblems ist die Problematik, dass aufgrund fehlender Kontrahierbarkeit in keinem der beiden Fälle vertragliche Sanktionen inkrafttreten können, um opportunistisches Verhalten zu verhindern. Im Fall 1 würde sich der Arbeitnehmer nach Erhalt der Entlohnung nicht anstrengen, sondern vor einer dritten Partei lediglich behaupten, die zugesicherte Leistung erbracht zu haben. Im Fall 2 versagen leistungsabhängige Anreizsysteme (hier: in Abhängigkeit von der Arbeitsleistung bzw. der geleisteten Humankapitalinvestitionen) infolge der Kontrahierbarkeitsprobleme. Die Unternehmensleitung könnte

ergänzen bzw. überschneiden sich oftmals sogar. Dennoch ist zwischen beiden Problemen strikt zu unterscheiden.

[48] Zu doppelseitigem Opportunismus bei nicht-kontrahierbarem Humankapital vgl. u.a. KANEMOTO/MACLEOD (1989); PRENDERGAST (1993a).

grundsätzlich unter Behauptung einer Minderleistung dem Arbeitnehmer die versprochene Entlohnung vorenthalten. Da der Arbeitnehmer dieses Verhalten wiederum antizipieren könnte, würde er keine Arbeit leisten bzw. keine Investitionen in sein spezifisches Humankapital tätigen.

Derartige ***Unterinvestitionsprobleme*** infolge fehlender Kontrahierbarkeit werden insbesondere anhand des obigen Problems 2 deutlich. Soll ein Arbeitnehmer Investitionen in sein spezifisches Humankapital tätigen und danach von der Unternehmensleitung entsprechend entlohnt werden, so ergibt sich hierbei ein ***internes Hold-up-Problem***[49] als spezielle Form des internen rent seeking. Hat der Arbeitnehmer erst einmal Investitionen in sein betriebsspezifisches Humankapital getätigt, so besteht eine Quasi-Rente in Höhe der Differenz zwischen dem gestiegenen Wertgrenzprodukt des Arbeitnehmers in der gegebenen Arbeitsbeziehung und seinem Wertgrenzprodukt im nächstbesten Beschäftigungsverhältnis außerhalb der Unternehmung. Genau in Höhe dieser Quasi-Rente wäre der Arbeitnehmer nach getätigter Investition von der Unternehmensleitung ausbeutbar, d.h. diese würde den Arbeitnehmer ex post nicht in Höhe des gestiegenen Wertgrenzproduktes, sondern lediglich in Höhe des alternativen Wertgrenzproduktes außerhalb der Unternehmung entlohnen. Eine Abwanderungsdrohung des Arbeitnehmers wäre unglaubwürdig, weil er sein betriebsspezifisches Wissen nicht außerhalb der Unternehmung produktiv einbringen kann. Da der Arbeitnehmer diese Problematik zu antizipieren vermag, ist damit zu rechnen, dass der Arbeitnehmer ex ante erst gar nicht in sein betriebsspezifisches Humankapital investieren wird.

III.2.2 Teilungslösung bei betriebsspezifischem Humankapital

Unterinvestitionsprobleme bezüglich des Arbeitseinsatzes oder des betriebsspezifischen Humankapitals könnten einen Großteil der Zusammenarbeit der einzelnen Akteure innerhalb einer Unternehmung zum Erliegen bringen. Jedoch steht der Unternehmensleitung die Möglichkeit offen, über unternehmenspolitische Maßnahmen derartige Probleme zu verhindern. Zur Verhinderung von Unterinvestitionsproblemen im Zusammenhang mit betriebsspezifischem Humankapital könnte die Unternehmensleitung auf die ***Teilungslösung von Gary Becker*** zurückgreifen.[50] Hiernach antizipiert der Arbeitnehmer das interne Hold-up-Problem und verlangt zu Investitionsbeginn als Kompensation einen entsprechend hohen Einstiegslohn. Letztlich teilen sich Arbeitnehmer und Unternehmensleitung auf diese Weise Kosten und Erträge der spezifischen Humankapitalinvestition und damit auch die Quasi-Rente. Betrachtet

[49] Vgl. zu hold up Abschnitt II.1.
[50] Vgl. Becker (1962). Vgl. auch Hashimoto (1981); Hutchens (1989), S. 50–52.

sei dazu die Abbildung III.5, die den Beispielfall einer zweiperiodigen Arbeitsbeziehung skizziert.

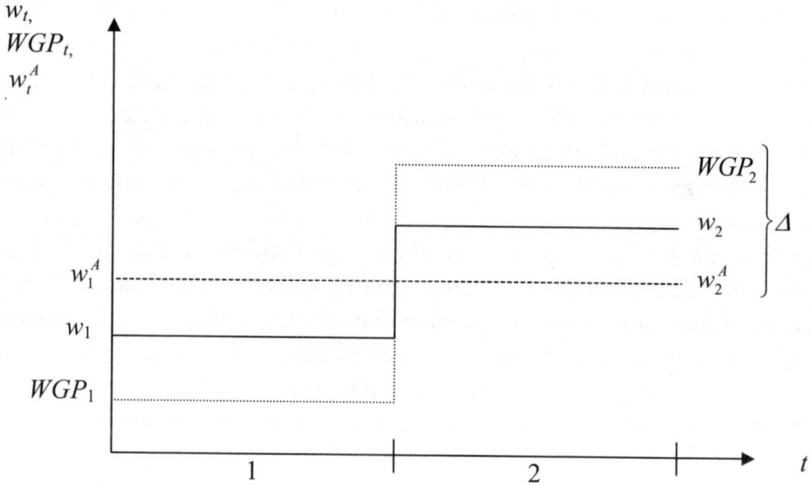

Abbildung III.5: Teilungslösung nach BECKER bei betriebsspezifischem Humankapital[51]

w_t gibt dabei den Lohn des Arbeitnehmers in der Periode t ($t = 1, 2$) an, WGP_t sein Wertgrenzprodukt in t und w_t^A seinen Alternativlohn (bzw. sein alternatives Wertgrenzprodukt) in t in der nächstbesten Arbeitsbeziehung außerhalb der Unternehmung. Die Quasi-Rente beträgt $\Delta = WGP_2 - w_2^A$. Angenommen wird in diesem Zwei-Perioden-Beispiel, dass in Periode 1 eine spezifische Humankapitalinvestition getätigt wird und in Periode 2 die Erträge der Investition in Form eines gestiegenen Wertgrenzproduktes anfallen. Aus dieser Annahme folgt zunächst einmal $WGP_2 > WGP_1$ und $WGP_2 > w_2^A$. Wenn man davon ausgeht, dass infolge der für den Wissenserwerb notwendigen Lernaktivitäten die bereits in $t = 1$ vorhandene Produktivität des Arbeitnehmers nicht voll zur Entfaltung kommt, dann folgt zusätzlich $WGP_1 < w_1^A$. Der optimale Lohnpfad nach BECKER zur Verhinderung des Unterinvestitionsproblems verläuft nun wie in Abbildung III.5 skizziert. In $t = 1$ wird der Arbeitnehmer oberhalb seines Wertgrenzproduktes, aber unterhalb seines Alternativlohns entlohnt. Auf diese Weise leisten beide Vertragsparteien vor – der Arbeitnehmer, indem er auf seinen vollen Alternativlohn verzichtet, und die Unter-

[51] Vgl. zur Abbildung auch HUTCHENS (1989), S. 51.

nehmensleitung, indem sie von den (Opportunitäts-)Kosten $w_1^A - WGP_1$ der spezifischen Ausbildung den Anteil $w_1 - WGP_1$ trägt (bzw. dem Arbeitnehmer über den Lohn erstattet). In $t = 2$ teilen sich Arbeitnehmer und Unternehmensleitung die Erträge der Humankapitalinvestition, indem der Arbeitnehmer den Anteil $w_2 - w_2^A$ und die Unternehmensleitung den Anteil $WGP_2 - w_2$ an der Quasi-Rente erhält. Wegen $WGP_2 \geq w_2$ hat die Unternehmensleitung in $t = 2$ keinen Anreiz, den Arbeitnehmer zu entlassen, und wegen $w_2 \geq w_2^A$ sieht der Arbeitnehmer von einer Kündigung ab. Die Höhe von w_2 im Intervall $\left[w_2^A, WGP_2\right]$ entscheidet über die Aufteilung der Quasi-Rente und korrespondiert zu der Verhandlungsmacht der Beteiligten. Welche genaue Aufteilung als Verhandlungsergebnis ex ante zwischen Arbeitnehmer und Unternehmensleitung auch erzielt wird, die Teilungslösung von BECKER verhindert auf jeden Fall ein Unterinvestitionsproblem, da die Auszahlung der Löhne von dritter Seite nachprüfbar und w_1 und w_2 daher zu Beginn von $t = 1$ kontrahierbar sind.[52] Gelöst ist damit jedoch immer noch nicht das obige Problem 1 im Zusammenhang mit nicht-kontrahierbaren Arbeitsleistungen.

III.2.3 Zahlung von Effizienzlöhnen

Das Problem 1 – Unterinvestitionen in nicht-kontrahierbare Arbeitsleistungen – könnte von der Unternehmensleitung hingegen mit Hilfe von ***Effizienzlöhnen*** verhindert werden.[53] Effizienzlöhne liegen oberhalb des markträumenden Gleichgewichtslohnniveaus und führen dadurch auf der Marktebene zu Arbeitslosigkeit. Trotz der durch Effizienzlöhne verursachten hohen Lohnkosten sind solche Löhne aus Sicht der Unternehmensleitung dennoch rational, sofern sie entsprechende Leistungsanreize induzieren, Fluktuation verhindern oder die Bewerberauswahl bei der Einstellung neuer Arbeitnehmer verbessern.[54] Im Folgenden soll allein der Aspekt der Leistungsanreize betrachtet

---

[52] Es findet hier *keine* ergebnisabhängige Entlohnung statt.

[53] Zu einem Überblick vgl. z.B. GERLACH/HÜBLER (1985); STIGLITZ (1987); FRANZ (1996), S. 311–321.

[54] Der *Anreizaspekt* wird im Folgenden noch ausführlich diskutiert werden. *Fluktuation* wird durch Effizienzlöhne entgegengewirkt, wenn ein Arbeitnehmer im Falle einer Kündigung einen Einkommensverlust erleiden würde, indem der neue Arbeitgeber weniger als den Effizienzlohn zahlt oder aber indem der Arbeitnehmer aufgrund der bestehenden Arbeitslosigkeit nicht sofort eine unmittelbare Anschlussbeschäftigung bei einem anderen Arbeitgeber findet. *Einstellungsvorteile* ergeben sich für den Arbeitgeber durch Effizienzlöhne, da ein vergleichsweise hoher Lohn zu einer entsprechend hohen Durchschnittsqualität unter den Stellenbewerbern führt und dadurch typische Adverse-selection-Probleme abgeschwächt werden.

werden, d.h. der so genannte ***Shirking-Ansatz*** der Effizienzlohntheorie.[55] Die Grundidee des Shirking-Ansatzes basiert auf der Überlegung, dass Arbeitnehmer, die Effizienzlöhne erhalten und infolge aufgedeckter Leistungszurückhaltung entlassen werden, hohe Opportunitätskosten hinzunehmen haben. Diese Opportunitätskosten entstehen aufgrund eines geringeren Lohnes bei einem neuen Arbeitgeber oder – wenn alle Unternehmen Effizienzlöhne zahlen – aufgrund der Nutzeneinbuße, die der entlassene Arbeitnehmer infolge von Arbeitslosigkeit realisiert. Während eine ergebnisabhängige Entlohnung in Form von Prämien-, Bonus- oder Stücklohnsystem im Falle nicht-kontrahierbarer Arbeitsleistung versagt, lassen sich Effizienzlöhne hingegen zur Lösung des obigen Problems 1 anwenden. Der Grund hierfür liegt darin, dass bei Effizienzlöhnen lediglich ein fester Lohn je Periode gezahlt wird, in der der Arbeitnehmer in der Unternehmung beschäftigt ist. Letzterer Tatbestand ist wiederum von dritter Seite beobachtbar und damit auch kontrahierbar.

Zur Veranschaulichung sei dazu im Folgenden eine vereinfachte Zwei-Perioden-Variante des Modells von BECKER/STIGLER (1974) betrachtet und auf die Arbeitsbeziehung zwischen der Unternehmensleitung und einem Arbeitnehmer angewendet.[56] Angenommen sei, dass der Arbeitnehmer in jeder der zwei Perioden entweder eine hohe oder eine niedrige nicht-kontrahierbare Arbeitsleistung wählen kann. Die niedrige Arbeitsleistung sei hierbei mit Leistungszurückhaltung bzw. shirking gleichzusetzen. p bezeichne die exogen gegebene Wahrscheinlichkeit, mit der Arbeitnehmer-Shirking von der Unternehmensleitung entdeckt wird, d.h. die bisherige Annahme, dass die Arbeitsleistung problemlos von der Unternehmensleitung beobachtbar ist, wird im BECKER/STIGLER-Modell abgeschwächt. b sei der unmittelbare geldwerte Vorteil, den der Arbeitnehmer aus Leistungszurückhaltung hat (z.B. eingespartes Arbeitsleid gemessen in monetären Größen). Angenommen sei ferner, dass, wenn shirking entdeckt wird, dieses unmittelbar zu Beginn der Periode geschieht.[57] In diesem Fall wird der Arbeitnehmer gleich zu Periodenbeginn

---

[55] Vgl. SHAPIRO/STIGLITZ (1984) sowie zu einer vereinfachten Variante SPAHN (1987); FRANZ (1996), S. 312–317. „Shirking“ ist hierbei als Synonym für Leistungszurückhaltung zu verstehen.

[56] Vgl. BECKER/STIGLER (1974), S. 6–13. Das BECKER/STIGLER-Modell ist eines der ersten Modelle, das die Grundidee des Shirking-Ansatzes formal diskutiert.

[57] Diese Annahme erscheint sehr restriktiv, jedoch nicht zwingend für die Grundidee des Shirking-Ansatzes der Effizienzlohntheorie. Zudem war als Ausgangspunkt die Problematik betrachtet worden, dass Arbeitnehmerleistungen zwar nicht-kontrahierbar, jedoch perfekt von der Unternehmensleitung beobachtbar sind. Insofern stellt die Einführung einer Entdeckungswahrscheinlichkeit p durch BECKER und STIGLER eher eine Abschwächung der restriktiven Ausgangsannahmen dar. Alternativ könnte auch die Annahme der strikten Nicht-Kontrahierbarkeit aufgehoben und stattdessen angenommen werden, dass mit der Wahrscheinlichkeit p shirking entdeckt *und vor Gericht verifiziert* werden kann.

entlassen und nicht wieder eingestellt. In der betreffenden Periode realisiert der Arbeitnehmer weder b noch den entsprechenden Periodenlohn, sondern lediglich einen Alternativlohn aus der nächstbesten Beschäftigung. w_1 und w_2 bezeichnen die zwischen der Unternehmensleitung und dem Arbeitnehmer kontrahierten Periodenlöhne sowie w_1^A und w_2^A die gegebenen Alternativlöhne des Arbeitnehmers für die beiden Perioden. Das Symbol r stehe für den Zinssatz, mit dem sich das Einkommen des Arbeitnehmers verzinst. Der Arbeitnehmer sei risikoneutral.

BECKER/STIGLER (1974) überlegen nun, wie groß die Löhne w_1 und w_2 mindestens sein müssen, damit die Unternehmensleitung shirking verhindern kann. Zunächst einmal sei die ***zweite Periode*** betrachtet. Die Entscheidungssituation des Arbeitnehmers lässt sich anhand des Entscheidungsbaums in Abbildung III.6 veranschaulichen. „no shirking“ bezeichnet dabei die Alternative des Arbeitnehmers, seine Leistung nicht zurückzuhalten, während „shirking“ für Leistungszurückhaltung steht.

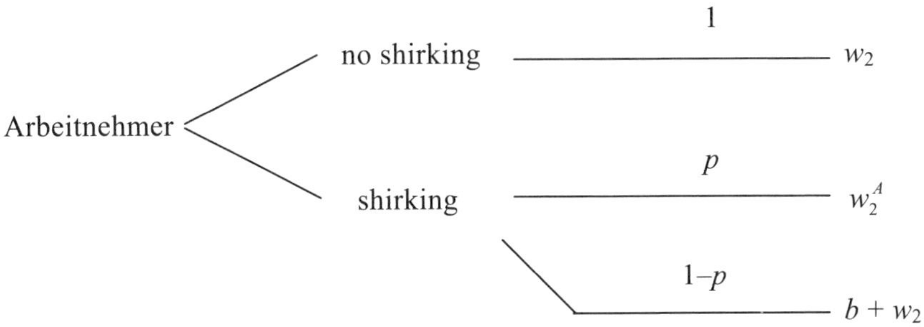

Abbildung III.6: Periode 2 im BECKER/STIGLER-Modell

Die Ergebnisse an den Endknoten des Entscheidungsbaumes stehen für die jeweiligen Auszahlungen an den Arbeitnehmer. Die zugehörigen Eintrittswahrscheinlichkeiten sind oberhalb der entsprechenden Kanten angegeben. Man sieht anhand der Abbildung III.6, dass der Lohn w_2 im oberen Ast des Entscheidungsbaums hinreichend groß sein muss, damit der Arbeitnehmer die Alternative „no shirking“ der Alternative „shirking“ vorzieht. Gemäß Abbildung III.6 lautet derjenige ***Mindestlohn***, der Arbeitnehmer-Shirking in Periode 2 verhindert:

$$w_2 = pw_2^A + (1-p)(b + w_2) \Leftrightarrow w_2 = w_2^A + \frac{1-p}{p} b.$$

Man sieht, dass dieser Lohn umso größer sein muss, je höher der Alternativlohn w_2^A, je größer der Shirking-Vorteil b und je geringer die Entdeckungswahrscheinlichkeit p ist. Diese Ergebnisse sind auch intuitiv plausibel, da mit steigendem b der Shirking-Anreiz steigt und mit steigendem w_2^A sowie sinkendem p die erwarteten Opportunitätskosten aus shirking für den Arbeitnehmer sinken. Rational ist es daher für die Unternehmensleitung, auf jeden dieser drei Effekte mit einem entsprechend höheren „Effizienzlohn" w_2 zu reagieren.

Betrachtet sei nun in Abbildung III.7 der Entscheidungsbaum des Arbeitnehmers für die ***erste Periode***. Die entsprechenden Barwerte des Arbeitnehmers stellen hier die Auszahlungen dar. Eine gesonderte Betrachtung für die zweite Periode muss nicht erfolgen, da der gewählte Lohn w_2 shirking in Periode 2 verhindert.

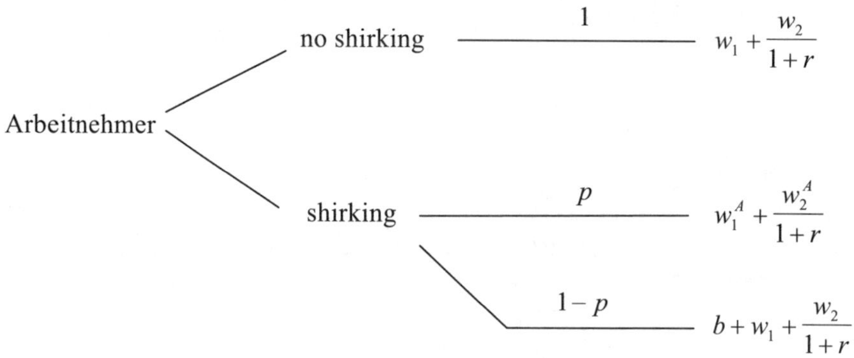

Abbildung III.7: Periode 1 im BECKER/STIGLER-Modell

Durch Gleichsetzen der zwei Erwartungswerte für die beiden Hauptäste des Entscheidungsbaums erhält man den Mindestlohn w_1, mit dem die Unternehmensleitung ein Arbeitnehmer-Shirking in Periode 1 verhindern kann:

$$w_1 + \frac{w_2}{1+r} = p\left(w_1^A + \frac{w_2^A}{1+r}\right) + (1-p)\left(b + w_1 + \frac{w_2}{1+r}\right)$$

$$\Leftrightarrow 0 = pw_1^A + \frac{pw_2^A}{1+r} + b - pb - pw_1 - \frac{pw_2}{1+r}.$$

Das Einsetzen des obigen Ausdrucks für w_2 führt nach wenigen Umformungsschritten zu

$$w_1 = w_1^A + \frac{(1-p)b}{p} \cdot \frac{r}{1+r}.$$

Betrachtet man die beiden Ausdrücke für w_1 und w_2, so fällt zweierlei auf. Als erstes sieht man, dass $w_1 > w_1^A$ und $w_2 > w_2^A$, wodurch der Arbeitnehmer zunächst einmal ein Interesse an der Aufrechterhaltung der bestehenden Arbeitsbeziehung hat und im Entlassungsfall grundsätzlich Opportunitätskosten zu tragen hat. Als zweites wird deutlich, dass $w_2 > w_1$ gilt, da $r/(1+r) < 1$. Der Lohn für die zweite Periode muss also höher als derjenige für die erste Periode sein, um shirking zu verhindern. Auch dieses Ergebnis ist intuitiv plausibel. In der ersten Periode schreckt den Arbeitnehmer nicht nur der Verlust von w_1, sondern auch der von w_2 vor shirking ab. In der zweiten Periode steht der Unternehmensleitung lediglich noch w_2 zur Verhinderung von shirking zur Verfügung, da die Vertragsbeziehung spätestens nach zwei Perioden endet. Um dennoch hinreichend hohe erwartete Opportunitätskosten zu erzeugen, muss w_2 von der Unternehmensleitung entsprechend höher als w_1 angesetzt werden.

Möglicherweise lassen sich mit Hilfe des Shirking-Ansatzes der Effizienzlohntheorie auch Teile der empirischen Befunde zu ***hierarchischen Lohndifferentialen*** erklären, wonach Arbeitnehmer auf höheren Hierarchieebenen mehr verdienen als Arbeitnehmer auf niedrigeren Ebenen.[58] Arbeitnehmer auf hohen Hierarchieebenen besetzen üblicherweise Schlüsselpositionen bzw. bestimmen über Multiplikatoreffekte (d.h. je höher ein Arbeitnehmer in der Hierarchie steht, desto mehr untergeordnete Entscheidungsträger beeinflusst er) die Geschicke des Unternehmens stärker als Arbeitnehmer auf unteren Ebenen. In diesem Fall ist es wichtig, gerade sie über entsprechend hohe Effizienzlöhne vom shirking abzuhalten. Ein weiterer möglicher Erklärungsansatz für hierarchische Lohndifferentiale ergibt sich über Beförderungsturniere, die im Folgenden im Rahmen der Turnierlösung behandelt werden. Ein anderes empirisch nachgewiesenes Lohndifferential stellt das so genannte ***Größendifferential*** dar, wonach Arbeitnehmer in größeren Unternehmen mehr verdienen als Arbeitnehmer in kleineren Unternehmen.[59] Sofern in Großunternehmen auch große Leitungsspannen[60] herrschen, lassen sich über den Shirking-Ansatz Befunde zum Größendifferential erklären. In Großunternehmen mit

---

[58] Zu hierarchischen Lohn- bzw. Einkommensdifferentialen in den USA vgl. BAKER/GIBBS/HOLMSTRÖM (1993), (1994). Für Japan vgl. BRUNELLO et al. (1995) und für Deutschland GRUND/KRÄKEL (2001).

[59] Für die USA vgl. BROWN/MEDOFF (1989), für Japan REBICK (1993), GENDA (1998) und für Deutschland GERLACH/SCHMIDT (1989), GERLACH/HÜBLER (1995).

[60] Die *Leitungsspanne* gibt die Anzahl der Untergebenen pro Vorgesetztem an. Tendenziell verhält sich die Entdeckungswahrscheinlichkeit p umgekehrt zur Leitungsspanne.

großer Leitungsspanne besteht nur eine entsprechend geringe Entdeckungswahrscheinlichkeit p, was nach den obigen Herleitungen hohe Mindest- bzw. Effizienzlöhne w_1 und w_2 als Ausgleich impliziert, um eine Leistungszurückhaltung zu verhindern.

Insgesamt gesehen kann die Unternehmensleitung durch eine geeignete Wahl der Effizienzlöhne w_1 und w_2 trotz Kontrahierbarkeitsproblemen eine Leistungszurückhaltung des Arbeitnehmers verhindern.[61] Allerdings ist zu bedenken, dass Lohn und Leistung hier quasi zeitgleich erfolgen, wodurch Probleme aus doppelseitigem Opportunismus bereits per Modellannahme nicht möglich sind. Zudem lässt sich hier über w_1 und w_2 zwar das obige Problem 1, nicht jedoch das Problem 2 lösen.

III.2.4 Verwendung von Turnierlösungen

Abschließend sei daher nach der Teilungslösung von BECKER und der Zahlung von Effizienzlöhnen eine dritte Lösungsmöglichkeit betrachtet, die von der Unternehmensleitung gewählt werden könnte – der Einsatz ***relativer Leistungsturniere (rank-order tournaments)***. Relative Leistungsturniere wurden in Unterabschnitt III.1.3.3 bereits kurz eingeführt. Man findet sie überall dort in der betrieblichen Praxis, wo die Leistungen verschiedener Mitarbeiter oder Organisationseinheiten miteinander verglichen werden und dieser relative Leistungsvergleich anschließend zu Konsequenzen für die Einkommen der Beteiligten führt. Typische Beispiele für relative Leistungsturniere sind in diesem Sinne Beförderungsturniere, Assessment-Centers, relative Prämien (z.B. Jahresbonus für den erfolgreichsten Verkäufer, Auszeichnung als „Mitarbeiter des Monats"), internes Benchmarking, relative Managervergütung auf Basis des relativen Erfolgs gegenüber den Konkurrenzunternehmen derselben Branche und so genannte forced-ranking systems (vgl. Beispiel III–3).[62] In diesem Unterabschnitt soll vor allem auf drei vorteilhafte Aspekte relativer Leitungsturniere näher eingegangen werden: Sie besitzen den großen Vorteil, dass sie **(a)** sowohl zur Lösung des obigen Problems 1 als auch **(b)** zur Lö-

---

[61] Die Unternehmensleitung könnte sogar noch die Lohnkosten durch das Erheben eines Eintrittsgeldes (entrance fee) vom Arbeitnehmer senken. Da $w_1 > w_1^A$ und $w_2 > w_2^A$, könnte die Unternehmensleitung zu Beschäftigungsbeginn dem Arbeitnehmer eine einmalige Zahlung in Höhe von maximal $\frac{1-p}{p} b \frac{1}{1+r} + \frac{(1-p)b}{p} \frac{r}{1+r} = \frac{(1-p)b}{p(1+r)}(1+r) = \frac{(1-p)b}{p}$ abverlangen und trotzdem noch im Vergleich zur Alternativbeschäftigung konkurrenzfähig bleiben. Voraussetzung ist, dass der Arbeitnehmer über ein entsprechend hohes Anfangsvermögen verfügt. Wichtig ist, dass die Anreizwirkung trotz des erhobenen Eintrittsgeldes nicht verloren geht, da die Periodenlöhne w_1 und w_2 nicht verändert werden.

[62] Selbst die Grundidee der leistungsabhängigen Professorenbesoldung nach dem W-System basiert auf den Grundüberlegungen relativer Leistungsturniere; vgl. HARBRING/IRLENBUSCH/KRÄKEL (2004); KRÄKEL (2006c).

sung des Problems 2 einsetzbar sind und zudem **(c)** als Maßnahme gegen Hidden-action-Probleme verwendet werden können.

(a) Als erstes sei das ***Problem 1*** – nicht-kontrahierbare Arbeitsleistungen – betrachtet. Das hierbei mögliche doppelseitige Opportunismusproblem wird bei relativen Leistungsturnieren durch eine ***Selbstbindung der Unternehmensleitung*** verhindert.[63] Die Unternehmensleitung hat vor Turnierbeginn eine bestimmte Turnierpreisstruktur festgelegt. Die Auszahlung der Turnierpreise nach Turnierende ist von dritter Seite her beobachtbar und damit auch kontrahierbar. Im Gegensatz zu ergebnisabhängigen Entlohnungssystemen wie Prämien-, Bonus- oder Stücklöhnen kann die Unternehmensleitung daher bei Turnierlöhnen nicht durch ein fälschliches Behaupten schlechter Arbeitnehmerleistungen die Lohnkosten opportunistisch verringern. Da die Turnierpreise ex ante verbindlich festgelegt werden, bekommt zwingend einer der Turnierteilnehmer den Gewinnerpreis, einer den zweiten Preis usw. Durch solch eine Selbstbindung der Unternehmensleitung wird auf der anderen Seite auch Arbeitnehmeropportunismus entgegengewirkt, d.h. durch die verbindliche Turnierpreisstruktur wird eine Leistungszurückhaltung des Arbeitnehmers verhindert. Jeder der Arbeitnehmer will als Turnierteilnehmer möglichst den Gewinnerpreis erringen und wird sich infolge des Leistungswettbewerbs auch entsprechend stark anstrengen.

(b) Das ***Problem 2*** – nicht kontrahierbares, betriebsspezifisches Humankapital – lässt sich im Prinzip auf die gleiche Weise lösen.[64] Lediglich das Leistungskriterium, an das die Turnierpreisvergabe gekoppelt ist, muss hierfür modifiziert werden: Den Gewinnerpreis bekommt nun nicht mehr der Arbeitnehmer mit der höchsten Arbeitsleistung, sondern derjenige, der das meiste betriebsspezifische Wissen erworben hat. Dieses Leistungskriterium ist in der Regel zwar noch schwieriger exakt zu messen als das Kriterium „Arbeitsleistung", für eine Turnierentlohnung wird jedoch kein exakter, kardinaler Wert pro Arbeitnehmer benötigt, sondern lediglich eine ordinale Rangfolge. Die Verhaltenswirkungen durch solch ein Leistungsturnier mit modifiziertem Leistungskriterium sind nun die gleichen wie im Standardturnier. Opportunismus bzw. hold up von Seiten der Unternehmensleitung wird durch die Selbstbindung über eine gegebene Turnierpreisstruktur verhindert. Arbeitnehmeropportunismus wird verhindert, da jeder Arbeitnehmer über hohe Investitionen in sein betriebsspezifisches Humankapital einen möglichst hohen Turnierpreis erhalten will. Zur Lösung der beiden Probleme 1 und 2 über Tur-

---

[63] Vgl. MALCOMSON (1984), (1986); ROSEN (1988), S. 85; CARMICHAEL (1989), S. 79–80.

[64] Vgl. bereits schon LAZEAR/ROSEN (1981). Statt einer Effort-Variablen e wird hier die Variable μ für „investments" des Arbeitnehmers verwendet. Diese Investment-Variable wiederum ist sehr breit interpretierbar. Es kann sich um „Investitionen in Arbeitsleistungen" oder Investitionen in Humankapital handeln.

niere findet man in der Realität eine besondere Variante – ***Beförderungsturniere***. Bei Beförderungsturnieren entspricht der Gewinnerpreis dem Aufstieg auf die nächsthöhere Hierarchieebene, verbunden mit einer höheren Entlohnung und einem höheren Prestige.[65] Derartige Beförderungsturniere eignen sich noch besser zur Lösung der Probleme 1 und 2 als die bisher behandelten Turniere, da dem Opportunismusanreiz der Unternehmensleitung noch wirkungsvoller entgegengewirkt wird. Bisher konnte die Unternehmensleitung aufgrund der Selbstbindung zwar keine Lohnkosten opportunistisch einsparen, sie war ex post jedoch streng genommen indifferent, welcher Arbeitnehmer welchen Turnierpreis erhält.[66] Dieses ist bei Beförderungsturnieren nun nicht mehr der Fall, da der Gewinnerpreis hier dem hierarchischen Aufstieg auf eine verantwortungsvollere Stelle entspricht. Daher wird die Unternehmensleitung aus Eigeninteresse eine leistungsgerechte Turnierpreisvergabe präferieren – im Zusammenhang mit Problem 1, sofern eine hohe Arbeitsleistung eher auf ein hohes Leistungspotential schließen lässt, und im Zusammenhang mit Problem 2, da der Arbeitnehmer mit dem meisten Humankapital den höheren Anforderungen der neuen Stelle am besten gerecht wird.

(c) Eng mit Punkt (a) hängt die Verringerung von ***Hidden-action-Problemen*** durch relative Leistungsturniere zusammen. Ist der direkte Arbeitsinput e eines Arbeitnehmers nicht beobachtbar, jedoch ein Leistungsergebnis $\pi(e, \theta)$ beobachtbar und kontrahierbar,[67] so sind neben Leistungsturnieren zunächst einmal auch ergebnisabhängige Prämien-, Bonus- oder Stücklohnsysteme einsetzbar. Einer Leistungszurückhaltung und damit Hidden-action-Problemen wird bei der Turnierlösung durch den Leistungswettbewerb entgegengewirkt. LAZEAR/ROSEN (1981) können sogar für den Fall risikoneutraler Arbeitnehmer zeigen, dass Turniere hierbei zum gleichen effizienten Ergebnis – d.h. zur First-best-Lösung – führen wie Stücklöhne.[68] Beachtet man nun noch, dass Turnierlöhne auf einem ordinalen Messniveau vergeben werden, Stücklöhne hingegen auf einem kardinalen Messniveau, so ließe sich aufgrund geringerer

---

[65] Solch ein Prestige wird dann zum geldwerten Vorteil für den Arbeitnehmer, wenn durch die Beförderung beispielsweise andere Arbeitgeber auf ihn aufmerksam werden und durch eine entsprechend hohe Gehaltsofferte abwerben.

[66] Dies ändert sich jedoch bei einer dynamische Betrachtung, da durch Bekannt werden einer willkürlichen Turnierpreisvergabe („Auswürfeln" minimiert zudem die Messkosten für die Unternehmensleitung) die Leistungsanreize in zukünftigen Turnieren zusammenbrächen.

[67] θ bezeichnet hier eine exogene, von der Unternehmensleitung nicht beobachtbare Störgröße, so dass wiederum ein Rückschlussproblem von π auf e vorliegt.

[68] Mit Stück- bzw. Akkordlöhnen (piece rates) ist hierbei gemeint, dass pro Outputeinheit entlohnt wird. Das Erreichen der First-best-Lösung ist aufgrund der Annahme von Risikoneutralität jedoch nicht weiter verwunderlich, da in solch einem Fall keine Gegenläufigkeiten zwischen Anreizgestaltung und effizienter Risikoverteilung mehr bestehen und die Entlohnung allein zur optimalen Anreizgestaltung eingesetzt werden kann.

Messkosten sogar eine Dominanz von Turnierlöhnen gegenüber Stücklöhnen ableiten.

Die mögliche Realisierung der First-best-Lösung und damit die Überwindung von Hidden-action-Problemen bei Risikoneutralität durch Leistungsturniere soll im Folgenden anhand eines formalen Modells genauer diskutiert werden. Hierbei werden zwei unterschiedliche Turniervarianten einander gegenüber gestellt, die man typischerweise in der Praxis findet – ***Beförderungsturniere*** sowie ***bonus pools***.[69]

Modellbeschreibung

Betrachtet sei ein ähnliches Lotteriemodell wie in Unterabschnitt II.2.2.2 bei der Diskussion eines Bonusvertrags als Maßnahme gegen Hidden-action-Probleme (s. Abbildung II.1): Ein Arbeitnehmer kann entweder erfolgreich sein und den Output π_h erzielen oder er hat keinen Erfolg und realisiert den Output $\pi_l < \pi_h$ (mit $\pi_l > 0$). Im Vergleich zu Unterabschnitt II.2.2.2 werden nun jedoch verschiedene Modifikationen vorgenommen. Zum einen wird von zwei risikoneutralen Arbeitnehmern ausgegangen. Zum anderen wird angenommen, dass das realisierte Ergebnis π_h bzw. π_l zwar von den drei Beteiligten beobachtbar ist, nicht jedoch von einer dritten Partei verifizierbar und daher auch nicht kontrahierbar. Dies hat zur Folge, dass der in Unterabschnitt II.2.2.2 hergeleitete optimale Bonusvertrag nicht mehr anwendbar ist: Der Arbeitgeber würde ex post immer einen Misserfolg π_l proklamieren, um seine Lohnkosten zu senken. Dieses rationale Verhalten ist wiederum von den Arbeitnehmern antizipierbar, die daraufhin nur noch minimale Anstrengungen leisten. Ferner wird angenommen, dass die Arbeitnehmer nicht mehr zwischen zwei Anstrengungsniveaus (bzw. zwei Niveaus an betriebsspezifischem Humankapital) wählen können, sondern einen beliebigen Anstrengungswert (bzw. Investitionswert) innerhalb eines bestimmten Intervalls. Konkret sei angenommen, dass beide Arbeitnehmer i und j ihre jeweiligen Anstrengungen $e_i, e_j \in (0,1)$ wählen, die zu folgenden beiden Ergebnislotterien führen:

[69] Vgl. KANEMOTO/MACLEOD (1989), (1991), (1992a). Zu einer modelltheoretischen Diskussion vgl. KRÄKEL (2002b), (2003a); SCHÖTTNER (2005).

Arbeitnehmer i (j) realisiert also mit der Wahrscheinlichkeit e_i (e_j) einen Erfolg und mit der Gegenwahrscheinlichkeit $1-e_i$ ($1-e_j$) einen Misserfolg. Da hier der Einfachheit halber die Erfolgswahrscheinlichkeiten mit den Anstrengungen gleichgesetzt werden, ist eine Beschränkung auf das Intervall zwischen 0 und 1 nötig. Für die im Modell verwendeten Parameter sei deshalb davon ausgegangen, dass ihre Werte zu optimalen Anstrengungen führen, die im Intervall zwischen 0 und 1 liegen. Zudem sei angenommen, dass beide Arbeitnehmer die gleiche Arbeitsleid- bzw. Kostenfunktion (in monetären Werten gemessen) $c(e_a) = (k/3) \cdot (e_a)^3$ ($a = i, j$) mit $k > 0$ haben. Der monetäre Reservationswert jedes Arbeitnehmers laute $\bar{v} \geq 0$. Beide Arbeitnehmer unterliegen keiner Eigenmittelbeschränkung (d.h. sie werden durch keine Limited-liability-Annahme geschützt), so dass Turnierpreise bzw. Löhne auch beliebig negativ sein dürfen.

Effiziente Lösung

Bei der effizienten Lösung (First-best-Lösung) wird von jeglichen Informations-, Anreiz- und Kontrahierbarkeitsproblemen abstrahiert und die gemeinsame Wohlfahrt maximiert. Für Arbeitnehmer a ($a = i, j$) bedeutet dies die Maximierung seines erwarteten individuellen Outputs abzüglich der hierbei für ihn entstehenden Kosten:

$$\max_{e_a} \pi_h \cdot e_a + \pi_l(1-e_a) - \frac{k}{3}e_a^3.$$

Die Bedingung erster Ordnung führt zu folgender Lösung:[70]

$$\pi_h - \pi_l - ke_a^2 = 0 \Leftrightarrow e_a = \sqrt{\frac{\pi_h - \pi_l}{k}} =: e^{FB}. \qquad \text{(III.1)}$$

Das ***effiziente*** bzw. ***First-best-Anstrengungsniveau e^{FB}*** steigt also in der Höhe der Outputdifferenz und sinkt mit zunehmendem Kostenparameter k. Letzteres ist unmittelbar nachvollziehbar, da mit k die Kosten für jede weitere Anstrengungseinheit steigen. Der Wert für e^{FB} steigt lediglich in der Outputdifferenz bzw. sinkt in π_l, weil π_l bereits mit einer Anstrengung von Null mit Sicherheit und ohne Kosten erreicht werden könnte.[71] Je näher dieser Wert an π_h liegt, desto weniger sollte sich der Arbeitnehmer effizienterweise anstrengen.

---

[70] Die Bedingung zweiter Ordnung ist hier wie auch im Folgenden aufgrund einer streng konkaven Zielfunktion stets erfüllt.

[71] Hierbei handelt es sich nur um eine hypothetische Überlegung, da eine Null-Anstrengung annahmegemäß ausgeschlossen war.

Beförderungsturniere (BT)

Die traditionelle Personalpolitik vieler Großunternehmen[72] sieht eine stellenbezogene Entlohnung vor, d.h. die Lohnzahlungen sind an Stellen geknüpft und nicht an die Person des Stelleninhabers. Diese Vorgehensweise wird dadurch ermöglicht, dass üblicherweise genaue Stellenbeschreibungen vorliegen, die den Aufgabenbereich eines Arbeitnehmers hinreichend präzise abgrenzen. Da die Löhne mit zunehmender Hierarchieebene steigen, entsteht in Großunternehmen durch die stellenbezogene Entlohnung ein hierarchisches Lohn- und Gehaltsgerüst, das zahlreiche Anwendungsmöglichkeiten für Beförderungsturniere bietet. Sofern sich eine Unternehmensleitung verpflichtet, vakant werdende Stellen über Beförderungsturniere mit internen Bewerbern neu zu besetzen und keine Stellen abzubauen, können Unterinvestitionsprobleme in die Arbeitsleistung und in das betriebsspezifische Humankapital von Arbeitnehmern gelöst werden. Trotz der bestehenden Nicht-Kontrahierbarkeiten ist die Lösung über Beförderungsturniere dennoch kontrahierbar, da die stellenbezogene Entlohnung *und* die Besetzung vakanter Stellen mit internen Bewerbern unmittelbar von einer dritten Partei nachprüfbar ist. Dadurch kommt es letztlich zu einer glaubhaften Selbstbindung der Unternehmensleitung, die nun keine Lohnkosten mehr über eine opportunistische Leistungsbeurteilung einsparen kann.

Formal liegt im hier betrachteten Fall zweier Arbeitnehmer, die um eine vakante Stelle auf der nächsthöheren Hierarchieebene konkurrieren, ein zweistufiges Spiel vor. Auf der ***ersten Stufe*** legt der Arbeitgeber denjenigen Lohn w_1 (Gewinnerpreis) fest, den der Turniergewinner nach seiner Beförderung auf der höheren Hierarchieebene erhält, sowie denjenigen Verliererpreis w_2, den der weniger erfolgreiche Arbeitnehmer ohne Beförderung bekommt. Auf der ***zweiten Stufe*** des Spiels wählen dann die beiden Arbeitnehmer bei gegebenen Turnierpreisen die aus ihrer Sicht optimalen Anstrengungsniveaus. Da der Arbeitgeber auf der ersten Stufe bereits das Arbeitnehmerverhalten auf der nächsten Stufe antizipieren kann, lässt sich für ihn auch durch eine gezielte Wahl der Turnierpreise das Arbeitnehmerverhalten entsprechend steuern.

Betrachtet sei zunächst die ***zweite Stufe*** und hier exemplarisch die Situation des Arbeitnehmers *i*. Das Entscheidungsproblem des *j* gestaltet sich ganz analog. Arbeitnehmer *i* wählt seine Anstrengung e_i, um das folgende erwartete Nettoeinkommen zu maximieren:

[72] Die folgenden zwei Alternativen entsprechen der auf KANEMOTO/MACLEOD (1989), (1991) zurückgehenden Dichotomie zwischen der U.S.-Variante und der Japan-Variante der Turnierlösung. Jedoch lässt sich die U.S.-Variante auch in Unternehmen zahlreicher anderer westlicher Industrienationen und auch in japanischen Unternehmen beobachten.

$$w_1 e_i (1-e_j) + \frac{w_1 + w_2}{2}[e_i e_j + (1-e_i)(1-e_j)] + w_2 (1-e_i) e_j - c(e_i)$$
$$= \frac{(w_1 - w_2)(e_i - e_j) + w_1 + w_2}{2} - \frac{k}{3} e_i^3 .$$

Anhand der ersten Zeile wird deutlich, dass vier verschiedene Turnierergebnisse möglich sind. Wenn *i* Erfolg hat und *j* Misserfolg, dann bekommt *i* den Gewinnerpreis w_1. Im umgekehrten Fall – *j* ist erfolgreich und *i* nicht – erhält *i* den Verliererpreis w_2. Sind beide Arbeitnehmer gleichermaßen erfolgreich (mit Wahrscheinlichkeit $e_i \cdot e_j$) oder erfolglos (mit Wahrscheinlichkeit $(1 - e_i) \cdot (1 - e_j)$), so entscheidet der Wurf einer fairer Münze, wer von beiden befördert wird.[73] Die optimale Anstrengung des *i* ergibt sich aus der Bedingung erster Ordnung:

$$\frac{(w_1 - w_2)}{2} - k e_i^2 = 0 \Leftrightarrow e_i^* = \sqrt{(w_1 - w_2)\frac{1}{2k}} = e_j^* =: e_{BT}^* . \qquad \text{(III.2)}$$

Beide Arbeitnehmer haben aufgrund gleicher Anstrengung im Optimum eine Gewinnwahrscheinlichkeit in Höhe von ½. Je höher der Gewinnerpreis ist, desto mehr wird sich jeder anstrengen. Ein hoher Verliererpreis hingegen dämpft die Anreize, da der Verliererpreis die Rückfallposition eines Arbeitnehmers beschreibt, die dieser auch mit einer Null-Anstrengung jederzeit erreichen könnte. Folgerichtig wird nur der Lohnzuwachs $w_1 - w_2$ beide Turnierteilnehmer motivieren sich anzustrengen.

Auf der ***ersten Stufe*** des Spiels maximiert der Arbeitgeber den erwarteten Gesamtoutput abzüglich der Lohnkosten,

$$2 \cdot (\pi_h e_{BT}^* + \pi_l (1 - e_{BT}^*)) - w_1 - w_2$$
$$= 2 \cdot \left(\pi_l + (\pi_h - \pi_l) \sqrt{\frac{w_1 - w_2}{2k}} \right) - w_1 - w_2 , \qquad \text{(III.3)}$$

unter der Nebenbedingung, dass die Arbeitnehmer der vorgeschlagenen Turnierentlohnung auch zustimmen und am Turnier teilnehmen (Akzeptanzbedingung):[74]

---

[73] Alternativ könnte auch argumentiert werden, dass im Falle eines Unentschieden beide Arbeitnehmer über job rotation jeweils die Hälfte der Zeit die niedriger dotierte Stelle bekleiden und die andere Hälfte der Zeit die höher dotierte Stelle. Formal würde diese Argumentation zur gleichen Zielfunktion führen.

[74] Die Anreiz(kompatibilitäts)bedingung (III.2) wurde durch Einsetzen in die Zielfunktion des Arbeitgebers bereits berücksichtigt.

$$\frac{w_1+w_2}{2}-c(e_{BT}^*)\geq \overline{v} \Leftrightarrow \frac{w_1+w_2}{2}-\frac{k}{3}\left(\frac{w_1-w_2}{2k}\right)^{3/2}\geq \overline{v}\,.$$

Anhand der Zielfunktion des Arbeitgebers wird deutlich, dass ein hoher Verliererpreis für ihn aus zweierlei Gründen schädlich ist: Zum einen verringert er die Anreize der beiden Arbeitnehmer, zum anderen erhöht er die Lohnkosten. Der Arbeitgeber wird daher im Optimum den geringstmöglichen Verliererpreis wählen, so dass die ***Akzeptanzbedingung bindend*** ist. Umgeformt ergibt sich dann

$$w_1+w_2=2\overline{v}+\frac{2k}{3}\left(\frac{\Delta w}{2k}\right)^{3/2}$$

mit $\Delta w := w_1 - w_2$ als ***Turnierpreisdifferenz***. Setzt man diese bindende Akzeptanzbedingung in die Zielfunktion (III.3) des Arbeitgebers ein, so erhält man

$$2\cdot\left(\pi_l+(\pi_h-\pi_l)\sqrt{\frac{\Delta w}{2k}}\right)-2\overline{v}-\frac{2k}{3}\left(\frac{\Delta w}{2k}\right)^{3/2}.$$

Der Arbeitgeber wird nun die Turnierpreisdifferenz Δw optimal wählen, um seine Zielfunktion zu maximieren. Die Bedingung erster Ordnung liefert für die optimale Preisdifferenz Δw^* das folgende Ergebnis:

$$\frac{2(\pi_h-\pi_l)}{\sqrt{2k}}\cdot\frac{1}{2\sqrt{\Delta w}}-\frac{2k}{3}\cdot\frac{1}{2k}\cdot\frac{3}{2}\sqrt{\frac{\Delta w}{2k}}=0 \Leftrightarrow \Delta w^*=2(\pi_h-\pi_l)\,.$$

Nach Einsetzen von Δw^* in die Anreizbedingung (III.2) erhält man

$$e_{BT}^*=\sqrt{\frac{\pi_h-\pi_l}{k}}=e^{FB}. \tag{III.4}$$

Der Ausdruck (III.4) zeigt, dass der Arbeitgeber im Optimum die Turnierpreisdifferenz genau so setzt, damit effiziente bzw. First-best-Anreize induziert werden. Die Intuition für dieses Ergebnis ist die folgende: Da die Arbeitnehmer nicht durch limited liability geschützt sind, legt der Arbeitgeber den Verliererpreis exakt so fest, dass die Arbeitnehmer jeweils auf ihren Reservationswert gedrückt werden. Zudem bestehen keine Anreizprobleme infolge von Risikoaversion. Sämtliche First-best-Wohlfahrtsgewinne fallen beim Arbeitgeber an, der nun die „Anreizschraube“ Δw so justiert, dass die gemeinsame Wohlfahrt aller Beteiligten maximiert wird.

Abschließend lassen sich über die optimale Turnierpreisdifferenz $\Delta w^* = 2(\pi_h - \pi_l)$ und die bindende Akzeptanzbedingung $(w_1 + w_2)/2 - c(e^{FB}) = \overline{v}$ noch die optimalen Turnierpreise explizit bestimmen:

$$w_1^* = \bar{v} + c(e^{FB}) + (\pi_h - \pi_l) \quad \text{(III.5)}$$

$$w_2^* = \bar{v} + c(e^{FB}) - (\pi_h - \pi_l). \quad \text{(III.6)}$$

Beide Arbeitnehmer sind homogen und haben vor Turnierbeginn eine Gewinnwahrscheinlichkeit von ½. Gemäß der Gleichungen (III.5) und (III.6) wird jeder Arbeitnehmer ex ante über die erwartete Turnierentlohnung also genau für die ausgeschlagene nächstbeste Vertragsalternative (d.h. für seinen Reservationswert) und das erlittene Arbeitsleid kompensiert. First-best-Anreize entstehen nun dadurch, dass ex post jedoch die Turnierentlohnung beider Arbeitnehmer deutlich auseinander fällt. Während der Turniergewinner oberhalb seiner ex ante erwarteten Entlohnung bezahlt wird, muss sich der Turnierverlierer mit einer Bezahlung begnügen, die unterhalb des ex ante erwarteten Lohns liegt.

Bonus pools (BP)

Im Gegensatz zu Beförderungsturnieren ist der Einsatz von bonus pools nicht mit einem hierarchischen Aufstieg von Arbeitnehmern verknüpft. Als Anwendungsvoraussetzung ist daher auch keine stellenbezogene Entlohnung erforderlich.[75] Stattdessen wird vom Arbeitgeber eine kollektive Lohnsumme – der bonus pool – festgelegt, die anhand eines relativen Leistungsvergleichs auf die beteiligten Arbeitnehmer als Bonuszahlungen ausgeschüttet wird. Solche bonus pools sind beispielsweise für die traditionelle japanische Personalpolitik von hoher Bedeutung. Die Entlohnung basierend auf bonus pools bildet in etwa ein Drittel des Jahreseinkommens eines japanischen Arbeitnehmers.[76] Eine Selbstbindung der Unternehmensleitung findet nun dadurch statt, dass die Auszahlung der kollektiven Lohnsumme von dritter Seite nachprüfbar ist und die Unternehmensleitung nur noch einen Entscheidungsspielraum über die Verteilung der Lohnsumme auf die Arbeitnehmer besitzt. Letzteres wiederum führt zu einem relativen Leistungsturnier innerhalb der Belegschaft, so dass auch Arbeitnehmeropportunismus verhindert werden kann: Traditionelle japanische bonus pools sehen halbjährliche Bonusausschüttungen vor. Jeder Arbeitnehmer kann in den sechs Monaten bis zur nächsten Ausschüttung im Rahmen des Leistungsbeurteilungssystems (Satei)[77] über hohe Ar-

[75] Bonus pools ähneln formal der Japan-Variante der Turnierlösung. Seit mehreren Jahren ist die traditionelle Personalpolitik in vielen japanischen Großunternehmen zwar im Umbruch, dies betrifft jedoch vielmehr die Senioritäts- bzw. Nenko-Komponente des japanischen Anreizsystems und nicht die Leistungskomponente. Zu einer kritischen Diskussion der traditionellen Personalpolitik vgl. KRÄKEL (1999a). Vgl. speziell zu bonus pools RAJAN/REICHELSTEIN (2006); BUDDE (2009); IMHOF/KRÄKEL (2014).

[76] Vgl. MOLL (1987); ITOH (1991a), S. 348–350; ITO (1992), S. 231–239.

[77] Vgl. zur Leistungsbeurteilung in japanischen Großunternehmen ENDO (1994).

beitsleistungen, innovative Verbesserungsvorschläge und Investitionen in sein betriebsspezifisches Humankapital so genannte Verdienstpunkte erwerben. Der Arbeitnehmer mit den meisten Verdienstpunkten wird zum Turniergewinner erklärt und erhält entsprechend den größten Anteil an der Bonussumme, der Arbeitnehmer mit den zweitmeisten Verdienstpunkten erhält den zweitgrößten Anteil usw. Auf diese Weise können analog zu Beförderungsturnieren Unterinvestitionsprobleme verhindert werden, wenngleich die Selbstbindung bei bonus pools über eine kollektive Lohnsumme erfolgt. Die Grundidee ist im Prinzip jedoch die gleiche, da in Beförderungsturnieren die ***gesamte Lohnsumme*** über die Summe der stellenbezogenen Lohnzahlungen ***festgelegt*** ist und die Unternehmensleitung durch die Allokation von Arbeitnehmern auf Stellen lediglich über die Verteilung der Lohnsumme frei entscheiden kann.

Formal liegt auch bei einer Turnierlösung über bonus pools wiederum ein zweistufiges Spiel vor. Auf der ***ersten Stufe*** werden vom Arbeitgeber pro Arbeitnehmer der Basislohn w_0 sowie insgesamt die kollektive Lohnsumme bzw. der bonus pool w optimal festlegt.[78] Auf der ***zweiten Stufe*** entscheiden dann die beiden Arbeitnehmer bei gegebenen Basislöhnen, gegebener kollektiver Lohnsumme und gegebener Aufteilungsregel über ihren optimalen Arbeitseinsatz. Als nahe liegende Aufteilungsregel erhält Arbeitnehmer i den relativen Anteil $\pi_i/(\pi_i + \pi_j)$ von der Lohnsumme und Arbeitnehmer j den relativen Anteil $\pi_j/(\pi_i + \pi_j)$, die kollektive Lohnsumme w wird also anhand des relativen individuellen Erfolgs auf die beiden Arbeitnehmer verteilt.

Auch hier sei wiederum auf der ***zweiten Stufe*** exemplarisch nur die Entscheidungssituation des i betrachtet, da sich das Optimierungsproblem des j analog hierzu ergibt. Arbeitnehmer i maximiert über seinen Arbeitseinsatz sein erwartetes Nettoeinkommen

$$w_0 + \frac{\pi_h}{\pi_h + \pi_l} \cdot w \cdot e_i(1-e_j) + \frac{w}{2}[e_i e_j + (1-e_i)(1-e_j)] + \frac{\pi_l}{\pi_h + \pi_l} \cdot w \cdot (1-e_i)e_j - c(e_i)$$

$$= w_0 + w\frac{(\pi_h - \pi_l)(e_i - e_j) + \pi_h + \pi_l}{2(\pi_h + \pi_l)} - \frac{k}{3}e_i^3 .$$

Ähnlich wie bei Beförderungsturnieren sind auch hier vier verschiedene Turnierergebnisse möglich: i ist erfolgreich und j nicht, so dass i den großen Anteil $\pi_h/(\pi_h + \pi_l)$ von der Lohnsumme erhält. Im umgekehrten Fall bekommt i den kleinen Anteil $\pi_l/(\pi_h + \pi_l)$. Wenn beide Arbeitnehmer mit gleichem (Miss)Erfolg abschneiden, wird die Lohnsumme auch zu gleichen Hälften geteilt. Die Bedingung erster Ordnung für den optimalen Arbeitseinsatz führt

[78] M.a.W. besitzt wie auch bei den Beförderungsturnieren der Arbeitgeber die gesamte Verhandlungsmacht.

wiederum zur Anreizbedingung für die beiden Arbeitnehmer, die der Arbeitgeber auf der ersten Stufe des Spiels zu berücksichtigen hat, wenn er das Verhalten der Arbeitnehmer entsprechend steuern möchte:

$$\frac{(\pi_h - \pi_l)w}{2(\pi_h + \pi_l)} = ke_i^2 \Leftrightarrow e_i^* = \sqrt{\left(\frac{\pi_h w}{\pi_h + \pi_l} - \frac{\pi_l w}{\pi_h + \pi_l}\right)\frac{1}{2k}} = e_j^* =: e_{BP}^*. \qquad \text{(III.7)}$$

Der Ausdruck (III.7) für den optimalen Arbeitseinsatz e_{BP}^* zeigt, dass auch bei der Turnierlösung über bonus pools beide homogenen Arbeitnehmer im Optimum die gleiche Anstrengung wählen. Zudem weist (III.7) eine hohe Ähnlichkeit zur Anreizbedingung (III.2) auf: Auch bei bonus pools werden die Anreize über die Differenz zwischen (relativem) Gewinner- und Verliererpreis erzeugt. Der Arbeitgeber kann bei bonus pools die kollektive Lohnsumme gezielt festlegen, um die Anreize für die Turnierteilnehmer wie gewünscht zu justieren.

Auf der ***ersten Stufe*** maximiert der Arbeitgeber durch die Wahl der beiden Basislöhne und der kollektiven Lohnsumme seinen erwarteten Nettogewinn

$$2 \cdot (\pi_h e_{BP}^* + \pi_l (1 - e_{BP}^*) - w_0) - w$$

unter Beachtung der Anreizbedingung (III.7) und der Akzeptanzbedingung

$$w_0 + \frac{w}{2} - c(e_{BP}^*) \geq \bar{v}.$$

Die Lösung des Arbeitgebers ist ähnlich wie die zum Beförderungsturnier. Bedingung (III.7) des Optimierungsproblems zeigt, dass die Basislöhne für die Anreizgestaltung irrelevant sind. Sie dienen lediglich der Sicherstellung der Akzeptanzbedingung. Da die Basislöhne beim Arbeitgeber Lohnkosten verursachen, wird dieser w_0 so festlegen, dass die Akzeptanzbedingung der beiden Arbeitnehmer bindet. Mit anderen Worten wird der Arbeitgeber über den Basislohn sämtliche Renten der Arbeitnehmer abschöpfen, da diese nicht über limited liability geschützt sind. Da beim Arbeitgeber also sämtliche Renten bzw. Überschüsse verbleiben, wird er wie beim Beförderungsturnier daran interessiert sein, effiziente Anreize zu setzen. Dies gelingt bei der Turnierlösung über bonus pools durch die Festlegung der kollektiven Lohnsumme in Höhe von $w^* = 2(\pi_h + \pi_l)$. Setzt man diesen Wert in die Anreizbedingung (III.7) ein, so folgt daraus unmittelbar $e_{BP}^* = e^{FB}$. Aus der bindenden Akzeptanzbedingung ergibt sich der optimale Basislohn $w_0^* = \bar{v} + c(e^{FB}) - (\pi_h + \pi_l)$.

Insgesamt zeigt sich, dass beide Turnierlösungen – Beförderungsturniere und bonus pools – bei risikoneutralen Arbeitnehmern ohne Eigenmittelbeschränkung (limited liability) zu effizienten Anstrengungen führen, obwohl

Nicht-Kontrahierbarkeiten bestehen. Letztere werden bei beiden Turnierlösungen dadurch ausgehebelt, dass der Arbeitgeber sich glaubhaft bindet, eine konstante Lohnsumme – entweder die Summe aus Gewinner- und Verliererpreis oder aber Basislöhne in Kombination mit einem fixen bonus pool – an die Arbeitnehmer zu zahlen, was Arbeitgeberopportunismus verhindert. Dies antizipieren die Arbeitnehmer, wodurch wirkungsvolle Leistungsanreize erzielt werden.

Abschließend soll anhand des so genannten forced-ranking system gezeigt werden, dass sich in der Praxis noch weitere alternative Formen von Turnieren herausgebildet haben:

Beispiel III–3: Forced-ranking system

Das forced-ranking system (bzw. forced-distribution system) lässt sich als eine Turniervariante interpretieren, bei der eine spezielle relative Mitarbeiterbeurteilung mit monetären Leistungsanreizen kombiniert wird. Hierbei wird einem Vorgesetzten, der seine untergeordneten Mitarbeiter zu beurteilen hat, vom Management ein bestimmtes Notenschema sowie eine theoretische Verteilung der Mitarbeiterzahlen auf die verschiedenen Notenklassen vorgegeben. Beispielsweise könnten fünf Notenklassen vorgesehen sein mit der folgenden Verteilung: 5% der Mitarbeiter sollen der Note „sehr gut", 15% der Note „gut", 60% der Note „befriedigend", 15% der Note „ausreichend" und 5% der Note „nicht ausreichend" zugeordnet werden.[79] Je nachdem, in welche Notenklasse ein Mitarbeiter fällt, führt dies zu entsprechenden Konsequenzen für dessen interne Karriere bzw. zu direkten Einkommenskonsequenzen, wenn an die einzelnen Notenklassen bestimmte monetäre Prämien geknüpft sind. Da die vorgegebene Verteilung und die Einkommenskonsequenzen ex ante festgelegt und von dritter Seite verifiziert werden können, besitzt auch das forced-ranking system die wünschenswerte Eigenschaft der glaubhaften Selbstbindung der Arbeitgeberseite.

In den USA wird von ca. 25% der dynamischen „Fortune 500"-Unternehmen ein forced-ranking system verwendet, beispielsweise von Cisco Systems, Intel, Sun Microsystems, Conoco, General Electric und Enron. Einzelne Topmanager haben das forced-ranking system hierbei zu einer Art Entlassungsturnier weiter entwickelt, bei dem z.B. die schlechtesten 5–10% der Belegschaft pro Jahr das Unternehmen verlassen müssen. Der prominenteste Befürworter derartiger Praktiken war Jack Welch in seiner Zeit als Chief Executive Officer (CEO)[80] bei General Electric. Entsprechende Pläne des ehemaligen Vorstandsvorsitzenden von Infineon, Ulrich Schumacher, hatten vor einigen Jahren zu heftigen Diskussionen in der deutschsprachigen Presse geführt. Ein weiteres prominentes Beispiel für Entlassungsturniere auf Basis eines forced-ranking system ist bei Enron zu finden.

Insgesamt lässt sich festhalten, dass neben der Teilungslösung von BECKER und einer Zahlung von Effizienzlöhnen insbesondere der Einsatz relativer Leistungsturniere als Lösung geeignet erscheint, um doppelseitigen Opportu-

---

[79] Die ursprüngliche Idee hinter der erzwungenen Verteilung war es zu verhindern, dass Vorgesetzte ihre Mitarbeiter nur noch den obersten beiden Notenklassen zuordnen, wodurch die Personalbeurteilung dann wertlos wäre. Zu der Einführung eines forced-ranking system beim Pharmaunternehmen Merck sowie der Diskussion verschiedener Vor- und Nachteile von forced-ranking systems vgl. MURPHY (1992).

[80] Der CEO ist vergleichbar mit dem Vorstandsvorsitzenden der deutschen Aktiengesellschaft. Allerdings gibt es auch deutliche Unterschiede. Vgl. dazu später Unterabschnitt V.2.1.

nismus und Unterinvestitionsprobleme aufgrund von Nicht-Kontrahierbarkeiten zu verhindern. Zudem lassen sich Turniere auch leistungssteigernd in Hidden-action-Situationen einsetzen. All dieses darf jedoch nicht darüber hinwegtäuschen, dass auch Turnierlösungen nicht ganz unproblematisch sind. Die Abschnitte IV.3 bis IV.6 über horizontale Kollusionen, Sabotage/Mobbing, Rattenrennen und sonstige Probleme relativer Leistungsturniere werden zeigen, dass der Einsatz von Turnieren auch zu Folgeproblemen in Form horizontaler Organisationsprobleme führen kann.

III.3 Partizipations- und Delegationsprobleme

Für eine vertikale Arbeitsteilung stehen der Unternehmensleitung die beiden Alternativen Partizipation und Delegation zur Verfügung. ***Partizipation*** bedeutet, dass ein übergeordneter Entscheidungsträger (z.B. die Unternehmensleitung) einen oder mehrere untergeordnete Mitarbeiter an der Lösung eines Entscheidungsproblems[81] beteiligt. Unter ***Delegation*** ist hingegen zu verstehen, dass ein übergeordneter Entscheidungsträger ein bestimmtes Entscheidungsproblem zur Lösung an einen oder mehrere untergeordnete Mitarbeiter komplett abgibt. Beiden Alternativen ist gemeinsam, dass das Wissen und die Fähigkeiten dezentraler Mitarbeiter zur Entlastung von Führungskräften sowie zur Entscheidungsverbesserung genutzt werden, während die Ergebnisverantwortung beim übergeordneten Entscheidungsträger verbleibt. Der wesentliche Unterschied zwischen den beiden Alternativen ist jedoch, dass der übergeordnete Entscheidungsträger bei Partizipation noch mitentscheidet und bei Delegation vollständig aus der Entscheidungsfindung ausgeklammert ist.

Partizipation weist verschiedene Vor- und Nachteile auf. Neben dem Entlastungsvorteil und dem Vorteil der Nutzung dezentraler Informationen zur Entscheidungsverbesserung spricht für Partizipation vor allem auch, dass Entscheidungsergebnisse tendenziell schneller umgesetzt werden, sofern die betroffenen Mitarbeiter im Entscheidungsprozess partizipieren. Dem letztgenannten Vorteil steht jedoch ein direkter Nachteil entgegen. Der Abbau möglicher Widerstände bei der Umsetzung der Entscheidung durch die Miteinbeziehung betroffener Mitarbeiter hat den Preis, dass sich der Entscheidungsfindungsprozess in der Regel verlängern wird. Außerdem ist bei asymmetrisch

---

[81] Ein *Entscheidungsproblem* sei hier über die zur Verfügung stehenden (Handlungs-)Alternativen, die möglichen Umweltzustände, deren Eintrittswahrscheinlichkeiten sowie die Ergebniskonsequenzen charakterisiert, welche sich bei unterschiedlichen Kombinationen aus Alternativen und Umweltzuständen ergeben. Zu einer entscheidungstheoretisch fundierten Organisationstheorie vgl. insbesondere die Arbeiten von LAUX (1979a), (1979b), (1995) sowie LAUX/LIERMANN (1997).

verteilten Informationen zugunsten untergeordneter Mitarbeiter zu befürchten, dass diese ihren Informationsvorteil bei Partizipation opportunistisch zu Lasten des übergeordneten Entscheidungsträgers ausnutzen könnten (z.B. durch Verschweigen relevanter, jedoch arbeitsintensiver Alternativen bei der gemeinsamen Erstellung der Alternativenmenge). Sofern die untergeordneten Mitarbeiter vollkommen gleichberechtigt mit dem übergeordneten Entscheidungsträger über die Alternativenauswahl kollektiv entscheiden, stellt sich zudem die Frage nach der geeigneten kollektiven Entscheidungsregel, die zur Anwendung gelangen soll.[82] Bei der Festlegung dieser Regel sind neben „technischen" Problemen (z.B. Verletzung der Condorcet-Kriterien) auch Fragen der Manipulierbarkeit durch einzelne Beteiligte von der Unternehmensleitung zu beachten.[83] Schließlich birgt Partizipation auch noch die latente Gefahr, dass bei den untergeordneten Mitarbeitern der Eindruck entstehen könnte, sie hätten effektiv kein Mitspracherecht, da letztlich immer die vom Vorgesetzten vorab präferierte Alternative gewählt würde. In diesem Fall würde Partizipation lediglich den Entscheidungsprozess verzögern, ohne dass es zu einer verbesserten bzw. schnelleren Entscheidungsimplementation kommt.

Delegation einzelner Entscheidungsprobleme von einem Vorgesetzten an einen oder mehrere untergeordnete Mitarbeiter wird in einer kaum noch erfassbaren Fülle von Aufsätzen und Monographien diskutiert.[84] Beispielsweise lässt sich jedes unternehmensinterne Prinzipal-Agent-Problem unter Delegationsprobleme subsumieren. Seit Ende der 80er Jahre sind im Bereich der Prinzipal-Agent-Theorie zahlreiche Aufsätze erschienen, die sich mit Delegation, interner Arbeitsteilung (task assignment), Gestaltung der Arbeitsorganisation (job design) und Entlohnung (compensation) befassen. Die hierbei verwendeten Modelle unterscheiden sich zum Teil erheblich bei der Modellierung der Produktionstechnologien, der Kostenfunktionen, der Störtermkorrelationen

---

[82] Das bekannteste Beispiel einer solchen Regel ist die einfache Mehrheitsregel. Es existiert jedoch noch eine ganze Fülle weiterer kollektiver Entscheidungsregeln; vgl. dazu z.B. SCHAUENBERG (1978), (1992a); LAUX (1979b), (1998), S. 401–461; NURMI (1983); BOSSERT/STEHLING (1990).

[83] Vgl. dazu grundlegend GIBBARD (1973); SATTERTHWAITE (1975); SCHMEIDLER/SONNENSCHEIN (1978). Zu einem Fallbeispiel vgl. SCHAUENBERG (1992b). Da kollektive Entscheidungsregeln hauptsächlich im Zusammenhang mit der Aggregation von Präferenzen (und nicht von Informationen) diskutiert werden, soll an dieser Stelle auf eine weitergehende Diskussion verzichtet werden. Vgl. jedoch zu einem sehr schönen betriebswirtschaftlichen Anwendungsfall im Zusammenhang mit der Implementation eines betrieblichen Vorschlagswesens SLIWKA (1999), Kapitel 3, (2003).

[84] Im Falle einer Delegation an mehrere Mitarbeiter sind nicht nur vertikale Kommunikations- und Informationsprobleme mit den Vorgesetzten möglich, sondern zusätzlich auch ähnliche Probleme zwischen den untergeordneten Mitarbeitern. Denkbar sind z.B. Koordinationsprobleme innerhalb einer Gruppe, an die eine Aufgabe delegiert wurde.

sowie hinsichtlich der Fragen, ob bindende Absprachen (side contracts) zwischen den Agenten möglich sind, ob eine statische oder dynamische Modellierung erfolgt, ob Entscheidungen simultan oder sequentiell erfolgen und ob eine einstufige oder mehrstufige Delegation betrachtet wird.[85] Der Versuch einer vollständigen und umfassenden Diskussion von Delegationsproblemen im Rahmen dieses Unterabschnitts dürfte daher bereits vorab zum Scheitern verurteilt sein. Aus diesem Grund wird im Folgenden lediglich ein Überblick über die wichtigsten Delegationsprobleme gegeben, ohne genauer auf die verschiedenen Modelle einzugehen. Dabei sollen der Delegierende als Prinzipal und die Akteure, an die delegiert wird, als Agenten bezeichnet werden.

III.3.1 Dilemma der Organisationstheorie

Zunächst einmal soll jedoch das ***klassische Dilemma der Organisationstheorie*** im Zusammenhang mit Delegation erläutert werden:[86] *Zum einen* könnte die Unternehmensleitung eine umfassende Delegation möglichst vieler Entscheidungen an untergeordnete Mitarbeiter vornehmen. Hierfür sprechen die bereits bei Partizipation erläuterten Vorteile, insbesondere, dass nach erfolgter Delegation üblicherweise diejenigen Akteure entscheiden, die über die besseren (weil dezentralen) Informationen verfügen. Damit wächst jedoch die Gefahr von Effizienzverlusten aufgrund eines opportunistischen Missbrauchs der Entscheidungsrechte durch die dezentralen Akteure. *Zum anderen* könnte sich die Unternehmensleitung aber auch für eine „zentrale Lösung“ entscheiden, bei der kaum Entscheidungsrechte delegiert werden bzw. auf umfassende Kontrollsysteme zurückgegriffen wird. Dieses hätte jedoch wiederum Effizienzverluste zur Folge, da die dezentralen Informationen der untergeordneten Entscheidungsträger nicht genutzt werden und die Unternehmensleitung hoffnungslos überlastet wäre bzw. die umfassenden Kontrollen sehr hohe interne Transaktionskosten verursachten.

III.3.2 Gründe für eine Delegation

Im Zusammenhang mit diesem klassischen Dilemma stellt sich aus Sicht der Unternehmensleitung auch die Frage, ***in welchen Situationen*** sie eine ***Dele-***

---

[85] Allein vor diesem Hintergrund sei bereits an dieser Stelle darauf hingewiesen, dass viele der folgenden Ergebnisse nicht allgemeingültig, sondern situations- bzw. modellabhängig sind.

[86] Vgl. FRANKE (1984); HOLMSTRÖM (1984); MELUMAD/REICHELSTEIN (1987), S. 1; MELUMAD/MOOKHERJEE/REICHELSTEIN (1995), S. 654–656, (1997), S. 257. Ein vergleichbares Problem könnte sich allerdings auch im Zusammenhang mit Partizipation ergeben. Durch die Miteinbeziehung untergeordneter Mitarbeiter wird zwar üblicherweise die Informationsbasis verbessert, es ergeben sich nun jedoch auch zusätzliche Möglichkeiten der Einflussnahme durch die untergeordneten Mitarbeiter.

gation vornehmen sollte und wann nicht. ITOH (2001, S. 1–2) verweist auf zwei grundsätzliche Argumente, warum in einer bestimmten Situation delegiert werden sollte. *Zum einen* könnten technologische Gründe für eine Delegation sprechen, wenn der Agent über spezielle Fähigkeiten verfügt und infolge einer besseren „Produktionstechnologie" komparative Kostenvorteile im Vergleich zum Prinzipal hat. Solche technologischen Gründe könnten auch ohne komparative Vorteile schon dadurch gegeben sein, dass der Prinzipal über eine konvexe Kosten- bzw. Arbeitsleidfunktion verfügt, wodurch eine Arbeitsteilung rational sein kann.[87] *Zum anderen* könnte sich für den Prinzipal in einem dynamischen Kontext eine Delegation an den Agenten lohnen, um mehr Informationen über die Fähigkeiten des Agenten zu erhalten.[88] *Schließlich* kann Delegation aber auch informationell bedingt sein, wenn der Agent über zusätzliche entscheidungsrelevante Informationen verfügt. Genau dann wird man jedoch mit dem bereits erläuterten klassischen Dilemma konfrontiert, d.h. in solchen Situationen sind unternehmensinterne Hidden-action- und Hidden-information-Probleme infolge von Delegation nicht mehr auszuschließen. Informationelle Gründe bilden auch dann kein zwingendes Argument mehr für eine Delegation, wenn der Prinzipal gemäß dem Revelationsprinzip[89] die gewünschten Informationen durch die Verwendung eines geeigneten Informationsaufdeckungsverfahrens erhalten kann.[90] In solchen Situationen müssen daher zusätzliche Gründe gegeben sein, die letztendlich eine Delegation erzwingen. Beispielsweise könnten dies eine Überlastung des Prinzipals bei konsequenter Umsetzung des Revelationsprinzips sein oder aber prohibitiv hohe Kommunikationskosten bei Übertragung der Agenteninformationen auf den Prinzipal.[91] Letzteres betrifft u.a. so genanntes „implizites Wissen" erfahrener Mitarbeiter, die im Laufe ihrer langjährigen Berufserfahrung eine sehr hohe (intuitive) Entscheidungskompetenz erworben haben, welche einer anderen Person kaum vermittelbar ist. Letztlich kann von HOLMSTRÖM (1984) gezeigt werden, dass die Effizienzverluste für den Prinzipal infolge von Delegation dann relativ gering sind, wenn sich die Präferenzen von Prinzipal und Agent nicht zu sehr unterscheiden. Beispielsweise wird

[87] Vgl. hierzu genauer die Unterabschnitte III.3.4 und III.3.5.

[88] Vgl. hierzu auch die Diskussion von SLIWKA (2001b) in Unterabschnitt III.3.6.

[89] Das *Revelationsprinzip* besagt grob, dass sich der Prinzipal bei der Lösung eines Hidden-information-Problems auf die Menge derjenigen Entlohnungskontrakte beschränken kann, die eine wahrheitsgemäße Informationsaufdeckung des Agenten bewirken; vgl. MAS-COLELL/WHINSTON/GREEN (1995), S. 493.

[90] Vgl. MELUMAD/REICHELSTEIN (1987), S. 1: „The Revelation Principle asserts that the maximum performance attainable by some incentive mechanism can be replicated by a revelation mechanism. In particular, any mechanism involving delegation of decision making can, without loss of performance, be replaced by a completely centralized mechanism."

[91] Vgl. MELUMAD/REICHELSTEIN (1987), S. 1–2; ITOH (2001), S.2.

ein Arbeitnehmer als Agent im Prinzip darum bemüht sein, keine Entscheidungen zu treffen, die das Überleben der Unternehmung – und damit sowohl den eigenen Arbeitsplatz als auch den der Unternehmensleitung – ernsthaft gefährden. Umgekehrt sind jedoch genau dann erhebliche Delegationsprobleme aus Sicht der Unternehmensleitung zu erwarten, wenn die Agentenentscheidung lediglich einen Einfluss auf die Ergebnisverteilung innerhalb der Unternehmung hat.

III.3.3 Agentenauswahl

Hat sich die Unternehmensleitung in einer bestimmten Situation für eine Delegation entschieden, stellt sich ihr die Folgefrage, an ***welchen Agenten*** delegiert werden sollte, sofern mehrere Kandidaten zur Verfügung stehen. Für solch eine Agentenauswahl wurde bereits Anfang der 70er Jahre von HELMUT LAUX das so genannte ***Delegationswertkonzept*** entwickelt.[92] Hierbei wird jedem der Kandidaten ein Delegationswert zugewiesen, der aus Sicht des Prinzipals die jeweilige Geeignetheit des Kandidaten für die zu delegierende Entscheidung widerspiegelt. Der Delegationswert ist dabei definiert als Differenz zwischen dem erwarteten Erfolg bei Entscheidungsdelegation an den jeweiligen Agenten und dem erwarteten Erfolg bei Entscheidung durch den Prinzipal selbst. Bei der Berechnung des Delegationswertes werden Delegationskosten (wie z.B. Lohnzahlungen an den Agenten) zunächst einmal nicht beachtet. Man vergleicht allein den erwarteten Bruttoerfolg, mit dem bei einer Delegation an einen relativ gut informierten Agenten zu rechnen ist, mit dem erwarteten Bruttoerfolg, der sich vom Prinzipal auf Basis seiner A-priori-Informationen im Durchschnitt erzielen lässt. Der Erfolgsvergleich beziffert dann in monetären Werten den Nutzen des jeweiligen Agenten in seiner Funktion als Informationssystem für den Prinzipal. Beachtet man nun noch die Delegationskosten, so ist es für den Prinzipal optimal, aus den Kandidaten den Agenten mit der größten Differenz aus Delegationswert und Delegationskosten auszuwählen. Jedoch ist von einer Delegation abzusehen, wenn diese Differenzen für sämtliche Kandidaten negativ sind. Ist nicht nur einer, sondern sind mehrere Agenten gesucht, so könnte eine Auswahl nach fallenden Differenzen aus Delegationswert und -kosten vorgenommen werden. Das Delegationswertkonzept erscheint jedoch aus zweierlei Gründen für die Agentenauswahl nicht ganz unproblematisch: Zum einen wird davon ausgegangen, dass der Prinzipal über einen für Prinzipal-Agent-Beziehungen eher untypisch hohen Informationsstand verfügt. Der Prinzipal muss zumindest unsichere Erwartungen über „Zielfunktion, Informationsstruktur und Wahrscheinlichkeits-

[92] Vgl. LAUX (1972), (1979a), S. 69–247, (1979b), S. 107–194, 281–323; LAUX/LIERMANN (1997), S. 218–233.

funktion“ (LAUX 1982, S. 234) der Kandidaten bilden und die Güte eines Agenten als Informationssystem beurteilen können (analog zum Informationswertkonzept). Zum anderen wird ein Agent zunächst einmal nur auf seine Funktion als Informationssystem reduziert, wobei Anreizaspekte keine Beachtung finden. Es erscheint daher notwendig, das Delegationswertkonzept um ein geeignetes anreizkompatibles Entlohnungsschema zu ergänzen.[93]

Als Alternative zum Delegationswertkonzept kann der Prinzipal jedoch auf ***Auktionsverfahren*** zurückgreifen, die eine Agentenselektion unter hidden information erlauben und zudem problemlos mit einem erfolgsabhängigen Anreizschema[94] kombiniert werden können.[95] Hierzu wird die zu delegierende Entscheidung als Auftrag vom Prinzipal versteigert, wobei die Auftragserfüllung für den betreffenden Agenten mit einer Erhöhung der Entlohnung verbunden ist.[96] Da sich die Kandidaten über den Bietwettbewerb – jeder Kandidat möchte den lukrativen Auftrag des Prinzipals zugewiesen bekommen – selbst selektieren, werden auf Seiten des Prinzipals keine weitergehenden Informationen benötigt. Weil der beste Kandidat üblicherweise auch der teuerste ist, wird dem ausgewählten Agenten bei der Entlohnung sein Gebot in Rechnung gestellt. Auf diese Weise profitiert der Prinzipal hinsichtlich seiner Lohnverpflichtungen davon, dass die Kandidaten über den Bietwettbewerb ihre Entlohnungsansprüche gegenseitig abbauen:[97] Je höher das abgegebene Gebot ist, desto größer ist zwar die Wahrscheinlichkeit, vom Prinzipal für den Auftrag ausgewählt zu werden, desto geringer wird aber auch die erwartete Entlohnung des Agenten im Zuschlagsfall sein. Vereinfacht kann man sich hierzu folgendes Entlohnungsschema für die Auftragsvergabe vorstellen:

$$w_i = \begin{cases} \alpha + \beta \cdot \left(\pi_i \left(e_i, t_i, \theta_i \right) - b_i \right) & \text{im Zuschlagsfall} \\ 0 & \text{ansonsten.} \end{cases} \tag{III.8}$$

Der Kandidat *i* bekommt eine (zusätzliche) Entlohnung w_i, sofern er den Zuschlag für den Auftrag des Prinzipals erhält. Bekommt ein anderer Kandidat den Zuschlag, so muss sich *i* mit der Entlohnung begnügen, die anderweitig mit ihm in der Unternehmung kontrahiert wurde. Den Zuschlag erhalte derje-

---

[93] Vgl. hierzu LAUX (1989), (1990).

[94] Voraussetzung ist, dass der Erfolg des Agenten auch kontrahierbar ist.

[95] Vgl. SAPPINGTON (1991), S. 56–59; KRÄKEL (1992), S. 221–243. Zum Wert einer Auktion für die Agentenauswahl und einem einfachen Rechenbeispiel vgl. KRÄKEL (1992), S. 230–237.

[96] Beispiele für Dienstleistungs- und Handwerksauktionen, bei denen Aufträge versteigert werden, findet man im Internet z.B. unter www.undertool.de, www.quotatis.de oder www.jobdoo.de.

[97] Zudem zeigt (III.8), dass dieses Entlohnungsschema eine Übertreibung bei der Angabe des beabsichtigten Erfolgs verhindert.

nige Kandidat, der den höchsten beabsichtigten Erfolg b_i für den zu vergebenden Auftrag bietet.[98] Voraussetzung ist, dass die Kandidaten ihr Erfolgspotential vergleichsweise präzise einschätzen können, wovon im Delegationsfall jedoch zumindest näherungsweise ausgegangen werden kann.[99] Da b_i mit negativem Vorzeichen in w_i eingeht, wird dem erfolgreichen Bieter sein Gewinnergebot in Rechnung gestellt. α bezeichne ein Entlohnungsfixum (mit $\alpha \geq 0$) und β einen Prämiensatz (mit $0 \leq \beta \leq 1$). π_i stehe für den realisierten Erfolg desjenigen Agenten *i*, der den Zuschlag erhalten hat. Dieser Erfolg hängt hierbei vom Arbeitseinsatz des Agenten (e_i), seinem Talent bzw. Erfolgspotential (t_i) sowie einem stochastischen Störterm (θ_i) ab. Sofern die Produktionstechnologie jedes Kandidaten identisch ist und jeder Kandidat daher im Zuschlagsfall einen identischen Arbeitseinsatz leisten würde, wird sich bei einer symmetrischen Bieterstruktur unter den Kandidaten der Agent mit dem größten Talent t_i durchsetzen.[100] Auf diese Weise kommt es zu einer Selbstselektion der Kandidaten. Da zudem der realisierte Erfolg π_i positiv in w_i eingeht, werden nach erfolgter Delegation geeignete Leistungsanreize beim ausgewählten Agenten induziert.

III.3.4 Delegation bei technologisch abhängigen Aufgaben

Ist vom Prinzipal entschieden worden, *dass* und *an wen* delegiert werden soll, stellt sich für ihn nun die Folgefrage nach der optimalen Gestaltung der Arbeitsorganisation (***job design***) und geeigneter Leistungsanreize. Zur Diskussion dieser Folgefrage betrachtet Itoh (1994) ein LEN-Modell mit ***technologisch abhängigen Aufgaben***.[101] Hierbei existieren zwei Aufgaben $a = 1$ und $a = 2$, die beide zusammen zu einem Gesamterfolg π beitragen und in diesem Sinne als technologisch abhängig bezeichnet werden können. Konkret gelte die lineare Produktionsfunktion.[102]

---

[98] Damit handelt es sich hier um eine *Höchstpreisauktion* (first price auction). Alternativ könnte vom Prinzipal auch die *VICKREY-Regel bzw. -Auktion* (second price auction) – benannt nach WILLIAM VICKREY (1961) – verwendet werden, die im *independent private values model* zu einer einfacheren und zudem dominanten Bietstrategie führt. Vgl. in diesem Zusammenhang KRÄKEL (1992), S. 228–230. Beim independent private values model besitzt jeder Bieter einen privaten Reservationswert für das Auktionsobjekt, der allen anderen Beteiligten unbekannt ist. Gemeinsames Wissen aller Beteiligten ist lediglich, dass die Reservationswerte der Bieter stochastisch unabhängige Stichprobenzüge derselben Wahrscheinlichkeitsverteilung sind.

[99] Grundannahme jedes Hidden-information-Modells ist, dass ein Agent seinen Typ bzw. sein Talent oder Potential kennt. Ansonsten wäre keine Informationsaufdeckung möglich.

[100] Implizit wird hier vom so genannten independent private values model ausgegangen. Vgl. hierzu KRÄKEL (1992), S. 14–63, sowie die dort zitierte Literatur.

[101] Vgl. auch KRÄKEL/SLIWKA (2001a).

[102] Der Begriff „Produktionsfunktion" sei hier wiederum weit auszulegen, da mit dem Ergebnis π z.B. auch Dienstleistungen gemeint sein können.

$$\pi = e_1 + e_2 + \theta \tag{III.9}$$

mit e_a als diejenige Leistungsanstrengung, die für Aufgabe a (a = 1,2) aufgewendet wird, und θ als normalverteiltem Störterm mit $\theta \sim N(0, \sigma^2)$. Es sei angenommen, dass π beobachtbar und kontrahierbar sei, während keine der drei Größen auf der rechten Seite von (III.9) einzeln vom Prinzipal beobachtet werden kann (hidden action). Die Produktionsfunktion (III.9) erfüllt zwar nicht die technische Nichtseparabilitätsbedingung (II.26), sie kann intuitiv aber dennoch als eine Art ***Teamproduktionsfunktion*** charakterisiert werden: Statt getrennter Ergebnisse je Aufgabe wird ein gemeinsames Teamergebnis π erzielt; z.B. werden auf a = 1 und a = 2 zwei Einzelmodule gefertigt, die lediglich zusammen ein marktfähiges Produkt π ergeben.

Es sei angenommen, dass der Prinzipal durch weitere Aufgaben bereits so stark belastet ist, dass er mindestens eine der beiden Aufgaben a = 1 oder a = 2 delegieren muss. In dieser Situation hat der Prinzipal die Auswahl zwischen drei verschiedenen job designs: (a) Er kann sich für eine ***partielle Delegation (PD)*** entscheiden, bei der lediglich eine der beiden Aufgaben an einen Agenten delegiert wird, während der Prinzipal die verbleibende Aufgabe selbst erledigt. (b) Der Prinzipal kann alternativ eine ***vollständige Delegation ohne Spezialisierung (VD ohne)*** wählen, indem beide Aufgaben zusammen an einen einzigen Agenten delegiert werden. (c) Schließlich kann der Prinzipal auch ***vollständige Delegation mit Spezialisierung (VD mit)*** als job design wählen. Hierbei wird die Aufgabe a = 1 an einen Agenten A delegiert, während a = 2 einem anderen Agenten B zugewiesen wird. In den Fällen *PD* und *VD ohne* legt der Prinzipal ein lineares Entlohnungsschema

$$w(\pi) = \alpha + \beta\pi \tag{III.10}$$

fest, bei *VD mit* dagegen je Agent i ($i = A, B$) eine Entlohnung

$$w_i(\pi) = \alpha_i + \beta_i\,\pi. \tag{III.11}$$

Es sei angenommen, dass die Anstrengungen Kosten bzw. Arbeitsleid verursachen, welches in monetären Größen bei *VD ohne* durch die Kostenfunktion

$$c(e_1, e_2) = \frac{e_1^2}{2} + \frac{e_2^2}{2} + k e_1 e_2 \tag{III.12}$$

beschrieben werden kann mit $k \in [0,1]$. Der Parameter k stellt eine Art ***Komplementaritätsparameter*** dar. Je größer k ist, desto stärker hängen die Grenzkosten der einen Aufgabe von dem Anstrengungsniveau der anderen Aufgabe ab. Beispielsweise kann es sich bei einem hohen Wert für k um sehr ***ähnliche Aufgaben*** handeln, die den Agenten stark einseitig belasten. Im Fall k = 0 hingegen findet keine gegenseitige Kostenbeeinflussung zwischen den beiden

Aufgaben statt. Bei *PD* sei angenommen, dass $a = 1$ delegiert wird und der Agent das Arbeitsleid $c(e_1, 0)$ zu tragen hat, während sich die Kosten des Prinzipals auf $c(0, e_2)$ belaufen. Bei *VD mit* schließlich betragen für Agent *A* die Kosten $c(e_1, 0)$ und für *B* hingegen $c(0, e_2)$.

Ansonsten gelten die Annahmen des LEN-Grundmodells aus Unterabschnitt II.2.2: Der Prinzipal sei risikoneutral und möchte das erwartete Nettoergebnis maximieren, während die Agenten homogen und risikoavers sind mit $r > 0$ als konstantes ARROW-PRATT-Maß für absolute Risikoaversion. Der Einfachheit halber sei angenommen, dass jeder Agent einen Reservationswert $\bar{v} = 0$ hat.[103]

Die Frage nach dem optimalen job design – *PD*, *VD ohne* oder *VD mit* – kann nun in zwei Schritten beantwortet werden. Zunächst einmal können je job design *jd* das optimale lineare Anreizschema und das erwartete Nettoergebnis des Prinzipals, $E[\delta(jd)]$ (mit *jd* = *PD*, *VD ohne*, *VD mit*), berechnet werden. In einem zweiten Schritt lassen sich dann die $E[\delta(jd)]$-Werte miteinander vergleichen.

Bei ***partieller Delegation*** maximiert der Agent das Sicherheitsäquivalent

$$S\ddot{A}(e_1;\alpha,\beta) = \alpha + \beta e_1 + \beta e_2 - \frac{e_1^2}{2} - \frac{r}{2}\beta^2\sigma^2 . \tag{III.13}$$

Die Bedingung erster Ordnung zeigt, dass der Agent die optimale Anstrengung

$$e_1^* = \beta \tag{III.14}$$

wählen wird. Da bei *PD* auch der Prinzipal eine Anstrengung leistet – nämlich auf $a = 2$ –, ist seine optimale Anstrengung e_2^* ebenfalls zu bestimmen. Er erhält lediglich den Anteil $1 - \beta$ des Ergebnisses π, so dass er $(1 - \beta)(e_1 + e_2) - \alpha - e_2^2/2$ maximiert, was letztlich zu

$$e_2^* = 1 - \beta \tag{III.15}$$

führt. Wie bereits aus dem LEN-Grundmodell bekannt ist, wird der Prinzipal im Optimum das Fixum α genau so wählen, dass die Partizipationsbedingung des Agenten bindend ist (d.h. der Agent wird auf seinen Reservationswert $\bar{v} = 0$ gedrückt.) Da der Prinzipal also sämtliche Wohlfahrtsgewinne erhält, wird er mit der Wahl von β die Gesamtwohlfahrt $E[\pi] - c(e_1^*,0) - c(0, e_2^*) -$

---

[103] Zu beachten ist, dass bei einem positiven Reservationswert dieser bei *PD* und *VD ohne* lediglich einem Agenten erstattet werden muss, bei *VD mit* jedoch zwei Agenten, was einen entsprechenden Einfluss auf das optimale design der Arbeitsorganisation haben könnte. Allerdings müssten dann auch bei *PD* mögliche Opportunitätskosten des Prinzipals in Rechnung gestellt werden.

$0{,}5r\beta^2\sigma^2$ unter Berücksichtigung der zwei Anreizbedingungen (III.14) und (III.15) maximieren. Dies führt zum optimalen Anreizparameter

$$\beta^* = \frac{1}{2 + r\sigma^2} \tag{III.16}$$

sowie zum erwarteten Nettoergebnis

$$\mathrm{E}[\delta(PD)] = \frac{3 + r\sigma^2}{2(2 + r\sigma^2)} \ . \tag{III.17}$$

Analog zum LEN-Grundmodell wird anhand von (III.16) deutlich, dass bei hoher Risikoaversion r und hohem exogenen Risiko σ^2 die Risikokosten der Anreizgestaltung (d.h. die Risikoprämie) so hoch sind, dass der Prinzipal rationalerweise geringe Anreize über β^* wählt. Dass eine derartige Situation ungünstig für den Prinzipal ist, zeigt das Ergebnis (III.17).

Bei ***vollständiger Delegation ohne Spezialisierung*** werden beide Aufgaben an einen Agenten delegiert, der aufgrund von (III.10), (III.12) und seiner exponentiellen Nutzenfunktion das Sicherheitsäquivalent

$$S\ddot{A}(e_1, e_2; \alpha, \beta) = \alpha + \beta(e_1 + e_2) - \frac{e_1^2}{2} - \frac{e_2^2}{2} - ke_1e_2 - \frac{r}{2}\beta^2\sigma^2 \tag{III.18}$$

maximieren will. Die Bedingungen erster Ordnung führen zu folgenden optimalen Anstrengungen:

$$e_1^* = e_2^* = \frac{\beta}{1 + k} \ . \tag{III.19}$$

(III.19) zeigt den Einfluss des Kostenparameters k auf das optimale Verhalten des Agenten: Je niedriger k ist, desto weniger behindern sich die beiden Aufgaben gegenseitig, d.h. desto größer ist die Unterschiedlichkeit der Aufgaben. Analog zum obigen *PD*-Fall wird der Prinzipal β so wählen, dass die gesamte Wohlfahrt maximiert wird, die hier im *VD ohne*-Fall $\mathrm{E}[\pi] - c(e_1^*, e_2^*) - 0{,}5r\beta^2\sigma^2$ lautet. Man erhält

$$\beta^* = \frac{2}{2 + (1 + k)r\sigma^2} \tag{III.20}$$

für den optimalen Anreizparameter sowie

$$\mathrm{E}[\delta(VD\ ohne)] = \frac{2}{(1 + k)[2 + (1 + k)r\sigma^2]} \tag{III.21}$$

für das erwartete Nettoergebnis des Prinzipals. Beide Ausdrücke (III.20) und (III.21) verdeutlichen, dass sich ein hoher Kostenparameter k und damit eine starke Verbundenheit bzw. Ähnlichkeit der beiden Aufgaben für den Prinzipal als ungünstig erweist. Durch die starke Komplementarität in der Kostenfunktion sind hohe Anreize für den Prinzipal zu kostspielig, so dass er besser einen niedrigen Anreizparameter β^* wählt. Hohe Kosten und niedrige Anreize wiederum resultieren dann in einem recht geringen erwarteten Nettoergebnis (III.21).

Im Fall ***vollständiger Delegation mit Spezialisierung*** gibt der Prinzipal Aufgabe 1 an den Agenten *A* und Aufgabe 2 an den Agenten *B* ab. Das Sicherheitsäquivalent des Agenten *i* ($i = A, B$) zuständig für Aufgabe *j* ($j = 1$, wenn $i = A$; $j = 2$, wenn $i = B$) lautet

$$S\ddot{A}_i\left(e_j;\alpha_i,\beta_i\right) = \alpha_i + \beta_i(e_1 + e_2) - \frac{e_j^2}{2} - \frac{r}{2}\beta_i^{\,2}\sigma^2 . \tag{III.22}$$

Hieraus folgen als optimale Anstrengungen der beiden Agenten

$$e_1^* = \beta_A \qquad \text{und} \qquad e_2^* = \beta_B . \tag{III.23}$$

Die Maximierung der Gesamtwohlfahrt $\mathrm{E}[\pi] - c(e_1^*, 0) - c(0, e_2^*) - 0{,}5r\,\beta_A^2\sigma^2 - 0{,}5r\,\beta_B^2\sigma^2$ durch den Prinzipal führt zu den optimalen Anreizparametern

$$\beta_A^* = \beta_B^* = \frac{1}{1 + r\sigma^2} . \tag{III.24}$$

Vergleicht man (III.24) mit dem Ausdruck (III.16) für den optimalen Anreizparameter bei partieller Delegation, so fällt auf, dass dort niedrigere Anreize für den Agenten gewählt werden. Dies lässt sich über die dortige Arbeitsteilung mit dem risikoneutralen Prinzipal erklären, für dessen Anreizgestaltung keine Risikokosten anfallen. Daher ist es bei *PD* rational, Anreize für den Agenten eher durch Anreize für den Prinzipal zu ersetzen. Für das erwartete Nettoergebnis des Prinzipals bei *VD mit* erhält man schließlich

$$\mathrm{E}[\delta(VD\ mit)] = \frac{1}{1 + r\sigma^2} . \tag{III.25}$$

Nachdem die erwarteten Nettoergebnisse des Prinzipals unter *PD*, *VD ohne* und *VD mit* berechnet worden sind, lässt sich nun in einem zweiten Schritt diskutieren, unter welchen Bedingungen der Prinzipal welches job design vorzieht. Der Vergleich von (III.21) und (III.25) führt zu folgendem Resultat:

> **Ergebnis III–1**: *Der Prinzipal zieht vollständige Delegation ohne Spezialisierung einer vollständigen Delegation mit Spezialisierung vor, wenn* $\mathrm{E}[\delta(VD\ ohne)] > \mathrm{E}[\delta(VD\ mit)] \Leftrightarrow$
>
> $$2k + (k^2 + 2k - 1)r\sigma^2 < 0 . \tag{III.26}$$

Bedingung (III.26) zeigt, dass der Prinzipal nur bei kleinen Werten für den Kostenparameter k eine vollständige Delegation ohne Spezialisierung präferiert. Ist k hingegen hinreichend groß, führt eine gemeinsame Bearbeitung beider Aufgaben durch einen einzigen Agenten zu einer großen Behinderung bzw. einseitigen Belastung, so dass der Prinzipal eine vollständige Delegation mit Spezialisierung vorzieht. Der Prinzipal hat bei *VD mit* zwar zwei Risikoprämien zu zahlen und bei *VD ohne* lediglich eine, diese ist jedoch relativ hoch und hängt zudem wiederum vom Kostenparameter k ab.

Vergleicht man (III.17) mit (III.21), so erhält man das folgende Ergebnis:

Ergebnis III–2: *Der Prinzipal bevorzugt eine partielle Delegation gegenüber einer vollständigen Delegation ohne Spezialisierung, wenn* $E[\delta(PD)] > E[\delta(VD\ ohne)] \Leftrightarrow$

$$r\sigma^2[3k^2 + 8k + 1 + (1 + k)^2 r\sigma^2] + 6k > 2. \qquad \text{(III.27)}$$

Anhand von (III.27) wird ersichtlich, dass der Prinzipal bei hinreichend großen Werten für k und für $r\sigma^2$ job design *PD* gegenüber *VD ohne* präferiert. Intuitiv ergibt sich dieses Resultat aus **zwei relativen Nachteilen von *VD ohne***: Zum einen ist dieses job design bei großer Verbundenheit bzw. Ähnlichkeit der beiden Aufgaben, also bei hohen Werten für den ***Komplementaritätsparameter k***, aus Kostengründen von Nachteil. Zum anderen ist im Gegensatz zu *PD* die ***Anreizgestaltung*** vergleichsweise ***teuer***, da bei *VD ohne* sämtliche Anstrengungen von einem risikoaversen Akteur geleistet werden. Bei *PD* hingegen leistet der Prinzipal einen Teil der Anstrengungen, und für seine Anreizgestaltung fallen keine Risikokosten an. Allerdings ist die Ungleichung (III.27) nicht immer erfüllt, d.h. es existieren durchaus Situationen, in denen das job design *VD ohne* die Alternative *PD* dominiert. Dies lässt sich über das ***Trittbrettfahrerproblem bei PD*** erklären: Bei *PD* werden die Anreize zwischen Prinzipal und Agent dadurch verwässert, dass sich ihre Anreizparameter β und $1 - \beta$ immer zu 1 addieren müssen. Wird also für einen Akteur der Anreizparameter erhöht, verringern sich dadurch automatisch die Anreize für den anderen Akteur. Dadurch kommt es zu dem gleichen Trittbrettfahrerproblem wie bei Teamarbeit in Unterabschnitt II.2.3.1, wo ebenfalls das gemeinsame Ergebnis auf beide Akteure aufgeteilt werden musste. Beim job design *PD* bestehen zudem noch folgende ***Gegenläufigkeiten***: Da die Kostenfunktionen $c(e_1, 0)$ und $c(0, e_2)$ von Agent und Prinzipal identisch und konvex sind, die Anstrengungen der beiden in der Produktionsfunktion jedoch perfekte Substitute, sollte eine gesamte optimale Arbeitsmenge möglichst gleichmäßig auf Agent und Prinzipal aufgeteilt werden. Eine effiziente Risikoverteilung hingegen verlangt eine einseitige Belastung des Prinzipals (induziert durch entsprechende Anreize).

Der Vergleich von (III.17) und (III.25) schließlich lässt sich in folgendem Resultat festhalten:

Ergebnis III–3: *Der Prinzipal präferiert eine partielle Delegation gegenüber einer vollständigen Delegation mit Spezialisierung, wenn*

$$E[\delta(PD)] > E[\delta(VD\ mit)] \Leftrightarrow r\sigma^2(2 + r\sigma^2) > 1\ . \qquad \text{(III.28)}$$

Bis auf den hier irrelevanten Komplementaritätsparameter k wirken bei diesem Ergebnis die gleichen Effekte wie bei Ergebnis III–2. Für das job design *PD* spricht, dass hier die Anreizgestaltung vergleichsweise kostengünstig ausfällt, da für die Anreize des Prinzipals keine Risikokosten entstehen. Daher dominiert *PD* das design *VD mit* für hinreichend hohe Werte von $r\sigma^2$. Allerdings weist partielle Delegation das zuvor erläuterte Trittbrettfahrerproblem auf. Dieses besteht bei *VD mit* in der Form nicht. Zwar profitiert auch hier jeder Akteur von der Anstrengung des anderen Akteurs. Den dadurch verwässerten Anreizen kann bei *VD mit* jedoch über entsprechend hohe Anreizparameter für beide Agenten entgegengewirkt werden, die sich – im Gegensatz zu *PD* – nicht zu 1 addieren müssen. Schließlich besteht wiederum für *PD* der bereits angesprochene trade-off zwischen Arbeits- und Risikokosten. Im Hinblick auf die Arbeitskosten sollte eine Gesamtanstrengung möglichst gleichmäßig auf Prinzipal und Agent verteilt werden, während die Risikokosten minimiert werden, wenn der Prinzipal einseitig möglichst hohe Anstrengungen leistet. Bei *VD mit* (wie auch bei *VD ohne*) werden insofern die Arbeitskosten minimiert, als für jede Aufgabe gleich hohe Anstrengungen induziert werden.

Itoh (2001) behandelt ergänzend die Frage, welche der beiden Teilaufgaben bei partieller Delegation vom Prinzipal abgegeben werden sollte. Er kommt dabei zu dem verblüffenden Ergebnis, dass diejenige Teilaufgabe delegiert werden sollte, bei der die Arbeitsanstrengungen weniger stark auf eine Anreizerhöhung in Form eines erhöhten Prämiensatzes reagieren.[104] Dieses Ergebnis lässt sich damit erklären, dass auch für den Prinzipal Leistungsanreize bei partieller Delegation erzeugt werden müssen[105] und höhere Anreize für den Prinzipal wiederum aufgrund seiner Risikoneutralität keine Risikokosten verursachen.

Im Zusammenhang mit der Frage nach einer vollständigen oder nur teilweisen Delegation stellt sich abschließend die Zusatzfrage, ob Vorgesetzte in

---

[104] Vgl. Itoh (2001), S. 7.

[105] Der gemeinsam erzeugte Output wird über einen Teilungsparameter (z.B. β mit $0 < \beta < 1$) auf den Prinzipal und den Agenten aufgeteilt. Das Hauptunterscheidungsmerkmal zwischen den beiden Akteuren ist bei dieser Konstellation darin zu sehen, dass der Prinzipal als Auftraggeber über die Ausgestaltung des Entlohnungs- bzw. Teilungsschemas entscheidet und der Agent über die Annahme der angebotenen Konditionen.

einem Unternehmen eher zu einer übertriebenen Delegation neigen oder aber ineffizient wenig Teilaufgaben delegieren. Mit dieser Problematik beschäftigt sich PRENDERGAST (1995), der hierzu ein dreistufiges Hierarchiemodell diskutiert mit der Unternehmensleitung auf der obersten, einem untergeordneten Manager auf der mittleren und einem Arbeiter auf der untersten Ebene. PRENDERGAST zeigt, dass der Manager sogar dann zu viele Teilaufgaben selbst ausführt und damit ineffizient wenig delegiert, wenn die Unternehmensleitung ihn erfolgsabhängig entlohnt. Dieses Ergebnis erscheint auf den ersten Blick überraschend, da eher zu vermuten ist, dass der Manager übertrieben viele Teilaufgaben delegiert, um sich zu entlasten (d.h. um Arbeitsleid zu sparen). Der Hintergrund für das Ergebnis des PRENDERGAST-Modells ist jedoch der, dass mit der Erledigung von Teilaufgaben infolge eines zusätzlichen Wissenserwerbs Renten erwirtschaftet werden. Durch solch ein on-the-job learning erleidet der Manager aufgrund der erfolgsabhängigen Entlohnung zwar kurzfristig Einkommenseinbußen, erhöht langfristig jedoch seine Produktivität und investiert damit quasi in zukünftige Karriereerfolge und Einkommenszuwächse.[106]

III.3.5 Delegation bei technologisch unabhängigen Aufgaben

Neben technologisch verbundenen Aufgaben existieren jedoch auch zahlreiche Fälle, in denen einzelne Aufgaben technologisch unabhängig sind, es also zu keiner Form von Teamarbeit kommt. Derartige Situationen finden sich sowohl im Bereich der industriellen Produktion (z.B. zwei Arbeiter bedienen zwei unabhängige Maschinen, die jeweils separierbare Outputs erzeugen),[107] als auch im Servicebereich (z.B. Betreuung verschiedener Kunden durch unterschiedliche Mitarbeiter bei Versicherungen und Banken), als auch im Verkaufsbereich (z.B. im Einzelhandel oder im Bereich von Versicherungen und Finanzdienstleistungen).[108] Betrachtet sei hierzu eine vereinfachte Variante des LEN-Modells von HOLMSTRÖM/MILGROM (1990).[109] Angenommen sei, dass zwei technologisch unabhängige Aufgaben $a = 1$ und $a = 2$ existieren, die jeweils einem Agenten A bzw. B zugeordnet werden, d.h. es findet eine ***vollständige Delegation mit Spezialisierung*** im Sinne von Unterabschnitt III.3.4 statt. O.V.d.A. sei davon ausgegangen, dass Agent A die Aufgabe 1 bearbeitet, während Agent B für Aufgabe 2 zuständig sei. Der Erfolg des ent-

---

[106] Der Ansatz von PRENDERGAST (1995) lässt sich daher auch den so genannten Career-concerns-Modellen zuordnen, auf die noch gesondert in Abschnitt III.7 eingegangen werden soll.

[107] Beispielsweise Bleche stanzen und schneiden oder Einzelteile in Formen gießen.

[108] Als weiteres Beispiel wäre an Handelsvertreter zu denken, die unterschiedliche Regionen bearbeiten.

[109] Vgl. SLIWKA (2001a), KRÄKEL/SLIWKA (2001a), S. 344-348, (2001b).

sprechenden Agenten mit der Aufgabe a (a = 1, 2) könne in monetären Werten durch die lineare „Produktionsfunktion"

$$\pi_a = e_a + \varepsilon_a \tag{III.29}$$

beschrieben werden. Hierbei bezeichne e_a diejenige Anstrengung, die der betreffende Agent für die Erfüllung der Aufgabe a wählt, während ε_a für einen exogenen Störterm stehe. Es sei angenommen, dass der Vektor $\boldsymbol{\varepsilon} = (\varepsilon_1, \varepsilon_2)$ normalverteilt ist mit Erwartungswert $E[\boldsymbol{\varepsilon}] = (0,0)$ und Kovarianzmatrix

$$\sum = \begin{pmatrix} \sigma_1^2 & \rho\sigma_1\sigma_2 \\ \rho\sigma_1\sigma_2 & \sigma_2^2 \end{pmatrix}. \tag{III.30}$$

ρ bezeichnet den Korrelationskoeffizienten mit $\rho \in [-1, 1]$. Im Fall $\rho = 0$ sind die beiden Aufgaben auch stochastisch unabhängig, während in den beiden anderen Extremfällen $\rho = -1$ bzw. $\rho = 1$ die Aufgaben vollständig negativ bzw. positiv miteinander korreliert sind.

Jeder Agent werde anhand eines linearen Anreizvertrages entlohnt. Hierbei erhält Agent A den Lohn

$$w_A = \alpha_0 + \alpha_1\,\pi_1 + \alpha_2\,\pi_2 \tag{III.31}$$

sowie Agent B den Lohn

$$w_B = \beta_0 + \beta_1\,\pi_1 + \beta_2\,\pi_2. \tag{III.32}$$

Die beiden Entlohnungsschemata lassen die Möglichkeit zu, dass Agenten auch am Ergebnis des jeweils anderen Agenten beteiligt werden (d.h. $\alpha_2, \beta_1 \neq 0$), obwohl die Aufgaben technologisch völlig unabhängig sind und die Agenten sich bei der Arbeit daher nicht gegenseitig unterstützen können. Im Folgenden wird zu klären sein, ob solch eine gegenseitige Ergebnisbeteiligung aus Sicht des Prinzipals dennoch rational sein kann. Das Arbeitsleid der beiden Agenten – gemessen in monetären Größen – sei wiederum als quadratische Funktion darstellt:

$$c_A(e_1) = \frac{k}{2}e_1^2 \qquad \text{und} \qquad c_B(e_2) = \frac{k}{2}e_2^2. \tag{III.33}$$

Während der Prinzipal wiederum als risikoneutral angenommen wird, seien die Agenten risikoavers mit r_i als ARROW-PRATT-Maß für konstante absolute Risikoaversion des Agenten i ($i = A, B$). Die monetären Reservationswerte der Agenten lauten $\bar{v}_A$ bzw. $\bar{v}_B$.

Beide Agenten möchten bei gegebenem Entlohnungskontrakt $(\alpha_0, \alpha_1, \alpha_2)$ bzw. $(\beta_0, \beta_1, \beta_2)$ ihr Sicherheitsäquivalent maximieren. Betrachtet sei hierzu exemplarisch Agent A, der durch die Wahl seiner Anstrengung e_1 das Sicherheitsäquivalent

$$S\ddot{A}_A(e_1;\, \alpha_0, \alpha_1, \alpha_2) = \alpha_0 + \alpha_1 e_1 + \alpha_2 e_2 - \frac{k}{2}e_1^2 - R_A \tag{III.34}$$

maximieren möchte mit

$$R_A = \frac{r_A}{2}\left(\alpha_1^2\sigma_1^2 + \alpha_2^2\sigma_2^2 + 2\rho\sigma_1\sigma_2\alpha_1\alpha_2\right) \tag{III.35}$$

als Risikoprämie. Die Bedingung erster Ordnung, $\partial S\ddot{A}_A/\partial e_1 = 0$, führt zu folgender optimalen Anstrengung des A:

$$e_1^* = \frac{\alpha_1}{k}. \tag{III.36}$$

Agent A wird sich als umso mehr anstrengen, je flacher seine Kostenfunktion verläuft und je höher seine Ergebnisbeteiligung ist. Man sieht, dass aus Anreizgesichtspunkten eine Beteiligung am Ergebnis des B naheliegenderweise keine Wirkung zeigt. Analog erhält man für Agent B

$$e_2^* = \frac{\beta_2}{k}. \tag{III.37}$$

Wie aus dem LEN-Grundmodell sowie Unterabschnitt III.3.4 bekannt ist, muss die Partizipationsbedingung der Agenten im Optimum bindend sein ($S\ddot{A}_A = \bar{v}_A$ und $S\ddot{A}_B = \bar{v}_B$). M.a.W. erhält der Prinzipal sämtliche Überschüsse, so dass er an der Maximierung der erwarteten Gesamtwohlfahrt

$$\mathrm{E}[\pi_1 + \pi_2] - c_A(e_1) - c_B(e_2) - R_A - R_B \tag{III.38}$$

interessiert ist.[110] Unter Verwendung von (III.36) und (III.37) lässt sich das Optimierungsproblem des Prinzipals also wie folgt beschreiben:

$$\max_{\alpha_1,\alpha_2,\beta_1,\beta_2} \left\{ \frac{\alpha_1+\beta_2}{k} - \frac{\alpha_1^2+\beta_2^2}{2k} - \frac{r_A}{2}\left(\alpha_1^2\sigma_1^2 + \alpha_2^2\sigma_2^2 + 2\rho\sigma_1\sigma_2\alpha_1\alpha_2\right) - \frac{r_B}{2}\left(\beta_1^2\sigma_1^2 + \beta_2^2\sigma_2^2 + 2\rho\sigma_1\sigma_2\beta_1\beta_2\right) \right\}$$

Für die optimalen Beteiligungsparameter des Agenten A erhält man aus den Bedingungen erster Ordnung:

---

[110] Analog zu R_A bezeichnet $R_B = 0{,}5 r_B\left(\beta_1^2\sigma_1^2 + \beta_2^2\sigma_2^2 + 2\rho\sigma_1\sigma_2\beta_1\beta_2\right)$ die Risikoprämie des Agenten B.

$$\alpha_1^* = \frac{1}{1 + r_A\sigma_1^2(1-\rho^2)k} \quad \text{und} \quad \alpha_2^* = -\alpha_1^*\rho\frac{\sigma_1}{\sigma_2}. \tag{III.39}$$

Man sieht anhand von (III.39), dass im Prinzip drei verschiedene Entlohnungsformen optimal sein können:[111]

- ***Unabhängige Entlohnung*** $(\alpha_2^* = 0)$: Solch eine Entlohnung wird – trotz technologischer Unabhängigkeit – nur in speziellen Extremfällen die optimale Lösung bilden. $\alpha_2^* = 0$ ergibt sich lediglich bei völlig unkorrelierten Aufgaben ($\rho = 0$), wenn π_2 ein völlig unpräzises Signal über die Anstrengung des *B* bildet ($\sigma_2 \to \infty$) oder wenn π_1 einen eindeutigen Rückschluss auf die Anstrengung des Agenten *A* zulässt ($\sigma_1 = 0$, d.h. Aufgabe 1 ist durch eine völlig deterministische Produktionstechnologie gekennzeichnet).

- ***Teamentlohnung*** $(\alpha_2^* > 0)$: Zu beachten ist zunächst einmal, dass wegen $\rho \in [-1, 1]$ der Beteiligungsparameter α_1^* strikt positiv ist. Für endliche Werte von σ_2 ist das Vorzeichen von α_2^* daher identisch mit dem von $-\rho$. Demnach ist bei einer negativen Korrelation der Aufgaben – d.h. $\rho \in (-1, 0)$ – eine Teamentlohnung im Sinne von $\alpha_2^* > 0$ optimal. Die Intuition hierfür ist nahe liegend: Aufgrund der Risikoaversion der Agenten entstehen durch die Anreizgestaltung Risikokosten in Höhe von $R_A + R_B$, die der Prinzipal als Wohlfahrtsmaximierer möglichst gering halten will. Dies gelingt ihm, indem jeder Agent bei negativer Korrelation der Risiken anhand des ***Portfolios*** aus π_1 und π_2 entlohnt wird. Als Beispiel kann man sich hierzu zwei erfolgsabhängig entlohnte Bankangestellte *A* und *B* vorstellen, von denen der *A* Anteile an Aktienfonds an Privatkunden verkauft, der *B* hingegen fest verzinsliche Wertpapiere. Da die Nachfrage nach beiden Anlageformen typischerweise negativ korreliert ist, wäre hier trotz technologischer Unabhängigkeit eine gemeinsame Teamentlohnung beider Mitarbeiter rational.

- ***Relative Leistungsentlohnung*** $(\alpha_2^* < 0)$: Da (bei endlich großer Varianz σ_1^2) der optimale Beteiligungsparameter α_1^* strikt positiv ist, gilt $\alpha_2^* < 0$ im Fall positiv korrelierter Aufgaben, d.h. bei $\rho \in (0, 1]$. Die Intuition für dieses Ergebnis ist die Folgende: Bei einer positiven Korrelation der Risiken beider Aufgaben wird über eine relative Leistungsentlohnung ein Teil des Ergebnisrisikos aus der Entlohnung der Agenten eliminiert, was wiederum eine Verringerung der Risikoprämien R_A und R_B impliziert (d.h. der letzte Summand in

---

[111] Zu einer Diskussion dieser drei Entlohnungsformen vgl. auch DRAGO/TURNBULL (1988b), (1991); HOLMSTRÖM/MILGROM (1990); RAMAKRISHNAN/THAKOR (1991); ITOH (1991b), (1992), (1993); MACHO-STADLER/PÉREZ-CASTRILLO (1993); MEYER (1994), (1995); MEYER/OLSEN/TORSVIK (1996); MEYER/VICKERS (1997); DRAGO/GARVEY (1998).

(III.35) ist dadurch negativ). Kommt man auf das obige Beispiel mit den Bankangestellten zurück, so bietet sich eine relative Leistungsentlohnung zwischen denjenigen Mitarbeitern an, die identische bzw. ähnliche Produkte verkaufen (z.B. zwischen sämtlichen Verkäufern von Aktienfondsanteilen).

Zusammenfassend lässt sich festhalten, dass bei vollständiger Delegation mit Spezialisierung auch dann Vorteile durch eine gegenseitige Ergebnisbeteiligung der Agenten erzielt werden können, wenn die Aufgaben technologisch vollkommen unabhängig sind. Diese Vorteile werden nicht durch eine verbesserte Anreizgestaltung erzeugt, sondern resultieren allein aus einer Verringerung der Risikokosten. Je nach Korrelation der Risiken zwischen den Aufgaben ist hierzu entweder eine Teamentlohnung (bei negativer Korrelation) oder eine relative Leistungsentlohnung (bei positiver Korrelation) zu wählen.[112]

In den vorangegangenen Ausführungen wurde angenommen, dass der Prinzipal eine Delegation mit Spezialisierung wählt, ohne diese Spezialisierung inhaltlich zu begründen. Abschließend sei daher eine ***Variante*** des obigen Modells betrachtet, bei der ***Spezialisierung als endogenes Ergebnis*** möglich ist.[113] Ausgegangen sei dazu von der Produktionsfunktion

$$\pi_a = e_{aA} + e_{aB} + \varepsilon_a, \tag{III.40}$$

die für die Aufgabe a ($a = 1, 2$) gelte. Hierbei beschreiben e_{aA} und e_{aB} die Anstrengungen der beiden Agenten A und B sowie ε_a einen normalverteilten Störterm mit $\varepsilon_a \sim N(0, \sigma^2)$. Zur Vereinfachung sei angenommen, dass ε_1 und ε_2 stochastisch unabhängig sind. Beide Agenten i ($i = A, B$) haben identische Arbeitsleid- bzw. Kostenfunktionen

$$c_i(e_{1i}, e_{2i}) = \frac{e_{1i}^2}{2} + \frac{e_{2i}^2}{2} + ke_{1i}e_{2i}, \tag{III.41}$$

wobei $k \in [0, 1]$ – analog zu (III.12) – wiederum eine Art Komplementaritätsparameter darstellt. Je höher k ist, desto mehr zieht eine Steigerung der Anstrengung für die eine Aufgabe ein höheres Arbeitsleid für die andere Aufgabe nach sich. Hier lässt sich argumentieren, dass es sich bei einem ***hohen k*** um sehr ***ähnliche Aufgaben*** handelt, die den Agenten einseitig belasten, wodurch es letztlich zu einer Verstärkung beim Arbeitsleid kommt. Alle übri-

---

[112] Bei vollständig positiv oder negativ korrelierten Störgrößen (d.h. bei $\rho = 1$ oder $\rho = -1$) kann sogar die First-best-Lösung erreicht werden, da nun durch den Vergleich der beiden Agenten sämtliches Risiko eliminierbar ist. Formal folgt bei $\rho = 1$ oder $\rho = -1$ in (III.39) als optimaler Wert $\alpha_1^* = 1$ und damit über (III.36) die First-best-Anstrengung $e_1^* = 1/k$, welche $E[\pi_1] - c_A(e_1)$ maximiert.

[113] Vgl. SLIWKA (2000), KRÄKEL/SLIWKA (2001a), S. 348-354.

gen Annahmen des obigen Modells (z.B. bezüglich der linearen Anreizschemata (III.31) und (III.32)) sollen weiter unverändert gelten.

Im Vordergrund steht nun die Frage, ob bzw. unter welchen Bedingungen der Prinzipal eine ***Spezialisierung*** der Agenten präferiert oder aber eine Ausweitung des Leistungsspektrums eines Agenten auf beide Aufgaben (***job enlargement***). Bei Spezialisierung würde der Prinzipal durch die Wahl der Anreizparameter dafür sorgen, dass bei jedem Agenten lediglich für eine Aufgabe Leistungsanreize induziert werden. Beispielsweise würde die Wahl von α_1, $\beta_2 > 0$ und α_2, $\beta_1 = 0$ in (III.31) und (III.32) bewirken, dass Agent *A* lediglich für Aufgabe 1 positive Anstrengungen wählt und Agent *B* für Aufgabe 2. Im Fall des job enlargement hingegen müsste α_1, α_2, β_1, $\beta_2 > 0$ vom Prinzipal gewählt werden, damit sich jeder Agent um beide Aufgaben kümmert. Die Lösung des Optimierungsproblems des Prinzipals führt zu folgendem Ergebnis:

Ergebnis III–4: (1) *Wenn k=1, dann wählt der Prinzipal* $\alpha_1^*, \beta_2^* > 0$ *und* $\alpha_2^*, \beta_1^* = 0$ (***Spezialisierung***). (2) *Wenn k=0, dann entscheidet sich der Prinzipal für* $\alpha_1^*, \alpha_2^*, \beta_1^*, \beta_2^* > 0$ (***job enlargement***). (3) *Es existiert ein Schwellenwert* $\bar{k}$*, so dass der Prinzipal für* $k > \bar{k}$ *Spezialisierung wählt und für* $k < \bar{k}$ *hingegen job enlargement.*

Dieses Ergebnis ist auch intuitiv plausibel: Für $k = 1$ lässt sich die Kostenfunktion (III.41) als

$$c_i(e_{1i}, e_{2i}) = \frac{1}{2}(e_{1i} + e_{2i})^2$$

schreiben. Man sieht, dass die beiden Anstrengungen des Agenten *i* in diesem Fall perfekte Substitute in der Kostenfunktion sind, d.h. die Aufteilung einer bestimmten Gesamtanstrengung auf e_{1i} und e_{2i} zieht keine Kosteneffekte nach sich. Der einzig verbleibende Effekt ist der auf die Risikokosten. Sollen sowohl e_{1i} als auch e_{2i} positiv sein, so verlangt dies gleich hohe Anreize für beide Tätigkeiten, da Agent *i* ansonsten die Tätigkeit mit den geringeren Anreizen vollständig einstellen würde. Die gleich hohen Anreize wiederum würden zwei vergleichsweise hohe Risikoprämien nach sich ziehen. Optimal ist es daher für den Prinzipal, stattdessen über $\alpha_2^*, \beta_1^* = 0$ eine Spezialisierung der Agenten auf jeweils eine Aufgabe zu induzieren, so dass je Agent nur eine einzige Risikoprämie anfällt. Bei $k = 0$ hingegen hat die Aufteilung der Gesamtanstrengung des Agenten *i* auf e_{1i} und e_{2i} einen erheblichen Einfluss auf die Höhe des Arbeitsleids. Gemäß (III.41) würde in diesem Fall eine gleichmäßige Aufteilung $e_{1i} = e_{2i}$ zu einem möglichst niedrigen Arbeitsleid führen, da je Aufgabe *a* das Teilarbeitsleid $e_{ai}^2/2$ progressiv ansteigt. Gegen solch eine gleichmäßige Aufteilung spricht hingegen das obige Argument zweier Risikoprämien. Wie das Ergebnis (ii) zeigt, dominiert in diesem Fall der Kosteneffekt den Nachteil zweier Risikoprämien und es kommt zu job enlargement.[114] Da mit steigendem *k* die negativen Verbundeffekte zwischen e_{1i} und e_{2i} in der Kostenfunktion ansteigen, wird sich der Prinzipal bei hohem (niedrigen) *k* für Spezialisierung (job enlargement) entscheiden, wodurch sich das Resultat (iii) ergibt.

Überträgt man das Ergebnis auf reale Tätigkeiten, so ist davon auszugehen, dass bei sehr ähnlichen Tätigkeiten, die den Arbeitnehmer einseitig belasten (hohes *k*), der Arbeitgeber eher eine Spezialisierung präferiert. Nach SLIWKA (2000, S. 80 – 81) lässt sich schlussfolgern, dass es im Produktionsbereich von Industrieunternehmen eher zu einer einseitigen körperlichen Belastung und daher zu Spezialisierung kommt, während im Dienstleistungsbereich eher Tätigkeiten vorliegen, die die Konzentrationsfähigkeit des Arbeitnehmers auf unterschiedliche Weise belasten (z.B. Beratungsgespräch versus allgemeine administrative Tätigkeiten wie Ablage einsortieren). Im Dienstleistungsbereich erweist sich job enlargement daher tendenziell als vorteilhafter. Zu beachten ist allerdings, dass im industriellen Bereich durch die Zusammenstellung verschiedener Aufgaben im Rahmen der Arbeitsorganisation (z.B. Kombination von Tätigkeiten, die den Arbeitnehmer auf unterschiedliche Weise körperlich belasten) das *k* endogen bestimmt wird, welches im obigen Modell exogen gegeben war.

III.3.6 Mehrstufigkeit

Die vorangegangenen Ausführungen beschäftigten sich mit Fällen, in denen verschiedene Teiltätigkeiten simultan ausgeführt wurden. In realen Situationen besteht jedoch oftmals die Notwendigkeit, dass über einzelne Teilaufgaben in einem ***mehrstufigen Produktionsprozess*** sequentiell entschieden werden muss. Beispielsweise kann man sich einen zweistufigen Produktionsprozess vorstellen, bei dem zunächst auf der ersten Stufe (*Planungsphase*) wichtige Informationen über die Entscheidungssituation eingeholt werden, während anschließend dann auf der zweiten Stufe (*Fertigungs- bzw. Implementierungsphase*) erst die eigentliche Produktionsentscheidung getroffen wird.[115] Auch in solchen Situationen stellt sich für den Prinzipal die Frage, inwiefern die Delegation einer oder beider Teilaufgaben (Planung und Fertigung) auf einen Agenten vorteilhafter ist. Mit dieser Problematik beschäftigen sich

[114] Vgl. hierzu auch die analoge Argumentation zur Vorteilhaftigkeit von vollständiger Delegation ohne Spezialisierung bei technologisch abhängigen Aufgaben in Unterabschnitt III.3.4.

[115] Vgl. z.B. DEMSKI/SAPPINGTON (1987); SCHILS (1998), S. 30–58.

DEMSKI/SAPPINGTON (1987) im Rahmen eines zweistufigen Produktionsprozesses, wobei wiederum auf der ersten Stufe die Planung stattfindet und auf der zweiten die Fertigung. Sie modellieren eine Situation, bei der sowohl die Planungs- als auch die Fertigungsaufgabe an einen Agenten delegiert werden können. Der Agent stellt eine Art Experte (z.B. einen Linien- oder Divisionsmanager) dar, dessen in der Planungsphase eingeholte Informationen aufgrund prohibitiv hoher Kommunikationskosten nicht an den Prinzipal weitergegeben werden können. Um das Expertenwissen dennoch nutzen zu können, erwägt der Prinzipal eine Delegation des zweistufigen Produktionsprozesses an den Agenten. Hierbei wird angenommen, dass die Planungsaufgabe beim Agenten Kosten bzw. Arbeitsleid verursacht, während die Fertigungsphase für den Agenten zu keinen weiteren Kosten mehr führt.[116] Diese Annahme impliziert, dass bei isolierter Betrachtung auf der zweiten Stufe im Rahmen der Anreizgestaltung sämtliche Moral-hazard-Probleme eliminiert werden könnten. DEMSKI und SAPPINGTON zeigen jedoch, dass es aus Sicht des Prinzipals optimal sein kann, bewusst moral hazard auf der zweiten Stufe in Kauf zu nehmen („induced moral hazard“[117]). Der Grund hierfür liegt darin, dass beide Teilaufgaben eng miteinander verknüpft sind. Anreize für eine optimale Informationssammlung des Agenten in der Planungsphase fordern als „Preis“ vom Prinzipal, dass hierdurch Moral-hazard-Probleme in der Fertigungsphase induziert werden.

Ein anderer zweistufiger Produktionsprozess wird von RIORDAN/SAPPINGTON (1987) diskutiert. Hierbei wird angenommen, dass auf der ersten Stufe eine Qualitäts- und anschließend auf der zweiten Stufe eine Quantitätsentscheidung bezüglich eines Produktes zu treffen ist. Die Kosten für Qualitäts- und Quantitätsentscheidung (z.B. Opportunitätskosten der Zeit) können allein von dem Akteur beobachtet werden, der für die jeweilige Entscheidung auf der betreffenden Stufe zuständig ist. Die Kosten auf den beiden Stufen können positiv oder negativ miteinander korreliert sein. Angenommen wird, dass die Qualitätsentscheidung auf der ersten Stufe (z.B. aus Kapazitätsgründen) zwingend an einen Agenten delegiert werden muss. Offen bleibt zunächst die Frage, ob es sich für den Prinzipal empfiehlt, auch die Quantitätsentscheidung an den Agenten zu delegieren oder aber diese Entscheidung selbst zu tätigen.

---

[116] Diese Annahme wirkt nur auf den ersten Blick übertrieben künstlich. Man stelle sich beispielsweise vor, dass es sich bei dem Agenten um einen Divisionsmanager handelt. Für diesen entstehen in der Planungsphase zur Vorbereitung wichtiger Entscheidungen sicherlich erhebliche Kosten (z.B. Opportunitätskosten der Zeit). Ist die aufwendige Planungsphase jedoch erst einmal abgeschlossen, kann der Divisionsmanager zur Implementierung (Fertigung) seiner Entscheidung auf sämtliche Mitarbeiter seiner Division zurückgreifen, wodurch eine entsprechende Entlastung erreicht wird.

[117] DEMSKI/SAPPINGTON (1987), S. 69.

Sowohl der Prinzipal als auch der Agent seien risikoneutral und gleich fähig, die Quantitätsentscheidung zu treffen.

RIORDAN und SAPPINGTON zeigen nun in ihrer modelltheoretischen Analyse, dass es bei einer positiven Korrelation zwischen den Kosten auf den beiden Stufen für den Prinzipal besser ist, die Quantitätsentscheidung auf der zweiten Stufe selbst zu tätigen. Dieses Ergebnis lässt sich wie folgt erklären: Der Agent hat auf der ersten Stufe einen Anreiz, bei der Angabe der Kosten für die Qualitätsentscheidung zu übertreiben, um dadurch seine Entlohnung als Kompensation für die zu tragenden Kosten in die Höhe zu treiben. Eine positive Korrelation der Kosten bedeutet, dass hohe Kosten für die Qualitätsentscheidung es wahrscheinlicher werden lassen, dass ebenso die Kosten für die Quantitätsentscheidung hoch sind. Auch für letztere müsste der Agent im Delegationsfall wiederum über eine entsprechend hohe Entlohnung kompensiert werden. Bei positiver Korrelation und Delegation an den Agenten besteht für diesen daher ein verstärkter Anreiz, dem Prinzipal übertrieben hohe Kosten für die Qualitätsentscheidung zu melden (***linkage effect***). Zur Abschwächung dieses verstärkten Opportunismusproblems ist es daher für den Prinzipal rational, bei einer positiven Korrelation der Kosten von einer Delegation abzusehen.

Als weiteres Ergebnis lässt sich von RIORDAN und SAPPINGTON zeigen, dass es bei einer negativen, jedoch hinreichend schwachen Korrelation der Kosten für den Prinzipal vorteilhaft ist, die Quantitätsentscheidung auf der zweiten Stufe an den Agenten zu delegieren. Hierfür spricht zunächst einmal der obige linkage effect, nun jedoch mit umgekehrtem Vorzeichen: Sind die Kosten negativ korreliert, so schwächt sich das Opportunismusproblem auf der ersten Stufe ab. Übertriebe der Agent nämlich bei einer negativen Korrelation die Kosten für die Qualitätsentscheidung, so ist für die zweite Stufe die Realisation geringer Kosten umso wahrscheinlicher. Im Delegationsfall würde dies eine entsprechend niedrige Entlohnung als Kompensation für den Agenten auf der zweiten Stufe nach sich ziehen. Opportunismusprobleme infolge einer Delegation sind bei negativer Korrelation daher geringer ausgeprägt. Für eine Delegation spricht zudem noch ein weiterer Effekt, der von RIORDAN/SAPPINGTON (1987) als ***monitoring effect*** bezeichnet wird.[118] Sind die Kosten auf den beiden Stufen – ob positiv oder negativ – miteinander korreliert, so erhält der Prinzipal bei einem Delegationsverzicht über die Beobachtung der Kosten für die Quantitätsentscheidung wertvolle Informationen über die tatsächlichen Kosten auf der ersten Stufe. Damit werden die vom Agenten

[118] Da die folgenden Überlegungen auch für eine positive Korrelation zutreffen, ergibt sich über den monitoring effect ein Gegenargument gegen das obige Ergebnis bei positiver Korrelation. Allerdings lässt sich von RIORDAN/SAPPINGTON (1987) zeigen, dass der monitoring effect in diesem Fall vom linkage effect dominiert wird.

für die erste Stufe gemeldeten Kosten vom Prinzipal zwar einerseits besser überwachbar. Andererseits entsteht hierdurch jedoch auch eine neue Quelle für Opportunismus – diesmal allerdings auf Seiten des Prinzipals. Führt dieser die Quantitätsentscheidung auf der zweiten Stufe selbst aus, kann er nun die neu gewonnene Informationsmöglichkeit dazu missbrauchen, durch eine falsche Angabe seiner Informationen die Entlohnung des Agenten für dessen Tätigkeit auf der ersten Stufe zu drücken. Gegen diese Form von Opportunismus kann sich der Prinzipal jedoch glaubhaft selbst binden, indem er die Quantitätsentscheidung auf der zweiten Stufe erst gar nicht wahrnimmt, sondern an den Agenten delegiert.

SLIWKA (2001b) zeigt, dass Delegation in mehrstufigen Produktionsprozessen selbst dann für einen Prinzipal rational sein kann, wenn das erwartete Talent des Agenten a priori geringer ist als das sichere Talent des Prinzipals. Eine Delegation in der ersten Periode kann für den Prinzipal vorteilhaft sein, um weitere Informationen über das unbekannte Talent des Agenten zu erhalten. Stellt sich der Agent als außerordentlich talentiert heraus, so kann der Prinzipal auf den weiteren Stufen hiervon Gebrauch machen.[119] Ansonsten wird der Prinzipal die Aufgaben auf den weiteren Stufen selbst erledigen. Die anfängliche Delegationsentscheidung des Prinzipals lässt sich daher aus einem Investitionskalkül heraus erklären.[120] Als problematisch erweist sich jedoch, dass auch der Agent die Informationen über sein Talent erhält und bei sehr positiven Informationen eine entsprechend stärkere Position für zukünftige Lohnverhandlungen erhält.[121]

III.3.7 Delegation von Kontrolle

Schließlich beschäftigt sich eine Reihe von Arbeiten mit einem speziellen Delegationsproblem – der ***Delegation von Kontrollaufgaben***. Viele dieser Aufsätze gehen auf TIROLE (1986) zurück.[122] TIROLE diskutiert ein dreistufiges Hierarchiemodell mit einem Prinzipal, einem Überwacher (supervisor)

---

[119] Genau genommen handelt es sich um ein zweistufiges Modell. Das Investitionskalkül des Prinzipals würde jedoch durch eine steigende Stufenzahl noch verstärkt werden.

[120] Zudem zeigen sich hier deutliche Parallelen zum Informationswertkonzept von LAUX (1979a), S. 47–67.

[121] Zwei weitere Ergebnisse finden sich bei RIORDAN/SAPPINGTON (1987): Bei einer betragsmäßig hohen, negativen Korrelation zwischen den Kosten ist nicht eindeutig bestimmbar, ob Delegation oder Verzicht auf Delegation für den Prinzipal besser ist. Sind die Kosten stochastisch unabhängig, so ist der Prinzipal indifferent zwischen einer Delegation und dem Verzicht auf Delegation. Es gibt noch zahlreiche andere Arbeiten, die vergleichbare mehrstufige Produktionsentscheidungen im Zusammenhang mit Delegationsfragen diskutieren, worauf aus Platzgründen hier jedoch nicht weiter eingegangen werden soll. Vgl. stattdessen u.a. HEMMER (1995); SCHILS (1998), S. 30–58, sowie die dort zitierte Literatur.

[122] Vgl. z.B. VILLADSEN (1995); WESSELS (1997).

und einem Agenten, wobei die Kontrolle des Agenten vom Prinzipal an den Überwacher delegiert wird. Wichtig ist es hierbei für den Prinzipal, geeignete Anreize für Agent und Überwacher zu gestalten, damit der Agent eine hohe Arbeitsanstrengung leistet und der Überwacher von einer Kollusion mit dem Agenten absieht. Eine solche Kollusion hätte zur Folge, dass der Überwacher seiner Funktion als Informationssystem für den Prinzipal nicht mehr nachkäme. Auf derartige Kollusionsprobleme wird in Abschnitt III.5 noch gesondert eingegangen, so dass an dieser Stelle lediglich skizziert werden soll, warum eine Delegation von Kontrollaufgaben trotz der Gefahr vertikaler Kollusionen noch vorteilhaft sein kann.

Zu diesem Zweck wird von STRAUSZ (1997b) ein Hidden-action-Modell mit einem Prinzipal, einem Überwacher und einem Agenten diskutiert. Angenommen wird dabei, dass Kontrollaktivitäten nicht-kontrahierbar sind und die Kontrollergebnisse private Informationen des Kontrollierenden darstellen. Vor diesem Hintergrund stellt sich dem Prinzipal die Frage, ob eine Delegation der Kontrolle des Agenten an den Überwacher vorteilhaft ist oder ob er den Agenten besser selbst kontrollieren sollte. STRAUSZ zeigt, dass solch eine Delegation selbst dann für den Prinzipal sinnvoll sein kann, wenn keine Überlastung des Prinzipals oder eine überlegene Kontrolltechnologie auf Seiten des Überwachers für eine Delegation sprechen. In der von STRAUSZ modellierten Situation wird der Prinzipal mit einem zweifachen Anreizproblem konfrontiert. Zum einen muss er für den Agenten geeignete Leistungsanreize setzen. Zum anderen muss er aber auch für den Kontrollierenden, d.h. für den Überwacher (bei Delegation) oder sich selbst (ohne Delegation) entsprechende Anreize gestalten, damit eine Kontrolle auch ausgeübt wird.[123] Ohne solche Kontrollanreize würden wiederum für den Agenten keine hinreichenden Leistungsanreize bestehen. Übt der Prinzipal nun die Kontrolle selbst aus, so stände ihm lediglich der Vertrag mit dem Agenten zur Verfügung, um das zweifache Anreizproblem zu lösen. Im Falle der Delegation hingegen ständen dem Prinzipal zwei Verträge zur Verfügung – ein Vertrag mit dem Agenten und einer mit dem Überwacher –, wodurch sich das zweifache Anreizproblem besser lösen lässt als mit nur einem Vertrag. Neben diesem Anreizvorteil kann mit einer Delegation aus Sicht des Prinzipals noch ein weiterer Vorteil genutzt werden und zwar ein Selbstbindungsvorteil. Da in der betrachteten Situation Kontrollergebnisse private Informationen des Kontrollierenden sind, lässt sich vom Prinzipal kein wirkungsvolles Sanktionsschema anwenden,

[123] Die Überlegung, dass der Prinzipal für sich selbst Anreize schaffen muss, klingt auf den ersten Blick ein wenig verwunderlich. Zu beachten ist jedoch, dass in den hier betrachteten Situationen der Prinzipal und der Agent *beide* zum Unternehmenserfolg beitragen, wodurch auch auf Seiten des Prinzipals nun Trittbrettfahrerprobleme nicht mehr von vornherein auszuschließen sind.

sofern er selbst die Kontrolle ausführt. Der Prinzipal hätte immer einen Anreiz, positive Leistungsinformationen über den Agenten zurückzuhalten, um nicht einer entsprechend hohen Belohnung nachkommen zu müssen. Gegen dieses Opportunismusproblem kann sich der Prinzipal jedoch selbst binden, indem er die Kontrolle an den Überwacher delegiert. Denkbar wäre allerdings nun, dass der Prinzipal mit dem Überwacher eine vertikale Kollusion gegen den Agenten einginge, wodurch der Selbstbindungsvorteil ausgehebelt würde. Trotzdem wäre eine Delegation für den Prinzipal immer noch aufgrund des oben beschriebenen Anreizvorteils einem Verzicht auf Delegation vorzuziehen.[124]

Halten wir fest: Die Ausführungen dieses Abschnitts haben gezeigt, dass eine Delegation von Entscheidungen an untergeordnete Mitarbeiter verschiedene Vorteile besitzt, auf der anderen Seite allerdings auch zu Folgeproblemen führt. Deutlich wurde dieser ambivalente Charakter von Delegation bereits zu Beginn des Abschnitts anhand des klassischen Dilemmas der Organisationstheorie. Auch eine Partizipation untergeordneter Mitarbeiter an Führungsentscheidungen kann nicht allgemein als vorteilhaft oder nachteilhaft klassifiziert werden. Für beide Formen der vertikalen Arbeitsteilung gilt letztlich, dass im Einzelfall die gegebenen Situationsbedingungen zu prüfen und anschließend Vor- und Nachteile einander gegenüberzustellen sind. Die Zusammenfassung der modelltheoretischen Ergebnisse zur Delegation hat zumindest gezeigt, dass neben den üblichen Gründen – Überlastung von Vorgesetzten und Spezialisierungsvorteile – noch ganz andere Gründe für eine Delegation sprechen könnten.

III.4 Interne Allokation zentraler Ressourcen

In Unternehmen werden oftmals Ressourcen von der Unternehmensleitung zentral eingekauft bzw. zentral bereitgestellt und anschließend an dezentrale Organisationseinheiten (z.B. einzelne Mitarbeiter, Abteilungen, Divisionen) verteilt.[125] Eine solche zentrale Vorgehensweise bietet sich dann an, wenn

[124] Alternativ zu einer Lösung über zwei Verträge, die der Prinzipal abschließt, sind auch Lösungen denkbar, bei denen eine Kette von Verträgen abgeschlossen wird. MELUMAD/MOOKHERJEE/REICHELSTEIN (1995), (1997) diskutieren Delegationsprobleme in einer dreistufigen Hierarchie, wobei der Prinzipal mit dem Agenten (Überwacher) auf der mittleren Stufe und dieser wiederum mit dem Agenten auf der untersten Stufe einen Vertrag abschließt.

[125] Die folgenden Überlegungen und Lösungsansätze beziehen sich genau genommen auf die Planungsphase der Unternehmensleitung, die der eigentlichen Investitionsentscheidung

hierdurch Größenvorteile ausgenutzt werden können, die sich bei einer dezentralen Lösung, bei der jede einzelne Organisationseinheit ihren individuellen Ressourcenbedarf selbst deckt, nicht realisieren lassen.[126] Beispiele für zentrale Ressourcen können Rohstoffe sein, die von der Unternehmensleitung in großen Mengen nachgefragt werden und dadurch zu Preisnachlässen führen, oder aber zentrale Funktionsbereiche wie z.B. die Rechtsabteilung oder die Forschungs- und Entwicklungsabteilung, die den dezentralen Organisationseinheiten zur gemeinsamen Nutzung von der Unternehmensleitung bereit gestellt werden. Bei zentralen Ressourcen kann es sich auch um Firmengebäude handeln, deren Räume unternehmensintern zu vergeben sind. Ein weiteres Beispiel für eine zentrale Ressource stellt ein Großrechner dar, dessen Gesamtkapazität von der Unternehmensleitung auf verschiedene dezentrale Nutzer aufgeteilt wird.[127] Das Hauptproblem im Zusammenhang mit zentralen Ressourcen besteht für die Unternehmensleitung darin, den ***Gesamtbedarf sämtlicher dezentraler Organisationseinheiten zu ermitteln und eine effiziente Allokation*** der Ressourcen auf die Organisationseinheiten vorzunehmen. Vergleichbare Fragen ergeben sich auch bei der Nutzung eines internen Kapitalmarktes[128] sowie im Zusammenhang mit zentralen Budgets (z.B. für Werbung oder für Ausbildungsplätze), über deren optimale Höhe und effiziente Allokation eine Unternehmensleitung zu entscheiden hat. Zur Konkretisierung des Allokationsproblems der Unternehmensleitung sei im Folgenden von einer Großunternehmung mit divisionaler Organisationsstruktur ausgegangen. Jeder dezentralen Division stehe ein Divisionsmanager vor, der für ein bestimmtes Erzeugnis verantwortlich ist. Angenommen sei ferner, dass für die Produktion der Erzeugnisse zentrale Ressourcen der Unternehmensleitung benötigt werden.

---

vorausgeht, d.h. es wird zunächst von der Unternehmensleitung der interne Bedarf an zentralen Ressourcen ermittelt.

[126] Sofern sich über zentrale Ressourcen Größen- bzw. Skalenvorteile durch das Unternehmen nutzen lassen, die zu einer Verletzung der Annahme K der ARROW-DEBREU-Welt führen, kann hierin sogar einer der Gründe für die Entstehung der betrachteten Unternehmung gesehen werden. Die im weiteren Verlauf zu diskutierenden Allokationsprobleme wären in diesem Fall unmittelbare Folgeprobleme, die sich bereits aus der Existenz der Unternehmung ableiten lassen.

[127] Analog zum unternehmensinternen Allokationsproblem gemeinsam genutzter Ressourcen ist das Allokationsproblem einer zentralen Planwirtschaft zu sehen; vgl. WEITZMAN (1976); LOEB/MAGAT (1978a), (1978b). Hierbei versucht eine zentrale Planungsbehörde, Rohstoffe und andere Inputfaktoren effizient auf dezentrale staatliche Produktionseinheiten zu verteilen.

[128] Vgl. zur Grundidee des internen Kapitalmarktes schon das DEAN-Modell (DEAN 1951; SCHMIDT/TERBERGER 1996, S. 168–175). Zu einer neueren Diskussion der Idee eines unternehmensinternen Kapitalmarktes vgl. u.a. STEIN (1997) sowie die dort zitierte Literatur.

Die „klassische“ Lösung für das Ressourcenallokationsproblem basiert auf der Bildung unternehmensinterner ***Verrechnungspreise***, die als so genannte Lenkpreise zu einer effizienten Vergabe der zentralen Ressourcen führen sollen. Der traditionelle Ansatz zur Bestimmung der optimalen Verrechnungspreise geht von einer produktionstheoretischen Betrachtung aus.[129] Hierbei versucht die Unternehmensleitung, über die Wahl des optimalen Produktionsprogramms – bestehend aus den Erzeugnissen der verschiedenen Divisionen – den Gesamtdeckungsbeitrag des Unternehmens zu maximieren.[130] Die zentralen Ressourcen finden sich in den Nebenbedingungen dieses linearen Programmierungsproblems.[131]

Schon früh wurde allerdings deutlich, dass dieser traditionelle Ansatz nicht zu einer zufrieden stellenden Lösung führt: Zum einen stellt sich das Problem, dass die Werte für die optimalen Verrechnungspreise erst zusammen mit der Lösung für das optimale Produktionsprogramm anfallen.[132] Zu diesem Zeitpunkt sind Lenkpreise für eine Ressourcenallokation jedoch überflüssig, da die optimalen Erzeugnis- und Ressourcenmengen bereits feststehen und daher gleich zentral von der Unternehmensleitung festgelegt werden können. Zum anderen besteht die Gefahr, dass die Unternehmensleitung bei einer großen Anzahl an Divisionen durch die Ermittlung der relevanten Informationen zur Erstellung des Optimierungsansatzes und die anschließende Bestimmung des optimalen Produktionsprogramms überlastet werden könnte.[133]

Schließlich ergibt sich als Haupteinwand gegen eine reine Optimierungslösung, dass die Unternehmensleitung – im Gegensatz zu den Divisionen – die für solch einen Optimierungsansatz benötigten dezentralen Informationen nicht hat und von einer wahrheitsgemäßen Informationsübermittlung durch die Divisionen nicht ohne weiteres auszugehen ist. Speziell muss befürchtet werden, dass die Divisionen (a) über ihren ***zukünftigen Divisionserfolg*** (z.B.

---

[129] Zur Lenkung durch Preise (pretiale Lenkung) vgl. u.a. SCHMALENBACH (1908/09), (1947/48); HAX (1965), S. 129-195; DRUMM (1972); LAUX (1984); FÖHR (1991), S. 164-191; WAGENHOFER (1992); GÖX (1998).

[130] Der Gesamtdeckungsbeitrag ist definiert als Differenz zwischen Umsatz und variablen Kosten.

[131] Vgl. z.B. LAUX (1984), Sp. 3065–3066.

[132] Vgl. DRUMM (1972), S. 254; LAUX (1984), Sp. 3065–3066; FÖHR (1991), S. 177.

[133] Dieses Problem ließe sich gegebenenfalls durch die Verwendung eines Dekompositionsverfahrens umgehen, mittels dessen sehr umfangreiche lineare Planungsansätze in endlich vielen Iterationsschritten gelöst werden können, wobei die Unternehmensleitung und die Divisionen in einen iterativen Angebots-Nachfrage-Prozess eingebunden werden. Vgl. DANTZIG/WOLFE (1961); BAUMOL/FABIAN (1964); HAX (1965), S. 170-184. Eine gewisse Belastung der Unternehmensleitung ist allerdings auch bei diesem Verfahren nicht zu vermeiden, da ihr als Koordinator des Iterationsprozesses immer noch eine Schlüsselrolle zukommt. Insgesamt dürfte allerdings dem Überlastungseinwand bei einer fortschreitenden Rechnertechnologie eine immer geringer werdende Bedeutung zukommen.

Divisionsdeckungsbeitrag) sowie (b) über ihren hierfür ***benötigten Anteil an den zentralen Ressourcen*** üblicherweise besser informiert sind als die Unternehmensleitung. Für diese besteht daher ein ***Hidden-information-Problem***. Ohne geeignete Anreize kann nicht davon ausgegangen werden, dass die Divisionen ihre dezentralen Informationen bei einer Befragung durch die Unternehmensleitung aufdecken. Beispielsweise könnte es sich für eine Division lohnen, einen zu hohen Ressourcenbedarf anzugeben, um einen Vorrat für Krisenzeiten zu schaffen, um weiterhin mit einer hohen Ausschussquote produzieren zu können oder die überschüssigen Ressourcen sogar heimlich unternehmensintern oder -extern weiterzuveräußern. Auch die Angabe eines übertrieben hohen erwarteten Divisionserfolgs könnte aus Sicht eines Divisionsmanagers rational sein, um hierdurch zusätzliche Ressourcenanteile zu erhalten, die ansonsten an erfolgreichere Divisionen gegangen wären. Insgesamt ist daher zu erwarten, dass eine einfache Befragung der Divisionen durch die Unternehmensleitung verbunden mit einem einfachen Optimierungsansatz auf Basis der gemeldeten Informationen nicht zu einer effizienten internen Allokation zentraler Ressourcen führt. Stattdessen benötigt die Unternehmensleitung einen geeigneten ***Informationsaufdeckungsmechanismus***, mit dem das Hidden-information-Problem gelöst werden kann. Sinnvollerweise sollte dieser mit einem geeigneten Anreizsystem gekoppelt werden, welches ex post einen effizienten Umgang mit den zugeteilten Ressourcen garantiert. Im Folgenden sollen drei mögliche Lösungsansätze vorgestellt und miteinander verglichen werden – die ***Gewinnteilung*** (profit sharing), der ***GROVES/LOEB-Mechanismus*** sowie eine ***interne Versteigerung*** der zentralen Ressourcen.

III.4.1 Modellbeschreibung

Für die Darstellung der alternativen Lösungsansätze sei ein einfaches ***Modell*** mit drei risikoneutralen Akteuren – der Unternehmensleitung und zwei Divisionen – betrachtet.[134] Angenommen sei, dass sich die Unternehmensleitung noch in der Planungsphase befinde und ein maximales Budget in Höhe von $\bar{q}$ an zentralen Ressourceneinheiten zu vergeben habe. Der verbleibende Rest von $\bar{q}$, der nicht an eine der beiden Divisionen geht, wird anderweitig in der Unternehmung verwendet und soll hier nicht weiter betrachtet werden.[135] Die Ressourcenallokationsentscheidung der Unternehmensleitung sei im Folgenden mit dem Vektor $\hat{\boldsymbol{q}} = (\hat{q}_1, \hat{q}_2) \in \Phi$ bezeichnet, wobei $\hat{q}_i$ $(i = 1, 2)$ für dieje-

[134] Vgl. zu den folgenden Ausführungen KRÄKEL (1992), S. 192–198, (1993b), S. 18–24.

[135] Damit wird auch die Frage ausgeklammert, ob eine anderweitige Verwendung sämtlicher $\bar{q}$ Ressourcenanteile nicht prinzipiell einer Allokation auf die zwei betrachteten Divisionen vorzuziehen ist.

nigen Ressourcenanteile steht, die der Division i zugewiesen werden. $\Phi = \{\hat{\boldsymbol{q}} \mid \hat{q}_1 + \hat{q}_2 \leq \overline{q}\}$ beschreibt dabei die Menge der zulässigen Allokationen mit $\overline{q}$ als Budgetgrenze der Unternehmensleitung.

Des Weiteren kann jeder Division i ($i = 1, 2$) eine Funktion $\pi_i(\hat{\boldsymbol{q}}) = \overline{\pi}_i(\hat{\boldsymbol{q}}) + \varepsilon_i$ für ihren ***Divisionserfolg*** zugeordnet werden.[136] $\overline{\pi}_i(\hat{\boldsymbol{q}})$ gibt hierbei den von Divisionsmanager i ***erwarteten Divisionserfolg*** an und ε_i eine Zufallsvariable mit $E(\varepsilon_i) = 0$. Im Durchschnitt ist also damit zu rechnen, dass der von i erwartete Divisionserfolg $\overline{\pi}_i$ auch ex post als π_i realisiert wird. Angenommen sei, dass $\overline{\pi}_i(\hat{\boldsymbol{q}})$ private Information des Divisionsmanagers i ist, über die der andere Divisionsmanager und die Unternehmensleitung nicht verfügen.[137] Auch die Realisation von ε_i sei von der Unternehmensleitung nicht beobachtbar. Lediglich der realisierte Divisionserfolg $\pi_i(\hat{\boldsymbol{q}})$ sei von allen Beteiligten ex post beobachtbar und zudem kontrahierbar. Aufgrund des Störterms ε_i besteht allerdings für die Unternehmensleitung ein Rückschlussproblem von π_i auf die Information $\overline{\pi}_i$ des Divisionsmanagers i (hidden information). Ausgeschlossen wird die Möglichkeit, dass die Unternehmensleitung mit i einen Vertrag abschließen kann, der für den i drakonische Strafen vorsieht, wenn der realisierte Erfolg π_i mit dem von i prognostizierten Erfolg nicht übereinstimmt. Zulässig sind lediglich Verträge, bei denen der Divisionsmanager i in Abhängigkeit von π_i entlohnt wird. Um die folgende Diskussion möglichst einfach zu halten, sei angenommen, dass Divisionsmanager i den ex post realisierten Divisionserfolg π_i bereits ex ante kennt, jedoch ex post nicht bestraft werden kann, wenn der von ihm gemeldete Erfolg und π_i nicht identisch sind.

Mit $m_i(\hat{\boldsymbol{q}})$ sei im Folgenden diejenige ***gemeldete Erfolgsfunktion*** gemeint, die der Divisionsmanager i bei einer Befragung durch die Unternehmensleitung angibt. Der Arbeitseinsatz der Divisionsmanager und mögliche Hidden-action-Probleme werden im Folgenden ausgeblendet. Das primäre Ziel der Unternehmensleitung ist es, über einen geeigneten Informationsaufdeckungsmechanismus die privaten Informationen $\pi_i(\hat{\boldsymbol{q}})$ ($i = 1, 2$) der beiden Divisionsmanager zu erfahren, um eine effiziente Allokation der zentralen Ressourcen vornehmen zu können.

Sowohl die Gewinnteilung (profit sharing) als auch der GROVES/LOEB-Mechanismus basieren im Prinzip auf der gleichen Vorgehensweise, die im Fol-

---

[136] Der Divisionserfolg kann beispielsweise durch den Divisionsdeckungsbeitrag beschrieben werden.

[137] Der Divisionserfolg kann zwar ex post von der Unternehmensleitung gemessen werden, zum Zeitpunkt der hier betrachteten Planungsphase ist der jeweilige Divisionsmanager jedoch besser über die *zukünftigen* möglichen Erfolge seiner Division informiert als die anderen beiden Beteiligten.

genden zunächst beschrieben werden soll.[138] Der entscheidende Unterschied zwischen den beiden Lösungsansätzen besteht jedoch in dem jeweiligen ***Entlohnungsschema***, mit dem die Unternehmensleitung eine wahrheitsgemäße Meldung der Divisionsmanager zu induzieren versucht. Die einheitliche Vorgehensweise der Unternehmensleitung gliedert sich in drei zeitlich aufeinander folgende Schritte:

Schritt 1: Die Unternehmensleitung gibt den Divisionsmanagern ein Entlohnungsschema bekannt und fragt sie nach ihren Erfolgsfunktionen $\pi_i(\hat{\boldsymbol{q}})$.[139] Die gemeldeten Erfolgsfunktionen lauten $m_1(\hat{\boldsymbol{q}})$ und $m_2(\hat{\boldsymbol{q}})$, welche durchaus von $\pi_1(\hat{\boldsymbol{q}})$ und $\pi_2(\hat{\boldsymbol{q}})$ verschieden sein können.

Schritt 2: Die Unternehmensleitung trifft diejenige Allokationsentscheidung $\hat{\boldsymbol{q}}^* = (\hat{q}_1^*, \hat{q}_2^*) \in \Phi$, die den gemeldeten Unternehmenserfolg $m_1(\hat{\boldsymbol{q}})$ + $m_2(\hat{\boldsymbol{q}})$ maximiert.

Schritt 3: Die Divisionsmanager erhalten die Ressourcenanteile $\hat{q}_1^*$ und $\hat{q}_2^*$ zugewiesen und sollen auf Grundlage dieser Ressourcenanteile ihre jeweilige Erfolgsfunktion maximieren.

Das Hauptproblem der Unternehmensleitung besteht nun darin, über ein Entlohnungsschema die geeigneten Anreize für die Divisionsmanager zu schaffen, damit diese *zum einen* in Schritt 1 ihre Erfolgsfunktionen wahrheitsgemäß melden, d.h. $m_i(\hat{\boldsymbol{q}}) = \pi_i(\hat{\boldsymbol{q}})$ (i = 1, 2), so dass die Unternehmensleitung in Schritt 2 diejenige Allokationsentscheidung $\hat{\boldsymbol{q}}^*$ trifft, die den Unternehmenserfolg $\pi_1(\hat{\boldsymbol{q}}) + \pi_2(\hat{\boldsymbol{q}})$ maximiert. *Zum anderen* muss in Schritt 3 sichergestellt werden, dass Divisionsmanager i mit den ihm zugewiesenen Ressourcenanteilen $\hat{q}_i^*$ effizient umgeht und den maximal möglichen Divisionserfolg realisiert.

---

[138] Der dritte Lösungsansatz – die Versteigerung der zentralen Ressourcen zwischen den Divisionen – sieht hingegen in seiner pragmatischen Variante eine andere Vorgehensweise vor. Auch hierfür ließe sich jedoch ein entsprechender direkter Revelationsmechanismus konstruieren; vgl. KRÄKEL (1993b), S. 12–15.

[139] Interaktionsprobleme zwischen dem Divisionsmanager und „seiner" Division werden im Folgenden ausgeschlossen, so dass die Begriffe „Division" und „Divisionsmanager" auch synonym verwendet werden können.

III.4.2 Gewinnteilung

Als erster Lösungsansatz sei die ***Gewinnteilung*** (profit sharing) betrachtet.[140] Das Entlohnungsschema, das hier den beiden Divisionsmanagern in Schritt 1 des oben erläuterten, dreistufigen Verfahrens bekannt gegeben wird, lautet

$$w_1\left(\pi_1,\pi_2\right)=w_2\left(\pi_1,\pi_2\right)=\alpha+\beta\cdot\left(\pi_1\left(\hat{\boldsymbol{q}}^*\right)+\pi_2\left(\hat{\boldsymbol{q}}^*\right)\right). \qquad \text{(III.42)}$$

Beide Divisionsmanager erhalten hier die gleiche Entlohnung, die aus einem Fixum $\alpha \geq 0$ und dem mit einem Prämiensatz β $(0<\beta\leq \frac{1}{2})$[141] gewichteten realisierten Unternehmenserfolg besteht. Hierbei bildet eine wahrheitsgemäße Meldung eines Divisionsmanagers die beste Antwort auf eine wahrheitsgemäße Meldung des anderen Managers, da dann die Unternehmensleitung in Schritt 2 diejenige Allokationsentscheidung trifft, die gemäß (III.42) die jeweilige Entlohnung des betrachteten Divisionsmanagers maximiert. Betrachtet sei beispielsweise die Situation, in der Divisionsmanager 1 die Wahrheit meldet. In Abhängigkeit von der Meldung des Divisionsmanagers 2, $m_2(\hat{\boldsymbol{q}})$, maximiert die Unternehmensleitung dann in Schritt 2 die Funktion

$$\pi_1(\hat{\boldsymbol{q}})+m_2(\hat{\boldsymbol{q}}). \qquad \text{(III.43)}$$

Der Vergleich von (III.42) und (III.43) zeigt, dass die wahrheitsgemäße Meldung $m_2(\hat{\boldsymbol{q}})=\pi_2(\hat{\boldsymbol{q}})$ durch Manager 2 sicher stellt, dass die Unternehmensleitung diejenige Allokationsentscheidung trifft, die die eigene Entlohnung maximiert. Die gleiche Überlegung gilt analog auch für Divisionsmanager 1 bei wahrheitsgemäßer Meldung durch Manager 2. Wenn also ein Divisionsmanager davon ausgeht, dass sein Kollege die Wahrheit meldet, so ist es für den betrachteten Divisionsmanager eine beste Antwort, ebenfalls die Wahrheit zu melden. Somit hat in einer Situation, bei der beide Manager die Wahrheit melden, keiner von beiden einen Anreiz, individuell hiervon abzuweichen. Damit bildet eine beidseitige wahrheitsgemäße Informationsaufdeckung ein NASH-Gleichgewicht bei Gewinnteilung.[142] Außerdem wird mit dem Entlohnungsschema (III.42) gewährleistet, dass jeder Divisionsmanager die zur Verfügung gestellten Ressourcenanteile effizient einsetzt, da der eigene realisierte Divisionserfolg mit positivem Gewicht β in die Entlohnung eingeht.

---

[140] Vgl. GROVES/LOEB (1979), S. 228; JENNERGREN (1980), S. 193–197; KRÄKEL (1993b), S. 21–22; EWERT/WAGENHOFER (1997), S. 539–543; BAMBERG/TROST (1998), S. 218. Dieser Ansatz wird im Vergleich zu den anderen drei Lösungsansätzen bewusst sehr knapp behandelt, da er dem GROVES/LOEB-Mechanismus sehr ähnelt, ohne jedoch dessen wünschenswerte Dominanzeigenschaften zu haben.

[141] Bei einem höheren Prämiensatz würde auf die Manager mehr an Entgeltzahlungen ausgeschüttet werden, als deren Divisionen für die Unternehmung erwirtschaften.

[142] Vgl. GROVES/LOEB (1979), S. 228.

III.4.3 GROVES/LOEB-Mechanismus

Als zweiter Ansatz zur Lösung des Ressourcenallokationsproblems lässt sich der ***GROVES/LOEB-Mechanismus*** einsetzen.[143] Bei diesem Ansatz lautet das Entlohnungsschema

$$w_i\left(\pi_i, m_j\right) = \alpha + \beta \cdot \left(\pi_i\left(\hat{\boldsymbol{q}}^*\right) + m_j\left(\hat{\boldsymbol{q}}^*\right)\right); \qquad \text{(III.44)}$$

$$i, j = 1,\ 2;\quad j \neq i$$

mit $\alpha \geq 0$ wiederum als Fixum und β $(0 < \beta \leq \frac{1}{2})$ als Prämiensatz. Wie auch beim vorherigen Lösungsansatz wird ein effizienter Ressourcenumgang nach erfolgter Allokation durch eine positive Gewichtung (hier: β) des eigenen realisierten Divisionserfolgs garantiert. Die Besonderheit des GROVES/ LOEB-Mechanismus besteht jedoch darin, dass jeder Divisionsmanager mit seiner Meldung die *eigene Entlohnung nicht direkt beeinflussen* kann.[144] Hierdurch erscheint eine Übertreibung beim Melden schon einmal wenig attraktiv. Der Divisionsmanager kann seine Entlohnung jedoch indirekt durch seine Meldung beeinflussen, da diese zusammen mit der Meldung des anderen Managers in Schritt 2 die Grundlage für die Allokationsentscheidung der Unternehmensleitung bildet. Insgesamt lässt sich zeigen, dass ein wahrheitsgemäßes Melden von $\pi_i(\hat{\boldsymbol{q}})$ eine (schwach) dominante Strategie jedes Divisionsmanagers darstellt, d.h. unabhängig von der Meldung des jeweils anderen Managers stets optimal ist: Hat der andere Divisionsmanager j eine beliebige Meldung m_j abgegeben, so erreicht Manager i über eine wahrheitsgemäße Meldung $m_i(\hat{\boldsymbol{q}}) = \pi_i(\hat{\boldsymbol{q}})$, dass die Unternehmensleitung in Schritt 2 genau jene Allokationsentscheidung trifft, die

$$m_i\left(\hat{\boldsymbol{q}}\right) + m_j\left(\hat{\boldsymbol{q}}\right) = \pi_i\left(\hat{\boldsymbol{q}}\right) + m_j\left(\hat{\boldsymbol{q}}\right) \qquad \text{(III.45)}$$

und damit auch zwingend die eigene Entlohnung gemäß Gleichung (III.44) maximiert![145] Jede andere Meldung $m_i(\hat{\boldsymbol{q}}) \neq \pi_i(\hat{\boldsymbol{q}})$ würde die Gefahr nach sich ziehen, dass die optimale Allokationsentscheidung der Unternehmensleitung verzerrt wird, wodurch sich möglicherweise die eigene Entlohnungsbemessungsgrundlage $\pi_i(\hat{\boldsymbol{q}}) + m_j(\hat{\boldsymbol{q}})$ des i verringert. Bei einer Übertreibung

---

[143] Vgl. GROVES (1973); GROVES/LOEB (1979); JENNERGREN (1980), S. 193–196; BAMBERG/LOCAREK (1992); KRÄKEL (1992), S. 192–198, (1993b), S. 21; PFAFF/LEUZ (1995); EWERT/WAGENHOFER (1997), S. 544–548; BAMBERG/TROST (1998), S. 214–218.

[144] Die Grundidee entspricht derjenigen der VICKREY-Regel; vgl. dazu VICKREY (1961).

[145] Dass in (III.44) „*"-Werte stehen, soll nicht weiter irritieren. Dies liegt allein daran, dass in (III.44) die nach Schritt 3 realisierten Größen betrachtet werden.

$m_i(\hat{\boldsymbol{q}}) > \pi_i(\hat{\boldsymbol{q}})$ riskiert Manager *i*, zu viele Ressourcenanteile zugewiesen zu bekommen, die Manager *j* daher fehlen und zu einer Verringerung von $m_j(\hat{\boldsymbol{q}}^*)$ führen könnten. Bei einer Untertreibung $m_i(\hat{\boldsymbol{q}}) < \pi_i(\hat{\boldsymbol{q}})$ läuft der Manager *i* hingegen Gefahr, selber zu wenig Ressourcenanteile zu erhalten, was nun zu Lasten von $\pi_i(\hat{\boldsymbol{q}}^*)$ gehen könnte. Allein eine wahrheitsgemäße Informationsaufdeckung garantiert, dass die eigene Entlohnungsbemessungsgrundlage und die Grundlage der Unternehmensleitung für die Allokationsentscheidung zusammenfallen. Damit wird deutlich, dass der GROVES/LOEB-Mechanismus die Interdependenzen zwischen den Divisionen vollständig in sein Kalkül miteinbezieht. Dadurch wird erreicht, dass eine wahrheitsgemäße Informationsaufdeckung für jeden Divisionsmanager individuell rational im Sinne einer (schwach) dominanten Strategie ist, wodurch letztlich eine effiziente Allokation zentraler Ressourcen gesichert ist.

III.4.4 Auktionen

Als dritter Lösungsansatz sei eine ***interne Versteigerung*** zentraler Ressourceneinheiten betrachtet.[146] Für eine solche interne Versteigerung lassen sich verschiedene Auktionsregeln verwenden, beispielsweise eine Variante der Höchstpreisauktion, bei der jeder Bieter (hier: jeder Divisionsmanager) pro ersteigerter Ressourceneinheit den von ihm gebotenen Preis zahlen muss. Zunächst einmal ist von jedem Divisionsmanager eine Preisobergrenze zu kalkulieren, die er maximal pro Ressourceneinheit zu zahlen bereit ist. Zur Veranschaulichung seien π_i^*, der durch Divisionsmanager *i* bei effizientem Ressourcenumgang erzielbare Divisionserfolg, und q_i, die hierfür benötigten Ressourcenanteile, betrachtet. In diesem Fall lässt sich von Manager *i* als Preisobergrenze für eine Ressourceneinheit der Reservationswert $v_i = \pi_i^*/q_i$ bestimmen. Auf Grundlage dieses Reservationswertes v_i kann Manager *i* nun sein Gebot $b(v_i)$ pro benötigter Ressourceneinheit (als NASH-Gleichgewichtsstrategie) kalkulieren. Die Vergabe der zentralen Ressourcen erfolgt nun, indem jeder Divisionsmanager *i* der Unternehmensleitung (Auktionator) verdeckt ein schriftliches Gebot $b(v_i)$ übermittelt. Die Gebote werden anschließend von der Unternehmensleitung ausgewertet und eine entsprechende Ressourcenaufteilung vorgenommen: Als erstes erhält der Divisionsmanager mit dem höchsten Gebot die von ihm benötigten Ressourcenanteile zu dem von ihm gebotenen Stückpreis. Anschließend bekommt der Divisionsmanager mit dem zweithöchsten Gebot die gewünschten Ressourcenanteile zugewiesen, für die er pro

[146] Vgl. KRÄKEL (1992), S. 178–188, (1993b), S. 5–17. Auf eine formale Darstellung des Ansatzes wird aus Platzgründen an dieser Stelle verzichtet.

Stück den von ihm gebotenen Kaufpreis bezahlen muss usw.[147] Auf diese Weise wird so lange weiter verfahren, bis alle $\overline{q}$ Ressourcenanteile vergeben sind bzw. ein so kleiner Restanteil noch existiert, der für keinen der Divisionsmanager mehr von Interesse ist. Sofern die Monotonieeigenschaft erfüllt ist, dass das Gebot $b(\cdot)$ jedes Managers i eine monoton steigende Funktion seines Reservationswertes v_i ist, lässt sich bei symmetrischer Bieterstruktur zeigen, dass eine effiziente Ressourcenvergabe nach fallenden Geboten als NASH-Gleichgewicht im Auktionsspiel erreichbar ist.[148] Die Gültigkeit solch einer Monotonieeigenschaft ist intuitiv plausibel, da ein Bieter umso höher bieten kann, je größer seine maximale Zahlungsbereitschaft v_i pro Ressourceneinheit ist.[149]

Letztlich wird auf diese Weise eine Art ***interner Ressourcenmarkt*** geschaffen, bei dem die Unternehmensleitung als zentraler Anbieter agiert und dabei Größenvorteile realisiert, während die Divisionsmanager als dezentrale Ressourcennachfrager durch ihre abgegebenen Gebote Informationen über ihre Reservationswerte und damit auch über ihren Divisionserfolg aufdecken. Die Praktikabilität solch eines Vergabeverfahrens in der Realität zeigt das folgende Beispiel:[150]

Beispiel III–4: Empirische Befunde zur Versteigerung zentraler Ressourcen

Es existieren mittlerweile zahlreiche empirische Studien zur Anwendung von Auktionen, so dass hier nur exemplarisch auf einige Untersuchungen zur Vergabe zentraler Ressourcen skizzenhaft eingegangen werden soll:[151] BOYES/ HAPPEL (1989) berichten, dass das Problem freigewordener und daher neu zu vergebender Büroräume an der Arizona State University erfolgreich gelöst werden konnte, indem die Räume meistbietend unter den dort tätigen Wissenschaftlern versteigert wurden. Lediglich rechtliche Bedenken führten zu einer Beendigung der ansonsten erfolgreichen Vergabepraxis. Über Wein- und Kunstauktionen wird von

---

[147] Dem Divisionsmanager i könnte als Entlohnung $w_i = \alpha + \beta \cdot (\pi_i^* - q_i \cdot b(v_i))$ zugewiesen werden.

[148] Mit *symmetrischer Bieterstruktur* ist gemeint, dass die Divisionsmanager als Bieter ex ante vor dem gleichen Entscheidungsproblem stehen (sie weisen den gleichen Grad an Risikoaversion auf und ihre Reservationswerte stellen stochastisch unabhängige Stichprobenzüge einer einheitlichen Wahrscheinlichkeitsverteilung dar) und daher mit identischen Bietfunktionen $b(\cdot)$ kalkulieren.

[149] Zur Monotonie der Bietfunktion vgl. WOLFSTETTER (1999), S. 198. Dennoch könnten bei nicht-symmetrischer Bieterstruktur Probleme auftreten. Wenn beispielsweise die Bieter/Manager unterschiedlich stark risikoavers sind, ist nicht auszuschließen, dass ein Manager einen anderen Manager deshalb überbietet, weil ersterer der risikoaversere Akteur ist, der mit einem hohen Gebot das Risiko minimieren will, die Auktion zu verlieren. Zur Bedeutung von Risikoaversion im Bietprozess vgl. KRÄKEL (1992), S. 26–30, sowie die dort zitierte Literatur.

[150] Empirische Hinweise auf die Verwendung von Auktionsverfahren zur Vergabe interner Ressourcen finden sich bereits bei DRUMM (1972), S. 263.

[151] Zum deutschen Auktionsmarkt vgl. BECKMANN/KRÄKEL/SCHAUENBERG (1997) sowie umfassend BECKMANN (1999).

ASHENFELTER (1989) berichtet. RASSENTI/ SMITH/BULFIN (1982) zeigen in ihrer empirischen Studie anhand von Laborexperimenten, auf welche Weise sich Auktionsverfahren für die kombinierte Versteigerung von Lande- und Abflugrechten auf Flughäfen einsetzen lassen. Auch Sendelizenzen lassen sich mittels Versteigerungen zentral vergeben. Von einer derartigen Vorgehensweise in den USA und Neuseeland berichten u.a. MCMILLAN (1994), CHAKRAVORTI et al. (1995) und CRAMTON (1995). Nach Einschätzung von CRAMTON (1995) ist die Vergabepraxis der US-amerikanischen Federal Communications Commission über Auktionen als voller Erfolg einzustufen, da für zehn Lizenzen durch die Versteigerung insgesamt 617 Millionen US-$ als Kaufpreis erzielt wurden. Die Untersuchung von MCMILLAN (1994) weist allerdings auch auf mögliche Probleme bei der praktischen Durchführung von Auktionen für Sendelizenzen hin: In Neuseeland wurde für eine bestimmte Sendelizenz aufgrund geringen Wettbewerbs lediglich ein Kaufpreis in Höhe von 6 NZ-$ erzielt.[152] Für CRAMTON (1995) und MCMILLAN (1994) bemisst sich der Erfolg der durchgeführten Auktionen allein anhand der erzielten Kaufpreise, nicht jedoch anhand der erzielten Allokationsergebnisse. Aus den beiden Befunden lassen sich daher allein schon aus diesem Grund keine allgemeinen Effizienzaussagen für die Verwendung unternehmensinterner Versteigerungen ableiten, da in Unternehmen eine Pareto-effiziente Ressourcenallokation und nicht eine Kaufpreismaximierung im Vordergrund stehen.

III.4.5 Diskussion der drei Lösungsansätze

Zum Abschluss soll ein ***Vergleich zwischen den drei vorgestellten Lösungsansätzen*** zur Allokation zentraler Ressourcen bei asymmetrischer Informationsverteilung erfolgen.

Die ***Gewinnteilung*** weist den Vorteil auf, dass die Interdependenzen zwischen den Divisionen berücksichtigt werden und eine wahrheitsgemäße Informationsaufdeckung als NASH-Gleichgewicht implementierbar ist. Da zudem gar keine gemeldete Funktion irgendeiner Division in die Bemessungsgrundlagen eingeht, ist eine profitable Kollusion der Divisionsmanager über gegenseitig abgestimmte Meldungen unmöglich.[153] Ein Nachteil von Gewinnteilung kann jedoch in der kollektiven Entlohnungsbemessungsgrundlage in Form des Unternehmenserfolges $\pi_1(\hat{\boldsymbol{q}}) + \pi_2(\hat{\boldsymbol{q}})$ gesehen werden, wodurch Unterschiede in den Erfolgen der einzelnen Divisionen bei der Entlohnung der Divisionsmanager keine Berücksichtigung finden. Üblicherweise hängen $\pi_1(\hat{\boldsymbol{q}})$ und $\pi_2(\hat{\boldsymbol{q}})$ auch von den jeweiligen Leistungsanstrengungen und Investitionen der Divisionsmanager ab, was in diesem Unterabschnitt nicht mitmodelliert wurde. Hinsichtlich dieser Leistungsanstrengungen ist allerdings zu erwarten, dass es bei Gewinnteilung aufgrund der kollektiven Bemessungsgrundlage zu einem Trittbrettfahrerproblem kommt, analog zu dem bei Teamarbeit.[154]

---

[152] Ein NZ-$ (= Neuseeländischer Dollar) entspricht in etwa 0,55 US-$.

[153] Vgl. z.B. BAMBERG/TROST 1998, S. 219.

[154] Hier zeigt sich ein gewisser trade off: Die kollektiven Bemessungsgrundlagen verhindern zwar Abteilungsegoismus, fördern jedoch Trittbrettfahrerverhalten.

Der ***GROVES/LOEB-Mechanismus*** weist den außerordentlichen Vorteil auf, dass die wahrheitsgemäße Meldung eines Divisionsmanagers eine dominante Strategie bildet und damit zwingend individuell rational ist. Dennoch lassen sich auch Einwände gegen den GROVES/LOEB-Mechanismus formulieren. PFAFF/LEUZ (1995) diskutieren eine Modellvariante, bei der die Divisionsmanager risikoavers sind und zudem über ihren Arbeitseinsatz zu entscheiden haben. In dieser Modellvariante ergibt sich daher der gleiche trade off zwischen Anreizgestaltung und Risikoverteilung, der bereits aus dem Hidden-action-Standardmodell bekannt ist. PFAFF und LEUZ zeigen, dass der GROVES/LOEB-Mechanismus hierbei zu einer ineffizienten Risikoverteilung führen kann und zudem Anreize, das Ergebnisrisiko zu senken, von einer wahrheitsgemäßen Informationsaufdeckung wegführen könnten. Während sich diese Kritik lediglich auf eine Modellvariante bezieht, existieren auch generelle Einwände gegen den GROVES/LOEB-Mechanismus. Zunächst einmal könnte dem GROVES/LOEB-Mechanismus analog zu Gewinnteilung vorgeworfen werden, dass Unterschiede in den Erfolgen der Divisionsmanager nicht individuell entlohnungsrelevant werden, da beide Divisionsmanager in Schritt 3 gleichermaßen am realisierten Unternehmenserfolg partizipieren. Dieser Umstand mag als „unfair“ angesehen werden und kann bei Miteinbeziehung des Arbeitseinsatzes der Divisionsmanager dazu führen, dass diese zu einem Trittbrettfahrerverhalten neigen.[155] Dieses „Fairnessproblem“ einer nicht-leistungsgerechten Entlohnung der Divisionsmanager lässt sich jedoch durch eine geeignete Modifikation des Entlohnungsschemas (III.44) verhindern, ohne dass die Dominanzeigenschaft des GROVES/LOEB-Mechanismus verloren geht.[156] GROVES/LOEB (1979, S. 226–227) zeigen, dass eine wahrheitsgemäße Informationsaufdeckung auch bei einer positiv linearen Transformation des Entlohnungsschemas (III.44) erhalten bleibt. Durch eine entsprechende Wahl der linearen Transformation können jedem Divisionsmanager i die durch ihn verursachten negativen externen Effekte auf die anderen Divisionen in Rechnung gestellt werden. Divisionsmanager i würde dann als Entlohnungsbemessungsgrundlage den eigenen realisierten Divisionserfolg zugewiesen bekommen, von dem jedoch diejenigen potentiellen Erfolge der anderen Divisionen abgezogen werden, die deshalb nicht realisiert werden konnten, weil jenen Divisionen die benötigten Ressourcenanteile fehlten, die die Unternehmensleitung dem i zugewiesen hatte.[157]

[155] Zu einer umfassenden Diskussion der Nachteilhaftigkeit des GROVES/LOEB-Mechanismus in einem geschlossenen Modell mit vorvertraglicher Informationsasymmetrie und endogener Aktionenwahl vgl. HOFMANN/PFEIFFER (2003).

[156] Vgl. bereits GROVES/LOEB (1979), S. 226–227. Vgl. auch KRÄKEL (1992), S. 197–198.

[157] Divisionsmanager i trägt damit die unternehmensinternen Opportunitätskosten seines Ressourcenverbrauchs. Entlohnungsrelevant wird für den i nur noch der individuelle zusätz-

Als zweiten allgemeinen Einwand gegen den GROVES/LOEB-Mechanismus findet man in der Literatur den Vorwurf, der Mechanismus sei anfällig für ***Kollusionen*** zwischen den Divisionsmanagern zu Lasten der Unternehmensleitung.[158] Dieser Vorwurf erscheint auf den ersten Blick jedoch ungerechtfertigt, da für den GROVES/LOEB-Mechanismus ein Gleichgewicht in dominanten Strategien vorliegt.[159] Allerdings ist zu beachten, dass es sich hierbei lediglich um ***schwache Dominanz*** handelt: Eine wahrheitsgemäße Meldung verhindert zwar auf jeden Fall eine Selbstschädigung, andere Meldungen können unter Umständen jedoch zur gleichen Pareto-effizienten Ressourcenallokation führen. Dieser Aspekt lässt sich wiederum für Kollusionszwecke von den Divisionsmanagern ausnutzen.[160] Beispielsweise würden sich beide Divisionsmanager im Vergleich zu einer wahrheitsgemäßen Meldung Pareto-besser stellen, wenn sie stattdessen die Falschmeldung $m_i(\hat{\boldsymbol{q}}) = \pi_i(\hat{\boldsymbol{q}}) + \Delta$ mit Δ als positiver Konstanten abgäben. Die Angabe eines ressourcenunabhängigen, konstanten Erfolges Δ erscheint nicht unrealistisch. Schließlich geht es hier nur um die Allokation einer bestimmten zentralen Ressource, und es kann durchaus angenommen werden, dass die Divisionen auch dann einen bestimmten Mindesterfolg erzielen können, wenn sie von der hier betrachteten speziellen Ressource nichts abbekommen. Durch die Übertreibung des eigenen gemeldeten Erfolgs um den gleichen konstanten Betrag Δ würde die effiziente Ressourcenentscheidung der Unternehmensleitung in Schritt 2 nicht beeinflusst.[161] Der jeweils andere Divisionsmanager würde in Schritt 3 jedoch in den Genuss einer höheren Bemessungsgrundlage kommen und so einen individuellen Kollusionsgewinn in Höhe von $\beta \cdot \Delta$ erzielen. Beide Manager würden sich durch solch ein kollusives Verhalten demnach besser stellen als bei einer wahrheitsgemäßen Meldung. Allerdings lassen sich solche Kollusionsprobleme dadurch sehr einfach von der Unternehmensleitung lösen, dass fixe Divisionserfolge wie Δ ex ante aus dem Vergabeverfahren ausgeschlossen werden, da sie allo-

---

liche Divisionserfolg im Vergleich zu den anderen Divisionen. Der GROVES/LOEB-Mechanismus bleibt trotz dieser Modifikation dennoch anreizkompatibel, da die entsprechenden Opportunitätskosten für die „weniger guten" Divisionen prohibitiv hoch wären.

[158] Vgl. z.B. PFAFF/LEUZ (1995), S. 673; EWERT/WAGENHOFER (1997), S. 547–548; BAMBERG/TROST (1998), S. 219.

[159] Vgl. auch BUDDE/GÖX/LUHMER (1998), S. 13–15, die zudem darauf verweisen, dass auch bindende Vereinbarungen zur Stabilisierung der Absprache nicht zu erwarten sind, da infolge der Illegalität einer Kollusion kaum eine Gerichtsbarkeit zur Durchsetzung der gegenseitigen Ansprüche zu finden sein dürfte.

[160] In Anlehnung an das Folk-Theorem für wiederholte Spiele lässt sich zudem zeigen, dass in einem dynamischen Kontext Kollusionen ein stabiles Ergebnis darstellen können; vgl. KUNZ/PFEIFFER (1999).

[161] Die Konstante Δ ist allokationsneutral, was beispielsweise daran ersichtlich wird, dass sie beim Differenzieren fortfällt, so dass sich für das Maximierungsproblem der Unternehmensleitung in Schritt 2 effektiv nichts ändert.

kationsneutral sind. Damit werden die Divisionsmanager von der Unternehmensleitung dazu angehalten, genau denjenigen funktionalen Zusammenhang anzugeben, der allein zwischen ihrem Divisionserfolg und den zentralen Ressourcen besteht.[162]

Als weitere allgemeine Kritik am GROVES/LOEB-Mechanismus findet man in der Literatur den Einwand, der Mechanismus wäre ***in der Praxis nur schwer umzusetzen***. *Zum einen* müssten die Divisionsmanager erst einmal verstehen, dass wahrheitsgemäßes Melden eine dominante Strategie bildet. Davon kann bei einer konkreten Anwendung des GROVES/LOEB-Mechanismus jedoch nicht unbedingt ausgegangen werden, wie beispielsweise Laborexperimente zeigen.[163] *Zum anderen* ergibt sich jedoch auch ein prinzipieller Einwand im Zusammenhang mit den Divisionserfolgsfunktionen $\pi_i(\hat{q})$, der zudem die Gewinnteilung ebenso betrifft.[164] Für jeden der beiden Lösungsansätze muss die Bedingung erfüllt sein, dass eine eindeutige Funktion im streng mathematischen Sinne zwischen Divisionserfolg und zentralen Ressourceneinheiten nicht nur existiert, sondern auch den Divisionsmanagern bekannt und zudem präzise an die Unternehmensleitung übermittelbar ist. Je nach Art der zentralen Ressource dürfte diese Anforderung in der Realität unterschiedlich gut erfüllbar sein. Sehr fragwürdig ist allerdings, ob ein Divisionsmanager bei der Vergabe von Benutzerzeiten für einen Großrechner, bei der Vergabe von unterschiedlichen Räumen eines neu erstellten Firmengebäudes oder aber bei der Aufteilung eines bestimmten Kontingents an Ausbildungsstellen präzise anzugeben vermag, wie sich alle denkbaren Aufteilungslösungen auf seinen Divisionserfolg auswirken.

Als dritter Lösungsansatz wurde eine ***interne Versteigerung*** der zentralen Ressourceneinheiten vorgestellt. Durch eine solche Auktion kann eine indirekte Informationsaufdeckung über die abgegebenen Gebote als NASH-Gleichgewicht erreicht werden, so dass die Güte der Informationsaufdeckungseigenschaften mit der des Gewinnteilungsansatzes vergleichbar ist. Sofern keine Unteilbarkeitsprobleme vorliegen, bei dem weniger als q_i Ressourcenanteile für eine Division i wertlos sind,[165] kann über eine Variante der

---

[162] Analog wäre eine allokationsneutrale Kollusion möglich, indem jeder Divisionsmanager dasselbe Vielfache seiner Erfolgsfunktion als Meldung abgibt. Allerdings wäre auch diese Manipulation durch die Unternehmensleitung herausrechenbar.

[163] Vgl. WALLER/BISHOP (1990). Zu einem entsprechend negativen Laborbefund zur VICKREY-Regel, die mit dem GROVES/LOEB-Mechanismus eng verwandt ist, vgl. GÜTH/SCHMITTBERGER/SCHWARZE (1983).

[164] Vgl. KRÄKEL (1992), S. 199–200, (1993b), S. 22–23.

[165] Dadurch könnte es sich für einen Divisionsmanager lohnen, über ein relativ niedriges Gebot trotz des Abstiegs in der Vergaberangfolge in den Vorteil einer geringeren Zahlung für die Ressourcenanteile zu gelangen, falls andere Divisionen aufgrund eines zu hohen

VICKREY-Auktion eine wahrheitsgemäße Informationsaufdeckung sogar als (schwach) dominante Strategie der Divisionsmanager implementiert werden.[166] Bei dieser Variante wird der Stückpreis pro Ressourceneinheit einheitlich in Höhe des größten zurückgewiesenen Gebots festgelegt.[167] Dadurch tritt im Prinzip der gleiche Effekt wie beim GROVES/LOEB-Mechanismus ein: Jeder Manager bzw. Bieter kann mit seinem Gebot den Kaufpreis und damit auch seine Entlohnung nicht mehr direkt beeinflussen. Er kann lediglich indirekt auf seine Entlohnung einwirken, indem er mit der Höhe seines Gebots die Wahrscheinlichkeit beeinflusst, den Zuschlag für die gewünschten Ressourceneinheiten zu erhalten. Hierbei stellt ein Gebot in Höhe seines Reservationswertes v_i, also eine wahrheitsgemäße Informationsaufdeckung, die (schwach) dominante Strategie jedes Managers i dar. Jedes Gebot $b_i < v_i$ würde lediglich seine Zuschlagswahrscheinlichkeit verringern. Jedes Gebot $b_i > v_i$ würde nur in den *zusätzlichen* Fällen zum Zuschlag führen, bei denen der Kaufpreis größer als der Reservationswert v_i wäre, wodurch Manager i dann einen Verlust erleiden würde. Jedes Gebot $b_i \neq v_i$ wäre also bestenfalls unschädlich und würde schlimmstenfalls jedoch eine Selbstschädigung für i bewirken. Eine solche Variante der VICKREY-Auktion hätte die gleiche Güte als Informationsaufdeckungsmechanismus wie der GROVES/LOEB-Mechanismus.

Als Beispiel für die VICKREY-Auktion sei der Fall mit zwei Managern 1 und 2 sowie entsprechenden Reservationswerten v_1 und v_2 betrachtet. Jeder Manager möchte genau eine Ressourceneinheit ersteigern. Allerdings besteht Ressourcenknappheit in dem Sinne, dass insgesamt nur eine Ressourceneinheit bereitgestellt werden kann. Angenommen sei, Manager 1 gibt ein Gebot in Höhe von $b_1 = v_1$ ab. Zwei Möglichkeiten sind hierbei zu unterscheiden:

(1) Wenn $b_2 < b_1 = v_1$, dann erhält Manager 1 den Zuschlag und muss einen Kaufpreis in Höhe des höchsten zurückgewiesenen Gebots (also b_2) zahlen. Er erzielt somit den Gewinn $v_1 - b_2 > 0$. Hätte Manager 1 statt $b_1 = v_1$ ein Gebot $b_1 < v_1$ abgegeben, so würde sich nichts am Ergebnis ändern, sofern weiterhin $b_2 < b_1$ erfüllt ist. Gilt nun jedoch $b_1 < b_2$, so wäre das Gebot $b_1 < v_1$ selbstschädigend, da Manager 1 nun nicht mehr den Zuschlag bekommt, den er bei wahrheitsgemäßem Gebot dagegen gehabt hätte. Hätte Manager 1 statt $b_1 = v_1$ ein übertrieben hohes Gebot $b_1 > v_1$ abgegeben, so würde sich in der betrachteten Situation nichts am Ergebnis ändern.

Ressourcenbedarfs aus der Vergaberangfolge ausscheiden; vgl. genauer KRÄKEL (1992), S. 181–183.

[166] Insgesamt ist die VICKREY-Regel nicht nur als VICKREY-Auktion, sondern beispielsweise auch bei der Personalauswahl als Informationsaufdeckungsmechanismus vielseitig einsetzbar; vgl. z.B. KRÄKEL (1993a), S. 498–503.

[167] Vgl. VICKREY (1961), S. 26; HARRIS/RAVIV (1981), S. 1478; WEBER (1983), S. 168.

(2) Wenn $b_1 = v_1 < b_2$, dann erhält Manager 1 nicht den Zuschlag und realisiert einen Gewinn von Null. Hätte Manager 1 statt $b_1 = v_1$ ein höheres Gebot $b_1 > v_1$ abgegeben, so würde sich nichts am Ergebnis ändern, sofern auch weiterhin b_1 kleiner als b_2 ist. Gilt jedoch nun $b_1 > b_2$, so bekommt Manager 1 nun den Zuschlag und muss einen Kaufpreis in Höhe von $b_2 > v_1$ zahlen. Er erzielt somit den Verlust $v_1 - b_2 < 0$. Hätte Manager 1 statt $b_1 = v_1$ ein geringeres Gebot $b_1 < v_1$ abgegeben, so würde sich in der betrachteten Situation nichts am Ergebnis ändern.

Zusammenfassend lässt sich festhalten, dass bei der VICKREY-Auktion eine wahrheitsgemäße Meldung $b_i = v_i$ ($i = 1, 2$) analog zum GROVES/LOEB-Mechanismus eine schwach dominante Strategie ist.

Im Gegensatz zu den ersten beiden Lösungsansätzen wurden bei der Versteigerungslösung keine Aussagen darüber getroffen, inwiefern nach erfolgter Ressourcenzuteilung ein ***effizienter Umgang mit den Ressourcen*** gewährleistet ist. Der Umstand, dass hierzu keine Aussagen gemacht wurden, liegt jedoch allein darin, dass für die Versteigerungslösung als einzigen Lösungsansatz kein explizites Entlohnungsschema formuliert wurde. Wie die Ausführungen zur Agentenauswahl in Unterabschnitt III.3.3 allerdings gezeigt haben, lässt sich ein geeignetes Entlohnungsschema, das die Versteigerung mit einer erfolgsabhängigen Entlohnung kombiniert, sehr einfach konstruieren. Damit könnte dann ein effizienter Ressourcenumgang auch im Zusammenhang mit einer Versteigerungslösung sichergestellt werden.

Auf einen möglichen Nachteil von Versteigerungslösungen wurde oben bereits kurz hingewiesen: Wird z.B. eine Art Höchstpreisauktion wie oben beschrieben zur Versteigerung der zentralen Ressourcen eingesetzt, so ist nicht auszuschließen, dass bei zwei unterschiedlich ***risikoaversen*** Divisionsmanagern der Manager mit dem geringeren Reservationswert den Zuschlag erhält. Diese Gefahr besteht dann, wenn der Manager mit dem geringeren Reservationswert aufgrund eines höheren Grades an Risikoaversion im Gegensatz zum anderen Manager sein Gebot nur sehr knapp unterhalb seines Reservationswertes angesetzt hat. Allerdings bleibt darauf hinzuweisen, dass auch die positiven Eigenschaften des GROVES/LOEB-Mechanismus im Falle risikoaverser Divisionsmanager in Mitleidenschaft gezogen werden können, wie die Ergebnisse von PFAFF/LEUZ (1995) gezeigt haben.

Analog zum GROVES/LOEB-Mechanismus ließe sich als weiterer Einwand an der Versteigerungslösung kritisieren, dass auch hier gewinnbringende ***Kollusionen*** zwischen den Divisionsmanagern denkbar sind. Einigen sich die Manager beispielsweise darauf, von ihrem kalkulierten Gebot jeweils den Betrag Δ abzuziehen, so änderte sich hierdurch nichts an der Vergabereihenfolge der zentralen Ressourcen. Im Zuschlagsfall würde jeder Bieter jedoch nun den Geldbetrag Δ pro ersteigerter Ressourceneinheit sparen. Bei der Versteigerungslösung ist allerdings von einer geringeren Kollusionsanfälligkeit als beim GROVES/LOEB-Mechanismus auszugehen. Zum einen ist zu bedenken, dass im Falle eines eindeutigen Gleichgewichts[168] jedes individuelle oder kollektive Abweichen (Kollusion) von diesem Gleichgewichtspunkt nicht stabil sein kann. Man könnte jedoch wiederum zu einer dynamischen Betrachtung übergehen. In diesem Fall würden in mehreren Perioden wiederholt Versteigerungen durchgeführt. Hierdurch könnte ein Koalitionsmitglied, das sich nicht an die getroffene Absprache gehalten hat, von den anderen Koalitionsmitgliedern durch Nicht-Kooperation in den Folgeperioden sanktioniert werden. Jedoch lässt sich zeigen, dass lediglich unter bestimmten Bedingungen eine stabile Kollusion erreicht werden kann.[169] Zum anderen kann sich ein Manager – im Gegensatz zum GROVES/LOEB-Mechanismus – bei der Versteigerungslösung durch ein Abweichen von der Kollusion möglicherweise einen individuellen Vorteil verschaffen: Wenn die Kollusion vorsieht, jedes Gebot um den Betrag Δ zu kürzen, so könnte ein Manager, der sich nicht hieran hält, sondern sein nicht-kollusives, ursprüngliches Gebot abgibt, gegebenenfalls Ressourceneinheiten ersteigern, die er nicht bekommen hätte, falls alle Manager nicht-kollusiv geboten hätten.

Abschließend sei die ***Praktikabilität*** der Versteigerungslösung betrachtet. Die empirischen Studien aus Beispiel III–4 belegen, dass eine Versteigerung zentraler Ressourcen nicht nur praktisch umsetzbar ist, sondern bereits in der Realität praktiziert wird.[170] Dieses mag vor allem daran liegen, dass im Gegensatz zu den beiden anderen Lösungsansätzen keine mathematische Funktion zwischen Divisionserfolg und Ressourceneinheiten bestimmt werden muss. Auch bei Auktionen müssen die Divisionsmanager zwar eine möglichst präzise Vorstellung darüber besitzen, wie wichtig die gewünschten Ressourcen für sie sind, ein exakter funktionaler Zusammenhang muss allerdings nicht ermittelt werden. Ein Divisionsmanager muss lediglich kalkulieren, wie viel er maximal für eine Ressourceneinheit zu zahlen bereit ist, um daraufhin eine geeignete Bietstrategie zu wählen. Gegen Versteigerungslösungen sprechen allerdings mögliche Verzerrungen bei der praktischen Umsetzung. Beispielsweise ist es in zahlreichen Versteigerungssituationen – nicht hingegen bei der hier skizzierten Variante der VICKREY-Auktion – erforderlich, dass ein Divisionsmanager bei der Kalkulation seines optimalen Gebotes Erwartungen über die Reservationswerte seiner Mitbieter bilden muss. Hierzu hat der Manager

[168] „Eindeutigkeit" ist hier im Sinne von „uniqueness" gemeint, d.h. es existiert nur ein Gleichgewichtspunkt.

[169] Vgl. z.B. KRÄKEL (1992), S. 163–170, (1993c).

[170] Verständnisprobleme könnten sich jedoch – analog zum GROVES/LOEB-Mechanismus – bei Anwendung einer VICKREY-Auktion ergeben; vgl. dazu wiederum den Laborbefund von GÜTH/SCHMITTBERGER/SCHWARZE (1983).

zunächst einmal pro Mitbieter eine eigene subjektive Wahrscheinlichkeitsverteilung zu schätzen. Dieses könnte nicht nur aufwendig sein, sondern bei fehlerhaften Schätzungen auch zu Verzerrungen im Bietwettbewerb führen.[171] Zu beachten ist jedoch, dass Entscheidungsfehler sowie unterschiedlich optimistische Kalkulationen nicht nur den Ausgang von Versteigerungslösungen, sondern beispielsweise auch die Ergebnisse des GROVES/LOEB-Mechanismus verzerren können.

Zusammenfassend lässt sich festhalten, dass das Hauptproblem einer Allokation zentraler Ressourcen in den Informationsdefiziten der Unternehmensleitung gegenüber den Divisionsmanagern zu sehen ist, die über die zukünftigen Erfolgsaussichten ihrer Divisionen sowie ihren zukünftigen Ressourcenbedarf üblicherweise besser informiert sind. Genau genommen spiegelt sich hier auch das in Unterabschnitt III.3.1 beschriebene Dilemma der Organisationstheorie wider: Die Delegation von Entscheidungsbefugnissen an die Divisionsmanager führt zwar zu einer Entlastung der Unternehmensleitung und der Nutzung zusätzlicher dezentraler Informationen, eröffnet allerdings untergeordneten Entscheidungsträgern (hier: den Divisionsmanagern) neue Möglichkeiten zu opportunistischem Verhalten. Zur Behebung der Informationsdefizite wurden drei Informationsaufdeckungsmechanismen diskutiert:

- die Gewinnteilung (profit sharing),
- der GROVES/LOEB-Mechanismus
- sowie eine interne Versteigerung.

Erfolgversprechend erscheinen vor allem der GROVES/LOEB-Mechanismus und eine interne Versteigerung, von denen letztere vermutlich die pragmatischere Lösung darstellt. In der Praxis nicht unüblich sind auch Gewinnteilungsschemata. Informationsaufdeckung bildet hierbei die NASH-Gleichgewichtsstrategie jedes Divisionsmanagers, nicht jedoch eine dominante Strategie. Der Vorteil gegenüber dem GROVES/LOEB-Mechanismus besteht allerdings darin, dass bei Gewinnteilung durch Schummeln keine gewinnbringende Absprache der Divisionsmanager gegen die Unternehmensleitung möglich ist, da die Meldungen der Manager nicht in die Bemessungsgrundlagen eingehen.

[171] Verlässt man den Rahmen des hier gewählten Modells und geht z.B. vom common value model der Auktionstheorie aus, so sind noch weitere Verzerrungen bzw. Entscheidungsanomalien vorstellbar, von denen der Fluch des Gewinners (winner's curse) am bekanntesten ist; vgl. dazu z.B. KRÄKEL (1992), S. 82–95, (1996) sowie die dort zitierte Literatur.

III.5 Vertikale Kollusionen

Sobald sich ein Unternehmen aus mindestens drei Akteuren zusammensetzt, besteht die Gefahr, dass zwei Akteure eine gewinnbringende Koalition zu Lasten eines dritten Akteurs bilden. Derartiges kollusives Verhalten stellt eine Form von internem rent seeking dar, bei dem es den Koalitionspartnern um eine für sie günstige Umverteilung des Unternehmenserfolgs geht.[172]

Kollusionsprobleme wurden bereits im vorangegangenen Abschnitt III.4 angesprochen. Die in diesem Abschnitt zu behandelnde Problematik unterscheidet sich allerdings in mehrfacher Hinsicht hiervon. Zunächst einmal sollen in diesem Abschnitt ***vertikale Kollusionen*** zwischen Akteuren auf unterschiedlichen Hierarchieebenen (d.h. zwischen einem Vorgesetzten und mindestens einem Untergebenen) zu Lasten der Unternehmensleitung diskutiert werden, wobei der Vorgesetzte gegenüber dem Untergebenen eine Überwachungsfunktion zu erfüllen hat. Gründe für solch eine vertikale Arbeitsteilung zwischen der Unternehmensleitung (Prinzipal) und einem Vorgesetzten (Supervisor) wurden in Abschnitt III.3 genannt: Die Unternehmensleitung verfügt nicht über genügend zeitliche Kapazität, um neben zentralen unternehmenspolitischen Entscheidungen auch sämtliche Überwachungsaktivitäten auszuüben; der Vorgesetzte ist ein Spezialist für Überwachungsaufgaben; die Unternehmensleitung will sich über eine Delegation der Kontrollaufgaben selbst binden, nicht über eine Missrepräsentation von Kontrollergebnissen opportunistisch Lohnkosten zu senken, was wiederum von den zu kontrollierenden Untergebenen antizipierbar wäre usw.

Die Delegation von Kontrollaufgaben an einen Vorgesetzten fordert jedoch einen „Preis" von der Unternehmensleitung: Zum einen muss über zusätzliche Anreizsysteme sichergestellt werden, dass der Vorgesetzte grundsätzlich bereit ist, das gewünschte Niveau an Kontrollanstrengungen zu erbringen,[173] was der üblichen Hidden-action-Problematik entspricht. Hierdurch steigen üblicherweise die Lohnkosten der Unternehmensleitung. Zum anderen könnten der Vorgesetzte und der Untergebene eine vertikale Absprache (Kollusion) gegen die Unternehmensleitung treffen. Beispielsweise könnte der Vorgesetzte negative Leistungsinformationen über den Untergebenen zurückhalten oder sich positive Informationen ausdenken, um die Entlohnung oder die Beförderungschancen des Untergebenen zu erhöhen. Im Gegenzug könnte sich dann der Untergebene über eine direkte monetäre Seitenzahlung (side pay-

[172] Zu den positiven Auswirkungen von Kollusion vgl. hingegen OLSEN/TORSVIK (1998).

[173] Alternativ könnte auch die Unternehmensleitung direkt den Vorgesetzten überwachen, was jedoch die Frage nach sich ziehen würde, warum die Unternehmensleitung dann nicht gleich die Untergebenen selbst überwacht und zudem die Lohnkosten für den Vorgesetzten spart.

ment) an den Vorgesetzten oder andere nicht-monetäre Gefälligkeiten erkenntlich zeigen,[174] so dass letztlich beide Seiten von der Kollusion profitieren. Dabei hat die Unternehmensleitung im Prinzip zweierlei Möglichkeiten, hierauf zu reagieren. Sie könnte zusätzliche Anreizvorkehrungen treffen, um Kollusionen für die Beteiligten unprofitabel werden zu lassen, oder sie könnte von solchen Zusatzanreizen, die i.d.R. auch zu zusätzlichen Kosten führen, gänzlich absehen. Im zweiten Fall hätte die Unternehmensleitung durch den Einsatz eines Vorgesetzten als Überwacher immer noch den Vorteil, dass ein Fehlverhalten des Untergebenen (z.B. Leistungszurückhaltung) nun für diesen teurer wird, da der Untergebene den Vorgesetzten als eine Art Komplizen „bestechen" muss. Die Notwendigkeit solcher Seitenzahlungen würde auf Seiten des Untergebenen mutmaßlich das Ausmaß seiner Verfehlungen einschränken.

Ein weiterer wesentlicher Unterschied zu Abschnitt III.4 besteht darin, dass über vertikale Kollusionen hier nicht nur Umverteilungseffekte zu Lasten der Unternehmensleitung genutzt werden, sondern insgesamt die ***Effizienz des Unternehmens sinkt***, da der Unternehmenserfolg geschmälert wird.[175] In Abschnitt III.4 wurde die Möglichkeit horizontaler Kollusionen im GROVES/LOEB-Mechanismus sowie bei internen Versteigerungen zentraler Ressourcen angesprochen. In beiden Fällen würde es jedoch „lediglich" zu einer höheren Entlohnung der Divisionsmanager auf Kosten der Unternehmensleitung kommen, ohne dass die effiziente Ressourcenallokation verzerrt würde.[176] In den folgenden vertikalen Kollusionen sind dagegen Effizienzeinbußen oftmals unvermeidlich. Beispielsweise würde infolge vertikaler Kollusion zwischen Vorgesetztem und Arbeitnehmer keine effektive Kontrolle mehr ausgeübt, wodurch das Anstrengungsniveau des Untergebenen und damit auch der Unternehmenserfolg sinken. Oder der Vorgesetzte könnte über falsche Leistungsinformationen bewirken, dass es zu einer Fehlallokation von Arbeitnehmern auf Stellen bzw. zu ineffizienten Beförderungsentscheidungen kommt.

---

[174] Beispielsweise könnte der Untergebene den Vorgesetzten bei einer Fehlentscheidung decken und andere Umstände oder Akteure (z.B. auf noch höheren Hierarchieebenen) für den Fehlschlag verantwortlich machen; vgl. TIROLE (1986), S. 185–186. Eine vertikale Kollusion zwischen dem Vorgesetzten und dem Untergebenen muss dabei aus Sicht des Untergebenen nicht unbedingt freiwillig sein. Denkbar ist auch, dass der Vorgesetzte zunächst einmal negative Informationen über den Untergebenen vor der Unternehmensleitung verborgen hält, um sie anschließend für Erpressungszwecke zu nutzen.

[175] Dieser Unterschied bildet jedoch *keinen grundsätzlichen* Unterschied zwischen horizontalen und vertikalen Kollusionen, da beispielsweise durch Absprachen in relativen Leistungsturnieren die Anstrengungen der Arbeitnehmer sinken und dadurch auch der gesamte Unternehmenserfolg.

[176] Eine ineffiziente Ressourcenallokation wäre hingegen möglich, wenn es nicht zu einer wahrheitsgemäßen Informationsaufdeckung beim Ressourcenbedarf – wie beispielsweise im Falle des WEITZMAN-Schemas – kommt.

Als letzter wesentlicher Unterschied zu Abschnitt III.4 wird im Folgenden davon ausgegangen, dass zwischen den Kollusionsteilnehmern ***bindende Absprachen*** möglich sind.[177] Das Fehlen dieser auf den ersten Blick sehr restriktiven Annahme hatte in Abschnitt III.4 zunächst einmal bewirkt, dass horizontale Kollusionen bei statischer Betrachtung nicht stabil wären. Für den Fall vertikaler Kollusionen wäre die Aufhebung der Annahme bindender Absprachen faktisch jedoch wenig bedeutsam, wenn der Vorgesetzte mit einer Informationszurückhaltung oder -verzerrung vorleistet und der Untergebene erst im Anschluss seine Gegenleistung zu erbringen hat. In realen Situationen ist hierbei nämlich davon auszugehen, dass der Untergebene seiner versprochenen Gegenleistung allein schon deshalb nachkommen wird, weil der Vorgesetzte in der Regel über genügend formale Sanktionsmacht verfügt, um das Nichteinhalten der Absprache z.B. mit Schikanieren oder Mobbing gegenüber dem Untergebenen hinreichend zu ahnden.

In diesem Unterabschnitt sollen nun Möglichkeiten der Unternehmensleitung diskutiert werden, geeignete Anreize zu gestalten, durch die der Kollusionsgewinn zwischen dem Vorgesetzten und dem Untergebenen auf Null gesenkt wird. Da einer profitablen Kollusion dann der Nährboden entzogen wäre, stellte sich gar nicht mehr die Frage nach der Möglichkeit bindender Absprachen. Dieses ist genau der Lösungsansatz, der von TIROLE (1986) verfolgt wird. Dieser Beitrag von TIROLE kann als grundlegender Artikel zur Diskussion um vertikale Absprachen bezeichnet werden, auf den ein Großteil jüngerer Beiträge aufbaut. Daher soll im Folgenden der Modellansatz von TIROLE (1986) samt Lösungen ausführlicher diskutiert werden, während über die Ergebnisse der jüngeren Beiträge lediglich ein kurzer Überblick gegeben wird.

III.5.1 Das TIROLE-Modell

TIROLE (1986) geht von einem dreistufigen Hierarchiemodell mit einem Prinzipal (Unternehmensleitung) auf der obersten, einem Überwacher (Vorgesetzten) auf der mittleren und einem Agenten (Untergebenen) auf der untersten Ebene aus. Der Überwacher fungiert lediglich als Informationssystem für den Prinzipal, welches Aufschluss über die Produktionssituation des Agenten geben soll. Der Prinzipal schließt jeweils mit dem Überwacher und dem Agenten einen Arbeitsvertrag ab, in dessen Mittelpunkt die Entlohnung steht. Der ***Agent*** erzeugt ein Arbeitsergebnis π gemäß der linearen Produktionsfunktion

[177] Gemeint ist mit einer *bindenden Absprache* ein expliziter Vertrag, welcher vor einer dritten Partei durchsetzbar ist. Zu einer Diskussion dieser Annahme vgl. TIROLE (1992), S. 154–156.

$$\pi = e + \theta \tag{III.46}$$

mit e als Arbeitseinsatz des Agenten und θ als exogenem Störterm, der z.B. die gegebene Produktionssituation oder aber Produktivitätseigenschaften des Agenten beschreibt. Der Arbeitseinsatz e verursache das Arbeitsleid $c(e)$ beim Agenten mit $c'(e) > 0$ und $c''(e) > 0$ $(e \neq 0)$ sowie $c(0) = c'(0) = 0$. Der Lohn des Agenten sei durch w beschrieben. Der Agent sei risikoavers, d.h. er habe eine streng konkave Nutzenfunktion $u(\cdot)$. Sein Erwartungsnutzen sei gemäß $\mathrm{E}[u(w - c(e))]$ darstellbar. Der Agent verfüge über eine externe Beschäftigungsalternative, bei der er einen sicheren Lohn w_0 (Reservationslohn) verdiene mit $u(w_0) =: \overline{u}$ (Reservationsnutzen). Hieraus folgt, dass der Prinzipal bei seiner optimalen Lohngestaltung die Teilnahme- bzw. Partizipationsbedingung

$$\mathrm{E}[u(w - c(e))] \geq \overline{u} \tag{III.47}$$

für den Agenten zu beachten hat, damit dieser den angebotenen Arbeitsvertrag akzeptiert. Für den ***Überwacher*** sei angenommen, dass er keinen Arbeitseinsatz zu leisten hat – er dient lediglich als Informationssystem, was unten noch genauer erläutert wird –, eine Zahlung z vom Prinzipal erhalte und als ebenfalls risikoaverser Akteur eine streng konkave Nutzenfunktion $v(\cdot)$ habe. Sein Erwartungsnutzen lässt sich als $\mathrm{E}[v(z)]$ schreiben. Auch der Überwacher verfüge über eine externe Beschäftigungsalternative mit sicherem Reservationslohn z_0 und Reservationsnutzen $v(z_0) =: \overline{v}$. Die Teilnahmebedingung für den Überwacher lautet aus Sicht des Prinzipals daher

$$\mathrm{E}[v(z)] \geq \overline{v}\,. \tag{III.48}$$

TIROLE geht im weiteren Verlauf der Einfachheit halber von $z_0 = 0$ aus. Der ***Prinzipal*** schließlich sei risikoneutral, so dass sein Erwartungsnutzen als erwartetes Nettoergebnis $\mathrm{E}(\pi - z - w)$ darstellbar ist.

Von zentraler Bedeutung für die folgende Problematik ist die gegebene ***Informationsstruktur***. Hierzu sei angenommen, dass der Situations- bzw. Produktivitätsparameter θ lediglich einen von zwei Werten annehmen kann – $\underline{\theta}$ oder $\overline{\theta}$ mit $0 < \underline{\theta} < \overline{\theta}$ und $\Delta\theta := \overline{\theta} - \underline{\theta}$. Aufgrund der Produktionsfunktion (III.46) bezeichnet $\underline{\theta}$ daher eine schlechte und $\overline{\theta}$ eine gute Produktionssituation. Die Informationsstruktur sei so beschaffen, dass zu der dreistufigen Weisungshierarchie eine umgekehrte „Informationshierarchie" korrespondiert, wonach der Agent über den besten, der Überwacher über einen mittleren und der Prinzipal über den schlechtesten Informationsstand verfügt. Konkret sei davon ausgegangen, dass der Prinzipal zwar π beobachten und für Entlohnungszwecke nutzen kann, aber weder e noch θ kennt. Zur Unterscheidung der Informationsstände zwischen Überwacher und Agent werden von TIROLE (1986, S. 188) vier verschiedene Umweltzustände definiert:

Zustand 1: Agent und Überwacher beobachten beide $\underline{\theta}$.

Zustand 2: Agent beobachtet $\underline{\theta}$, Überwacher beobachtet nichts.

Zustand 3: Agent beobachtet $\overline{\theta}$, Überwacher beobachtet nichts.

Zustand 4: Agent und Überwacher beobachten beide $\overline{\theta}$.

Ferner sei angenommen, dass auch der Überwacher den Arbeitseinsatz e des Agenten nicht beobachten kann. Der Informationsstand des Überwachers unterscheidet sich lediglich dadurch von dem des Prinzipals, dass der Überwacher in zwei von vier möglichen Umweltzuständen den Situationsparameter θ beobachten kann. Der Agent schließlich sei vollständig informiert. Er kennt e, θ und den realisierten Zustand i ($i = 1, 2, 3, 4$). Der Prinzipal kennt den realisierten Zustand i nicht, verfügt jedoch wie die anderen beiden über eine A-priori-Wahrscheinlichkeitsverteilung für die vier Zustände mit p_i als Eintrittswahrscheinlichkeit für Zustand i und $\sum_{i=1}^{4} p_i = 1$.

In der beschriebenen Situation arbeite der Überwacher nun als eine Art ***Informationssystem*** für den Prinzipal, da der Prinzipal daran interessiert ist, weitere Informationen über den Agenten zu erhalten. Insbesondere ist es für den Prinzipal von Interesse, Informationen über θ vom Überwacher gemeldet zu bekommen, so dass der Prinzipal gemäß der Produktionsfunktion (III.46) auf den geleisteten Arbeitseinsatz $e = \pi - \theta$ schließen kann. Hierdurch wäre es für den Prinzipal z.B. möglich, bei einem sehr hohen Ergebnis π festzustellen, inwieweit dieses auf einen hohen Arbeitseinsatz e oder aber eine gute Produktionssituation $\overline{\theta}$ zurückzuführen ist. Im letzten Fall hätte der Prinzipal dem Agenten lediglich ein niedriges Entgelt w zur Kompensation des erlittenen Arbeitsleides $c(e)$ zu entrichten. Der Überwacher wird vom Prinzipal beauftragt, eine Meldung über den beobachteten Zustand und damit über θ abzugeben. Angenommen sei dabei, dass das gemeldete θ vom Prinzipal überprüfbar und auch kontrahierbar ist, nicht jedoch die Behauptung des Überwachers, er hätte nichts beobachtet.[178] In diesem Fall kann der Überwacher zwar nicht Informationen über die Ausprägung von θ verfälschen, wohl aber diese dem Prinzipal vorenthalten. Bezeichne s das vom Überwacher empfangene Signal, d.h. seine Beobachtung hinsichtlich θ, und r seine Meldung („report") an den Prinzipal, so gilt für die möglichen Meldungen:

[178] TIROLE (1986), S. 189–190, spricht in diesem Fall von harter Information im Gegensatz zu weicher Information, die vom Prinzipal nicht überprüfbar wäre.

$$r = \begin{cases} \theta \text{ oder } \varnothing \;, & \text{wenn } s = \theta \\ \varnothing \;, & \text{wenn } s = \varnothing, \end{cases} \qquad \text{(III.49)}$$

wobei „$\varnothing$" dafür steht, dass der Überwacher im Zustand 2 oder 3 „nichts" beobachtet hat. (III.49) besagt, dass der Überwacher im Falle einer Beobachtung von θ ($s = \theta$ im Zustand 1 oder 4) wählen kann, ob er dem Prinzipal diese Information korrekt übermittelt ($r = \theta$) oder aber vorgibt, nichts beobachtet zu haben ($r = \varnothing$). Macht der Überwacher hingegen keine Beobachtung von θ ($s = \varnothing$ im Zustand 2 oder 3), so hat er aufgrund der Nachprüfbarkeit einer Meldung über θ keine Chance zu lügen und wird daher wahrheitsgemäß $r = \varnothing$ berichten.[179] Interessant ist nun, dass trotz der Nachprüfbarkeit der Meldung über θ, wodurch der Überwacher nie eine falsche Ausprägung von θ melden kann, Anreize zu einer vertikalen Kollusion für den Überwacher und den Agenten bestehen: Angenommen der Zustand 4 liege vor, so dass $\theta = \overline{\theta} = s$. In diesem Fall hätte der Agent ein Interesse daran, dass der Überwacher $r = \varnothing$ meldet, um nicht aufgrund der guten Produktionssituation nur eine geringe Entlohnung w zu erhalten. Zahlt der Agent dem Überwacher für die Zurückhaltung seiner Information einen Geldbetrag, so wird auch dieser an einer vertikalen Kollusion gegen den Prinzipal interessiert sein.

Die zeitliche Abfolge der verschiedenen Aktionen lässt sich insgesamt wie folgt zusammenfassen, wobei „P" für Prinzipal, „Ü" für Überwacher und „A" für Agent steht:[180]

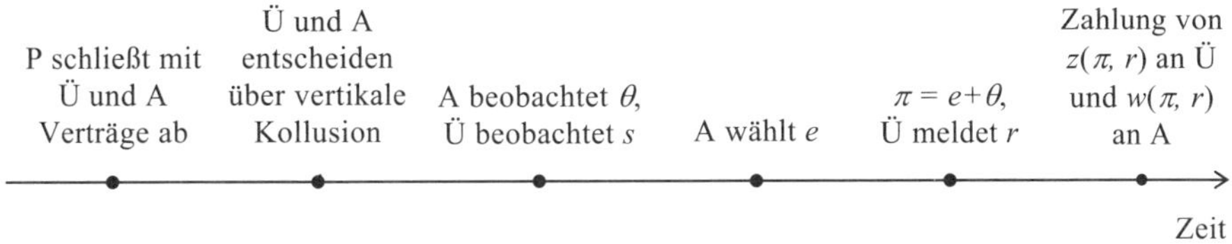

Nach der Annahme der von P angebotenen Verträge durch A und Ü – die Teilnahmebedingungen (III.47) und (III.48) sind in diesem Fall erfüllt – haben der Überwacher und der Agent darüber zu entscheiden, ob sie eine verti-

---

[179] Diese „asymmetrische Modellierung", dass $r = \theta$ nachprüfbar ist, $r = \varnothing$ jedoch nicht, wirkt auf den ersten Blick ein wenig befremdlich. Es sind allerdings durchaus entsprechende Beispiele in der Praxis vorstellbar. Z.B. könnte es sich beim Überwacher um die Verbraucherabteilung eines Großunternehmens handeln, welche die Beschwerdebriefe von Kunden über die Erzeugnisse bzw. die Leistungen verschiedener Divisionen sammelt. Diese Beschwerdebriefe könnten nun von der Verbraucherabteilung an die Unternehmensleitung weitergeleitet oder aber zerrissen werden.

[180] Es gilt $z = z(\pi, r)$ und $w = w(\pi, r)$, da π und $r = \theta$ in diesem Modell die einzig kontrahierbaren Größen sind.

kale Kollusion eingehen wollen oder nicht. Danach erst werden θ und s realisiert. Daraufhin entscheidet der Agent über seinen Arbeitseinsatz e, so dass ein bestimmter Output π erzeugt wird. Nach erfolgter Meldung r durch den Überwacher zahlt der Prinzipal schließlich vertragsgemäß $z(\pi,r)$ an den Überwacher und $w(\pi,r)$ an den Agenten.

TIROLE (1986) geht nun der zentralen Frage nach, wie der Prinzipal die Entlohnungsfunktionen $z(\pi,r)$ und $w(\pi,r)$ zu gestalten hat, um eine profitable Kollusion zu verhindern; andere organisatorische Maßnahmen gegen vertikale Kollusionen werden von ihm im Anschluss diskutiert. Zuallererst seien jedoch zwei Referenzfälle betrachtet, bevor zum Kollusionsfall übergegangen wird – die First-best-Lösung, bei der der Prinzipal θ beobachten kann, sowie der Fall asymmetrisch verteilter Informationen, bei dem der Überwacher jedoch loyal mit dem Prinzipal zusammenarbeitet. Ergebnis III–5 bezieht sich auf die ***First-best-Lösung***:[181]

> **Ergebnis III–5:** *Bei der **First-best-Lösung** wählt der Agent den Arbeitseinsatz $e^* = c'^{-1}(1)$ und erhält im Zustand i (i = 1, 2, 3, 4) den Lohn $w_i = w_0 + c(e^*)$.*[182]

Unter First-best-Bedingungen, bei denen der Prinzipal θ beobachtet und von π daher auf e rückschließen kann, erübrigt sich zunächst einmal die Frage nach der Entlohnung des Überwachers, da dieser hier nicht benötigt wird. Da der Prinzipal e erfährt, kann er e selbst optimal festlegen. Dieses geschieht über die Lösung des folgenden Optimierungsproblems:[183]

$$e^* \in \arg\max_e \{e + \theta - c(e)\} \Rightarrow c'(e^*) = 1, \forall \theta$$

$$\Leftrightarrow e^* = c'^{-1}(1). \qquad \text{(III.50)}$$

Unter First-best-Bedingungen wird e so festgelegt, dass der Grenzertrag $(=1)$ den Grenzkosten $(= c'(e^*))$ der Arbeit entspricht. Zusätzlich muss die Teilnahmebedingung (III.47) des Agenten erfüllt sein, wobei der Prinzipal hier den Agenten genau auf dessen Reservationsnutzen $\bar{u} = u(w_0)$ drückt, um die Lohnkosten so gering wie möglich zu halten. Hierdurch ergibt sich

---

[181] Vgl. TIROLE (1986), S. 190.

[182] Vgl. bereits die First-best-Lösung zum LEN-Modell in Unterabschnitt II.2.2.3. Da die Arbeitsleidfunktion dort quadratisch war ($c(e) = e^2$), ergab sich als First-best-Arbeitsanstrengung $e = c'^{-1}(1) = 1/2$.

[183] Da der Prinzipal den Agenten für sein Arbeitsleid kompensieren muss, hat er bei seinem Optimierungsproblem neben π lediglich noch die Arbeitsleidfunktion $c(e)$ zu beachten. Weil die optimale Wahl von e aufgrund der linearen Produktionsfunktion unabhängig von θ ist, braucht hier nicht der Erwartungswert betrachtet zu werden.

$w_i = w_0 + c(e^*)$ (i = 1, 2, 3, 4), d.h. der Agent bekommt in jedem Umweltzustand i seinen Reservationslohn, auf den er bei Vertragsannahme verzichten muss, sowie das erlittene Arbeitsleid $c(e^*)$ entgolten. Da die Entlohnung des Agenten zustandsunabhängig ist, findet eine ***Pareto-effiziente Risikoteilung*** statt: Der ***risikoaverse Agent wird vollständig gegen die Umweltunsicherheit versichert***, d.h. er trägt gar kein Risiko, während der risikoneutrale Prinzipal das volle Ergebnisrisiko auf sich nimmt. Eine vollständige Versicherung des Agenten ist möglich, da für den Prinzipal aufgrund der Beobachtbarkeit von θ hier keine Gegenläufigkeiten zwischen Anreizgestaltung und Risikoverteilung zu beachten sind.

Als ***zweite Referenzlösung*** sei der Fall betrachtet, bei dem der Prinzipal keine Kenntnis von θ erlangt, jedoch fest auf die Informationsfunktion des Überwachers vertrauen kann. In diesem Fall erhält der Überwacher die zustandsunabhängige Zahlung z_0 vom Prinzipal. Zum einen wird der risikoaverse Überwacher dadurch vollständig versichert, was aufgrund der Loyalitätsannahme hier zu keinen Anreizproblemen führt. Zum anderen spart der Prinzipal soweit wie möglich an Lohnkosten, indem er den Überwacher lediglich in Höhe seines Reservationslohnes kompensiert. Letztlich reduziert sich das ursprüngliche dreistufige Hierarchiemodell auf diese Weise faktisch auf ein zweistufiges Modell mit dem Prinzipal, der über den Informationsstand des Überwachers verfügt, auf der oberen Stufe und dem Agenten auf der unteren Stufe. Das ***Optimierungsproblem des Prinzipals*** lautet nun:

$$\max_{w_i, e_i} \sum_{i=1}^{4} p_i \cdot \left(e_i + \theta_i - w_i\right) \tag{III.51}$$

unter den Nebenbedingungen

$$\sum_{i=1}^{4} p_i \cdot u\left(w_i - c\left(e_i\right)\right) \geq \bar{u} \tag{III.52}$$

$$w_3 - c\left(e_3\right) \geq w_2 - c\left(e_2 - \Delta\theta\right), \tag{III.53}$$

wobei e_i, θ_i und w_i für den Arbeitseinsatz, den Produktivitätsparameter und den Lohn im Zustand i (i = 1, 2, 3, 4) stehen. Gemäß (III.51) wählt der Prinzipal also diejenigen Kombinationen aus zustandsabhängigen Löhnen und Arbeitsanstrengungen, die sein erwartetes Nettoergebnis maximieren.[184] Diese Vorgehensweise einer optimalen Wahl von e_i durch den Prinzipal trotz Informationsasymmetrie erscheint auf den ersten Blick ein wenig überraschend. Zu

---

[184] Die Zahlung z_0 an den Überwacher wurde in (III.51) nicht berücksichtigt, da sie als Konstante entscheidungsirrelevant ist.

beachten ist jedoch, dass der Prinzipal hier über den Informationsstand des Überwachers verfügt und damit die Zustände 1 und 4 erkennen kann. Die Anreizkompatibilitätsbedingung (III.53) sichert nun, dass der Agent im Zustand 3 keinen Anreiz hat zu behaupten, der Zustand 2 liege vor, wodurch der Prinzipal insgesamt über die nötigen Informationen für das Maximierungsproblem (III.51) verfügt. Die Bedingung (III.53) erklärt sich daraus, dass der Agent in Zustand 3 jederzeit vorgeben könnte, Zustand 2 liege vor, dazu korrespondierend die relativ geringe Arbeitsanstrengung $e_2 - \Delta\theta$ wählt und den zustandsabhängigen Lohn w_2 erhält. Bedingung (III.53) sichert für den Prinzipal, dass sich solch ein opportunistisches Verhalten für den Agenten nicht lohnt. Zudem lässt sich leicht zeigen, dass eine fälschliche Meldung von Zustand 3 ausgeschlossen werden kann (s. Anhang). Dies ist auch intuitiv plausibel: Dem Agenten müssen Anreize gesetzt werden, damit er eine niedrige Anstrengung nicht hinter schlechten Rahmenbedingungen verbirgt; sind die Rahmenbedingungen für ihn ungünstig, wird er hingegen aus Eigeninteresse dies zugeben. Die Bedingung (III.52) schließlich stellt als Teilnahmebedingung sicher, dass der Agent den angebotenen Vertrag akzeptiert. Die formale Lösung des Optimierungsproblems (III.51)–(III.53) mit einem loyalen Überwacher führt zu folgendem Ergebnis:[185]

> **Ergebnis III–6:** *Bei der* ***Second-best-Lösung ohne Kollusionsprobleme*** *erhält der Überwacher in jedem Zustand seinen Reservationslohn* z_0. *Der Agent hingegen bekommt die zustandsabhängige Entlohnung* $w_3 > w_1 = w_4 > w_2$ *und leistet zustandsabhängig die Arbeitsanstrengungen* $e_1 = e_3 = e_4 = e^* > e_2$.

Die Entlohnung des Überwachers wurde bereits oben begründet. In den Zuständen 1 und 4 ist der Prinzipal vollständig informiert und kann hier den First-best-Arbeitseinsatz $e_1 = e_4 = e^*$ beim Agenten erzielen. Aufgrund der vollständigen Information in den beiden Zuständen ist mit $w_1 = w_4$ auch eine komplette Versicherung des Agenten bezogen auf die beiden Zustände möglich. Ein vergleichsweise hoher (niedriger) Lohn w_3 (w_2) für den Zustand 3 (2) folgt unmittelbar aus der Anreizkompatibilitätsbedingung (III.53), mit der opportunistisches Verhalten des Agenten verhindert wird. Da der Prinzipal in den Zuständen 2 und 3 unvollständig informiert ist, muss er eine ergebnisabhängige Entlohnung vornehmen, die hohe Ergebnisse entsprechend belohnt

---

185 Vgl. TIROLE (1986), S. 191–192, 208–209. Der Beweis findet sich im Anhang zu diesem Kapitel.

$(w_3 > w_2)$.[186] Die Produktionssituation ist im Zustand 3 günstiger als im Zustand 2 $(\overline{\theta} > \underline{\theta})$. Deshalb müssen über $w_3 > w_2$ die nötigen Leistungsanreize induziert werden, damit sich der Agent auch in dem günstigen Zustand 3 anstrengt. Das Ergebnis III–6 verdeutlicht auch, dass es bei der Second-best-Lösung ohne Kollusionsprobleme, verglichen mit der First-best-Lösung, bereits zu Effizienzverlusten kommt: Zum einen ist die Entlohnung des Agenten nicht in jedem Zustand gleich. Dadurch wird keine vollständige Versicherung des risikoaversen Agenten mehr vorgenommen; eine Pareto-effiziente Risikoteilung wird demnach nicht erreicht. Zum anderen wird bei der obigen Second-best-Lösung im Zustand 2 lediglich ein suboptimaler Arbeitseinsatz $e_2 < e^*$ erzielt.

Nach den zwei Referenzfällen soll nun der Fall diskutiert werden, in welchem der Prinzipal nicht mehr auf die Loyalität des Überwachers vertrauen kann, sondern mit möglichen vertikalen Kollusionen zwischen Überwacher und Agent zu rechnen hat (***Second-best-Lösung mit Kollusionsproblemen***). Da von der Möglichkeit bindender Vereinbarungen zwischen Überwacher und Agent ausgegangen wird, werden die beiden Akteure solche Nebenabsprachen bezüglich r treffen, die ihre gesamte Lohnsumme $z(\pi,r)+w(\pi,r)$ maximieren.[187] In diesem Fall muss daher der Prinzipal die Entlohnung des Überwachers und des Agenten entsprechend modifizieren, um eine profitable Absprache zwischen den beiden zu verhindern, indem maximal ein Kollusionsgewinn von Null für beide erzielbar ist. Das gesamte ***Optimierungsproblem des Prinzipals*** lautet daher wie folgt:

$$\max_{z_i,w_i,e_i} \sum_{i=1}^{4} p_i \cdot \left(e_i + \theta_i - w_i - z_i\right) \tag{III.54}$$

unter den Nebenbedingungen

$$\sum_{i=1}^{4} p_i \cdot v\left(z_i\right) \geq \overline{v} \tag{III.55}$$

$$\sum_{i=1}^{4} p_i \cdot u\left(w_i - c\left(e_i\right)\right) \geq \overline{u} \tag{III.56}$$

---

[186] Sei π_i das Arbeitsergebnis des Agenten im Zustand i (i = 1, 2, 3, 4), so gilt im First-best-Fall: $\pi_3 = e^* + \overline{\theta} > e^* + \underline{\theta} = \pi_2$.

[187] Wie der Kollusionsgewinn (= Erhöhung der Nettolohnsumme, d.h. der Lohnsumme abzüglich des Arbeitsleids des Agenten, infolge der Kollusion) letztlich auf beide Akteure aufgeteilt wird, lässt sich als Ergebnis eines Verhandlungsprozesses herleiten, wobei jeder der beiden mindestens dasjenige Einkommen erhält, das er auch beim Verzicht auf eine Kollusion erzielen könnte.

$$w_3 - c(e_3) \geq w_2 - c(e_2 - \Delta\theta) \tag{III.57}$$

$$z_1 + w_1 - c(e_1) \geq z_2 + w_2 - c(e_2) \tag{III.58}$$

$$z_4 + w_4 - c(e_4) \geq z_3 + w_3 - c(e_3) \tag{III.59}$$

$$z_3 + w_3 - c(e_3) \geq z_2 + w_2 - c(e_2 - \Delta\theta), \tag{III.60}$$

wobei z_i für die Lohnzahlung des Prinzipals an den Überwacher im Zustand i (i = 1, 2, 3, 4) steht. Die Zielfunktion (III.54) unterscheidet sich dadurch von der Zielfunktion (III.51), dass dem Überwacher nun aus Anreizgründen nicht mehr der Reservationslohn z_0 in jedem Zustand gezahlt wird, sondern ein zustands- und damit auch ergebnisabhängiger Betrag z_i (i = 1, 2, 3, 4). Die Ungleichungen (III.55) und (III.56) stellen die Teilnahmebedingungen für den Überwacher und den Agenten dar.[188] Die Anreizkompatibilitätsbedingung (III.57) ist mit der entsprechenden Bedingung (III.53) im Fall ohne Kollusionsprobleme identisch.

Übrig bleiben die Ungleichungen (III.58) bis (III.60), die die Besonderheit dieses Falles mit Kollusionsproblemen ausmachen. Diese drei Bedingungen können als ***Koalitionsanreiz(kompatibilitäts)bedingungen*** bezeichnet werden. Die Bedingungen (III.58) und (III.59) berücksichtigen, dass der Überwacher im Zustand 1 und Zustand 4 die Möglichkeit hat, seine Informationen über θ zurückzuhalten, d.h. sich so zu verhalten, als ob der Zustand 2 bzw. 3 vorliegt. Solch opportunistischem Verhalten wird entgegengewirkt, indem (III.58) und (III.59) beiden Akteuren insgesamt eine mindestens so große Netto-Lohnsumme (nach Abzug des Arbeitsleids) in dem Zustand 1 (bzw. 4) zusichern wie im Zustand 2 (bzw. 3). Die Bedingung (III.60) bewirkt schließlich, dass sich der Überwacher und der Agent im Zustand 3 – bezogen auf ihre Netto-Lohnsumme – durch eine falsche Vorgabe des Zustands 2 nicht besser stellen können. Vergleicht man das durch (III.51) bis (III.53) beschriebene Optimierungsproblem des Prinzipals *ohne* Kollusionsprobleme mit dem durch (III.54) bis (III.60) charakterisierten Optimierungsproblem *mit* Kollusionsproblemen, so ist zu vermuten, dass der Prinzipal nun zusätzliche Effizienzeinbußen erfährt:[189] Durch die Berücksichtigung möglicher vertikaler Kollu-

[188] Sie entsprechen den bei der Modellbeschreibung verwendeten Ausdrücken (III.48) und (III.47). Die Teilnahmebedingung (III.56) tauchte zudem bereits im Second-best-Fall ohne Kollusionsprobleme als Ungleichung (III.52) auf.

[189] Die Zielfunktionen sind identisch, wenn man beachtet, dass in (III.51) die Entlohnung $z_1 = z_2 = z_3 = z_4 = z_0$ des Überwachers bereits vorab feststand und als entscheidungsirrelevante Konstante daher formal keine Berücksichtigung fand.

sionen hat der Prinzipal in seinem Optimierungsproblem jetzt weitere Restriktionen zu beachten, was die Menge der möglichen Lösungen einschränkt. Formal ergibt sich folgende Lösung:[190]

Ergebnis III–7: *Die* ***Second-best-Lösung mit Kollusionsproblemen*** *lässt sich durch folgende fünf Eigenschaften charakterisieren:*

(a) $z_4 > z_1 > z_2 = z_3$

(b) $w_3 - c(e_3) > w_4 - c(e_4) > w_1 - c(e_1) > w_2 - c(e_2)$

(c) $z_4 + w_4 = z_3 + w_3$

(d) $e_1 = e_3 = e_4 = e^* > e_2$

(e) Bis auf (III.58) sind alle Nebenbedingungen bindend.

Insgesamt stellt der Prinzipal im Ergebnis III–7 zum Optimierungsproblem (III.54) bis (III.60) sicher, dass für den Überwacher und den Agenten ***keine profitablen Kollusionen*** möglich sind.[191] Vertikale Kollusionen werden hier nicht aufgrund mangelnder Stabilität scheitern (Stabilität war per definitionem gegeben!),[192] sondern aufgrund mangelnder Kollusionsgewinne, die vom Prinzipal durch die Berücksichtigung verschiedener Restriktionen auf Null gesetzt werden. Solch eine Verhinderung von Kollusionen fordert allerdings den „Preis“ vom Prinzipal, dass dieser im Vergleich zur Second-best-Lösung ohne Kollusionsprobleme weitere Effizienzverluste zu akzeptieren hat. Ersichtlich wird dieses daran, dass nun keine vollständige Versicherung des Überwachers und keine partielle Versicherung des Agenten (wie noch im Fall von Ergebnis III–6) möglich ist. Gemäß Ergebnis III–7(b) findet keine partielle Versicherung des Agenten als Einzelakteur mehr statt. Gemäß III–7(c) werden lediglich der Überwacher und der Agent kollektiv über die Zustände 3 und 4 partiell versichert, da ihre (Brutto- und Netto-) Lohnsumme hier jeweils die gleiche ist. Im Vergleich zur Situation mit vollständiger Versicherung im Second-best-Fall ohne Kollusion muss der Überwacher nun dadurch Nachteile in Kauf nehmen, dass er aufgrund der gegebenen Informationsstruktur quasi

---

[190] Der Beweis ist ähnlich wie der zu Ergebnis III–6, jedoch aufgrund der zusätzlichen Restriktionen erheblich aufwendiger. Der interessierte Leser sei daher auf TIROLE (1986), S. 195, 209–211, verwiesen.

[191] Auch gewinnbringende Kollusionen zwischen Prinzipal und Überwacher sowie zwischen Prinzipal und Agent sind nicht möglich; vgl. TIROLE (1986), S. 197–199, 212.

[192] Streng genommen werden daher vertikale Kollusionen hier letztendlich nicht verhindert. Infolge der Restriktionen (III.57) bis (III.60) könnten sich Überwacher und Agent im Kollusionsfall jedoch nicht besser stellen als bei einem Kollusionsverzicht.

in die Rolle eines Komplizen des Agenten gedrängt wird.[193] Teilergebnis III–7(a) schließlich zeigt, dass der Überwacher nicht mehr als Einzelakteur vollständig gegen das bestehende Umweltrisiko versichert wird, sondern nur noch partiell über die Zustände 2 und 3, bei denen er jeweils über den gleichen geringen Informationsstand verfügt, der zudem mit dem des Prinzipals identisch ist.

III.5.2 Diskussion

Verlässt man den vergleichsweise engen Rahmen des TIROLE-Modells, so lassen sich neben einer entsprechenden betrieblichen Entgeltpolitik – bei TIROLE (1986) über w_i und z_i – noch weitere organisatorische Maßnahmen zur Verhinderung vertikaler Kollusionen aufzeigen. Solch eine weitergehende Diskussion empfiehlt sich vor allem aus zweierlei Gründen. Zum einen erscheint die TIROLE-Lösung über eine optimale Entgeltpolitik ein wenig unbefriedigend, weil der mögliche Kollusionsgewinn nur dadurch auf Null gesenkt werden konnte, dass der Prinzipal über zusätzliche Nebenbedingungen für sein Optimierungsproblem die potentielle Lösungsmenge noch weiter einschränkt. Da der Überwacher und der Agent weiterhin auf ihre Reservationsnutzen „gedrückt" werden, fallen sämtliche Wohlfahrtsverluste letztlich beim Prinzipal an. Zum anderen sind in realen Situationen im Gegensatz zum TIROLE-Modell in der Regel keine bindenden Vereinbarungen über Kollusionen möglich. Derartige Vereinbarungen wären illegal, so dass kaum eine dritte Partei existieren dürfte, die die Durchsetzbarkeit der Vereinbarungen sicherstellt.[194] In diesem Fall muss sich ein freiwilliges Festhalten an der Vereinbarung für beide Akteure direkt aufgrund der gegebenen Interaktionssituation lohnen, so dass die Vereinbarung sich selbst durchsetzend (self-enforcing) ist. Aus der Diskussion wiederholter Spiele ist bekannt, dass Kooperationen bzw. Kollusionen tendenziell mit der Länge der erwarteten Interaktionsdauer stabiler werden.[195] Als geeignete organisatorische Maßnahme gegen (vertikale) Kollusio-

[193] Der Überwacher verfügt über keine glaubhaften Argumente, im Zustand 4 auf eine gewinnbringende Kollusion mit dem Agenten zu verzichten und nicht zu behaupten, er hätte nichts gesehen. TIROLE (1992) kommt insgesamt zu der Schlussfolgerung: „a supervisor must share a supervisee's reward or punishment even if he does not contribute to the supervisee's output and need not be induced to acquire supervisory information; the potential manipulation of his report about the supervisee's activity suffices to make them a team" (TIROLE 1992, S. 158).

[194] Eingangs zu diesem Unterabschnitt wurde darauf hingewiesen, dass die Aufhebung der Annahme bindender Vereinbarungen möglicherweise ohne große Bedeutung ist, da der Überwacher in der Regel auch über formale Sanktionsmacht verfügt. Die folgenden Lösungsansätze greifen jedoch großenteils auch in diesem Fall.

[195] Vgl. TIROLE (1986), S. 201, im Zusammenhang mit KREPS et al. (1982).

nen bieten sich daher solche Vorkehrungen an, die die erwartete Interaktionsdauer der Beteiligten verringern.

Eine solche Vorkehrung bildet beispielsweise ***job rotation***, wodurch Organisationsmitglieder in regelmäßigen Zeitabständen ihre Aufgabengebiete im Unternehmen reihum tauschen.[196] Im hier betrachteten Fall könnte durch job rotation zwischen mehreren Überwachern und/oder mehreren Agenten im Unternehmen erreicht werden, dass die Interaktionsdauer der Beteiligten streng limitiert ist. Hierdurch kann Kollusion kaum aufkommen oder aber sie wäre inhärent instabil, da ein Abweichen einzelner Kollusionsmitglieder von der gemeinsamen Absprache nur noch ***schwer von den anderen Kollusionsmitgliedern sanktioniert werden kann***.[197] Sind infolge von job rotation nun ***mehrere Vorgesetzte*** an der Leistungsbeurteilung eines Agenten beteiligt,[198] die wiederum als Grundlage für Entlohnungs- oder Beförderungsentscheidungen des Prinzipals dient, so wirken noch weitere Effekte einer stabilen Kollusion entgegen. Zum einen muss der Agent nun ***mehreren Überwachern eine Seitenzahlung*** zukommen lassen, was seine Kosten für eine Absprache in die Höhe treibt bzw. seinen individuellen Kollusionsgewinn verringert. Dadurch werden Kollusionen aus Agentensicht weniger lohnenswert. Zum anderen muss ein Überwacher, der einer Absprache zustimmt, nun befürchten, dass die ***Kollusion eher aufgedeckt*** wird, wenn andere Überwacher sich nicht an der Kollusion beteiligen und eine realistische, von der Beurteilung des bestochenen Überwachers deutlich abweichende Bewertung vornehmen.[199] Zudem entstehen bei einer Mehrfachbeurteilung infolge von job rotation ***für den Agenten erhebliche Rückschlussprobleme***, welches Überwacherurteil letztlich welche Entlohnungs- bzw. Beförderungskonsequenzen bewirkt hat. So hilfreich der Rückgriff auf job rotation zur Verkürzung der Interaktionsdauer auch ist, der Prinzipal hat dabei allerdings zu bedenken, dass nicht nur kontraproduktive Kooperationen in Form von Kollusionen, sondern ebenso pro-

---

[196] Vgl. TIROLE (1986), S. 201–202; ITOH (1991a), S. 352, 357–358; PRENDERGAST/TOPEL (1993), S. 360; KRÄKEL (1999b), S. 265–266.

[197] Die mögliche Sanktions*dauer* wird durch job rotation zumindest begrenzt, so dass die Drohung mit Kooperationsentzug durch andere Kollusionsmitglieder kaum abschreckt.

[198] Genau genommen geht es im TIROLE-Modell nicht direkt um eine Leistungsbeurteilung, sondern über die Meldung eines Umweltzustandes bzw. Produktivitätsparameters. Allerdings lässt sich über eine entsprechende Meldung des Überwachers dann vom Prinzipal auf die geleistete Arbeitsanstrengung des Agenten rückschließen. Zudem sollte nach der formalen Diskussion des TIROLE-Modells der vergleichsweise enge Modellrahmen für eine allgemeinere Diskussion verlassen werden.

[199] Voraussetzung ist hierbei jedoch, dass die relevante Information (z.B. der Umweltzustand bzw. der Produktivitätsparameter) zeitinvariant ist, so dass sämtliche Überwacher das gleiche Signal empfangen. Tendenziell gilt allgemein, dass Kollusionen mit steigender Anzahl an Kollusionsmitgliedern instabiler werden, da allein schon die Transaktionskosten (z.B. Kontrollkosten) zur Sicherung der Absprache steigen.

duktive Kooperationen zwischen den Beteiligten an Stabilität verlieren.[200] Dies gilt beispielsweise für Kooperation bei Teamarbeit, die aus Sicht der Unternehmensleitung gerade erwünscht ist und durch job rotation *zwischen* Teams an Stabilität verlieren würde.[201] Aufgrund der ***Ambivalenz von Kooperation*** müssen insgesamt auch Maßnahmen, die die Kooperation beeinflussen, als ambivalent eingestuft werden.

Neben job rotation sind jedoch noch weitere Vorkehrungen gegen vertikale Kollusionen vorstellbar. TIROLE (1986, S. 202) schlägt das ***Hinzuziehen externer Akteure*** vor, deren Interaktionsdauer mit internen Akteuren begrenzt ist, beispielsweise externe Unternehmens- oder Personalberater.

Außerdem könnte durch den ***Verzicht auf ein Quereinstiegsverbot*** in Hierarchien erreicht werden, dass regelmäßig neue Mitarbeiter auf den unterschiedlichsten Hierarchieebenen eingestellt werden. Geht man davon aus, dass zunächst einmal eine gewisse Vertrauensbasis zu den Neueinsteigern aufgebaut werden muss, bevor diesen von der übrigen Belegschaft Kollusionsangebote unterbreitet werden, so wird auch hierdurch die Kollusionsgefahr verringert. Allerdings ist zu beachten, dass ein Quereinstiegsverbot in Unterabschnitt III.2.4 eine wesentliche Voraussetzung dafür bildete, um mit Beförderungsturnieren in hierarchischen Organisationen Anreizprobleme infolge fehlender Kontrahierbarkeit zu lösen.

Als tiefgreifendste Maßnahme gegen vertikale Kollusionen könnte der Prinzipal schließlich verstärkt auf ***bürokratische Regeln*** zurückgreifen, die den Einfluss von Überwacherinformationen auf die Entlohnung bzw. Beförderung von Agenten stark begrenzen.[202] Ein Beispiel hierfür wäre die Verwendung der Senioritätsregel für Lohnerhöhungen und Beförderungen, wodurch derjenige Agent zuerst in den Genuss einer Lohnerhöhung bzw. Beförderung gelangt, der die höchste Betriebszugehörigkeitsdauer aufweist. Dieses Kriterium ist vom Prinzipal sowie von dritter Seite eindeutig nachprüfbar und zudem nur schwer zu manipulieren.[203] Hiermit wären allerdings auch erhebliche Nachteile für den Prinzipal verbunden, da auf wertvolle Leistungsinformationen – sei es durch einen Überwacher oder durch den Prinzipal selbst – voll-

---

[200] Vgl. dazu die Ausführungen zum Gefangenendilemma in Unterabschnitt II.2.3.1, mit dem im Prinzip sowohl kontraproduktive Kollusionen als auch produktive Kooperationen modelliert werden können.

[201] Job rotation zwischen Teams kann zudem den Nachteil haben, dass teamspezifisches Humankapital vernichtet wird, indem „eingespielte Teams" auseinander gerissen werden.

[202] Vgl. TIROLE (1986), S. 203–204.

[203] Eine solche Manipulationsmöglichkeit stellen allerdings kontraproduktive Beeinflussungsaktivitäten in Form von Mobbing dar, wodurch einzelne Akteure zum Verlassen der Unternehmung gezwungen werden können und damit die Senioritätsrangfolge gezielt geändert wird.

ständig verzichtet wird.[204] Dadurch könnten gegebenenfalls größere Effizienzverluste verursacht werden als durch die Nutzung der Informationen verbunden mit geeigneten Anreizmechanismen zur Verhinderung opportunistischen Verhaltens. Letztlich wäre man hier wiederum bei dem aus Unterabschnitt III.3.1 bekannten klassischen Dilemma der Organisationstheorie angelangt – dem trade off zwischen einer besseren (schlechteren) Informationsbasis und einem größeren (kleineren) diskretionären Entscheidungsspielraum dezentraler Akteure.

III.5.3 Weitere Ergebnisse zu vertikalen Kollusionen

Der Beitrag von TIROLE (1986) bildete die Grundlage für zahlreiche ***weitere Arbeiten zu vertikalen Kollusionen***, deren Ergebnisse auszugsweise kurz skizziert werden sollen. WESSELS (1997) diskutiert ein dreistufiges Hierarchiemodell, das direkt auf dem Ansatz von TIROLE aufbaut und dabei ein Projekt variabler Größe betrachtet, welches vom Agenten durchgeführt wird. Der Überwacher ist sowohl an einer hohen Entlohnung als auch an einem möglichst umfangreichen Projekt interessiert. WESSELS zeigt, dass auch in dieser Variante des TIROLE-Modells Vorkehrungen gegen kollusives Verhalten zwangsläufig von der First-best-Lösung wegführen.

KOFMAN/LAWARRÉE (1993, 1996a, 1996b) setzen sich in drei Modellen mit der Problematik vertikaler Kollusionen auseinander. In KOFMAN/LAWARRÉE (1993) wird u.a. gezeigt, dass sich eine erhöhte Bestrafung eines opportunistischen Agenten für den Prinzipal nicht auszahlt, wenn der Agent daraufhin sein Bestechungsgeld für den Überwacher aufstockt, was letztlich zu einer Erhöhung derjenigen Kosten des Prinzipals führt, die zur Verhinderung der Kollusion aufgewendet werden müssen. KOFMAN/LAWARRÉE (1996a) zeigen, dass durch die Einführung eines zweiten Überwachers eine gegenseitige Kontrolle der beiden Überwacher induziert werden kann, indem diese vom Prinzipal in ein nicht-kooperatives Spiel vom Typ Gefangenendilemma eingebunden werden. Allerdings erhöhen sich durch die Einstellung eines zweiten Überwachers auch entsprechend die Lohnkosten für den Prinzipal. KOFMAN/LAWARRÉE (1996b) diskutieren die Frage, ob die Verhinderung oder das Tolerieren vertikaler Kollusionen für den Prinzipal vorteilhafter ist. Beide Alternativen führen letztlich zu Kosten – die Verhinderung, da der Überwacher vom Prinzipal für einen Verzicht auf das Bestechungsgeld kompensiert werden muss, und das Tolerieren, da hierdurch der Aufdeckung opportunistischen Verhaltens entgegengewirkt wird. KOFMAN und LAWARÉE zeigen, dass ein

[204] Ein direkter Vorteil könnte jedoch darin gesehen werden, dass Lohnkosten durch den Prinzipal eingespart werden, wenn dieser auf die Dienste des Überwachers als Informationssystem verzichtet.

Tolerieren von Kollusion bei hinreichend großen Strafandrohungen die bessere Alternative darstellt.

Andere modelltheoretische Ansätze diskutieren das Problem vertikaler Kollusionen in einer dreistufigen Hierarchie, bei der sich auf der untersten Ebene zwei Agenten befinden, welche vom Überwacher in ein für den Prinzipal verdecktes Erpressungsspiel (***hidden game***) verwickelt werden: LAFFONT (1988, 1990) betrachtet eine Situation, bei der der Prinzipal lediglich die Summe der beiden Leistungsergebnisse der Agenten beobachten kann und der Überwacher dem Prinzipal Informationen über das individuelle Leistungsverhalten der beiden Agenten liefern soll. Hierbei kann der Überwacher in einem verdeckten Spiel vom Typ Gefangenendilemma beide Agenten um eine Geldzahlung erpressen, die jeder Agent als dominante Strategie zu geben bereit ist, damit der Überwacher dessen Leistung in seiner Meldung nicht um einen bestimmten Betrag mindert. Dieser Betrag würde statt dessen der Leistung des anderen Agenten zugeschlagen. Der Prinzipal kann auf diese Problematik entsprechend reagieren, indem er die beiden Agenten auf Grundlage der Summe ihrer beiden Ergebnisse entlohnt und die Überwachermeldung ignoriert. Auch wenn solche kollektiven Entlohnungsbemessungsgrundlagen die Gefahr eines Trittbrettfahrerverhaltens implizieren, so besteht hier jedoch die wünschenswerte Wirkung des Entlohnungsschemas darin, dass keiner der beiden Agenten mehr eine Veranlassung hat, der Erpressung des Überwachers nachzugeben.[205]

In KRÄKEL (1995) wird eine Situation diskutiert, bei der der Überwacher von zwei Agenten denjenigen mit dem größten Talent für eine Beförderungsentscheidung vorschlagen soll. Auch hier ist ein verdecktes Spiel möglich, in dem der Überwacher von jedem der Agenten einen Geldbetrag erpresst, um für ihn eine positive Empfehlung beim Prinzipal abzugeben. Es kann gezeigt werden, dass der Prinzipal über eine gezielte Gestaltung der Karriereeinkommen für die beiden Agenten den Ausgang des verdeckten Spiels beeinflussen und dadurch ineffiziente Beförderungsentscheidungen verhindern kann. Alternativ könnte der Prinzipal auch den Überwacher durch eine ergebnisabhängige Entlohnung an dem Erfolg seiner Beförderungsempfehlung beteiligen. Im Falle heterogener Agenten z.B. würde auf diese Weise ein verdecktes Spiel vollständig verhindert werden, da beide Agenten antizipieren, dass der Überwacher aufgrund der Erfolgsbeteiligung unabhängig von den Erpres-

[205] Da die Summe der Einzelergebnisse als eine Art Teamoutput vom Prinzipal beobachtbar ist, muss der Überwacher denjenigen Leistungsbetrag, den er bei der Meldung über den einen Agenten abzieht, zwangsläufig der Meldung über den anderen Agenten zuschlagen. Durch eine kollektive Entlohnung auf Basis des Teamoutputs kann der Überwacher den beiden Agenten daher nicht mehr schaden.

sungszahlungen ex post grundsätzlich den fähigeren Agenten empfehlen wird.[206]

Als Fazit lässt sich festhalten, dass vertikale Kollusionen zu zusätzlichen Kosten auf Seiten der Unternehmensleitung führen. Diese Kosten sind nicht nur auf reine Umverteilungseffekte zugunsten untergeordneter Unternehmensmitglieder, sondern auch auf direkte Effizienzeinbußen im Sinne eines verringerten Unternehmenserfolgs zurückzuführen (z.B. infolge von Leistungszurückhaltung bei den zu kontrollierenden Akteuren oder infolge ineffizienter Beförderungsentscheidungen bzw. Stellenbesetzungen). Einerseits entstehen zusätzliche Kosten in Form von internem rent seeking, wenn die Unternehmensleitung *keine Maßnahmen* gegen das Kollusionsproblem ergreift. Andererseits sind aber auch dann zusätzliche Kosten unvermeidbar, wenn sich die Unternehmensleitung für *Gegenmaßnahmen* entscheidet. Diese Kosten fallen beispielsweise direkt in Form von Lohnzahlungen an den Vorgesetzten an, damit sich dieser nicht bestechen lässt, oder aber indirekt in Form von Nachteilen, die mit Gegenmaßnahmen wie job rotation oder bürokratische Regeln verbunden sind.

III.6 Kontraproduktive Beeinflussungsaktivitäten

Eine weitere Form von internem rent seeking stellen ***kontraproduktive Beeinflussungsaktivitäten (influence activities)*** dar.[207] Hierbei versuchen untergeordnete Entscheidungsträger (Agenten), gezielt die Beurteilung ihrer Leistungen bzw. Fähigkeiten durch übergeordnete Entscheidungsträger (Unternehmensleitung bzw. Prinzipal, Vorgesetzter bzw. Überwacher) zu eigenem Vorteil zu verzerren. Sofern die Beurteilung eines Agenten infolge von Lohn- oder Beförderungsentscheidungen für diesen einkommensrelevant ist, lohnt es

[206] Voraussetzung ist allerdings, dass die Erpressungszahlungen vor den Empfehlungen zu leisten sind. Es existieren noch verschiedene weitere Arbeiten zu vertikalen Kollusionen (z.B. mit einem Wirtschaftsprüfer als Überwacher), auf die aus Platzgründen hier jedoch nicht weiter eingegangen werden soll. Vgl. z.B. ODLE/GORMAN (1986); BALLWIESER (1987); KOFMAN (1990), S. 1–92; BAIMAN/EVANS/NAGARAJAN (1991); VILLADSEN (1995); KHALIL/LAWARRÉE (1995); BAC (1996a), (1996b); LAFFONT/MELEU (1997); LAFFONT/ROCHET (1997); STRAUSZ (1997a); FRASCATORE (1998); BALIGA (1999); FELLI/VILLAS-BOAS (2000); FAURE-GRIMAUD/LAFFONT/MARTIMORT (1999), (2000), (2003); VAFAI (2004), (2005).

[207] Vgl. allgemein zu kontraproduktiven Beeinflussungsaktivitäten SPENCE (1975), S. 166–167; THOMPSON/KIRKHAM/DIXON (1985), S. 28–29; MILGROM (1988); MILGROM/ROBERTS (1988), (1990), (1992), S. 370, 375–377, 406–407; MEYER/MILGROM/ROBERTS (1992); STURN (1993); BAGWELL/ZECHNER (1993); PERRI (1994); KRÄKEL (1999b), S. 259–265.

sich für den Agenten, Zeit und Mühe aufzuwenden, um das Urteil des Prinzipals oder Überwachers zu eigenen Gunsten zu beeinflussen. Derartige Beeinflussungsaktivitäten können sehr vielfältig sein. Z.B. könnte der Agent nur dann verstärkt Arbeitseinsatz zeigen, wenn eine Kontrolle erfolgt, und die andere Zeit dafür nutzen, Leistungsreserven für die nächste Kontrolle zu sammeln. Führt der Agent mehrere Teiltätigkeiten aus, so könnte er seine Arbeitszeit allein auf diejenigen Teiltätigkeiten konzentrieren, die vergleichsweise gut beobachtbar sind. Eine kontraproduktive Beeinflussung könnte sogar in der Bestechung eines Vorgesetzten bestehen, so dass streng genommen auch die meisten der in Abschnitt III.5 genannten Beiträge dem Problembereich „influence activities" zuzuordnen sind.

Beeinflussungsaktivitäten führen zwangsläufig auf Seiten der Unternehmensleitung zu Kosten, so genannten ***Beeinflussungskosten*** (influence costs). Diese Kosten setzen sich zum einen aus den Opportunitätskosten der Zeit zusammen, welche vom Agenten unproduktiv für Beeinflussungsaktivitäten verwendet wird.[208] Zum anderen entstehen für die Unternehmensleitung Einbußen durch Kosten aus Fehlentscheidungen, wenn aufgrund verzerrter Beurteilungen an den Agenten zu hohe Löhne gezahlt werden oder wenn bei einer Beförderungsentscheidung nicht der fähigste Agent befördert wird. Zudem kann es zu Kosten infolge von Gegenmaßnahmen kommen, die von der Unternehmensleitung ergriffen werden. Auf diese soll weiter unten noch konkreter eingegangen werden. Schließlich sind auch Kosten in Form von negativen Anreizeffekten denkbar, wenn beispielsweise in relativen Leistungsturnieren die Wirkung kontraproduktiver Beeinflussungsaktivitäten auf die relativen Beurteilungsergebnisse des Vorgesetzten für andere Turnierteilnehmer ersichtlich wird. Turnierteilnehmer würden rationalerweise ihre Arbeitsanstrengungen reduzieren, sobald sie erkennen, dass nicht mehr die realisierten Leistungsergebnisse allein über den Turnierausgang entscheiden. Auch ohne die tatsächliche Existenz von Beeinflussungsaktivitäten kann hier bereits die Vermutung über bestehende Aktivitäten unter den Turnierteilnehmern dazu führen, dass nicht mehr die effiziente Arbeitsleistung erbracht wird.

III.6.1 LEN-Modell und Beeinflussungsaktivitäten

In diesem Unterabschnitt soll das LEN-Grundmodell aus Unterabschnitt III.2.2.3 aufgegriffen werden, um formal die Bedeutung von influence activities zu veranschaulichen. In einem *ersten Schritt* wird zunächst einmal das Grundmodell um ein zusätzliches Leistungssignal erweitert. Im *zweiten Schritt* wird dann eine weitere Anstrengungsdimension eingeführt, d.h. die

[208] Analog zur Arbeitszeit ließe sich hier auch über die Verschwendung von Arbeitsanstrengungen argumentieren.

Leistungsanstrengung des Agenten wird nicht mehr durch einen Skalar, sondern durch einen Vektor beschrieben. Diese Modifikation erscheint durchaus realistisch, da reale Agenten in den meisten Fällen ***mehrdimensionale Tätigkeiten*** ausüben (z.B. Verkaufs- und Serviceaktivitäten, Bedienen und Warten einer Maschine). Es lässt sich nun zeigen, dass bei unterschiedlich gut beobachtbaren Tätigkeiten eine ganz neue Form von Agency-Kosten (hier: Beeinflussungskosten) entsteht: Da sich der Agent hauptsächlich dort anstrengt, wo er gut vom Prinzipal beobachtbar ist, kommt es trotz optimaler Anreize zu einer Fehlallokation der Arbeitszeit auf die verschiedenen Tätigkeiten.

Erster Schritt: Einführung eines zusätzlichen Signals

Das LEN-Modell aus Unterabschnitt III.2.2.3 wird nun um die Annahme erweitert, dass dem Prinzipal P zusätzlich zum beobachtbaren Output ein „verschmutztes" kostenloses und kontrahierbares Signal z über den Arbeitseinsatz des Agenten A zur Verfügung steht mit

$$z = e + \varepsilon. \tag{III.61}$$

Das Signal z, das der P über den Arbeitseinsatz e des A empfängt (z.B. in Form einer Leistungskontrolle) kann insofern als „verschmutzt" bezeichnet werden, als z den Arbeitseinsatz e lediglich um den Störterm ε ergänzt angibt.[209] ε sei normalverteilt mit $\varepsilon \sim \mathrm{N}(0, \sigma_\varepsilon^2)$. P hat in dieser Modellvariante damit insgesamt zwei Informationsquellen über den Arbeitseinsatz des A – er beobachtet z gemäß (III.61) sowie den Output π gemäß (II.4). Um die Störterme ε und θ (vgl. (II.4)) von der Notation her genau zu trennen, wird die Varianz von θ nun als σ_θ^2 geschrieben, d.h. $\theta \sim \mathrm{N}(0, \sigma_\theta^2)$. Beide Störterme seien unkorreliert: $\mathrm{Cov}(\theta, \varepsilon) = 0$. Als letzte Neuerung muss nun noch das lineare Anreizschema $w(\pi)$ angepasst werden. Es sei daher angenommen, dass P die neue Informationsquelle z wie folgt für Anreizzwecke einsetzen kann:

$$w(\pi, z) = \alpha + \beta\pi + \gamma z. \tag{III.62}$$

Gleichung (III.62) gibt lediglich an, dass P die Möglichkeit hat, das Signal z zu nutzen. Ob ein positives Gewicht γ Bestandteil des optimalen linearen Anreizschemas dieser Modellvariante ist, steht damit noch nicht fest.

Die ***Second-best-Lösung*** zum Vertragsproblem des P kann für diese Variante analog zu der Vorgehensweise im Grundmodell ermittelt werden. Das Vermögen des A lautet nun

$$v = \alpha + \beta(e + \theta) + \gamma(e + \varepsilon) - e^2 \tag{III.63}$$

[209] In diesem Sinne lässt sich auch der beobachtbare Output π als verschmutztes Signal über die Anstrengung e interpretieren.

und sein entsprechendes Sicherheitsäquivalent

$$S\ddot{A}(e;\alpha,\beta,\gamma) = \alpha + (\beta+\gamma)e - e^2 - \frac{r}{2}\left[\beta^2\sigma_\theta^2 + \gamma^2\sigma_\varepsilon^2\right]. \tag{III.64}$$

Über die Bedingung erster Ordnung erhält man folgende neue Reaktionsfunktion für den A:

$$e^* = \frac{\beta+\gamma}{2}. \tag{III.65}$$

Die Gleichungen (III.64) und (III.65) zeigen, dass es in dieser Modellvariante auch zu einer Modifizierung des ursprünglichen trade off zwischen Anreizgestaltung und Risikoverteilung kommt: Gemäß (III.65) werden durch das verschmutzte Signal über γ zusätzliche Leistungsanreize beim A induziert, wobei gemäß (III.64) die Risikoprämie allerdings um den Betrag $\frac{r}{2}\gamma^2\sigma_\varepsilon^2$ steigt. Die bindende Partizipationsbedingung $S\ddot{A}(e^*;\, \alpha, \beta, \gamma) = \bar{v}$ führt nun zu

$$\begin{aligned}\alpha^* &= \bar{v} - (\beta+\gamma)e^* + e^{*2} + \frac{r}{2}\left[\beta^2\sigma_\theta^2 + \gamma^2\sigma_\varepsilon^2\right] \\ &= \bar{v} - \frac{(\beta+\gamma)^2}{4} + \frac{r}{2}\left[\beta^2\sigma_\theta^2 + \gamma^2\sigma_\varepsilon^2\right].\end{aligned} \tag{III.66}$$

Nach Einsetzen der Reaktionsfunktion (III.65) und der bindenden Partizipationsbedingung (III.66) erhält man für die modifizierte Zielfunktion des P folgenden Ausdruck:

$$\begin{aligned}\mathrm{E}[\delta(e^*;\, \alpha^*, \beta, \gamma)] &= \mathrm{E}[\pi - w(\pi, z)] = \mathrm{E}[\pi - (\alpha + \beta\pi + \gamma z)] \\ &= \frac{\beta+\gamma}{2} - \bar{v} + \frac{(\beta+\gamma)^2}{4} - \frac{r}{2}\left[\beta^2\sigma_\theta^2 + \gamma^2\sigma_\varepsilon^2\right] - \frac{(\beta+\gamma)^2}{2} \\ &= \frac{\beta+\gamma}{2} - \bar{v} - \frac{(\beta+\gamma)^2}{4} - \frac{r}{2}\left[\beta^2\sigma_\theta^2 + \gamma^2\sigma_\varepsilon^2\right].\end{aligned} \tag{III.67}$$

Die Bedingungen erster Ordnung ergeben folgende Ausdrücke für die optimalen Gewichtungsfaktoren β^* und γ^*:[210]

---

[210] Die Bedingungen zweiter Ordnung sind auf jeden Fall erfüllt: Bezeichnen die Indizes zu $\mathrm{E}[\delta]$ im Folgenden partielle Ableitungen nach der Variablen im Index, so erhält man für die zweiten Ableitungen sowie die gemischte Ableitung $\mathrm{E}[\delta]_{\beta\beta} = -0{,}5 - r\sigma_\theta^2$; $\mathrm{E}[\delta]_{\gamma\gamma} = -0{,}5 - r\sigma_\varepsilon^2$; $\mathrm{E}[\delta]_{\beta\gamma} = -0{,}5$. Hier liegt ein relatives Maximum vor: $\mathrm{E}[\delta]_{\beta\beta} < 0$; für die Determinante der Hesse-Matrix gilt $\mathrm{E}[\delta]_{\beta\beta} \cdot \mathrm{E}[\delta]_{\gamma\gamma} - \mathrm{E}[\delta]_{\beta\gamma}^2 = (r\sigma_\varepsilon^2/2) + (r\sigma_\theta^2/2) + r^2\sigma_\theta^2\sigma_\varepsilon^2 > 0$.

$$\beta^* = \frac{1-\gamma^*}{1+2r\sigma_\theta^2}, \qquad \gamma^* = \frac{1-\beta^*}{1+2r\sigma_\varepsilon^2}, \tag{III.68}$$

was sich schließlich zu

$$\beta^* = \frac{\sigma_\varepsilon^2}{\sigma_\varepsilon^2 + \sigma_\theta^2 + 2r\sigma_\theta^2\sigma_\varepsilon^2} = \frac{1}{1+2r\sigma_\theta^2 + \sigma_\theta^2 / \sigma_\varepsilon^2} \tag{III.69}$$

sowie

$$\gamma^* = \frac{1}{1+2r\sigma_\varepsilon^2 + \sigma_\varepsilon^2 / \sigma_\theta^2} \tag{III.70}$$

umformen lässt. Die Gleichungen (III.68) bis (III.70) für die Beschreibung der Second-best-Lösung lassen sich inhaltlich wie folgt interpretieren:

- Je geringer das ARROW-PRATT-Maß des *A* ist, desto größer sind die beiden optimalen Gewichtungsfaktoren β^* und γ^*. Der trade off zwischen Anreizgestaltung und Risikoaufteilung betrifft nun also auch die Verwendung von *z* für die optimale Anreizgestaltung.
- Das verschmutzte Signal kann beliebig unpräzise sein, es findet gemäß (III.70) dennoch Beachtung im optimalen Entlohnungsvertrag, d.h. γ^* ist für beliebig große σ_ε^2 noch positiv. Lediglich im Grenzfall $\sigma_\varepsilon^2 \to \infty$, wenn *z* völlig unpräzise ist, wird *z* keine Beachtung geschenkt.
- Die Aussage über die grundsätzliche Verwendung von *z* könnte sich ändern, wenn für die Nutzung von *z* Kosten (z.B. Kontrollkosten) anfielen. In diesem Fall ließe sich allerdings noch wie folgt argumentieren: *P* kann sich z.B. dazu entschließen, möglichst Kontrollkosten einzusparen, wodurch *z* dann jedoch beliebig unpräzise würde. Gemäß (III.70) wäre die Nutzung von *z* dennoch Bestandteil des optimalen Entlohnungsschemas.
- Gleichung (III.68) zeigt schließlich Gegenläufigkeiten zwischen den beiden Informationsquellen π und *z* des *P* auf: je größer β^*, desto geringer ist γ^* und umgekehrt. (III.69) und (III.70) zeigen zudem: Je unpräziser die Leistungsmessung über den beobachteten Output ist (d.h. je größer σ_θ^2), desto geringer ist die Gewichtung β^* (d.h. desto weniger wird auf die Informationsquelle π zurückgegriffen) und desto größer die Gewichtung γ^* für die Informationsquelle *z*. Umgekehrt ließe sich analog über σ_ε^2 argumentieren. Insgesamt substituiert *P* im Optimum demnach zwischen den beiden verfügbaren Informationsquellen π und *z* in Abhängigkeit von deren jeweiliger Präzision.

Die Berechnung der Agency-Kosten für diese Modellvariante führt im Prinzip zu keinen grundsätzlich neuen Erkenntnissen gegenüber dem Grundmodell. Man erhält:

$$E[\delta^{**}] - E[\delta^{*}(e^{*}; \alpha^{*}, \beta^{*}, \gamma^{*})] = \frac{1}{4} - \frac{1}{4}\frac{\sigma_{\varepsilon}^{2} + \sigma_{\theta}^{2}}{\sigma_{\varepsilon}^{2} + \sigma_{\theta}^{2} + 2r\sigma_{\theta}^{2}\sigma_{\varepsilon}^{2}}. \quad \text{(III.71)}$$

Die Agency-Kosten sind unabhängig von Reservationswert $\bar{v}$ und steigen mit zunehmender Risikoaversion r sowie mit sinkender Präzision $1/\sigma_{\varepsilon}^{2}$ und $1/\sigma_{\theta}^{2}$.

Zweiter Schritt: Beeinflussungsaktivitäten bei mehrdimensionaler Anstrengung

Reale Prinzipal-Agent-Beziehungen zeichnen sich oftmals dadurch aus, dass der A nicht nur einer bestimmten Tätigkeit, sondern mehreren verschiedenen Teiltätigkeiten im Auftrag des P nachgeht. Beispielsweise kümmert sich A nicht nur um das Bedienen, sondern auch um die Wartung und die Reparatur einer Maschine. In der hier diskutierten Mehraktionenvariante des LEN-Modells sei davon ausgegangen, dass der A zwei Teiltätigkeiten verfolgt, die das Ergebnis des P beeinflussen. Der Arbeitseinsatz des A sei ein zweidimensionaler Vektor $\boldsymbol{e} = (e_1, e_2)$, der zu folgender Produktionsfunktion führt:

$$\pi = e_1 + e_2 + \theta. \quad \text{(III.72)}$$

θ sei wiederum eine normalverteilte Zufallsvariable: $\theta \sim N(0, \sigma_{\theta}^{2})$. Die modifizierte Arbeitsleidfunktion des A laute:

$$c(\boldsymbol{e}) = e_1^2 + e_2^2. \quad \text{(III.73)}$$

Analog zur Modellvariante im ersten Schritt sei ferner angenommen, dass beide Teiltätigkeiten unterschiedlich gut beobachtbar seien: P stehe nur hinsichtlich e_1 eine weitere Informationsquelle z mit

$$z = e_1 + \varepsilon \quad \text{(III.74)}$$

und $\varepsilon \sim N(0, \sigma_{\varepsilon}^{2})$ zur Verfügung.[211] Die Brisanz dieser Modellvariante zeigt das folgende Ergebnis auf:

> **Ergebnis III–8:** *Bei der Second-best-Lösung kommt es zu einer ineffizienten Allokation des Arbeitseinsatzes auf die beiden Tätigkeiten e_1 und e_2 durch den A. Speziell lässt sich zeigen, dass $e_1^{*} > e_2^{*}$ gilt.*

---

[211] Der P kann den Output π und das Signal z beobachten, jedoch keine der einzelnen Größen auf der rechten Seite von Gleichung (III.72) und (III.74).

Dieses Verhalten des A lässt sich auch mit dem Begriff ***kontraproduktive Beeinflussungsaktivitäten*** umschreiben. Der A wird sich verstärkt bei derjenigen Teiltätigkeit anstrengen, die von P besser beobachtbar ist, um so die erwartete Entlohnung möglichst positiv zu beeinflussen. Diese Beeinflussungsaktivitäten sind jedoch ineffizient und stellen eine neue Form von Agency-Problem dar.

Die Behauptung, dass bei der Second-best-Lösung $e_1^* > e_2^*$ gilt, ergibt sich direkt aus den Ergebnissen des ersten Schrittes. Solange das Signal z nicht völlig unpräzise ist, d.h. solange σ_ε^2 endlich groß ist, wird z mit positivem Gewicht γ^* im optimalen linearen Anreizschema Beachtung durch den P finden. Dies allerdings bedeutet, dass eine hohe Arbeitsanstrengung e_1 dem A sowohl über π bzw. β^* als auch über z bzw. γ^* entgolten wird, während ein hohes e_2 lediglich die eine „Informationsquelle" π beeinflusst. Da beide Teiltätigkeiten gemäß (III.73) ein identisches (Grenz-)Arbeitsleid verursachen, ist es folglich für den A rational, $e_1^* > e_2^*$ zu wählen. Diese Entscheidung des A ist jedoch nicht effizient, wie folgende Überlegungen zeigen: Der von P und A gemeinsam erzielbare erwartete Nettoerfolg lautet $E[\pi] - c(\mathbf{e}) = e_1 + e_2 - e_1^2 - e_2^2$, was gemäß den Bedingungen erster Ordnung als First-best-Lösung $e_1^{**} = e_2^{**} = \frac{1}{2}$ impliziert. Mit anderen Worten: Beide Tätigkeiten sind laut Produktionsfunktion (III.72) perfekte Substitute und führen zu identischem und konvexem Arbeitsleid. Folglich sollte als effiziente Allokation der Arbeitszeit für jede der beiden Tätigkeiten der gleiche Arbeitsaufwand gewählt werden.

Zusammenfassend lässt sich festhalten, dass die unterschiedlich gute Beobachtbarkeit verschiedener Teiltätigkeiten des A durch den P zu einer speziellen Form von Agency-Problem führt, welches sich grundsätzlich von dem Problem der Leistungszurückhaltung im Hidden-action-Grundmodell unterscheidet. A wird sich bei der besser beobachtbaren Teiltätigkeit ineffizient hoch anstrengen, um seine erwartete Entlohnung positiv zu beeinflussen. Ein hoher Arbeitseinsatz des A ist zwar im Prinzip im Interesse des P, hier kommt es dabei allerdings zu einer Fehlallokation von Arbeit oder Zeit auf die beiden Teiltätigkeiten.[212] Diese Faktorverschwendung infolge kontraproduktiver Beeinflussungsaktivitäten lässt sich unter die eingangs beschriebenen ***Beeinflussungskosten*** subsumieren.

[212] Die Argumentation über eine Verschwendung von Arbeitszeit würde formal durch die Einführung einer gemeinsamen Kapazitätsbeschränkung für e_1 und e_2 noch deutlicher werden.

III.6.2 Beeinflussungsaktivitäten und Unternehmenssituation

Es ist zu vermuten, dass die Gefahr von Beeinflussungsaktivitäten entscheidend von der jeweiligen Situation abhängt, in der sich das betrachtete Unternehmen befindet. Nahe liegend ist die Vermutung, dass die Gefahr von Beeinflussungsaktivitäten in Krisenzeiten steigt, da dann Unternehmensmitglieder versuchen, über entsprechende Aktivitäten ihre gefährdeten Arbeitsplätze zu sichern. Dieser Zusammenhang zwischen der ***Unternehmenssituation*** und der Intensität von Beeinflussungsaktivitäten wird durch die modelltheoretischen Überlegungen von MEYER/MILGROM/ROBERTS (1992) gestützt.

SCHAEFER (1998) diskutiert ebenfalls das Ausmaß von Beeinflussungsaktivitäten in bestimmten Unternehmenssituationen. Den Ausgangspunkt bildet hierbei zunächst einmal die allgemeine Überlegung, dass sich durch ***Restrukturierungs- bzw. Reorganisationsprozesse*** Anreize für Unternehmensmitglieder ergeben, kontraproduktive Aktivitäten zu unternehmen, um den Unternehmenswandel nach ihren Präferenzen zu beeinflussen. Drohende Effizienzeinbußen in Form von Beeinflussungskosten können letztlich dazu führen, dass notwendige Restrukturierungsmaßnahmen nicht unternommen werden. Das Modell von SCHAEFER bietet damit einen möglichen Erklärungsansatz für die in der Realität beobachtbare ***strukturelle Trägheit (structural inertia)*** von Unternehmen im Hinblick auf Reorganisationsentscheidungen.[213] In Krisenzeiten, in denen die Unternehmensmitglieder befürchten müssen, dass das Unternehmen liquidiert wird oder dass zumindest ihre jeweiligen Arbeitsplätze gefährdet sind, lohnt sich die „Investition" in Beeinflussungsaktivitäten eher nicht, da nun die Unternehmensmitglieder mit positiver Wahrscheinlichkeit einen Arbeitsplatzverlust und damit auch den Verlust ihrer Erträge aus Beeinflussungsaktivitäten einzukalkulieren haben. Aufgrund der dann vergleichsweise geringen Gefahr von Beeinflussungsaktivitäten bietet sich die Durchführung von Reorganisationsmaßnahmen daher in schweren Krisenzeiten mit hoher Konkurswahrscheinlichkeit an.

Während also MEYER/MILGROM/ROBERTS (1992) in ihrer Argumentation zu einer positiven Korrelation zwischen der Intensität von Beeinflussungsaktivitäten und dem Ausmaß einer Unternehmenskrise gelangen, ergibt sich nach SCHAEFER (1998) hingegen ein negativer Zusammenhang.[214] Welcher der beiden Argumentationen eher zu folgen ist, bleibt letztlich eine Frage, die anhand zukünftiger empirischer Studien zu klären ist. Das Modell von SCHAEFER vermag zumindest die häufig zu beobachtende Tatsache zu erklären, wa-

[213] Zu einer empirischen Bestätigung der Trägheits-Hypothese vgl. COLOMBO/DELMASTRO (2002).

[214] Vgl. zu Beeinflussungsaktivitäten und Unternehmenssituation auch KRÄKEL (2006b).

rum Unternehmen dazu neigen, erst in äußersten Krisensituationen („5 vor 12") weitreichende Reorganisationsschritte einzuleiten. Als zusätzliches Ergebnis wird von SCHAEFER (1998, S. 239) darauf verwiesen, dass die Vermutung von Unternehmensmitgliedern über einen bevorstehenden Reorganisationsprozess zu einer sich selbst erfüllenden Prognose werden kann: Sofern Unternehmensmitglieder eine baldige Reorganisation erwarten, investieren sie in Beeinflussungsaktivitäten, um sich entsprechend zu positionieren[215] und den folgenden Reorganisationsprozess erheblich mitgestalten zu können. Denkbar ist, dass das betreffende Unternehmen dann durch das große Ausmaß an Beeinflussungsaktivitäten in eine schwere Krise gerät, die nun tatsächlich zu Reorganisationsmaßnahmen führt, da in dieser Situation nach der obigen Argumentation mit nur wenig weiteren Beeinflussungsaktivitäten – und daher mit nur geringen Reorganisationskosten in Form von Beeinflussungskosten – zu rechnen ist.[216]

III.6.3 Beispiele für Beeinflussungsaktivitäten

Bereits die Definition kontraproduktiver Beeinflussungsaktivitäten zeigt, dass das mögliche Spektrum derartiger Aktivitäten nur schwer vollständig zu beschreiben ist. Die bisherigen Überlegungen verdeutlichen, dass streng genommen sämtliche Bemühungen von Unternehmensmitgliedern, auf die Unternehmenspolitik Einfluss zu nehmen, unter kontraproduktive Beeinflussungsaktivitäten subsumiert werden könnten.[217] Im Folgenden soll daher nur auf einzelne Beispiele noch einmal genauer eingegangen werden.

Eine besonders subtile Form kontraproduktiver Beeinflussungsaktivitäten stellen so genannte ***Ja-Sager-Probleme*** dar. Für Agenten, deren Entscheidungsverhalten (z.B. als Basis für ihre Entlohnung) von einem Vorgesetzten beurteilt wird, könnte es sich lohnen, Zeit darauf zu verwenden, um Informationen über die Meinung des Vorgesetzten zu sammeln und das eigene Ver-

---

[215] Gemeint sind beispielsweise Bemühungen, zu den mutmaßlichen Trägern des zukünftigen Reorganisationsprozesses ein möglichst enges Freundschaftsverhältnis aufzubauen, z.B. durch eine Unterstützung bei der laufenden Arbeit, welche jedoch zu einer Vernachlässigung der eigentlichen Pflichten führt.

[216] Die Erwartung, dass keine Reorganisation bevorsteht, kann nach analogem Argumentationsmuster in einer sich selbst erfüllenden Prognose münden.

[217] Da von der Unternehmensleitung (Prinzipal) angenommen wird, dass sie den Marktwert der Unternehmung maximieren will, können Beeinflussungsaktivitäten nur von diesem Effizienzziel wegführen und müssen in diesem Sinne als kontraproduktiv bezeichnet werden. In dieser allgemeinen Form sind kontraproduktive Beeinflussungsaktivitäten quasi deckungsgleich mit Rent-seeking-Aktivitäten. Im weiteren Sinne können hierunter auch Bemühungen von Vorgesetzten subsumiert werden, eher unproduktive Mitarbeiter einzustellen, die ihnen innerhalb des betrieblichen Karrierewettbewerbs nicht gefährlich werden können; vgl. FRIEBEL/RAITH (2004).

halten der Vorgesetztenmeinung entsprechend anzupassen. Der hieraus resultierende übertriebene Konformismus des Agenten lässt sich mit der Bezeichnung „Ja-Sager-Probleme" umschreiben:[218]

Beispiel III–5: Ja-Sager-Probleme

Betrachtet sei eine Situation, bei der der Agent von seinem Vorgesetzten mit der Aufgabe betraut wird, eine Schätzung über die Ausprägung eines unbekannten Parameters η abzugeben. Angenommen sei, dass sich der Vorgesetzte selbst (quasi als Vorurteil) eine Meinung über die mögliche Ausprägung von η gebildet hat – z.B. dass η innerhalb des Intervalls $[\eta^-, \eta^+]$ liegt – und der Agent u.a. eine gute (schlechte) Beurteilung und damit verbunden eine hohe (niedrige) Entlohnung erhält, wenn seine Schätzung innerhalb (außerhalb) des Intervalls $[\eta^-, \eta^+]$ liegt. In diesem Fall wäre es für den Agenten rational, nicht unbedingt Informationen über die tatsächliche Ausprägung von η, sondern stattdessen über die Vorgesetztenmeinung, das Intervall $[\eta^-, \eta^+]$, zu sammeln, um mit einer Schätzung innerhalb des Intervalls in den Genuss einer höheren Entlohnung zu gelangen. Beeinflussungskosten entstehen hier zunächst einmal, da der Agent Zeit ineffizient verwendet, um die Vorgesetztenmeinung zu erfahren. Zudem versäumt es der Agent, wertvolle Informationen über η zu sammeln, und bestärkt damit möglicherweise den Vorgesetzten in einem Fehlurteil, wodurch die Gefahr weitreichender Fehlentscheidungen des Vorgesetzten steigt. Derartige Ja-Sager-Probleme sind um so wahrscheinlicher, je enger der Vorgesetzte mit dem Agenten zusammenarbeitet (d.h. je besser der Agent die Vorgesetztenmeinung einzuschätzen vermag), und um so gravierender, je geringer das fachliche Wissen des Vorgesetzten ist (d.h. je realitätsferner die Vorgesetztenmeinung $[\eta^-, \eta^+]$ ausfällt) und je höher die möglichen Kosten der Fehlentscheidung bezüglich η sind.

Kontraproduktive Beeinflussungsaktivitäten dienen untergeordneten Entscheidungsträgern nicht nur dazu, ihre Leistung bzw. ihr Leistungspotential in ein übertrieben positives Licht zu stellen. Der ***ratchet effect (Sperrklinkeneffekt)*** zeigt, dass Agenten auch Beeinflussungsaktivitäten verwenden könnten, um auf Seiten des Vorgesetzten keine zu optimistischen Erwartungen über ihr Leistungspotential bzw. Talent zu wecken.[219] Solch eine Untertreibung des eigenen Potentials könnte sich dann für einen Agenten lohnen, wenn er befürchten muss, dass der Prinzipal infolge hoher Leistungsergebnisse seine Anforderungen entsprechend erhöht. Dieses wäre für den Agenten dann jedoch in den Folgeperioden mit zusätzlichen Anstrengungen verbunden, will er weiterhin den Anforderungen des Prinzipals genügen. Betrachtet sei dazu beispielsweise eine Variante des hybriden Prinzipal-Agent-Modells aus Unterabschnitt III.1.3.1: Der Agent verfüge über die Produktionsfunktion $\pi = \pi(e,t)$ mit e als Arbeitseinsatz und t als Talent des Agenten. Angenommen sei ferner, dass sich die Arbeitsbeziehung zwischen Prinzipal und Agent über mehrere Perioden erstreckt, der Prinzipal das Leistungsergebnis π je Periode be-

---

[218] Vgl. PRENDERGAST (1993b) sowie zur folgenden Darstellung KRÄKEL (1999b), S. 260–261. Zu einer vertragstheoretischen Lösung vgl. EWERHART/SCHMITZ (2000).

[219] Zum ratchet effect vgl. z.B. BARON/BESANKO (1984); FREIXAS/GUESNERIE/TIROLE (1985); LAFFONT/TIROLE (1988); KANEMOTO/MACLEOD (1992b); MILGROM/ROBERTS (1992), S. 232–236; LITWACK (1993).

obachten kann[220] und im Lichte dieser Beobachtungen seinen Erwartungswert über das Talent des Agenten entsprechend anpasst. Ferner sei angenommen, dass der Arbeitseinsatz im Gegensatz zum Talent für den Agenten Kosten (Arbeitsleid) $c(e)$ verursacht mit $c'(\cdot) > 0$ und $c''(\cdot) > 0$. In einer solchen Situation könnte es für den Agenten sogar im Falle einer ergebnisabhängigen Entlohnung $w(\pi)$ rational sein, zu Beginn der Prinzipal-Agent-Beziehung seinen Arbeitseinsatz zurückzuhalten. Das Motiv für derartige Beeinflussungsaktivitäten besteht darin, dass der Prinzipal nun infolge niedriger Leistungsergebnisse seinen Erwartungswert für das Talent des Agenten nicht nach oben revidiert und infolgedessen auch die Anforderungsstandards für zukünftige Perioden nicht erhöht. Bei einer ergebnisabhängigen Entlohnung erfährt der Agent zwar kurzfristig eine Einkommenseinbuße, er verhindert langfristig jedoch eine erhebliche Steigerung des Arbeitsleids $c(e)$ infolge erhöhter Anforderungsstandards. Gegeben sei beispielsweise die ergebnisabhängige Entlohnung

$$w(\pi) = \alpha + \beta \cdot \left[\pi(e,t) - \bar{\pi}\right] \qquad \text{(III.75)}$$

für eine bestimmte Periode mit $\alpha > 0$ als Fixum, β $(0 < \beta < 1)$ als Prämiensatz und $\bar{\pi} > 0$ als Sollerfolg (Anforderungsstandard). Steigende Erwartungen des Prinzipals über das Talent des Agenten würden dazu führen, dass der Prinzipal den Sollerfolg $\bar{\pi}$ für die Folgeperioden anhebt. Dieses bedeutete aus Sicht des Agenten wiederum, dass er über eine Steigerung des Arbeitseinsatzes das Periodenergebnis π erhöhen muss, um weiterhin in den Genuss einer positiven ergebnisabhängigen Entlohnung zu kommen. Eine Steigerung des Arbeitseinsatzes würde aufgrund der konvexen Gestalt von $c(e)$ jedoch eine überproportionale Arbeitsleidsteigerung verursachen. Möglich wäre zudem, dass der Prinzipal infolge gestiegener Erwartungen hinsichtlich t das Fixum α des Agenten verringert:[221] Angenommen, für den Agenten bestände ein zeitinvarianter Reservationslohn $\bar{w}$, den dieser außerhalb der Prinzipal-Agent-Beziehung erhalten könnte. In diesem Fall würde der Prinzipal seine Entlohnungsparameter α, β und $\bar{\pi}$ so wählen, dass gemäß (III.75) die Bedingung $\bar{w} = \alpha + \beta \cdot [E[\pi(e,t)] - \bar{\pi}] \Leftrightarrow \alpha = \bar{w} - \beta \cdot [E[\pi(e,t)] - \bar{\pi}]$ erfüllt ist. Deutlich wird dann, dass eine höhere Erwartung über t und damit ein höherer Erwartungswert $E[\pi(e,t)]$ statt eine Erhöhung des Sollerfolgs $\bar{\pi}$ alternativ auch eine Verringerung des Fixums α nach sich ziehen könnte, ohne dass die Teilnahmebedingung des Agenten verletzt wird oder die periodenbezogenen

---

[220] e und t seien hingegen vom Prinzipal nicht beobachtbar.

[221] Vgl. MILGROM/ROBERTS (1992), S. 233.

Leistungsanreize für den Agenten sinken.[222] Dass Überlegungen zum Sperrklinkeneffekt auch in die reale Unternehmenspolitik erfolgreicher Großunternehmen einfließen können, zeigt das folgende Beispiel:[223]

Beispiel III–6: Akkordentlohnung bei der Lincoln Electric Company

Die Lincoln Electric Company wurde 1895 zur Produktion von Elektromotoren und Generatoren gegründet. Heutzutage gehört Lincoln Electric zu den weltweit erfolgreichsten Unternehmen des produzierenden Gewerbes. Das Entlohnungssystem ist recht einfach strukturiert und hat sich seit 1934 faktisch nicht geändert: Die meisten Beschäftigten werden nach Akkord (piece rates) entlohnt, vergleichbar mit dem linearen ergebnisabhängigen Entlohnungsschema (III.75). Hinzu kommt ein Bonus am Jahresende basierend auf den subjektiven Bewertungen durch Vorgesetzte, wodurch ein vorgegebenes Budget an Leistungszulagen unter den Beschäftigten aufgeteilt wird, dessen Höhe wiederum von der wirtschaftlichen Lage des Unternehmens abhängt.[224] Beschäftigte bei Lincoln Electric genießen eine Beschäftigungsgarantie, müssen allerdings bereit sein, sich zum Generalisten im Unternehmen ausbilden zu lassen und jede zugewiesene Aufgabe zu akzeptieren. Interessanterweise hat im Unternehmen nicht nur das Entlohnungssystem in all den Jahrzehnten keine Veränderung erfahren, sondern die Höhe der Entlohnungsparameter wurde niemals nach unten angepasst. Hierdurch mussten die Beschäftigten auch niemals befürchten, dass ihre Entlohnung aus Umverteilungsgründen gekürzt wurde. Eine derartige Selbstbindung der Unternehmensleitung wirkt entsprechend gegen einen möglichen ratchet effect bei den Beschäftigten, sobald das Unternehmen seine Reputation für einen Bestandsschutz der Mitarbeiter erst einmal aufgebaut hat.

III.6.4 Lösungsansätze

Abschließend lässt sich festhalten, dass kontraproduktive Beeinflussungsaktivitäten dem Agenten sowohl für eine Verbesserung als auch für eine Verschlechterung des Vorgesetztenbildes über sich dienen könnten. In beiden Fällen kommt es zu internem rent seeking, wodurch sich der Agent auf Kosten des Vorgesetzten bzw. der Unternehmensleitung ein höheres Einkommen verschafft. Oftmals wird dabei nicht nur eine reine Umverteilung zugunsten des Agenten bewirkt, sondern zudem ein Effizienzverlust in Form eines verringerten Unternehmenserfolges verursacht. Insgesamt ergeben sich deutliche Parallelen zu vertikalen Kollusionen, einer weiteren Form von internem rent seeking. Diese Parallelen werden auch daran ersichtlich, dass viele der Maßnahmen gegen vertikale Kollusionen ebenfalls gegen kontraproduktive Beeinflussungsaktivitäten wirken. Beispielsweise würde eine ***Verringerung hierarchischer Lohndifferentiale***, d.h. geringere Lohnunterschiede zwischen Agenten auf unterschiedlichen Hierarchieebenen, nicht nur mögliche Kollusionsge-

---

[222] Im Prinzip wäre auch eine Verringerung des Prämiensatzes β möglich, ohne die Teilnahmebedingung des Agenten zu verletzen. Da β jedoch das Leistungsverhalten des Agenten determiniert, käme es zu einer Verletzung der Anreizkompatibilitätsbedingung.

[223] Vgl. CARMICHAEL/MACLEOD (2000).

[224] Hier zeigen sich deutliche Parallelen zur Japan-Variante der Turnierlösung aus Unterabschnitt III.2.4.

winne, sondern auch Anreize für eine kontraproduktive Beeinflussung des beurteilenden Vorgesetzten im Zusammenhang mit Beförderungsentscheidungen schmälern.[225]

Neben einer möglichen Anpassung der betrieblichen Entgeltpolitik könnte die Unternehmensleitung – analog zu vertikalen Kollusionen – verstärkt auf ***bürokratische Regeln*** zurückgreifen, die den diskretionären Entscheidungsspielraum der Beteiligten einengen. Eine drastische Maßnahme könnte in der Verwendung der Senioritätsregel für Entlohnungs- und Beförderungsfragen bestehen, wodurch mögliche Leistungsinformationen ignoriert werden.[226] In diesem Fall würden bei Agenten Anreize eliminiert werden, wertvolle Arbeitszeit mit Beeinflussungsaktivitäten zu vergeuden. Eine andere drastische Maßnahme zur Verhinderung einer Informationsverzerrung durch einzelne Agenten stellt die Schließung von Kommunikationskanälen innerhalb der Unternehmung dar (z.B. könnten von der Unternehmensleitung zwei getrennte Kantinen eingerichtet werden – eine für Führungs- und die andere für Nicht-Führungskräfte –, wodurch eine Kommunikation während der Mittagspause zum Teil verhindert wird).[227]

Schließlich kann ebenfalls auf ***job rotation*** zurückgegriffen werden, um kontraproduktiven Beeinflussungsaktivitäten entgegenzuwirken.[228] Durch job rotation bzw. den Einsatz von Mehrfachbeurteilungen müssen Agenten nun nicht nur einen, sondern mehrere Vorgesetzte beeinflussen, was ihre Kosten bzw. ihr Arbeitsleid für Beeinflussungsaktivitäten in die Höhe treibt und diese Aktivitäten daher weniger lohnenswert erscheinen lässt. Auch das in Beispiel III–6 beschriebene Ja-Sager-Problem lässt sich verringern, insbesondere wenn die verschiedenen Vorgesetzten über unterschiedliche Intervalle $[\eta^-, \eta^+]$ verfügen, die sich nicht überschneiden. Letztlich kann job rotation auch gegen

[225] Sieht man kontraproduktive Beeinflussungsaktivitäten als eine Art von Investition an, so würde durch eine Verringerung hierarchischer Lohndifferentiale der erwartete Investitionserfolg – bei gleich bleibenden Investitionskosten – des Agenten sinken und daher derartige Aktivitäten für den Agenten weniger attraktiv werden. Genau genommen spielen jedoch nicht nur monetäre Aspekte für den Agenten bei der Bewertung einer hierarchischen Position eine Rolle. Höher geordnete Stellen sind häufig auch mit einem höherem Prestige und einem höheren diskretionären Entscheidungsspielraum (bzw. Macht) verbunden, aber auch mit einem höheren Arbeitsleid. Ziel der Unternehmensleitung wäre es dann, vor dem Hintergrund all dieser Aspekte kompensierende Lohndifferentiale auf den verschiedenen Stellen zu zahlen, so dass der Agent hinsichtlich der Stellenbesetzung indifferent ist; vgl. MILGROM/ROBERTS (1988), S. S158. Der „Preis“ hierfür wäre für die Unternehmensleitung jedoch, dass leistungssteigernde Karriereanreize eliminiert würden.

[226] Vgl. MILGROM/ROBERTS (1988), S. S157–S158; STURN (1993), S. 79.

[227] Beeinflussungsaktivitäten während der Mittagspause würden jedoch nicht zu Beeinflussungskosten in Form verschwendeter Arbeitszeit führen.

[228] Vgl. KRÄKEL (1999b), S. 266.

den ratchet effect eingesetzt werden.[229] Angenommen sei hierbei, dass ein Agent zwischen verschiedenen Tätigkeiten im Unternehmen wechselt. Wenn von dem Leistungsergebnis eines Agenten in der einen Tätigkeit nur schlecht auf die Leistungsfähigkeit bzw. das aufgabenbezogene Talent des Agenten in einer anderen Tätigkeit geschlossen werden kann, besteht für den Agenten kein Anreiz mehr zu einer Leistungszurückhaltung.

Abschließend bleibt allerdings darauf hinzuweisen, dass – analog zu vertikalen Kollusionen – auch die beschriebenen Maßnahmen gegen kontraproduktive Beeinflussungsaktivitäten ***Kosten für die Unternehmensleitung*** bewirken. Beispielsweise kann infolge von job rotation tätigkeitsspezifisches Humankapital vernichtet werden, oder Agenten werden zu myopischen Entscheidungen veranlasst, wenn nur noch kurzfristige Leistungserfolge auf den einzelnen Tätigkeiten für den Agenten einkommensrelevant werden. Letzteres wäre eine weitere Form von kontraproduktiven Beeinflussungsaktivitäten, welche dann jedoch durch die Gegenmaßnahme „job rotation" gerade induziert wird.

III.7 Career-concerns-Probleme

Hinter ***Career-concerns-Problemen*** verbirgt sich eine dynamische Prinzipal-Agent-Problematik, wonach die Aussicht auf spätere Karrierechancen kontraproduktive Auswirkungen auf das Verhalten von Agenten – speziell: auf das von Führungskräften – haben kann. Hierbei spielen Reputationsüberlegungen auf dem Arbeitsmarkt eine wichtige Rolle.[230] Kontraproduktive Auswirkungen könnten in Form eines ***dynamischen Hidden-action-Problems*** bestehen, wenn Agenten unbeobachtbare Entscheidungen treffen, die zwar ihre individuellen Karrierechancen erhöhen (verbunden mit entsprechenden Einkommenszuwächsen in der Zukunft), jedoch zu Lasten des aktuellen Prinzipals gehen (z.B. Umschichtung von Investitionsausgaben von profitablen auf weniger profitable Projekte, die dafür jedoch mehr Beachtung in den Medien finden). Zudem sind auch ***dynamische Hidden-information-Probleme*** denkbar, wenn Agenten aus Reputationsgründen Informationen zurückhalten oder verzerren, die ihrer zukünftigen Karriere schaden könnten, für den Prinzipal jedoch von Wert wären (z.B. Festhalten an Investitionsprojekten, deren schlechte Erfolgsaussichten private Information des Agenten sind und mutmaßlich erst nach dessen Wechsel zu einem anderen Unternehmen bekannt, dem Agenten dann jedoch nicht mehr angelastet werden). Career-concerns-

[229] Vgl. dazu in einem anderen Modellkontext ICKES/SAMUELSON (1987).
[230] Zu einem Überblick vgl. BORLAND (1992); KRÄKEL (1999b), S. 239–242.

Probleme wirken dem oben erläuterten ratchet effect genau entgegen, da hier ein Agent die Erwartungen des aktuellen Prinzipals sowie diejenigen potentieller zukünftiger Prinzipale (bzw. des Arbeitsmarkts) hinsichtlich seines Potentials möglichst positiv beeinflussen will.[231] In der Hidden-action-Variante der Career-concerns-Problematik wird ein Agent zu Beginn der Prinzipal-Agent-Beziehung bzw. seiner Karriere daher nicht einen ineffizient niedrigen Arbeitseinsatz leisten, sondern sich im Gegenteil ineffizient stark anstrengen. Dieses soll zunächst einmal anhand des Modellansatzes von HOLMSTRÖM (1982a, 1999) genauer gezeigt werden. Anschließend werden die Ergebnisse weiterer Beiträge zur Career-concerns-Problematik zusammengefasst.[232]

Der Beitrag von HOLMSTRÖM (1982a, 1999) kann als Grundstein der seitdem geführten Career-concerns-Debatte bezeichnet werden. Den Hintergrund dieser Debatte bildet die Frage, ob von impliziten Karriereanreizen effizienzfördernde oder -mindernde Effekte ausgehen. *Explizite* Leistungsanreize lassen sich über ein ergebnisabhängiges Entlohnungsschema gestalten, sofern Arbeitsergebnisse kontrahierbar sind. Bei dynamischer Betrachtung wirken zusätzlich noch *implizite* Anreize, indem gegenwärtige Arbeitsergebnisse eines Agenten die Erwartungen des Arbeitsmarktes hinsichtlich zukünftiger Ergebnisse beeinflussen und dadurch auch die zukünftigen Karriereeinkommen des betreffenden Agenten. Die Beiträge zur Career-concerns-Debatte haben gezeigt, dass sowohl effizienzfördernde als auch -mindernde Wirkungen von impliziten Anreizen ausgehen können. GIBBONS/MURPHY (1992) beispielsweise zeigen, dass sich für eine optimale Anreizgestaltung ein geeigneter Mix aus expliziten und impliziten Anreizen anbietet.[233] In diesem Abschnitt soll jedoch ausgehend von HOLMSTRÖM (1982a, 1999) die problematische Seite impliziter Karriereanreize diskutiert werden.[234]

III.7.1 Das HOLMSTRÖM-Modell

Ausgegangen wird im Folgenden von einer linearen Produktionsfunktion, wonach das Arbeitsergebnis eines Agenten in der Periode t ($t = 1, 2, ...$) durch

$$\pi_t = \eta + e_t + \theta_t \tag{III.76}$$

[231] Legt man den Begriff der kontraproduktiven Beeinflussungsaktivitäten weit aus, so lassen sich auch Career-concerns-Probleme hierunter subsumieren, wobei der interne Rent-seeking-Charakter weniger stark ausgeprägt ist.

[232] Auf eine formale Darstellung dieser Modelle soll aus Platzgründen verzichtet werden.

[233] Dieser optimale Anreizmix verändert sich mit der Karrieredauer eines Agenten, da mit fortlaufender Karrieredauer implizite Anreize immer schwächer werden und somit verstärkt durch explizite Anreize substituiert werden müssen.

[234] Vgl. zu der folgenden Darstellung HOLMSTRÖM (1982a, 1999); BORLAND (1992), S. 253–255.

beschrieben werden kann. Hierbei steht η als Zufallsvariable für das unbekannte Talent des Agenten.[235] η sei aus Sicht aller Beteiligten a priori normalverteilt mit Erwartungswert m_1, Varianz σ_1^2 und Präzision $h_1 = 1/\sigma_1^2$.[236] Der Arbeitseinsatz des Agenten in Periode t wird mit e_t bezeichnet, wobei $e_t \in (0,\infty)$. θ_t schließlich gibt als Störterm die exogenen stochastischen Einflüsse auf π_t an, wobei die θ_t (t = 1, 2, ...) stochastisch unabhängig normalverteilt sind mit Erwartungswert $\mathrm{E}[\theta_t] = 0$, $\forall t$, und Präzision h_θ. Es wird angenommen, dass für den Prinzipal und den Arbeitsmarkt π_t zwar beobachtbar ist, jedoch keiner der Summanden auf der rechten Seite der Gleichung (III.76), wodurch ein typisches Hidden-action-Problem vorliegt.[237] Ferner wird angenommen, dass π_t nicht-kontrahierbar ist. Damit sind explizite Anreize über eine ergebnisabhängige Entlohnung hier nicht möglich. Da die Ergebnisse π_t jedoch vom Prinzipal und vom Arbeitsmarkt beobachtet werden können und daher (stochastische) Rückschlüsse auf das unbekannte Talent η sowie zukünftig zu erwartende Ergebnisse erlauben, sind implizite Anreize hier von zentraler Bedeutung. Dabei wird angenommen, dass allein von diesen impliziten Anreizen eine Disziplinierungswirkung ausgehen kann.[238] Der Agent muss damit rechnen, dass er über ein niedriges Arbeitsergebnis π_t sein Karriereeinkommen der Folgeperioden $t+1$, $t+2$ usw. verringert. Umgekehrt könnten sich allerdings auch opportunistische Karriereinteressen für den Agenten eröffnen, über einen ineffizient hohen Arbeitseinsatz in Periode t die Karriereeinkommen der Folgeperioden nachhaltig zu steigern. Schließlich wird davon ausgegangen, dass der Agent risikoneutral ist und gemäß der folgenden, allen Beteiligten bekannten Nutzenfunktion seine Arbeitsanstrengungen wählt:[239]

$$u(\boldsymbol{w}, \boldsymbol{e}) = \sum_{t=1}^{\infty} q^{t-1} \cdot \left[w_t - c(e_t) \right] \qquad \text{(III.77)}$$

mit $\boldsymbol{w} = (w_1, w_2, \ldots)$ als Vektor der Periodenlöhne, $\boldsymbol{e} = (e_1, e_2, \ldots)$ als Vektor der periodenbezogenen Arbeitsanstrengungen, q als zeitinvarianter Diskont-

---

[235] Da der Buchstabe t hier bereits als Periodenindex belegt ist, soll ausnahmsweise das Talent mit η bezeichnet werden.

[236] Der Index „1“ gibt an, dass es sich hierbei jeweils um die Ausgangswerte der Periode 1 handelt. Die entsprechenden Werte der Periode t erhalten „t“ als Index zugeordnet.

[237] Da das Talent η für alle Beteiligten – also auch den Agenten – eine Zufallsvariable darstellt, liegt hier bezüglich η eine symmetrische (Qualitäts-)Unsicherheit vor und kein Hidden-information-Problem.

[238] Z.B. wird eine Disziplinierung über Mobilitätskosten wie Suchkosten oder den Verlust betriebsspezifischen Humankapitals auf Seiten des Agenten ausgeschlossen.

[239] Der Agent orientiert sich damit am Barwert seines Nettoeinkommens.

faktor und $c(e_t)$ als Arbeitsleidfunktion, die mit e_t steigt und konvex verlaufe.[240] Sei mit $\boldsymbol{\pi}^{t-1} = (\pi_1,\ldots,\pi_{t-1})$ der Vektor der Arbeitsergebnisse aus den Vorperioden gemeint, so ergeben sich im Rahmen des HOLMSTRÖM-Modells ***zwei entscheidende Fragen***: (1) Wie lautet die ***Lohnfunktion*** $w_t(\boldsymbol{\pi}^{t-1})$ für den Agenten, die sich auf dem Arbeitsmarkt vor dem Hintergrund der bisherigen Karriereerfolge $\boldsymbol{\pi}^{t-1}$ bildet? (2) Wie lautet die ***Entscheidungsregel*** $e_t(\boldsymbol{\pi}^{t-1})$, gemäß der der Agent seinen Arbeitseinsatz für Periode t wählt?

Für eine Beantwortung dieser Fragen und damit für eine Lösung des Modells ist zu beachten, dass beide Entscheidungsprobleme – das des Arbeitsmarktes über $w_t(\boldsymbol{\pi}^{t-1})$ und das des Agenten über $e_t(\boldsymbol{\pi}^{t-1})$ – interdependent sind und daher nur simultan gelöst werden können. *Einerseits* muss der Agent für die Kalkulation seines optimalen Arbeitseinsatzes diejenigen Konsequenzen in Betracht ziehen, die sein aktuelles Arbeitsergebnis für zukünftige Löhne haben wird (d.h. die optimale Entscheidungsregel des Agenten hängt von der Lohnfunktion ab). *Andererseits* ergibt sich eine Abhängigkeit zukünftiger Löhne von den bisher erzielten Arbeitsergebnissen, die direkt über die Entscheidungsregel bestimmt werden (d.h. die Lohnfunktion hängt von der optimalen Entscheidungsregel des Agenten ab). Geht man von einem ***kompetitiven Arbeitsmarkt*** aus, auf dem der Agent in Höhe seines erwarteten Arbeitsergebnisses entlohnt wird, so gilt für die Lohnfunktion gemäß (III.76):

$$w_t\left(\boldsymbol{\pi}^{t-1}\right) = \mathrm{E}\left[\pi_t \middle| \boldsymbol{\pi}^{t-1}\right] = \mathrm{E}\left[\eta \middle| \boldsymbol{\pi}^{t-1}\right] + e_t\left(\boldsymbol{\pi}^{t-1}\right). \tag{III.78}$$

Gleichung (III.78) beschreibt den Lohn für Periode t in Abhängigkeit von der Entscheidungsregel des Agenten. Diese Entscheidungsregel wiederum lässt sich als Lösung des folgenden Maximierungsproblems schreiben:

$$\max_{\{e_t(\cdot)\}} \sum_{t=1}^{\infty} q^{t-1} \cdot \mathrm{E}\left[w_t\left(\boldsymbol{\pi}^{t-1}\right) - c\left(e_t\left(\boldsymbol{\pi}^{t-1}\right)\right)\right]. \tag{III.79}$$

Gemäß Gleichung (III.79) wählt der Agent diejenige Entscheidungsregel, die seinen Erwartungsnutzen in Abhängigkeit von der Lohnfunktion maximiert. Insgesamt beschreiben die Lösungen zu (III.78) und (III.79) damit das gesuchte Marktgleichgewicht, welches Antworten auf die Fragen (1) und (2) liefert.

Laut Annahme ist weder der Prinzipal noch der Arbeitsmarkt in der Lage, den vom Agenten gewählten Arbeitseinsatz zu beobachten. Über die Gleichung (III.79) lässt sich jedoch die optimale Entscheidungsregel des Agenten ableiten, welche wiederum aus den Beobachtungen $\boldsymbol{\pi}^{t-1}$ wichtige Rückschlüs-

---

[240] Das Arbeitsleid sei wiederum in monetären Werten ausgedrückt, so dass eine direkte Verrechnung mit w_t möglich ist.

se auf den tatsächlich geleisteten Arbeitseinsatz erlaubt. Auf diese Weise werden letztlich auch Rückschlüsse auf das unbekannte Talent η des Agenten möglich: Sei $e_t^*(\boldsymbol{\pi}^{t-1})$ die optimale Entscheidungsregel des Agenten, die sich im Gleichgewicht als Lösung zu (III.79) ergibt, so existiert gemäß (III.76) im Gleichgewicht eine Folge informativer Signale s_t mit

$$s_t := \eta + \theta_t = \pi_t - e_t^*\left(\boldsymbol{\pi}^{t-1}\right). \tag{III.80}$$

Hat der Arbeitsmarkt also die optimale Entscheidungsregel $e_t^*(\boldsymbol{\pi}^{t-1})$ des Agenten korrekt antizipiert, so ist die Beobachtung des Arbeitsergebnisses π_t gleichbedeutend mit der Beobachtung des Signals s_t, da lediglich von π_t der gemäß $e_t^*(\cdot)$ berechnete optimale Arbeitseinsatz subtrahiert werden muss. Da sich annahmegemäß die exogenen Störeinflüsse im Durchschnitt ausgleichen, d.h. $\mathrm{E}[\theta_t] = 0$, kann durch eine zunehmende Anzahl von Beobachtungen $s_t = \eta + \theta_t$ immer präziser auf das unbekannte Talent η geschlossen werden. Dieses wird noch deutlicher, wenn man die A-posteriori-Verteilung für η betrachtet. Aufgrund der gewählten Normalverteilungsannahmen erhält man für die Periode t+1 als A-posteriori-Verteilung wiederum eine Normalverteilung mit Erwartungswert

$$m_{t+1} = \frac{h_t \cdot m_t + h_\theta \cdot s_t}{h_t + h_\theta} = \frac{h_1 \cdot m_1 + h_\theta \cdot \sum_{i=1}^{t} s_i}{h_1 + t \cdot h_\theta} \tag{III.81}$$

und Präzision

$$h_{t+1} = h_t + h_\theta = h_1 + t \cdot h_\theta.^{241} \tag{III.82}$$

Die obige Aussage über das Kennen lernen von η wird anhand von (III.82) sehr deutlich. Mit zunehmender Karrieredauer t wird gemäß (III.82) die Präzision h_{t+1} über η immer größer, d.h. der Arbeitsmarkt lernt das unbekannte Talent des Agenten immer besser kennen. Im Grenzfall $t \to \infty$ ist schließlich sämtliche Unsicherheit verschwunden: h_{t+1} strebt gegen ∞ und damit die Varianz von η gegen Null, womit η nicht mehr stochastisch ist, sondern zu einem bekannten deterministischen Parameter wird.

Mit Hilfe der Ausdrücke (III.81) und (III.82) lassen sich zudem genauere Aussagen über die optimale Entscheidungsregel $e_t^*(\boldsymbol{\pi}^{t-1})$ herleiten. Bezeichnet m_t analog zu Gleichung (III.81) den A-posteriori-Erwartungswert bezüglich η

---

[241] Vgl. HOLMSTRÖM (1982a), S. 213; BORLAND (1992), S. 254. Zur Herleitung vgl. DEGROOT (1970), S. 175–177.

in Periode t, so lässt sich die erste Gleichgewichtsbedingung (III.78) im Zusammenhang mit (III.80) auch wie folgt schreiben:

$$w_t\left(\boldsymbol{\pi}^{t-1}\right) = m_t\left(\boldsymbol{s}^{t-1}\right) + e_t^*\left(\boldsymbol{\pi}^{t-1}\right) \tag{III.83}$$

mit $\boldsymbol{s}^{t-1} := (s_1, \ldots, s_{t-1})$. Um Aussagen über die optimale Entscheidungsregel und damit über die Effizienz bzw. Ineffizienz der vom Agenten gewählten Arbeitsanstrengungen treffen zu können, muss abschließend der Erwartungswert von (III.83) gebildet werden. Gemäß (III.81) und (III.82) ergibt sich zunächst einmal

$$m_t = \frac{h_1 \cdot m_1 + h_\theta \cdot \sum_{i=1}^{t-1} s_i}{h_t} = \frac{h_1 \cdot m_1}{h_t} + \frac{h_\theta}{h_t} \cdot \sum_{i=1}^{t-1} s_i\,, \tag{III.84}$$

wobei sich s_i aufgrund von (III.80) wie folgt schreiben lässt:

$$s_i = \pi_i - e_i^*\left(\boldsymbol{\pi}^{i-1}\right) \overset{\text{(III.76)}}{=} \eta + e_i + \theta_i - e_i^*\left(\boldsymbol{\pi}^{i-1}\right). \tag{III.85}$$

Hieraus folgt

$$\mathrm{E}[s_i] = m_i + e_i - \mathrm{E}[e_i^*\left(\boldsymbol{\pi}^{i-1}\right)].^{242} \tag{III.86}$$

Zusammen mit (III.84) bis (III.86) erhält man nun für den Erwartungswert von (III.83):

$$\mathrm{E}[w_t\left(\boldsymbol{\pi}^{t-1}\right)] = \frac{h_1 \cdot m_1}{h_t} + \frac{h_\theta}{h_t} \cdot \sum_{i=1}^{t-1}\left(m_i + e_i - \mathrm{E}[e_i^*\left(\boldsymbol{\pi}^{i-1}\right)]\right) + \mathrm{E}[e_t^*\left(\boldsymbol{\pi}^{t-1}\right)]\,. \tag{III.87}$$

Die Gleichung (III.87), die das erwartete Karriereeinkommen bzw. den erwarteten Lohn des Agenten in Abhängigkeit von der optimalen Entscheidungsregel e_t^* beschreibt, lässt interessante Schlussfolgerungen zu. Als ***erstes*** kann man den Einfluss der Arbeitsanstrengung e_i ($i = 1, \ldots, t-1$) auf den zukünftigen erwarteten Lohn $\mathrm{E}w_t$ untersuchen. Differenziert man zu diesem Zweck (III.87) partiell nach e_i, so erhält man:

$$\frac{\partial\, \mathrm{E}\left[w_t\left(\boldsymbol{\pi}^{t-1}\right)\right]}{\partial\, e_i} = \frac{h_\theta}{h_t} =: \xi_t\,. \tag{III.88}$$

Der (marginale) Einfluss einer Leistungserhöhung in der Periode i ($i = 1, \ldots, t-1$) auf den erwarteten zukünftigen Lohn in der Periode t, d.h. ξ_t, ist zu-

[242] m_i bezeichnete den Erwartungswert von η in der Periode i, und es war $\mathrm{E}[\theta_i] = 0$, $\forall i$.

nächst einmal wie zu erwarten positiv. Der Agent kann daher durch eine höhere (niedrigere) Arbeitsanstrengung in der Gegenwart seine zukünftigen Karriereeinkommen vergrößern (verringern). Dieser Einfluss ξ_t ist laut (III.88) unabhängig von der Karrierevergangenheit des Agenten, insbesondere unabhängig vom A-priori-Erwartungswert m_1. ξ_t ist allerdings von h_t, der Präzision für η in Periode t, abhängig. Da sich ξ_t umgekehrt zu h_t verhält, ist die Beeinflussbarkeit des erwarteten Karriereeinkommens dann relativ groß, wenn die Präzision relativ gering bzw. die Unsicherheit über das unbekannte Talent η hoch ist. Intuitiv ist dieser Zusammenhang äußerst plausibel, da der Agent bei einer hohen Unsicherheit über η ein hohes Talent vergleichsweise gut über einen verstärkten Arbeitseinsatz vortäuschen kann.[243] Schließlich nimmt gemäß (III.82) die Präzision h_t immer mehr zu, je weiter man in die Zukunft geht, d.h. je größer t wird. Dies bedeutet für Gleichung (III.88), dass der marginale Einfluss ξ_t des Agenten auf seine zukünftigen Karriereeinkommen immer geringer wird, je weiter man in die Zukunft geht ($\xi_t \to 0$ aufgrund von $h_t \to \infty$, wenn $t \to \infty$).

Als ***zweites*** lässt sich unter Zuhilfenahme der Gleichungen (III.87) und (III.88) die optimale Entscheidungsregel e_t^* genauer charakterisieren. Betrachtet werden soll lediglich eine bestimmte Periode *t*, so dass sich (III.79) wie folgt schreiben lässt:[244]

$$\max_{e_t} \sum_{j=1}^{\infty} q^{j-1} \cdot \left\{ \mathrm{E}\left[w_j\right] - c\left(e_j\right) \right\}. \tag{III.89}$$

mit

$$\mathrm{E}[w_j] \overset{\text{(III.87)}}{=} \frac{h_1 \cdot m_1}{h_j} + \frac{h_\theta}{h_j} \cdot \sum_{i=1}^{j-1} \left(m_i + e_i - \mathrm{E}[e_i^*] \right) + \mathrm{E}[e_j^*].$$

und

$$\frac{\partial \,\mathrm{E}\left[w_j\right]}{\partial e_t} = \begin{cases} 0 & \text{für} \quad t > j-1 \\ \xi_j & \text{für} \quad t \le j-1 \end{cases} .^{245} \tag{III.90}$$

Als Bedingung erster Ordnung ergibt sich somit für (III.89):

---

[243] In der Produktionsfunktion (III.76) sind η und e_t direkte Substitute.

[244] Der Übersichtlichkeit halber soll hierzu eine vereinfachte Notation verwendet werden, bei der π^{j-1} bzw. π^{j-1} jeweils weggelassen wird.

[245] Hierbei ist gemäß Gleichung (III.88) $\xi_j = h_\theta / h_j$.

$$\sum_{j=1}^{\infty}\left\{q^{j-1}\cdot\frac{\partial \mathrm{E}[w_j]}{\partial e_t}\right\}=\sum_{j=1}^{\infty}\left\{q^{j-1}\cdot\frac{\partial c(e_j)}{\partial e_t}\right\}$$

$$\Leftrightarrow \qquad \sum_{j=t+1}^{\infty}\left\{q^{j-1}\cdot\xi_j\right\}=q^{t-1}\cdot c'(e_t),$$

da $\partial\mathrm{E}[w_j]/\partial e_t = 0$ für $j-1 < t$ und $\partial c(e_j)/\partial e_t = 0$ für $j \neq t$. Multipliziert man nun beide Seiten mit q^{1-t}, so erhält man für die Beschreibung der optimalen Entscheidungsregel:

$$\gamma_t := \sum_{j=t+1}^{\infty} q^{j-t}\cdot\xi_j = c'(e_t^*). \qquad \text{(III.91)}$$

Gleichung (III.91) lässt sich sehr anschaulich interpretieren: ξ_j gibt gemäß (III.90) an, um wie viel der erwartete Lohn des Agenten in der Periode $j \in \{t+1, t+2, ...\}$ durch eine marginale Leistungserhöhung in Periode t ansteigt. Der Term ξ_j lässt sich daher grob als zukünftiger Grenzertrag aus einer gegenwärtigen Mehranstrengung des Agenten charakterisieren. Gleichung (III.91) beschreibt damit als Entscheidungsregel für den optimalen Arbeitseinsatz eine solche Anstrengung, bei der die Summe der diskontierten zukünftigen Grenzerträge gleich den Grenzkosten (= Grenzarbeitsleid) entsprechen.

Anhand der Gleichung (III.91) lässt sich zudem eine Aussage darüber treffen, wie sich die Arbeitsanstrengungen des Agenten im Zeitablauf verändern. Zunächst einmal gilt

$$\sum_{j=t+1}^{\infty} q^{j-t}\cdot\xi_j < \lim_{T\to\infty}\sum_{i=1}^{T} q^i\cdot\xi_{t+1} = \lim_{T\to\infty}\frac{q-q^{T+1}}{1-q}\xi_{t+1} = \frac{q}{1-q}\xi_{t+1},$$

d.h. die Folge γ_t konvergiert. Sie ist eine abnehmende Folge, da mit steigendem t bzw. j die Gewichtungsfaktoren ξ_j immer kleiner werden.[246] Weil zudem $\lim_{j\to\infty}\xi_j = 0$ gilt, erhalten wir insgesamt, dass für $t\to\infty$ die Folge γ_t gegen Null konvergiert, d.h.

$$\gamma_t \to 0. \qquad \text{(III.92)}$$

Da nun $c'(e_t^*)$ wegen der Konvexität von $c(\cdot)$ in e_t^* steigt, kommt man letztendlich zu folgendem Endergebnis:

---

[246] Gemäß (III.82) und (III.88) gilt $\xi_j = \frac{h_\theta}{h_j} = \frac{h_\theta}{h_1+(j-1)h_\theta}$, so dass $\xi_j \to 0$, wenn $j\to\infty$.

Ergebnis III–9: *Gemäß (III.91) und (III.92) nimmt die Gleichgewichtsfolge der Arbeitsanstrengungen e_t^* mit steigendem t ab und geht im Zeitablauf mit $t \to \infty$ gegen Null.*

Dieses Ergebnis beschreibt zusammen mit den obigen Überlegungen den Kern der Career-concerns-Problematik. Solange eine Restunsicherheit über das Talent η herrscht – also in endlicher Zukunft –, lohnt sich für den Manager auch noch eine positive Anstrengung, um die Erwartungen des Arbeitsmarktes über sein Talent positiv zu beeinflussen. Den Hintergrund dieser Überlegung bildet die Produktionsfunktion (III.76) des Agenten, wonach die Arbeitsanstrengung e_t ein direktes Substitut für das Talent η bildet. Ist für $t \to \infty$ jedoch jegliche Restunsicherheit verschwunden, so sind die Markterwartungen nicht mehr beeinflussbar. Aus Career-concerns-Erwägungen ist für den Agenten die Wahl von $e_t = 0$ dann optimal. Man kann diesen Aspekt auch vor dem Hintergrund eines Investitionskalküls des Agenten betrachten. Zu Karrierebeginn bei hoher Unsicherheit über η lohnt sich für den Agenten noch eine Investition in seine Reputation bzw. in die Erwartungen des Arbeitsmarktes, indem er eine hohe Arbeitsanstrengung wählt. Für $t \to \infty$ verursacht eine solche Investition e_t jedoch nur noch Kosten $c(e_t)$, ohne Investitionserträge zu erbringen, so dass $e_t = 0$ optimal ist.

Im Gleichgewicht ist allerdings solch eine Beeinflussung des Arbeitsmarktes nicht mehr möglich, da dort der Arbeitsmarkt die optimale Entscheidungsregel des Agenten zu antizipieren vermag und über diese zwischen den Einflüssen von η und e_t auf π_t korrekt unterscheiden kann.[247] In diesem Fall stellt sich jedoch die Frage, warum sich der Agent überhaupt noch anstrengt, zumal er mit $e_t = 0$ bereits zu Karrierebeginn sein Arbeitsleid $c(e_t)$ einsparen könnte. Diese Frage lässt sich damit beantworten, dass der Agent in einer Art ***„Gleichgewichtsfalle"*** gefangen ist. Der Arbeitsmarkt hat über die antizipierte Entscheidungsregel feste Vorstellungen über das Verhalten des Agenten. Weicht dieser nun mit e_t nach unten ab, um Arbeitsleid zu sparen, so schadet er sich lediglich selbst, da der Arbeitsmarkt nun auf ein geringeres Talent η schließen würde. ***Der Agent wird durch die gegebenen Markterwartungen quasi dazu gezwungen, sich zu Karrierebeginn (ineffizient) hoch und später ineffizient wenig anzustrengen.*** Effizient wäre eine Anstrengung, die das Nettoergebnis $\pi_t - c(e_t)$ maximiert. Aus der Bedingung erster Ordnung

$$\frac{\partial}{\partial e_t}\{\eta + e_t + \theta_t - c(e_t)\} = 0 \tag{III.93}$$

[247] Vgl. dazu die obigen Ausführungen zu den informativen Signalen s_t gemäß Gleichung (III.80).

folgt eine effiziente Arbeitsanstrengung $\bar{e}$, die in jeder Periode gleich groß ist:[248]

$$1 = c'(\bar{e}). \tag{III.94}$$

Vergleicht man (III.94) mit der Gleichung (III.91), die die optimale Entscheidungsregel des Agenten charakterisiert, so sieht man, dass Situationen realistisch sind, in denen zu Karrierebeginn (also bei kleinem t) die vom Agenten gewählte Anstrengung über dem effizienten Niveau liegt ($\gamma_t > 1$) und in späteren Karrierephasen (also bei großem t) hingegen darunter ($\gamma_t < 1$).

Diese Career-concerns-Problematik einer ineffizienten Arbeitsanstrengung zur Beeinflussung der eigenen Karriereaussichten stellt eine zusätzliche ***Verschärfung der einfachen Prinzipal-Agent-Problematik bei hidden action*** dar. In einem dynamischen Kontext ist daher zu befürchten, dass es zu weiteren Organisationsproblemen kommt, wenn Organisationsmitglieder sich auch von impliziten Karriereanreizen leiten lassen. Eine Lösung dieser Career concerns-Problematik durch die Unternehmensleitung erscheint schwierig, da hier von nicht-kontrahierbaren Arbeitsergebnissen ausgegangen wurde und die Unternehmensleitung zudem nicht einfach die Markterwartungen beeinflussen kann.

III.7.2 Weitere Career-concerns-Probleme

Neben dem oben dargestellten Career-concerns-Modell von HOLMSTRÖM (1982a) gibt es noch eine ganze Reihe von dynamischen Hidden-action- und Hidden-information-Modellen, die sich mit Career-concerns-Problemen auseinandersetzen.[249] Die meisten dieser Beiträge beschäftigen sich mit der ***Auswahl von Investitionsprojekten*** durch Manager. Bereits von HOLMSTRÖM (1982a) wird im hinteren Teil seines Beitrags auf das Problem der Projektwahl durch Manager eingegangen.[250] HOLMSTRÖM zeigt anhand von Beispielen, dass sich ein Manager möglicherweise zu konservativ verhält und ein innovatives (und damit riskantes), jedoch profitables Investitionsprojekt nicht wählt, um nicht durch einen möglichen Fehlschlag seiner Reputation zu schaden.[251]

---

[248] Dieser effiziente Arbeitseinsatz $\bar{e} = c'^{-1}(1)$ entspricht dem bekannten First-best-Niveau bei linearer Produktionstechnologie. Vgl. bereits das Ergebnis III–5 in Abschnitt III.3.

[249] Aus Platzgründen kann nur auf einen Teil dieser Arbeiten eingegangen werden; vgl. zu weiteren Arbeiten zu career concerns DEWATRIPONT/JEWITT/TIROLE (1999a), (1999b); MILBOURN/SHOCKLEY/THAKOR (2001); AURIOL/FRIEBEL/PECHLIVANOR (2002); ORTEGA (2003); IRLENBUSCH/SLIWKA (2006); GOEL/NANDA/NARAYANAN (2004).

[250] Vgl. HOLMSTRÖM (1982a), S. 222–227.

[251] Vgl. aber auch HERMALIN (1993).

KANODIA/BUSHMAN/DICKHAUT (1989) diskutieren im Rahmen eines Hidden-information-Modells die Problematik, dass Manager von einem einmal gewählten Projekt bzw. einer einmal gewählten Technologie nicht auf eine andere Alternative umsteigen, wenngleich solch ein Wechsel im Lichte neuer Informationen profitabel wäre. Die mögliche Erklärung hierfür könnte sein, dass die betreffenden Manager befürchten, eine Revision der ursprünglichen Entscheidung könnte ihnen vom Markt als Zeichen für Inkompetenz ausgelegt werden.

NARAYANAN (1985a, 1985b) beschäftigt sich in einem Hidden-action-Modell mit dem Problem, dass Manager gegebenenfalls solche Investitionsprojekte bevorzugen, die schnelle Einzahlungen versprechen. Die Wahl solcher Projekte könnte sich selbst dann für die Manager lohnen, wenn sie vom Kapitalwert her suboptimal sind, da schnelle Einzahlungen frühzeitig einen positiven Einfluss auf die Reputation und daher auf die Karriereaussichten der Manager haben.

SCHARFSTEIN/STEIN (1990) zeigen anhand eines dynamischen Hidden-information-Modells, dass career concerns zu einem Herdenverhalten bei Investitionsentscheidungen führen können.[252] Denkbar ist, dass Manager wertvolle Informationen über innovative, profitable Investitionsprojekte zurückhalten und lediglich weniger innovative Projekte ähnlich denen anderer Manager wählen. Den Hintergrund für solch ein Entscheidungsverhalten bildet die Befürchtung der Manager, dass ein vom Markt abweichendes Investitionsverhalten ihnen negativ ausgelegt werden könnte, was wiederum ihrer Karriere schaden würde.

Insgesamt lässt sich festhalten, dass Career-concerns-Probleme nur schwer von der Unternehmensleitung gelöst werden können. Dies gilt insbesondere dann, wenn der Arbeitseinsatz von Organisationsmitgliedern unbeobachtbar ist und sich die impliziten Karriereanreize auf Beschäftigungsalternativen außerhalb der Unternehmung oder die Erwartungsbildung des Arbeitsmarktes beziehen, da beides von der Unternehmensleitung kaum zu kontrollieren ist. Maßnahmen gegen Career-concerns-Probleme lassen sich jedoch dann von der Unternehmensleitung treffen, wenn zu konservatives Investitionsverhalten von Managern befürchtet wird. Geeignete Gegenmaßnahmen könnten darin

[252] Mit einem Herdenverhalten von Managern beschäftigt sich eine ganze Reihe von Beiträgen, wobei nicht grundsätzlich Career-concerns-Erwägungen den Ausschlag für ein identisches Investitionsverhalten geben müssen, sondern möglicherweise auch Lerneffekte durch das Beobachten der Investitionsentscheidungen anderer Manager. Vgl. zu weiteren Beiträgen zur Problematik des Herdenverhaltens BANERJEE (1992); BIKHCHANDANI/HIRSHLEIFER/WELCH (1992), (1998); ZWIEBEL (1995); SHILLER (1995); ORLÉAN (1995); PALLEY (1995); BRANDENBURGER/POLAK (1996); CHOI (1997); AVERY/ZEMSKY (1998).

bestehen, das Verlustrisiko von Managern zu begrenzen. HOLMSTRÖM/ RICART I COSTA (1986) schlagen vor, Manager über eine Mindestentlohung gegen Risiken fehlgeschlagener Investitionsprojekte zum Teil zu versichern. Durch solch eine partielle Versicherung könnten sich jedoch Folgeprobleme ergeben, z.B. dass Manager übertrieben viel investieren, was dann über Budgetbeschränkungen verhindert werden müsste. Sind die Managerergebnisse kontrahierbar, könnte eine ergebnisabhängige Entlohnung für Manager so gestaltet werden, dass nur erfolgreiche Investitionsprojekte gehaltsrelevant werden, was jedoch wiederum die Gefahr eines Überinvestitionsverhaltens von Managern birgt.[253] Schließlich könnte das Risikoverhalten von Managern auch dadurch verbessert werden, dass das Ergebnisrisiko nicht auf einen Manager, sondern auf mehrere verteilt wird.[254] Dies könnte geschehen, indem die Auswahl von Investitionsprojekten an ein Gremium aus mehreren Managern delegiert wird. Möglich wäre auch eine Arbeitsteilung zwischen verschiedenen Managern, so dass der eine Manager für die Projektauswahl und der andere für die Projektdurchführung zuständig ist, wobei beide Teilaufgaben den Gesamterfolg eines Investitionsprojektes bestimmen. Solch eine Aufteilung von Verantwortung könnte allerdings zu einem Trittbrettfahrerverhalten zwischen den Managern führen, was jedoch möglicherweise durch eine gegenseitige Kontrolle und Gruppendruck zu verhindern wäre. Der Vorteil einer Verantwortungsteilung wäre insgesamt, dass nicht nur das Risiko hinsichtlich expliziter Anreize geteilt wird, sondern auch jenes aus impliziten Karriereanreizen, da sich nun das Risiko eines fehlgeschlagenen Projektes auf die Reputation mehrerer Manager verteilt.

---

[253] Vgl. MILGROM/ROBERTS (1992), S. 431.

[254] Vgl. BORLAND (1992), S. 264, mit dem Verweis auf HOLMSTRÖM/RICART I COSTA (1986); MILGROM/ROBERTS (1992), S. 431–432.

Anhang: Beweis von Ergebnis III–6 (vertikale Kollusionen):[255]

Im Prinzip bestehen zwei Möglichkeiten einer Falschmeldung des Agenten: Er könnte fälschlicherweise behaupten, Zustand 2 liege vor, obwohl tatsächlich Zustand 3 gegeben ist. Dies wird durch Bedingung (III.53) verhindert. Denkbar ist aber auch, dass der Agent meldet, Zustand 3 liege vor, obwohl er Zustand 2 beobachtet. Diese Falschmeldung wird der Agent nicht abgeben, sofern

$$w_2 - c(e_2) \geq w_3 - c(e_3 + \Delta\theta), \tag{1}$$

erfüllt ist. Da Bedingung (III.53) im Optimum bindend ist (s. weiter unten), lässt sich $w_3 = c(e_3) + w_2 - c(e_2 - \Delta\theta)$ in Bedingung (1) einsetzen. Umgeformt ergibt sich

$$c(e_3 + \Delta\theta) - c(e_3) \geq c(e_2) - c(e_2 - \Delta\theta).$$

Diese Bedingung ist auf jeden Fall erfüllt, da im Optimum $e_2 < e_3$ gilt (s. unten) und $c(\cdot)$ konvex ist.

Die Lagrangefunktion zum Optimierungsproblem des P lautet

$$L = \sum_{i=1}^{4} p_i \cdot (e_i + \theta_i - w_i) + \mu \cdot \left(\sum_{i=1}^{4} p_i \cdot u(w_i - c(e_i)) - \overline{u} \right)$$
$$+ \gamma \cdot (w_3 - c(e_3) - w_2 + c(e_2 - \Delta\theta))$$

mit $\mu, \gamma \geq 0$ als Multiplikatoren und $\theta_1 = \theta_2 = \underline{\theta}$ sowie $\theta_3 = \theta_4 = \overline{\theta}$. Die Optimalitätsbedingungen für e_j und w_j (j = 1, 4) ergeben

$$p_j - \mu p_j c'(e_j) u'(w_j - c(e_j)) = 0 \quad \Leftrightarrow \quad \frac{1}{\mu u'(w_j - c(e_j))} = c'(e_j)$$

und

$$-p_j + \mu p_j u'(w_j - c(e_j)) = 0 \quad \Leftrightarrow \quad \frac{1}{\mu u'(w_j - c(e_j))} = 1.$$

Hieraus folgt unmittelbar $c'(e_j) = 1 \Rightarrow e_1 = e_4 = e^{FB}$. Da im Optimum gilt, dass $\mu \cdot \left(\sum_{i=1}^{4} p_i \cdot u(w_i - c(e_i)) - \overline{u} \right) = 0$ erfüllt sein muss, und für den Multiplikator

$$\mu = \frac{1}{u'(w_j - c(e^{FB}))} > 0 \quad (j = 1, 4) \tag{2}$$

[255] Vgl. TIROLE (1986), S. 208–209.

gilt, impliziert dies, dass die Teilnahmebedingung im Optimum bindend ist. Als Bedingungen erster Ordnung für e_3 und w_3 erhält man

$$p_3 - \mu p_3 c'(e_3) u'(w_3 - c(e_3)) - \gamma c'(e_3) = 0 \quad \Leftrightarrow \quad p_3 \left[\frac{1}{c'(e_3)} - \mu u'(w_3 - c(e_3)) \right] = \gamma$$

und

$$- p_3 + \mu p_3 u'(w_3 - c(e_3)) + \gamma = 0 \quad \Leftrightarrow \quad p_3 \left[1 - \mu u'(w_3 - c(e_3)) \right] = \gamma. \tag{3}$$

Vergleicht man beide Bedingungen, so sieht man, dass $c'(e_3) = 1 \Rightarrow e_3 = e^{FB}$ gelten muss. Schließlich seien die Optimalitätsbedingungen für e_2 und w_2 betrachtet:

$$p_2 - \mu p_2 c'(e_2) u'(w_2 - c(e_2)) + \gamma c'(e_2 - \Delta\theta) = 0$$

$$\Leftrightarrow \mu c'(e_2) u'(w_2 - c(e_2)) = 1 + \frac{\gamma}{p_2} c'(e_2 - \Delta\theta)$$

und

$$- p_2 + \mu p_2 u'(w_2 - c(e_2)) - \gamma = 0 \quad \Leftrightarrow \quad \mu u'(w_2 - c(e_2)) = 1 + \frac{\gamma}{p_2}. \tag{4}$$

Zusammen ergeben beide Bedingungen

$$c'(e_2) \left(1 + \frac{\gamma}{p_2} \right) = 1 + \frac{\gamma}{p_2} c'(e_2 - \Delta\theta) \quad \Leftrightarrow \quad 1 - c'(e_2) = \frac{\gamma}{p_2} \underbrace{[c'(e_2) - c'(e_2 - \Delta\theta)]}_{>0 \text{ da } c(\cdot) \text{ konvex ist}},$$

Der Multiplikator γ ist entweder Null oder positiv. Im ersten Fall würde sich formal $e_1 = e_2 = e_3 = e_4 = e^{FB}$ und $w_1 = w_2 = w_3 = w_4$ ergeben, was keine Lösung sein kann, da dieser Vertrag nicht anreizkompatibel wäre: A würde bei gleichem Lohn für die Zustände 2 und 3 im dritten Zustand immer seine Anstrengung reduzieren und behaupten, im zweiten Zustand zu sein. Es muss daher $\gamma > 0$ gelten (d.h. Bedingung (III.53) ist im Optimum bindend), so dass aus der letzten Bedingung $1 - c'(e_2) > 0 \Rightarrow e_2 < e^{FB}$ folgt.

Anhand von (2) ist offensichtlich, dass die optimalen Löhne in den Zuständen 1 und 4 identisch sein müssen (d.h. $w_1 = w_4$). Da $\gamma > 0$, folgt aus Gleichungen (2) und (4)

$$1 - \mu u'(w_3 - c(e^{FB})) > 0 \quad \Leftrightarrow \quad 1 - \frac{u'(w_3 - c(e^{FB}))}{u'(w_j - c(e^{FB}))} > 0 \quad (j = 1, 4).$$

Die Konkavität der Nutzenfunktion $u(\cdot)$ impliziert unmittelbar $w_3 > w_1 = w_4$. Aus den Bedingungen (2) und (4) lässt sich schlussfolgern, dass

$$\frac{u'(w_2 - c(e_2))}{u'(w_1 - c(e^{FB}))} = 1 + \frac{\gamma}{p_2} > 1.$$

Analog zur Argumentation zuvor erhält man über die Konkavität der Nutzenfunktion und die Tatsache, dass $e_2 < e^{FB}$, das Ergebnis $w_2 < w_1 = w_4$.

Lektürevorschläge zu Kapitel III

Für einen Überblick über die meisten der hier behandelten Organisationsprobleme kann auf MILGROM/ROBERTS (1992) und BRICKLEY/SMITH/ZIMMERMAN (1997) zurückgegriffen werden. Speziell personalökonomische Probleme werden in den Lehrbüchern von LAZEAR (1998), BARON/KREPS (1999), BACKES-GELLNER/LAZEAR/WOLFF (2001) und SADOWSKI (2002) diskutiert. Nichtsdestotrotz ist das Lesen der Primärliteratur sowie geeigneter Übersichtsartikel zu den einzelnen grundsätzlichen Organisationsproblemen empfehlenswert. Für die hier in diesem Kapitel behandelten vertikalen Organisationsprobleme sei (in der Reihenfolge der obigen Abschnitte) auf LAZEAR/ ROSEN (1981), HOLMSTRÖM/MILGROM (1991), JENNERGREN (1980), TIROLE (1986), MILGROM/ROBERTS (1988), HOLMSTRÖM (1982a) und BORLAND (1992) verwiesen.

Zusammenfassung

1. Geht man davon aus, dass die Unternehmensleitung ihrer Managementaufgabe nachkommt und zur Maximierung des Unternehmenswertes die bestehenden Organisationsprobleme lösen möchte, so lassen sich vertikale Organisationsprobleme im Rahmen eines Prinzipal-Agent(en)-Modells diskutieren mit der Unternehmensleitung als Prinzipal und den untergeordneten Entscheidungsträgern als Agenten.

2. Hauptursachen vertikaler (wie auch horizontaler) Organisationsprobleme sind Nicht-Kontrahierbarkeiten sowie asymmetrisch verteilte Informationen.

3. Zur Lösung von Nicht-Kontrahierbarkeiten bieten sich die Teilungslösung von GARY BECKER, Effizienzlöhne und relative Leistungsturniere an. Leistungsturniere können im Gegensatz zu den beiden anderen Lösungen mehrere Zwecke zugleich erfüllen (z.B. in Form von Beförderungsturnieren). Allerdings können Leistungsturniere auch eigene Probleme in sich bergen, auf die im nächsten Kapitel noch näher einzugehen ist.

4. Zur Lösung von Problemen aus asymmetrisch verteilten Informationen bietet sich für die Unternehmensleitung insbesondere der Rückgriff auf Informationsaufdeckungsmechanismen an (z.B. GROVES/LOEB-Mechanismus, VICKREY-Regel). Insgesamt steht der Unternehmensleitung zur Lösung vertikaler

Organisationsprobleme ein breites Spektrum an unternehmenspolitischen Instrumenten zur Verfügung, welches von bürokratischen Regeln (z.B. Senioritätsregel) über Maßnahmen der Arbeitsorganisation (z.B. job rotation) bis hin zur Entgeltpolitik (z.B. anreizkompatible Entlohnung) reicht.

Schlüsselbegriffe

Anreizprobleme
Dilemma der Organisationstheorie
First-best-Lösung
Informationsprobleme
Interdependenzen
internes rent seeking
job rotation
Kollusionen
Nicht-Kontrahierbarkeiten
relative Leistungsturniere
Risikokosten
Second-best-Lösung
Selbstbindung
Verrechnungspreise
wiederholte Interaktionen

Kapitel IV

Horizontale Organisationsprobleme

Wie auch in Kapitel III über vertikale Organisationsprobleme wird hier davon ausgegangen, dass die Unternehmensleitung (als Prinzipal) an der Lösung der Organisationsprobleme interessiert ist, um den Marktwert der Unternehmung zu maximieren. Der wesentliche Unterschied zum vorherigen Kapitel besteht jedoch darin, dass hier Interaktionsprobleme zwischen Unternehmensmitgliedern betrachtet werden, die sich auf ***derselben Hierarchiestufe*** befinden (***horizontale Organisationsprobleme***). Dies können verschiedene Einzelakteure, aber auch Abteilungen oder Divisionen sein, zwischen denen eine Arbeitsteilung stattfindet, die in einem Team zusammenarbeiten oder als Teilnehmer von Leistungs- bzw. Beförderungsturnieren aufeinander treffen.

Zunächst einmal sollen zwei allgemeine Organisationsprobleme diskutiert werden, die sich zwangsläufig durch die Interdependenzen zwischen den individuellen und/oder kollektiven Akteuren (z.B. Abteilungen, Divisionen) einer Hierarchieebene ergeben.[1] Das erste Problem betrifft die Verknüpfung zweier Akteure durch einen innerbetrieblichen Leistungsaustausch (Abschnitt IV.1). Das zweite Problem behandelt die Zusammenarbeit bzw. Teamarbeit mehrerer Akteure hinsichtlich einer gemeinsamen Aufgabe (Abschnitt IV.2). Teammitglieder können hierbei sowohl individuelle als auch kollektive Akteure sein, so dass Trittbrettfahrerprobleme auf verschiedenen Aggregationsebenen im Unternehmen denkbar sind. Die Abschnitte IV.3 bis IV.6 beschäftigen sich mit horizontalen Organisationsproblemen im Zusammenhang mit relativen Leistungsturnieren. Letztere wurden in Kapitel III als Lösung für Kontrahierbarkeitsprobleme vorgestellt. Sollten sich die in den Abschnitten IV.3 bis IV.6 behandelten Probleme als gravierend herausstellen, so wäre auch die Turnierlösung aus Kapitel III neu zu überdenken. Während die ersten beiden horizontalen Organisationsprobleme (Abschnitte IV.1 und IV.2) unmittelbar aus der Arbeitsteilung im Unternehmen folgen – also aus ***natürlichen Interdependenzen*** zwischen den Akteuren –, werden die unter IV.3 bis IV.6 behandelten ***Interdependenzprobleme*** quasi erst ***künstlich*** durch den Rückgriff

---

[1] Der Einfachheit halber sollen die beiden Probleme jedoch jeweils auf einen „konkreten Anwendungsfall" bezogen werden – innerbetrieblicher Leistungsaustausch auf den Transfer von Zwischenprodukten zwischen zwei Abteilungen und Teamarbeit auf die Zusammenarbeit von Einzelakteuren.

auf das Instrument „Leistungsturniere" geschaffen. Sind die durch Turniere entstehenden Folgeprobleme größer als die durch Turniere geschaffenen Vorteile und versagen unternehmenspolitische Gegenmaßnahmen, könnte daher durch den Verzicht auf Turniere vergleichsweise einfach Abhilfe geschaffen werden. Eine analoge Vorgehensweise ist bei Trittbrettfahrerproblemen in Teams üblicherweise nicht möglich, zumal die durch Teamarbeit angestrebten positiven externen Effekte bzw. Verbundvorteile oftmals den Grund für die Existenz eines Unternehmens liefern (vgl. Unterabschnitt II.2.3). Das Kapitel IV schließt mit einem Zwischenfazit (Abschnitt IV.7), in dem – übergreifend vor dem Hintergrund vertikaler und horizontaler Organisationsprobleme – u.a. kurz auf Komplementaritätseffekte und die Bedeutung von Organisationskultur aus Sicht der Neuen Institutionenökonomik eingegangen wird.

IV.1 Innerbetrieblicher Leistungsaustausch

In Großunternehmen findet in der Regel nicht nur eine vertikale, sondern auch eine horizontale Arbeitsteilung statt, bei der eine Art Zwischenprodukt von einem Unternehmensbereich erbracht und an einen anderen Unternehmensbereich geliefert wird, der eine Art Endprodukt fertigt und auf dem Markt verkauft. Die Begriffe „Zwischenprodukt" und „Endprodukt" sind hierbei weit auszulegen. Mit „Zwischenprodukt" kann beispielsweise ein Erzeugnis gemeint sein, das in einem ***divisional*** organisierten Unternehmen von einer Division erstellt und an eine andere Division geliefert wird, welche unter Zuhilfenahme des Erzeugnisses ein Endprodukt für den Markt fertigt (z.B. die Produktion von Elektromotoren bei General Electric, die anschließend in elektrische Haushaltsgeräte wie Mixer, Fön oder Staubsauger eingebaut werden). Legt man den Begriff „Zwischenprodukt" weit aus, so können hierunter bei einem ***funktional*** organisierten Unternehmen auch die Erzeugnisse der Produktionsabteilung subsumiert werden, welche an die Absatzabteilung geliefert werden und von dort auf den Markt gelangen. Das Endprodukt wäre dann mit dem Zwischenprodukt physisch identisch. Jedoch mussten noch Verkaufs- und gegebenenfalls Serviceleistungen von der Absatzabteilung als Endglied in der Wertschöpfungskette aufgewendet werden. Letztlich können unter „Zwischenprodukt" auch die (Dienst-)Leistungen einer Zentralabteilung (z.B. Rechtsabteilung, Forschungs- und Entwicklungsabteilung) fallen, die als Input in die Leistungserstellung anderer Unternehmensbereiche einfließen.[2]

[2] Inhaltlich ergeben sich hier starke Parallelen zum Problem der unternehmensinternen Allokation zentraler Ressourcen; vgl. Abschnitt III.4. Im Mittelpunkt stehen nun jedoch nicht mehr die vertikalen Interaktionen mit der Unternehmensleitung, sondern die direkten horizontalen Lieferbeziehungen zwischen zwei Unternehmensbereichen.

Im Folgenden soll von einem konkreten Anwendungsfall abstrahiert und stattdessen von einer stilisierten internen Lieferbeziehung zwischen einem internen Anbieter *A* und einem internen Nachfrager *N* ausgegangen werden:

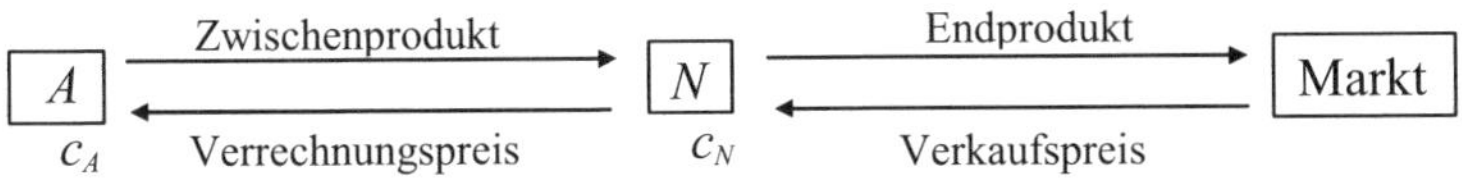

Der interne Anbieter *A* erstellt für den internen Nachfrager *N* ein Zwischenprodukt, für das Produktionskosten in Höhe von c_A anfallen. Als Gegenleistung erhält *A* einen ***Verrechnungspreis*** für seine Lieferung.[3] Durch die Weiterverarbeitung des Zwischenprodukts entstehen bei *N* Kosten in Höhe von c_N. Über den Verkauf des Endproduktes erhält *N* schließlich einen bestimmten Verkaufspreis. Offen ist zunächst noch die Frage, wie der Verrechnungspreis bestimmt wird. Hierzu werden in Theorie und Empirie hauptsächlich drei Typen von Verrechnungspreisen diskutiert – marktpreisorientierte Verrechnungspreise, kostenorientierte Verrechnungspreise sowie Verhandlungslösungen.[4]

Marktpreisorientierte Verrechnungspreise gehen davon aus, dass ein Markt existiert, auf dem Güter gehandelt werden, die mit dem Zwischenprodukt identisch oder zumindest vergleichbar sind. In diesem Fall kann ein Verrechnungspreis festgelegt werden, der sich je nach Vergleichbarkeit eng oder weniger eng am bestehenden Marktpreis anlehnt. Sind die auf dem Markt gehandelten Güter perfekte Substitute für das betrachtete Zwischenprodukt, so könnte der Verrechnungspreis direkt in Höhe des Marktpreises festgelegt werden. Die Bildung marktpreisorientierter Verrechnungspreise erscheint jedoch aus Sicht der Neuen Institutionenökonomik schon von der Grundidee her problematisch:[5] Organisationen wie Unternehmen entstehen gerade deshalb, weil die Benutzung des Marktes hohe Transaktionskosten verursacht und/oder der Markt Funktionsschwächen aufweist. Wenn nun jedoch eine Unternehmung im Vergleich zum Markt unter den gegebenen Bedingungen die bessere Alternative darstellt, ist nicht einsichtig, warum bei der Bestimmung der Verrechnungspreise wiederum auf den Markt zurückgegriffen und keine interne Unternehmenslösung gewählt wird.

---

[3] Ein *Verrechnungspreis* ist ein unternehmensinterner Preis, der im Rahmen des innerbetrieblichen Leistungsaustausches für das Zwischenprodukt festgelegt wird. Verrechnungspreise werden u.a. verwendet, damit der *A* Anreize hat, sein Zwischenprodukt zu erstellen, und der *N* zu keiner übertrieben hohen Nachfrage neigt. Die folgenden Ausführungen werden jedoch zeigen, dass neben der Bildung von Verrechnungspreisen auch andere Lösungsansätze denkbar sind (z.B. die GROVES/LOEB-Lösung).

[4] Vgl. EWERT/WAGENHOFER (1997), S. 571–609, die auch die Vor- und Nachteile dieser drei Typen ausführlich diskutieren.

[5] Vgl. SCHAUENBERG/SCHMIDT (1983), S. 264–265; NEUS (1997).

Kostenorientierte Verrechnungspreise sind in der Praxis am häufigsten anzutreffen.[6] Sie werden auf Basis der Kosten c_A ermittelt, die bei A für die Erstellung des Zwischenproduktes anfallen. Genau genommen sind allerdings je nach Wahl der Bezugsgröße eine ganze Reihe kostenorientierter Verrechnungspreise möglich, z.B. auf der Basis von Istkosten oder Standardkosten, Grenzkosten oder Vollkosten.[7]

Während marktpreis- und kostenorientierte Verrechnungspreise in der Regel zentral von der Unternehmensleitung festgelegt werden, sehen ***Verhandlungslösungen*** eine rein dezentrale Vorgehensweise vor. Hierbei ist der Verrechnungspreis das Ergebnis eines Aushandlungsprozesses zwischen dem internen Anbieter A und dem internen Nachfrager N. Der Vorteil solch einer dezentralen Lösung ist darin zu sehen, dass die beiden Verhandlungspartner üblicherweise über einen besseren Informationsstand als die Unternehmensleitung verfügen. Im Rahmen des Aushandlungsprozesses wird auf diese dezentralen Informationen zurückgegriffen, was im Falle einer rein zentralen Lösung nicht möglich wäre. Als äußerst nachteilig kann sich eine Verhandlungslösung jedoch dann erweisen, wenn der Verhandlungsprozess sehr zeitaufwendig ist oder von den Verhandlungspartnern Monopoleffekte sowie Informationsvorteile opportunistisch genutzt werden.[8]

IV.1.1 Informationsprobleme und Monopsonmacht

Derartige Anreizprobleme bei asymmetrisch verteilten Informationen sollen im Folgenden nun genauer diskutiert werden.[9] Zur Lösung der Anreiz- bzw. Informationsprobleme werden anschließend zwei bewährte Ansätze vorgestellt, die nicht auf der Vorgabe bestimmter Verrechnungspreise basieren – profit sharing sowie das Informationsaufdeckungsverfahren von GROVES und LOEB (1976).[10]

---

[6] Vgl. EWERT/WAGENHOFER (1997), S. 572.

[7] Vgl. zu einer genaueren Diskussion EWERT/WAGENHOFER (1997), S. 582–604.

[8] Zur allgemeinen Ineffizienz bilateraler Verhandlungen bei asymmetrisch verteilten Informationen vgl. MYERSON/SATTERTHWAITE (1983).

[9] Neben der in diesem Abschnitt behandelten Problematik asymmetrisch verteilter Informationen werden im Zusammenhang mit Verrechnungspreisen noch zwei weitere Problemfelder in der Literatur diskutiert: Hierbei handelt es sich zum einen um das Problem spezifischer Investitionen durch die internen Transaktionspartner und die Frage, mit welcher Art von Verrechnungspreisen geeignete Investitionsanreize geschaffen werden; vgl. HOLMSTRÖM/TIROLE (1991); EDLIN/REICHELSTEIN (1995); BALDENIUS/REICHELSTEIN (1998); ANCTIL/DUTTA (1999); BALDENIUS/REICHELSTEIN/SAHAY (1999); WIELENBERG (2000); PFEIFFER (2002), (2003). Zum anderen wird der Frage nachgegangen, auf welche Weise über Verrechnungspreise Vorteile infolge einer strategischen Selbstbindung erzielt werden können; vgl. ALLES/DATAR (1998); GÖX (1999), (2000); SCHILLER (2000).

[10] Zu einer Lösung mittels dualer Verrechnungspreise vgl. RONEN/MCKINNEY (1970); RONEN (1974); JENNERGREN (1982), S. 375–376.

Den Ausgangspunkt für die weiteren Ausführungen dieses Unterabschnitts bildet das klassische Verrechnungspreisproblem von HIRSHLEIFER (1956).[11] Betrachtet sei hierzu wiederum ein innerbetrieblicher Leistungsaustausch zwischen einem internen Anbieter A und einem internen Nachfrager N. Angenommen sei, dass A insgesamt x Einheiten eines Zwischenprodukts zu Kosten in Höhe von $c_A(x)$ fertigt und an N liefert. N bearbeitet diese x Einheiten weiter und verkauft sie anschließend als y Einheiten eines Endproduktes auf dem Markt. Hierbei sei der Einfachheit halber davon ausgegangen, dass die Anzahl der Einheiten des Zwischenprodukts mit denen des Endprodukts identisch ist, d.h. es findet lediglich eine reine Weiterbearbeitung statt $(x = y)$.[12] Diese Weiterbearbeitung verursache Kosten in Höhe von $c_N(y)$ bei N. Beide Kostenfunktionen seien konvex und steigend, d.h. es gelte $c_A'(x) > 0$, $c_A''(x) > 0$, $c_A'''(x) \geq 0$, $c_N'(y) > 0$ und $c_N''(y) > 0$.[13] Der Stückpreis für das Endprodukt auf dem Markt sei ein Datum und betrage p Geldeinheiten. Das Optimierungsproblem der Unternehmensleitung lautet daher:

$$\max_{x,y} p \cdot y - c_A(x) - c_N(y) \tag{IV.1}$$

unter den Nebenbedingungen

$$x = y \tag{IV.2}$$

$$x \geq 0 \tag{IV.3}$$

$$y \geq 0. \tag{IV.4}$$

Die Unternehmensleitung versucht gemäß (IV.1), den Gesamtgewinn des Unternehmens zu maximieren. Als erste Nebenbedingung muss dazu die obige Annahme $x = y$ erfüllt sein. Zudem müssen die üblichen Nicht-Negativitätsbedingungen $x \geq 0$ und $y \geq 0$ gelten. Das Kernproblem bestehe nun darin, dass die relevanten Informationen asymmetrisch verteilt seien und die Unternehmensleitung ihr Optimierungsproblem daher nicht ohne weiteres lösen kann. Angenommen sei, dass weder die Unternehmensleitung noch N die Kosten $c_A(x)$ kennen. Diese seien allein A bekannt. Analog sei angenommen, dass

---

[11] Die folgende Darstellung bezieht sich auf JENNERGREN (1982). Zu einem Rechenbeispiel vgl. EWERT/WAGENHOFER (1997), S. 584–590.

[12] Einen typischen Fall für die betrachtete Situation stellt das eingangs in diesem Unterabschnitt erwähnte General-Electric-Beispiel dar, bei dem jeweils ein Elektromotor in ein Endprodukt (z.B. Staubsauger) eingebaut wird.

[13] Die Konvexität der Kostenfunktionen lässt sich produktionstheoretisch über eine intensitätsmäßige Anpassung erklären.

ausschließlich N Kenntnis von $c_N(y)$ und p habe.[14] Der Unternehmensleitung fehlen damit zunächst einmal entscheidende Informationen zur Lösung des Optimierungsproblems (IV.1) – (IV.4). Sie könnte zwar A und N nach ihren Informationen fragen, eine wahrheitsgemäße Antwort kann sie allerdings nicht unbedingt erwarten, zumal zusätzlich angenommen sei, dass sowohl A als auch N erfolgs- bzw. ergebnisabhängig entlohnt werden.[15] Schließlich sei davon ausgegangen, dass die Unternehmensleitung ex post die Höhe der innerbetrieblichen Leistung $x = y$ beobachtet, den realisierten Unternehmensgewinn kennt sowie die realisierten Entlohnungsbemessungsgrundlagen für A und N berechnen kann.[16] Ferner sei angenommen, dass sämtliche Akteure risikoneutral sind und – wie schon beim Problem der internen Allokation zentraler Ressourcen (Abschnitt III.4) – Arbeitsanstrengungen nicht mit in Betracht gezogen werden. Im Vordergrund steht nun die Frage, auf welche Weise die Unternehmensleitung verhindern kann, dass A und N ihre Informationsvorteile opportunistisch zur Erhöhung der eigenen Bemessungsgrundlage ausnutzen.

Betrachtet sei als Referenzlösung zunächst einmal die ***First-best-Lösung***, die von der Unternehmensleitung lediglich bei Kenntnis von $c_A(x)$, $c_N(y)$ und p erreichbar wäre. In diesem Fall könnte sie ihr ursprüngliches Optimierungsproblem (IV.1) – (IV.4) ohne Schwierigkeiten lösen. Die entsprechende First-best-Lösung (x^*, y^*) verlangt, dass

$$p = c'_A(x^*) + c'_N(y^*) \text{ mit } x^* = y^* \tag{IV.5}$$

erfüllt ist. Dadurch würden die Mengenentscheidungen x und y so getroffen werden, dass der Grenzumsatz des Unternehmens (= p) den Grenzkosten des Unternehmens $(= c'_A + c'_N)$ entspräche, womit ein Gewinnmaximum erreicht wäre.

Die First-best-Lösung lässt sich durch die Wahl eines ***geeigneten Verrechnungspreises*** von der Unternehmensleitung implementieren. Beispielsweise sei angenommen, dass sowohl A als auch N auf Grundlage ihrer jeweiligen

---

[14] Die Annahme, dass der Verkaufspreis p für das Endprodukt keine öffentliche, sondern lediglich eine private Information des N sei, klingt auf den ersten Blick völlig unrealistisch. Zu verstehen ist unter p jedoch derjenige Preis, den N auf dem Markt für das Endprodukt tatsächlich „durchsetzen“ kann. Dieser sei den anderen Beteiligten ex ante nicht bekannt.

[15] Genau genommen geht es um die Entlohnung der entsprechenden Abteilungsleiter. Im Folgenden sollen Abteilung und Abteilungsleiter vereinfacht als Synonyme betrachtet werden.

[16] Zu den Bemessungsgrundlagen folgen – in Abhängigkeit vom gewählten Lösungsansatz – unten noch weitere Angaben.

Bereichsergebnisse erfolgsabhängig entlohnt werden, so dass *A* als Bemessungsgrundlage das Bereichsergebnis

$$BE_A = r \cdot x - c_A(x) \tag{IV.6}$$

und *N* als Bemessungsgrundlage das Bereichsergebnis

$$BE_N = p \cdot y - c_N(y) - r \cdot y \tag{IV.7}$$

zugeordnet bekommen mit r als Verrechnungspreis. Unter First-best-Bedingungen könnte die Unternehmensleitung *A* und *N* beauftragen, ihre Bereichsergebnisse zu maximieren, und gleichzeitig einen optimalen Verrechnungspreis festlegen, der sich aus der Bedingung erster Ordnung des *A* ergibt: $r^* = c'_A(x^*)$. Zusammen mit der Bedingung erster Ordnung für den *N* – nämlich $p = c'_N(y^*) + r$ – folgt hieraus unter Beachtung der Nebenbedingung (IV.2) die First-best-Lösung $p = c'_N(y^*) + c'_A(x^*)$.

Unter ***Informationsasymmetrie*** ist solch eine Vorgehensweise jedoch nicht möglich, da die Unternehmensleitung nun den optimalen Verrechnungspreis r^* nicht mehr ermitteln kann.[17] Sie kann höchstens *A* dazu auffordern, seine Grenzkostenfunktion $c'_A(x)$ an den *N* zu melden, so dass dieser unter Berücksichtigung der Bedingung $c'_A(x) = r$ für den optimalen Verrechnungspreis sein Bereichsergebnis (IV.7) und damit auch den Unternehmensgewinn $p \cdot y - c_A(x) - c_N(y)$ maximiert. Die von *A* gemeldete Grenzkostenfunktion sei mit $\tilde{c}'_A(x)$ bezeichnet.[18] Angenommen sei zunächst einmal, dass *A* wahrheitsgemäß meldet, d.h. $\tilde{c}'_A(x) = c'_A(x)$. Trotzdem kann die Unternehmensleitung nicht damit rechnen, dass die First-best-Lösung erreicht wird. Der Grund hierfür liegt darin, dass *N* als ***Monopsonist*** über die von ihm nachgefragte Menge des Zwischenprodukts direkt die Grenzkosten $c'_A(x)$ und damit auch die Höhe des Verrechnungspreises beeinflussen kann: Da *N* weiß, dass der Verrechnungspreis anhand der gemeldeten Grenzkostenfunktion $\tilde{c}'_A(x)$ von der Unternehmensleitung festgesetzt wird, maximiert er als Bemessungsgrundlage sein Bereichsergebnis

$$\begin{aligned} BE_N &= p \cdot y - c_N(y) - r \cdot y, \qquad x = y \\ &= p \cdot y - c_N(y) - \tilde{c}'_A(y) \cdot y. \end{aligned} \tag{IV.8}$$

---

[17] Vgl. JENNERGREN (1982).

[18] Auch im weiteren Verlauf sollen gemeldete Größen mit einer Tilde „~" versehen werden. Eine Bezeichnung wie im Fall zentraler Ressourcen über „*m*" (vgl. Abschnitt III.4) wäre hier zu unübersichtlich, zumal im weiteren Verlauf ein Szenario betrachtet wird, bei dem von *A* eine Größe, von *N* jedoch zwei ($c_N(y)$ und p) gemeldet werden sollen.

Die Bedingung erster Ordnung führt bei wahrheitsgemäßer Meldung des A zu

$$\begin{aligned} p &= c'_N(y) + \tilde{c}'_A(y) + \tilde{c}''_A(y) \cdot y, \qquad x = y \\ &= c'_N(y) + c'_A(y) + c''_A(y) \cdot y. \end{aligned} \tag{IV.9}$$

$(\bar{x},\bar{y})$ mit $\bar{x} = \bar{y}$ sei die Lösung zu (IV.9). Vergleicht man den Ausdruck (IV.9) mit der Bedingung (IV.5) für die First-best-Lösung, so sieht man, dass sich die rechten Seiten der Gleichungen erheblich unterscheiden. In (IV.9) taucht mit $c''_A(y) \cdot y > 0$ ein dritter Summand auf. Da (IV.1) eine streng konkave Funktion mit Lösung (IV.5) beschreibt und $p > c'_N(\bar{y}) + c'_A(\bar{y})$ gilt, muss sich die Lösung $\bar{x} = \bar{y}$ also links vom Maximum der Funktion (IV.1) befinden, d.h. es gilt $\bar{y} < y^*$. Hieraus folgt wegen $x = y$, dass N die Menge $\bar{y} = \bar{x} < x^*$ bei A nachfragt. Dadurch lautet der von der Unternehmensleitung festgelegte Verrechnungspreis $\tilde{c}'_A(\bar{x}) = c'_A(\bar{x}) =: \bar{r} < r^*$. Insgesamt kann daher festgehalten werden: Wird N anhand seines Bereichsergebnisses entlohnt, so wird dieser seine Nachfragemacht als interner Monopsonist ausnutzen und aus Sicht der Unternehmensleitung eine geringere Menge vom Zwischenprodukt nachfragen, als wünschenswert wäre $(\bar{x} < x^*)$. Dadurch erzielt N einen geringeren Verrechnungspreis als in der First-best-Lösung $(\bar{r} < r^*)$ und kann letztlich seine Bemessungsgrundlage bzw. seine Entlohnung erhöhen (es gilt $BE_N(\bar{x},\bar{y},\bar{r}) > BE_N(x^*,y^*,r^*)$, da $(\bar{x},\bar{y})$ die Lösung zu (IV.9) darstellt). Solch ein opportunistisches Verhalten des N – ein rationales Ausnutzen der Monopsonmacht – kann bei Informationsasymmetrie von der Unternehmensleitung nicht aufgedeckt werden. Lediglich wenn die Mengenentscheidungen x und y auseinander fielen, wäre offensichtlich, dass sich mindestens einer der Beteiligten nicht an der First-best-Lösung orientiert. Da hier jedoch $\bar{x} = \bar{y}$ gilt, muss N nicht mit Sanktionen rechnen.

Im Folgenden sollen zwei Lösungsansätze vorgestellt werden, mit denen die Unternehmensleitung trotz Informationsasymmetrie doch noch eine Maximierung des Unternehmensgewinns und damit die First-best-Lösung erreichen kann. Beide Ansätze wurden bereits in Abschnitt III.4 zur internen Allokation zentraler Ressourcen diskutiert – profit sharing und der Ansatz von GROVES/LOEB. Sie sollen nun entsprechend auf das Problem des innerbetrieblichen Leistungsaustausches angewendet werden.

IV.1.2 Profit Sharing

Der erste Lösungsansatz kann als Gewinnteilung bzw. profit sharing bezeichnet werden.[19] Analog zu Unterabschnitt III.4.2 wird jedem der beiden Akteure, A und N, die gleiche Bemessungsgrundlage in Form des ***realisierten*** Unternehmensgewinns vorgegeben:

$$BG_A = BG_N = p \cdot y - c_A(x) - c_N(y). \qquad \text{(IV.10)}$$

Anschließend wird A um die Meldung von $c_A(x)$ gebeten und N um die Meldung von p und $c_N(y)$; zugleich wird beiden von der Unternehmensleitung mitgeteilt, dass sie die Mengen x und y so festlegen wird, dass der ***gemeldete*** Unternehmensgewinn

$$\tilde{p} \cdot y - \tilde{c}_A(x) - \tilde{c}_N(y) \qquad \text{(IV.11)}$$

maximiert wird. Schließlich findet die Lieferung des Zwischenproduktes statt, und A und N werden gemäß ihrer Bemessungsgrundlagen entlohnt.

Es lässt sich nun leicht zeigen, dass wahrheitsgemäßes Melden ein NASH-Gleichgewicht darstellt. Angenommen sei, dass N die Wahrheit gemeldet hat. Die Bemessungsgrundlage des A lautet dann

$$BG_A = p \cdot y - \tilde{c}_A(x) - c_N(y). \qquad \text{(IV.12)}$$

In diesem Fall kann A lediglich durch eine ebenfalls wahrheitsgemäße Meldung

$$\tilde{c}_A(x) = c_A(x) \qquad \text{(IV.13)}$$

sicher stellen, dass die Ausdrücke (IV.10) und (IV.11) identisch sind, so dass die Unternehmensleitung genau diejenigen Entscheidungen trifft, die die eigene Bemessungsgrundlage maximieren. Analog gilt, dass wahrheitsgemäßes Melden des N eine beste Antwort auf $\tilde{c}_A(x) = c_A(x)$ bildet.

IV.1.3 GROVES/LOEB-Lösung

Als zweiter Lösungsansatz für den innerbetrieblichen Leistungsaustausch bei Informationsasymmetrie soll nun die ***GROVES/LOEB-Lösung*** erläutert werden, die auf GROVES/LOEB (1976) zurückgeht.[20] Diese Lösung unterscheidet sich dadurch von profit sharing, dass sie zu einer wahrheitsgemäßen Informationsaufdeckung als dominante Strategie bei beiden Akteuren A und N führt. Wie auch bei profit sharing wird zur Lösung des Informationsproblems nicht auf Verrechnungspreise zurückgegriffen. Die folgende Darstellung wird zeigen,

[19] Vgl. auch JENNERGREN (1982), S. 378.
[20] Die Darstellung folgt JENNERGREN (1982), S. 377.

dass die Grundidee der GROVES/LOEB-Lösung mit der des GROVES/ LOEB-Mechanismus aus Unterabschnitt III.4.3 identisch ist. Wie beim GROVES/LOEB-Mechanismus zur internen Allokation zentraler Ressourcen sieht auch die GROVES/LOEB-Lösung im hier betrachteten Fall eine dreistufige Verfahrensweise vor:

Schritt 1: A wird von der Unternehmensleitung nach $c_A(x)$ und N nach $c_N(y)$ sowie p befragt. Die entsprechenden Meldungen seien wiederum mit $\tilde{c}_A(x)$, $\tilde{c}_N(y)$ und $\tilde{p}$ bezeichnet. Gleichzeitig werden beiden Akteuren bei der Befragung ihre Bemessungsgrundlagen für die Entlohnung genannt, damit jeder die Konsequenzen seiner Meldung kennt. A bekommt als Bemessungsgrundlage

$$BG_A = \tilde{p} \cdot y - c_A(x) - \tilde{c}_N(y) \tag{IV.14}$$

zugewiesen und N

$$BG_N = p \cdot y - \tilde{c}_A(x) - c_N(y). \tag{IV.15}$$

Schritt 2: Die Unternehmensleitung wählt $x = y$ (mit $x, y \geq 0$) so, dass der gemeldete Unternehmensgewinn

$$\tilde{p} \cdot y - \tilde{c}_A(x) - \tilde{c}_N(y) \tag{IV.16}$$

maximiert wird.

Schritt 3: Die Lieferung des Zwischenproduktes wird durchgeführt. Die Unternehmensleitung entlohnt A und N gemäß ihrer Bemessungsgrundlagen BG_A und BG_N.

Die Grundidee der GROVES/LOEB-Lösung ist mit der des GROVES/LOEB-Mechanismus aus Unterabschnitt III.4.3 in dem Sinne identisch, dass beide Akteure auf Grundlage des Unternehmensgewinns entlohnt werden, bei dem diejenigen Größen, die jeweils allein dem anderen Akteur bekannt sind, durch dessen gemeldete Größen ersetzt werden. Jeder der Akteure kann mit seiner Meldung nicht direkt die eigene Bemessungsgrundlage beeinflussen, sondern lediglich indirekt, da die Meldungen in die Allokationsentscheidung der Unternehmensleitung – hier: die Mengenentscheidung $x = y$ – einfließen. Im Endergebnis bildet eine wahrheitsgemäße Informationsaufdeckung wiederum die dominante Strategie jedes Akteurs. Nur ein wahrheitsgemäßes Melden von $c_A(x)$ in Schritt 1 sichert für A, dass die Ausdrücke (IV.14) und (IV.16) identisch sind und die Unternehmensleitung in Schritt 2 diejenige Mengenentscheidung $x = y$ trifft, die BG_A maximiert. Analog stellt N ausschließlich durch eine wahrheitsgemäße Angabe von p und $c_N(y)$ sicher, dass die Unternehmensleitung über die Mengenentscheidung $x = y$ seine Bemessungsgrundlage BG_N maximiert, da (IV.15) und (IV.16) in diesem Fall übereinstimmen. Jedes Abweichen von der Wahrheit birgt für A und N lediglich die Gefahr der Selbstschädigung. Daher wird durch die GROVES/LOEB-Lösung insgesamt für A und N jeweils eine (schwach) dominante Strategie implementiert und die First-best-Lösung (x^*, y^*) gesichert.

IV.1.4 Diskussion

Insgesamt lässt sich festhalten, dass auch beim innerbetrieblichen Leistungsaustausch das Problem asymmetrisch verteilter Informationen von der Unternehmensleitung gelöst werden kann. Hierzu wurden in diesem Unterabschnitt eine Lösung mittels profit sharing sowie die GROVES/LOEB-Lösung vorgestellt, die beide jeweils eine wahrheitsgemäße Informationsaufdeckung der beiden Akteure A und N gewährleisten.

Abschließend bleibt anzumerken, dass beide hier vorgestellten Lösungen nicht völlig frei von Problemen sind. Dies wird deutlich, wenn man einige der kritischen Einwände aus Abschnitt III.4 über die interne Allokation zentraler Ressourcen analog auf die Profit-sharing- und die GROVES/LOEB-Lösung anwendet. Beispielsweise muss beiden Lösungen vorgehalten werden, dass ex post A und N einen gleich hohen Wert für die Bemessungsgrundlage zugewiesen bekommen, wodurch individuelle Leistungsunterschiede unberücksichtigt bleiben. Bezogen auf den hier gewählten Modellansatz ist dieser Einwand zwar irrelevant, zumal die Leistungen von A und N streng interdependent sind und aus Kooperationsgesichtspunkten insofern eine gemeinsame Bemessungsgrundlage äußerst vernünftig erscheint.[21] Man könnte jedoch auch eine alternative Modellvariante formulieren, bei der A und N zusätzlich über individuelle Anstrengungen zu entscheiden haben, mit denen die Kosten $c_A(x)$ bzw. $c_N(y)$ gesenkt werden können (z.B. Forschungs- und Entwicklungsanstrengungen, die zu einer Verbesserung der Produktionstechnologie führen). Da derartige individuelle Anstrengungen jedoch Arbeitsleid verursachen und aufgrund der einheitlichen, kollektiven Bemessungsgrundlage beiden Akteuren gleichermaßen zugute kämen, wären wiederum Trittbrettfahrerprobleme nicht auszuschließen.

[21] Durch eine gemeinsame Bemessungsgrundlage verfolgen A und N das gleiche Ziel, d.h. von der Unternehmensleitung werden gezielt Kooperationsanreize gestaltet. Solch eine Berücksichtigung der Interdependenzen zwischen den Akteuren verhindert opportunistisches, individuell rationales Verhalten zu Lasten des jeweils anderen Akteurs und dadurch zu Lasten der Unternehmensleitung.

Auch der Einwand einer möglichen profitablen Absprache beim GROVES/LOEB-Mechanismus aus Abschnitt III.4 ließe sich in modifizierter Form für die hier betrachtete GROVES/LOEB-Lösung diskutieren. Sofern man zusätzlich annimmt, dass die Unternehmensleitung den ex post realisierten Unternehmensgewinn auch zu Kontrollzwecken verwendet und drastische Strafen verhängt, wenn sich dieser vom gemeldeten Unternehmensgewinn (IV.16) unterscheidet, oder wenn keine fixen Kosten existieren, so dass $\tilde{c}_A(x)$ und $\tilde{c}_N(y)$ ausschließlich gemeldete variable Kosten darstellen, sind keine gemeinsamen Absprachen zwischen *A* und *N* möglich, die profitabel sind und nicht entdeckt werden können. Umgekehrt sei jedoch z.B. der Fall betrachtet, dass (a) Fixkosten bei *A* und *N* anfallen sowie zusammen mit den variablen Kosten zu melden sind und (b) die Unternehmensleitung nicht den realisierten mit dem gemeldeten Unternehmensgewinn zu Kontrollzwecken vergleicht. In diesem Fall könnten sich *A* und *N* z.B. auf einen konstanten Betrag c_F einigen sowie darauf, dass *A* nun $\tilde{c}_A{}^{\text{neu}}(x) = \tilde{c}_A(x) - c_F$ meldet und *N* nun $\tilde{c}_N{}^{\text{neu}}(y) = \tilde{c}_N(y) - c_F$ sowie $\tilde{p}$.[22] Da c_F als Konstante für die Mengenentscheidung $x = y$ der Unternehmensleitung irrelevant ist (d.h. c_F fällt beim Differenzieren von (IV.16) weg), wählt die Unternehmensleitung immer noch die First-best-Lösung (x^*, y^*). Die Folge wäre jedoch, dass bei beiden Akteuren der tatsächliche Fixkostenblock um c_F schrumpft und die Bemessungsgrundlagen (IV.14) und (IV.15) auf $BG_A{}^{\text{neu}} = BG_A + c_F$ sowie $BG_N{}^{\text{neu}} = BG_N + c_F$ steigen. „Schummeln" wäre dann für *A* und *N* profitabel. Allerdings wäre bei diesem Einwand analog zu Abschnitt III.4 kritisch nach der Stabilität der Absprache zu fragen.

IV.2 Trittbrettfahrerprobleme bei Teamarbeit

In den bisherigen Ausführungen wurde schon mehrfach auf die Gefahr eines Trittbrettfahrerproblems hingewiesen. Zu solch einem Problem kann es dann kommen, wenn verschiedene Akteure in einem Team zusammenarbeiten und die ***individuellen Leistungsbeiträge zum Teamergebnis nicht beobachtbar oder nicht-kontrahierbar*** sind.[23] In diesem Fall ist eine individuelle leistungsbezogene Entlohnung lediglich auf Grundlage des Teamergebnisses

[22] c_F stellt damit einen konstanten Betrag dar, der von den Fixkosten von $c_A(x)$ und $c_N(y)$ subtrahiert wird.

[23] Mögliche Beispiele für Teamarbeit sind in teilautonomen Gruppen in der Produktion, bei der Zusammenarbeit in der F+E-Abteilung, in Prüfungsteams bei Wirtschaftsprüfungsgesellschaften und bei den Managern einer Matrixorganisation zu finden.

möglich (sofern dieses kontrahierbar ist), woraus sich für das einzelne Teammitglied jedoch Anreize ergeben, seine individuellen Leistungsanstrengungen zurückzuhalten. Durch solch eine Leistungszurückhaltung erzielt das betreffende Teammitglied einen unmittelbaren Nutzenzuwachs in Form eingesparten Arbeitsleides. Die Kosten aus der Leistungszurückhaltung in Form eines verringerten Teamergebnisses werden jedoch auf alle Teammitglieder verteilt, so dass der Trittbrettfahrer lediglich in Höhe seines Entlohnungsanteils am Teamergebnis an den von ihm verursachten Kosten partizipiert. Dieses Trittbrettfahrerproblem soll im Folgenden formal präzisiert werden. Im Anschluss wird dann ein kurzer Überblick über verschiedene Lösungsansätze gegeben, wobei jedoch nicht genauer auf die einzelnen zugrunde liegenden Modelle eingegangen wird.

IV.2.1 Das Grundproblem

Teamarbeit findet man sowohl zwischen verschiedenen Unternehmensbereichen als auch zwischen individuellen Akteuren im Unternehmen. In Unterabschnitt II.2.3.1 wurde anhand der Überlegungen von ALCHIAN/DEMSETZ (1972) sogar gezeigt, dass Teamarbeit eine wesentliche Ursache für die Gründung eines Unternehmens sein kann. Im Folgenden soll von den unterschiedlichen Varianten der Teamarbeit abstrahiert und stattdessen ein einfaches stilisiertes Teammodell diskutiert werden, da auf diese Weise das grundsätzliche Trittbrettfahrerproblem am deutlichsten herausgearbeitet werden kann. Ausgegangen sei von einem Team, das aus n Mitgliedern bestehe. Das Team erziele ein Teamergebnis gemäß der Produktionsfunktion

$$\pi\left(\sum\nolimits_{i=1}^{n} e_i\right) \quad \text{mit} \quad \pi' > 0 \quad \text{und} \quad \pi'' < 0 \qquad \text{(IV.17)}$$

wobei e_i der nicht-kontrahierbare Arbeitseinsatz bzw. die nicht-kontrahierbare Anstrengung des Teammitglieds i $(i = 1,\dots,n)$ sei. e_i verursache bei Mitglied i ein Arbeitsleid, welches in monetären Werten über die Funktion $c(e_i)$ mit $c'(e_i) > 0$ und $c''(e_i) > 0$ für $e_i > 0$ und $c'(0) = 0$ ausgedrückt werden kann. Angenommen sei, dass das Teamergebnis vollständig auf die Teammitglieder aufgeteilt wird (d.h. die Arbeitnehmer haben gegenüber dem Arbeitgeber aufgrund ***kompetitiver Märkte*** die gesamte Verhandlungsmacht). Bezeichne γ_i den Anteil, den Mitglied i am Teamergebnis erhält, so muss gemäß dieser Annahme die Budgetbedingung

$$\sum_{i=1}^{n} \gamma_i = 1 \qquad \text{(IV.18)}$$

gelten. Schließlich sei angenommen, dass das Teammitglied $i\left(i=1,\ldots,n\right)$ gemäß der Nutzenfunktion

$$u(e_i)=\gamma_i\cdot\pi\left(\sum\nolimits_{i=1}^{n}e_i\right)-c(e_i) \qquad \text{(IV.19)}$$

entscheide. Im Rahmen dieses Teammodells lässt sich nach HOLMSTRÖM (1982b, S. 326) folgendes Ergebnis herleiten:

Ergebnis IV–1: *Es existiert keine Aufteilung $\gamma_1,\ldots,\gamma_n$ für das Teamergebnis, die zu einem NASH-Gleichgewicht $\boldsymbol{e}^*=(e_1^*,\ldots,e_n^*)$ führt, welches Pareto-effizient ist und zugleich die Budgetbedingung (IV.18) erfüllt.*

Beweis: Die Anstrengungen der Teammitglieder müssten bei ***Pareto-Effizienz*** das Netto-Teamergebnis

$$\pi\left(\sum\nolimits_{i=1}^{n}e_i\right)-\sum_{i=1}^{n}c(e_i) \qquad \text{(IV.20)}$$

maximieren, so dass die Bedingungen erster Ordnung

$$\pi'\left(\sum\nolimits_{i=1}^{n}e_i\right)=c'(e_i) \qquad (i=1,\ldots,n) \qquad \text{(IV.21)}$$

erfüllt sind. Die ***notwendige Bedingung für ein NASH-Gleichgewicht $\boldsymbol{e}^*$*** verlangt, dass die ersten partiellen Ableitungen von (IV.19) nach e_i an der Stelle $\boldsymbol{e}^*$ den Wert Null annehmen:

$$\gamma_i\cdot\pi'\left(\sum\nolimits_{i=1}^{n}e_i\right)=c'(e_i) \qquad (i=1,\ldots,n). \qquad \text{(IV.22)}$$

Sollen für ein Pareto-effizientes NASH-Gleichgewicht (IV.21) und (IV.22) gleichzeitig erfüllt sein, so muss $\gamma_i=1$ für $i=1,\ldots,n$ gelten. Dieses führt jedoch zu einem Widerspruch mit der Budgetbedingung (IV.18). □

Der Beweis des Ergebnisses zeigt, dass die NASH-Gleichgewichtsanstrengungen nie Pareto-effizient sein können, wenn das Teamergebnis vollständig auf alle Teammitglieder ausgeschüttet wird.[24] Ist die Budgetbedingung erfüllt, was wiederum $\gamma_i<1$ impliziert, so zeigt der Vergleich von (IV.21) und (IV.22), dass die NASH-Gleichgewichtsanstrengungen niedriger als die Pareto-effizienten Anstrengungen ausfallen, da π' in e_i sinkt und $c'(e_i)$ in e_i steigt. Dieses ***Trittbrettfahrerproblem*** bei Teamarbeit wird durch das folgende Beispiel noch einmal verdeutlicht:

[24] Im Falle eines stetigen Entlohnungsschemas gilt das Ergebnis auch, wenn man in der Budgetbedingung (IV.18) das Gleichheitszeichen durch „≤" ersetzt.

Beispiel IV–1: Trittbrettfahrerverhalten bei einer gleichmäßigen Aufteilung des Teamergebnisses

Da die individuellen Leistungsbeiträge zum Teamergebnis nicht ermittelbar und/oder nicht kontrahierbar sind und in der betrachteten Situation jedes Teammitglied die gleichen Fähigkeiten hat, wird oftmals die Lösung gewählt, dass das Teamergebnis gleichmäßig auf alle Teammitglieder verteilt wird. Dieses führt zu der Nutzenfunktion $u(e_i) = \pi/n - c(e_i)$ für Teammitglied i. Das entsprechende NASH-Gleichgewicht ist symmetrisch, wobei die einheitliche Anstrengung jedes Teammitglieds, e^*, durch die folgende notwendige Bedingung beschrieben wird:

$$\frac{\pi'(ne^*)}{n} = c'(e^*). \qquad \text{(IV.23)}$$

Vergleicht man diese Bedingung mit der Bedingung (IV.21) für Pareto-Effizienz, $\pi'(ne) = c'(e)$, so sieht man wiederum, dass die NASH-Gleichgewichtsanstrengung e^* zwingend kleiner als der Pareto-effiziente Arbeitseinsatz sein muss. Die rechten Seiten der Gleichungen (IV.21) und (IV.23) sind im Gegensatz zu den linken Seiten bei gleichem Arbeitseinsatz identisch. Die linke Seite von (IV.23) ist hingegen um das n-fache kleiner als die linke Seite von (IV.21). Damit trotzdem beide Gleichungen erfüllt sind, muss e^* entsprechend kleiner sein als der Pareto-effiziente Arbeitseinsatz in (IV.21): Bei einem vergleichsweise kleinen e^* ist auch die rechte Seite von (IV.23) wegen $c'' > 0$ entsprechend klein. Zugleich ist aufgrund von $\pi'' < 0$ die linke Seite von (IV.23) trotz der Division mit n relativ groß, so dass insgesamt bei einem hinreichend kleinen e^* das Gleichheitszeichen in (IV.23) gilt.

Man sieht zudem, dass das ***Trittbrettfahrerproblem mit der Teamgröße wächst***: Je größer n ist, desto kleiner ist die linke Seite der Gleichung (IV.23) und desto kleiner muss damit auch e^* sein. Dieser Zusammenhang zwischen Teamgröße und Trittbrettfahrerverhalten ist äußerst plausibel. Eine marginale Minderung des individuellen Arbeitseinsatzes führt bei Teammitglied i zunächst einmal zu einem direkten Nutzenzuwachs in Höhe von $c'(e_i)$. Zugleich verringert sich jedoch auch das Teamergebnis und zwar um $\partial\pi/\partial e_i$. Diese Kosten $\partial\pi/\partial e_i$ aus Leistungszurückhaltung trägt i jedoch nur in Höhe seines Anteils $1/n$. Je größer daher n bzw. das Team ist, desto geringer ist seine individuelle Nutzeneinbuße durch Leistungszurückhaltung, während der Nutzenzuwachs $c'(e_i)$ der gleiche bleibt. Insgesamt kommt es damit in großen Teams zu entsprechend größerer Leistungszurückhaltung als in kleinen Teams.[25]

IV.2.2 Lösungsansätze

In Unterabschnitt II.2.3 wurde argumentiert, dass Unternehmen zur Sicherung sozialer Erträge bzw. positiver externer Effekte bei Teamarbeit entstehen können. M.a.W. können Unternehmen dann entstehen, wenn durch sie das bei Teamarbeit existierende Trittbrettfahrerproblem besser in den Griff zu bekommen ist als im Falle reiner Markttransaktionen. Im Folgenden sollen nun kurz die ***verschiedenen Lösungen*** zusammengefasst werden, die in der Lite-

[25] Zur Bedeutung der Teamgröße und ihrer Variation vgl. FABELLA (2000).

ratur zur Sicherung der sozialen Erträge aus Teamarbeit bzw. zur Verhinderung des Trittbrettfahrerverhaltens vorgeschlagen werden.[26]

HOLMSTRÖM (1982b) zeigt, dass über Aufteilungsregeln, die eine Verletzung der Budgetbedingung (IV.18) und damit verbunden eine Bestrafung des Teams in Form geringer Lohnzahlungen zulassen, Trittbrettfahrerprobleme verhindert werden können. Beispielsweise könnte die Regelung getroffen werden, dass *jedes* Teammitglied eine empfindliche Lohneinbuße hinzunehmen hat, falls das Teamergebnis einen bestimmten Sollwert unterschreitet.[27] Eine solche ***Budget-breaking-Lösung*** setzt lediglich voraus, dass das Teamergebnis kontrahierbar ist. Die (gegenseitige) Beobachtbarkeit der nicht-verifizierbaren Anstrengungen wird nicht benötigt. Hierbei könnte folgendes Lohnschema für jedes Teammitglied i ($i = 1, \ldots, n$) festgelegt werden:

$$w_i(\pi) = \begin{cases} b_i, \text{wenn } \pi \geq \pi(ne^P) \\ 0, \text{wenn } \pi < \pi(ne^P) \end{cases}$$

mit e^P als Pareto-effizientem Arbeitseinsatz des Teammitglieds i und b_i als Bonus, der die zwei Bedingungen $\sum_{i=1}^n b_i = \pi(ne^P)$ und $b_i \geq c(e^P)$ erfüllt. Es ist unmittelbar zu sehen, dass eine Pareto-effiziente Anstrengung jedes Mitglieds in diesem Fall ein NASH-Gleichgewicht bildet: Haben alle anderen Teammitglieder ein effizientes Anstrengungsniveau gewählt, hat i die Wahl, entweder über eine effiziente Anstrengung ein nicht-negatives Einkommen $b_i - c(e^P)$ zu erhalten oder aber mit einer geringeren Anstrengung (optimalerweise dann $e_i = 0$) eine Zahlung von Null. Ersteres stellt somit seine beste Antwort auf das Verhalten seiner Teamkollegen dar, was für jedes Teammitglied $i = 1, \ldots, n$ entsprechend gilt.

Eine alternative Lösung, die ebenfalls die Budgetbedingung (IV.18) nicht berücksichtigt, wäre ein ***optimaler linearer Anreizvertrag*** im Rahmen eines Prinzipal-Agenten-Ansatzes. Hierbei könnte jedem Teammitglied i das Entlohnungsschema

$$w_i = \alpha_i + \beta_i \cdot \pi\left(\sum_{i=1}^n e_i\right)$$

vorgegeben werden mit α_i als Fixum und $\beta_i > 0$ als Prämiensatz. Angenommen sei der Einfachheit halber, dass jedes Teammitglied risikoneutral sei und einen Reservationswert in Höhe von Null habe. Ansonsten gelten weiterhin

---

[26] Vgl. auch BACKES-GELLNER/LAZEAR/WOLFF (2001), S. 319–380; KRÄKEL (2001a), S. 357–362.

[27] Vgl. zu einer alternativen Lösung für den Fall risikoaverser Teammitglieder, jedoch ohne Teamchef/Prinzipal RASMUSEN (1987), aber auch ANDOLFATTO/NOSAL (1997).

die Annahmen und die Notation aus Unterabschnitt IV.2.1. Teammitglied i maximiert mit seiner Wahl der Anstrengung daher seine Zielfunktion

$$\alpha_i + \beta_i \cdot \pi\left(\sum_{i=1}^{n} e_i\right) - c(e_i).$$

Aus der Bedingung erster Ordnung ergibt sich die folgende Anreizbedingung:

$$\beta_i \cdot \pi'\left(\sum_{i=1}^{n} e_i\right) = c'(e_i).$$

Die Akzeptanzbedingung

$$\alpha_i + \beta_i \cdot \pi\left(\sum_{i=1}^{n} e_i\right) - c(e_i) \geq 0$$

ist ohne Eigenmittelbeschränkung der Teammitglieder im Optimum bindend, d.h. $\alpha_i^* = c(e_i) - \beta_i \cdot \pi\left(\sum_{i=1}^{n} e_i\right)$, und der Prinzipal erhält sämtliche Wohlfahrtsgewinne. Er wird deshalb über den optimalen Prämiensatz $\beta_i^* = 1$ ein Pareto-effizientes Anstrengungsniveau bei jedem Teammitglied induzieren. Um das Trittbrettfahrerproblem zu beseitigen, muss also *jedem* Teammitglied ein Bonus in Höhe des vollständigen Teamergebnisses geboten werden. Derartig hohe Anreize lohnen sich für den Prinzipal natürlich nur, wenn er über ein negatives Fixum α_i^* die hohen Lohnkosten von den Agenten wieder zurückerstattet bekommt. Verfügen diese nur über begrenzte Eigenmittel, so dass sie selbst keine Zahlungen $-\alpha_i^*$ zu Vertragsbeginn als eine Art Eintrittsgeld leisten können, so ist diese Lösung nicht mehr möglich.

McAfee/McMillan (1991) diskutieren das Trittbrettfahrerproblem für eine Situation mit hidden action *und* hidden information. Die Holmström-Lösung wird über zwei Argumente kritisiert. Sie sei zum einen unrealistisch, da viel zu drastische Sanktionsmaßnahmen vorgesehen werden. Zum anderen sei die Lösung in einer Situation, in der eine Hidden-action- und eine Hidden-information-Problematik zugleich vorliegen (d.h. sowohl der eigene Arbeitseinsatz als auch das Talent stellen private Informationen jedes einzelnen Teammitglieds dar), gar nicht anwendbar. Stattdessen kann von McAfee und McMillan gezeigt werden, dass unter bestimmten Bedingungen (u.a. Risikoneutralität bei den Teammitgliedern)[28] Gruppenanreize optimal sind, bei denen die Entlohnung eines Teammitglieds linear vom Teamoutput abhängt.[29]

Aoki (1994a) kritisiert sämtliche der bisher vorgeschlagenen Lösungen. Die Alchian/Demsetz-Lösung sei unrealistisch, da sie streng genommen perfekte Beobachtbarkeit aller Teammitglieder durch den Unternehmer vo-

---

[28] Zu einer Diskussion des McAfee/McMillan-Modells bei Risikoaversion vgl. Van der Veen (1995).

[29] Zur Optimalität linearer Teilungsregeln vgl. auch Nandeibam (2002).

raussetzt.[30] Die HOLMSTRÖM-Lösung über eine Strafandrohung im Falle zu niedriger Teamergebnisse sei äußerst heikel, da sie eine Moral-hazard-Gefahr bei der Unternehmensleitung induziert. Diese könnte bei der HOLMSTRÖM-Lösung ein Interesse daran haben, das Team zu sabotieren, um hierdurch die angedrohten Sanktionszahlungen von den Teammitgliedern abzuschöpfen. Denkbar wäre z.B. auch, dass die Unternehmensleitung mit einem der Teammitglieder eine Kollusion eingeht und letzterer das Team sabotiert, wodurch sich beide den Kollusionsgewinn in Form der abgeschöpften Sanktionszahlungen teilen könnten.[31] Zudem sei die HOLMSTRÖM-Lösung bedenklich, wenn sich die Teammitglieder nur begrenzt verschulden können, da dann Sanktionszahlungen eventuell gar nicht möglich sind.[32] Die MCAFEE/ MCMILLAN-Lösung sei auch nicht praktikabel, da sie z.T. eine beträchtliche Pfandzahlung der Teammitglieder erfordert und hierauf wiederum der zuletzt genannte Kritikpunkt übertragbar ist. Als alternative Lösung wird von AOKI ein Vertragsnetzwerk zwischen den Teammitgliedern, dem Teamchef (z.B. die Unternehmensleitung), den Investoren und einem unabhängigen Überwacher vorgeschlagen, das verschiedene situationsabhängige Zahlungen für die Beteiligten vorsieht. Drei verschiedene Szenarien werden dabei unterschieden. Fällt das *Teamergebnis sehr hoch* aus, erhalten die Investoren eine ex ante fixierte Zahlung und die Teammitglieder das Residuum; der unabhängige Überwacher geht leer aus. Bei *mittleren Teamergebnissen* erhalten die Teammitglieder sowie der Teamchef lediglich ihren jeweiligen Minimallohn, während die Residualrechte auf den Überwacher übergehen. Bei *niedrigen Teamergebnissen* gilt im Prinzip das gleiche wie für mittlere Teamergebnisse, nur dass im Anschluss das Team vom Überwacher aufgelöst wird. Hierdurch findet eine entsprechende Bestrafung der Teammitglieder statt, da diese anschließend nur noch in untergeordneten Teams eine neue Beschäftigung finden.

IV.2.3 Gruppendruck

Einige Beiträge gehen der Frage nach, inwiefern das Trittbrettfahrerproblem über ***Gruppendruck und eine gegenseitige Kontrolle*** der Teammitglieder zu

---

[30] Den Ausgangspunkt bei ALCHIAN/DEMSETZ (1972) bildete die Nicht-Kontrahierbarkeit, jedoch nicht die Unbeobachtbarkeit der individuellen Arbeitsanstrengungen durch den Unternehmer.

[31] Vgl. hierzu ESWARAN/KOTWAL (1984), aber auch ANDOLFATTO/NOSAL (1997).

[32] Bei Sanktionszahlungen über eine sehr geringe Entlohnung $w_i(\pi)$ müsste ein Teammitglied gegebenenfalls auf andere Vermögenspositionen bzw. auf Kredite zurückgreifen, um seine Konsumpläne zu erfüllen. Dieser Weg steht jedoch nicht unbedingt jedem Teammitglied offen.

lösen ist.[33] KANDEL/LAZEAR (1992) argumentieren, dass es über Gruppendruck zumindest zu einer Abschwächung des Trittbrettfahrerproblems kommen kann. Angenommen sei dazu, dass die Funktion $k(e_i)$ den Gruppendruck (in monetären Werten) beschreibe, den Teammitglied i bei einem Arbeitseinsatz von e_i empfinde. Hierbei gelte $k'(e_i)<0$ und $k''(e_i)>0$, d.h. je geringer (größer) der von i gewählte Arbeitseinsatz ist, desto größer (kleiner) fällt der Gruppendruck aus, den i verspürt.[34] Geht man nun von der in Beispiel IV–1 beschriebenen Situation aus, in der das Teamergebnis gleichmäßig auf alle Teammitglieder verteilt wird, so lässt sich die Nutzenfunktion des Teammitglieds i $(i=1,\ldots,n)$ nun wie folgt schreiben:

$$u(e_i)=\frac{\pi\left(\sum_{i=1}^{n}e_i\right)}{n}-c(e_i)-k(e_i). \qquad \text{(IV.24)}$$

Die Bedingung erster Ordnung für die Wahl eines optimalen Arbeitseinsatzes durch i lautet nun:

$$\frac{\pi'\left(\sum_{i=1}^{n}e_i\right)}{n}-k'(e_i)=c'(e_i)\Leftrightarrow\frac{\pi'(ne^*)}{n}-k'(e^*)=c'(e^*), \qquad \text{(IV.25)}$$

wobei e^* das für alle Teammitglieder einheitliche optimale Anstrengungsniveau bezeichnet. Vergleicht man diese Bedingung mit der Bedingung für Pareto-Effizienz, $\pi'(ne)=c'(e)$, und der Bedingung erster Ordnung (IV.23) ohne Gruppendruck, so sieht man, dass durch Gruppendruck das Trittbrettfahrerproblem tendenziell entschärft wird. Zwar wird nicht unbedingt der Pareto-effiziente Arbeitseinsatz erreicht, aufgrund von $k'(e_i)<0$ jedoch ein höherer Arbeitseinsatz als ohne Gruppendruck.[35] KANDEL und LAZEAR weisen jedoch zu Recht darauf hin, dass mit diesem Beispiel noch kein wirklicher Beleg für die Vorteilhaftigkeit von Gruppendruck erbracht ist, da eine gegenseitige Kontrolle, verbunden mit Gruppendruck, auch zu zusätzlichen Kosten führt, die wiederum den Nutzen jedes Teammitglieds mindern.[36] Derartige Kosten sind in der Nutzenfunktion (IV.24) allerdings noch völlig unberücksichtigt

---

[33] Vgl. auch DAIDO (2004).

[34] Vgl. ähnlich ROB/ZEMSKY (2002), S. 247.

[35] Aufgrund von $-k'(e_i)>0$ ist die linke Seite der Gleichung (IV.25) bei gleichem Arbeitseinsatz größer als die der Gleichung (IV.23) ohne Gruppendruck, so dass der optimale Arbeitseinsatz *mit* Gruppendruck nicht so weit unterhalb des Pareto-effizienten Arbeitseinsatzes liegt wie im Falle *ohne* Gruppendruck.

[36] Vgl. KANDEL/LAZEAR (1992), S. 805. Zudem geben KANDEL und LAZEAR zu bedenken, dass $k(e_i)$ mit $k'(e_i)<0$ in Bedingung (IV.24) inhaltlich auch so interpretierbar ist, als ob nun künstlich eine weitere Nutzenkomponente eingeführt wird, nach der der Arbeitseinsatz einen direkten positiven Nutzeneinfluss hat (z.B. im Zusammenhang mit intrinsischer Motivation).

geblieben. Zudem kann Gruppendruck selbst dann von Nachteil sein, wenn die Ausübung von Kontrolle und Druck für die Teammitglieder kostenlos ist. Möglich ist in diesem Fall, dass die Teammitglieder aufgrund des wechselseitigen Gruppendrucks zu einem ineffizient hohen Arbeitseinsatz veranlasst werden. Zu bedenken ist außerdem, dass bei einer gegenseitigen Kontrolle pro Teammitglied zweierlei Anstrengungen zu beachten sind – die bereits bekannte Arbeitsanstrengung e_i zur Erhöhung des Teamergebnisses sowie eine Kontrollanstrengung. In diesem Fall ist jedoch kritisch zu hinterfragen, ob bei den Kontrollanstrengungen nicht ein analoges Trittbrettfahrerproblem wie bei den e_i $(i = 1,\dots,n)$ auftritt, wodurch die Trittbrettfahrerproblematik letztlich nur auf eine andere Ebene verlagert wird. Nach KANDEL und LAZEAR können Gruppendruck und gegenseitige Kontrolle in relativ kleinen Teams mit Teammitgliedern ähnlicher fachlicher Qualifikation jedoch durchaus effektiv sein, da in diesem Fall die Kontrollkosten vergleichsweise gering sind. Noch effektiver wird Gruppendruck durch Schuld- und Schamgefühle bei Teammitgliedern, die miteinander befreundet sind, da hierbei kaum zusätzliche Kosten anfallen.[37]

BARRON/PAULSON GJERDE (1997) diskutieren den Zusammenhang zwischen Gruppendruck und dem optimalen Anreizschema für die Teammitglieder. Den Ausgangspunkt bildet dabei die Überlegung, dass Gruppendruck zusammen mit gegenseitiger Kontrolle (a) Kontrollkosten beim Kontrollierenden sowie (b) eine Nutzeneinbuße beim Kontrollierten verursachen. Da beides über die Entlohnung kompensiert werden muss, sind Situationen vorstellbar, in denen Gruppendruck aus Sicht der Unternehmensleitung zu teuer ist. Konkret lässt sich zeigen, dass im Falle nicht-kontrahierbarer Kontrollaktivitäten – wodurch ein effizientes Kontrollniveau nicht vertraglich festgelegt werden kann – eine weniger stark ergebnisabhängige Entlohnung im Interesse der Unternehmensleitung ist.[38] Auf diese Weise lässt sich verhindern, dass von den Teammitgliedern ein ineffizient hohes Niveau an Kontrolle und Gruppendruck gewählt wird.

---

[37] Genau genommen sind Schuldgefühle wirksamer als Schamgefühle, da Scham ein gewisses Maß an Beobachtbarkeit voraussetzt, wohingegen Schuldgefühle auch dann wirken, wenn Leistungszurückhaltung unentdeckt bleibt; vgl. KANDEL/LAZEAR (1992), S. 816. Zu bedenken ist allerdings, dass möglicherweise die Toleranzgrenze zwischen befreundeten Teammitgliedern relativ groß ist und erst bei hoher Leistungszurückhaltung eine Sanktionierung erfolgt, um die freundschaftlichen Beziehungen möglichst wenig zu beeinträchtigen. SPAGNOLO (1999) hingegen diskutiert, inwiefern durch den Verlust an Freundschaften bei aufgedecktem Fehlverhalten Kooperation gesichert werden kann.

[38] Gemeint ist, dass jedes Teammitglied zwar weiterhin einen Prozentsatz vom Teamergebnis als ergebnisabhängige Entlohnung bekommt, dieser Prozentsatz bei nicht-kontrahierbarer Kontrolle jedoch geringer ausfällt als z.B. im Falle kontrahierbarer Kontrollaktivitäten.

BARUA/LEE/WHINSTON (1995) verweisen auf mögliche negative Folgen von Gruppendruck auf das Innovationsverhalten von Teammitgliedern. Gruppendruck kann beispielsweise dazu führen, dass einzelne Teammitglieder innovative Ideen nicht weiterverfolgen, wenn sie den geltenden Gruppennormen nicht entsprechen.[39] Hierdurch kann es letztlich zu einer ähnlichen Art von Herdenverhalten kommen wie im Zusammenhang mit Career-concerns-Problemen.[40]

IV.2.4 Dauerhafte Interaktion

Eine dritte Klasse von Beiträgen zum Trittbrettfahrerproblem in Teams diskutiert die ***gegenseitige Sanktionierbarkeit von Teammitgliedern bei dauerhafter Interaktion***.[41] Sofern Teammitglieder nicht nur einmalig (z.B. für ein kurzes Projekt) miteinander kooperieren müssen, sondern dauerhaft aufeinander angewiesen sind, besteht die Möglichkeit, ein nicht-kooperierendes Teammitglied, das gezielt Leistung zurückhält, über den Entzug der eigenen Kooperation in den Folgeperioden zu sanktionieren. Formal lässt sich – wie in Unterabschnitt II.2.3.1 gezeigt – die Zusammenarbeit im Team über ein nichtkooperatives Spiel vom Typ Gefangenendilemma modellieren. Während im statischen Fall ein Trittbrettfahrerverhalten die dominante Strategie jedes Teammitglieds ist, kann bei Wiederholung des Gefangenendilemmas unter bestimmten Bedingungen (z.B. offener Zeithorizont bzw. unendliche Wiederholung, keine zu hohe Gegenwartspräferenz) eine freiwillige Kooperation der Teammitglieder als Gleichgewichtslösung erreicht werden („Folk-Theorem").[42] In diesem Fall wiegt der Nachteil des Kooperationsentzugs in den Folgeperioden so schwer, dass kein Teammitglied von einem kooperativen Verhalten abzuweichen wagt. Denkbar wäre in der Praxis auch eine dauerhafte soziale Ächtung von Trittbrettfahrern in Teams oder sogar der Ausschluss der betreffenden Mitglieder aus dem Team.[43]

IV.2.5 Turniere und Teamarbeit

Zusammenfassend lässt sich festhalten, dass Teamarbeit letztlich in vielfältiger Form in Unternehmen anzutreffen ist und zwar nicht nur zwischen individuellen Unternehmensmitgliedern innerhalb einer Abteilung, Division oder

---

[39] Vgl. BARUA/LEE/WHINSTON (1995), S. 497–498.

[40] Vgl. Abschnitt III.7.

[41] Vgl. auch ARYA/FELLINGHAM/GLOVER (1997); CHE/YOO (2001); KRÄKEL (2001a), S. 363–368.

[42] Vgl. u.a. AUMANN (1981); BENOIT/KRISHNA (1985); FUDENBERG/MASKIN (1986); FUDENBERG/TIROLE (1989).

[43] Vgl. z.B. OKUNO (1984).

Projektgruppe, sondern auch zwischen einzelnen Unternehmensbereichen, die auf eine gegenseitige Kooperation angewiesen sind. Somit sind das Trittbrettfahrerproblem in Teams sowie die entsprechenden Lösungsansätze von zentraler Bedeutung für die Unternehmung. Dieses wird durch die Ausführungen des Unterabschnitts II.2.3.1 zusätzlich unterstrichen. Hiernach kann die Sicherung sozialer Erträge bzw. positiver externer Effekte über eine Verhinderung von Trittbrettfahrerproblemen bei Teamarbeit den Hauptgrund für die Existenz von Unternehmen bilden.

Ein wesentliches Problem wurde bisher allerdings nicht angesprochen: Unterabschnitt III.2.4 hat gezeigt, dass relative Leistungsturniere eine Lösung für Anreizprobleme in nicht-kontrahierbaren Interaktionssituationen im Unternehmen sein können. Solch eine ***Turnierlösung erscheint bei Teamarbeit jedoch in zweierlei Hinsicht problematisch***. Zum einen steht bei Teamarbeit die Kooperation zwischen den Teammitgliedern im Vordergrund. Der ***Wettbewerbscharakter*** von Turnierlösungen hingegen zielt genau in die umgekehrte Richtung. Bei einem Turnier zwischen den Mitgliedern eines Teams wäre ein kooperatives Verhalten (z.B. in Form von Hilfestellungen sowie der Weitergabe von Wissen und innovativen Ideen) für ein Teammitglied sogar eindeutig selbstschädigend, da die Unterstützung anderer Mitglieder nicht nur das eigene Arbeitsleid erhöht, sondern auch noch den anderen Turnierteilnehmern zu einer Verbesserung in der Turnierrangfolge verhilft. Formal lässt sich daher zeigen, dass Turniere bei Teamarbeit (d.h. bei einer Produktionstechnologie mit positiven externen Effekten) eher ungeeignet sind.[44] Zum anderen findet oftmals innerhalb eines Teams eine Spezialisierung der Teammitglieder auf verschiedene Teilaufgaben statt, die zusammen zum Teamergebnis führen. Turniere sind allerdings nur dann anwendbar, wenn die Teilaufgaben der ***Turnierteilnehmer miteinander vergleichbar*** sind, was bei einer Spezialisierung von Teammitgliedern gerade nicht der Fall ist.

Abgesehen davon, dass üblicherweise nicht überall im Unternehmen auf Turnierlösungen zurückgegriffen wird, können beide Einwände jedoch großenteils entkräftet werden. Zunächst einmal lässt sich das Leistungskriterium im Turnier derart modifizieren, dass nun auch Hilfsbereitschaft, die Weitergabe von Wissen und Problemlösungsideen sowie der Qualifikationserwerb honoriert werden, wodurch die Teamidee sogar noch unterstützt würde. Dass ein derartig ***modifiziertes Leistungskriterium*** üblicherweise auf rein subjektiven Leistungsbeurteilungen basiert und daher nicht-kontrahierbar ist, schafft keine zusätzlichen Probleme, da Turnierlösungen ja gerade bei nicht-kontra-

---

[44] Vgl. NALEBUFF/STIGLITZ (1983), S. 40; DRAGO/TURNBULL (1988a), (1991), S. 360; GIBBONS/MURPHY (1990), S. 34-S–35-S; LAWLER (1990), S. 77; BAKER (1992), S. 611–612; KNOLL (1994), S. 205–207.

hierbaren Leistungen dennoch durchsetzbar sind.[45] Dieser wichtige Aspekt wurde in Abschnitt III.2 ausführlich diskutiert. Auch der Einwand fehlender Vergleichbarkeit zwischen den Teilaufgaben sich spezialisierender Teammitglieder lässt sich entkräften. Beispielsweise könnte innerhalb des Teams regelmäßig ***job rotation*** vorgenommen werden. Dieses würde zwar auf den ersten Blick mögliche Vorteile aus Spezialisierung mindern, jedoch u.a. auch zusätzliche Versicherungsvorteile generieren, da bei Ausfall einzelner Teammitglieder (z.B. durch Krankheit oder Fluktuation) deren Teilaufgaben ohne größere Reibungsverluste[46] von den anderen Teammitgliedern übernommen werden können. Bezogen auf den hier betrachteten Fall einer Kombination aus Turnier und Teamarbeit hätte job rotation den großen Vorteil, dass dadurch jedes Teammitglied mindestens einmal jede Teilaufgabe ausführen würde, wodurch dann eine Vergleichbarkeit der Teammitglieder gegeben wäre. Schließlich ließe sich selbst dann, wenn die beiden Einwände nicht hinreichend zu entkräften wären, dennoch die Turnierlösung – wenn auch in eingeschränktem Maße – anwenden. Die Unternehmensleitung könnte immer noch relative ***Leistungsturniere zwischen Teams*** abhalten.[47] Allerdings zeigt sich hier, dass trotz des kompetitiven Charakters solcher kollektiven Leistungsturniere ein Trittbrettfahrerverhalten typischerweise nicht vollständig unterbunden werden kann. Bei eingeschränkter Verschuldbarkeit (limited liability) der Teammitglieder sind kollektive Turniere sogar noch unvorteilhafter als lineare Anreizverträge.[48]

IV.3 Horizontale Kollusionen

Neben Teamarbeit bzw. positiven externen Effekten bei der Produktion lassen sich noch weitere mögliche Einwände gegen relative Leistungsturniere formulieren. Diesen Einwänden ist deshalb besondere Beachtung zu schenken, weil relative Leistungsturniere (z.B. in Form von Beförderungsturnieren) in Abschnitt III.2 eine äußerst praktikable Lösung für Probleme aus nicht-

[45] Probleme infolge kontraproduktiver Beeinflussungsaktivitäten wären zwar bei einer subjektiven Leistungsbeurteilung nicht auszuschließen, sie stellen jedoch kein zusätzliches Problem dar, da die Turnierlösung für nicht-kontrahierbare Leistungsergebnisse eingesetzt wird, die allein schon die Gefahr von Beeinflussungsaktivitäten bergen.

[46] Gemeint ist eine Vertretung ohne längere Einarbeitungszeit und damit ohne größere Opportunitätskosten der Zeit.

[47] Vgl. zu solchen kollektiven Leistungsturnieren zwischen Teams DRAGO/GARVEY/TURNBULL (1996); NITZAN (1991); LEE (1993), (1995); NTI (1998); LEE/KANG (1998) zusammen mit GÜRTLER (2005); GÜRTLER (2003a), (2003b); GÜRTLER/KRÄKEL (2003).

[48] Vgl. GÜRTLER (2003a).

kontrahierbaren Interaktionssituationen darstellten.[49] Daher sollen sich die Abschnitte IV.3 bis IV.6 mit denjenigen potentiellen Problemen auseinandersetzen, die die Unternehmensleitung möglicherweise in Kauf zu nehmen hat, wenn sie zur Lösung von Kontrahierbarkeitsproblemen auf Turniere zurückgreifen will.[50] Falls sich diese Folgeprobleme als gravierend herausstellen sollten, wäre aus Sicht der Unternehmensleitung zu überlegen, ob der „Preis" für den Rückgriff auf Turniere nicht zu hoch und daher in Abschnitt III.2 besser auf alternative Lösungen zurückzugreifen wäre. Zunächst einmal soll in diesem Abschnitt der Frage nachgegangen werden, ob für die Turnierteilnehmer horizontale Absprachen (horizontale Kollusionen) zu Lasten der Unternehmensleitung möglich sind.[51] Dabei ist von einer ***hohen Kollusionsgefahr*** auszugehen, wenn die ***Kollusionen für die Turnierteilnehmer gewinnbringend und zudem stabil*** sind. Die folgende Diskussion gliedert sich in zwei Teile: Als erstes wird der statische Fall betrachtet, bei dem die Turnierteilnehmer nur einmalig aufeinander treffen (Unterabschnitt IV.3.1). Anschließend wird im Rahmen eines dynamischen Modells diskutiert, inwiefern sich die Kollusionsgefahr verstärken kann, wenn die Turnierteilnehmer dauerhaft interagieren (Unterabschnitt IV.3.2).

IV.3.1 Statische Betrachtung

Betrachtet sei das in Unterabschnitt III.2.4 beschriebene 2-Personen-Beförderungsturnier zwischen den homogenen und risikoneutralen Arbeitnehmern (bzw. Unternehmensmitgliedern) i und j mit Gewinnerpreis w und einem Verliererpreis in Höhe von Null. Den modelltheoretischen Ausgangspunkt für die folgenden Überlegungen bilde jedoch nicht das Modell in Unterabschnitt III.2.4, sondern der Ansatz von LAZEAR/ROSEN (1981), bei dem der (nichtkontrahierbare) Output des Arbeitnehmers k ($k = i, j$) durch die additive Produktionsfunktion $\pi_k = e_k + \varepsilon_k$ beschrieben sei mit e_k als Anstrengung des Arbeitnehmers k und ε_k als exogener stochastischer Störterm (z.B. Glück oder Pech). Die individuellen Anstrengungen der Arbeitnehmer seien untereinander beobachtbar, nicht jedoch von der Unternehmensleitung. Es sei angenommen, dass die Störgrößendifferenz $\varepsilon_j - \varepsilon_i$ einer Verteilung folge, deren Dichtefunktion symmetrisch um den Ursprung herum verläuft und die Vertei-

---

[49] Hierbei handelte es sich insbesondere um Unterinvestitionsprobleme, Hold-up-Probleme sowie doppelseitigen Opportunismus.

[50] Zu horizontalen Kollusionen in anderen Zusammenhängen vgl. MARTIMORT (1997); LAFFONT/MARTIMORT (1997), (1998).

[51] Diese Möglichkeit wird vielfach in der Tournament-Literatur betont. Vgl. z.B. DYE (1984), S. 148; MCLAUGHLIN (1988), S. 248. Zu einer modelltheoretischen Diskussion vgl. KRÄKEL (1998b); KRAPP (1999), (2000); GÜRTLER (2010).

lungsfunktion $G(\cdot)$ besitzt.[52] Anstrengungen führen auf Seiten der Arbeitnehmer zu Arbeitsleid bzw. Kosten, die in Geldgrößen gemessen durch die monoton steigende Funktion $c(\cdot)$ beschrieben werden.

Ferner sei zur Vereinfachung angenommen, dass jeder Arbeitnehmer lediglich zwischen den zwei Anstrengungsniveaus e_{Nash} und $e_{\text{koll.}}$ zu wählen hat mit

$$e_{\text{koll.}} < e_{\text{Nash}}. \tag{IV.26}$$

Die Bezeichnung e_{Nash} soll betonen, dass es sich hierbei um die NASH-Gleichgewichtsstrategie jedes Akteurs im statischen Turnierspiel handelt. Ausgehend von e_{Nash} könnten sich i und j überlegen, eine horizontale Kollusion einzugehen und jeweils ihren Arbeitseinsatz auf $e_{\text{koll.}}$ zu verringern. Hierdurch würde das Arbeitsleid jedes Akteurs um $c(e_{\text{Nash}}) - c(e_{\text{koll.}})$ sinken, ohne dass sich die individuellen Gewinnwahrscheinlichkeiten ändern. Folglich wäre eine horizontale Kollusion *aus Sicht der beiden Turnierteilnehmer* Paretobesser als das NASH-Gleichgewicht $(e_{\text{Nash}}, e_{\text{Nash}})$.[53] Durch die Beschränkung der Strategiewahl der Turnierteilnehmer auf die beiden Möglichkeiten e_{Nash} und $e_{\text{koll.}}$ lässt sich die Kollusionsproblematik in vereinfachter Form durch ein (2×2)-Matrixspiel beschreiben:[54]

		j	
		e_{Nash}	$e_{\text{koll.}}$
i	e_{Nash}	$w/2 - c(e_{\text{Nash}})$, $w/2 - c(e_{\text{Nash}})$	$(1/2 + D) \cdot w - c(e_{\text{Nash}})$, $(1/2 - D) \cdot w - c(e_{\text{koll.}})$
	$e_{\text{koll.}}$	$(1/2 - D) \cdot w - c(e_{\text{koll.}})$, $(1/2 + D) \cdot w - c(e_{\text{Nash}})$	$w/2 - c(e_{\text{koll.}})$, $w/2 - c(e_{\text{koll.}})$

Abbildung IV.1: Statisches Kollusionsspiel

Die Einträge innerhalb der Matrix geben die jeweiligen erwarteten Nettoeinkommens- bzw. Nutzenwerte der zwei Turnierteilnehmer an, wobei die oberen Einträge in den Matrixzellen zum Zeilenspieler i und die unteren zum Spaltenspieler j gehören. Wählen beide Turnierteilnehmer die gleiche Strate-

[52] Beispielsweise sei wie bei LAZEAR/ROSEN (1981) angenommen, dass die Störgrößen identisch und stochastisch unabhängig voneinander zufallsverteilt sind. Folgen die Störgrößen einer Normalverteilung, so ist die Störgrößendifferenz auch normalverteilt mit Erwartungswert von Null. Sind die beiden Störgrößen rechteckverteilt, dann ist die Störgrößendifferenz dreiecksverteilt mit Erwartungswert Null.

[53] Der erste Wert bezeichnet die von i und der zweite die von j gewählte Strategie.

[54] Vgl. zur folgenden Diskussion KRÄKEL (1998b), S. 1014–1017.

gie, so beträgt ihre jeweilige Gewinnwahrscheinlichkeit ½; werden hingegen unterschiedliche Anstrengungen gewählt, so ist die Gewinnwahrscheinlichkeit desjenigen Teilnehmers, der e_{Nash} ($e_{\text{koll.}}$) gewählt hat, entsprechend größer (kleiner) als ½: Die Gewinnwahrscheinlichkeit des i lautet

$$\begin{aligned}\text{prob}\{i \text{ gewinnt}\} &= \text{prob}\{\pi_i > \pi_j\} = \text{prob}\{e_i + \varepsilon_i > e_j + \varepsilon_j\} \\ &= \text{prob}\{\varepsilon_j - \varepsilon_i < e_i - e_j\} = G(e_i - e_j) = G(\Delta e)\end{aligned}$$

mit $\Delta e := e_i - e_j$. Die entsprechende Gewinnwahrscheinlichkeit des j beträgt

$$\text{prob}\{j \text{ gewinnt}\} = 1 - \text{prob}\{i \text{ gewinnt}\} = 1 - G(\Delta e).$$

Aus der Symmetrie der Dichte für die Störgrößendifferenz folgt unmittelbar, dass $G(0) = ½$ sowie $G(\Delta e) = 1 - G(-\Delta e)$ gilt. Folglich betragen die Gewinnwahrscheinlichkeiten bei unterschiedlicher Anstrengung $G(e_{\text{Nash}} - e_{\text{koll.}}) > ½$ und $G(e_{\text{koll.}} - e_{\text{Nash}}) < ½$. Der Einfachheit halber wurde daher im statischen Kollusionsspiel in Abbildung IV.1 die folgende Notation gewählt:

$$\text{prob}\{i \text{ gewinnt}\} = \begin{cases} \tfrac{1}{2} - D, \text{ wenn } e_i = e_{\text{koll.}} \text{ und } e_j = e_{\text{Nash.}} \\ \tfrac{1}{2} + D, \text{ wenn } e_i = e_{\text{Nash}} \text{ und } e_j = e_{\text{koll.}} \end{cases} \qquad \text{(IV.27)}$$

mit $D \in (0, \tfrac{1}{2})$.

Dieses Kollusionsspiel verdeutlicht zunächst einmal die Ausgangsbehauptung, wonach sich die beiden Turnierteilnehmer durch eine Kollusion besser stellten. Man sieht anhand der Abbildung IV.1, dass die Strategiekombination ($e_{\text{koll.}}$, $e_{\text{koll.}}$) aus Sicht von i und j Pareto-besser als (e_{Nash}, e_{Nash}) ist, da das gleiche erwartete Bruttoeinkommen ($w/2$) jeweils mit einem geringeren Arbeitsleid erzielt wird. Damit wäre eine wesentliche Voraussetzung für eine Absprache – ein positiver Kollusionsgewinn für i und j – schon einmal erfüllt. Zu prüfen bleibt, ob die Kollusion auch stabil ist, d.h. ob ($e_{\text{koll.}}$, $e_{\text{koll.}}$) ein NASH-Gleichgewicht bildet.[55] Erst dann wäre aus Sicht der Unternehmensleitung mit einer hohen Kollusionsgefahr zu rechnen. Für die Untersuchung des Kollusionsspiels auf NASH-Gleichgewichte ist zu beachten, dass (e_{Nash}, e_{Nash}) laut Annahme auf jeden Fall ein NASH-Gleichgewicht darstellt. Dies bedeutet für das Kollusionsspiel aus Abbildung IV.1, dass nicht $e_{\text{koll.}}$, sondern e_{Nash} die beste Antwort auf e_{Nash} ist, was wiederum

$$w/2 - c(e_{\text{Nash}}) > (\tfrac{1}{2} - D) \cdot w - c(e_{\text{koll.}}) \Leftrightarrow D > [c(e_{\text{Nash}}) - c(e_{\text{koll.}})]/w \qquad \text{(IV.28)}$$

impliziert. Aus (IV.28) folgt nun jedoch, dass e_{Nash} auch die beste Antwort auf $e_{\text{koll.}}$ bildet, wodurch insgesamt e_{Nash} eine dominante Strategie im Kollusionsspiel ist. Damit entspricht das obige Kollusionsspiel einem Spiel vom Typ

[55] Es werden allein Gleichgewichte in reinen Strategien betrachtet.

Gefangenendilemma mit (e_{Nash}, e_{Nash}) als eindeutigem Gleichgewicht in dominanten Strategien. Für die Ausgangsfrage nach der Gefahr horizontaler Kollusionen in relativen Leistungsturnieren bedeutet dies, dass ***nicht mit einer Kollusion in Turnieren zu rechnen*** ist, da Absprachen zwischen den Turnierteilnehmern nicht stabil sind: Zwar wäre eine Kollusion für *i* und *j* vorteilhaft, jeder der beiden müsste aber damit rechnen, dass der andere jeweils die getroffene Absprache missachtet, um mit der Wahl von e_{Nash} das Turnier zu gewinnen. Dieses wiederum führt zu dem Schluss, dass – bezogen auf Unterabschnitt III.2.4 – relative Leistungsturniere weiterhin als geeignete Lösung für nicht-kontrahierbare Interaktionssituationen in Unternehmen angesehen werden können.[56]

IV.3.2 Dynamische Betrachtung

Das bisherige Ergebnis über die ***Instabilität von Absprachen im statischen Kollusionsspiel*** erscheint nicht weiter überraschend: Da lediglich ein Gleichgewicht existiert, ist dieses auch koalitionssicher, so dass nicht mit einem individuellen oder kollektiven Abweichen der beiden Akteure hiervon zu rechnen ist. Eine ernsthafte Kollusionsgefahr kann höchstens dann bestehen, wenn eine dauerhafte Interaktionsbeziehung zwischen *i* und *j* vorliegt, wodurch das Brechen der Kollusionsvereinbarung durch einen Akteur vom jeweils anderen Akteur über eine Kooperationsverweigerung in den Folgeperioden sanktionierbar ist. Da eine Unternehmung in Kapitel II als Organisation beschrieben wurde, in der die Akteure üblicherweise dauerhaft interagieren, soll nun die Diskussion auf den ***dynamischen*** Fall wiederholter Turnierspiele bzw. Kollusionsspiele ausgeweitet werden. Zuallererst ist dabei die Unterscheidung zwischen endlich und unendlich oft wiederholten Spielen nötig. Bei ***endlicher Wiederholung*** des statischen Kollusionsspiels aus Abbildung IV.1 mit bekanntem Zeitpunkt der letzten Wiederholung lässt sich mittels Rückwärtsinduktion ein ***teilspielperfektes Gleichgewicht*** herleiten:[57] In der Periode, in der

---

[56] An diesem Ergebnis ändert sich auch dann nichts, wenn die Arbeitsergebnisse kontrahierbar wären und die Unternehmensleitung die Turnierentlohnung mit einer Beteiligung am individuellen oder kollektiven Ergebnis kombinieren würde; vgl. KRÄKEL (1998b), S. 1020–1024.

[57] Rückwärtsinduktion wurde bereits in Unterabschnitt II.2.3 angewendet. Das von SELTEN (1965) entwickelte Konzept *teilspielperfekter* Gleichgewichte stellt eine Verfeinerung des NASH-Gleichgewichtskonzepts dar, durch das unplausible NASH-Gleichgewichte ausgeschlossen werden sollen. Ganz grob verlangt Teilspielperfektheit folgendes: Stellt man ein Spiel in extensiver Form (d.h. in Baumform) dar, so muss die gewählte Strategie eines Spielers in jedem Entscheidungsknoten optimal sein. Dieses betrifft nicht nur Entscheidungsknoten, die auf dem Gleichgewichtspfad liegen, sondern auch solche, die sich außerhalb des Pfades befinden. Vgl. ausführlicher z.B. TIROLE (1988), S. 428–432; HOLLER/ILLING (1996), S. 108–110.

das Kollusionsspiel zuletzt gespielt wird, liegt die gleiche Situation wie im statischen Kollusionsspiel vor, so dass *i* und *j* jeweils ihre dominante Strategie e_{Nash} wählen. In der vorletzten Periode ist das Ergebnis der letzten Periode faktisch beiden Akteuren schon bekannt, so dass sie sich wiederum in einer vergleichbaren Entscheidungssituation wie im statischen Kollusionsfall befinden und daher jeweils e_{Nash} wählen. Auf diese Weise kann man Schritt für Schritt bis zur ersten Periode zurückgehen, in der die Ergebnisse für sämtliche Folgeperioden antizipierbar sind. Hierdurch ergibt sich ein teilspielperfektes Gleichgewicht, bei dem *i* und *j* in jeder Periode e_{Nash} wählen.[58]

Bei ***unendlicher Wiederholung*** des statischen Kollusionsspiels ist eine analoge Anwendung von Rückwärtsinduktion nicht mehr möglich, da man an keiner konkreten Endperiode mit der Rückwärtsinduktion ansetzen kann. Der Fall unendlicher Wiederholung (Superspiel) erscheint bei der begrenzten Lebenserwartung realer Akteure zunächst einmal irrelevant. Er lässt sich inhaltlich jedoch damit rechtfertigen, dass man nicht von einer unbegrenzten Lebensdauer der Beteiligten ausgeht, sondern von einem offenen Zeithorizont ohne bekanntem Spielende bzw. davon, dass nach jeder Wiederholung eine positive Wahrscheinlichkeit für *i* und *j* besteht, noch einmal in einem Turnier aufeinander zu treffen.[59] Hierbei kann der subjektive Diskontparameter, mit dem *i* und *j* zukünftige Ergebnisse abdiskontieren, als die Wahrscheinlichkeit für ein erneutes Aufeinandertreffen in der nächsten Periode uminterpretiert werden, so dass sich formal ein unendlich oft wiederholtes Spiel mit Diskontierung ergibt. Der gemeinsame Diskontparameter beider Akteure sei im Folgenden mit q bezeichnet. Es sei angenommen, dass die beiden Akteure bei ihrer informellen Kollusionsvereinbarung nach der so genannten (Grim)-***Trigger-Strategie*** verfahren: $e_{koll.}$ wird so lange gewählt, wie der andere Akteur in der Vorperiode ebenfalls $e_{koll.}$ gewählt hat; weicht der andere Akteur in einer Periode auf e_{Nash} aus, wird fortan nur noch e_{Nash} gewählt, unabhängig davon, ob der andere Akteur später wieder zu $e_{koll.}$ zurückkehrt.

Im Folgenden soll nun geprüft werden, ob einer der Arbeitnehmer einen Anreiz hat, von der getroffenen Kollusionsabsprache abzuweichen. Aufgrund der unendlichen Wiederholung des statischen Kollusionsspiels reicht es aus, eine beliebige Periode herauszugreifen und für diese zu prüfen, ob sich ein Abweichen für einen der beiden Akteure lohnt. Für die Überprüfung müssen als erstes die ***Einkommensbarwerte*** berechnet werden, die die Akteure bei ih-

---

[58] Jedes einzelne (statische) Kollusionsspiel bildet zusammen mit den noch ausstehenden Kollusionsspielen hierbei ein zulässiges Teilspiel, da es in einem einzelnen Entscheidungsknoten beginnt, welcher einen kompletten Informationsbezirk bildet.

[59] Diese Annahme erscheint durchaus realistisch; vgl. zu dieser Interpretation KLIEMT/SCHAUENBERG (1982), S. 82–83, 91–92.

ren Entscheidungen jeweils erhalten. Dazu sollen aus Platzgründen die Einträge der Matrix aus Abbildung IV.1 wie folgt verkürzt dargestellt werden:

$$\alpha := \left(\tfrac{1}{2} + D\right) \cdot w - c\left(e_{\text{Nash}}\right) \quad \text{(IV.29)}$$

$$\beta := w/2 - c\left(e_{\text{koll.}}\right) \quad \text{(IV.30)}$$

$$\gamma := w/2 - c\left(e_{\text{Nash}}\right) \quad \text{(IV.31)}$$

$$\delta := \left(\tfrac{1}{2} - D\right) \cdot w - c\left(e_{\text{koll.}}\right) \quad \text{(IV.32)}$$

mit $\alpha > \beta > \gamma > \delta$. Halten sich beide Akteure an die Absprache und wählen in jeder Periode $e_{\text{koll.}}$, so bekommen sie jeweils β pro Einzelturnier als erwartetes Nettoeinkommen bzw. erwarteten Nutzen. Bei T Perioden beträgt der Einkommensbarwert jedes Akteurs daher[60]

$$\sum := \beta \cdot q + \beta \cdot q^2 + \ldots + \beta \cdot q^T. \quad \text{(IV.33)}$$

Multipliziert man beide Seiten der Gleichung (IV.33) mit $-q$, so erhält man

$$-q \cdot \sum = -\beta \cdot q^2 - \beta \cdot q^3 - \ldots - \beta \cdot q^{T+1}. \quad \text{(IV.34)}$$

Fasst man (IV.33) und (IV.34) zusammen und bildet aufgrund des offenen Zeithorizonts den Grenzwert, so erhält man als Barwert für das gesamte Superspiel[61]

$$\lim_{T \to \infty} \sum = \lim_{T \to \infty} \left(\frac{\beta \cdot q - \beta \cdot q^{T+1}}{1 - q} \right) = \frac{\beta \cdot q}{1 - q}. \quad \text{(IV.35)}$$

Weicht ein Akteur hingegen von der Absprache ab und wählt e_{Nash}, so bricht ab der nächsten Periode die Kooperation zusammen und beide wählen gemäß der Trigger-Strategie fortan e_{Nash}. Der Einkommensbarwert des Abweichlers beträgt demnach

$$\alpha \cdot q + \gamma \cdot q^2 + \ldots + \gamma \cdot q^T = \alpha \cdot q + \frac{\gamma \cdot q^2}{1 - q}. \quad \text{(IV.36)}$$

Vergleicht man (IV.35) mit (IV.36), so sieht man, dass kein Arbeitnehmer aus der Kollusion ausbrechen wird, wenn

---

[60] Der Betrachtungszeitpunkt ist der Beginn der ersten Periode, auf den das erwartete Nettoeinkommen aus dem ersten Turnier mit q, aus dem zweiten Turnier mit q^2 usw. abdiskontiert wird. Alternativ lassen sich q, q^2 usw. auch als Wahrscheinlichkeiten interpretieren, dass die Akteure (bei stochastischer Unabhängigkeit) in der ersten Periode, in der zweiten Periode usw. aufeinander treffen.

[61] Hierbei ist zu beachten, dass der Diskontparameter definitionsgemäß kleiner als 1 ist.

$$\frac{\beta \cdot q}{1-q} \geq \alpha \cdot q + \frac{\gamma \cdot q^2}{1-q} \quad \Leftrightarrow \quad q \geq \frac{\alpha - \beta}{\alpha - \gamma}.$$

Der Vergleich zeigt, dass im Superspiel bei bestimmten Parameterkonstellationen durchaus stabile Kollusionen möglich sind. Setzt man für α, β und γ die entsprechenden Ausdrücke (IV.29) bis (IV.31) ein, so lässt sich die ***Gleichgewichtsbedingung*** für eine stabile Kollusion wie folgt schreiben:

$$q \geq \frac{D \cdot w - [c(e_{\text{Nash}}) - c(e_{\text{koll.}})]}{D \cdot w}. \tag{IV.37}$$

Die Bedingung (IV.37) erlaubt genauere Aussagen über die Möglichkeit stabiler Kollusionen in relativen Leistungsturnieren. Man sieht, dass die Ungleichung eher nicht erfüllt ist, wenn der Diskontparameter q kleine Werte annimmt. In diesem Fall weisen die Akteure eine hohe Gegenwartspräferenz auf und neigen dazu, möglichst kurzfristig hohe Einkommen durch ein Brechen der Kollusion zu erzielen. Ferner zeigt sich, dass der Bruch auf der rechten Seite der Ungleichung (IV.37) in w und D steigt sowie in $[c(e_{\text{Nash}}) - c(e_{\text{koll.}})]$ sinkt, d.h. die Gleichgewichtsbedingung (IV.37) ist bei hohen Werten für w und D sowie bei niedrigen Werten für $[c(e_{\text{Nash}}) - c(e_{\text{koll.}})]$ eher ***nicht erfüllt***. Diese Zusammenhänge sind inhaltlich äußerst plausibel. Bei hohen Werten für w ist die Bedingung (IV.37) für eine stabile Kollusion eher nicht erfüllt, da der Anreiz abzuweichen monoton in w steigt. Bei hohen Werten für D ist (IV.37) auch eher nicht erfüllt. D ist die zusätzliche Wahrscheinlichkeitsmasse für den Gewinn des Turniers, die man als Abweichler hinzubekommt. Schließlich ist die Bedingung (IV.37) eher nicht erfüllt, wenn $[c(e_{\text{Nash}}) - c(e_{\text{koll.}})]$ gering ist. Dieser Klammerausdruck beschreibt den Kollusionsgewinn jedes Turnierteilnehmers in Form eingesparten Arbeitsleids. Intuitiv einsichtig ist dann auch, dass bei einem geringen Kollusionsgewinn die Gleichgewichtsbedingung (IV.37) tendenziell eher verletzt wird und daher keine stabile Kollusion möglich ist.

IV.3.3 Diskussion

Abschließend lässt sich festhalten, dass trotz der Miteinbeziehung dynamischer Interaktionssituationen zwischen den Turnierteilnehmern ***keine hohe Kollusionsgefahr*** für die Unternehmensleitung besteht. Daher stellen horizontale Kollusionen auch kein zwingendes Argument gegen die Verwendung relativer Leistungsturniere zur Lösung der in Abschnitt III.2 geschilderten Kontrahierungsprobleme dar. Zunächst einmal sind horizontale Absprachen in Turnieren im statischen Fall sowie bei endlicher Wiederholung nicht stabil.

Bei unendlicher Wiederholung sind stabile Kollusionen lediglich bei denjenigen Parameterkonstellationen möglich, die der Bedingung (IV.37) genügen.

Hierbei ist zu beachten, dass die Unternehmensleitung diese ***Gleichgewichtsbedingung direkt beeinflussen*** kann. Beispielsweise kann die Unternehmensleitung den Gewinnerpreis w erhöhen und dadurch den Wettbewerb zwischen den Turnierteilnehmern „anheizen", so dass die Gleichgewichtsbedingung (IV.37) tendenziell nicht erfüllt ist.[62] Für das folgende Argument seien die strikten Modellannahmen leicht modifiziert, so dass $e_{\text{koll.}}$ dasjenige kollusive Anstrengungsniveau bezeichne, das von einem Arbeitnehmer (vor einer dritten Partei) gerade noch als Leistung zu rechtfertigen ist. Die Unternehmensleitung könnte nun ihr Anspruchsniveau bezüglich der Arbeitsergebnisse der Turnierteilnehmer erhöhen und bereits bei leicht unterdurchschnittlichen Ergebniswerten Sanktionen bis hin zur Entlassung der Turnierteilnehmer ergreifen. Alternativ könnte sie möglicherweise auch durch Kontrollaktivitäten den Opportunismusspielraum der beiden Akteure hinsichtlich der Wahl ihrer Arbeitsanstrengungen weiter einschränken. In beiden Fällen könnten die Turnierteilnehmer nur noch auf einem vergleichsweise hohen Anstrengungsniveau $e_{\text{koll.}}$ eine Absprache treffen. Dadurch würde $c(e_{\text{koll.}})$ steigen, der Kollusionsgewinn $[c(e_{\text{Nash}}) - c(e_{\text{koll.}})]$ sinken und die Gleichgewichtsbedingung (IV.37) wiederum eher nicht erfüllt sein.[63]

Gegen die Stabilität horizontaler Kollusionen in Turnieren spricht auch der am Ende von Unterabschnitt III.2.4 genannte Aspekt, dass relative Leistungsturniere in der Realität oftmals ***Beförderungsturniere*** sind, bei denen der Gewinnerpreis in dem Aufstieg auf eine höher dotierte Stelle besteht. In diesem Fall könnte ein Akteur, der die Kollusionsvereinbarung bricht und daraufhin als Turniergewinner befördert wird, nicht mehr vom anderen Akteur sanktioniert werden, da die Interaktionsbeziehung mit der Beförderung automatisch endet.[64] Selbst wenn die beiden ursprünglichen Turniergegner nun in eine neue Interaktionsbeziehung eingebunden sind, hat der Kollusionsbrecher nur wenige Repressalien vom anderen Akteur zu befürchten, da das Machtpotential des beförderten Akteurs diesen schützt. Als „letzten Ausweg" könnte der Kollusionsbrecher sogar offiziell die Unternehmensleitung einschalten, da nicht er, sondern der andere Akteur sich gegenüber der Unternehmensleitung opportunistisch verhalten hat.

---

[62] Hierdurch würde sich jedoch die Gefahr vertikaler Kollusionen, kontraproduktiver Beeinflussungsaktivitäten und die Gefahr von Sabotage erhöhen. Vgl. die Abschnitte III.5, III.6 und IV.4.

[63] Zu bedenken ist allerdings auch, dass beide Maßnahmen – eine Erhöhung von w sowie eine Erhöhung von $e_{\text{koll.}}$ über eine verstärkte Kontrolle – auf Seiten der Unternehmensleitung zusätzliche Kosten bewirkt.

[64] Für den beförderten Turniergewinner stellt selbst im dynamischen Fall ein Turnier ex post immer nur den Fall eines statischen Kollusionsspiels dar.

Zu beachten ist ebenfalls, dass Turniere oftmals zwischen ***mehr als zwei Akteuren*** ausgetragen werden und die Stabilität von Kollusionen allgemein mit der Anzahl der Kollusionsteilnehmer sinkt.

Schließlich wurde in den Abschnitten III.5 und III.6 darauf hingewiesen, dass ***job rotation*** zur Lösung von vertikalen Kollusionsproblemen sowie gegen kontraproduktive Beeinflussungsaktivitäten herangezogen werden kann. Nutzt man job rotation auch dazu, Arbeitnehmer aus unterschiedlichen Abteilungen und damit aus unterschiedlichen relativen Leistungsturnieren untereinander auszutauschen, so wirkt diese Maßnahme ebenfalls gegen horizontale Kollusionen, da sich nun die Interaktionsdauer zwischen den Beteiligten verkürzt.[65] Sofern bekannt ist, dass die Unternehmensleitung in regelmäßigen Abständen job rotation vornimmt, wird aus dem Kollusionssuperspiel ein endlich wiederholtes Kollusionsspiel, in welchem Kollusion nicht stabil ist. Wenn lediglich a priori von den Beteiligten vermutet wird, dass irgendwann einmal job rotation stattfinden könnte, so sinkt zumindest der Wert q für die Wahrscheinlichkeit einer erneuten Interaktion, wodurch die Bedingung (IV.37) eher nicht erfüllt wird.

Insgesamt kann festgehalten werden, dass mögliche Kollusionsgefahren letztlich nicht die Verwendung von Leistungsturnieren zur Lösung der in Abschnitt III.2 beschriebenen Kontrahierungsprobleme grundsätzlich in Frage stellen. Allerdings ist nicht auszuschließen, dass in anderen Modellkontexten mehrere (symmetrische) Gleichgewichte für ein Turnier bestehen, wodurch die Kollusionsgefahr ansteigen könnte. Jedoch wäre in anderen Modellkontexten grundsätzlich neu zu überdenken, ob die Turnierlösung unter den gegebenen Bedingungen überhaupt noch zu effizienten Ergebnissen führt.[66]

IV.4 Sabotage und Mobbing

Als weiterer möglicher Einwand gegen relative Leistungsturniere ließe sich kritisieren, dass Turniere anfällig für ***Sabotage- bzw. Mobbingaktivitäten*** sind.[67] Unter diesen Aktivitäten seien im Folgenden Bemühungen eines Turnierteilnehmers zu verstehen, die einem anderen Turnierteilnehmer schaden

[65] Zu einer kritischen Diskussion der Vor- und Nachteile von job rotation vgl. Abschnitt III.5 über vertikale Kollusionen.

[66] Problematisch sind Turniere z.B. bei heterogenen Turnierteilnehmern, wenn diese im Gegensatz zur Unternehmensleitung ihren Typ kennen; vgl. dazu Abschnitt IV.6.

[67] Vgl. u.a. NALEBUFF/STIGLITZ (1983), S. 40; DYE (1984), S. 148; DRAGO/TURNBULL (1988a), S. 100–101; MCLAUGHLIN (1988), S. 248; LAZEAR (1989); KRÄKEL (1998c), (2005a); KONRAD (2000); CHEN (2003); MÜNSTER (2004); GÜRTLER (2008); GÜRTLER/MÜNSTER (2010). Zu experimentellen Befunden vgl. HARBRING/IRLENBUSCH (2003a), (2003b); HARBRING/IRLENBUSCH/KRÄKEL/SELTEN (2007).

und dessen Leistungsergebnis schmälern. Der Rückgriff auf derartige Aktivitäten erscheint aus Sicht eines Turnierteilnehmers durchaus rational: Da für die Entlohnung der Turnierteilnehmer allein die ordinale Rangfolge der Leistungsergebnisse am Turnierende zählt, bestehen im Prinzip ***zwei Möglichkeiten, das Turnier zu gewinnen*** – durch einen hohen Arbeitseinsatz, der das eigene Leistungsergebnis entsprechend steigert, oder durch Sabotage bzw. Mobbing, wodurch die Leistungsergebnisse der Mitkonkurrenten verringert werden. Sofern Sabotage bzw. Mobbing nur schlecht von der Unternehmensleitung aufgedeckt werden kann und/oder das Arbeitsleid für derart kontraproduktive Bemühungen im Vergleich zum Arbeitsleid für produktive Anstrengungen relativ gering ist, muss aus Sicht der Unternehmensleitung mit einer hohen Sabotage- bzw. Mobbinggefahr gerechnet werden.[68] Beispielsweise können Sabotageaktivitäten derart subtil sein (z.B. Vorenthalten wichtiger Informationen), dass sie von der Unternehmensleitung faktisch nicht aufzudecken und daher auch nicht zu sanktionieren sind.

Im Zusammenhang mit Beförderungsturnieren ist vor allem dann mit einer hohen Sabotagegefahr zu rechnen, wenn Hierarchieebenen abgebaut werden und dadurch Aufstiegspositionen entfallen, ohne dass entsprechende unternehmenspolitische Begleitmaßnahmen ergriffen werden.[69] In diesem Fall wird der interne Karrierewettbewerb um höher dotierte Stellen härter und die erfolgreiche Teilnahme an einem Beförderungsturnier zu einem knappen Gut. Dieser Aspekt wird auch durch das folgende Beispiel belegt:

Beispiel IV–2: Mobbing am Arbeitsplatz

Unter Mobbing lässt sich grob das gezielte Schikanieren und Tyrannisieren von Kollegen oder untergeordneten Mitarbeitern bei der Arbeit verstehen. Mobbing kann sehr unterschiedlich ausgeprägt sein (u.a. Zurückhalten von Informationen, Verbreitung von Gerüchten, Ausübung körperlicher Gewalt). Dass es sich bei Mobbing um ein ökonomisch relevantes Problem handelt, zeigen die Zahlen über die durch Mobbing verursachten Kosten: STELZER (1992, S. 76) schätzt die Gesamtkosten, die einem Unternehmen durch ein Mobbing-Opfer aufgrund von Fehlzeiten, Krankheit, Leistungsverringerung usw. entstehen, auf 50.000 bis 150.000 DM pro Jahr. WOLFF (1993, S. 41) beziffert den jährlichen Gesamtschaden durch Mobbing für die deutsche Wirtschaft auf bis zu 100 Milliarden DM. Auch neuere Untersuchungen kommen zu vergleichbaren Zahlen. Nach GROH (2005) beläuft sich der jährliche Schaden für die deutsche Volkswirtschaft auf über 50 Milliarden EURO. Durch Mobbing gehen 3,1 % der Arbeitszeit in den Betrieben verloren, Nach einer schwedischen Untersuchung – so GROH (2005) – sind 60 % der „freiwilligen" Betriebswechsel von Arbeitnehmern auf Mobbing zurückzuführen.

♦

[68] Im Folgenden wird der Einfachheit halber anhand von Sabotage argumentiert, da beide Begriffe hier synonym zu verwenden sind.

[69] Zu einer differenzierteren Betrachtung vgl. KRÄKEL (1997a). Mögliche unternehmenspolitische Begleitmaßnahmen könnten z.B. darin bestehen, implizite Karriereanreize durch direkte monetäre (explizite) Anreize zu substituieren; vgl. – im Zusammenhang mit dem optimalen Mix aus impliziten und expliziten Anreizen – GIBBONS/MURPHY (1992).

In der Arbeit von NIEDL (1995, S. 56–58) werden zahlreiche empirische Befunde zur Mobbingforschung zusammengefasst. Hierbei wird deutlich, dass Mobbingaktivitäten verschiedene Ursachen zugrunde liegen können, die zudem nicht nur einzeln, sondern auch im Verbund auftreten können. Interessant ist dabei, dass in mehreren Studien sowohl betroffene Mobbing-Opfer als auch andere befragte Personen im unternehmensinternen Konkurrenzkampf eine wichtige Ursache für Mobbing sehen. In der Studie von DICK/DULZ wird außerdem auf Stellenabbau als eine weitere Ursache hingewiesen,[70] was letztlich den vermuteten Zusammenhang zwischen Hierarchieabbau, verstärktem Karrierewettbewerb und höherer Mobbinggefahr stützen würde. Empirische Hinweise auf eine größere Mobbinggefahr infolge eines verschärften Wettbewerbs um Beförderungen bzw. infolge einer verschärften Konkurrenz aufgrund bevorstehender Stellenstreichungen[71] finden sich auch noch in anderen Studien.[72]

Letztlich bestehen sehr starke Parallelen zu den in Abschnitt III.6 behandelten kontraproduktiven Beeinflussungsaktivitäten, da es sich bei Sabotage ebenfalls um eine Form von ***internem rent seeking*** handelt. Durch Sabotage versucht ein Arbeitnehmer, mehr von der insgesamt zu verteilenden Lohnsumme zu bekommen. Dieses Verhalten führt nicht nur zu einer Umverteilung zu Lasten anderer Arbeitnehmer, die als Turniergegner nun weniger von der Lohnsumme erhalten, sondern auch zu einem verringerten Unternehmenserfolg: Analog zu kontraproduktiven Beeinflussungsaktivitäten ergeben sich auch bei Sabotage zweierlei Formen von Ineffizienzen. Zum einen verschwenden Arbeitnehmer kostbare Arbeitszeit für kontraproduktive anstatt für produktive Anstrengungen. Zum anderen werden die Leistungsergebnisse anderer Arbeitnehmer verringert und damit insgesamt auch der Unternehmenserfolg.

IV.4.1 Sabotage im Turniermodell

Zu einer genaueren Diskussion der Sabotageproblematik soll im Folgenden eine entsprechend modifizierte Modellvariante des in Unterabschnitt III.2.4 vorgestellten Beförderungsturniers diskutiert werden.[73] Hierbei sei angenommen, dass die produktiven Anstrengungen der beiden Turnierteilnehmer i und j mit e_{i+} bzw. e_{j+} bezeichnet werden. Analog sollen e_{i-} bzw. e_{j-} die Sabotageaktivitäten von i und j angeben. Mit $\gamma > 0$ sei die Effektivität von Sabotage erfasst. Die Ergebnislotterie des i aus Unterabschnitt III.2.4, $\pi_i|e_i$, lasst sich dann wie folgt modifizieren (die gleichen Modifikationen gelten analog auch für j): Die neue Wahrscheinlichkeit für einen Erfolg π_h laute nun

[70] Vgl. DICK/DULZ (1994), S. 4, zitiert nach NIEDL (1995), S. 57.

[71] Bei bevorstehenden Stellenstreichungen kommt es nicht zu einem Beförderungsturnier, sondern zu einer Art Entlassungsturnier, bei dem der Arbeitsplatzerhalt den Gewinnerpreis darstellt.

[72] Vgl. PAWLOWSKI (1988), S. 27–28; STELZER (1992), S. 79; NEUBERGER (1994), S. 67.

[73] Vgl. zu einer etwas anderen Modellierung LAZEAR (1989).

$$e_{i+} - \gamma \cdot e_{j-} \tag{IV.38}$$

und die Wahrscheinlichkeit für einen Misserfolg π_l entsprechend

$$1 - (e_{i+} - \gamma \cdot e_{j-}), \tag{IV.39}$$

wobei wiederum die Parameterwerte derart beschaffen sein sollen, dass (im Optimum) Wahrscheinlichkeiten zwischen 0 und 1 sicher gestellt sind. Sabotage durch j bewirkt im vorliegenden Modell also, dass die Erfolgswahrscheinlichkeit (IV.38) des Turniergegners verringert bzw. dessen Misserfolgswahrscheinlichkeit (IV.39) erhöht wird. Angenommen sei, dass sowohl die produktiven als auch die kontraproduktiven Aktivitäten beim jeweiligen Arbeitnehmer zu Kosten führen. Die Kosten für produktive Anstrengung des Arbeitnehmers i seien durch

$$c_+(e_{i+}) = \frac{k_+}{3} e_{i+}^3 \tag{IV.40}$$

beschrieben und die für Sabotage durch

$$c_-(e_{i-}) = \frac{k_-}{3} e_{i-}^3 \tag{IV.41}$$

mit k_+, $k_- > 0$. Arbeitnehmer j habe dieselben Kostenfunktionen. Ansonsten gelten die gleichen Annahmen wie im Modell aus Unterabschnitt III.2.4.

Eine Lösung der modifizierten Turniervariante mit Sabotage ist unter Rückgriff auf die Ergebnisse aus Unterabschnitt III.2.4 leicht möglich. Neben einer Anpassung der Notation und der Einführung der zusätzlichen Kosten für Sabotage ist lediglich noch die Gewinnwahrscheinlichkeit des i durch den Ausdruck (IV.38) zu ersetzen und die des j analog durch $e_{j+} - \gamma \cdot e_{i-}$. Die Zielfunktion des Arbeitnehmers i lautet daher nun

$$\frac{(w_1 - w_2)([e_{i+} - \gamma e_{j-}] - [e_{j+} - \gamma e_{i-}]) + w_1 + w_2}{2} - \frac{k_+}{3} e_{i+}^3 - \frac{k_-}{3} e_{i-}^3 . \tag{IV.42}$$

Für Arbeitnehmer j ergibt sich ein analoger Ausdruck. Arbeitnehmer i wählt sowohl ein optimales Anstrengungs- als auch ein optimales Sabotageniveau. Die entsprechenden Werte ergeben sich aus den Bedingungen erster Ordnung:

$$\frac{w_1 - w_2}{2} - k_+ e_{i+}^2 = 0 \Leftrightarrow e_{i+}^* = \sqrt{\frac{w_1 - w_2}{2k_+}} = e_{j+}^* =: e_+^* \tag{IV.43}$$

$$\frac{(w_1 - w_2)\gamma}{2} - k_- e_{i-}^2 = 0 \Leftrightarrow e_{i-}^* = \sqrt{\frac{(w_1 - w_2)\gamma}{2k_-}} = e_{j-}^* =: e_-^* . \tag{IV.44}$$

Man sieht, dass sowohl die optimale produktive Anstrengung in der Turnierpreisdifferenz steigt – wie im Grundmodell aus Unterabschnitt III.2.4 – als auch die optimale Sabotageintensität. Zudem steigt die optimale Sabotage mit dem Effektivitätsparameter, was unmittelbar einsichtig ist.

In dem Turnier aus Unterabschnitt III.2.4 hatte der Arbeitgeber durch die Wahl seiner Turnierpreise das effiziente bzw. First-best-Anstrengungsniveau implementiert, da beide Arbeitnehmer homogen, risikoneutral und nicht durch limited liability geschützt waren. Diese drei Annahmen gelten auch für diese Modellvariante. Der Arbeitgeber könnte daher über dieselbe optimale Turnierpreisdifferenz

$$\Delta w^* = 2(\pi_h - \pi_l) \qquad \text{(IV.45)}$$

First-best-Anstrengungen bei beiden Arbeitnehmern induzieren (vgl. (IV.43)). Jedoch wird der Arbeitgeber aus Eigeninteresse hiervon absehen, da das Sabotageniveau beider Arbeitnehmer dadurch ebenso in die Höhe getrieben wird, und sich stattdessen für niedrigere Anreize entscheiden.[74]

Dass Sabotage in Turnieren ein reales Phänomen darstellt, verdeutlicht ein spektakulärer Fall aus dem Sport: Während der Olympischen Winterspiele 1994 in Lillehammer hatte die Sportlerin Tonya Harding jemanden beauftragt, ihre ärgste Konkurrentin Nancy Kerrigan mit einer Eisenstange anzugreifen und zu verletzen. Ein anschauliches Beispiel für Sabotage in der betrieblichen Praxis kann den Schilderungen von MURPHY (1992, Endnote 4) entnommen werden: Murphy bezieht sich hier auf John Dvorak, Herausgeber des PC Magazine, der davon berichtet, wie ein Freund von ihm zu einer Beförderung gekommen ist. Der Freund knackte den Sicherheitscode des unternehmensinternen Computernetzwerks, wodurch er sämtliche Nachrichten der Kollegen lesen konnte. Er manipulierte u.a. die elektronischen Terminkalender der Kollegen, so dass sie wichtige Sitzungen verpassten und den Vorgesetzten zu Treffen aufsuchten, die überhaupt nicht vereinbart waren. Nach den Aussagen von Dvorak ist es für viele Mitarbeiter einfach, Passwörter zu stehlen und Daten zu manipulieren bzw. zu löschen. Auch wenn durch dieses Beispiel eine gewisse anekdotische Evidenz für das Sabotageproblem in Beförderungsturnieren gegeben ist, so fehlen doch genauere empirische Befunde zu dem Problem. Dies sollte aber nicht weiter verwundern, da Führungskräfte sicherlich nicht freiwillig von Problemen über Sabotage außerhalb ihres Unternehmens berichten werden. Ob Sabotage von großer Bedeutung in Turnieren ist, muss daher auf einem anderen Wege getestet werden. Üblich ist dabei die Verwendung kontrollierter Experimente im Labor:[75]

---

[74] Vgl. auch LAZEAR (1989).
[75] Vgl. HARBRING/IRLENBUSCH/KRÄKEL/SELTEN (2007).

Beispiel IV–3: Experiment zu Sabotage in asymmetrischen Turnieren

Im Bonner Laboratorium für experimentelle Wirtschaftsforschung wurde anhand von 180 Studenten verschiedener Fachrichtungen getestet, wie stark Sabotageverhalten in Turniersituationen mit realen Akteuren ausgeprägt ist. Betrachtet wurden 3-Personen-Turniere, in denen entweder drei gleichstarke Akteure oder zwei Starke und ein Schwacher oder ein Starker und zwei Schwache gegeneinander antreten mussten. Die Ergebnisse zeigen, dass die Asymmetrie zwischen den Kontrahenten von entscheidender Bedeutung ist: Schwache sabotieren Starke weniger, je höher der Anteil starker Akteure ist, d.h. schwache Akteure zeigen eine Art Resignation in Situationen, in denen sie klar unterlegen sind. Starke Akteure stellen sehr oft das Ziel von Sabotageaktivitäten dar, was sich dadurch erklären lässt, dass es im Turnier nur einen Gewinnerpreis gab und Starke zu den klaren Favoriten zählen. In Turnieren mit zwei Schwachen und einem Starken lässt sich beobachten, dass die beiden Schwachen eine implizite Koalition gegen den Starken bilden und diesen gemeinsam sabotieren; in verschiedenen Sitzungen wehrte sich der Starke in den Folgerunden, indem er mit Sabotage gegen die beiden Schwachen reagierte, wodurch die Situation im Zeitablauf eskalierte. Zu beobachten ist ferner eine Art Entmutigungseffekt: Akteure konnten auf zweierlei Weise zu schwachen Spielern werden – entweder durch die gewählte Ausgangsheterogenität oder aber durch die empfangene Sabotage. Die experimentellen Befunde belegen, dass Akteure verstärkt dann ihre Anstrengungen im Turnier reduzierten, wenn sie durch empfangene Sabotage zu schwachen Spielern wurden. In einigen Versuchsanordnungen wurde den Sabotageopfern die Identität der Saboteure offenbart. Diese Offenlegung bewirkte, dass einerseits die allgemeine Sabotageintensität sank, andererseits aber empfangene Sabotage regelmäßig durch Gegensabotage vergolten wurde.

IV.4.2 Diskussion möglicher Gegenmaßnahmen

Die Beschreibung der NASH-Gleichgewichtsstrategien beider Arbeitnehmer durch (IV.43) und (IV.44) ermöglicht eine genauere Diskussion relevanter Einflussgrößen auf die produktiven sowie kontraproduktiven Anstrengungen eines Arbeitnehmers, wodurch sich für die Unternehmensleitung Ansatzpunkte für Maßnahmen gegen Sabotage ergeben. Die Bedingungen (IV.43) und (IV.44) zeigen, dass sowohl die produktive Arbeitsanstrengung eines Arbeitnehmers als auch seine Sabotageintensität ***in der Turnierpreisdifferenz Δw steigen***. Vergleicht man die beiden Bedingungen mit der Beschreibung (III.2) der Arbeitsanstrengungen im Grundmodell, so sieht man, dass die Ausdrücke für e_{US}^*, e_+^* und e_-^* fast identisch sind. Da in diesem Abschnitt die Arbeitsleidfunktion für produktive Anstrengungen lediglich umbenannt wurde,[76] sind e_{US}^* und e_+^* sogar völlig identisch. Lediglich e_-^* unterscheidet sich hiervon aufgrund einer anderen Arbeitsleidfunktion $c_-(\cdot)$. Die Turnierpreisdifferenz Δw bildet einen ersten Ansatzpunkt für mögliche Maßnahmen der Unternehmensleitung gegen Sabotage: Da sowohl e_+^* (bzw. e_{US}^*) als auch e_-^* in Δw steigen, wird die Unternehmensleitung in einer Situation *mit* Sabotage ei-

[76] Diese Notationsänderung wurde dadurch nötig, dass hier zwei Typen von Arbeitsanstrengungen und damit auch zwei Typen von Arbeitsleid zu unterscheiden sind.

ne geringere Turnierpreisdifferenz Δw wählen als im Grundmodell *ohne* Sabotage.[77] Hierdurch verringert die Unternehmensleitung die Anreizwirkung des relativen Leistungsturniers und damit auch die Sabotageintensität e_-^* der Turnierteilnehmer. Der „Preis", den die Unternehmensleitung dafür zu bezahlen hat, besteht allerdings darin, dass nun auch die produktiven Arbeitsanstrengungen sinken. Handelt es sich bei dem betrachteten Turnier um ein Beförderungsturnier, so bedeutet eine Verringerung von Δw eine Angleichung hierarchischer Lohnniveaus bzw. einen Abbau hierarchischer Lohndifferentiale. Die Gefahr von Sabotageaktivitäten würde damit tendenziell eine gleichmäßigere Verteilung der Lohnsumme auf die Belegschaft als Gegenmaßnahme der Unternehmensleitung bewirken. Greift man auf die Ergebnisse des vorherigen Abschnitts IV.3 zurück, so sieht man, dass eine Verringerung von Δw noch einen weiteren „Preis" von der Unternehmensleitung fordert: Je kleiner Δw ist, desto eher ist auch die Gleichgewichtsbedingung (IV.37) für stabile Kollusionen im Superspiel erfüllt, d.h. die Unternehmensleitung „erkauft" sich eine geringere Sabotageintensität über eine höhere Kollusionsgefahr. Allerdings wurden in Abschnitt IV.3 noch weitere Argumente gegen die Stabilität horizontaler Kollusionen aufgezeigt, so dass eine niedrige Turnierpreisdifferenz Δw für eine Kollusion nicht unbedingt ausschlaggebend sein muss.

Der Ausdruck (IV.44) zeigt, dass die Sabotageintensität im ***Effektivitätsparameter*** $\boldsymbol{\gamma}$ steigt. Möglicherweise könnte die Unternehmensleitung Maßnahmen ergreifen, um den Wert dieses Parameters zu verringern, der im gegebenen Kontext bisher als exogen angenommen wurde. Insbesondere könnte die Unternehmensleitung die Arbeitsplätze der Turnierteilnehmer möglichst weit voneinander trennen, so dass eine gegenseitige Einflussnahme auf die Arbeitsergebnisse nur schlecht möglich ist. Innerhalb eines Betriebs bestände die Möglichkeit, auf Großraumbüros zu verzichten und jedem Mitarbeiter ein separates Büro zuzuweisen. Innerhalb eines Unternehmens mit verschiedenen Betriebsstätten wäre zu überlegen, relative Leistungsturniere vor allem zwischen Mitarbeitern unterschiedlicher Niederlassungen durchzuführen, die sich nur sehr schlecht bei der täglichen Arbeit gegenseitig beeinflussen können.

Vergleicht man die Ausdrücke für e_+^* und e_-^* gemäß (IV.43) und (IV.44) miteinander, so sieht man, dass neben Δw und γ ein dritter Einflussfaktor auf den produktiven und den kontraproduktiven Arbeitseinsatz besteht – der ***Verlauf der Arbeitsleidfunktionen*** $\boldsymbol{c_+(\cdot)}$ ***und*** $\boldsymbol{c_-(\cdot)}$. Je größer die Kostenparameter k_+ und k_- sind, desto steiler verlaufen die Arbeitsleidfunktionen und desto niedriger fallen die jeweiligen produktiven bzw. kontraproduktiven Anstrengungen aus. Denkbar ist daher auch der Fall, dass subtile Sabotageaktivitäten

---

[77] Dies ist eines der zentralen Ergebnisse des Sabotagemodells von LAZEAR (1989).

(z.B. bestimmte Formen von Mobbing) beim sabotierenden Arbeitnehmer nur ein vergleichsweise geringes Grenzarbeitsleid bewirken, so dass $e_+^* < e_-^*$ gilt. Trifft dies für viele Arbeitnehmer zu, so wäre die betroffene Unternehmung langfristig kaum überlebensfähig. Allerdings besteht für die Unternehmensleitung in der Praxis oftmals die Möglichkeit, die Arbeitsleidfunktion $c_-(\cdot)$ und darüber auch e_-^* zu beeinflussen. Hierbei könnten ähnliche Maßnahmen wie im Absatz zuvor erläutert zur Anwendung gelangen, da eine räumliche Trennung der Turnierteilnehmer nicht nur die Effektivität von Sabotage verringert, sondern auch die Sabotagekosten erhöht. Interpretiert man die Funktion $c_-(\cdot)$ weiter als bisher, so dass sie nicht nur das direkte Arbeitsleid, sondern allgemein die Kostenfunktion eines sabotierenden Arbeitnehmers beschreibt, so fallen hierunter auch weitere Kosten bzw. Nachteile für den sabotierenden Arbeitnehmer, z.B. auch erwartete Sanktionskosten. In diesem Fall könnte die Unternehmensleitung durch die Androhung drastischer Strafen für aufgedeckte oder eventuell nur vermutete Sabotage bewirken, dass mit jeder weiteren Sabotageeinheit e_{i-} ($i = 1, 2$) die erwarteten Sabotagekosten $c_-\left(e_{i-}\right)$ für i ($i = 1, 2$) steigen, da Sabotage für die Unternehmensleitung immer offensichtlicher wird und damit die Entdeckungswahrscheinlichkeit des i steigt.

Insgesamt lässt sich festhalten, dass Sabotageaktivitäten sicherlich die Leistungsfähigkeit der Turnierlösung beeinträchtigen. Auf relative Leistungsturniere zur Lösung der in Abschnitt III.2 aufgezeigten Kontrahierungsprobleme vollständig zu verzichten, wäre dennoch vermutlich eine unangemessene Maßnahme. Zum einen bleibt trotz Sabotage die Selbstbindungseigenschaft von Turnieren, die ein opportunistisches Verhalten der Unternehmensleitung verhindert, im Prinzip erhalten. Zum anderen ist die Unternehmensleitung der Sabotagegefahr wie gezeigt nicht vollkommen hilflos ausgeliefert, sondern kann geeignete Gegenmaßnahmen ergreifen, die das Sabotageproblem zumindest abmildern.[78] Dabei wurde deutlich, dass gegen Sabotage als eine spezielle Form von internem rent seeking zum Teil ähnliche Maßnahmen helfen wie gegen andere Formen von internem rent seeking. Dies gilt beispielsweise für eine Verringerung hierarchischer Lohndifferentiale Δw, womit nicht nur potentielle Vorteile für opportunistisch handelnde Organisationsmitglieder aus vertikalen Kollusionen und Beeinflussungsaktivitäten abgebaut werden, sondern auch Sabotageaktivitäten entgegengewirkt werden kann. Allerdings führt eine Verringerung hierarchischer Lohndifferentiale auf der anderen Seite dazu, dass sich auch die produktiven Leistungsanreize verringerten (dadurch

---

[78] Vgl. zu einer ausführlicheren Diskussion, auf welche Weise die betriebliche Entgeltpolitik, die Personalauswahl und die betriebliche Arbeitszeitpolitik gegen Sabotage eingesetzt werden können, KRÄKEL (1998c).

möglicherweise die Gefahr von Sperrklinkeneffekten zunimmt) und die Gefahr stabiler horizontaler Kollusionen steigt.

Trotz der Parallelen zu anderen Formen von internem rent seeking gibt es auch deutliche Unterschiede. Einen ersten Anhaltspunkt hierfür liefert bereits die aufgezeigte Ambivalenz hierarchischer Lohndifferentiale. Ein anderes Beispiel bildet der Rückgriff auf bürokratische Regeln zur Verhinderung vertikaler Kollusionen und kontraproduktiver Beeinflussungsaktivitäten. Wenn z.B. das Senioritäts- statt des Leistungskriteriums für Beförderungen verwendet wird, so lohnen sich keine Beeinflussungsaktivitäten gegenüber dem Vorgesetzten mehr. Sabotage in Form von Mobbing wird hiermit dennoch nicht wirkungsvoll bekämpft, da Arbeitnehmer über gezieltes Mobbing diejenigen Kollegen zum Verlassen der Unternehmung bewegen könnten, die in der Senioritätsrangfolge vor ihnen stehen.

Letztlich ist zu beachten, dass in diesem Abschnitt nur ein vergleichsweise einfaches Sabotagemodell diskutiert wurde. Weitere Einflussgrößen auf Sabotage und damit zusätzliche Ansatzpunkte für Gegenmaßnahmen durch die Unternehmensleitung könnten in einem komplexeren Modellrahmen diskutiert werden, der beispielsweise mehr als nur zwei Arbeitnehmer, verschiedene Typen von Turnierlohnstrukturen, eine dynamische Betrachtung und eventuell auch andere Präferenzen bei den Turnierteilnehmern (z.B. Sozialneid bzw. relative Deprivation) miteinbezieht.[79] Mobbing ist zudem auch außerhalb von Turniermodellen diskutierbar. In diesen Fällen ist Mobbing bei der Bewertung möglicherweise aber nicht als ineffizient, sondern als effizienzfördernd einzustufen: Denkbar ist bei Teamarbeit beispielsweise Gruppendruck als eine Form von „positivem Mobbing“, mit dem Drückeberger für ihre Leistungszurückhaltung von den anderen Teammitgliedern sanktioniert werden.[80]

IV.5 Rattenrennen

Eskalationseffekte bei Arbeitnehmern in relativen Leistungsturnieren könnten einen weiteren Einwand gegen die Turnierlösung zur Behebung der in Abschnitt III.2 erläuterten Kontrahierungsprobleme bilden. Solche Eskalationsef-

---

[79] Vgl. zu einem Teil dieser möglichen Modellerweiterungen z.B. KRÄKEL (1997b), (1998c), (2000b). Bei $n > 2$ Arbeitnehmern sind beispielsweise unterschiedliche Turnierpreisstrukturen denkbar, die je nach Anzahl der Gewinner- und Verliererpreise Sabotage eher entgegenwirken oder aber verstärken. Eine dynamische Betrachtung erlaubt die Möglichkeit, dass ein sabotierter Arbeitnehmer in der Folgeperiode den Saboteur ebenso sabotiert, was tendenziell zu einer geringeren Sabotageneigung unter den Turnierteilnehmern führt, sofern diese bedingt freundliche Strategien verbunden mit glaubwürdigen Drohungen wählen.

[80] Vgl. zu Gruppendruck auch Unterabschnitt IV.2.3.

fekte, bei denen die Turnierteilnehmer infolge des Wettbewerbs ein ineffizient hohes Anstrengungsniveau wählen, lassen sich unter den Begriff ***Rattenrennen*** subsumieren.[81] Die Hauptakteure der korrespondierenden „cover story" sind – wie der Name bereits verrät – zwei Ratten, die vor sich ein Stück Käse sehen. Beide Ratten laufen auf das Stück Käse zu, wobei die eine Ratte ihr Tempo erhöht, um als erste am Ziel zu sein und den Käse für sich allein zu haben. Daraufhin beschleunigt die zweite Ratte ebenso, um nicht ins Hintertreffen zu geraten. Um den alten Abstand wiederherzustellen, wechselt die erste Ratte zu einem höheren Tempo, woraufhin die zweite Ratte erneut beschleunigt usw. Im Endergebnis rennen beide Ratten so schnell, dass ihre ineffizient hohen Anstrengungen in keinem Verhältnis mehr zur Größe des Käsestücks stehen,[82] zumal sich der relative Abstand zwischen ihnen nicht verändert hat. Solch eine Form von Rattenrennen ist auch bei menschlichen Akteuren nicht auszuschließen. Einen ersten Hinweis für die Gültigkeit dieser These bieten Konzertbesucher, die von ihren Plätzen aufstehen, um besser sehen zu können, woraufhin die hinter ihnen sitzenden Personen auch aufstehen, um überhaupt noch etwas auf der Bühne sehen zu können. In einer nächsten Eskalationsstufe könnten sich einige der Konzertbesucher auf ihre Sitzplätze stellen usw.

Rattenrennen sind überall dort denkbar, wo Akteure um eine knappe Ressource konkurrieren. Zu vermuten ist daher, dass es gerade in relativen Leistungsturnieren zu Rattenrennen kommen kann. Hierbei wählen die Turnierteilnehmer eine ineffizient hohe Arbeitsanstrengung (verbunden mit einem entsprechend hohen Arbeitsleid), damit sie möglichst den Gewinnerpreis erhalten. Auch wenn die gewählten Anstrengungen aus Sicht aller Turnierteilnehmer Pareto-ineffizient sind, so kann dennoch ein Beibehalten der Anstrengungen für den einzelnen Turnierteilnehmer individuell rational sein, um seine Chancen auf den Turniersieg zu wahren. Rattenrennen können m.a.W. ein ***Pareto-ineffizientes NASH-Gleichgewicht*** im Turnierspiel bilden.[83] Eskalationseffekte in Form von Rattenrennen können zu Absentismus infolge von Überanstrengung bzw. allgemein zu einer Überbeanspruchung von Ressourcen führen. Im Falle rationaler homogener Turnierteilnehmer und bindender Teilnahmebedingungen fallen die Effizienzverluste durch Rattenrennen bei der Unternehmensleitung als Turnierveranstalter an, da die Turnierteilnehmer

---

[81] Vgl. allgemein zum Phänomen des Rattenrennens AKERLOF (1976); MIYAZAKI (1977); HOLMSTRÖM (1982a); MILGROM/ROBERTS (1992), S. 372–374; KRÄKEL/SCHAUENBERG (1994).

[82] Der durch die Anstrengungen verursachte Kalorienverbrauch lässt sich nicht mehr über den Verzehr des Käsestücks ausgleichen.

[83] Liegt ein Turnier zwischen zwei Arbeitnehmern vor, von denen jeder entweder ein sehr hohes oder ein gemäßigtes Anstrengungsniveau wählen kann, so sind Situationen vom Typ Gefangenendilemma möglich.

die Anstrengungen antizipieren können und eine angemessene Kompensation – z.B. durch entsprechend hohe Turnierpreise – verlangen.[84] Sind jedoch die Turnierteilnehmer durch limited liability geschützt und realisieren im Gleichgewicht positive Renten, so kann es für den Arbeitgeber rational sein, durch die Implementation ineffizient hoher Anstrengungen diese Renten zu mindern.[85] Dass gerade durch hohe Turniergewinnerpreise (bei den Ratten: durch ein besonders großes Stück Käse) erst ein Rattenrennen induziert wird, soll im folgenden Unterabschnitt noch näher diskutiert werden.

IV.5.1 Ursachen von Rattenrennen

Wenngleich die Konkurrenz zwischen den Akteuren den Hauptauslöser für Rattenrennen bildet, ist dennoch zwischen verschiedenen Einzelursachen zu differenzieren. Rattenrennen können zum einen durch ***zu hohe Turnierpreisdifferenzen*** verursacht werden. Betrachtet man die Gleichung (III.2) aus Unterabschnitt III.2.4, die die Gleichgewichtsanstrengung der beiden Turnierteilnehmer in einem Beförderungsturnier beschreibt, so sieht man, dass eine sehr hohe Turnierpreisdifferenz Δw die Anstrengung e^*_{BT} und damit auch das Arbeitsleid $c(e^*_{BT})$ in die Höhe schnellen lässt.[86] Die Ursache für ein Rattenrennen wäre in diesem Fall ein Organisationsfehler der Unternehmensleitung oder aber – bei limited liability – eine rationale Strategie der Unternehmensleitung, um positive Renten von Arbeitnehmern zu reduzieren. Beispielsweise wäre möglich, dass die Unternehmensleitung eine Hierarchieebene im Managementbereich streicht, um Personalkosten zu senken. Wenn nun bezogen auf die eliminierte Ebene der Gehaltsunterschied zwischen der nächst niedrigen und der nächst höheren Managementebene nicht entsprechend gesenkt wird, entstehen hierdurch ineffizient hohe Leistungsanreize im Beförderungsturnier.

Zum anderen könnten Rattenrennen in Turnieren aber auch durch ***asymmetrisch verteilte Informationen über das Talent der Arbeitnehmer*** verursacht werden. Beispielsweise sei angenommen, dass allein jeder Arbeitnehmer sein Talent kennt und die Unternehmensleitung ein relatives Leistungsturnier

[84] Im üblichen Prinzipal-Agent(en)-Modell muss über die Partizipationsbedingung gewährleistet sein, dass die Agenten mindestens ihren Reservationsnutzen erhalten. Ist die Partizipationsbedingung bindend – d.h. die Turnierteilnehmer bekommen genau ihren Reservationsnutzen –, dann gehen die Effizienzverluste zwangsläufig zu Lasten des Prinzipals.

[85] Vgl. GÜRTLER/KRÄKEL (2010).

[86] Analog wäre bei bonus pools eine zu hohe kollektive Lohnsumme w der Auslöser für ein Rattenrennen. Anhand von Gleichung (IV.44) wird ersichtlich, dass eine zu hohe Turnierpreisdifferenz Δw nicht nur bei den produktiven Arbeitsanstrengungen, sondern auch bei den Sabotageaktivitäten zu einer Eskalation führen kann, wobei sich bereits Sabotage selbst als eine spezielle Form von Eskalationsverhalten interpretieren lässt.

auch für Selektionszwecke nutzt, um Arbeitnehmer mit außerordentlichem Talent ausfindig zu machen. Denkbar ist in solch einer Situation, dass Arbeitnehmer ineffizient hohe Arbeitsanstrengungen wählen, um über hohe Leistungsergebnisse ein entsprechend hohes Talent zu signalisieren, und im Endergebnis ein separierendes Gleichgewicht erreicht wird, bei dem die Talenteigenschaften der Arbeitnehmer anhand der Leistungsergebnisse ersichtlich werden. Ein Rattenrennen wäre in diesem Fall der „Preis", den die Unternehmensleitung für die Informationsaufdeckung zu zahlen hätte. Derartige Situationen sind in der Praxis durchaus anzutreffen, z.B. bei Berufsanfängern in einem Unternehmen, die über freiwillige Überstunden auf Talenteigenschaften wie Belastbarkeit, Ehrgeiz oder Durchhaltevermögen aufmerksam machen wollen, um von einem befristeten in ein unbefristetes Beschäftigungsverhältnis übernommen zu werden oder möglichst schnell innerhalb der betrieblichen Hierarchie aufzusteigen. Dieser zweite Typ von Rattenrennen, der auf eine asymmetrische Informationsverteilung zurückzuführen ist, bildet quasi den Gegenpol zu dem in Unterabschnitt III.6.2 diskutierten ratchet effect. Während beim ratchet effect Arbeitnehmer über geringe Anstrengungen ihr wahres Talent verbergen wollen, versuchen die Arbeitnehmer beim Rattenrennen, genau umgekehrt über hohe Anstrengungen ihr Talent aufzudecken.

Nicht nur zu hohe Turnierpreise und asymmetrisch verteilte Informationen, sondern auch spezielle Präferenzen bei den Arbeitnehmern können zu Rattenrennen führen. Beispielsweise wählen Arbeitnehmer, die durch ***Sozialneid in Form von relativer Deprivation*** bzw. durch ***Ungleichheitsaversion*** gekennzeichnet sind, bei gegebener Turnierpreisstruktur ein höheres Anstrengungsniveau als Arbeitnehmer mit Standardnutzenfunktion.[87] Orientiert sich die Unternehmensleitung bei der Festlegung der Turnierpreisstruktur an der Standardnutzenfunktion und vermag bei der Zusammensetzung der Turniere nicht zwischen den verschiedenen Typen an Arbeitnehmern zu unterscheiden, so kann es bei den Arbeitnehmern mit Sozialneid bzw. Ungleichheitsaversion zu einem exzessiven Arbeitseinsatz kommen.

---

[87] *Relative Deprivation* bzw. relative Entbehrung bei Turnierteilnehmern bedeutet grob, dass sich die betreffenden Arbeitnehmer an dem relativen Einkommensunterschied zu einer besser verdienenden Referenzgruppe orientieren und diesen durch den Gewinn des Leistungsturniers zu minimieren versuchen. Die relative Deprivation einer Person ist umso größer, je größer die besser verdienende Referenzgruppe und/oder die Einkommensdifferenz zu ihr ist. Zu Turnieren mit relativer Deprivation vgl. KRÄKEL (1997b), (1998c), (2000b). Zu Turnieren mit Ungleichheitsaversion vgl. GRUND/SLIWKA (2005), DEMOUGIN/FLUET (2003) und SCHÖTTNER (2005) basierend auf dem Ungleichheitsaversionsansatz von FEHR/ SCHMIDT (1999). Zu einem Überblick über (Turnier)Anreize und Ungleichheitsaversion vgl. EBERLEIN/GRUND (2006).

IV.5.2 Diskussion von Gegenmaßnahmen

Ähnlich wie beim Sabotageproblem steht die Unternehmensleitung auch dem Problem von Rattenrennen nicht hilflos gegenüber, wobei sie bei der Wahl ***geeigneter Gegenmaßnahmen*** die verschiedenen Einzelursachen zu beachten hat. Eine allgemeine Maßnahme zur Verhinderung von Rattenrennen könnte darin bestehen, die ***Arbeitsplätze der Turnierteilnehmer möglichst weit voneinander zu trennen***, so dass sie ihre Anstrengungen nicht gegenseitig beobachten und sich dadurch auch nicht gegenseitig hochschaukeln können. Solch eine örtliche Trennung ließe sich beispielsweise erreichen, indem im Dienstleistungs- oder Verwaltungsbereich auf Großraumbüros zugunsten von Einzelbüros verzichtet wird. Als weitere Vorsichtsmaßnahme gegen Rattenrennen könnte die Unternehmensleitung ***auf möglichst hohe Turnierpreisdifferenzen bzw. hierarchische Lohndifferentiale Δw verzichten***. Die geeignete Wahl von Δw erscheint in der Praxis jedoch nicht einfach, da die Unternehmensleitung hierfür streng genommen die Arbeitsleidfunktionen der Turnierteilnehmer genau kennen müsste. Zu kleine Δw implizieren auf der anderen Seite z.B. die Gefahr ineffizient geringer Anstrengungen. Als vorteilhaft könnte sich zudem eine ***gezielte Zusammensetzung der einzelnen Turniere sowie eine Vorselektion unter den Turnierteilnehmern*** für die Unternehmensleitung erweisen. Im Idealfall können auf diese Weise homogene Turniere veranstaltet werden, in denen jeweils nur ein bestimmter Typ von Arbeitnehmer vertreten ist (z.B. eines für Arbeitnehmer mit und eines für Arbeitnehmer ohne Sozialneid), für den die Unternehmensleitung eine jeweils geeignete Turnierpreisstruktur wählt. Sofern die Unternehmensleitung gezielt eine Selbstselektion der Arbeitnehmer mit Hilfe von Turnieren induzieren will und es dadurch zu einem Rattenrennen kommt, ist die Suche nach entsprechenden Gegenmaßnahmen unangebracht. Die Möglichkeit von Rattenrennen entsteht dann allein schon durch den Übergang von der neoklassischen Modellwelt mit idealisierenden Grundannahmen zur Second-best-Welt der Neuen Institutionenökonomik.

Zusammenfassend lässt sich festhalten, dass Rattenrennen keinen fundamentalen Einwand gegen relative Leistungsturniere darstellen. Zum einen existieren – wie für andere Probleme auch – ***geeignete Gegenmaßnahmen***, die von der Unternehmensleitung ergriffen werden können. Zum anderen stellen ***Rattenrennen kein spezifisches Problem relativer Leistungsturniere*** dar. Beispielsweise zeigt AKERLOF (1976), wie es bei der Selbsteinordnung unterschiedlich fähiger Arbeitnehmer auf verschieden schnelle Fließbänder bei asymmetrischer Informationsverteilung zu einem Rattenrennen kommt. Das Career-concerns-Modell von HOLMSTRÖM (1982a, S. 211–214) zeigt, dass

Rattenrennen in bestimmten Situationen auch dann unvermeidbar sein können, wenn die Unternehmensleitung vollständig auf Turniere verzichtet, da Arbeitnehmer bereits über den Arbeitsmarkt in einen impliziten Karrierewettbewerb eingebunden sind. Gezeigt wurde hierzu in Abschnitt III.7, dass Arbeitnehmer aus Reputationsgründen in einer Art „Gleichgewichtsfalle“ gefangen sein können, aus der weder die Unternehmensleitung noch der betroffene Arbeitnehmer einen Ausweg findet. Für eine abschließende Diskussion der Bedeutung von Rattenrennen für Leistungsturniere können auch noch einmal die drei ***Einzelgründe für ein Rattenrennen*** auf ihre Bedeutung hin geprüft werden. Der erste Grund basierte auf einem Organisations- bzw. Entscheidungsfehler der Unternehmensleitung, die eine zu hohe Turnierpreisdifferenz Δw wählt. Entscheidungsfehler aufgrund von Informationsdefiziten oder Irrationalität können jedoch streng genommen dazu führen, dass die Funktionsfähigkeit jeglicher Lösung anzuzweifeln ist. Der zweite Grund basiert darauf, dass bei asymmetrisch verteilten Informationen Pareto-ineffiziente separierende Gleichgewichte möglich sind. Dies ist nicht weiter verwunderlich, wenn man von der neoklassischen Idealwelt in die realitätsnähere Welt der Neuen Institutionenökonomik hinüberwechselt. Jedes separierende Gleichgewicht im Sinne von ROTHSCHILD/STIGLITZ (1976) kann bei weiter Auslegung als Rattenrennen interpretiert werden. Der dritte Grund schließlich basierte auf speziellen Präferenzen der Turnierteilnehmer. Auch dieser Grund rechtfertigt keinen fundamentalen Einwand gegen relative Leistungsturniere. Betrachtet sei beispielsweise wiederum der Fall von Sozialneid im Sinne relativer Deprivation. Zu einem Rattenrennen kommt es hier lediglich dann, wenn die Unternehmensleitung falsche – weil zu hohe – Turnierpreisdifferenzen wählt. Die Existenz unterschiedlicher Typen von Arbeitnehmern muss jedoch nicht zwingend zu Folgeproblemen führen. Sofern die Unternehmensleitung – z.B. mit Hilfe von Selbstselektionsmechanismen –[88] in der Lage ist, Arbeitnehmer mit und ohne Sozialneid in zwei unterschiedlichen Turnieren voneinander zu trennen, können für die Arbeitnehmer mit Sozialneid entsprechend niedrige Turnierpreisdifferenzen festgelegt werden, damit diese keine exzessive Anstrengung, sondern ein effizientes Anstrengungsniveau wählen.

[88] Beispielsweise könnte die Unternehmensleitung generell vergleichsweise niedrige Turnierpreisdifferenzen festlegen und dadurch eine Selbstselektion unter den Arbeitnehmern bewirken – Arbeitnehmer ohne Sozialneid würden dem Turnier fernbleiben, während Arbeitnehmer mit Sozialneid ein Interesse an einer Teilnahme hätten.

IV.6 Sonstige Probleme relativer Leistungsturniere

In diesem Abschnitt soll abschließend auf weitere Kritikpunkte eingegangen werden, die in der Literatur gegen die Turnierlösung vorgebracht werden.

IV.6.1 Heterogene Arbeitnehmer und Informationsprobleme

Als ein Kritikpunkt wird in der Tournament-Literatur darauf hingewiesen, dass relative Leistungsturniere bei ***heterogenen Arbeitnehmern*** bzw. Arbeitnehmern unterschiedlichen Talents Probleme aufweisen können. Die Ergebnisse in LAZEAR/ROSEN (1981) zeigen,[89] dass Heterogenität zu keinerlei Problemen führt, sofern alle Beteiligten gleichermaßen unsicher über die einzelnen Talente sind (Ex-ante-Homogenität). Solch eine symmetrische Unsicherheit ist vor allem auf unteren Hierarchieebenen eines Unternehmens gegeben, auf denen sich viele Neueinsteiger bzw. Berufsanfänger befinden.

Höchst problematisch können Turniere dagegen dann sein, wenn die heterogenen Arbeitnehmer nicht nur ihr eigenes Talent kennen, sondern auch gegenseitig ihre Talente präzise einschätzen können.[90] In diesem Fall könnten die Turnierteilnehmer mit geringem Talent bereits vorab damit rechnen, dass sie kaum eine Chance auf den Gewinnerpreis haben. Um Arbeitsleid zu sparen, wäre es für die mutmaßlichen Turnierverlierer rational, eine möglichst geringe Arbeitsanstrengung zu leisten. Beobachten dies die potentiellen Turniergewinner, so würden auch sie ihre Anstrengungen entsprechend verringern. Damit würde das relative Leistungsturnier insgesamt seine Anreizwirkung verlieren.

Kennt jedoch die Unternehmensleitung ebenfalls die individuellen Talente der Arbeitnehmer, so kann sie einen Verlust der Anreizwirkung verhindern, indem sie auf eine ***Handicap-Lösung*** zurückgreift. Hierbei müssen die Arbeitnehmer mit großem Talent die weniger fähigen Arbeitnehmer um einen bestimmten Mindestabstand schlagen. Dadurch beständen weiterhin geeignete Leistungsanreize. Den mutmaßlichen Turniergewinnern müsste von der Unternehmensleitung allerdings ein Startgeld (z.B. eine Sonderprämie) gezahlt werden, damit diese der Handicap-Lösung zustimmen.

Noch prekärer erscheinen Leistungsturniere, wenn die Turnierteilnehmer ihre eigenen Talente genau kennen, die Unternehmensleitung jedoch ein Informationsdefizit über die Talente besitzt, da nun nicht mehr auf die Handicap-Lösung zurückgegriffen werden kann. Richtete die Unternehmensleitung

---

[89] Hierbei sind die individuellen Störgrößen jeweils als Talenteigenschaften zu interpretieren, welche ex ante allen Beteiligten gleichermaßen unbekannt sind.

[90] Vgl. LAZEAR/ROSEN (1981), S. 861–863; NALEBUFF/STIGLITZ (1983), S. 40; O'KEEFE/VISCUSI/ZECKHAUSER (1984), S. 42–44.

beispielsweise unterschiedliche Turniere für die jeweiligen Arbeitnehmer gleichen Talents aus, so wäre nicht damit zu rechnen, dass sich die Arbeitnehmer ihrem jeweiligen Turnier korrekt zuordnen. Für sehr fähige Arbeitnehmer könnte es sich lohnen, an einem Turnier mit weniger fähigen Konkurrenten teilzunehmen, um so den Gewinnerpreis mit nur geringem Arbeitseinsatz zu bekommen. Sofern für Arbeitnehmer mit großem Talent entsprechend hoch dotierte Turniere vorgesehen werden, könnte es sich umgekehrt auch für weniger fähige Arbeitnehmer lohnen, sich dort unter die sehr fähigen Arbeitnehmer zu mischen, um dadurch in den Genuss eines relativ hohen Verliererpreises zu kommen. Insgesamt entstünden auf diese Weise heterogene Turniere mit entsprechend geringer Anreizwirkung. Von O'KEEFE/VISCUSI/ZECKHAUSER (1984) wird jedoch gezeigt, dass die Unternehmensleitung durch ein geeignetes Turnierdesign über bestimmte Kombinationen aus Turnierpreisen und Überwachungsgenaugkeit eine Selbsteinordnung der Arbeitnehmer zu ihren entsprechenden Turnieren induzieren kann.

Heterogenitätsprobleme in Leistungsturnieren sind in der Realität durchaus vorstellbar. Allerdings zeigen Laborexperimente von BULL/SCHOTTER/WEIGELT (1987), dass weniger fähige Turnierteilnehmer (dort: jene mit höherem Arbeitsleid) durch die ungleichen Wettbewerbsbedingungen eher noch angespornt werden und dadurch eine unerwartet hohe Arbeitsanstrengung wählen. Zudem sind neben den bereits genannten noch weitere Maßnahmen der Unternehmensleitung möglich, mit denen Heterogenitätsprobleme verhindert werden können. Wiederum könnte die Unternehmensleitung die Arbeitsplätze der Turnierteilnehmer strikt voneinander trennen oder die Identitäten der Turnierteilnehmer auf andere Weise verbergen, damit möglichst eine symmetrische Talentunsicherheit herrscht. Außerdem empfiehlt sich für reale Turniere eine Vorselektion bei den Turnierteilnehmern (z.B. nach fachlichen Qualifikationen oder Berufserfahrung), um den Homogenitätsgrad von Turnieren zu erhöhen.[91]

IV.6.2 Zwischeninformationen

Die Anreizwirkung von Turnieren könnte auch durch ***Zwischeninformationen*** über den bisherigen Stand des Turniers verloren gehen.[92] Da sich Turniere grundsätzlich über einen gewissen Zeitraum erstrecken, ist nicht auszuschließen, dass die Turnierteilnehmer während der Laufzeit Informationen über den Zwischenstand des Turniers erhalten. In diesem Fall könnte die gleiche Problematik entstehen wie im Fall bekannter Heterogenität unter den Turnierteilnehmern: Die vermeintlichen Turnierverlierer strengen sich nicht mehr an, um

---

[91] Vgl. bereits LAZEAR/ROSEN (1981), S. 860–861.
[92] Vgl. MCLAUGHLIN (1988), S. 249; PRENDERGAST/TOPEL (1993), S. 362.

Arbeitsleid zu sparen, woraufhin die mutmaßlichen Gewinner als beste Antwort ebenfalls ihre Anstrengungen verringern.

Denkbar ist auch eine Art von Beeinflussungsaktivitäten über Zwischeninformationen unter den Teilnehmern, indem einzelne Arbeitnehmer durch sehr hohe Anstrengungen zu Turnierbeginn ihre Konkurrenten von einer Fortsetzung des Wettbewerbs abschrecken wollen.[93] Inwieweit die Problematik von Zwischeninformationen für reale Leistungsturniere zutrifft, ist allerdings nicht ganz eindeutig. Beispielsweise zeigen die Laborbefunde von WEIGELT/ DUKERICH/SCHOTTER (1989), dass sowohl die zurückliegenden als auch die führenden Turnierteilnehmer ein höheres Anstrengungsniveau wählen, als von der Theorie vorausgesagt. Zudem stehen der Unternehmensleitung in realen Turnieren wiederum Gegenmaßnahmen zur Verfügung. Neben einer örtlichen Trennung der Turnierteilnehmer könnte die Unternehmensleitung auch versuchen, rigoros die Bekanntgabe von Zwischenständen zu verhindern.[94]

IV.6.3 Externe Lohnangebote

Ein weiteres Problem kann in unternehmensinternen Turnieren entstehen, wenn Arbeitnehmer während der Laufzeit eines Turniers ***externe Lohnangebote*** von anderen Unternehmen erhalten.[95] Beispielsweise sei dazu ein Beförderungsturnier zwischen zwei Arbeitnehmern betrachtet mit w_1 als Gewinner- und w_2 als Verliererpreis.[96] Erhalten beide Arbeitnehmer im Laufe des Turniers ein externes Lohnangebot in Höhe von w^A mit $w_2 < w^A < w_1$, so verringert sich dadurch unmittelbar die Anreizwirkung des Turniers. Der Turnierverlierer wird aufgrund des externen Lohnangebots $w^A > w_2$ zum anderen Unternehmen wechseln, so dass die für die Anreizwirkung des Turniers effektive Turnierpreisdifferenz nicht mehr $\Delta w := w_1 - w_2$, sondern nur noch $w_1 - w^A$ beträgt. Da die Gleichgewichtsanstrengungen der Arbeitnehmer mit der Turnierpreisdifferenz steigen,[97] werden sie aufgrund von w^A geringer ausfallen als ohne das externe Lohnangebot. Auch diesem Problem steht die Unternehmensleitung jedoch nicht hilflos gegenüber. Geeignet sind im Prinzip solche Gegenmaßnahmen, die die Wechselkosten der Arbeitnehmer erhöhen, z.B. Pfandlösungen bzw. die Kombination der Turnierlösung mit einer senioritäts-

---

[93] Vgl. ROSEN (1986), S. 714, (1988), S. 88; JOST/KRÄKEL (2005).

[94] Hierin kann z.B. auch ein Grund für die sehr späte Differenzierung zwischen Arbeitnehmern in Beförderungsturnieren japanischer Großunternehmen gesehen werden. Vgl. ITOH (1991a), S. 368; PRENDERGAST/TOPEL (1993), S. 362–363.

[95] Vgl. DYE (1984), S. 147–148; MCLAUGHLIN (1988), S. 248.

[96] D.h. der Gewinner wird auf die höher dotierte Stelle befördert und erhält w_1, während der Verlierer auf seiner Stelle bleibt und w_2 bekommt.

[97] Vgl. den Ausdruck (III.2) in Unterabschnitt III.2.4.

abhängigen Entlohnung.[98] Zudem erwerben Arbeitnehmer im Laufe ihrer Beschäftigung betriebsspezifisches Humankapital, welches definitionsgemäß das Wertgrenzprodukt eines Arbeitnehmers nur im jeweils betrachteten Unternehmen erhöht und beim Unternehmenswechsel unweigerlich verloren ginge.

IV.6.4 Risikoverhalten

Das ***Risikoverhalten*** von Arbeitnehmern in relativen Leistungsturnieren könnte sich ebenfalls als problematisch erweisen.[99] Auf den ersten Blick sind die Risikoanreize der Turnierlösung als positiv zu bewerten. Da das Verlustrisiko der Turnierteilnehmer durch den Verliererpreis nach unten begrenzt ist, werden durch Turniere zunächst einmal Anreize für die Wahl innovativer und damit auch riskanter Alternativen gestaltet.[100] Beispielsweise kann sich ein Turnierteilnehmer durch eine sehr innovative Idee erheblich in der Turnierrangfolge verbessern, falls diese Idee zum Erfolg führt, wohingegen eine fehlgeschlagene Idee dem Turnierteilnehmer immer noch den Verliererpreis garantiert. Allerdings sprechen mehrere Überlegungen eher gegen ein vorteilhaftes Risikoverhalten in Turnieren. Zum einen werden keine Innovationsanreize induziert, wenn sich der betreffende Arbeitnehmer durch die Innovation nicht in der relativen Rangfolge verbessern kann. Insbesondere werden Arbeitnehmer solche Innovationen unterlassen, die allen Arbeitnehmern gleichermaßen zugute kommen bzw. von der Unternehmensleitung unmittelbar nach dem Entdecken an alle Beteiligten weitergeleitet werden. Eine solche Innovation käme der Produktion eines öffentlichen Gutes gleich. Zum anderen muss genauer differenziert werden, bei welchen Turnierteilnehmern eine hohe Risikobereitschaft besteht. Im Turnier führende bzw. sehr talentierte Arbeitnehmer werden eher nicht riskante Alternativen wählen, um nicht den vergleichsweise sicheren Sieg zu gefährden. Eine erhöhte Risikobereitschaft wird hingegen bei zurückliegenden bzw. weniger talentierten Arbeitnehmern zu erwarten sein, da sie wenig zu verlieren haben. Ist ihre riskante Strategie erfolgreich, verbessern sie sich sprunghaft in der Rangfolge, während ein Misserfolg wenig an ihrer Situation ändert, da sie bereits ex ante mit hoher Wahrscheinlichkeit nur den Verliererpreis erhalten. Zudem ist zu bezweifeln, dass gerade diese Arbeitnehmer – die potentiellen Verlierer – wegweisende Inno-

---

[98] Vgl. KRÄKEL (1999b), S. 277–285, sowie die dort angeführte Literatur.

[99] Vgl. KRÄKEL (1999b), S. 238–239, sowie die dort zitierten Beiträge. Zur Wahl eines hohen Risikos für eine implizite Kollusion mittels Selbstbindung vgl. HVIDE (2002); KRÄKEL/SLIWKA (2004). Zur Risikowahl in Turnieren vgl. auch GRUND/GÜRTLER (2005).

[100] Innovative Alternativen (z.B. Investitionsprojekte) führen zu mit Risiko behafteten Ergebnissen, deren Dichte- bzw. Wahrscheinlichkeitsfunktion relativ flach verläuft, so dass ein gewisser Teil der Wahrscheinlichkeitsmasse auch auf extrem hohe sowie extrem niedrige Ergebnisse entfällt.

vationen entwickeln. Zu befürchten ist vielmehr, dass diese Arbeitnehmer auf riskante Alternativen im Sinne von rücksichtslosen Strategien ausweichen, was dann eher dem Bereich „kontraproduktiver Beeinflussungsaktivitäten" (Abschnitt III.6) oder aber dem Bereich „Sabotageaktivitäten" (Abschnitt IV.4) zuzuordnen wäre. Diese Vermutung wird durch das folgende Beispiel zumindest teilweise gestützt:[101]

Beispiel IV–4: Risikoverhalten beim Stock-car-Rennen

BECKER/HUSELID (1992) untersuchen in ihrer empirischen Studie die Anreizwirkungen von Turnieren anhand von Stock car-Rennen, die in den Jahren 1989 und 1990 in den USA von der National Association for Stock Car Auto Racing (NASCAR) und der International Motor Sports Association (IMSA) ausgerichtet wurden. Der NASCAR-Datensatz bezieht 28 Rennen ein, während die IMSA-Daten 11 Rennen berücksichtigen. BECKER und HUSELID kommen zu dem Ergebnis, dass ein riskantes, rücksichtsloses Fahrverhalten zwar nicht grundsätzlich in den Rennen beobachtbar ist, wohl aber in Rennen mit hinreichend großen Turnierpreisdifferenzen.[102] Da rücksichtsloses Verhalten jedoch vom jeweiligen Turnierleiter beobachtbar und daher auch sanktionierbar ist (z.B. über Zeitstrafen oder eine Disqualifizierung), schätzen die beiden Autoren die Gefahr kontraproduktiven Verhaltens in Turnieren als nicht allzu hoch ein. Beim Vergleich mit Turnierlösungen in Unternehmen gelangen sie insgesamt zu der folgenden optimistischen Einschätzung: „We see several organizational analogies in these results. Employers want to encourage employees to take risks and to be entrepreneurial, but not to be careless in their actions. It would appear that tournament reward systems have the potential to achieve these goals. Alternatively, overly agressive or opportunistic behavior in organizations is penalized in a variety of ways, ranging from informal sanctions by colleagues to dismissal" (BECKER/HUSELID, S. 348).

Das Beispiel IV–4 belegt letztlich nicht nur exemplarisch die mögliche Gefahr kontraproduktiven Risikoverhaltens, sondern verdeutlicht auch, dass die Unternehmensleitung als eine Art „Schiedsrichter" durchaus in der Lage ist, die Einhaltung der Spielregeln im Turnier über die Androhung und nötigenfalls auch Anwendung entsprechender Sanktionen zu sichern.

Zusammenfassend lässt sich festhalten, dass auch die sonstigen Probleme relativer Leistungsturniere zwar auf partielle Schwächen der Turnierlösung hinweisen, jedoch keinen fundamentalen Einwand gegen Turniere zur Lösung der in Abschnitt III.2 aufgezeigten Kontrahierungsprobleme darstellen. Die Argumente der Abschnitte IV.3 bis IV.6 zeigen vielmehr, dass sich aus Sicht

---

[101] Vgl. auch im Zusammenhang mit dem Entscheidungsverhalten von Managern in Investmentgesellschaften BROWN/HARLOW/STARKS (1996). Diese Studie verdeutlicht auch, dass die Punkte „Zwischeninformationen" (Unterabschnitt IV.6.2) und „Risikoverhalten" eng miteinander verknüpft sind: Der Wechsel auf sehr riskante Strategien könnte gerade deshalb erfolgen, weil man die Zwischeninformation erhalten hat, in der bisherigen Rangfolge weit abgeschlagen zu sein. Durch den Rückgriff auf sehr riskante Strategien hat der betreffende Turnierteilnehmer nur wenig zu verlieren, d.h. das Risiko beschränkt sich weitestgehend auf das („positive") Gewinnrisiko.

[102] Vgl. BECKER/HUSELID (1992), S. 347.

der Unternehmensleitung keine isolierte Anwendung relativer Leistungsturniere empfiehlt, sondern stattdessen eine Kombination der Turnierlösung mit anderen unternehmenspolitischen Maßnahmen (z.B. job rotation), wodurch sich Verbund- bzw. Komplementaritätseffekte realisieren lassen.[103]

IV.7 Zwischenfazit

Die bisherigen Ausführungen haben gezeigt, dass unabhängig von der Organisationsstruktur eines Unternehmens eine ganze Reihe von Organisationsproblemen existiert, die eine Unternehmensleitung zu lösen hat. Die wichtigsten dieser allgemeinen Organisationsprobleme, die oftmals auf ***Nicht-Kontrahierbarkeiten*** sowie ***asymmetrisch verteilten Informationen*** basieren, wurden in Kapitel III (vertikale Organisationsprobleme) und Kapitel IV (horizontale Organisationsprobleme) diskutiert. Die Ausführungen hierzu haben insbesondere zweierlei verdeutlicht: ***Zum einen*** ist das in Unterabschnitt III.3.1 beschriebene ***klassische Dilemma der Organisationstheorie***, welches auf den Wechselwirkungen zwischen Anreizen und Informationen dezentraler Entscheidungsträger beruht, von fundamentaler Bedeutung für die Effizienz eines Unternehmens. Zwar wurde auf dieses Dilemma nur im Rahmen der Delegationsproblematik in Unterabschnitt III.3.1 explizit eingegangen, jedoch liegt es jeglichem unternehmensinternen Prinzipal-Agent-Problem zugrunde und ist daher genau genommen in jedem der obigen Abschnitte zu finden. Sehr deutlich wird dieses beispielsweise anhand der Allokation zentraler Ressourcen (Abschnitt III.4). Hierbei besitzen die Divisionsmanager dezentrale Informationsvorteile, die sie jedoch mutmaßlich opportunistisch ausnutzen, wenn die Unternehmensleitung sämtliche Entscheidungsrechte über die Ressourcen an sie delegieren würde.

Zum anderen haben die Ausführungen der beiden Kapitel auch gezeigt, dass sich verschiedene ***in der Realität beobachtbare Phänomene als Lösungsansätze für Organisationsprobleme erklären lassen***. Deutlich wurde dieses insbesondere anhand relativer Leistungsturniere, die in Form von Beförderungsturnieren faktisch in jedem hierarchisch strukturierten Unternehmen zu finden sind und dabei einen Lösungsansatz für nicht-kontrahierbare Interaktionssituationen bilden können (Abschnitt III.2). Alternativ ließe sich ein Teil der Kontrahierungsprobleme auch mit Hilfe von Effizienzlöhnen lösen, die wiederum das Kuriosum erklären könnten, warum in der Realität zwar von Arbeitgebern regelmäßig über hohe Lohn- und Lohnnebenkosten

[103] Vgl. zu Komplementaritätseffekten auch die entsprechenden Ausführungen des folgenden Abschnitts IV.7.

geklagt wird, auf der anderen Seite jedoch in sehr vielen Unternehmen eine übertarifliche Entlohnung vorgenommen wird.[104] Auch für job rotation lassen sich anhand der Kapitel III und IV verschiedene Erklärungsansätze aufzeigen. Während in der personalwirtschaftlichen Literatur neben Qualifizierungsaspekten vor allem mögliche positive Motivationswirkungen („Auflockerung des Tätigkeitsspielraums") als Argument für job rotation ins Feld geführt werden,[105] haben die Ausführungen der beiden Kapitel gezeigt, dass job rotation aus Sicht der Neuen Institutionenökonomik noch weitere Zwecke erfüllen kann (z.B. als Maßnahme gegen Kollusionen, den ratchet effect und andere kontraproduktive Beeinflussungsaktivitäten).

Im Rahmen dieses Zwischenfazits soll abschließend kurz auf zwei Aspekte eingegangen werden, die zwar für die Lösung von Organisationsproblemen von großer Bedeutung sind, aufgrund ihres allgemeinen Charakters jedoch bewusst nicht einem der obigen Abschnitte zugeordnet wurden – Komplementaritätseffekte sowie Organisationskultur. Die zuerst genannten ***Komplementaritätseffekte*** werden in Form von Synergie- oder Verbundeffekten bereits seit vielen Jahren in der Literatur diskutiert, die Einbindung eines formalen Konzeptes in institutionenökonomische Überlegungen erfolgte jedoch erst in jüngerer Zeit und zwar durch Arbeiten von MILGROM und ROBERTS.[106] Komplementaritäten bzw. Komplementaritätseffekte bestehen dann innerhalb einer Menge an unternehmenspolitischen Instrumenten oder – allgemeiner noch – Aktivitäten, wenn durch die stärkere Nutzung einer Teilmenge an Aktivitäten die Erträge aus der intensiveren Verwendung einer anderen Teilmenge aus den restlichen Aktivitäten steigen.[107] Für den Fall zweier Aktivitäten gilt speziell, dass zwischen ihnen Komplementaritäten bestehen, wenn der verstärkte Rückgriff auf die eine Aktivität die Effektivität der anderen erhöht.

Derartige Komplementaritätseffekte sind in mehrfacher Hinsicht auch für die vorliegende Arbeit von großer Bedeutung. ***Zum einen*** wurde in Unterabschnitt II.2.3 anhand von ***Teamarbeit*** im Sinne von ALCHIAN/DEMSETZ (1972) gezeigt, dass die Sicherung von Komplementaritätseffekten bzw. die Sicherung sozialer Erträge einen wesentlichen Grund für die Entstehung von Un-

[104] Vgl. BELLMANN/KOHAUT (1995).

[105] Vgl. z.B. OECHSLER (1997), S. 250–251.

[106] Vgl. MILGROM/ROBERTS (1994), (1995a), (1995b). Zu Komplementaritäten zwischen Personalpolitik und Organisationsgestaltung vgl. ECKARDSTEIN (1987), zu Komplementaritäten innerhalb sowie zwischen japanischen Unternehmen und Institutionen AOKI (1994a), (1994b), zu Komplementaritäten zwischen personalpolitischen Instrumenten SCHAUENBERG (1996).

[107] Vgl. MILGROM/ROBERTS (1994), S. 6. Zu einer genauen formalen Beschreibung des Komplementaritätskonzeptes anhand der gemischten Ableitungen der Zielfunktion der Unternehmensleitung nach den Aktivitätsvariablen oder über die Eigenschaften supermodularer Funktionen sei auf die bereits zitierten Arbeiten von MILGROM und ROBERTS verwiesen.

ternehmen bilden kann. Im ALCHIAN/DEMSETZ-Modell bilden die Arbeitsanstrengungen der (beiden) Teammitglieder die Aktivitäten. Komplementaritätseffekte bestehen hier insofern zwischen den Teammitgliedern, als die gemischten Ableitungen der Teamproduktionsfunktion nach den Anstrengungen verschiedener Teammitglieder positiv sind. Die Sicherung dieser Komplementaritätseffekte durch Unternehmen wird u.a. durch die dauerhafte Interaktion der Unternehmensmitglieder gewährleistet. ***Zum anderen*** verdeutlichen die Ausführungen dieses Kapitels, dass erst die Beachtung von Komplementaritätseffekten zwischen ***unternehmenspolitischen Aktivitäten*** eine nachhaltige Lösung von Organisationsproblemen verspricht. Ein typisches Beispiel bilden die Wechselwirkungen zwischen job rotation und Investitionen in das betriebsspezifische Humankapital von Arbeitnehmern. Durch den verstärkten Rückgriff auf job rotation erwerben Arbeitnehmer ein breiteres betriebsspezifisches Wissen. Zudem lassen sich über job rotation Probleme bei der Beurteilung des erworbenen spezifischen Wissens in Form von vertikalen Kollusionen sowie kontraproduktiven Beeinflussungsaktivitäten besser lösen. Dies betrifft vor allem Situationen, in denen ein Vorgesetzter im Rahmen eines Beförderungsturniers anhand der spezifischen Humankapitalinvestitionen der Arbeitnehmer über die Besetzung einer vakanten Stelle zu entscheiden hat. Durch job rotation zwischen verschiedenen Teams bei den Arbeitnehmern und/oder bei den Vorgesetzten kommt es zu einer Mehrfachbeurteilung der Arbeitnehmer, wodurch vertikalen Kollusionen und kontraproduktiven Beeinflussungsaktivitäten entgegengewirkt wird. Komplementaritätseffekte bestehen auch zwischen relativen Leistungsturnieren und ergänzenden unternehmenspolitischen Maßnahmen, die die Funktionsfähigkeit der Turnierlösung absichern. Letztlich sind viele der unternehmenspolitischen Aktivitäten über Komplementaritäten eng ineinander verzahnt – Turniere, nicht-kontrahierbare Arbeitnehmerleistungen, job rotation, senioritätsabhängige Entlohnungen und Beförderungen, explizite Anreizsysteme usw.[108]

Als zweiter Aspekt soll nun im Anschluss die Bedeutung von ***Organisationskultur*** aus institutionenökonomischer Sicht skizziert werden. Unter Organisationskultur kann grob das gemeinsame Werte- und Normensystem verstanden werden, dem sämtliche Organisationsmitglieder inklusive Unterneh-

---

[108] Vgl. zu einigen Beispielen KRÄKEL (1999b), S. 372–278. Bereits oben wurden Komplementaritäten zwischen job rotation und betriebsspezifischen Humankapitalinvestitionen skizziert. Spezifisches Humankapital hilft wiederum gegen die Problematik externer Lohnangebote in Beförderungsturnieren, indem es zu einer Erhöhung der Wechselkosten für die Arbeitnehmer kommt (Unterabschnitt IV.6.3), wobei mit Hilfe von Beförderungsturnieren wiederum Unterinvestitionsprobleme im Zusammenhang mit nicht-kontrahierbarem spezifischen Humankapital gelöst werden können (Unterabschnitt III.2.4).

mensleitung (implizit durch den Organisationsbeitritt) zugestimmt haben.[109] Dieses Werte- und Normensystem entspricht spieltheoretisch dem ***Verhaltensplan*** im Exkurs zu Kapitel VI. Hierbei wird durch die Organisationsmitglieder gemeinsam ein Katalog an impliziten Verhaltensnormen festgelegt. Auf diese Weise ergänzt eine Organisationskultur die bestehenden expliziten Verträge (z.B. Arbeitsverträge) zwischen den Organisationsmitgliedern, welche gerichtlich durchsetzbar sind. Im Rahmen einer Organisationskultur werden hingegen Vereinbarungen für ***nicht-kontrahierbare Interaktionssituationen*** getroffen. Üblicherweise führen diese Vereinbarungen zwar zu einer Einschränkung der Strategienmenge bei den einzelnen Organisationsmitgliedern (z.B. Verzicht auf opportunistisches Verhalten wie Trittbrettfahren), sie resultieren jedoch auf kollektiver Ebene in einer Erhöhung des Organisationsergebnisses. Damit eine solche Organisationskultur auch tatsächlich verhaltenswirksam werden kann, muss sie „sich selbst durchsetzend" bzw. self-enforcing sein. Dies kann beispielsweise durch die Verbindung mit einer ***Trigger-Strategie*** geschehen, welche vorsieht, dass sich ein Organisationsmitglied so lange an die Organisationskultur hält, wie auch kein anderes Mitglied hiervon abweicht. Weicht jedoch mindestens ein Mitglied von den impliziten Vorgaben ab, so bricht sämtliche Kooperation zusammen, da sich nun kein Mitglied mehr der Organisationskultur verpflichtet fühlen muss. Ist die infolge der Organisationskultur realisierbare Kooperationsrente (= Organisationsergebnis bei Aufrechterhaltung der Organisationskultur abzüglich des Ergebnisses ohne Organisationskultur) hinreichend groß und erfolgt eine geeignete Verteilung auf die Organisationsmitglieder, so wird jedes Mitglied aus Eigeninteresse nicht von den vorgegebenen Verhaltensnormen abweichen.

Eine Organisationskultur kann überall dort wirksam werden, wo unvollständige explizite Verträge Verhaltensspielräume für Organisationsmitglieder lassen. Dies betrifft u.a. auch das in Abschnitt II.1 erläuterte Problem der ***Ex-post-Überraschungen***.[110] Als Beispiel sei hierzu eine Situation betrachtet, in der Arbeitnehmer eines bestimmten Betriebs B_1 u.a. über das Humankapital X verfügen, das in verschiedenen Betrieben $B_1,\dots, B_n$ anwendbar ist und daher als allgemeines Humankapital im Sinne von BECKER (1962) bezeichnet werden kann. Nach BECKER sieht die optimale Aufteilung der Kosten und Erträge für allgemeines Humankapital vor, dass die Arbeitnehmer sämtliche Kosten zu tragen haben, da sie auch die gesamten Erträge aus dem Humankapital erhalten. Angenommen sei nun, dass nach der Investition der Arbeitnehmer in X aufgrund einer Ex-post-Überraschung alle anderen bis auf den betrachteten

---

[109] Zur ökonomischen Bedeutung von Organisations- bzw. Unternehmenskultur vgl. KREPS (1986), (1990b); SCHAUENBERG (1991), S. 346–352; FÖHR/LENZ (1992); CRÉMER (1993), (1995); LAZEAR (1995b); KRÄKEL (2001a), S. 368–370.

[110] Vgl. TIROLE (1988), S. 33; KREPS (1990b), S. 116–120; FÖHR/LENZ (1992).

Betrieb B_1 die Produktion einstellen, wodurch das zuvor allgemeine Humankapital X zu betriebsspezifischem Humankapital wird. Ein rationaler Arbeitgeber würde in dieser Situation den betroffenen Arbeitnehmern das durch X erzeugte Wertgrenzprodukt nicht mehr über eine entsprechend hohe Entlohnung entgelten. Im Gegenteil, der Arbeitgeber würde die mit X verbundene Quasi-Rente appropriieren, d.h. es kommt zu hold up. Antizipieren jedoch die Arbeitnehmer bereits ex ante die Möglichkeit solch eines Hold-up-Problems, so ist nicht auszuschließen, dass sie zum Ex-ante-Zeitpunkt ineffizient wenig in ihr allgemeines Humankapital investieren.

Dem ließe sich über die Organisationskultur entgegenwirken. Es könnte zwischen Arbeitgeber und Arbeitnehmern als Teil der Organisationskultur die implizite Vereinbarung getroffen werden, dass immer dann, wenn sich dem Arbeitgeber infolge von Ex-post-Überraschungen eine Hold-up-Möglichkeit bietet, dieser die Möglichkeit nicht ausnutzt. Um letztlich verhaltenswirksam zu werden, muss die Vereinbarung self-enforcing im Sinne der nicht-kooperativen Spieltheorie sein. Theoretisch wäre dies über eine Trigger-Strategie möglich, indem sämtliche Arbeitnehmer bei einem hold up dem Arbeitgeber fortan die Kooperation versagen (z.B. nur noch "Dienst nach Vorschrift" leisten; keine Wissensweitergabe an neue Mitarbeiter). Damit solch ein Aufkündigen der Kooperation ex ante eine glaubwürdige Drohung der Arbeitnehmer ist, muss diese Strategie allerdings eine NASH-Gleichgewichtsstrategie im statischen Spiel sein. Üblicherweise ist diese Voraussetzung erfüllt, da ein Aufkündigen der Kooperation (z.B. in Form von Leistungszurückhaltung) direkte Vorteile aufgrund eingesparten Arbeitsleids mit sich bringt. Zusätzlich ist im hier betrachteten Humankapitalbeispiel denkbar, dass dem Arbeitgeber durch einen Verstoß gegen die Organisationskultur auch Reputationsverluste (z.B. Abwanderung fähiger Arbeitnehmer oder höhere Einstiegsgehälter wegen der Befürchtung zukünftiger hold ups) drohen. Sind die langfristigen Nachteile durch das Aufkündigen der Kooperation und die erwarteten Reputationsverluste für den Arbeitgeber größer als die einmalig appropriierten Quasi-Renten, so sind die Absprachen im Rahmen der Organisationskultur self-enforcing.

Insgesamt kann festgehalten werden, dass theoretisch immer dann, wenn unvollständige Verträge in Organisationen Verhaltensspielräume für die Beteiligten eröffnen, eine geeignete Organisationskultur sicherstellen kann, dass diese Verhaltensspielräume nicht opportunistisch ausgenutzt werden. In diesem Sinne trägt eine Organisationskultur entscheidend zur Sicherung effizienter Organisationsergebnisse bei. Die obigen Ausführungen haben zudem gezeigt, dass selbst im Falle von Ex-post-Überraschungen, die definitionsgemäß nicht antizipierbar sind, Vereinbarungen im Rahmen der Organisationskultur effizienzsichernd wirken können, sofern ein allgemeiner Verhaltenskodex gegen Opportunismusmöglichkeiten erlassen wird, die sich unerwarteterweise für einzelne Organisationsmitglieder ergeben. Damit kommt der Organisationskultur neben der Turnierlösung aus Abschnitt III.2 eine zentrale Bedeutung bei der Verhinderung von Opportunismus im Zusammenhang mit Nicht-Kontrahierbarkeiten zu, zumal die Anwendungsvoraussetzungen und Folgeprobleme der Organisationskultur geringer sein dürften als beim Einsatz von Turnierlösungen.

Im folgenden Kapitel V soll nun auf die Diskussion von ***Managementproblemen*** übergegangen werden, die sich auf die Unternehmensleitung bzw. das Topmanagement einer Unternehmung beziehen. Hierbei wird die zentrale Prämisse der Kapitel III und IV aufgehoben, wonach die Unternehmensleitung an einer Maximierung des Marktwerts der Unternehmung interessiert ist. Diese Prämisse war hilfreich, um Organisationsprobleme innerhalb der Unternehmung in übersichtlicher Form diskutieren zu können. Sie bildet jedoch nicht unbedingt reale Gegebenheiten ab. Vielmehr muss analog zu untergeordneten Entscheidungsträgern auch hinsichtlich der Unternehmensleitung damit gerechnet werden, dass diskretionäre Entscheidungsspielräume für eigene Ziele genutzt werden, wodurch jedoch in der Regel der Unternehmenswert ***nicht*** maximiert wird.

Lektürevorschläge zu Kapitel IV

Wie auch schon zu Kapitel III sei für einen Überblick über die behandelten Organisationsprobleme auf MILGROM/ROBERTS (1992), BRICKLEY/SMITH/ZIMMERMAN (1997), LAZEAR (1998) und BARON/KREPS (1999) verwiesen. Für einen tieferen Einblick in Probleme des innerbetrieblichen Leistungsaustausches, in Trittbrettfahrerprobleme und in Sabotage/Mobbing empfiehlt sich ein Rückgriff auf JENNERGREN (1982), HOLMSTRÖM (1982b) und LAZEAR (1989).

Zusammenfassung

1. Individuelle und kollektive Akteure (z.B. Abteilungen, Divisionen) sind zum einen durch innerbetriebliche Leistungsaustauschprozesse miteinander verbunden. Nicht auszuschließen sind in diesem Fall Probleme aufgrund von internem rent seeking, indem sich ein Akteur – oder mehrere Akteure zusammen – durch die Übermittlung falscher Informationen auf Kosten anderer Akteure (inklusive der Unternehmensleitung) bereichert. Derartige Probleme lassen sich über die RONEN/MCKINNEY- und GROVES/LOEB-Lösung verhindern.

2. Zum anderen bestehen infolge von Teamarbeit zwischen individuellen und kollektiven Akteuren Verbundeffekte innerhalb einer Hierarchieebene. Sind die Leistungsanstrengungen der Teammitglieder nicht-kontrahierbar oder sogar innerhalb des Teams sowie von der Unternehmensleitung unbeobachtbar, so können Trittbrettfahrerprobleme entstehen. Lösungen hierfür sind einerseits über vertragliche Regelungen möglich, die basierend auf dem kontrahierbaren Teamergebnis spezielle Anreizschemata für die Teammitglieder vorsehen. Andererseits sind über Gruppendruck und dauerhafte Interaktion aber auch außervertragliche Lösungen denkbar.

3. Teamarbeit, horizontale Kollusionen, Sabotage/Mobbing, Rattenrennen sowie weitere Probleme relativer Leistungsturniere können zwar zu Effizienzeinbußen bei Leistungsturnieren führen. Sie stellen jedoch keinen fundamentalen Einwand gegen Turniere zur Lösung von Kontrahierbarkeitsproblemen (vgl. Abschnitt III.2) dar, da sie durch unternehmenspolitische Maßnahmen abgemildert werden können und zudem teilweise keine spezifischen Probleme von Turnieren darstellen.

4. Von allgemeiner Bedeutung für die Unternehmenspolitik sind Komplementaritäten sowie die durch die Unternehmens- bzw. Organisationskultur abgesteckten Verhaltensregeln. Erstere bilden nicht nur einen möglichen Grund für die Entstehung von Unternehmen (vgl. bereits Unterabschnitt II.2.3.1 zum ALCHIAN/DEMSETZ-Unternehmer), sondern verweisen zudem auch auf die Schwierigkeit, unter der Beachtung sämtlicher bestehenden Komplementaritäten effiziente unternehmenspolitische Entscheidungen zu treffen. Die Verhaltensregeln der Organisationskultur ermöglichen gegebenenfalls selbst dann die Lösung von Kontrahierbarkeitsproblemen, wenn andere Lösungen (wie z.B. die Turnierlösung) versagen.

Schlüsselbegriffe

Gruppendruck
Interdependenzen
job rotation
Kollusionen
Teamarbeit
Trittbrettfahrerprobleme
Verrechnungspreise
wiederholte Interaktionen

Kapitel V

Managementprobleme

Die Rechtsform der betrachteten Unternehmung war für die bisherigen Ausführungen streng genommen irrelevant. Sowohl Personen- als auch Kapitalgesellschaften können der Einsparung von Transaktionskosten und der Vermeidung der in Kapitel II diskutierten Marktschwächen dienen. Allerdings kann auch weder in Personen- noch in Kapitalgesellschaften die Existenz vertikaler und horizontaler Organisationsprobleme ausgeschlossen werden. Ganz allgemein lohnt sich die Gründung einer bestimmten Organisation dann, wenn die durch die Organisation erzielten Vorteile (z.B. eingesparte Transaktionskosten) nicht durch die vertikalen und horizontalen Organisationsprobleme überkompensiert werden. Langfristig werden sich aus institutionenökonomischer Sicht diejenigen (Institutionen und) Organisationen durchsetzen, die die günstigste Relation aus erzielten Vorteilen und eigenen Organisationsproblemen aufweisen.

In den letzten Jahrzehnten hat sich eine Vielzahl von Organisationsformen auf den Märkten durchgesetzt, unter ihnen die ***moderne Großunternehmung in Form der Publikums(aktien)gesellschaft***. Bei einer Publikumsgesellschaft liegt das Eigenkapital nicht konzentriert in der Hand eines einzelnen Unternehmers, sondern ist breit über eine Vielzahl von Anteilseignern bzw. (Klein-)Aktionären gestreut. Die Gründung von Publikumsgesellschaften lässt sich zum einen vor dem Hintergrund der Überlegungen aus Kapitel II rekonstruieren (z.B. über die Nutzung von Skalenvorteilen).[1] Zum anderen bildet die Publikumsgesellschaft auch eine geeignete Rechtsform, um einen hinreichend großen Kapitalstock zu akkumulieren, welcher wiederum für den Aufbau großer Produktionsanlagen und Vertriebssysteme benötigt wird.

Publikumsgesellschaften weisen jedoch auch eigene Probleme auf. Neben den verschiedenen vertikalen und horizontalen Organisationsproblemen zählen hierzu insbesondere diejenigen Folgeprobleme, die sich aus der Trennung von Eigentum und Unternehmensführung ergeben. Solch eine Trennung ist aufgrund der gestreuten Eigentumsstruktur unumgänglich. Da die Transaktionskosten für eine kollektive Unternehmensführung durch alle Anteilseigner zusammen prohi-

[1] Zu einer realgeschichtlichen Untersuchung der Entstehung moderner Großunternehmen vgl. CHANDLER (1962), (1977), (1990); SCHAUENBERG (1998), S. 7–17.

bitiv hoch wären,[2] wird von den Anteilseignern eine ***Unternehmensleitung*** bzw. ein ***Topmanagement*** vertraglich mit der Führung des Unternehmens betraut. Folgeprobleme könnten sich nun dadurch ergeben, dass das Topmanagement möglicherweise andere Interessen als die Anteilseigner besitzt und diesen Interessen infolge diskretionärer Entscheidungsspielräume auch gezielt nachgehen kann. Diese Probleme, die letztlich zu Kosten auf Seiten der Anteilseigner sowie zu Effizienzeinbußen der Organisationsform „Publikumsgesellschaft" führen, sollen im Folgenden unter dem Begriff ***Managementprobleme*** diskutiert werden.[3]

Die Beschränkung von Managementproblemen auf Probleme mit ***Top***managern ergibt sich aus dem Aufbau des vorliegenden Buches. Probleme bezüglich untergeordneter Manager fallen unter die vertikalen und horizontalen Organisationsprobleme in Kapitel III und IV,[4] wobei zu beachten ist, dass untergeordnete Manager oftmals als Vorgesetzte bzw. Überwacher und als Agenten zugleich tätig sind. Offen geblieben sind jedoch bisher noch mögliche Probleme im Zusammenhang mit dem Topmanagement einer Unternehmung, das von keinem hierarchisch höher stehenden Entscheidungsträger direkt kontrolliert wird.

Zu einer Diskussion dieser Problematik muss im Folgenden die zentrale Prämisse aus Kapitel III und IV aufgehoben werden. Dort wurde der Einfachheit halber angenommen, dass die Unternehmensleitung den Marktwert der Unternehmung (shareholder value)[5] maximieren will. In diesem Kapitel wird nun realistischerweise angenommen, dass sich auch die einzelnen Topmanager als individuelle Nutzenmaximierer verhalten und sich dabei nicht nur am Marktwert der Unternehmung orientieren. Modelltheoretisch ergibt sich dadurch ein modifizierter Prinzipal-Agent-Ansatz mit den ***Anteilseignern als Prinzipal***, der den Unternehmenswert maximieren will, und dem ***Topmanagement als Agent***. Für die Beschreibung der beiden Hauptakteure wurde bewusst die Singularform gewählt, da sich die Darstellung an der in der Literatur üblichen Vorgehensweise orientiert und Kollektivprobleme innerhalb der zwei Gruppen von Akteuren ausblendet. Streng genommen müssten z.B. Interessenkonflikte zwischen den Anteilseignern im Rahmen eines Mehrprinzipalemodells[6] sowie denkbare Trittbrett-

---

[2] Zudem können durch die Trennung Spezialisierungsvorteile erzielt werden, wobei sich die Anteilseigner auf die Beschaffung und Überlassung von Kapital spezialisieren und das Topmanagement auf Unternehmensführung.

[3] Allerdings kann die Delegation der Unternehmensführung an ein Management auch zu strategischen Vorteilen führen, wenn die Anteilseigner sich dadurch glaubhaft binden können, ihr Unternehmen aggressiver auf dem Markt agieren zu lassen; vgl. hierzu FERSHTMAN (1985); VICKERS (1985); FERSHTMAN/JUDD (1987); SKLIVAS (1987); KRÄKEL (2002a), (2004a), (2004b), (2005b).

[4] Vgl. z.B. zur Career-concerns-Problematik Abschnitt III.7.

[5] Zu einer Definition vgl. die Ausführungen zu Beginn von Kapitel III.

[6] Vgl. Unterabschnitt III.1.3.5.

fahrerprobleme innerhalb der Gruppe der Topmanager anhand eines Teammodells[7] zusätzlich behandelt werden, worauf im Folgenden jedoch verzichtet werden soll. Stattdessen wird angenommen, dass sowohl innerhalb der Gruppe der Anteilseigner als auch in der der Topmanager Interessenhomogenität herrscht und jeder der beiden kollektiven Akteure jeweils einer einheitlichen Zielfunktion folgt.[8]

Managementprobleme sollen im Folgenden auf den Bereich der ***Anteilseigner-Topmanager-Konflikte*** beschränkt bleiben, obwohl auch andere Akteure (z.B. Fremdkapitalgeber, Lieferanten, Belegschaft) mit der betrachteten Unternehmung in vertraglichen Beziehungen stehen und dabei mit dem Topmanagement in Konflikt geraten könnten.[9] Die hier gewählte isolierte Betrachtung von Anteilseignerinteressen scheint auf den ersten Blick daher zu kurz zu greifen. Zu beachten ist jedoch, dass die Eigenkapitalgeber bzw. ***Anteilseigner*** diejenige Partei darstellen, der die Unternehmung im verfügungsrechtlichen Sinne gehört: ***Sobald die vertraglichen Ansprüche der anderen Interessengruppen befriedigt sind, verbleibt das Recht der Anteilseigner auf die Residualrückflüsse aus den Geschäften der Unternehmung. Eine Fokussierung auf diejenigen Managementprobleme, welche die Residualrückflüsse und damit den Marktwert der Unternehmung (shareholder value) mindern, erscheint aus verfügungsrechtlicher Sicht daher durchaus legitim***. Zudem wird im Folgenden auch nicht der typischen Einteilung der Finanzierungstheorie in Probleme aus Eigenkapitalbeteiligung und Probleme aus Fremdkapitalbeteiligung gefolgt.[10] Zielkonflikte zwischen dem Topmanagement und den Fremdkapitalgebern werden im weiteren Verlauf lediglich am Rande behandelt.[11]

Der hier gewählte ***Shareholder-value-Ansatz*** und seine Anwendung auf die deutsche Aktiengesellschaft sind in der Literatur nicht unumstritten.[12] Stattdessen findet man als Alternative oftmals den so genannten ***Stakeholder-Ansatz***, wonach auch die Interessen der Vertragspartner der Unternehmung (z.B. Belegschaft, Fremdkapitalgeber, Lieferanten) zu berücksichtigen sind. Dem Shareholder-value-Ansatz kann jedoch dann gefolgt werden, wenn die Arbeitnehmer (und andere stakeholders) die Verfügungsrechte über ihre in die Unternehmung eingebrachten Ressourcen vertraglich an die Anteilseigner abgetreten haben und „nur noch" über ihren jeweiligen Arbeitsvertrag (und andere Verträge) mit der

---

[7] Vgl. Abschnitt IV.2.

[8] Ein Abweichen des Topmanagements von der Unternehmenswertmaximierung muss genau genommen nicht zwingend auf Zielkonflikten mit den Anteilseignern beruhen; vgl. zu alternativen Erklärungen KRÄKEL (1998d).

[9] Vgl. zu einem Überblick über die verschiedenen Interessenskonflikte DEMSKI (2003).

[10] Vgl. stattdessen u.a. BREUER (1998).

[11] U.a. im Zusammenhang mit der Arbeit von JENSEN/MECKLING (1979).

[12] Vgl. zum Shareholder-value-Ansatz u.a. WAGNER (1997); BÜHNER/TUSCHKE (1997); SPECKBACHER (1998); NEUS (2011), Kapitel 5; WENGER/KNOLL (1999a).

juristischen Person „Publikumsgesellschaft" verbunden sind. Dies dürfte für reale Gegebenheiten in der Regel der Fall sein, so dass streng zwischen den ***Anteilseignern mit ihren Residualansprüchen*** und den ***Vertragspartnern mit ihren vertraglichen Ansprüchen*** zu unterscheiden ist. Ist dies allerdings nicht der Fall, so muss weiterhin der Ausgangssituation aus Kapitel II gefolgt werden, wonach eine Organisation einen Zusammenschluss verschiedener, im Prinzip gleichgeordneter Einzelakteure zur Realisierung eines gemeinsamen Vorteils bildet. Hierbei würden sich dann entsprechende Parallelen zum Stakeholder-Ansatz ergeben, so dass auch die verschiedenen expliziten und impliziten Ansprüche der Einzelakteure/Vertragspartner sowie Verteilungsfragen bezüglich der von der Unternehmung erwirtschafteten Renten zu berücksichtigen wären. Beim Shareholder-value-Ansatz hingegen – also bei ex ante festgelegter Aufteilung der Renten in Residualansprüche und vertragliche Ansprüche – kommt es nur zu einer indirekten Beachtung der vertraglichen Ansprüche, z.B. indem der Marktwert der Unternehmung entsprechend fällt, wenn die Anteilseigner versuchen, die impliziten Vereinbarungen mit den Vertragspartnern durch ein opportunistisches Verhalten zu brechen und dies von den Beteiligten entsprechend antizipiert wird. Dass reale Topmanager aber durchaus dazu neigen, implizite langfristige Vereinbarungen zu brechen, zeigt das folgende Beispiel:[13]

Beispiel V–1: Kündigung der Betriebsrenten bei der Commerzbank

Quasi in letzter Minute wurde dem Gesamtbetriebsrat der Commerzbank zum Jahresende 2003 per Kurier mitgeteilt, dass die Betriebsrente mit Ablauf des Jahres 2004 aufgekündigt wird. Betroffen von der Aufkündigung der impliziten dauerhaften Vereinbarung sind 26.000 Mitarbeiter. Das Topmanagement verspricht sich von seiner überraschenden Unternehmenspolitik insbesondere eine merkliche Senkung der Personalkosten. Das Einsparpotenzial wird hierbei auf 20 bis 30 Millionen Euro veranschlagt. Interessanterweise sollen einzig die Betriebsrenten des Vorstands sowie anderer Topmanager unangetastet bleiben.

Kapitel V ist in vier Abschnitte eingeteilt. Zunächst einmal soll in Abschnitt V.1 gezeigt werden, warum die Gründung von Aktiengesellschaften eine natürliche Rechtfertigung des Shareholder-value-Ansatzes bietet. In Abschnitt V.2 wird der Frage nachgegangen, welche denkbaren Zielkonflikte zwischen dem Topmanagement und den Anteilseignern einer modernen Publikumsgesellschaft bestehen könnten. Erste Antworten hierzu finden sich in den Managermodellen von BAUMOL (1959), MARRIS (1964), WILLIAMSON (1964) und JENSEN/MECKLING (1976), die in Unterabschnitt V.2.1 behandelt werden. Hierbei kommt den letzten beiden Arbeiten insofern eine besondere Bedeutung zu, als sie den Grundstein für die ***moderne Agency-Theorie*** gelegt haben, die sich den Informations- und Anreizproblemen zwischen Topmanagement und Anteilseignern widmet. Unter-

---

[13] Vgl. O.V. (2004a); O.V. (2004b). Eine ähnliche, aber nicht ganz vergleichbare Vorgehensweise wurde vom Gerling-Konzern gewählt. Hier wurde einem Teil der Belegschaft die Betriebsrente um 30 bzw. 50 % gekürzt; vgl. FROMME (2004a), (2004b).

abschnitt V.2.2 beschäftigt sich anschließend mit weiteren Managementprobleme, die großenteils auf den Managermodellen aufbauen. Abschnitt V.3 diskutiert dann die verschiedenen Institutionen der Managerkontrolle, die zu einer Disziplinierung des Topmanagementverhaltens beitragen können. Als erstes wird dabei in Unterabschnitt V.3.1 kurz auf die Besonderheiten des angloamerikanischen Board-Systems sowie der deutschen Aktiengesellschaft eingegangen, da die Möglichkeiten der Managerkontrolle untrennbar mit dem nationalen Kontext verknüpft sind, in dem sich die betrachtete Unternehmung befindet. Die beiden darauf folgenden Unterabschnitte V.3.2 und V.3.3 widmen sich den einzelnen unternehmensinternen bzw. -externen Institutionen der Managerkontrolle. Das Kapitel schließt mit einem Zwischenfazit in Abschnitt V.4.

V.1 Entstehung von Aktiengesellschaften und Shareholder-value-Ansatz

Zu Beginn von Kapitel V wurde darauf hingewiesen, dass die Gründung einer Aktiengesellschaft die Akkumulation eines hinreichend großen Kapitalstocks erlaubt, der für den Aufbau großer Produktionsanlagen und Vertriebssysteme eingesetzt werden kann. Häufig lassen sich erst hierdurch Skalenvorteile erzielen, die die Gründung einer Unternehmung rechtfertigen. In diesem Abschnitt soll anhand der Arbeit von TIROLE (2001) gezeigt werden, dass die Entstehung einer Unternehmung in Form einer Aktiengesellschaft oftmals nur dann möglich ist, wenn den Anteilseignern sämtliche Verfügungsrechte über die Unternehmenspolitik zugesichert werden. In diesem Sinne ergibt sich eine natürliche Begründung für den Shareholder-value-Ansatz.

V. 1.1. Unternehmensgründung und Anreize

Den Ausgangspunkt bilde eine Situation, in der ein potentieller Unternehmer U über eine marktfähige Idee verfügt, nicht aber über das notwendige Kapital, um diese Idee durch Gründung einer Unternehmung umzusetzen.[14] Als Ausweg bietet U außenstehenden Investoren an, sich an der Finanzierung der Umsetzung seiner Idee zu beteiligen. Hierdurch entstände eine Aktiengesellschaft mit den Investoren als außenstehende Anteilseigner.

Es sei angenommen, dass der risikoneutrale U lediglich über eine Anfangsausstattung von $A > 0$ verfügt, für die Unternehmensgründung jedoch eine Investition in Höhe von $I > A$ erforderlich ist. U benötigt also von den externen Anteilseignern finanzielle Mittel in Höhe von $I - A$. Da U über keine zusätzlichen

[14] Vgl. TIROLE (2001), S. 5–8.

Eigenmittel als A verfügt, ist er vor weitergehenden Haftungsansprüchen geschützt (limited-liability-Annahme). Der Einfachheit halber werde von der Diskontierung zukünftiger Einkommen abstrahiert.

Die Unternehmung ist mit der Wahrscheinlichkeit $p \in \{p_L, p_H\}$ erfolgreich und realisiert einen finanziellen Rückfluss in Höhe von $R > 0$. Mit der Gegenwahrscheinlichkeit $1 - p$ endet die Unternehmensgründung in einem Misserfolg und erbringt einen Rückfluss in Höhe von Null. Letztlich kann U durch die Intensität seiner Bemühungen beeinflussen, wie wahrscheinlich ein Erfolg der Unternehmung ist. Gibt U sich ernsthafte Mühe, seine Ausgangsidee erfolgreich umzusetzen, so beträgt die Erfolgswahrscheinlichkeit $p = p_H$. Ist U hingegen nur halbherzig bemüht, so wird ein Erfolg lediglich mit der Wahrscheinlichkeit $p = p_L < p_H$ realisiert. Es sei angenommen, dass im letzten Fall U sein fehlendes Engagement dazu nutzen kann, einen persönlichen geldwerten Vorteil in Höhe von $B > 0$ zu erzielen (z.B. arbeitet U in der eingesparten Zeit an anderen Projekten oder genießt seine Freizeit).

Damit das Verhalten des U im betrachteten Kontext von Relevanz ist, sei angenommen, dass der Kapitalwert der Unternehmensgründung positiv ist, sofern sich U ernsthaft bemüht, der Gesamtüberschuss bei einem Fehlverhalten des U jedoch negativ ausfällt:

$$p_H \cdot R - I > 0 > p_L \cdot R - I + B.$$

Der rechte Teil der Ungleichung impliziert, dass der Kapitalwert der Unternehmung im Falle des Fehlverhaltens von U negativ ist ($p_L \cdot R - I < 0$).

Damit der (Eigentümer-)Manager U sich anstrengt, müssen ihm von Seiten der Anteilseigner entsprechende Anreize geboten werden.[15] Die Anteilseigner werden eine Entlohnung in Höhe von Null im Falle eines Misserfolgs bieten,[16] während U im Erfolgsfall die Zahlung $w \geq 0$ erhält. Die ***Anreizbedingung*** für den U lautet

$$p_H \cdot w \geq p_L \cdot w + B \Leftrightarrow w \geq \frac{B}{\Delta p} =: \widetilde{w}$$

mit $\Delta p := p_H - p_L$ als Wahrscheinlichkeitsdifferenz. Nur wenn U mindestens in Höhe von $\widetilde{w}$ am Erfolg beteiligt wird, wird er sich nach Gründung der Unternehmung ernsthaft um die Geschäfte der Unternehmung kümmern. Der Rest der Rückflüsse geht an die Anteilseigner. Die grundsätzliche Finanzierbarkeit der Aktiengesellschaft erfordert, dass selbst bei minimaler anreizkompatibler Entlohnung $\widetilde{w}$ noch so hohe erwartete Rückflüsse für die Anteilseigner übrig blei-

[15] Da A als Teil der Gründungskosten bereits versunken ist, können aus der Anfangsausstattung des U keine Anreize resultieren.

[16] Eine positive Zahlung bei Misserfolg würde lediglich die erwarteten Lohnkosten der Anteilseigner erhöhen und die Anreize des U mindern.

ben, damit die Anfangsinvestition $I - A$ mindestens gedeckt ist (Gründungsbedingung):

$$p_H \cdot (R - \tilde{w}) \geq I - A.$$

Wie die Gesamtüberschüsse zwischen U und den Anteilseignern aufgeteilt werden, ist letztlich eine Frage der Verhandlungsmacht. Liegt diese vollständig bei den Anteilseignern, so erhält U den Lohn $w = \tilde{w}$. Besitzt U hingegen die gesamte Verhandlungsmacht (z.B. aufgrund kompetitiver Kapitalmärkte), so ergibt sich der Lohn aus der Null-Gewinn-Bedingung für die Anteilseigner: $p_H \cdot (R - w) = I - A \Leftrightarrow w = R - (I - A)/p_H$. In beiden Fällen muss jedoch sicher gestellt sein, dass auch U ein Interesse an der Unternehmensgründung hat. Haben die Anteilseigner die gesamte Verhandlungsmacht, so muss $p_H \cdot \tilde{w} - A \geq 0$ gelten. Besitzt U die gesamte Verhandlungsmacht, so hat er nur dann Interesse an einer Gründung, wenn $p_H \cdot w - A = p_H \cdot [R - (I - A)/p_H] - A = p_H \cdot R - I \geq 0$ erfüllt ist, was annahmegemäß grundsätzlich der Fall ist. Dieses ist auch intuitiv plausibel, da U aufgrund seiner Verhandlungsmacht sämtliche Überschüsse aus der Unternehmensgründung erhält und die Gründung laut Ausgangsannahme lohnenswert ist.

Es ist möglich, dass bei einer verschwindend geringen Anfangsausstattung des U (d.h. $A = 0$), die obige Gründungsbedingung für die Aktiengesellschaft verletzt ist, obwohl ein positiver Kapitalwert hätte erzielt werden können:

$$p_H \cdot R - \mathrm{I} > 0 > p_H \cdot (R - \tilde{w}) - I.$$

Umgekehrt betrachtet ist die Gründung der Aktiengesellschaft um so eher möglich, je größer die Anfangsausstattung A des U ist.

V.1.2 Unternehmenspolitik und Shareholder-value-Ansatz

In diesem Unterabschnitt soll der Frage nachgegangen werden, welche Partei das Recht zugesprochen bekommen sollte, die Unternehmenspolitik der Aktiengesellschaft zu bestimmen – der Manager U oder die Anteilseigner.[17] Hierbei sei von folgendem Zeitablauf ausgegangen: Zuerst wird die Gründungsentscheidung für die Aktiengesellschaft getroffen, wobei der Anteil A am Gründungskapital von U beigesteuert wird, während die externen Anteilseigner den Restbetrag $I - A$ finanzieren. Im Falle der Gründung darf nun diejenige Partei, die die entsprechenden Verfügungsrechte erhalten hat, die ***Unternehmenspolitik*** festlegen. Hierbei gibt es zwei Möglichkeiten: **(1)** Es wird der Status quo des Grundmodells aus Unterabschnitt V.1.1 beibehalten, so dass U auf der nächsten Spielstufe wiederum die Erfolgswahrscheinlichkeit $p \in \{p_L, p_H\}$ wählt. **(2)** Es wird eine Änderung der bisher geplanten Unternehmenspolitik gewählt, die die Erfolgswahrscheinlichkeit auf $p + \tau$ erhöht mit $\tau > 0$ und $p \in \{p_L, p_H\}$. Angenommen sei

[17] Vgl. TIROLE (2001), S. 14–16, (2006), S. 389–391.

jedoch, dass diese neue, den erwarteten Gewinn erhöhende Politik zu Kosten $\gamma > 0$ für U führt (z.B. werden Mitarbeiter entlassen, wodurch die Reputation des U sinkt, oder es werden Unternehmensteile verkauft, die U gern geleitet hätte). Auf der nächsten Stufe entscheidet U über seine Anstrengung, d.h. er wählt $p \in \{p_L, p_H\}$. Auf der letzten Spielstufe wird der Rückfluss $R > 0$ mit Erfolgswahrscheinlichkeit p (oder $p + \tau$) realisiert bzw. ein Rückfluss in Höhe von Null mit Wahrscheinlichkeit $1 - p$ (oder $1 - p - \tau$). Anschließend wird im Erfolgsfall der realisierte Rückfluss R zwischen den Parteien aufgeteilt, wobei von einem kompetitiven Kapitalmarkt ausgegangen wird (d.h. die Zahlung an die Anteilseigner ist über deren Null-Gewinn-Bedingung festgelegt).

Analog zur Effizienzbedingung für die Status-quo-Unternehmenspolitik in Unterabschnitt V.1.1 (d.h., $p_H \cdot R - I > 0 > p_L \cdot R - I + B$) soll ebenfalls für die Änderung der bisherigen Unternehmenspolitik gelten, dass eine Gründung nur dann effizient ist, wenn U sich anschließend auch anstrengt:

$$(p_H + \tau) \cdot R - I - \gamma > 0 > (p_L + \tau) \cdot R - I - \gamma + B.$$

Da der U die gesamte Verhandlungsmacht besitzt, ist über beide Effizienzbedingungen für die zwei verschiedenen Unternehmenspolitiken sicher gestellt, dass bei Gültigkeit der Anreizbedingung der U jeweils auch ein Interesse an einer Gründung hat.

Ansonsten sollen die Annahmen des Grundmodells aus Unterabschnitt V.1.1 gelten. Das ***normative Kriterium***, welche Partei die Unternehmenspolitik bestimmen sollte, bezieht sich im Folgenden auf die Gründungsentscheidung, da die Gründung der Aktiengesellschaft effizient ist. Konkret soll geprüft werden, ob eine Gründung eher wahrscheinlich ist, wenn sich die Unternehmenspolitik nach U richtet oder aber nach den Interessen der Anteilseigner.[18] Letzterer Fall würde der Sicht des Shareholder-value-Ansatzes entsprechen.

Gelöst wird das Spiel über Rückwärtsinduktion, so dass mit der Wahl von U zwischen p_L und p_H begonnen wird. Die Anreizbedingung muss wiederum gewährleisten, dass U sich aus Eigeninteresse für p_H entscheidet. Wurde als Unternehmenspolitik der Status quo gewählt, so entspricht die Anreizbedingung derjenigen, die in V.1.1 hergeleitet wurde. Wurde hingegen die gewinnerhöhende Politik gewählt, so lautet die Anreizbedingung

$$(p_H + \tau) \cdot w \geq (p_L + \tau) \cdot w + B \Leftrightarrow w \geq \frac{B}{\Delta p} =: \tilde{w}.$$

Sie ist damit identisch mit der unter der Status-quo-Politik.

[18] Die Formulierung „eher wahrscheinlich" ist hierbei im Sinne von „unter mehr Parameterkonstellationen" zu verstehen.

Auf der Stufe der Unternehmenspolitik sei zunächst der Fall betrachtet, dass den ***Anteilseignern das Entscheidungsrecht zugebilligt*** wurde. Diese würden sich grundsätzlich für die gewinnerhöhende Politik aussprechen, da die höheren erwarteten Rückflüsse auch ihnen zugutekommen, sie dafür aber keine zusätzlichen Kosten zu tragen hätten. Zu einer Gründung der Aktiengesellschaft kommt es in dieser Situation daher dann und nur dann, wenn

$$(p_H + \tau) \cdot (R - \widetilde{w}) \geq I - A$$

erfüllt ist. Der kompetitive Kapitalmarkt würde zu einer anreizkompatiblen Entlohnung w führen, die durch

$$(p_H + \tau) \cdot (R - w) = I - A \Leftrightarrow w = R - \frac{I - A}{p_H + \tau}$$

beschrieben ist. Das erwartete Einkommen von U beträgt demnach

$$(p_H + \tau) \cdot w - A - \gamma = (p_H + \tau) \cdot R - I - \gamma,$$

also dem Kapitalwert der Unternehmung, der nach obiger Annahme positiv ist.

Nun sei der Alternativfall betrachtet, dass ***U die Unternehmenspolitik festlegt***. Er hat aufgrund des kompetitiven Kapitalmarktes als erwartetes Einkommen mit dem Kapitalwert der Unternehmung im jeweils gegebenen Kontext zu rechnen – d.h. U erhält sämtliche Wohlfahrtsüberschüsse. Daher ist für ihn von entscheidender Bedeutung, ob die neue gewinnerhöhende Unternehmenspolitik zu einer geringeren oder aber höheren Gesamtwohlfahrt führt. Eine ***geringere Gesamtwohlfahrt*** ist gekennzeichnet durch

$$\tau \cdot R < \gamma,$$

d.h. der zusätzliche erwartete Rückfluss kompensiert nicht vollständig die zusätzlichen Kosten des U. Da $w \leq R$, muss wegen $\tau \cdot R < \gamma$ auch $\tau \cdot w < \gamma$ gelten. Damit ist klar, dass sich U in dieser Situation für die Status-quo-Politik entscheiden würde. Der Ausgang des Spiels wäre somit der gleiche wie im Grundmodell in Unterabschnitt V.1.1: Die Aktiengesellschaft wird gegründet, sofern

$$p_H \cdot (R - \widetilde{w}) \geq I - A$$

erfüllt ist, und U erhält infolge des kompetitiven Kapitalmarktes als erwartetes Einkommen den Kapitalwert der Unternehmung, der in dieser Situation

$$p_H \cdot R - I > (p_H + \tau) \cdot R - I - \gamma$$

lautet, wobei die Relation aus $\tau \cdot R < \gamma$ folgt.

Hervorzuheben ist, dass Parameterkonstellationen existieren, die zu

$$(p_H + \tau) \cdot (R - \widetilde{w}) \geq I - A > p_H \cdot (R - \widetilde{w})$$

führen. Bei diesen Konstellationen wird die ***Aktiengesellschaft nicht gegründet***, wenn U die Unternehmenspolitik festlegt, wohingegen eine ***Gründung gesichert*** ist, wenn sich die Unternehmenspolitik nach den Interessen der Anteilseigner richtet. Mit anderen Worten würde in dieser Situation nur dann die Gründung der Unternehmung zustande kommen – und damit ein effizientes Ergebnis – wenn gemäß Shareholder-value-Ansatz die Anteilseigner die Unternehmenspolitik festlegen.[19]

Abschließend kann das Szenario analysiert werden, bei dem die neue gewinnerhöhende Unternehmenspolitik auch ***wohlfahrterhöhend*** ist:

$$\tau \cdot R > \gamma.$$

Da die Anteilseigner wie oben erläutert grundsätzlich für die neue Politik plädieren, ändert sich an ihren Präferenzen nichts. Allerdings wird nun auch U ein Interesse daran haben, von der Status-quo-Politik abzuweichen, sofern er darüber befinden darf: Unter der neuen gewinnerhöhenden Politik entspricht das erwartete Einkommen des U wiederum dem Kapitalwert der Unternehmung, der hier

$$(p_H + \tau) \cdot R - I - \gamma$$

lautet. Dieses Einkommen ist größer als das Einkommen im Falle der Status quo-Politik, $p_H \cdot R - I$. Dieses Ergebnis folgt unmittelbar aus der Annahme einer Wohlfahrtserhöhung durch die neue Politik ($\tau \cdot R > \gamma$) und der Annahme eines kompetitiven Kapitalmarktes, die U sämtliche Wohlfahrtsüberschüsse beschert. Aufgrund von Interessenkongruenz wäre es für die Gründungsentscheidung hier also irrelevant, welche Partei die Unternehmenspolitik festlegt. Besäße U aufgrund eines nicht-kompetitiven Kapitalmarktes hingegen eine geringere Verhandlungsmacht gegenüber den Anteilseignern, so wäre Interessenkongruenz nicht zwangsläufig gegeben. Sie würde nur dann bestehen, wenn $\tau \cdot w > \gamma$ erfüllt wäre. Unter einem nicht-kompetitiven Kapitalmarkt kann es für die Unternehmensgründung also wieder entscheidend sein, dass die Anteilseigner die Unternehmenspolitik determinieren.

Zusammenfassend lässt sich festhalten, dass eine Orientierung der Unternehmenspolitik an den Interessen der Anteilseigner diejenige Alternative schwach dominiert, bei der U die Unternehmenspolitik bestimmt. Das normative Kriterium, das hierbei für den Shareholder-value-Ansatz spricht, ist die ***Sicherstellung der Gründung effizienter Aktiengesellschaften***.

---

[19] Zwar führt die neue Unternehmenspolitik im Vergleich zur Status-quo-Politik zu einer Wohlfahrtseinbuße, aber dennoch wird durch die Gründung immerhin noch ein positiver Überschuss erzielt, während keine Gründung und damit ein Nullergebnis die Folge wären, wenn U die Unternehmenspolitik festlegen dürfte. In diesem Fall würden die Anteilseigner ex ante antizipieren, dass U später nicht auf die neue Unternehmenspolitik umschwenken würde. Sie würden somit nicht bereit sein, das externe Eigenkapital $I - A$ bereit zu stellen.

V.2 Zielkonflikte zwischen Topmanagement und Anteilseignern

„Aktionäre sind dumm und frech. Dumm, weil sie Aktien kaufen, und frech, weil sie dann noch Dividende haben wollen"

(Carl Fürstenberg, deutscher Bankier, 1850-1933)

V.2.1 Managermodelle

Aufbauend auf den Beobachtungen von BERLE/MEANS (1932) versuchen die Managermodelle, reale Verhaltensweisen von Topmanagern zu beschreiben sowie Erklärungen für Abweichungen vom gewinnmaximalen Verhalten zu geben.[20] BERLE und MEANS beobachteten, dass die Aktien zahlreicher Aktiengesellschaften über ein breites Publikum aus Kleinaktionären gestreut waren und Topmanager selbst nur sehr wenige Anteile an „ihrem" Unternehmen hielten. Beobachtet wurde mit anderen Worten eine vergleichsweise strikte ***Trennung zwischen Eigentum und Unternehmensführung***, dem Hauptmerkmal der modernen Publikumsgesellschaft. Aus dieser Trennung leiten BERLE und MEANS einen diskretionären Entscheidungsspielraum für das Topmanagement sowie Zielkonflikte zwischen den Anteilseignern und dem Topmanagement her, welche in einer Abweichung vom gewinnmaximalen Verhalten durch das Topmanagement münden. Der Frage nach der Art der Zielkonflikte widmen sich die verschiedenen Managermodelle.

V.2.1.1 BAUMOL-Modell

Eines der ersten Managermodelle wird von **BAUMOL (1959)** diskutiert. BAUMOL geht davon aus, dass sich Topmanager bei ihren unternehmenspolitischen Entscheidungen statt am Unternehmensgewinn vielmehr an der ***Größe der Unternehmung*** bzw. am ***Umsatz*** orientieren.[21] Eine Umsatzorientierung wird nach BAUMOL den Interessen des Topmanagements gerecht, das durch hohe Umsätze seinen Bekanntheitsgrad, seine Karrierechancen und seinen (gesellschaftlichen) Status zu maximieren versucht. Dennoch kann der Unternehmensgewinn vom Topmanagement nicht völlig unberücksichtigt bleiben. Ihm kommt im BAUMOL-Modell jedoch lediglich eine untergeordnete Rolle als Nebenbedingung zu. Das Topmanagement wird versuchen, einen gewissen Mindestgewinn zu erzielen, um dadurch einen Konkursfall sowie seine Entlassung zu verhindern. Nicht auszu-

---

[20] Vgl. RICKETTS (2002), S. 111–113, 266–277; SCHAUENBERG (1993), Sp. 4175–4177.
[21] Vgl. BAUMOL (1959), S. 45–53.

schließen ist jedoch, dass das Topmanagement (z.B. durch ein sehr aufwendiges Vertriebssystem oder kostenintensive Werbekampagnen) den Umsatz zu Lasten des Unternehmensgewinns erhöht.

V.2.1.2 MARRIS-Modell

Im Gegensatz zu BAUMOL geht **MARRIS (1963, 1964)** in seinem Managermodell davon aus, dass das Topmanagement die ***Wachstumsrate des Unternehmens*** maximieren will. Dieses lässt sich damit erklären, dass üblicherweise nicht nur die Vergütung des Topmanagements positiv mit der Unternehmensgröße korreliert ist, sondern auch der Einfluss und das Prestige eines Topmanagers mit der Wachstumsrate steigen.[22] Bezogen auf die Zielfunktion des Topmanagements kann das MARRIS-Modell grob als eine Art dynamische Variante des BAUMOL-Modells interpretiert werden. Laut MARRIS sind Topmanager zudem um die Sicherung ihres Arbeitsplatzes bemüht. Sie achten daher als Nebenbedingung ihres Maximierungsproblems darauf, einen Konkurs zu vermeiden sowie das Absinken des Unternehmenswertes auf ein Niveau, welches zu einer Unternehmensübernahme verbunden mit einer Auswechselung des Topmanagements führte.

V.2.1.3 WILLIAMSON-Modell

Ein drittes Managermodell stammt von **WILLIAMSON (1963, 1964)**. WILLIAMSON nimmt an, dass das Topmanagement gegenüber den Anteilseignern einen diskretionären Entscheidungsspielraum besitzt und diesen zur Erreichung individueller Ziele ausnutzt. Insbesondere wird davon ausgegangen, dass Topmanager eine hohe Präferenz für ***Investitionsausgaben mit Konsumcharakter*** sowie einen ***großen Mitarbeiterstab*** haben. Die erstgenannte Präferenz ergibt sich aus dem direkten Nutzen, den ein Topmanager beispielsweise aus einer luxuriösen Büroausstattung sowie einem Firmen-Jet zieht. Die Präferenz für einen großen Mitarbeiterstab lässt sich damit begründen, dass der Topmanager hierüber nicht nur an Macht, Status und Prestige gewinnt, sondern zusätzlich auch entlastet wird (wodurch sein Arbeitsleid sinkt) und die Qualität seiner Entscheidungen steigt (wodurch seine Entlassungswahrscheinlichkeit sinkt).

Für eine genauere Diskussion der aus diesen Präferenzen entstehenden Agency-Problematik zwischen Topmanagement und Anteilseignern sei nun eine vereinfachte Version des WILLIAMSON-Modells betrachtet (vgl. Abbildung V.1).[23]

[22] Vgl. MARRIS (1963), S. 186–191; RICKETTS (2002), S. 112; SCHAUENBERG (1993), Sp. 4176.

[23] Vgl. WILLIAMSON (1964), S. 38–60; RICHTER/FURUBOTN (2010), S. 222–225.

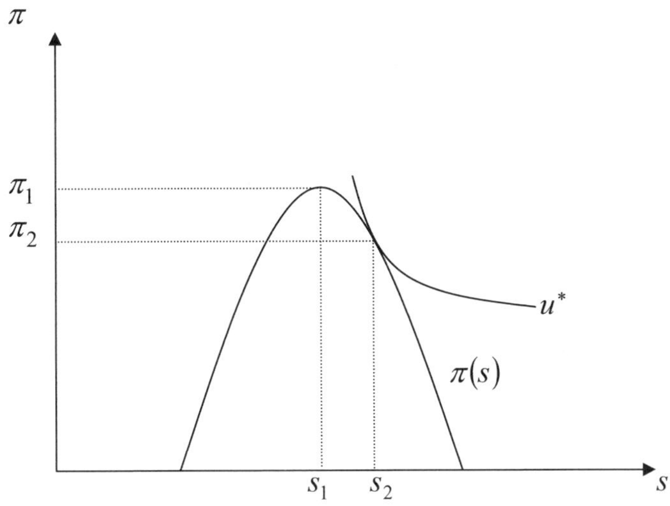

Abbildung V.1: Managermodell von WILLIAMSON[24]

Auf der Abszisse ist die Größe des Mitarbeiterstabs s (= staff) abgetragen, die vom Topmanagement gewählt wird. Die Ordinate gibt den Unternehmensgewinn

$$\pi = \pi(s) \qquad \text{(V.1)}$$

an, der von der Größe des Mitarbeiterstabs abhängt. Es wird angenommen, dass die Funktion $\pi(s)$ eine nach unten geöffnete Parabel bildet, die nicht im Ursprung beginnt: Es bedarf einer Mindestausstattung an Mitarbeitern, damit überhaupt ein positiver Gewinn erzielt werden kann. Für vergleichsweise moderate s-Niveaus steigt der Unternehmensgewinn mit zunehmendem s, wenn auch mit abnehmenden Zuwächsen. Ab einem bestimmten s-Niveau werden die Lohnkosten für den vergrößerten Mitarbeiterstab jedoch so hoch, dass der Unternehmensgewinn mit steigendem s wieder fällt. Angenommen wird eine asymmetrische Informationsverteilung zwischen dem Topmanagement und den Anteilseignern. Während das Topmanagement den genauen Verlauf der Funktion $\pi(s)$ kennt, ist dieser den Anteilseignern nicht genau bekannt. Das Topmanagement wird daher den Gewinn $\pi(s)$ nicht als Zielfunktion wählen. Es wird vielmehr $\pi(s)$ als Restriktion betrachten und auf dieser Kurve denjenigen Punkt (s, π) wählen, der seinen Nutzen maximiert. Der Nutzen des Topmanagements lässt sich über die Funktion

[24] Vgl. WILLIAMSON (1964), S. 43; RICHTER/FURUBOTN (2010), S. 225.

$$u = u(s, \pi) \tag{V.2}$$

beschreiben, die in beiden Argumenten mit abnehmenden Zuwächsen steigt. Die Präferenzen des Topmanagements können in Abbildung V.1 daher über typische Nutzenindifferenzkurven skizziert werden, wobei der Nutzenindex mit zunehmender Entfernung vom Ursprung steigt. Dass der Nutzen des Topmanagements in s steigt, wurde eingangs bereits begründet. Ein positiver Einfluss des Unternehmensgewinns auf den Topmanagementnutzen ergibt sich zum einen über eine erfolgsabhängige Managerentlohnung, die hiermit implizit unterstellt werden kann. Zum anderen steigt mit dem Unternehmensgewinn üblicherweise auch der diskretionäre Gewinn für das Topmanagement, über den u.a. Investitionsausgaben mit Konsumcharakter getätigt werden können. Seinen Präferenzen entsprechend wird das Topmanagement denjenigen Punkt auf der $\pi(s)$-Kurve wählen, der zu einer möglichst weit vom Ursprung entfernt liegenden Indifferenzkurve gehört. In Abbildung V.1 ist dies der Tangentialpunkt (s_2, π_2), der bei gegebener Restriktion zu einem maximalen Nutzen in Höhe von u^* für das Topmanagement führt. Der Punkt (s_2, π_2) lässt sich auch als Second-best-Lösung bezeichnen. Hätten die Anteilseigner hingegen Kenntnis vom Verlauf der $\pi(s)$-Kurve, so würden sie stattdessen als First-best-Lösung den Punkt (s_1, π_1) wählen, in dem der Unternehmensgewinn maximiert wird. Die Differenz

$$AK = \pi_1 - \pi_2 \tag{V.3}$$

lässt sich als ***Agency-Kosten*** interpretieren, die in einer Second-best-Welt (zwangsläufig) als „Preis" für die Arbeitsteilung zwischen Topmanagement und Anteilseignern zu zahlen sind: Das Topmanagement wird infolge seines diskretionären Entscheidungsspielraums höher über s disponieren als die Anteilseigner, was zu einem Effizienzverlust in Höhe von AK führt.

Theoretisch ließen sich die Agency-Kosten durch die Einführung eines ***Mindestgewinns*** $\bar{\pi}$ verringern, den die Anteilseigner verlangen, damit das Topmanagement nicht entlassen wird. Durch die Festlegung eines positiven Mindestgewinns $\bar{\pi}$ wird die $\pi(s)$-Kurve als Restriktion für die Managemententscheidung entsprechend nach unten verschoben. Das Topmanagement wählt nun eine neue Indifferenzkurve, die näher zum Ursprung liegt und zu einem niedrigeren s-Wert führt.[25] Problematisch bleibt jedoch das Informationsdefizit der Anteilseigner, welches letztlich eine optimale Wahl von $\bar{\pi}$ verhindert.

Das folgende Beispiel vermittelt einen ersten Einblick, in welchem Ausmaß die im WILLIAMSON-Modell aufgezeigten Managementprobleme in der Realität auftreten können:

[25] Vgl. dazu auch BALLWIESER (1991), S. 106, im Zusammenhang mit einer kritischen Diskussion der Thesen von ZIMMERMAN (1979).

Beispiel V–2: Managementprobleme bei Occidental Petroleum und RJR Nabisco

MILGROM/ROBERTS (1992, S. 493–494) berichten über die Geschäftsführung von Armand Hammer als chief executive officer (CEO) bei Occidental Petroleum und F. Ross Johnson als CEO bei RJR Nabisco.[26] ***Armand Hammer*** besaß ursprünglich fast 50 % der Anteile an Occidental Petroleum, hielt als CEO jedoch nur noch 0,5 %. Hammer werden verschiedene, äußerst umstrittene Investitionen zugeschrieben. Hierzu gehören verlustreiche Geschäfte in der UdSSR und China, durch die er jedoch Lenin und andere prominente Führungspersönlichkeiten der kommunistischen Partei kennen lernte. Zudem erwarb Hammer im Laufe seiner Karriere eine beachtliche Kunstsammlung, wofür er angeblich auch Firmenmittel verwendete. Hammer setzte außerdem durch, dass Occidental Petroleum das „Armand Hammer Museum of Art and Cultural Center" in Los Angeles zur Präsentation seiner Kunstschätze baute, was die Anteilseigner etwa 120 Millionen US-$ kostete. Diese drei Beispielfälle lassen sich im Sinne des WILLIAMSON-Modells als Investitionen mit Konsumcharakter deuten, deren Kosten aufgrund der äußerst geringen Eigenkapitalbeteiligung von lediglich 0,5 % nur minimal von Hammer selbst getragen wurden.[27] Der Kapitalmarkt reagierte entsprechend auf Hammers Unternehmenspolitik. In den letzten 10 Jahren seiner Geschäftsführung sank der Preis der Occidental-Aktien um ein Drittel, wohingegen sich die Aktienwerte der übrigen Unternehmen in der Ölbranche im Durchschnitt verdreifachten.

F. Ross Johnson leitete bis 1988 die Geschäfte des Mischkonzerns RJR Nabisco, der u.a. aus der Fusion von Reynolds und Nabisco Brands entstand, wobei Johnson bereits letzteres Unternehmen geleitet hatte.[28] In der Geschäftsführung von Johnson lassen sich zahlreiche Beispiele für Investitionsausgaben mit Konsumcharakter finden: Johnson finanzierte aus Firmenmitteln teure Club-Mitgliedschaften sowie luxuriöse Firmenappartements für sich sowie andere Topmanager, die ihn bei seiner bisherigen Karriere unterstützt hatten. Er setzte zahlreiche frühere Spitzensportler auf die Gehaltsliste von Nabisco Brands und RJR Nabisco, wobei u.a. Jahresgagen in Höhe von 1 Million US-$ ohne näher spezifizierte Gegenleistung gezahlt wurden. Er sponserte über das Unternehmen kostspielige Golfturniere mit Prominenten (z.B. Gerald Ford, Frank Sinatra, Bop Hope), setzte äußerst großzügige Büroausstattungen für das Management durch, legte für das Unternehmen einen großen luxuriösen Fuhrpark an und baute eine firmeneigene Flugzeugflotte auf, bestehend aus 10 Jets und 36 Piloten. Interessanterweise hielt auch Johnson nur sehr wenige Anteile (0,02 %) am Unternehmen.

V.2.1.4 JENSEN/MECKLING-Modell

Ein viertes Managermodell wird von **JENSEN/MECKLING (1976)** diskutiert.[29] JENSEN und MECKLING untersuchen die Wohlfahrtseffekte, die sich aus einer Eigenkapital- sowie einer Fremdkapitalbeteiligung durch einen Unternehmensexternen ergeben. Es zeigt sich, dass die externe Kapitalbeteiligung einen Verhaltenswechsel beim ursprünglichen 100%-Eigentümer-Manager induziert, wodurch es letztlich zu Wohlfahrtsverlusten kommt. Wird dieser Verhaltens-

---

[26] Die Stellung des CEO einer amerikanischen corporation ist vergleichbar mit der eines Vorstandsvorsitzenden bei einer deutschen Aktiengesellschaft; vgl. hierzu auch Unterabschnitt V.2.1.

[27] Vgl. dazu auch das folgende Managermodell von JENSEN/MECKLING (1976).

[28] Zu weiteren Details – insbesondere auch zur „Übernahmeschlacht" um RJR Nabisco – vgl. BURROUGH/HELYAR (1990).

[29] Zu einer empirischen Stützung des Modells vgl. ANG/COLE/LIN (2000).

wechsel vom Kapitalmarkt antizipiert, so hat der 100%-Eigentümer-Manager diese Verluste zu tragen. Betrachtet sei mit Abbildung V.2 zunächst der Fall einer externen ***Eigenkapitalbeteiligung***.

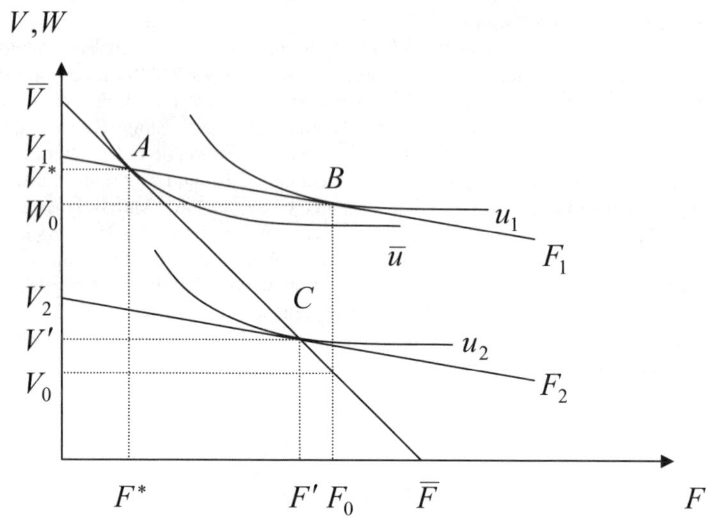

Abbildung V.2: Managermodell von JENSEN und MECKLING[30]
(F: Marktwert nichtgeldlicher Vorteile, V: Marktwert des Unternehmens, W: Vermögen des Managers)

Den Ausgangspunkt der Argumentation von JENSEN und MECKLING bildet eine (fiktive) Situation, in der eine einzelne Person 100 % des Eigenkapitals an der betrachteten Unternehmung hält und eigenständig die Geschäfte der Unternehmung leitet. Dieser Eigentümer-Manager realisiert einen Nutzen u aus seinem Vermögen, W, das in der Ausgangssituation dem Marktwert der Unternehmung entspricht, sowie aus dem Marktwert der von ihm als Manager in Anspruch genommenen nichtgeldlichen Vorteile, F, d.h.

$$u = u(F,W). \qquad \text{(V.4)}$$

Diese nichtgeldlichen Vorteile sind großenteils mit denjenigen Investitionsausgaben mit Konsumcharakter (z.B. luxuriöse Büroausstattung) gleichzusetzen, die bereits im obigen Managermodell von WILLIAMSON diskutiert wurden. Die Präferenzen des Eigentümer-Managers lassen sich im (F,V)-Diagramm der Abbildung V.2 durch ein typisches Indifferenzkurvensystem beschreiben, wobei der

[30] Vgl. JENSEN/MECKLING (1976), S. 316.

zu einer Kurve korrespondierende Nutzenindex mit der Entfernung der Kurve vom Ursprung steigt. Des Weiteren ist in Abbildung V.2 die Gerade $\overline{V}\,\overline{F}$ mit Steigung „–1" eingezeichnet. Dieser Geraden kommt in der betrachteten Ausgangssituation eine doppelte Bedeutung zu. Sie gibt zum einen den trade off zwischen F und V an, wonach die Inanspruchnahme nichtgeldlicher Vorteile durch den Eigentümer-Manager den Marktwert der Unternehmung bei symmetrischer Information um denselben Wert verringerte. Zum anderen stellt $\overline{V}\,\overline{F}$ auch eine Art Budget- oder Restriktionsgerade für den Eigentümer-Manager dar. Diesem stehen die durch $\overline{V}\,\overline{F}$ beschriebenen (F,V)-Kombinationen zur Auswahl, um seinen Nutzen zu maximieren. Mit anderen Worten beschreibt $\overline{V}\,\overline{F}$ in ihrer Funktion als Budgetgerade den für den Eigentümer-Manager bestehenden trade off zwischen nichtgeldlichen Vorteilen F und seinem Vermögen W, welches in der Ausgangssituation ausschließlich aus Aktienbesitz besteht $(V \equiv W)$, so dass beide Trade-off-Geraden übereinstimmen. In der beschriebenen Situation entscheidet sich der Eigentümer-Manager gemäß seinen Präferenzen für die Kombination (F^*, V^*).

Angenommen sei nun, dass der Eigentümer-Manager $1-\alpha$ seiner Unternehmensanteile an einen außenstehenden Eigenkapitalgeber verkauft, er selbst den noch verbleibenden Anteil α $(0 < \alpha < 1)$ hält und weiterhin sämtliche Geschäfte der Unternehmung als Manager leitet. Ferner sei angenommen, dass mit den verkauften $1-\alpha$ Anteilen keine Stimmrechte verbunden sind, so dass der externe Eigenkapitalgeber keinen Einfluss auf die Höhe von F ausüben kann. Vor dem Verkauf sind die 100 % Anteile an der Unternehmung gemäß Abbildung V.2 den Betrag V^* wert. Ein kurzsichtiger Erwerber könnte daher bereit sein, den Preis $(1-\alpha) \cdot V^*$ für die $1-\alpha$ Anteile zu zahlen. Nach dem Verkauf würde sich jedoch die Disposition des Managers bezüglich F ändern. Da der Manager selbst nur noch α Anteile hält, kostet ihn eine Einheit F nicht mehr eine Einheit V, sondern nur noch den Prozentsatz α einer Einheit V. Durch den Verkauf wird der Konsum einer Einheit F durch den Manager, gemessen in V-Einheiten, demnach kostengünstiger, da der Anteil $1-\alpha$ des entstehenden Wertverlustes der Unternehmung vom externen Eigenkapitalgeber getragen wird. Diese Überlegung ist mit dem in Abschnitt IV.2 behandelten Trittbrettfahrerverhalten in Teams vergleichbar. Auch im hier betrachteten Fall trägt der Manager die Opportunitätskosten seines Verhaltens nicht vollständig selbst, sondern kann sie zum Teil (hier: $1-\alpha$) auf andere (hier: den externen Eigenkapitalgeber) abwälzen. Deutlich wird dieses in Abbildung V.2 daran, dass die beiden ursprünglichen Trade-off-Geraden nun auseinander fallen. Der trade off zwischen F und dem Marktwert der Unternehmung, V, wird weiterhin durch die Gerade $\overline{V}\,\overline{F}$ beschrieben. Die Budgetgerade, die den trade off zwischen F und dem Managervermögen W angibt, dreht sich hingegen im Punkt A, bis sie eine Steigung von $-\alpha$ erreicht hat (= Gerade V_1F_1). Die Steigung von $-\alpha$ ergibt sich daraus, dass der Manager für den Konsum einer Einheit F nur noch $\alpha \cdot 1$ Einheit V zu zahlen hat. Der Verlauf der neuen Budgetgerade durch den Punkt A folgt daraus, dass der Manager im Falle eines kurzsichtigen externen Eigenkapitalgebers nun ein Barvermögen in Höhe von $(1-\alpha)\cdot V^*$ besitzt und im Falle einer Wahl von $F = F^*$ zusätzlich Aktienanteile im Werte von $\alpha \cdot V^*$ hält, woraus sich insgesamt ein Vermögen in Höhe von V^* ergibt.

Nach dem Verkauf der $1-\alpha$ Anteile würde der Manager jedoch nicht mehr F^* wählen, sondern über F höher disponieren. Abbildung V.2 zeigt, dass der Manager bei gegebener neuer Budgetgerade V_1F_1 nun $F = F_0$ bzw. den Punkt B wählt und auf diese Weise seinen Nutzen von $\bar{u}$ auf u_1 erhöht. Zu dem auf F_0 ausgeweiteten Konsum an nichtgeldlichen Vorteilen durch den Manager korrespondiert ein auf V_0 gesunkener Unternehmenswert, der sich an der Trade-off-Gerade $\overline{V}\,\overline{F}$ ablesen lässt. Das Vermögen des Managers sinkt in dieser Situation von V^* auf $W_0 = \alpha \cdot V_0 + (1-\alpha)\cdot V^*$, wobei der erste Summand den Wert seines Aktienbesitzes und der zweite Summand wiederum den Kaufpreis des externen Eigenkapitalgebers angibt. Die Ausweitung von F ist dennoch für den Manager individuell rational, da er insgesamt einen Nutzenzuwachs realisiert $(u_1 > \bar{u})$.

Bisher wurde von einem kurzsichtigen externen Eigenkapitalgeber ausgegangen, der die Verhaltensänderung des Managers nicht in die Kalkulation seines Kaufgebots einzubeziehen vermochte. Nimmt man stattdessen an, dass der Kapitalmarkt das Verhalten des Managers korrekt antizipiert, so wird ein externer Eigenkapitalgeber höchstens bereit sein, $(1-\alpha)V'$ für die $1-\alpha$ Anteile zu zahlen, da jeder höhere Kaufpreis einen Verlust für den Eigenkapitalgeber bedeuten würde. Der Manager hingegen würde keinen Kaufpreis akzeptieren, der geringer als $(1-\alpha)V'$ ist. Insgesamt ergibt sich damit für einen Kapitalmarkt mit korrekter Voraussicht ein Gleichgewichtszustand, bei dem die Budgetgerade V_1F_1 des Managers so weit parallel nach unten verschoben wird, bis ihr neuer Tangentialpunkt mit einer der Nutzenindifferenzkurven und ihr neuer Schnittpunkt mit der Trade-off-Geraden $\overline{V}\,\overline{F}$ übereinstimmen. Fallen Tangential- und Schnittpunkt hingegen auseinander, wäre noch kein Gleichgewichtszustand erreicht, d.h. eine Partei hätte grundsätzlich noch ein Interesse, die getroffene Entscheidung zu revidieren: Läge der Tangentialpunkt links vom Schnittpunkt und wegen $\alpha < 1$ damit unterhalb der Trade-off-Geraden $\overline{V}\,\overline{F}$, so hätte der externe Eigenkapitalgeber weniger für die $1-\alpha$ Anteile gezahlt, als diese wert sind.[31] Damit gäbe sich der Manager allerdings nicht zufrieden. Bei einem Tangentialpunkt rechts vom Schnittpunkt und damit oberhalb der Trade-off-Geraden $\overline{V}\,\overline{F}$ hätte der Eigenkapitalgeber hingegen zu viel bezahlt. In Abbildung V.2 wird der Gleichgewichtszustand durch den Punkt C beschrieben, bei dem die Budgetgerade des Managers von V_1F_1 auf V_2F_2 verschoben wurde.

Die mit einer externen Eigenkapitalbeteiligung in Höhe von $1-\alpha$ verbundenen ***Agency-Kosten*** zeigen sich bei einem Vergleich der Punkte A (Ausgangssituation) und C. Durch den Verkauf des Eigenkapitals ist der Konsum nichtgeldlicher Vorteile durch den Manager um $F'-F^*$ gestiegen und der Marktwert der Unternehmung um den Betrag

$$AK = V^* - V' \qquad \text{(V.5)}$$

gefallen, der sich als Agency-Kosten interpretieren lässt. Diese Agency-Kosten bestehen ausschließlich aus einem ***Residualverlust***, der die Folge unterschiedlicher Ziele auf Seiten des Managers und des externen Eigenkapitalgebers ist. JENSEN und MECKLING unterscheiden noch zwei weitere Kostenarten, aus denen Agency-Kosten bestehen können – ***Kontrollkosten*** und ***Pfandkosten***:[32] Im obigen Fall wurde angenommen, dass der externe Eigenkapitalgeber mit den $1-\alpha$ Anteilen keine Stimmrechte erwirbt. Denkbar wäre jedoch auch eine Modellvariante, in der der Eigenkapitalgeber Stimmrechte erhält, um so das Ausmaß nichtgeldlicher Vorteile F zu verringern. Hierfür fielen jedoch dann Kontrollkosten (z.B. für Buchprüfungen oder persönliche Kontrollaktivitäten) beim Eigenkapitalgeber an. Umgekehrt ist auch vorstellbar, dass der Manager Aktivitäten unternimmt, um sich (glaubhaft) gegen die Wahl zu hoher F-Niveaus zu binden. Hierzu könnten z.B. (bei hinreichend niedrigen Transaktionskosten) vertragliche Vereinbarungen über Budgetbegrenzungen bei der Büroausstattung oder über zustimmungspflichtige Geschäfte gehören. Möglich wäre auch die Hinterlegung eines zinslosen Geldpfands durch den Manager. Die Kosten für derartige Aktivitäten des Managers lassen sich unter den Begriff Pfandkosten subsumieren. Insgesamt kann damit im allgemeinen Fall der Wohlfahrtsverlust infolge externer Eigenkapitalbeteiligung durch die Summe der verschiedenen Agency-Kosten – bestehend aus Residualverlust, Kontrollkosten und Pfandkosten – gemessen werden.

Offen ist allerdings noch die Frage, warum sich ein Eigentümer-Manager überhaupt für den Verkauf von $1-\alpha$ Anteilen entscheidet, zumal sein Nutzenin-

---

[31] Das Vermögen des Managers, bestehend aus dem Kaufpreis und den restlichen α Anteilen wäre kleiner als der Unternehmenswert, so dass der Kaufpreis geringer als der Wert der $1-\alpha$ Anteile sein muss.

[32] Vgl. JENSEN/MECKLING (1976), S. 323–326.

dex gemäß Abbildung V.2 hierdurch von $\bar{u}$ auf u_2 sinkt. Ein *möglicher Grund* für den Verkauf könnte darin bestehen, dass es sich bei dem betrachteten Eigentümer-Manager um einen risikoaversen Akteur handelt.[33] Dieser hätte ein Interesse, nicht nur Anteile an einem einzelnen Unternehmen zu halten, sondern stattdessen ein Portfolio aus Anteilen an vielen verschiedenen Unternehmen, womit eine Risikoreduktion erreicht werden könnte. Eine solche Diversifikation wird durch den Verkauf der $1-\alpha$ Anteile für den Manager möglich, der den hierfür erzielten Kaufpreis $(1-\alpha)V'$ nun für Investitionen in ein geeignetes Portfolio nutzen kann. Ein *zweiter Grund* für den Verkauf der $1-\alpha$ Anteile könnte darin bestehen, dass der hier betrachtete Eigentümer-Manager lediglich eine fiktive Gestalt ist.[34] Bei einer modernen Großunternehmung ist üblicherweise davon auszugehen, dass eine einzelne Privatperson nicht genügend Eigenmittel besitzt, um 100 % der Anteile an der Unternehmung zu halten.

Beide genannten Gründe schließen jedoch eine Alternative zur externen Eigenkapitalbeteiligung nicht aus, nämlich eine ***externe Fremdkapitalbeteiligung***, d.h. der Eigentümer-Manager könnte statt eines Verkaufs von Anteilen einen entsprechend hohen Betrag an Fremdkapital bei einem Kreditinstitut aufnehmen.[35] JENSEN und MECKLING verweisen jedoch darauf, dass auch diese Alternative üblicherweise mit Agency-Kosten verbunden ist. Bei beschränkter Haftung des Eigentümer-Managers wird dieser bei einer externen Fremdkapitalbeteiligung ***tendenziell riskantere Investitionsvorhaben*** wählen als ohne Fremdkapitalbeteiligung:[36] Ist die Investition erfolgreich, so profitiert der Eigentümer-Manager von den entsprechend hohen Einzahlungsüberschüssen, während der Fremdkapitalgeber lediglich die im Kreditvertrag zugesicherten Zins- und Tilgungszahlungen (Schuldendienst) erhält. Schlägt das Investitionsprojekt jedoch fehl und muss die Unternehmung Konkurs anmelden, so dass der Schuldendienst für den Fremdkapitalgeber nicht mehr geleistet werden kann, dann haftet der Eigentümer-Manager lediglich in Höhe der von ihm geleisteten Einlagen. Insgesamt folgt eine zu riskante Investitionspolitik des beschränkt haftenden Eigen-

---

[33] Vgl. JENSEN/MECKLING (1976), S. 348–349; RICKETTS (2002), S. 325.

[34] Vgl. RICKETTS (2002), S. 325.

[35] Vgl. JENSEN/MECKLING (1976), S. 333–343.

[36] D.h. der Eigentümer-Manager wird eher solche mit Risiko behafteten Investitionsprojekte wählen, deren Dichtefunktionen über der Menge der möglichen Investitionsergebnisse vergleichsweise flach verlaufen. Bei derartigen Investitionsprojekten mit großer Streuung bzw. hohem Risiko sind sowohl sehr hohe als auch sehr niedrige (bzw. negative) Ergebnisse möglich. Bei festgelegtem Schuldendienst aus Zins- und Tilgungszahlungen sowie beschränkter Haftung wird sich der Eigentümer-Manager jedoch vor allem an den möglichen *hohen* Ergebnissen orientieren, die über den Schuldendienst hinausgehen. Den Eigentümer-Manager interessiert also hauptsächlich der rechte Teil der Dichtefunktionen, was letztlich dessen Präferenz für riskante Projekte erklärt. Zu einem anschaulichen Rechenbeispiel vgl. z.B. SCHMIDT/TERBERGER (1996), S. 411–413.

tümer-Managers also daraus, dass er im Erfolgsfall sämtliche „Früchte" der Investition erhält, im Falle eines Misserfolgs jedoch nur zum Teil die hieraus resultierenden Kosten zu tragen hat.

Allerdings ist es auch möglich, dass ***durch die Aufnahme von Fremdkapital zusätzliche Anteilseigner-Manager-Konflikte*** entstehen. Dieses zeigt das folgende Beispiel, bei dem die Fremdkapitalgeber und das Topmanagement die gleichen Interessen haben, welche jedoch von denen der Anteilseigner abweichen:[37]

Beispiel V–3: Anteilseigner-Manager-Konflikte und externe Fremdkapitalbeteiligung

Angenommen sei, dass das Topmanagement keine Anteile am Unternehmen hält, wodurch sich die Ausgangssituation mit dem beschränkt haftenden Eigentümer-Manager noch verschärft, da das Topmanagement nun nur noch am Erhalt seines Arbeitsplatzes interessiert sei. Das Topmanagement habe die Wahl zwischen zwei mit Risiko behafteten Investitionsprojekten a und b, deren Dichtefunktionen $f_a(x)$ und $f_b(x)$ mit Erwartungswert μ_a bzw. μ_b in Abbildung V.3 skizziert sind. Auf der Abszisse sind die Einzahlungsüberschüsse einer gegebenen Betrachtungsperiode abgetragen. Die von der Unternehmung für das aufgenommene Fremdkapital zu leistenden Zins- und Tilgungszahlungen belaufen sich je Periode auf $\bar{x}$. Wird $\bar{x}$ in einer bestimmten Periode nicht durch die Einzahlungsüberschüsse gedeckt, so muss das Topmanagement mit einem Verlust des Arbeitsplatzes rechnen.[38] Dem beschriebenen Szenario sei eine (negative) Ex-post-Überraschung vorausgegangen, durch die die beiden Dichtefunktionen nach links verschoben wurden.[39] Ursprünglich wären beide Investitionsprojekte „unkritisch" gewesen, d.h. μ_a und μ_b lagen rechts von $\bar{x}$, und das Topmanagement hätte sich für das Projekt a mit dem höheren Erwartungswert und der geringeren Streuung entschieden. Die Ex-post-Überraschung induziert nun jedoch einen Verhaltenswechsel beim Topmanagement. In der aktuellen Situation fiele die Wahl des Topmanagements auf das Projekt b, da hier die Wahrscheinlichkeit, Einzahlungsüberschüsse in Höhe von mindestens $\bar{x}$ zu erzielen, größer ist als beim Projekt a (d.h. bei vollständiger Abbildung der Dichtefunktionen in der Grafik wäre die durch die horizontal schraffierte Fläche abgebildete Wahrscheinlichkeitsmasse größer als der Inhalt der vertikal schraffierten Fläche). Das Topmanagement maximiert mit anderen Worten durch b die Wahrscheinlichkeit, den Arbeitsplatz zu behalten.

---

[37] Das folgende Beispiel stellt zugegebenermaßen einen Extremfall dar: Das Unternehmen ist verschuldet, und dem Topmanagement stehen (zur Abwendung einer Krise) nur zwei vergleichsweise schlechte Alternativen zur Verfügung.

[38] Denkbar sei durchaus, dass die Unternehmung über hinreichend finanzielle Mittel (z.B. Einzahlungsüberschüsse aus den Vorperioden) verfügt, so dass kein Konkursfall vorliegt. Analog zum obigen Managermodell von MARRIS entspricht die Forderung nach dem Erwirtschaften von Einzahlungsüberschüssen, die je Periode mindestens den Schuldendienst decken, jedoch einer Art Nebenbedingung für die Unternehmenspolitik des Topmanagements, an die der Erhalt seines Arbeitsplatzes geknüpft ist.

[39] Alternativ könnte auch nur $f_a(x)$ infolge einer Ex-post-Überraschung verschoben worden sein. Statt über eine Ex-post-Überraschung ließe sich auch über neue Informationen argumentieren, die zu einer Verschiebung der Erwartungswerte geführt haben.

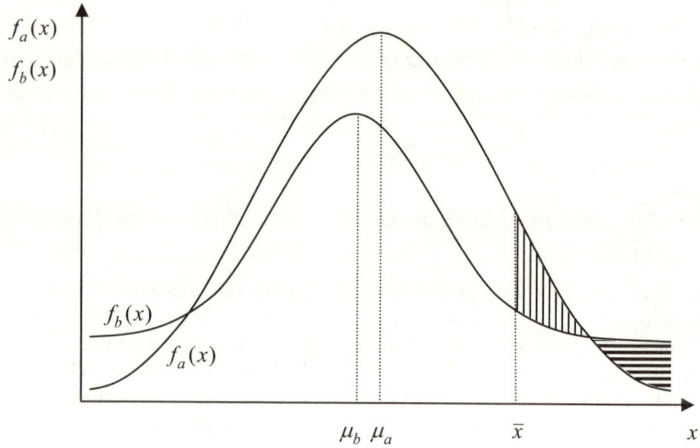

Abbildung V.3: Wahl riskanter Investitionsprojekte als Anteilseigner-Manager-Konflikt

Allerdings wäre die für eine Unternehmenswertmaximierung bessere Alternative das Projekt *a*, welches nicht nur eine geringere Streuung, sondern auch einen höheren Erwartungswert als das Projekt *b* aufweist. In diesem Fall existiert demnach ein *Anteilseigner-Manager-Konflikt* in Form eines zu riskanten Investitionsverhaltens des Topmanagements. Dieses Beispiel bildet jedoch eher einen Sonderfall, da Topmanager außerhalb von Krisensituationen eher zu einem übertrieben vorsichtigen Investitionsverhalten neigen dürften.[40]

Agency-Kosten bei externer Fremdkapitalbeteiligung sind letztlich nicht nur in Form eines Wohlfahrtsverlustes infolge zu riskanten Investitionsverhaltens möglich, sondern beispielsweise auch in Form von Kontrollkosten, die durch Überwachungsaktivitäten der Fremdkapitalgeber entstehen. Allerdings sind die Kontrollkosten für Fremdkapitalgeber tendenziell geringer als für Eigenkapitalgeber: Fremdkapitalgeber haben nur dann einen Kontrollanlass (Ursachenanalyse), wenn der vereinbarte Schuldendienst nicht geleistet wird. Eigenkapitalgeber hingegen haben einen ständigen Kontrollanlass, da sie im Prinzip jederzeit durch ein Fehlverhalten des Topmanagements geschädigt werden könnten, welches zu Lasten des Residualgewinns geht.

Zusammenfassend lässt sich festhalten, dass zwischen dem Topmanagement und den Anteilseignern einer Unternehmung diverse Zielkonflikte bestehen können.

[40] Vgl. z.B. die Career-concerns-Argumentation in Unterabschnitt III.7.2. Vgl. zudem den Risikokonflikt im folgenden Unterabschnitt V.2.2. In der Regel werden also Topmanager – sieht man einmal von der obigen Argumentation im Zusammenhang mit beschränkter Haftung ab – und Fremdkapitalgeber eher gegen riskante Investitionen plädieren, die Anteilseigner – bei entsprechendem Erwartungswert – hingegen durchaus dafür.

Diese führen dann zu Wohlfahrtsverlusten, wenn das Topmanagement über einen entsprechend hohen diskretionären Entscheidungsspielraum verfügt. Anhand der Managermodelle von BAUMOL und MARRIS wurde deutlich, dass Topmanager aus Prestige- und Machtgründen eine ineffiziente Unternehmensgröße bzw. ein ineffizient hohes Umsatzvolumen sowie ein zu starkes Unternehmenswachstum präferieren könnten. Das WILLIAMSON-Modell zeigte anschließend, dass Topmanager zudem über Investitionsausgaben mit Konsumcharakter sowie über die Größe ihres Mitarbeiterstabs höher disponieren als Anteilseigner, die an einer Maximierung des Unternehmensgewinns interessiert sind. Das Managermodell von JENSEN und MECKLING veranschaulichte schließlich Agency-Probleme aufgrund externer Eigen- und Fremdkapitalbeteiligung. Hiernach werden – ähnlich wie beim WILLIAMSON-Modell – ineffizient viele nichtgeldliche Vorteile vom Topmanagement in Anspruch genommen sowie zu viele und zu riskante Investitionsprojekte getätigt. Die Managermodelle deuten jedoch auch bereits an, dass dem „Fehlverhalten" des Topmanagements Grenzen gesetzt sind (z.B. durch die Gefahr einer Entlassung oder der Drohung einer Unternehmensübernahme). Bevor in Abschnitt V.2 näher auf die verschiedenen Möglichkeiten einer Disziplinierung des Topmanagements eingegangen wird, sollen in Unterabschnitt V.1.2 zunächst weitere Managementprobleme skizziert werden, auf die in der institutionenökonomischen Literatur hingewiesen wird.

V.2.2 Weitere Managementprobleme

Bei näherer Betrachtung lassen sich noch eine ganze Reihe weiterer Managementprobleme aufzeigen.[41] Einige dieser Aspekte bauen auf den Managermodellen – insbesondere auf dem von JENSEN/MECKLING (1976) – auf oder ergeben sich aus einer weitergehenden Interpretation der Modelle.[42] Zunächst einmal lässt sich die von JENSEN und MECKLING diskutierte Problematik der übermäßigen Nutzung nichtgeldlicher Vorteile bei externer Eigenkapitalbeteiligung auch auf den ***Arbeitseinsatz*** des Topmanagements übertragen. Halten Topmanager nur wenige Anteile am Unternehmen, so ist analog zu erwarten, dass sie hinsichtlich ihres Arbeitseinsatzes (z.B. freiwillige Überstunden, Intensität von Entscheidungsvorbereitungen, Kontrolle untergeordneter Entscheidungsträger) geringer disponieren, als dies im Interesse der Anteilseigner ist. Die Topmanager erzielen einen unmittelbaren Nutzenzuwachs in Form reduzierten Arbeitsleids oder eingesparter Zeit, die sich anderweitig nutzen ließe.[43] Die negativen Konsequenzen

---

[41] Vgl. zu einem kurzen Überblick über die meisten der folgenden Probleme BRICKLEY/SMITH/ZIMMERMAN (1997), S. 148–149.

[42] Vgl. zu einer detaillierten Diskussion BREUER (1998), S. 153–198.

[43] Beispielsweise könnte ein Topmanager einen Teil seiner Arbeitszeit dazu verwenden, sein privates Portfolio aus Wertpapieren zu optimieren oder anderen privaten Geschäften nachzugehen.

ihres Verhaltens haben sie lediglich im Ausmaß der von ihnen gehaltenen Anteile zu tragen.

Denkbar ist zudem ein ***Risikokonflikt*** zwischen dem Topmanagement und den Anteilseignern.[44] Üblicherweise ist davon auszugehen, dass die Einkommen der Topmanager und der Anteilseigner unterschiedlich diversifiziert sind. Das Einkommen von Topmanagern ist oftmals relativ schlecht diversifiziert. Viele Einkommensbestandteile sind direkt mit dem Unternehmensrisiko korreliert, z.B. indem Topmanager erfolgsabhängig entlohnt werden, in ihr betriebsspezifisches Humankapital investiert haben und/oder Anteile am „eigenen" Unternehmen halten. Das Einkommen der Anteilseigner ist hingegen über ein breit gestreutes Portfolio aus unterschiedlichsten Unternehmensanteilen häufig stark diversifiziert. Haben Topmanager in dieser Situation über neue Investitionsvorhaben zu entscheiden, so ergibt sich aus ihrem schlecht diversifizierten Einkommen tendenziell eine Präferenz für wenig riskante bzw. wenig innovative Investitionsprojekte. Anteilseigner hingegen würden sich nicht am Gesamtrisiko der jeweiligen Investitionsprojekte orientieren, sondern lediglich am jeweils verbleibenden Restrisiko eines Projektes, das trotz diversifiziertem Portfolio noch bestände. Beispielsweise könnte sich ein Topmanagement durch den Aufbau eines Mischkonzerns teilweise gegen Einkommensrisiken versichern, während die Anteilseigner stattdessen den Ausbau spezifischer Stärken der Unternehmung und deren Umsetzung in innovative Investitionsvorhaben präferieren.[45]

Ein weiterer Interessenkonflikt zwischen Topmanagement und Anteilseignern lässt sich mit der Bezeichnung ***Zeitpräferenzkonflikt*** umschreiben.[46] Topmanagement und Anteilseigner dürften nur in den seltensten Fällen identische Zeitstrukturen hinsichtlich ihrer geplanten Konsumausgaben haben. Beispielsweise könnten vergleichsweise junge Topmanager, die am Unternehmensgewinn beteiligt werden, eine sehr hohe Gegenwartspräferenz haben und Investitionsprojekte mit kurzfristig hohen Einzahlungsüberschüssen präferieren, da sie gerade eine Familie gegründet sowie ein Haus gekauft haben. Derartige Investitionsprojekte müssen aber nicht zwingend jene mit dem höchsten Kapitalwert sein.[47] Ein ande-

---

[44] Vgl. BALLWIESER/SCHMIDT (1981), S. 669–670.

[45] Eine gewisse Rechtfertigung für den Aufbau eines Mischkonzerns durch das Topmanagement mag sich jedoch eventuell aus dem LEN-Grundmodell aus Kapitel II ergeben. Hier wurde u.a. gezeigt, dass bei einer ergebnisabhängigen Entlohnung des Agenten (hier: Topmanager) die Agency-Kosten mit dem Ergebnisrisiko (hier: Unternehmensrisiko) steigen. Durch Investitionen in einen Mischkonzern könnten daher theoretisch Agency-Kosten in Form von Risikoprämien teilweise eingespart werden. Vgl. zu anderen Ansätzen, die ebenfalls aus Sicht der Prinzipal-Agent-Theorie für eine Diversifikationsstrategie von Topmanagern sprechen, ARON (1988); ROSE (1992), (1997).

[46] Vgl. BALLWIESER/SCHMIDT (1981), S. 650–651.

[47] Vgl. hierzu auch die Career-concerns-Problematik aus Abschnitt III.7, wonach u.a. Manager aus Reputationsgründen an Investitionsprojekten mit kurzfristig hohen Einzahlungen interessiert sein könnten.

rer Zeitpräferenzkonflikt könnte sich im Zusammenhang mit älteren Topmanagern ergeben, die kurz vor der Verrentung stehen. Werden sie beispielsweise erfolgsabhängig anhand des Periodengewinns der Unternehmung entlohnt, so bestände bei ihnen in den letzten Jahren vor ihrem Beschäftigungsende kaum noch ein Interesse an langfristigen Investitionsvorhaben. Vergleichbare Probleme könnten sich mit Topmanagern ergeben, die einen baldigen Unternehmenswechsel planen. Abmildern ließe sich das Problem kurzsichtiger Entscheidungen über geeignete Entlohnungsbemessungsgrundlagen[48] für die Topmanager, damit diese am langfristigen Unternehmenswert interessiert sind.

Verschiedene Managementprobleme, die den Umfang oder die Art des Unternehmenswachstums betreffen, lassen sich unter dem Oberbegriff ***Wachstumskonflikt*** zusammenfassen. Bereits das Managermodell von MARRIS sowie Beobachtungen, dass häufig Topmanagergehälter und Unternehmensgröße positiv miteinander korreliert sind,[49] weisen auf die Gefahr eines *ineffizient großen* Unternehmenswachstums hin. Ein ineffizientes Wachstum im Sinne eines *falschen Wachsens* kann daraus resultieren, dass Topmanager verstärkt in solche Branchen investieren, für die sie ein Spezialistenwissen besitzen und dadurch schwerer ersetzbar werden.[50] Denkbar ist auch, dass Topmanager in Relation zum Erfolg anderer Unternehmen derselben Branche ergebnisabhängig entlohnt werden. Auf diese Weise konkurrieren sie mit den Topmanagern der anderen Unternehmen im Rahmen eines Leistungsturniers (rank-order tournament).[51] Entscheidet in dieser Situation der Topmanager, in welche Branchen die Unternehmung investiert, so wird er jene Branchen wählen, in denen die Unternehmung die größten relativen Wettbewerbsvorteile aufweist. Diese auf den ersten Blick effizienten Anreize könnten sich jedoch ins Gegenteil umkehren, wenn der Topmanager hierdurch beträchtliche *absolute* Erfolgspotentiale der Unternehmung in anderen Branchen vernachlässigt. Er könnte stattdessen beispielsweise in „sterbende Branchen" investieren, in denen der relative Wettbewerbsvorteil des Unternehmens nur deshalb so groß ist, weil sich die erfolgreichsten Unternehmen bereits rechtzeitig aus der Branche zurückgezogen haben. Ein weiterer Aspekt zum Wachstumskonflikt ergibt sich über eine Kritik an der modernen Bürokratietheorie.[52] Gemäß der modernen Bürokratietheorie sind vertikale Vertrauens- bzw. In-

---

[48] Denkbar wären in diesem Fall z.B. Betriebsrenten bzw. Abfindungen in Abhängigkeit von der Entwicklung des Unternehmenswertes nach Ausscheiden der betreffenden Topmanager.

[49] Im Prinzip ist solch eine Korrelation theoretisch durchaus begründbar (vgl. z.B. ROSEN 1982). Gerade aufgrund dessen mag jedoch die Gefahr nicht auszuschließen sein, dass Topmanager ein Unternehmenswachstum übermäßig forcieren.

[50] Vgl. DEBONDT/THOMPSON (1992), S. 34.

[51] Vgl. DYE (1992).

[52] Vgl. zur modernen Bürokratietheorie BRETON/WINTROBE (1982); WINTROBE/BRETON (1986); FÖHR (1991), Kapitel 8.

teraktionsbeziehungen zwischen Vorgesetzten und Untergebenen tendenziell produktiv und daher effizienzfördernd. Bereits die Ausführungen in Abschnitt III.5 zu vertikalen Kollusionsproblemen haben jedoch gezeigt, dass vertikal durchaus auch kontraproduktive Vertrauensbeziehungen zu erwarten sind. Speziell ist vorstellbar, dass ein Topmanager jene untergeordneten Manager, die ihn in seiner bisherigen Karriere auf dem Weg an die Unternehmensspitze unterstützt haben, durch die Vergabe lukrativer Managerposten belohnt, wozu gegebenenfalls ein ineffizientes Unternehmenswachstum nötig ist (z.B. Schaffung neuer Managerstellen bei internem oder aber Aufkauf bisher selbständiger Unternehmen bei externem Unternehmenswachstum).[53] Aus Sicht des Topmanagers ist solch eine Belohnung aus Reputationsgründen rational, da er damit implizite Versprechen einlöst und auf diese Weise sicherstellt, dass auch in Zukunft andere Akteure in Vertrauensbeziehungen mit ihm investieren.

Nach der ***Free-cash-flow-Hypothese*** von JENSEN (1986) ist allgemein die Gefahr eines ineffizienten Unternehmenswachstums dann besonders groß, wenn nach der Begleichung ausstehender Verbindlichkeiten und der Realisierung sämtlicher Investitionsprojekte mit positivem Kapitalwert in einer Periode immer noch ein Finanzmittelüberschuss existiert.[54] Effizient und aus Sicht der Anteilseigner wünschenswert wäre eine Ausschüttung dieses free cash flow als Dividenden an die Anteilseigner. Da hierzu für den Topmanager jedoch keine gesetzliche Verpflichtung existiert, ist stattdessen zu befürchten, dass der Überschuss nicht ausgeschüttet, sondern ineffizient für den Aufkauf von Unternehmen(steilen) vom Topmanager verwendet wird. Ein Motiv hierfür liefert z.B. das obige Manager-Modell von MARRIS,[55] wonach Topmanager aus Reputationsgründen an einer Maximierung der Wachstumsrate des Unternehmens interessiert sind. Nach JENSEN ließe sich diese Problematik zwar durch die Substitution von Eigen- durch Fremdkapital umgehen, da – im Gegensatz zur Dividendenausschüttung – Zins- und Tilgungszahlungen vertraglich festgelegt sind, was den Effizienzdruck auf den Topmanager erhöht. Die kurzen Ausführungen im vorherigen Unterabschnitt V.2.1 zu Agency-Problemen bei externer Fremdkapitalbeteiligung haben jedoch gezeigt, dass dieser Ausweg auch nicht ganz unproblematisch ist.[56]

---

[53] Vgl. dazu auch MCKEE/WINTROBE (1993). Vgl. zudem das Beispiel V–2 über den CEO F. Ross Johnson, der genau jene Manager mit lukrativen Posten belohnte, die ihm auf seinem Weg an die Spitze von RJR Nabisco zur Seite standen.

[54] Zu einer empirischen Stützung der Hypothese vgl. NOHEL/TARHAN (1998), aber auch GOLDSTEIN (2000).

[55] Vgl. Unterabschnitt V.2.1.2.

[56] Alternativ könnte auch die Fremdkapitallösung durch die Anteilseigner „simuliert“ werden, indem (z.B. in der Unternehmenssatzung) eine gewinn*un*abhängige Mindestausschüttung festgelegt wird, wodurch analog zu einer Fremdkapitalaufnahme der Effizienzdruck auf das Topmanagement erhöht wird. Allerdings ergeben sich dabei auch ähnliche

Insgesamt haben die Ergebnisse dieses Abschnitts gezeigt, dass zahlreiche Interessenkonflikte zwischen dem Topmanagement und den Anteilseignern einer Großunternehmung bestehen. Diese äußern sich bei entsprechendem diskretionären Entscheidungsspielraum des Topmanagements nicht nur in Form von Umverteilungseffekten zu Lasten der Anteilseigner (internes rent seeking), sondern allgemein auch in Form von Wohlfahrtsverlusten. Wenngleich eine vollständige Auflistung denkbarer Interessenkonflikte mit diesem Abschnitt vermutlich nicht geleistet werden konnte,[57] so wurde dennoch deutlich, dass (1) die Existenz von Ineffizienzen aufgrund der Trennung von Eigentum und Unternehmensleitung bei der modernen Publikumsgesellschaft äußerst plausibel erscheint und (2) daher eine weitergehende Diskussion möglicher Institutionen der Managerkontrolle gerechtfertigt ist.

V.3 Institutionen und Akteure der Managerkontrolle

Die Publikumsgesellschaft ist aus verfügungsrechtlicher Sicht Eigentum der Aktionäre bzw. Anteilseigner. Daher liegt eine wirkungsvolle Managerkontrolle, die einen effizienten Umgang des Topmanagements mit den Ressourcen der Unternehmung garantiert, auch primär im Interesse der Anteilseigner. Allerdings können ebenfalls andere Akteure (z.B. die Fremdkapitalgeber und die Belegschaft) im Rahmen ihrer Vertragsbeziehungen mit der Unternehmung (z.B. Kreditvertrag, Arbeitsvertrag) an deren effizienter Führung interessiert sein.[58] Ein ineffizientes Verhalten des Topmanagements könnte die vertraglichen Ansprüche der Akteure an die Unternehmung gefährden. Beispielsweise wären im Insolvenzfall die Ansprüche der Fremdkapitalgeber auf Zins- und Tilgungszahlungen und die Ansprüche der Belegschaft auf noch ausstehende Lohnzahlungen gefährdet. Aus diesen Überlegungen lässt sich zumindest ein partielles Interesse verschiedener Vertragspartner an einer effizienten Unternehmensführung ableiten. ***Diese Vertragspartner könnten daher auch entsprechend an einer direkten***

Folgeprobleme wie bei der Fremdkapitallösung (z.B. gegebenenfalls zu riskante Investitionen); vgl. allgemein zur Diskussion gewinnunabhängiger Mindestausschüttungen WENGER (1987).

[57] Vgl. z.B. zu weiteren Managementproblemen im Zusammenhang mit der Aufnahme von Fremdkapital MILGROM/ROBERTS (1992), S. 495–496; BREUER (1998), S. 177–180. Da im Vordergrund der folgenden Ausführungen der Konflikt zwischen Anteilseignern und Topmanagement steht, soll auf Fremdfinanzierungsprobleme nicht näher eingegangen werden.

[58] Vgl. zu einem Überblick über die verschiedenen Interessengruppen und ihre Ziele BRICKLEY/SMITH/ZIMMERMAN (1997), S. 148; PORTISCH (1997), S. 12–61; JOST (1998), S. 15–20.

Kontrolle des Topmanagements oder an einer indirekten Kontrolle über die Einsetzung spezieller Kontrollinstitutionen interessiert sein. Zu beachten ist dabei jedoch, dass die Vertragspartner hauptsächlich die eigenen individuellen Ansprüche beglichen haben wollen und im Gegensatz zu den Anteilseignern nicht unbedingt den Marktwert der Unternehmung maximieren möchten. Nicht auszuschließen sind daher Koalitionen unter den Vertragspartnern oder zwischen einzelnen Vertragspartnern und dem Topmanagement, sofern sich hieraus Vorteile für die Beteiligten ergeben. Grundsätzliche ***Effizienzüberlegungen*** der Vertragspartner könnten möglicherweise durch individuelle ***Umverteilungsinteressen*** zu Lasten der Anteilseigner dominiert werden.

Für die folgende Diskussion sind dreierlei Aspekte von Bedeutung: Zum einen ist zu prüfen, inwiefern ein ***Kontrollanreiz*** bzw. eine ***Kontrollmotivation*** auf Seiten der einzelnen Institutionen oder Akteure besteht. In diesem Zusammenhang ist auch der obige Punkt zu beachten, dass einzelne Akteure gegebenenfalls ein Umverteilungsinteresse zu Lasten der Anteilseigner haben. Dadurch könnte ein prinzipieller Kontrollanreiz aufgeweicht werden oder – im Falle einer Kollusion mit dem Topmanagement – sogar ins Gegenteil umschlagen.

Zum anderen ist im Einzelfall kritisch zu hinterfragen, wie die ***Kontroll- und Disziplinierungsmöglichkeiten*** einer betrachteten Institution ausgestaltet sind, da nur positive Kontrollanreize gekoppelt mit hinreichenden Kontroll- und Disziplinierungsmöglichkeiten zu einer effektiven Managerkontrolle[59] führen. Zu bedenken ist dabei, dass die Kontroll- und Disziplinierungsmöglichkeiten auch vom jeweiligen *Informationsstand* der betrachteten Institution abhängen. Informationen können nicht nur zwischen den Anteilseignern als Prinzipal und dem Topmanagement als Agent asymmetrisch verteilt sein, sondern z.B. ebenso zwischen dem Topmanagement und den Vertragspartnern der Unternehmung.

Schließlich ist zu beachten, dass die beiden zuvor genannten Aspekte erheblich vom ***nationalen Unternehmenskontext*** beeinflusst werden, dem die betrachtete Unternehmung zuzuordnen ist. Beispielsweise existieren in den USA allein schon aufgrund rechtlicher Gegebenheiten anders gestaltete Institutionen der Managerkontrolle als in Japan, Großbritannien oder Deutschland.[60] Da der größte Teil der im Folgenden verwendeten Literatur auf US-amerikanische oder aber deutsche Gegebenheiten Bezug nimmt, soll zunächst in Unterabschnitt V.3.1 das amerikanische Konzept der corporation dem der deutschen Aktienge-

[59] Der Begriff der „Managerkontrolle" sei also im Folgenden dahingehend recht weit auszulegen, dass er mögliche Disziplinierungsaspekte mit beinhaltet.

[60] Vgl. z.B. ROE (1993) und PROWSE (1994), wobei allerdings beim Artikel von ROE zu hinterfragen wäre, ob seine äußerst positive Einschätzung des deutschen Systems nicht eventuell auch darauf zurückzuführen ist, dass er als Amerikaner vor allem über negative Erfahrungen mit dem amerikanischen System verfügt. Zu einem Deutschland-USA-Vergleich vgl. GÖTZ (2000).

sellschaft gegenübergestellt werden. Anschließend werden in den Unterabschnitten V.3.2 und V.3.3 unternehmensinterne sowie unternehmensexterne Institutionen und Akteure der Managerkontrolle – insbesondere hinsichtlich ihrer Kontrollanreize und Kontrollmöglichkeiten – untersucht.[61]

V.3.1 Institutioneller Rahmen

Ein Vergleich der institutionellen Rahmenbedingungen in den verschiedenen Industrienationen zeigt, dass sich pfadabhängig im Zeitablauf sehr unterschiedliche Rechtsvorschriften entwickelt haben, durch die Unternehmen und Märkte reguliert werden.[62] Dies hat zur Konsequenz, dass auch der institutionelle Rahmen für eine Kontrolle des Topmanagements in den USA ein anderer ist als in Deutschland. Eine vollständige Gegenüberstellung der relevanten Rechtsvorschriften beider Länder soll im Folgenden nicht versucht werden. Unterschieden werden soll jedoch das ***Board-System*** der US-amerikanischen corporation von der deutschen Institution der Aktiengesellschaft, die im Gegensatz zur corporation über zwei boards – den Vorstand und den Aufsichtsrat – verfügt. Auf wichtige Regulierungsunterschiede im US-amerikanischen und deutschen Bankensektor wird an entsprechender Stelle in Unterabschnitt V.3.3.5 kurz eingegangen.

Die Unternehmensverfassung der ***deutschen Aktiengesellschaft (AG)*** wird vor allem durch die Vorschriften des Aktiengesetzes (AktG) sowie durch die des Mitbestimmungsgesetzes (MitbestG) festgelegt.[63] Der *Vorstand*, der *Aufsichtsrat* und die *Hauptversammlung* bilden die drei wichtigsten Organe der AG. Der ***Vorstand*** ist für die Unternehmensführung zuständig. Hierbei ist er weder Weisungen des Aufsichtsrates noch denen der Hauptversammlung unterworfen. Eine Ausnahme ermöglichen die Bestimmungen des § 111 Abs. 4 AktG, wonach bestimmte Geschäfte von der Zustimmung des Aufsichtsrates abhängig gemacht werden können.[64] Die Mitglieder des Vorstandes führen die Unternehmensgeschäfte zwar gemeinschaftlich, dennoch kommt zwei Vorstandsmitgliedern eine besondere Rolle zu: dem *Arbeitsdirektor*, der für Fragen des Personal- und Sozialbereichs zuständig ist, und dem *Vorstandsvorsitzenden*, der oftmals die Ausrichtung der Unternehmenspolitik dominiert. Vor allem die Vorstandsmitglieder

---

[61] Zum Zusammenspiel von internen und externen Mechanismen der Managerkontrolle sowie einer hieraus resultierenden möglichen Kollusion zwischen CEO und board of directors vgl. GRAZIANO/LUPORINI (2003).

[62] Vgl. ROE (1993), S. 352–358; PROWSE (1994), S. 14–15.

[63] Für Unternehmen der Montanindustrie (Bergbau sowie Eisen und Stahl erzeugende Industrie) ist zudem das Montan-Mitbestimmungsgesetz (Montan-MitbestG) einschlägig. Auf Betriebsebene fungiert der Betriebsrat als Interessenvertretung der Belegschaft gegenüber dem Management; vgl. dazu das Betriebsverfassungsgesetz (BetrVG).

[64] Dies könnten beispielsweise größere Investitionsvorhaben sein, die eine vorgegebene Investitionsgrenze übersteigen.

lassen sich als Synonym für den bisher verwendeten Begriff „Topmanagement" verstehen. Der ***Aufsichtsrat*** hat die Aufgabe, die Unternehmensführung des Vorstands zu überwachen. Er setzt sich paritätisch aus Arbeitnehmervertretern und Vertretern der Anteilseigner bzw. Eigenkapitalgeber zusammen. Während die Arbeitnehmer ihre Vertreter direkt oder durch ein Wahlmännergremium bestimmen, wählen die Anteilseigner ihre Vertreter in der Hauptversammlung. Unter diesen Vertretern befinden sich sehr häufig Topmanager aus anderen Unternehmen, oftmals aus denen des Bankensektors. Die Vertreter der Anteilseigner stellen in der Regel den Aufsichtsratsvorsitzenden,[65] dessen Stimme bei der zweiten Abstimmung doppelt zählt, wenn in einem ersten Abstimmungsgang Stimmengleichheit herrschte. Neben einer Überwachung des Vorstandes kommen dem Aufsichtsrat auch die Aufgaben zu, die Mitglieder des Vorstands mit 2/3-Mehrheit zu bestellen sowie die Vergütung bzw. Vergütungsform für die Vorstandsmitglieder festzulegen. An der ***Hauptversammlung*** können sämtliche Anteilseigner der AG teilnehmen. Die Beschlüsse der Hauptversammlung erstrecken sich auf sehr unterschiedliche Gebiete – u.a. auf die Verwendung des Bilanzgewinns und die Entlastung von Vorstand und Aufsichtsrat. Zudem wird in der Hauptversammlung über eine mögliche Änderung der Satzung, über Maßnahmen der Kapitalerhöhung und -herabsetzung sowie gegebenenfalls über eine Auflösung der AG entschieden.

Im Gegensatz zur deutschen AG sieht die Unternehmensverfassung der ***US-amerikanischen corporation*** neben dem Treffen der Anteilseigner im Rahmen des ***stockholder meeting*** lediglich ein weiteres zentrales Organ vor – den ***board of directors***.[66] Der board setzt sich aus unternehmensinternen (inside directors) und -externen (outside directors) Direktoren zusammen und übernimmt sowohl die Funktion der Unternehmensführung als auch die Überwachungsfunktion. Die unternehmensinternen Direktoren werden durch Führungskräfte der betrachteten corporation gebildet. Die entscheidende Schlüsselrolle kommt dabei dem Generaldirektor oder ***chief executive officer (CEO)*** zu. Ihm obliegen üblicherweise die Festlegung der Unternehmenspolitik sowie die laufende Unternehmensführung. Oftmals nimmt er gleichzeitig die Aufgabe als Vorsitzender des board (chairman) wahr. Von seiner Machtposition her ist er daher nicht nur mit dem Vorstandsvorsitzenden der deutschen AG vergleichbar, sondern er vereinigt häufig sogar die wesentlichen Machtbefugnisse von Vorstand *und* Aufsichtsrat auf

[65] In diesem Fall kommt sein Stellvertreter in der Regel aus den Reihen der Arbeitnehmervertreter.

[66] Vgl. BLEICHER (1992); PROWSE (1994), S. 40–44; MOERLAND (1995), S. 25; TEGTMEIER (1998), S. 71–106. Gesetzliche Grundlagen für die Unternehmensverfassung der US-amerikanischen corporation bilden nicht nur Bundesgesetze wie der Clayton Act, der Securities Act und der Securities Exchange Act, sondern ebenso spezifische Gesetze der einzelnen Bundesstaaten.

sich. Formal ergeben sich jedoch gewisse Einschränkungen des Machtbereichs des CEO. So entscheiden formal sämtliche Direktoren des board über Ernennung und Entlassung des CEO sowie über dessen Vergütung bzw. Vergütungsform. Eine Wahrnehmung der Überwachungsfunktion des board (z.B. hinsichtlich der Geschäftsentwicklung sowie der Entwicklung der Finanzen) kann vor allem den unternehmensunabhängigen outside directors zugeschrieben werden. Als heikel muss hingegen die Wahrnehmung dieser Funktion durch die internen Direktoren angesehen werden. Diese verfügen zwar als Insider über einen vergleichsweise guten Informationsstand für die Beurteilung und Überwachung der CEO-Entscheidungen, sind aber andererseits im Rahmen der laufenden Unternehmensführung den Weisungen des CEO untergeordnet und damit von diesem abhängig. Eine gewisse Einschränkung der Entscheidungsmacht des CEO ergibt sich noch dadurch, dass bestimmte Geschäfte von der Zustimmung des board abhängig gemacht werden können. Möglich ist letztlich auch eine (partielle) Delegation der Überwachungsfunktion an einen Prüfungsausschuss (audit committee), der sich hauptsächlich aus outside directors zusammensetzt.

Ein diskretionärer Entscheidungsspielraum kann weder auf Seiten des US-amerikanischen noch auf der des deutschen Topmanagements verleugnet werden. Ansonsten wäre eine aktive Unternehmensführung durch die Topmanager genau genommen auch gar nicht möglich. Folgt man jedoch den Einschätzungen von ROE (1993) und PROWSE (1994), so muss insgesamt dem US-amerikanischen Topmanagement vor allem aus zweierlei Gründen ein größeres Machtpotential als den deutschen Topmanagern bescheinigt werden:[67] **(1)** Während ***deutsche Topmanager niemals im Aufsichtsrat der eigenen AG*** sitzen, finden sich im amerikanischen board of directors prinzipiell mehrere unternehmensinterne Topmanager. **(2)** Zwar dominiert auch in der deutschen AG der Einfluss eines Topmanagers, nämlich der des Vorstandsvorsitzenden, dennoch sind die Machtbefugnisse seines amerikanischen Pendants, des CEO, in der Regel noch größer. Zum einen ist der ***CEO oft zugleich Vorsitzender des gesamten board***, wohingegen der Vorstandsvorsitzende niemals zugleich Aufsichtsratsvorsitzender ist. Zum anderen entscheidet (infolge atomistischer Anteilseignerstruktur[68]) oftmals der CEO effektiv über die Zusammensetzung des board, wenngleich die formalen Entscheidungsrechte bei den Anteilseignern liegen. Die im deutschen System vollzogene Gewaltenteilung zwischen Unternehmensführung (Vorstand) und Überwachung der Unternehmensführung (Aufsichtsrat) ist beim amerikanischen Board-System daher kaum noch gegeben.[69]

---

[67] Vgl. ROE (1993), S. 348, 360; PROWSE (1994), S. 40–42.

[68] Gemeint ist damit eine Anteilseignerstruktur, die nur aus Kleinaktionären besteht, von denen im idealtypischen Fall jeder lediglich eine Aktie hält.

[69] Allerdings existieren im deutschen System dergestalt personelle Verflechtungen von Topmanagern, dass Vorstandsmitglieder häufig in Aufsichtsräten anderer Publikumsgesell-

V.3.2 Interne Institutionen und Akteure der Managerkontrolle

Zunächst einmal sollen diejenigen Institutionen bzw. Akteure diskutiert werden, die sich im Unternehmen selbst befinden und für eine Managerkontrolle in Frage kommen könnten. Da von einer Publikumsgesellschaft ausgegangen wird, sind dies neben dem Aufsichtsrat bzw. dem board of directors insbesondere die Hauptversammlung (stockholder meeting) und der Betriebsrat bzw. die Betriebsgewerkschaft.

V.3.2.1 Aufsichtsrat und board of directors als Kontrollorgan der Unternehmung

Es ist nahe liegend, die Diskussion der Managerkontrolle durch unternehmensinterne Institutionen mit dem offiziellen Kontrollorgan zu eröffnen. Betrachtet seien daher zunächst der Aufsichtsrat, bestehend aus Arbeitnehmervertretern und Kapitalvertretern, sowie der board of directors, der sich aus internen und externen Direktoren zusammensetzt.[70] ***Modelltheoretisch*** liegt hierbei eine mehrstufige Prinzipal-Agent-Beziehung[71] vor mit den Anteilseignern als Prinzipal, dem Kontrollorgan als Überwacher/supervisor und dem Topmanagement als Agent. Die Diskussion in Abschnitt III.3 hat verschiedene Vorteile einer Delegation von Kontrollaufgaben an ein Kontrollorgan aufgezeigt, z.B. eine zeitliche Entlastung des Prinzipals, die Nutzung einer besseren Kontrolltechnologie infolge von Spezialisierungsvorteilen des Kontrollorgans sowie Kontrahierungsvorteile im Sinne von STRAUSZ (1997b). Anhand des Kollusionsmodells von TIROLE (1986) ist in Abschnitt III.5 jedoch deutlich geworden, dass eine Delegation von Kontrollaufgaben auch zusätzliche Gefahren birgt, insbesondere die Gefahr kontraproduktiver Absprachen gegen den Prinzipal. Übertragen auf die hier betrachtete Situation zwischen Anteilseignern, Kontrollorgan und Topmanagement folgt aus den modelltheoretischen Ergebnissen für die Anteilseigner die Notwendigkeit, eine geeignete (z.B. vom Marktwert der Unternehmung abhängige) Entlohnung für das Kontrollorgan festzulegen, damit das Kontrollorgan (a) seinen Überwachungsaufgaben nachkommt und (b) keine Kollusion mit dem Topmanagement zu Lasten der Anteilseigner eingeht. Theoretisch könnten auf diese Weise hinrei-

---

schaften sitzen und ehemalige Vorstandsmitglieder in den Aufsichtsrat derselben Publikumsgesellschaft wechseln; vgl. zu letzterem GRIGOLEIT/NIPPA/STEGER (2011). Personelle Verflechtungen sind auch beim Board-System nicht unüblich. Die Studie von HALLOCK (1999) zeigt anhand einer Stichprobe aus den 500 größten im Forbes-Magazin aufgelisteten Unternehmen, dass bei etwa 20 % der Unternehmen in dem Sinne eine personelle Verflechtung besteht, als mindestens ein (pensionierter) Topmanager des Unternehmens A im board des Unternehmens B sitzt und umgekehrt.

[70] Zu einer umfassenden Diskussion (der Information) des Aufsichtsrats aus ökonomischer und juristischer Sicht vgl. LEYENS (2006).

[71] Vgl. Unterabschnitt III.1.3.3.

chende Kontrollanreize auf Seiten des Aufsichtsrats und board of directors gestaltet werden.

Im Folgenden soll nun jedoch von den theoretischen Möglichkeiten abstrahiert und die in der Realität für die Institutionen „Aufsichtsrat“ und „board of directors“ bestehenden Kontrollanreize sowie Kontroll- und Disziplinierungsmöglichkeiten betrachtet werden. ***Kontrollanreize*** für die ***Aufsichtsratsmitglieder*** sind aufgrund der heterogenen Zusammensetzung des Aufsichtsrats differenziert zu betrachten. Für die ***Arbeitnehmervertreter*** dürfte ein nicht unerheblicher Kontrollanreiz bestehen, da Arbeitnehmer oftmals aus privaten Gründen eine vergleichsweise lange betriebliche Verweildauer planen,[72] was wiederum ein langfristiges Überleben der Unternehmung voraussetzt, und da das Vermögen der Arbeitnehmer hauptsächlich durch ihr Humankapital gebildet wird, welches schlecht diversifizierbar ist. Vor allem das betriebsspezifische Humankapital der Arbeitnehmer wäre durch ein Fehlverhalten des Topmanagements gefährdet, da es infolge eines Arbeitsplatzverlustes automatisch entwertet wäre.[73] Einschränkend ist jedoch zu beachten, dass einige der Arbeitnehmervertreter Gewerkschaftsfunktionäre sind, die nicht im Unternehmen arbeiten, so dass zwischen ihnen und der Belegschaft streng genommen eine Prinzipal-Agent-Beziehung besteht. Selbst für die unternehmensangehörigen Arbeitnehmervertreter könnten sich dahingehend Anreizprobleme ergeben, dass ihre Kontrollaktivitäten als eine Form von öffentlichem Gut allen Arbeitnehmern zugute kämen. Zu beachten ist ferner, dass die Interessen der Arbeitnehmer nicht vollständig mit denen der Anteilseigner übereinstimmen. Toleriert werden könnten auch solche Entscheidungen des Topmanagements, die nicht dem Prinzip der Unternehmenswertmaximierung entsprechen, sofern sich hierdurch für die Belegschaft positive Umverteilungseffekte zu Lasten der Anteilseigner ergeben.[74] Beispielsweise könnte es für beide Parteien im Prinzip von Interesse sein, wenn der free cash flow[75] nicht als Dividenden auf die Anteilseigner ausgeschüttet, sondern für Investitionen mit Konsumcharakter verwendet wird – z.B. neue Dienstwagen für das Topmanagement und eine neue Firmenkantine oder zusätzliche Parkplätze für die Belegschaft.[76] Alternativ könnte der Arbeitnehmeranteil auch direkt als Lohnzahlung weitergegeben werden.

---

[72] Ein Arbeitgeberwechsel, der zusätzlich noch zu einem Ortswechsel führte, wäre für einen Arbeitnehmer häufig mit erheblichen Nutzeneinbußen verbunden (u.a. Verlust des sozialen Umfeldes, eventuell Schulwechsel bei den Kindern im Falle eines Umzugs).

[73] Vgl. im Zusammenhang mit Gewerkschaften STIGLITZ (1985), S. 149.

[74] Da sowohl das Topmanagement als auch die Arbeitnehmer unternehmensinterne Akteure sind, handelt es sich hierbei um einen Fall von internem rent seeking.

[75] Vgl. dazu Unterabschnitt V.2.2.

[76] Vgl. in diesem Zusammenhang auch SADOWSKI/PULL (1997); BACKES-GELLNER/PULL (1999), S. 56, 65–66.

Auch zwischen den ***Kapitalvertretern*** im Aufsichtsrat und den Anteilseignern besteht eine Prinzipal-Agent-Beziehung. In Anbetracht der bestehenden Praxis ist von nur eingeschränkten oder sogar fehlenden Kontrollanreizen auf Seiten der Kapitalvertreter auszugehen. Diese Einschätzung ergibt sich zum einen aus der Tatsache, dass die Aufsichtsratsvergütung in der Regel nicht erfolgsabhängig ist.[77] Zum anderen fehlen auch Kontrollanreize über eine rechtliche Haftung für verletzte Aufsichtspflichten, da nach gängiger Praxis lediglich für den Vorstand – also für den zu kontrollierenden Akteur – eine Bringschuld hinsichtlich relevanter Kontrollinformationen besteht und der Aufsichtsrat bei einer unterlassenen aktiven Informationsbeschaffung nicht in Regress genommen wird.[78] Rechtliche Konsequenzen aufgrund verletzter Aufsichtspflichten sind für Aufsichtsratsmitglieder höchstens bei nachweisbarem Vorsatz zu befürchten. Fehlende Kontrollanreize könnten sich möglicherweise auch dadurch ergeben, dass der Wechsel eines früheren Vorstandsvorsitzenden in den Aufsichtsrat derselben AG in der Praxis nicht unüblich ist und dieser in seiner neuen Funktion nicht nur über eng vertraute Kollegen, sondern auch über mögliche langfristige Auswirkungen der eigenen früheren Unternehmenspolitik zu urteilen hat. Kontrollanreize könnten sich theoretisch jedoch über einen drohenden Verlust des Aufsichtsratsmandats ergeben, wenn dem betreffenden Kapitalvertreter von den Anteilseignern im Rahmen der Hauptversammlung das Vertrauen entzogen wird.[79] Kontrollanreize könnten sich für Bankenvertreter im Aufsichtsrat ergeben, sofern die Bank als Eigen- und/oder Fremdkapitalgeber der betrachteten Unternehmung agiert und daher durch ein Fehlverhalten des Topmanagements geschädigt werden könnte. Auf die Rolle der Banken soll in Unterabschnitt V.3.3.5 noch genauer eingegangen werden.

Auch beim ***board of directors*** ist aufgrund seiner heterogenen Zusammensetzung eine differenzierte Betrachtung der Kontrollanreize erforderlich. Auf Seiten der ***externen Direktoren*** ist von einem nur eingeschränkten Kontrollanreiz auszugehen, da sie ihren Sitz im board oftmals dem CEO verdanken und diesen durch Kontrollaktivitäten, die den diskretionären Entscheidungsspielraum des

---

[77] Vgl. dazu den empirischen Befund von KNOLL/KNOESEL/PROBST (1997).

[78] Vgl. WENGER (1996a).

[79] Auf diese Weise entstände trotz fixer Aufsichtsratsvergütung eine gewisse Anreizwirkung. KNOLL/KNOESEL/PROBST (1997), S. 244, berichten von Aufsichtsratsvergütungen, die im Einzelfall bis zu 116.700 DM (Kaufhof) oder 94.000 DM (Beiersdorf) pro Jahr (ermittelt in 1993) betragen können. Der drohende Verlust könnte eventuell durch negative Reputationseffekte noch verstärkt werden, indem das ehemalige Aufsichtsratsmitglied fortan Schwierigkeiten haben könnte, ein Aufsichtsratsmandat zu erlangen. Zumindest zeigen die empirischen Ergebnisse von KAPLAN (1994), dass die Ausscheidensquote in deutschen Aufsichtsräten bei sinkenden Aktienkursen steigt; vgl. demgegenüber aber auch die Einschätzung von KNOLL/KNOESEL/PROBST (1997), S. 252, Fn. 73.

CEO einschränken, gefährden könnten.[80] Auf Seiten der ***internen Direktoren*** könnte dann ein Anreiz bestehen, den CEO zu kontrollieren, wenn sie infolge eines CEO-Fehlverhaltens und einer damit einhergehenden Entlassung gegebenenfalls selbst zum CEO befördert würden.[81] Kontrollanreize ergeben sich auch dadurch für die internen Direktoren, dass schlechte Unternehmensergebnisse nicht nur ihrer Reputation auf dem Managermarkt schaden könnten, sondern – analog zu den Arbeitnehmervertretern im Aufsichtsrat – auch ihren Arbeitsplatz im Unternehmen gefährden. Nachteilig könnte sich für die Kontrollanreize jedoch auswirken, dass die internen Direktoren als dem CEO untergeordnete Manager bei der täglichen Arbeit Repressalien zu befürchten hätten, wodurch eine Koalition mit dem CEO für die internen Direktoren möglicherweise die bessere Alternative darstellte.[82]

Die ***Kontroll- und Disziplinierungsmöglichkeiten*** gegenüber dem Topmanagement/CEO sind für den ***Aufsichtsrat*** und den ***board of directors*** ähnlich. Formal existieren über die Festlegung zustimmungspflichtiger Geschäfte, über die Bestellung und Entlassung des Vorstands bzw. CEO[83] sowie über die Wahl einer anreizkompatiblen Entlohnung erhebliche Kontroll- und Disziplinierungsmöglichkeiten für den Aufsichtsrat bzw. board. Geeignet wären insbesondere Topmanagerentlohnungen, die sich am Marktwert der Unternehmung orientieren.[84] Als wirkungsvoll könnten sich in diesem Zusammenhang ***Aktienoptions-***

---

[80] Vgl. PROWSE (1994), S. 40–42. Vgl. auch MILGROM/ROBERTS (1992), S. 494, wonach sich F. ROSS JOHNSON, ehemaliger CEO von RJR NABISCO, folgendermaßen über das Verhältnis des CEO zum board geäußert hat: „One of the most important jobs a CEO has is the care and feeding of the directors." Vgl. dazu ebenfalls BRICKLEY/SMITH/ZIMMERMAN (1997), S. 153.

[81] Vgl. FAMA (1980), S. 293.

[82] Interessant erscheinen in diesem Zusammenhang die Reaktionen des Aktienmarktes auf die Existenz interner Direktoren im board. ROSENSTEIN/WYATT (1997) belegen empirisch, dass die Reaktion des Aktienmarktes auf interne Direktoren negativ ausfällt, sofern diese weniger als 5 % der Anteile am Unternehmen halten, signifikant positiv ausfällt, sofern sie zwischen 5 % und 25 % der Anteile halten, und insignifikant für Beteiligungen über 25 % ist. Nach der Untersuchung von KLEIN (1998) besteht kein eindeutiger Zusammenhang zwischen der allgemeinen Zusammensetzung des board und dem Unternehmenserfolg. Jedoch zeigt sich ein positiver Zusammenhang zwischen der Anzahl interner Direktoren in Investitions- und Finanzierungsausschüssen des board und dem Unternehmenserfolg. KLEIN erklärt den Befund damit, dass interne Direktoren wichtige Informationen über profitable Investitionsprojekte besitzen, die dadurch besser genutzt werden können, dass diese Direktoren verstärkt in den entsprechenden Ausschüssen vertreten sind.

[83] FRANKS/MAYER (2001) und LAUSTEN (2002) belegen einen deutlichen positiven Zusammenhang zwischen schlechten Unternehmensergebnissen und der Entlassung des Topmanagements in Deutschland bzw. Dänemark.

[84] Zu Managerentlohnungen existiert eine kaum überschaubare Anzahl von Veröffentlichungen. Auf eine detaillierte Auseinandersetzung mit verschiedenen Formen der Managerentlohnung soll aus Platzgründen an dieser Stelle verzichtet werden. Vgl. stattdessen z.B. LAUX (1995); WINTER (1996a); SCHWALBACH/GRAßHOFF (1997); MURPHY (1997); MUEL-

programme für die Gestaltung von Managementanreizen erweisen.[85] Dabei erhalten Topmanager Kaufoptionen, die ihnen bis zu einem bestimmten zukünftigen Zeitpunkt den Erwerb von Aktien an dem von ihnen geführten Unternehmen zu einem ex ante festgelegten Preis (Bezugskurs) erlauben. Hierdurch ergeben sich Anreize für das Topmanagement, über eine effizienzorientierte Unternehmenspolitik den Aktienkurs „ihres" Unternehmens zu steigern, da sie in Höhe der Differenz zwischen gesteigertem Aktienkurs und Bezugskurs einen entsprechend hohen Einkommenszuwachs erzielen. Aktienoptionen lassen sich auf vielfältige Weise für die Gestaltung von Managementanreizen einsetzen. Theoretisch ist es sogar möglich, mit ihrer Hilfe First-best-Lösungen zu erzielen.[86]

Aktienoptionsprogramme sind insbesondere in den USA als Anreizinstrument weit verbreitet. Seit einigen Jahren werden sie nunmehr auch in Deutschland verwendet.[87] Das folgende Beispiel zeigt allerdings, dass die ersten Versuche solcher Optionsprogramme in Deutschland aus Sicht der Anteilseigner nicht immer als gelungen zu bezeichnen sind:[88]

Beispiel V–4: Aktienoptionsprogramm der Deutschen Bank

Mit Beschluss der Hauptversammlung wurde 1996 der Vorstand der Deutschen Bank dazu ermächtigt, unter Zustimmungsvorbehalt des Aufsichtsrats innerhalb der nächsten 5 Jahre ein Aktienoptionsprogramm ins Leben zu rufen. Das Programm bezog sich auf 200 Topmanager und sah Kaufoptionen (amerikanischen Typs) vor, die innerhalb von 10 Jahren auszuüben waren. Vorgesehen war ein Volumen von 40 Millionen DM, wobei eine Option mit 5 DM Nennwert zum Kauf einer Aktie mit 5 DM Nennwert berechtigte. Der Bezugskurs durfte dem aktuellen Aktienkurs zum Zeitpunkt der Verabschiedung des Optionsprogramms durch den Aufsichtsrat entsprechen. Als einzige Restriktion für die Ausübung der Optionen war festgelegt, dass der Aktienkurs zum Ausübungszeitpunkt mindestens 10 % über dem Bezugskurs liegen musste.

Das Optionsprogramm der Deutschen Bank lässt sich zumindest anhand von vier Punkten kritisieren: (1) Zum einen muss die 10 %-Hürde als faktisch wenig restriktiv bezeichnet werden, wenn man die geforderte Kurssteigerung auf die 10 Jahre Laufzeit umlegt. Die Gültigkeit dieser These sowie die finanziellen Konsequenzen aus dem Optionsprogramm für die Anteilseigner lassen sich anhand eines einfachen Rechenbeispiels aufzeigen. Am 24.5.1996, dem Tag nach der Hauptversammlung, betrug der Kurs der Deutschen Bank-Aktie 72,20 DM. Gemäß den Bestimmungen des Optionsprogramms hätte dieser Wert als Bezugskurs für sämtliche Optionen festgesetzt werden können. Am 1.8.1997 betrug der Aktienkurs bereits 122,10 DM. Wären alle Optionen zu diesem Zeitpunkt zum Bezugskurs von 72,20 DM ausgeübt worden, so hätte dies einer

---

LER/YUN (1997); COSH/HUGHES (1997); CONYON (1997); XU (1997); TEGTMEIER (1998); MURPHY (1999); SCHWALBACH (2001).

[85] Zu einer kritischen Diskussion von Aktienoptionsprogrammen als Anreizinstrumente für Topmanager vgl. KNOLL (1998); WENGER/KNOLL/KASERER (1999).

[86] Vgl. HEMMER (1993).

[87] Als Grund für die Einführung von Aktienoptionsprogrammen in Deutschland seit Mitte der 90er Jahre ließe sich anführen, dass die Vorstandsvergütung zuvor nur in geringem Zusammenhang mit der Entwicklung des Unternehmenswertes stand. Vgl. zu einer entsprechenden empirischen Untersuchung BOHNE/KNOLL (1999), aber auch SCHMID (1997).

[88] Vgl. hierzu sowie zu weiteren Optionsprogrammen in deutschen Unternehmen WENGER/KASERER (1998a); KNOLL (1997); WENGER/KNOLL (1999b). Im Folgenden soll lediglich die Grobstruktur des Optionsprogramms ohne rechtliche Details skizziert werden.

zusätzlichen Topmanagervergütung in Höhe von ca. 400 Millionen DM entsprochen. Bemerkenswert ist nicht nur der kurze Verdienstzeitraum von 14 Monaten, der deutlich kleiner ist als der maximal mögliche Ausübungszeitraum von 10 Jahren, sondern auch die Tatsache, dass die Deutsche-Bank-Aktie in diesem Zeitraum im Vergleich zum DAX lediglich unterdurchschnittlich abgeschnitten hatte. (2) Zum anderen lässt sich aus Anteilseignersicht kritisieren, dass für die neue Entlohnungskomponente „Aktienoption" keine andere Entlohnungskomponente im Gegenzug gestrichen werden sollte. Da die Optionskomponente für die Topmanager kaum mit Risiko behaftet war, hätte zum Beispiel ein Teil der fixen Entlohnung gestrichen werden können, ohne dass darunter die Partizipationsbedingung[89] der Topmanager gelitten hätte. So aber muss aus Sicht der Anteilseigner eher von einer Verschwendung in Form überhöhter Vergütungskosten ausgegangen werden. (3) Das Optionsprogramm legte nicht explizit fest, in welchem Umfang einzelne Topmanager am Programm partizipieren sollten und wie viele Optionen auf den Vorstand und wie viele auf andere Topmanager entfallen sollten. Denkbar sind daher viele beliebige Aufteilungen, die jedoch nicht unbedingt zu optimalen Anreizen für die Vorstandsmitglieder führen. (4) Der Aufsichtsrat besaß hinsichtlich der Durchführung des Programms durch den Vorstand zwar ein Veto-Recht, um eine Selbstbereicherung des Vorstands zu verhindern. Nicht auszuschließen sind jedoch Insiderprobleme dergestalt, dass der Vorstand das Programm mit Bezugskurs in Höhe des aktuellen Aktienkurses gezielt unmittelbar vor dem Bekanntwerden positiver Erfolgsinformationen über das Unternehmen verabschiedet, so dass der Aktienkurs direkt nach Inkrafttreten des Optionsprogramms in die Höhe schnellt.[90]

Entscheidend für die Kontroll- und Disziplinierungsmöglichkeiten des Aufsichtsrats bzw. board of directors ist zudem der ***Informationsstand*** der Kontrollierenden. Bei den ***Arbeitnehmervertretern im Aufsichtsrat***, die im Unternehmen selbst arbeiten, könnte ein vergleichsweise hoher Informationsstand über die Tätigkeit des Topmanagements vermutet werden.[91] Dieser Informationsvorteil dürfte jedoch – wenn überhaupt – eher die Investitionsausgaben mit Konsumcharakter betreffen und nicht die Effizienz strategischer Entscheidungen im Rahmen der Unternehmenspolitik. Auch auf Seiten der ***Kapitalvertreter im Aufsichtsrat*** ist eher von einem eingeschränkten Informationsstand über die Tätigkeit des Vorstands auszugehen. Zwar sieht § 90 AktG eine Informationspflicht des Vorstands gegenüber dem Aufsichtsrat vor, jedoch besteht für Aufsichtsratsmitglieder keine Pflicht zu einer aktiven Überprüfung der vorgelegten Informationen oder zu einer eigenen Informationsbeschaffung, falls die vom Vorstand gelieferten Informationen für eine Beurteilung der Geschäftslage des Unternehmens nicht ausreichen. Für einen eingeschränkten Informationsstand bei den Kapitalvertretern spricht auch die Tatsache, dass Kapitalvertreter neben dem betrachteten Aufsichtsratsmandat oftmals nicht nur einer verantwortungsvollen und damit zeitaufwendigen Tätigkeit außerhalb des Unternehmens nachgehen (z.B. als Vorstandsmitglied), sondern zudem häufig eine Reihe weiterer Auf-

---

[89] Gemeint ist hiermit die für Prinzipal-Agent-Modelle typische Nebenbedingung, dass der Agent über die Entlohnung mit einem Erwartungsnutzen rechnen kann, der mindestens so groß ist wie der Nutzen des Agenten in der nächstbesten Beschäftigung.

[90] Vgl. allgemein zur Gefahr von Insiderproblemen bei Aktienoptionsplänen auch den Hinweis in O.V. (1998a).

[91] Vgl. STIGLITZ (1985), S. 149.

sichtsratsmandate wahrnehmen.[92] Zu vermuten ist, dass für eine aktive Informationsbeschaffung im Einzelfall nicht immer hinreichend Zeit verbleibt.[93] Einen Ausnahmefall hinsichtlich des Informationsstandes könnten wiederum Bankenvertreter im Aufsichtsrat bilden, sofern ihr Kreditinstitut zugleich Fremdkapitalgeber des betrachteten Unternehmens ist, so dass der Bankenvertreter durch die Kreditbeziehung (z.B. über bestimmte im Kreditvertrag vereinbarte Informationsrechte der Bank) zusätzliche Informationen erhält. Hierauf soll in Unterabschnitt V.3.3.5 noch näher eingegangen werden.

Ähnliches wie für den Aufsichtsrat gilt auch für den ***board of directors***. Bei den ***externen Direktoren*** ist eher von einem vergleichsweise geringen Informationsstand auszugehen, wenn der CEO nicht an einer Informationsweitergabe interessiert ist.[94] Auch eine eigene aktive Informationsbeschaffung ist für externe Direktoren aufgrund individueller Kosten-Nutzen-Überlegungen in der Regel nicht rational. Die Situation der ***internen Direktoren*** ist hingegen anders zu bewerten. Sie müssten aufgrund ihrer Managementtätigkeit im Unternehmen über einen vergleichsweise guten Informationsstand hinsichtlich der CEO-Entscheidungen verfügen. Fraglich ist vor dem Hintergrund der obigen Überlegungen jedoch, ob die internen Direktoren ihre Informationen an die externen Direktoren weitergeben bzw. zur Disziplinierung des CEO einsetzen.

Als Zwischenfazit lässt sich festhalten, dass ***theoretisch*** über eine erfolgsabhängige Vergütung des Kontrollorgans sowie über eine verschärfte Haftung von Aufsichtsratsmitgliedern und externen Direktoren wirkungsvolle Kontrollanreize induziert werden könnten, damit diese die bereits formal existierenden, nicht unerheblichen Kontroll- und Disziplinierungsmöglichkeiten (z.B. Entlassungsdrohung, anreizkompatible Entlohnung) nutzen. In der ***Praxis*** werden jedoch kaum Kontrollanreize geschaffen, so dass derzeit nicht von einer effektiven Managerkontrolle durch den Aufsichtsrat bzw. board of directors ausgegangen wer-

---

[92] Bemerkenswerterweise kann eine solche Ämterhäufung dazu führen, dass Aufsichtsratsmitglieder auf Anfrage nicht mehr ohne Hilfe die von ihnen wahrgenommenen Aufsichtsratsmandate zu nennen in der Lage sind; vgl. WENGER/KNOLL/KNOESEL (1995), S. 771. Durch das Gesetz zur Kontrolle und Transparenz im Unternehmensbereich (KonTraG) ist die Anzahl der Aufsichtsratsmandate je Person jedoch seit 1998 limitiert.

[93] Dieser Punkt ist jedoch nicht grundsätzlich als „Entschuldigung" für eine Uninformiertheit von Aufsichtsratsmitgliedern anzusehen, wie das Beispiel in WENGER (1996a), S. 179, zeigt.

[94] PROWSE (1994), S. 42, kommt insgesamt zu folgender Einschätzung: „Even when the board is determined to fulfill its fiduciary duty vis-à-vis the shareholders as regards value-maximisation, it usually lacks detailed knowledge about the firm's business, and thus has little basis on which to challenge management decisions: Collecting the necessary information is costly, so it rarely pays a director without a large ownership stake to do so. Nor are the managers themselves likely to provide directors with the knowledge required for effective monitoring."

den kann. Eine Sonderrolle nehmen jedoch Bankenvertreter im Aufsichtsrat ein, auf die in Unterabschnitt V.3.3.5 noch gesondert eingegangen wird.

V.3.2.2 Hauptversammlung (stockholder meeting) als Forum der Anteilseigner

Eine Kontrolle und Disziplinierung des Topmanagements könnte auch durch die Anteilseigner selbst erfolgen, die u.a. regelmäßig im Rahmen der Hauptversammlung (stockholder meeting) zusammenkommen. Allerdings ist davon auszugehen, dass auf Seiten der Anteilseigner nur ein geringer ***Kontrollanreiz*** besteht, obwohl sie die Eigentümer der Unternehmung sind.[95] Sowohl die Teilnahme an der Hauptversammlung als auch eine aktive Managerkontrolle stellen für den einzelnen Anteilseigner ein öffentliches Gut (public good) dar, da sämtliche Anteilseigner aus seinen Aktivitäten einen Nutzen ziehen. Für den einzelnen Anteilseigner wäre demnach die Strategie rational, sich als Trittbrettfahrer zu verhalten und möglichst von den Kontrollaktivitäten anderer Akteure oder Institutionen zu profitieren. Hinzu kommt die Überlegung, dass bei näherungsweise atomistischer Anteilseignerstruktur auch eine aktive Beteiligung an den Abstimmungen in der Hauptversammlung (z.B. über die Entlastung des Vorstands) für den individuellen Anteilseigner nicht rational wäre. Deutlich positiven Kosten der Abstimmungsbeteiligung (z.B. Opportunitätskosten der Zeit, da für den Besuch der Hauptversammlung bis zu einem ganzen Tag zu veranschlagen ist) ständen kaum wahrnehmbare Erträge gegenüber, da der Einfluss der Stimme eines Kleinaktionärs faktisch vernachlässigbar ist.

Im Falle von ***Großaktionären***, die einen beträchtlichen Teil der Aktien einer Unternehmung halten, ist jedoch von einem anderen Kalkül auszugehen.[96] Sie haben aufgrund der Höhe ihrer Eigenkapitalbeteiligung durch ein Fehlverhalten des Topmanagements nicht nur erheblich mehr zu verlieren als Kleinaktionäre, sondern erhalten über ihre Beteiligung zudem einen signifikant positiven Einfluss auf den Ausgang von Abstimmungen in der Hauptversammlung. Für Großaktionäre dürfte daher ein vergleichsweise hoher Kontrollanreiz bestehen. Zu hinterfragen ist jedoch, wie realistisch die Existenz von Großaktionären ist, da Privatpersonen nur über begrenzte finanzielle Mittel verfügen und diese bei einer Investition in Aktien aus Diversifikationsgründen rationalerweise streuen. Aus diesem Grund ist es nicht weiter verwunderlich, dass sich in den USA ein Großteil der Aktien in Streubesitz befindet und Großaktionäre eher die Ausnahme

[95] Vgl. STIGLITZ (1985), S. 136, (1996), S. 69; TEGTMEIER (1998), S. 43–46.

[96] Vgl. STIGLITZ (1985), S. 144. Zu einer modelltheoretischen Diskussion des Einflusses von Großaktionären auf die Unternehmenskontrolle vgl. SHLEIFER/VISHNY (1986). Zu einem empirischen Befund über den Einfluss von Großaktionären vgl. BETHEL/LIEBESKIND (1993).

bilden.[97] Ein anderes Bild ergibt sich jedoch für Deutschland.[98] Auch hier befindet sich zwar ein beträchtlicher Aktienanteil in den Händen zahlreicher Kleinaktionäre, dennoch existiert in Deutschland ein deutlich konzentrierterer Aktienbesitz als in den USA.[99] Nach PROWSE (1994, S. 35) und HEINRICH (2002, S. 122) halten die fünf größten Anteilseigner in deutschen Unternehmen im Durchschnitt 41,5 % der Anteile an der Unternehmung, wohingegen es in den USA lediglich 25,4 % sind. Zudem weisen 25,1 % der von PROWSE (1994, S. 36) betrachteten deutschen Unternehmen einen Mehrheitsaktionär auf, der über mindestens 50 % des Eigenkapitals verfügt, während lediglich in 10,8 % der amerikanischen Unternehmen ein Mehrheitsaktionär zu finden ist.

Die deutlichen Unterschiede zwischen Deutschland und den USA sind darauf zurückzuführen, dass in Deutschland im Gegensatz zu den USA eine ***Vielzahl institutioneller Anleger*** in Form von Großunternehmen existiert, die wiederum Anteile an anderen Unternehmen halten.[100] Zu diesen institutionellen Anlegern zählen sowohl Banken und Versicherungen als auch Großunternehmen, die nicht dem Finanzsektor zuzuordnen sind. Die von PROWSE (1994, S. 24) zusammengestellten Daten zeigen, dass Unternehmen in Deutschland 75 % des gesamten Eigenkapitals besitzen, während amerikanische Unternehmen vernachlässigbare 9 % des amerikanischen Eigenkapitals halten. In den USA nimmt hingegen der Aktienbesitz von ***Pensionsfonds, Investmentfonds und ähnlichen Institutionen*** eine Schlüsselrolle ein, da diese über 55–62 % des Eigenkapitals verfügen (in Deutschland: 3 %).[101]

Nach diesen Zahlen müsste von Seiten aktienhaltender Unternehmen in Deutschland sowie von Pensions- und Investmentfonds in den USA ein beträchtliches Kontrollinteresse gegenüber dem Topmanagement ausgehen.[102] Zu bedenken ist jedoch, dass deutsche Großunternehmen, die Aktien an einem bestimmten Unternehmen *X* halten, in der Regel selbst Aktiengesellschaften sind und daher zur Wahrnehmung ihrer Stimmrechte in der Hauptversammlung von *X* üblicherweise ihre Topmanager entsenden, die wiederum zu „ihren" Anteilseignern in einer Prinzipal-Agent-Beziehung stehen.[103] Abgesehen von der Wahrnehmung

---

[97] Vgl. ROE (1993), S. 333.

[98] Vgl. EMMONS/SCHMID (1998), S. 30–31; EDWARDS/NIBLER (2000).

[99] Die Untersuchung von BECHT/RÖELL (1999) zeigt, dass allgemein im kontinentaleuropäischen Bereich im Vergleich zu den USA und Großbritannien eine sehr viel stärkere Konzentration beim Aktienbesitz vorherrscht.

[100] Zu der Überkreuzbeteiligung deutscher Unternehmen vgl. auch die Diskussion zwischen ADAMS (1999); HULLE (1999); NYBORG (1999).

[101] HEINRICH (2002, S. 124) sowie GÖTZ (2000, S. 61, 79) kommen zwar zu etwas anderen Zahlenangaben, da sie zum Teil eine andere Kategorisierung wählen. Qualitativ sind ihre Werte jedoch denen von PROWSE ähnlich.

[102] Vgl. PROWSE (1994), S. 54.

[103] Vgl. ROE (1993), S. 364; PROWSE (1994), S. 59.

der Stimmrechte in der Hauptversammlung ist allgemein eine Managerkontrolle durch das Topmanagement eines aktienhaltenden anderen Unternehmens aufgrund der in Abschnitt V.2 aufgezeigten Agency-Probleme nur mit Einschränkungen zu erwarten.

Kurioserweise könnten sich jedoch auch gerade aufgrund von Agency-Problemen zusätzliche Kontrollanreize für Topmanager von aktienhaltenden Unternehmen ergeben:[104] Angenommen sei beispielsweise, dass AG *Y* Anteile an AG *X* hält. Für das Topmanagement von *Y* könnten sich nun vor dem Hintergrund der Managermodelle aus Unterabschnitt V.1.1 dadurch Kontrollanreize gegenüber dem Topmanagement von *X* ergeben, dass durch eine wirkungsvolle Kontrolle der Gewinn aus den von *Y* an *X* gehaltenen Anteilen steigt und damit auch die finanziellen Ressourcen, die dem Topmanagement von *Y* für opportunistische Zwecke zur Verfügung stehen. Diese Überlegung zeigt, dass die Frage „Who monitors the monitor?" letztlich schwierig zu beantworten ist. Vorteile weisen hierbei eventuell Pensions- und Investmentfonds als bedeutende institutionelle Anleger und potentielle Institutionen der Managerkontrolle in den USA auf. Deren Anteilseigner können die Entscheidungsqualität der Fondsmanager vergleichsweise leicht anhand der Renditeentwicklung bei den jeweiligen Fonds ablesen und theoretisch bei einem Fehlverhalten der Fondsmanager für deren Entlassung sorgen oder aber die gehaltenen Fondsanteile verkaufen.

Für eine wirkungsvolle Managerkontrolle sind neben Kontrollanreizen noch ***Kontroll- und Disziplinierungsmöglichkeiten*** in hinreichendem Ausmaß erforderlich. Diese sind für Anteilseigner im Rahmen der Hauptversammlung formal gegeben. Beispielsweise könnten die Anteilseigner eine vom Topmanagement vorgeschlagene Kapitalerhöhung in der Hauptversammlung ablehnen.[105] Solch eine Disziplinierung (z.B. für vergangenes Fehlverhalten) ist allerdings nur dann möglich, wenn das Topmanagement infolge eines Mangels an freien finanziellen Mitteln auf das zusätzliche Eigenkapital (für Investitionen mit Konsumcharakter) angewiesen ist. Auch könnte dem Vorstand die Entlastung verweigert werden, oder die Hauptversammlung könnte im Extremfall die Auflösung der AG beschließen, wodurch die Topmanager ihre Posten verlören. Kontroll- und Disziplinierungsmöglichkeiten ergeben sich zudem dadurch, dass Großaktionäre – insbesondere institutionelle Anleger – oftmals über Sitze im Aufsichtsrat/board of directors verfügen und auf diese Weise auch partiellen Zugriff auf weitere Kontroll- und Disziplinierungsinstrumente (z.B. Entlohnung des Vorstands/CEO) haben.[106] Der Einfluss deutscher Banken als Anteilseigner ist oftmals noch größer, als es ihr Anteilsbesitz erwarten lässt, da sie häufig in be-

---

[104] Vgl. PROWSE (1994), S. 63.
[105] Vgl. STIGLITZ (1985), S. 139.
[106] Vgl. STIGLITZ (1985), S. 144; PROWSE (1994), S. 13.

trächtlichem Umfang Depotstimmrechte von Kleinaktionären bei Abstimmungen in Hauptversammlungen wahrnehmen. Auf diesen Aspekt wird in Unterabschnitt V.3.3.5 noch näher eingegangen. Gegen die Existenz erheblicher Kontroll- und Disziplinierungsmöglichkeiten auf Seiten der Hauptversammlung spricht allgemein jedoch der Aspekt, dass Kontrolle und Disziplinierung einen entsprechenden Informationsstand bei den Anteilseignern voraussetzen. Von einer aktiven Informationsbeschaffung durch einzelne Anteilseigner ist aufgrund der Public-good-Überlegungen zu Beginn dieses Unterabschnitts V.3.2.2, die sich hier analog anwenden lassen, allerdings nicht auszugehen.

Zusammenfassend lässt sich feststellen, dass einerseits formale Kontroll- und Disziplinierungsmöglichkeiten für die Anteilseigner im Rahmen der Hauptversammlung bestehen. Andererseits werden diese Möglichkeiten jedoch infolge von Public-good-Problemen bei den Kontrollanreizen und der Informationsbeschaffung sowie infolge von Agency-Problemen bei institutionellen Anlegern vermutlich nur in eingeschränktem Maße zur Anwendung gelangen. Mögliche Vorteile könnten in diesem Zusammenhang aber Pensions- und Investmentfonds als institutionelle Anleger und Kontrolleure aufweisen, da deren performance relativ einfach von Fondsanlegern überprüfbar ist.

V.3.2.3 Betriebsrat und Betriebsgewerkschaft als Vertretungsorgane der Arbeitnehmer

Die Rolle von Arbeitnehmervertretern wurde bereits in Unterabschnitt V.3.2.1 im Zusammenhang mit dem Aufsichtsrat diskutiert. Auf Betriebsebene existiert noch ein weiteres Organ, über das Arbeitnehmer Einfluss auf die Entscheidungen des Topmanagements nehmen können – der Betriebsrat sowie die Betriebsgewerkschaft (z.B. in Japan und den USA). Aufgrund der in Unterabschnitt V.3.2.1 genannten Gründe ist von einem hohen ***Kontrollanreiz*** seitens des Betriebsrats bzw. der Betriebsgewerkschaft auszugehen: Durch ein Fehlverhalten des Topmanagements sind die Arbeitsplätze und damit einhergehend das betriebsspezifische Humankapital der Arbeitnehmer gefährdet.[107] Zudem können Vertretungsprobleme im Sinne des Prinzipal-Agent-Ansatzes zwischen den Arbeitnehmern und den Mitgliedern des Betriebsrats bzw. der Betriebsgewerkschaft großenteils ausgeschlossen werden, da die Arbeitnehmervertreter ebenfalls Betriebsangehörige sind. Nicht auszuschließen sind hingegen Trittbrettfahrerprobleme bei den Arbeitnehmervertretern, da sie mit ihrer Managerkontrolle positive externe Effekte erzeugen. Diese potentielle Trittbrettfahrerproblematik wird jedoch

[107] Vgl. STIGLITZ (1985), S. 149.

dadurch eingeschränkt, dass die Arbeitnehmervertreter im Falle eines Fehlverhaltens von der Belegschaft abgewählt werden könnten.[108]

Gegen den Betriebsrat bzw. die Betriebsgewerkschaft als effektive Institution der Managerkontrolle spricht, dass die Arbeitnehmervertreter auch solchen Interessen der Belegschaft nachgehen könnten, die nicht mit denen der Anteilseigner harmonieren. In diesem Fall wäre das Primärziel der Arbeitnehmervertreter eine ***Umverteilung zu Lasten der Anteilseigner*** und nicht die Maximierung des Unternehmenswertes. Hierzu könnten die Arbeitnehmervertreter eine Koalition mit dem Topmanagement eingehen oder aber die ihnen vom Gesetzgeber zugestandenen Mitbestimmungsrechte (z.B. die im BetrVG verankerten Rechte) zu Umverteilungszwecken nutzen (z.B. durch den „Tausch" dieser Rechte gegen einen Teil des Residualgewinns der Anteilseigner, der den Arbeitnehmern in Form höherer Lohnzahlungen oder nichtgeldlicher Vorteile zugeht). Auch vor dem Hintergrund empirischer Befunde ist die Frage nach den Effizienzwirkungen der Betriebsratstätigkeit nicht eindeutig zu beantworten.[109] Eine Annäherung der Interessen von Belegschaft und Anteilseignern könnte jedoch gegebenenfalls dadurch erreicht werden, dass Arbeitnehmer zum Teil über Belegschaftsaktien entlohnt werden oder über Anteile an einem betrieblichen Pensionsfonds, der wiederum Aktien des Unternehmens hält.[110] Auf diese Weise würden die Arbeitnehmer zu Eigenkapitalgebern. Solch eine Interessenangleichung hätte jedoch u.a. den Preis, dass die Arbeitnehmer nun auch verstärkt am Unternehmensrisiko partizipieren, was im Falle risikoaverser Arbeitnehmer unweigerlich mit Kosten in Form von Risikoprämien verbunden wäre.

Beispiel V–5 belegt die reale Gefahr von Absprachen mit dem Vorstand:[111]

Beispiel V–5: Seitenzahlungen des Vorstands an den Betriebsrat bei VW

Am 25. Januar 2007 wurde der ehemalige Personalvorstand der Volkswagen AG, Peter Hartz, wegen Untreue und Begünstigung von Betriebsräten zu einer Freiheitsstrafe von zwei Jahren auf Bewährung sowie einer Geldstrafe von 576.000 EURO verurteilt. Hartz hatte während seiner Zeit als Mitglied des Vorstands bei VW Firmenmittel in Höhe von 2,6 Millionen EURO veruntreut. Die meisten dieser Mittel flossen an den damaligen VW-Betriebsratsvorsitzenden, Klaus Volkert. Neben monetären Sonderzuwendungen erhielt Volkert Vergünstigungen in Form von teuren Geschenken, teuren Hotelaufenthalten, Lustreisen, Zahlungen für Prostituierte und Geldzuwendungen für seine Geliebte (etwa 400.000 EURO). Die genaue Gegenleistung von Volkert ist schwer zu bestimmen, da unklar bleiben muss, wie sich Volkert ohne die Seitenzahlungen von Hartz verhalten hätte. Klar erscheint jedoch der beabsichtigte Zweck der Seitenzahlungen: Volkert sollte gnädig gestimmt werden, um die Entscheidungen des Vorstands widerstandslos mit zu

[108] Dies verhindert allerdings nicht unbedingt ein Trittbrettfahrerverhalten gegenüber anderen Institutionen der Managerkontrolle.

[109] Vgl. z.B. FRICK/SADOWSKI (1995); FRICK (1997), aber auch ADDISON/WAGNER (1997). Zur Diskussion der Effizienz gesetzlich erzwungener Betriebsräte vgl. FREEMAN/LAZEAR (1995); SCHMID/SEGER (1998).

[110] Vgl. STIGLITZ (1985), S. 149.

[111] Vgl. KEUCHEL (2007); KEUCHEL/HOFMANN (2007).

tragen. Damit hat Volkert im Prinzip die Mitbestimmungsrechte, die der Gesetzgeber der Belegschaft gewährt, zu eigenem Vorteil veräußert. Dieser Beispielfall kann für zweierlei als Beleg gelten – es gibt reale Fälle, in denen (1) Arbeitnehmervertreter opportunistisch zu Lasten der Belegschaft handeln und (2) aus Umverteilungsgründen Absprachen mit dem Topmanagement eingehen, was schließlich zu Effizienzverlusten und damit auch zu Verlusten für die Anteilseigner führt.

Die ***Kontroll- und Disziplinierungsmöglichkeiten*** unterscheiden sich danach, ob ein Betriebsrat oder aber eine Betriebsgewerkschaft betrachtet wird. Die Rechte des deutschen Betriebsrats sind im BetrVG geregelt. Hiernach besitzt der Betriebsrat in eingeschränktem Maße Mitwirkungs- und Mitbestimmungsrechte, durch die er dem Topmanagement als Gegenreaktion auf ein Managementfehlverhalten zumindest Kosten verursachen könnte. Weiter reichen hingegen die Kompetenzen von Betriebsgewerkschaften (in den USA), die nicht nur in Entlohnungsfragen mit dem Topmanagement verhandeln, sondern im Extremfall auch die Belegschaft zu einem Streik aufrufen könnten.[112]

Der vergleichsweise gute ***Informationsstand*** spricht für den Betriebsrat bzw. die Betriebsgewerkschaft als wirkungsvolle Institution der Managerkontrolle.[113] Zum einen erhalten die Arbeitnehmervertreter durch ihre tägliche Arbeit im Betrieb laufend aktuelle Informationen über die Entscheidungen des Topmanagements. Zum anderen haben Betriebsratsmitglieder teilweise auch einen Sitz im Aufsichtsrat. Nicht unüblich ist, dass der Betriebsratsvorsitzende zugleich den stellvertretenden Vorsitz im Aufsichtsrat innehat. Schließlich ist in Deutschland gemäß § 106 BetrVG in allen Unternehmen mit in der Regel mehr als 100 Beschäftigten ein Wirtschaftsausschuss zu bilden, der sich aus Arbeitnehmern des Unternehmens zusammensetzt. Dieser Ausschuss besitzt zwar keine direkten Mitbestimmungsrechte, jedoch Informationsrechte im Hinblick auf die wirtschaftliche Lage und Entwicklung des Unternehmens.[114] Der sehr positiven Einschätzung von STIGLITZ (1985) über den Informationsstand der Arbeitnehmervertreter ist jedoch entgegenzuhalten, dass das Topmanagement trotz allem über seine *Unternehmenspolitik* weitaus besser informiert sein dürfte als die einzelnen Betriebsratsmitglieder, die auf eher untergeordneten Positionen im Betrieb arbeiten.

Insgesamt kann festgehalten werden, dass die zwei Voraussetzungen für eine effektive Managerkontrolle, nämlich Kontrollanreize und -möglichkeiten, ein differenziertes Bild ergeben. Auf der einen Seite sprechen nach STIGLITZ (1985) die Gefährdung des Arbeitsplatzes durch ein ineffizient agierendes Topmanagement und der Informationsstand als Betriebsangehörige für eine effektive Mana-

---

[112] Auf die zentrale Rolle der Betriebsgewerkschaft in japanischen Großunternehmen wurde bereits in Unterabschnitt III.2.4 hingewiesen.

[113] Vgl. STIGLITZ (1985), S. 149.

[114] Vgl. OECHSLER (1997), S. 62–65.

gerkontrolle durch den Betriebsrat bzw. die Betriebsgewerkschaft. Auf der anderen Seite haben die Ausführungen jedoch auch gezeigt, dass u.a. der Interessenharmonisierung zwischen Arbeitnehmern und Anteilseignern aufgrund gegebener Verteilungsaspekte sowie den Disziplinierungsmöglichkeiten gegenüber dem Topmanagement gewisse Grenzen gesteckt sind.

V.3.3 Externe Institutionen und Akteure der Managerkontrolle

Neben den unternehmensinternen Institutionen und Akteuren ist aber auch eine Kontrolle bzw. Disziplinierung des Topmanagements durch Unternehmensexterne denkbar, insbesondere durch die Gütermärkte, den externen Managermarkt, den Abschlussprüfer, den Markt für Unternehmenskontrolle (Übernahmedrohungen) und die Banken. Diese sollen im Folgenden näher untersucht werden.

V.3.3.1 Disziplinierung des Topmanagements durch den Wettbewerb auf den Gütermärkten

Eine erste unternehmensexterne Disziplinierungswirkung auf die Unternehmenspolitik des Topmanagements könnte sich über den Wettbewerb auf den Gütermärkten ergeben, auf denen die betrachtete Unternehmung agiert. Hierunter fallen ***sowohl die Beschaffungs- als auch die Absatzmärkte*** der Unternehmung. Im Vordergrund steht dabei die Überlegung, dass ineffiziente Managemententscheidungen die Gewinne, die Marktanteile und letztlich die Existenz des Unternehmens gefährden, was für die Topmanager mit dem drohenden Verlust ihrer Arbeitsplätze verbunden wäre. Speziell für die Absatzmärkte der Unternehmung gilt, dass je stärker der Wettbewerb ist, desto mehr die von der Unternehmung erzielbaren Renten abgebaut werden, welche dem Topmanagement für opportunistische Verhaltensweisen (z.B. hohe Investitionsausgaben mit Konsumcharakter) zur Verfügung ständen.[115]

Problematisch erscheint diese intuitiv plausible Argumentation jedoch vor dem Hintergrund der Neuen Institutionenökonomik, die neben der Existenz positiver Transaktionskosten vor allem auch die Möglichkeit von Funktionsschwächen der Märkte betont. Die Selektions- und Disziplinierungswirkung von ***Märkten mit Funktionsschwächen*** ist gegenüber der idealtypischen Vorstellung perfekter Märkte als deutlich eingeschränkt anzusehen. PROWSE (1994, S. 68) betont hierbei dreierlei Punkte. Zum einen kann der Wettbewerb auf Märkten bereits bei statischer Betrachtung durch asymmetrisch verteilte Informationen verzerrt sein. Zum anderen könnte bei dynamischer Betrachtung und asymmetrischer

---

[115] Zur Disziplinierungswirkung durch Absatzmärkte vgl. MACHLUP (1967); PROWSE (1994), S. 13, 68. Zu einer modelltheoretischen Diskussion der Disziplinierungswirkungen von Produktmärkten vgl. HART (1983) mit SCHARFSTEIN (1988).

Informationsverteilung (oder Nicht-Kontrahierbarkeiten) zwar vom bisherigen Topmanagement ein Markenname bzw. eine Reputation für die Qualität der Produkte aufgebaut worden sein. Nicht auszuschließen ist jedoch, dass diese Reputation von einem nachfolgenden Topmanagement über opportunistisches Verhalten gegenüber den Konsumenten (z.B. Senkung der Produktqualität) und dadurch gegenüber den Anteilseignern (z.B. Umsatzeinbußen aufgrund des Reputationsverlustes) „verkonsumiert" wird.[116] Schließlich könnte aus Sicht von Politikern die Notwendigkeit bestehen, ein in die Krise geratenes Großunternehmen durch Subventionen zu unterstützen, um zu verhindern, dass der regionale Arbeitsmarkt durch Massenentlassungen zu stark belastet wird. Wird dieses allerdings von den Topmanagern des Großunternehmens antizipiert, so verringert sich entsprechend die Disziplinierungswirkung der Gütermärkte.[117]

Das folgende Beispiel V–6 zeigt, dass staatliche Interventionen nicht nur Gütermärkte betreffen müssen, sondern auch auf Finanzmärkte und damit auf den Wettbewerb zwischen Banken bezogen sein können:

Beispiel V–6: Hilfsprogramm der U.S.-Regierung zur Bekämpfung der Finanzkrise im Jahr 2008

Der Immobilienmarkt in den USA verzeichnete bis 2006 einen regelrechten Boom. In Folge der stetig steigenden Immobilienwerte verlangten viele Banken immer weniger Sicherheiten für ihre Hypothekendarlehen. Es kam zu immer mehr zweitklassigen Krediten mit minimalen Sicherheiten (so genannte Subprime-Kredite), häufig wurden außer der Immobilie selbst keine weiteren Garantien von den Banken verlangt. Als die Immobilienpreise deutlich zu sinken begannen und die privaten Schuldner Zins- und Tilgungszahlungen nicht mehr leisten konnten, begann die Bankenkrise. Zwischen Herbst 2007 und Herbst 2008 verzeichneten Banken und Versicherungen Abschreibungen in Höhe von mehr als 500 Milliarden Dollar. Der gesamte Banken- und Versicherungssektor musste enorme Verluste hinnehmen, und es kam zu ersten spektakulären Insolvenzen wie z.B. der Insolvenz der Investmentbank Lehman Brothers. Um eine Ausweitung der Krise – auch auf andere Branchen – zu verhindern, legte im September 2008 die U.S.-Regierung ein umfangreiches Hilfsprogramm zur Bekämpfung der Finanzkrise auf. Hierbei sollten insgesamt 700 Milliarden Dollar zur Verfügung gestellt werden, um hochriskante Kredite aufzukaufen. Auch in vielen anderen Ländern kam es zu staatlichen Interventionen im Bankenbereich, was jedoch letztlich ein Übergreifen der Krise auf andere Branchen nicht verhindern konnte. Der Internationale Währungsfonds schätzte im April 2009 die weltweiten Verluste im Bankenbereich auf insgesamt 4 Billionen Dollar.

Trotz dieser drei Punkte ist jedoch insgesamt den Gütermärkten – auch im Lichte der Neuen Institutionenökonomik – eine gewisse Disziplinierungswirkung nicht abzusprechen. Diese dürfte gerade bei multinationalen Unternehmen

---

[116] Betrachtet seien im Falle asymmetrisch verteilter Informationen hier Erfahrungsgüter im Sinne von NELSON (1970), deren Qualitätseigenschaften erst nach dem Kauf für Konsumenten ersichtlich werden.

[117] Es sei denn, die Zusage von Subventionen ist an die Bedingung geknüpft, dass zuvor das Topmanagement ausgewechselt werden muss.

aufgrund des internationalen Konkurrenzdrucks nicht unerheblich sein und im Zuge zunehmender Globalisierung noch weiter steigen.[118]

V.3.3.2 Managerkontrolle durch den externen Managermarkt

Neben den Absatzmärkten könnte sich für das Topmanagement eine weitere Disziplinierungswirkung über den Arbeitsmarkt für Topmanager (externer Managermarkt) ergeben.[119] Topmanager haben in der Regel ein Interesse daran, über entsprechende Unternehmenserfolge in ihre ***Reputation auf dem Arbeitsmarkt*** zu investieren. Ungünstige Erfolgskennzahlen oder sogar ein Konkurs des von ihnen geleiteten Unternehmens würden ihren überbetrieblichen Karrierechancen nachhaltig schaden.[120] In diesem Sinne entsteht eine gewisse Harmonisierung zwischen dem Ziel der Anteilseigner, den Unternehmenswert zu maximieren, und dem Ziel des Topmanagements, seine Reputation auf dem externen Managermarkt positiv zu beeinflussen.

Bereits in Abschnitt III.7 wurde im Zuge der ***Career-concerns-Problematik*** jedoch darauf hingewiesen, dass Manager *gerade* aus Reputationsgründen gegebenenfalls Informationen zurückhalten oder Investitionsprojekte wählen, die nicht im Interesse der Anteilseigner sind. Beispielsweise könnten Topmanager dazu neigen, solche Investitionsprojekte zu wählen, die lediglich kurzfristig zu beachtlichen Einzahlungsüberschüssen führen, da hierdurch die Markterwartungen über ihr unbekanntes Talent positiv beeinflusst werden und/oder weil die Topmanager mittelfristig einen Unternehmenswechsel planen.[121] Zudem wurde anhand der Managermodelle von BAUMOL und MARRIS in Unterabschnitt V.2.1 gezeigt, dass Topmanager aus Reputationsgründen dazu neigen könnten, statt des Unternehmensgewinns vielmehr den Umsatz oder die Wachstumsrate des Unternehmens zu maximieren. Insofern stellt die Reputation des Topmanagements auf dem externen Managermarkt hinsichtlich ihrer Disziplinierungswirkung ein zweischneidiges Schwert dar.

V.3.3.3 Managerkontrolle durch den Abschlussprüfer

Eine Kontrolle und Disziplinierung des Topmanagements könnte auch über diejenigen Wirtschaftsprüfer erfolgen, die als formal bestellte Abschlussprüfer den

---

[118] Vgl. PROWSE (1994), S. 68. Dem entgegenstehen könnten allerdings verstärkte Fusionsaktivitäten der Unternehmen oder die Intensivierung strategischer Allianzen.

[119] Vgl. FAMA (1980); STIGLITZ (1985), S. 145; PROWSE (1994), S. 13; MOERLAND (1995), S. 26–27.

[120] Zudem wäre der extreme Fall eines Konkurses vermutlich mit einer direkten Einkommenseinbuße für das Topmanagement verbunden, es sei denn, dass die Topmanager sehr hohe Abfindungen erhalten und vergleichsweise schnell eine Wiederbeschäftigung finden.

[121] Vgl. hierzu die Ausführungen in Abschnitt III.7 zu NARAYANAN (1985a), (1985b). Vgl. auch STEIN (1989); SHLEIFER/VISHNY (1990); PALLEY (1997).

Jahresabschluss der Unternehmung zu begutachten haben.[122] Rein theoretisch könnten bei den Abschlussprüfern durch eine geeignete Entlohnung (z.B. Erfolgsprämien für ein aufgedecktes Fehlverhalten der Topmanager) entsprechende ***Kontrollanreize*** gestaltet werden. ***Kontrollmöglichkeiten*** für Wirtschaftsprüfer ergeben sich unmittelbar aus ihrer Funktion als Abschlussprüfer, die es ihnen gestattet, die vom Topmanagement geführten Bücher einer genauesten Überprüfung zu unterziehen. Hierdurch können Abschlussprüfer einen weitaus präziseren Informationsstand über die Lage und die zukünftige Entwicklung der Unternehmung erlangen als die meisten der anderen potentiellen Institutionen der Managerkontrolle.

Diese theoretische Position steht jedoch im deutlichen Widerspruch zu den ***realen Gegebenheiten***.[123] Nach herrschender Meinung bestehen in Deutschland für den Abschlussprüfer zwar eine Dokumentations- und gegebenenfalls eine Redepflicht,[124] seine Kontrollpflicht betrifft jedoch primär die Frage, ob das Topmanagement bei der Aufstellung des Jahresabschlusses gegen bestehende Gesetze oder gegen die Satzung der Unternehmung verstoßen hat. Damit wird die Abschlussprüfung zu einer ***reinen Gesetzes- und Ordnungsmäßigkeitsprüfung***, innerhalb derer der Abschlussprüfer nicht gezielt zu kontrollieren hat, ob vom Topmanagement Unterschlagungen vorgenommen, in überhöhtem Maße Investitionsausgaben mit Konsumcharakter getätigt oder allgemein eine ineffiziente Unternehmenspolitik betrieben wurde.

Allerdings ließen sich bereits in den geltenden Gesetzesvorschriften Anhaltspunkte finden, aus denen eine ***weitergehende Kontrollpflicht*** der Abschlussprüfer abgeleitet werden kann.[125] Die in Deutschland vorherrschende Meinung steht zudem mit der berufsständischen Auffassung US-amerikanischer Abschlussprüfer im Widerspruch.[126] In den USA besteht für die Abschlussprüfer auch die Verpflichtung, den Jahresabschluss auf Unregelmäßigkeiten wie z.B. Unterschlagungen hin zu überprüfen. Hierzu ist u.a. zu kontrollieren, inwiefern größere Auszahlungen für nicht näher spezifizierte Beratungsaufträge an mögliche Strohmänner getätigt wurden. Auch wenn die Kontrollpflicht deutscher Abschlussprüfer nach herrschender Meinung derartige Überprüfungen nicht miteinbezieht, so besteht jedoch zumindest die Verpflichtung, die Darstellung der Vermögens-, Finanz- und Ertragslage des Unternehmens durch das Topmanagement auf ihre Richtigkeit hin zu überprüfen. Die überprüften Angaben könnten

[122] Zu einer informationsökonomischen Diskussion von Abschlussprüfern vgl. EWERT (1990).

[123] Vgl. LENZ (1993), S. 55 bzw. S. 172.

[124] Allerdings wird von Gesetzgebung und Rechtsprechung hierbei dem Gläubigerschutz vielfach eine höhere Priorität als dem Schutz der Anteilseigner eingeräumt.

[125] Vgl. LENZ (1993), S. 173–178.

[126] Vgl. LENZ (1993), S. 57–58.

dann von anderen möglichen Kontrollinstitutionen wie z.B. dem Aufsichtsrat für eine Managerkontrolle verwendet werden.

Entscheidend für eine „ernsthafte" Prüfung eines Unternehmens durch den Abschlussprüfer ist jedoch dessen ***Unabhängigkeit vom Mandanten***.[127] Diese könnte dann gefährdet sein, wenn der Abschlussprüfer bei der Erstprüfung eines Unternehmens mandantenspezifische Investitionen in sein Humankapital tätigt (z.B. durch den Erwerb spezifischer Informationen über das geschäftliche Umfeld des Unternehmens, welche zukünftige Prüfungen erleichtern). In diesem Fall führen die spezifischen Investitionen des Erstprüfers zu der Entstehung von Quasi-Renten, die diesen langfristig an das Unternehmen binden. Der drohende Verlust dieser Quasi-Renten kann die Unabhängigkeit des Prüfers erheblich mindern. Beispielsweise muss der Prüfer befürchten, dass das Unternehmen bei einer Einschränkung oder sogar Verweigerung des Bestätigungsvermerks den Prüfer wechselt, wodurch die Quasi-Renten verloren gingen. Unter Wettbewerbsbedingungen auf dem Prüfungsmarkt kommt es zu einem gegenseitigen Unterbieten der Prüfungshonorare zwischen den verschiedenen potentiellen Erstprüfern. Im Endergebnis wird das Prüfungshonorar des vom Unternehmen gewählten Erstprüfers unter seinen Kosten für die Erstprüfung liegen, da dessen zukünftige Quasi-Renten und dessen entsprechend höhere Honorare für Folgeprüfungen von den Beteiligten antizipiert werden. Dieser Effekt wird in der Prüfungsliteratur auch als ***Low-balling-Effekt*** bezeichnet.

Der Low-balling-Effekt lässt sich formal wie folgt präzisieren:[128] K_t bezeichne die Kosten einer Prüfung in Periode t ($t = 1, \cdots, \infty$). Aufgrund der spezifischen Investitionen sei davon ausgegangen, dass K_1 höher ist als die Prüfkosten $K_2, \cdots, K_\infty$ in den Folgeperioden. Der Einfachheit halber sei angenommen, dass $K_2 = K_3 = \cdots = K_\infty =: \overline{K}$ und $K_1 = \overline{K} + \Delta K$ mit $\Delta K > 0$ gelte. Das Prüfungshonorar in Periode t sei durch W_t beschrieben, wobei $W_2 = W_3 = \cdots = W_\infty =: \overline{W}$ angenommen wird. Der Zinssatz betrage $r > 0$. Es sei von einem ***kompetitiven Markt für Prüfungsleistungen*** ausgegangen, so dass der Barwert des Nettoeinkommens jedes Prüfers immer Null betrage. Schließlich sei angenommen, dass die bisherige Reputation des zu prüfenden Unternehmens ausreicht, um den Erstprüfer zum Tätigen der spezifischen Investitionen zu veranlassen. Ansonsten hätten wir das aus Kapitel II bekannte Hold-up-Problem vorliegen, d.h. der potentielle Erstprüfer würde antizipieren, dass der Mandant die Quasi-Rente appropriiert, und daher auf eine spezifische Investition verzichten.

---

[127] Vgl. zur folgenden Argumentation DEANGELO (1981); EWERT (1990), S. 182–199; LENZ (1991); EWERT/STEFANI (2001), S. 203–209. Zu einer umfassenden Diskussion der Unabhängigkeit des Abschlussprüfers vgl. STEFANI (2002), zu einem Überblick BAUER (2004).

[128] Vgl. LENZ (1991).

Im Rahmen dieses einfachen Modells würde ***low balling*** bedeuten, dass

$$W_1 < K_1 = \overline{K} + \Delta K \tag{V.6}$$

erfüllt ist, d.h. das Erstprüferhonorar W_1 liegt unterhalb der Erstprüferkosten K_1. Um dies zu zeigen, sei zunächst einmal der Barwert des Nettoeinkommens eines Erstprüfers BW_1 betrachtet:

$$BW_1 = W_1 - K_1 + \frac{\overline{W} - \overline{K}}{r}\,. \tag{V.7}$$

Der Barwert BW_1 setzt sich demnach aus dem Nettoeinkommen der ersten Periode und dem Barwert einer ewigen Rente aus den Folgeperioden zusammen. Nach der ersten Periode könnte das geprüfte Unternehmen im Prinzip einen neuen Prüfer bestellen. Dieser hätte wiederum zunächst spezifische Investitionen zu tätigen, so dass seine Kosten als neuer Erstprüfer $K_2 = \overline{K} + \Delta K$ betragen mit $\overline{K} = K_3 = K_4 = \cdots = K_\infty$. Infolge der Annahme eines vollständig kompetitiven Marktes und der damit verbundenen Null-Gewinn-Bedingung ist der Barwert der Prüfungshonorare des neuen Prüfers in $t = 2$ identisch mit dem Barwert seiner Kosten, $K_2 + \overline{K}/r = \overline{K} + \Delta K + \overline{K}/r$. Die zu prüfende Unternehmung wird den amtierenden Erstprüfer aus $t = 1$ in der Folgeperiode $t = 2$ dann nicht durch einen neuen Prüfer ersetzen, wenn der Honorarbarwert des amtierenden Erstprüfers unterhalb des Honorarbarwerts des potentiellen neuen Prüfers liegt:

$$\overline{W} + \frac{\overline{W}}{r} \leq \overline{K} + \Delta K + \frac{\overline{K}}{r} \quad \Leftrightarrow \quad \overline{W} \leq \overline{K} + \frac{r\Delta K}{1+r}. \tag{V.8}$$

Das maximale Folgehonorar des amtierenden Erstprüfers, welches einen Prüferwechsel in $t = 2$ gerade verhindert, lautet daher

$$\overline{W}^* = \overline{K} + \frac{r\Delta K}{1+r}. \tag{V.9}$$

Anhand von (V.9) wird deutlich, dass das Folgehonorar $\overline{W}^*$ über den Periodenkosten $\overline{K}$ liegt: Der bisherige Prüfer erspart dem Unternehmen bei einem Verzicht auf einen Prüferwechsel spezifische Investitionen in Höhe von ΔK durch einen neuen Erstprüfer. Durch die in $t = 1$ bereits getätigten Investitionen entsteht also eine Quasi-Rente, die der Erstprüfer durch das Honorar $\overline{W}^*$ je Folgeperiode in der Zukunft abschöpft.[129] Der kompetitive Wettbewerb um das Erstprüfungsmandat berücksichtigt diese Quasi-Rente. Unter der Null-Gewinn-Be-

---

[129] Wichtig ist hierbei die anfangs getroffene Annahme über die Reputation des Unternehmens.

dingung für den Prüfermarkt gilt daher für den Barwert des Erstprüfers gemäß Gleichung (V.7):

$$BW_1 = W_1 - K_1 + \frac{\overline{W}^* - \overline{K}}{r} = 0 \overset{(V.9)}{\Leftrightarrow} W_1 = K_1 - \frac{\Delta K}{1+r} < K_1 . \qquad (V.10)$$

Gleichung (V.10) zeigt, dass das Erstprüfungshonorar um den Barwert der in t = 2 eingesparten spezifischen Investitionen niedriger ist als die Erstprüfungskosten, d.h. es kommt zu low balling.

Die Frage nach der Abhängigkeit des Erstprüfers kann nun folgendermaßen beantwortet werden: Zunächst einmal erscheint die Drohung des Unternehmens, den Erstprüfer bei einem unerwünschten Prüfergebnis auszuwechseln, äußerst unglaubwürdig, da gemäß Ungleichung (V.8) ein Prüferwechsel für das Unternehmen selbstschädigend wäre. Wichtig ist jedoch, dass das Topmanagement nicht mit dem „Unternehmen" identisch ist, welches im hier betrachteten Modellrahmen vielmehr die Position der Aktionäre umschreibt. Sofern das Topmanagement nicht selbst erhebliche Anteile am Unternehmen hält, kann es auf Kosten des Unternehmens bzw. der Aktionäre glaubhaft mit einem Prüferwechsel drohen, woraus dann tatsächlich die Abhängigkeit eines Abschlussprüfers resultiert.

Gegen eine wirkungsvolle Managerkontrolle könnte letztlich auch die Möglichkeit einer ***Kollusion zwischen dem Abschlussprüfer und dem Topmanagement*** zu Lasten der Anteilseigner sprechen. Zumindest in der theoretischen Literatur wird dieser möglichen Gefahr Beachtung geschenkt, wie die zahlreichen Modelle zu vertikalen Kollusionen zeigen, die häufig den Fall profitabler Absprachen zwischen Prüfer (auditor) und Topmanagement behandeln.[130] Dass derartige Gefahren durchaus real werden können, zeigt das folgende spektakuläre Beispiel des bislang größten unternehmerischen Finanzskandals:[131]

Beispiel V–7: Bilanzskandal bei Enron

Die Enron-Corporation war einer der weltgrößten Energiekonzerne mit Sitz in Houston, Texas, und etwa 21.000 Beschäftigten im Jahr 2001. Das renommierte Fortune-Magazin kürte Enron sechs Jahre hintereinander zum innovativsten Unternehmen der USA. Am Ende des Jahres 2001 stellte sich jedoch heraus, dass die hervorragenden Bilanzdaten Enrons größtenteils auf Manipulationen beruhten. Die Börse reagierte sofort – der Kurs der Enronaktie fiel von über 90 US-$ auf 0,30 US-$. Möglich wurden die Manipulationen durch eine weitreichende Kollusion zwischen einem der fünf größten Wirtschaftsprüfungsgesellschaften der Welt, Arthur Andersen, und Enrons Topmanagement. Die Folgen waren insbesondere für die Beschäftigten und Investoren verheerend, die all ihre Ersparnisse verloren. Ein Teil der Enronaktionäre verklagte 29 Topmanager und Direktoren von Enron auf Insiderhandel und Irreführung der Öffentlichkeit. Dieser

---

[130] Vgl. die in Abschnitt III.5 angegebene Literatur. Hierbei stellen die Anteilseigner bzw. der Aufsichtsrat den Prinzipal, der Abschlussprüfer den Überwacher (supervisor) und der Vorstand den Agenten dar.

[131] Vgl. THOMAS (2002); MCLEAN/ELKIND (2003).

Vorwurf erscheint nicht unberechtigt: Im August 2000 hatte die Enronaktie einen Wert von 90 US-$. Zu diesem Zeitpunkt begannen Enronmanager, die Insiderinformationen über die in Wirklichkeit prekäre Finanzsituation des Unternehmens hatten, ihren gesamten Aktienbesitz zu verkaufen. Zeitgleich forderten sie die Öffentlichkeit jedoch auf, gerade jetzt Aktien zu kaufen, da der Kurs mutmaßlich noch auf 130 bis 140 US-$ steigen würde. Der bisher spektakulärste Finanzskandal blieb für die beteiligten Topmanager und Arthur Andersen nicht folgenlos. Nachdem Enron Konkurs angemeldet hatte, begannen die Prozesse gegen die Enron-Topmanager. Die ehemaligen Enron-CEOs, Kenneth Lay und Jeffrey Skilling, wurden im Januar 2006 vor Gericht gestellt. Beide wurden wie auch diverse andere Beteiligte in zahlreichen Anklagepunkten schuldig gesprochen. Der Wirtschaftsprüfungskonzern Arthur Andersen wurde aufgelöst.

Im Folgenden soll auf das ***Gesetz zur Kontrolle und Transparenz im Unternehmensbereich*** eingegangen werden. Dieses Gesetz sieht insbesondere Neuregelungen für die Geschäftsbeziehung zwischen Abschlussprüfer und zu prüfendem Unternehmen vor. Ein Handlungsbedarf für den deutschen Gesetzgeber lässt sich dadurch begründen, dass in vorangegangenen Jahren auch in Deutschland zahlreiche Beispiele aufgetreten sind, in denen Unternehmen selbst in Betrugs- oder Konkursfällen bis zuletzt uneingeschränkte Bestätigungsvermerke vom Abschlussprüfer erhalten haben.[132]

Beispiel V–8: Abschlussprüfer und das Gesetz zur Kontrolle und Transparenz im Unternehmensbereich (KonTraG) vom 27.4.1998

Durch das KonTraG werden einzelne Vorschriften des Aktiengesetzes, des Handelsgesetzbuches sowie weiterer Wirtschaftsgesetze geändert. Einige Änderungen zielen darauf ab, den ***Abschlussprüfer stärker in die Managerkontrolle einzubinden***. Beispielsweise soll der Abschlussprüfer nicht mehr wie bisher faktisch vom Vorstand den Prüfungsauftrag erhalten, sondern stattdessen vom Aufsichtsrat, der damit auch zum ersten Adressaten des Prüfungsberichts wird (Art. 1 Nr. 12 i.Z.m. Art. 2 Nr. 9 KonTraG). Zudem sehen die Vorschriften des KonTraG vor, dass der Abschlussprüfer künftig auch eine Risikoprüfung durchzuführen hat, bei der die zukünftige Entwicklung des Unternehmens zu beurteilen ist (Art. 2 Nr. 6 und 10 KonTraG).[133] Art. 2 Nr. 6 KonTraG fordert durch die neuen Vorschriften des § 317 Abs. 4 HGB im Falle einer Publikumsgesellschaft nun, dass der Abschlussprüfer kontrolliert, „ob der Vorstand die ihm nach § 91 Abs. 2 des Aktiengesetzes obliegenden Maßnahmen in einer geeigneten Form getroffen hat und ob das danach einzurichtende Überwachungssystem seine Aufgaben erfüllen kann." Insgesamt kommen daher BÖCKING/ORTH (1998) zu der Einschätzung, dass der Abschlussprüfer aufgrund der vom KonTraG vorgesehenen Änderungen nun stärker in eine ***Geschäftsführungsprüfung***

[132] Vgl. BURY/SCHMIDT (1996), S. 105–108, mit dem Verweis auf entsprechende Fälle in Deutschland. Ein Beispiel bietet der „Fall Hypo-Bank". Nach Presseberichten ermittelte die Staatsanwaltschaft Anfang 1999 gegen den ehemaligen Vorstandsvorsitzenden der Bayerischen Hypotheken- und Wechselbank AG, Eberhard Martini, sowie gegen drei weitere Vorstandsmitglieder wegen des Verdachts der Untreue und der Bilanzfälschung. Danach hätten die Beteiligten durch die Verschleierung von Immobilienverlusten nicht nur den Wert der Hypo-Bank vor der Fusion mit der Bayerischen Vereinsbank nach oben manipuliert, sondern sich zugleich auch einen persönlichen Vorteil in Form einer Erhöhung ihrer Gewinnbeteiligung und Tantiemen verschafft. Ermittelt wurde zudem gegen die Wirtschaftsprüfungsgesellschaft Wedit, die der Beihilfe bei der Verschleierung der Verluste verdächtigt wird; vgl. O.V. (1999c), (1999d).

[133] Die neue Fassung des § 322 Abs. 2 HGB verlangt: „Auf Risiken, die den Fortbestand des Unternehmens gefährden, ist gesondert einzugehen."

des Vorstands eingebunden wird, wenngleich ein entsprechender Prüfauftrag hierzu nicht formal erfolgt.[134]

Neben einer Ausweitung der Kontrollfunktion des Abschlussprüfers finden sich im KonTraG auch Vorschriften, die tendenziell einer möglichen ***Gefahr vertikaler Kollusionen zwischen Vorstand und Abschlussprüfer entgegenwirken***. So verlangt Art. 2 Nr. 8 KonTraG, dass Publikumsgesellschaften nunmehr nach spätestens sieben Jahren den persönlichen Abschlussprüfer zu wechseln haben.[135] Da eine vertikale Kollusion zwischen Vorstand und Abschlussprüfer illegal und daher auch nicht vertraglich durchsetzbar ist, muss sich die Stabilität der Absprache aus der Interaktionssituation selbst ergeben, d.h. die Kollusionsvereinbarungen müssen self-enforcing sein.[136] Wie aus den Ergebnissen der nicht-kooperativen Spieltheorie bekannt ist, kann eine Stabilisierung der Absprache insbesondere durch die Wiederholung der gleichen Interaktionssituation mit denselben Interaktionspartnern erreicht werden. Solch eine Wiederholung erlaubt eine dauerhafte Sanktionierung, falls einer der Akteure von der getroffenen Absprache abweicht. Durch den vom KonTraG vorgesehenen ***Rotationszwang für Abschlussprüfer*** wird nun der Interaktionshorizont zwischen den möglichen Kollusionspartnern „Vorstand“ und „Abschlussprüfer“ stark verkürzt, wodurch potentielle Kollusionen instabil werden.

Art. 2 Nr. 8 KonTraG sieht zudem vor, dass Wirtschaftsprüfer dann keine Abschlussprüfung mehr vornehmen dürfen, wenn mehr als 30 % (bisher: 50 %) der Gesamteinnahmen der letzten fünf Jahre des Prüfers dem betrachteten Mandat entstammen. Auch diese Änderung wirkt potentiellen vertikalen Kollusionen der Tendenz nach entgegen, da über die Vorschrift die Abhängigkeit eines Abschlussprüfers von einer bestimmten Unternehmung verringert wird.

Gegen eine denkbare Kollusion zwischen Vorstand und Abschlussprüfer wirkt auch die bereits eingangs erwähnte stärkere Anbindung des Abschlussprüfers an den Aufsichtsrat: Für eine vertikale Kollusion müsste nun zusätzlich sichergestellt werden, dass sich der Aufsichtsrat ebenfalls an der Absprache beteiligt. Hierdurch werden mögliche Kollusionen aber eher unwahrscheinlicher, da diese mit zunehmender Anzahl an Kollusionsteilnehmern an Stabilität verlieren und zudem der Kollusionsgewinn pro Teilnehmer sinkt.

Schließlich schreibt Art. 2 Nr. 11 KonTraG eine Haftungserhöhung für Abschlussprüfer von bisher 500.000 DM auf künftig 2 Millionen DM bei nicht-börsennotierten Unternehmen sowie auf künftig 8 Millionen DM bei börsennotierten Unternehmen vor, woraus sich tendenziell eine Erhöhung der Kontrollanreize für Abschlussprüfer ableiten lässt.[137,138]

Der Rotationszwang des KonTraG nach spätestens sieben Jahren bezieht sich auf die individuelle Person des Prüfers. Entlässt die Wirtschaftsprüfungsgesellschaft den Prüfer oder wechselt der Prüfer aus eigener Entscheidung den Arbeitgeber,

---

[134] Vgl. BÖCKING/ORTH (1998), S. 360.

[135] Zu einer ausführlichen Diskussion möglicher Vor- und Nachteile solch eines Rotationszwangs vgl. SUMMER (1998) sowie die dort angegebene Literatur.

[136] Vgl. auch die Ausführungen im Anschluss an das TIROLE-Modell in Abschnitt III.5.

[137] Zur Interdependenz von Haftung und Haftpflichtversicherung von Wirtschaftsprüfern vgl. EWERT/FEESS/NELL (2000).

[138] Das KonTraG sieht noch weitere Veränderungen beim HGB und AktG vor. U.a. muss der Aufsichtsrat künftig viermal statt bisher zweimal im Jahr zusammenkommen (Art. 1 Nr. 11 KonTraG). Das Depotstimmrecht von Banken wird dahingehend eingeschränkt, dass Banken gemäß Art. 1 Nr. 21 KonTraG auch auf andere Vertretungsmöglichkeiten hinzuweisen haben und eine Bank ab einer eigenen Beteiligung von 5 % nur noch bei ausdrücklicher Weisung eines Aktionärs das Depotstimmrecht wahrnehmen darf, es sei denn, sie übt die eigenen Stimmrechte nicht aus. Allerdings wird vom KonTraG keine Begrenzung des Aktienbesitzes – wie z.B. in den USA – vorgesehen. Vgl. zu einer umfassenden Kritik am entsprechenden Referentenentwurf von 1997 WENGER (1997).

so darf die Wirtschaftsprüfungsgesellschaft ihr Mandat auch weiterhin ausüben. Zu überlegen bliebe, ob es als Maßnahme gegen eine mögliche Kollusion effektiver gewesen wäre, einen Rotationszwang für die Wirtschaftsprüfungsgesellschaft vorzusehen anstatt für den persönlichen Prüfer. Das folgende Beispiel verdeutlicht, dass rationalerweise sowohl für den persönlichen Prüfer als auch für die Prüfgesellschaft ein Rotationszwang gelten sollte:[139]

Beispiel V–9: Bilanzbetrug bei Parmalat

Nach dem Zusammenbruch des italienischen Nahrungsmittelkonzerns Parmalat infolge eines milliardenschweren Bilanzbetrugs im Jahr 2003 wurde deutlich, dass auch die italienische Regelung, die einen Rotationszwang für Wirtschaftsprüfungsgesellschaften alle sechs Jahre vorsieht, keinen effektiven Schutz vor Kollusionen zwischen Topmanagement und Abschlussprüfer bietet. Im Fall Parmalat hatten die beiden Wirtschaftsprüfer Lorenzo Penca und Maurizio Bianchi 15 Jahre lang die Bilanzen des Nahrungsmittelkonzerns „geprüft" und nie eine Beanstandung festgestellt. Diese lange Kooperation war formal möglich, da Penca und Bianchi regelmäßig nach sechs Jahren ihren Arbeitgeber wechselten und dabei ihren Mandanten Parmalat mitnahmen. Beide „Prüfer" sitzen seit Januar 2004 im Gefängnis.

V.3.3.4 Disziplinierung von Topmanagern durch Übernahmedrohungen

Topmanager könnten auch über den ***Markt für Unternehmenskontrolle*** diszipliniert werden. Im Vordergrund steht hierbei die Überlegung, dass Topmanager durch eine ineffiziente Nutzung der Unternehmensressourcen ein Absinken des Aktienkurses verursachen. Ein anderer Marktakteur – im folgenden ***Aufkäufer (raider)*** genannt –, der dies erkennt, erwirbt die Anteils- und/oder Stimmrechtsmehrheit am Unternehmen und wechselt das bisherige Topmanagement aus,[140] so dass letztlich über eine bessere Ressourcennutzung Effizienzgewinne erzielt werden. Da die Topmanager die Gefahr antizipieren, infolge einer solchen ***feindlichen Unternehmensübernahme (hostile takeover)*** ihre Arbeitsplätze zu verlieren, werden sie bemüht sein, ihren diskretionären Entscheidungsspielraum nicht zu sehr für eine ineffiziente Ressourcennutzung (z.B. Investitionsausgaben mit Konsumcharakter) zu missbrauchen.[141]

[139] Vgl. o.V. (2004c).

[140] Vgl. MARRIS (1963), (1964); MANNE (1965); STIGLITZ (1985), S. 137; PROWSE (1994), S. 13, 46; WENGER (1995); WENGER/HECKER (1995). Während eine Unternehmensübernahme mit dem Einverständnis der Unternehmensleitung als *freundliche Übernahme* bzw. *Fusion* bezeichnet wird, ist eine *feindliche Übernahme* dadurch charakterisiert, dass sie gegen den Willen des Topmanagements stattfindet. Die Untersuchung von GERPOTT (1994) zeigt, dass die Ausscheidensquote von Topmanagern in den ersten Jahren nach einer Übernahme sowohl in den USA als auch in Deutschland über der durchschnittlichen Ausscheidensquote liegt, die Quote in den USA jedoch deutlich größer als in Deutschland ist. Vgl. zu US-Unternehmen auch MARTIN/MCCONNEL (1991); AGRAWAL/WALKING (1994).

[141] Unternehmensübernahmen werden vor allem dann als Korrektiv relevant, wenn durch das offizielle Kontrollorgan, den board of directors, keine zufrieden stellende Managerkontrolle ausgeübt wird; vgl. SHLEIFER/VISHNY (1988); MORCK/SHLEIFER/VISHNY (1989); HIRSHLEIFER/THAKOR (1998).

In der Literatur finden sich jedoch zahlreiche Argumente, die gegen eine wirkungsvolle Topmanagerdisziplinierung durch Übernahmedrohungen sprechen. Zunächst einmal ist zu bedenken, dass die ***Häufigkeit von Unternehmensübernahmen*** im internationalen Vergleich sehr unterschiedlich ausfällt. In einem Land, in dem jedoch a priori Übernahmen sehr unwahrscheinlich sind, ist die Wahrscheinlichkeit für einen Topmanager, durch ein Fehlverhalten eine Übernahme auszulösen, der zu einem Verlust des Managerpostens führt, sehr gering. Entsprechend gering fällt dann allerdings auch die Disziplinierungswirkung von Übernahmedrohungen in dem betreffenden Land aus.[142] Deutlich wird dieses Argument anhand eines USA-Deutschland-Vergleiches. Der Unterabschnitt V.3.2.2 über die Hauptversammlung hat gezeigt, dass sich der Großteil der Aktien amerikanischer Unternehmen im Streubesitz von Privatpersonen befindet, während in Deutschland häufig institutionelle Anleger in Form von Unternehmen existieren, die als Großaktionäre Anteile an jeweils anderen Unternehmen halten. In den USA können durch einen Aufkäufer daher vergleichsweise problemlos über einen sukzessiven Aktienzukauf oder über ein öffentliches Kaufangebot Übernahmemaßnahmen eingeleitet werden. In Deutschland hingegen werden oftmals gar nicht genügend Anteile an einer Unternehmung auf dem Aktienmarkt „frei gehandelt", um diese Unternehmung zu übernehmen, da große Blöcke von Anteilen dauerhaft von anderen Unternehmen gehalten werden.[143] Daher ist es auch nicht verwunderlich, dass die Häufigkeit von Übernahmen in den USA bei weitem diejenige in Deutschland übersteigt.[144] Systembedingt geht letztlich von Übernahmedrohungen in Deutschland nur eine äußerst geringe Disziplinierungswirkung aus.[145]

Ein weiteres Argument gegen eine wirkungsvolle Managerdisziplinierung durch Übernahmedrohungen basiert auf der ***Hybris-Hypothese*** von ROLL

---

[142] MIKKELSON/PARTCH (1997) zeigen, dass selbst in einem Land wie den USA mit häufigen Unternehmensübernahmen die Disziplinierungswirkung durch eine feindliche Übernahme nur in solchen Perioden gegeben ist, in denen ein aktiver Takeover-Markt zu verzeichnen ist. Das Häufigkeitsargument im Text ist daher noch differenzierter zu betrachten.

[143] Vgl. PROWSE (1994), S. 50. Vgl. dazu auch WENGER (1996b), S. 421. Hinderlich für Unternehmensübernahmen in Deutschland, die in einer Restrukturierung des Unternehmens münden sollen, können auch die gesetzlichen Mitbestimmungsrechte sein, wonach z.B. gemäß Betriebsverfassungsgesetz im Falle einer Betriebsänderung mit Kosten verbundene Sozialplanregelungen mit dem Betriebsrat auszuhandeln sind.

[144] Vgl. PROWSE (1994), S. 46–50. Nach PROWSE (1994) betrug das durchschnittliche Jahresvolumen abgeschlossener (freundlicher) inländischer Fusionen und (freundlicher und feindlicher) Übernahmen im Zeitraum von 1985 bis 1989 in den USA 1070 Milliarden US-$, in Deutschland hingegen nur 4,2 Milliarden US-$. Zudem verweist er darauf, dass in Deutschland seit dem zweiten Weltkrieg lediglich vier erfolgreiche feindliche Übernahmen stattgefunden haben.

[145] Eine ähnliche Einschätzung gilt beispielsweise auch für Japan; vgl. PROWSE (1994), S. 46–50.

(1986).[146] Ein Aufkäufer, der zur Übernahme eines Unternehmens bereit ist, schätzt den tatsächlichen Wert des Unternehmens bzw. der Unternehmensressourcen höher ein, als dies der Aktienmarkt über den Aktienkurs tut. Anstatt die Möglichkeit eines Rechenfehlers bei der Kalkulation des Unternehmenswertes in Betracht zu ziehen, maßt sich der Aufkäufer an, das betrachtete Unternehmen besser als der Aktienmarkt bewerten zu können, in dessen Bewertung immerhin die Angebots- und Nachfrageinformationen sehr vieler Marktakteure einfließen. Speziell kann dem Aufkäufer der Fehler unterlaufen, von einer Unterbewertung der Unternehmensressourcen auf dem Aktienmarkt aufgrund ineffizienter Unternehmensführung auszugehen, obwohl allein die niedrige Qualität der Unternehmensressourcen und nicht das Topmanagement für den geringen Aktienkurs verantwortlich ist. Nach ROLL kommen daher Übernahmen oftmals dadurch zustande, dass Aufkäufer der Hybris erliegen, ihre Bewertungsfähigkeiten als zu gut einzuschätzen. Im Nachhinein müssten sie dann einsehen, dass die Unternehmensübernahme nur deshalb zustande kam, weil sie einen zu hohen Kaufpreis geboten hatten. Antizipieren nun die Aufkäufer die potentielle Gefahr der Selbstüberschätzung, so sinkt deren Bereitschaft für Übernahmeangebote. Damit sinkt insgesamt die Wahrscheinlichkeit für Übernahmeversuche auf dem Markt für Unternehmenskontrolle, was wiederum die Disziplinierungswirkung von Übernahmedrohungen sinken lässt. Auch wenn es sich bei dem Aufkäufer wiederum selbst um ein Unternehmen handelt, trifft diese Argumentation über die Hybris-Hypothese zu, da in diesem Fall die Anteilseigner bzw. das Kontrollorgan des aufkaufenden Unternehmens die Hybris-Gefahr antizipieren und ihrem Topmanagement das Übernahmegeschäft untersagen können (z.B. im Zuge der Zustimmungspflichtigkeit bestimmter Geschäfte).

Gegen die Disziplinierungswirkung von Übernahmedrohungen sprechen zum Teil auch die ***empirischen Befunde*** zu Unternehmensübernahmen. Während in den empirischen Befunden weitgehende Übereinstimmung darüber herrscht, dass die Aktionäre des Zielunternehmens deutlich von erfolgreichen Übernahmeversuchen profitieren,[147] trifft dies für den Aufkäufer bzw. die Aktionäre des aufkaufenden Unternehmens nicht zu.[148] JENSEN/RUBACK (1983) fassen beispielsweise die empirischen Ergebnisse zahlreicher Übernahmestudien zusammen. Sie kommen dabei zu der Gesamteinschätzung, dass Aufkäufer zwar im Durch-

[146] Der Begriff „Hybris" stammt aus der griechischen Mythologie und lässt sich grob mit „frevelhafter Selbstüberschätzung" übersetzen. Genau genommen beschreibt ROLLS Hybris-Hypothese eine verschärfte Form des Winner's-curse-Effektes in Auktionen; vgl. zum winner's curse (Fluch des Gewinners) vor allem MILGROM (1981), zu einer Kurzdarstellung vgl. KRÄKEL (1996). Eine Verschärfung tritt dadurch ein, dass der Aufkäufer einen ganzen Markt überbietet.

[147] Vgl. PROWSE (1994), S. 65.

[148] Vgl. STIGLITZ (1996), S. 69.

schnitt keine Verluste machen, die Aktien eines aufkaufenden Unternehmens jedoch bei erfolgreichen Übernahmeversuchen außerordentliche Wertsteigerungen in Höhe von 4 % verzeichnen, bei erfolglosen Übernahmeversuchen dagegen außerordentliche Wertminderungen in Höhe von 1 %. Ambivalente Erfolgsergebnisse für Aufkäufer werden auch von anderen empirischen Studien belegt.[149] MARTYNOVA/RENNEBOOG (2006) untersuchen die Unternehmensübernahmen in Europa für die Jahre 1993 bis 2001. Während die Aktien der Zielunternehmen im Durchschnitt um 21 % steigen, ergibt sich für die Anteile des aufkaufenden Unternehmens lediglich ein Wertzuwachs von 0,9 %. Die bisherigen empirischen Ergebnisse könnten eine dämpfende Wirkung auf die Übernahmeneigung potentieller Aufkäufer haben, worunter dann wiederum die Disziplinierungswirkung von Übernahmedrohungen leiden würde.[150]

Ein weiteres Problem besteht darin, dass ein Aufkäufer mit der Bekanntgabe seines ***Kaufangebots positive externe Effekte i.e.S.*** bewirkt, die er nicht entgolten bekommt.[151] Die Abgabe seiner Kaufofferte signalisiert anderen Marktteilnehmern, dass es sich bei dem Zielunternehmen um ein lohnenswertes Übernahmeobjekt handelt. Hierdurch entsteht ein Bietwettbewerb zwischen dem ursprünglichen Aufkäufer und anderen Kaufinteressenten,[152] aus dem der Aufkäufer nicht unbedingt als Sieger hervorgeht, zumal er allein die Suchkosten zu tragen hat, die für das Auffinden des Zielunternehmens entstanden. Bei gleicher Verwendung der Ressourcen des Zielunternehmens durch die Bieter, d.h. den Aufkäufer und die anderen Kaufinteressenten, könnten letztere den Aufkäufer immer in Höhe der Suchkosten überbieten und trotzdem zum gleichen Nettoergebnis wie der Aufkäufer gelangen. Insgesamt erweist sich daher für potentielle Aufkäufer die Trittbrettfahrerstrategie als rational, jeweils andere Marktakteure

---

[149] Vgl. z.B. SCHERER (1988); JARRELL/BRICKLEY/NETTER (1988); FRANKS/HARRIS/MAYER (1988); BÄSTLEIN (1997), S. 63–78.

[150] Letztlich ergeben sich enge Verbindungen zum vorherigen Argument über die Hybris-Hypothese, welche eine mögliche Erklärung für die empirischen Ergebnisse liefern kann; vgl. dazu die Interpretation von ROLL (1986) im Zusammenhang mit den Ergebnissen von JENSEN/RUBACK (1983). Einen anderen Erklärungsansatz könnte die oben erläuterte Free-cash-flow-Hypothese von JENSEN (1986) bilden. Denkbar sind jedoch noch weitere mögliche Ursachen (z.B. fehlende Synergieeffekte, Unerfahrenheit bei der Durchführung der Übernahme) für die Befunde, so dass die empirischen Erfahrungen mit Übernahmeversuchen hier als eigenständiger Punkt behandelt werden.

[151] Vgl. STIGLITZ (1985), S. 137–138, (1996), S. 69–70; PROWSE (1994), S. 63–64.

[152] Diese Problematik verschärft sich noch dadurch, dass zum Teil gesetzlich eine Warteperiode erzwungen wird, in der das Kaufangebot veröffentlicht und zeitlich begrenzt ausgesetzt wird, um so noch weiteren Kaufinteressenten die Möglichkeit zu geben mitzubieten. Vgl. dazu beispielsweise die entsprechenden Bestimmungen des Williams Act in den USA und dessen Diskussion von EASTERBROOK/FISCHEL (1981), (1982); BEBCHUK (1982a), (1982b), (1986); GILSON (1982); SCHWARTZ (1986a), (1986b), (1989); BERKOVITCH/BRADLEY/KHANNA (1989); CRAMTON/SCHWARTZ (1991) u.a. Vgl. zur Diskussion einer entsprechenden EG-Richtlinie von 1990 EYMANN/MENICHETTI (1991).

nach geeigneten Übernahmeobjekten suchen zu lassen, um so die Suchkosten zu sparen. Entscheidet jeder potentielle Aufkäufer nach diesem Kalkül, so ist allgemein von einer nur geringen Suchintensität auszugehen, was wiederum die Wahrscheinlichkeit für Übernahmeversuche und damit auch die Disziplinierungswirkung von Übernahmedrohungen verringert. Dieses Trittbrettfahrerproblem lässt sich jedoch zum Teil vermeiden, wenn der ursprüngliche Aufkäufer in der Lage ist, verdeckt Anteile am Zielunternehmen zu erwerben, bevor seine Übernahmeabsicht publik wird bzw. bevor der Aktienbesitz dasjenige Volumen erreicht, bei dem gesetzlich eine Offenlegung zu erfolgen hat.[153] Da die Anteile zum Erwerbszeitpunkt vergleichsweise günstig erstanden wurden, kann der Aufkäufer unabhängig vom Ausgang des anschließenden Bietwettbewerbs auf diese Weise zumindest einen Teil seiner Suchkosten decken.[154]

GROSSMAN/HART (1980) zeigen, dass sich auch ***auf Seiten der Anteilseigner Trittbrettfahrerprobleme*** ergeben könnten, die einem erfolgreichen Übernahmeversuch entgegenstehen.[155] Ausgangspunkt der folgenden Überlegung ist eine atomistische Anteilseignerstruktur, d.h. der Aktienbesitz der betrachteten Unternehmung sei auf eine große Anzahl von Kleinaktionären breit gestreut. Wird den Kleinaktionären nun von einem Aufkäufer ein Übernahmeangebot unterbreitet, so haben diese zwischen den beiden Strategien „Verkaufen" und „Nicht verkaufen" zu entscheiden. In der gegebenen Situation wäre es für jeden Kleinaktionär individuell rational, seine Anteile nicht zu verkaufen: Zum einen wird das Angebot des Aufkäufers nicht sämtliche zukünftigen Wertsteigerungen der Anteile nach erfolgter Übernahme widerspiegeln, da der Aufkäufer ansonsten keinen positiven Übernahmegewinn erzielen könnte. Zum anderen kann die Verkaufsentscheidung eines einzelnen Kleinaktionärs nur marginal beeinflussen, ob die Übernahme zustande kommt oder nicht. Folglich ist es individuell rational für jeden Kleinaktionär, sich als Trittbrettfahrer zu verhalten und nicht zu verkaufen, um nach der Übernahme im Rahmen der gehaltenen Anteile sämtliche Wertsteigerungen zu realisieren. Entscheidet sich jedoch jeder der Kleinaktionäre für ein Trittbrettfahrerverhalten, so kann ein Übernahmeversuch nicht erfolgreich sein. Diese Situation ist vergleichbar mit der des Gefangenendilemmas, da sich alle Kleinaktionäre kollektiv besser stellen würden, wenn sie verkauften, was jedoch nicht im Einklang mit ihrer individuell rationalen Strategie stände. Vor dem Hintergrund dieses Trittbrettfahrerproblems kann einer Übernahmedrohung wiederum nur eine äußerst geringe Disziplinierungswirkung zugeschrieben werden. Denkbar ist jedoch, dass die Anteilseigner die Trittbrettfahrergefahr antizipieren

[153] Vgl. PROWSE (1994), S. 64.

[154] Implizit wird angenommen, dass die Aktien des Zielunternehmens infolge des Übernahmeversuchs (z.B. aufgrund des Bietwettbewerbs) steigen.

[155] Vgl. auch STIGLITZ (1985), S. 38, (1996), S. 70; PROWSE (1994), S. 63; dagegen jedoch auch HOLMSTRÖM/NALEBUFF (1992).

und durch eine geeignete ***Gestaltung der Unternehmenssatzung*** dieser Gefahr entgegenwirken. Sie könnten sich beispielsweise im Rahmen der Unternehmenssatzung selbst binden, indem über entsprechende Statuten vorgesehen wird, dass Altaktionäre, die ihre Anteile im Übernahmefall nicht verkaufen, von den außerordentlichen Wertsteigerungen ihrer Aktien nach erfolgreicher Unternehmensübernahme ausgeschlossen werden. Möglich wäre eine Umverteilung zugunsten des Aufkäufers oder aber zugunsten der verkaufswilligen Aktionäre. Problematisch erscheinen derartige Regelungen in der Unternehmenssatzung jedoch, wenn man bedenkt, dass auf diese Weise auch eine Übernahme von effizient geführten Publikumsgesellschaften erleichtert wird, die z.B. *allein* durch Umverteilungsinteressen motiviert ist.[156] Betrachtet sei nun das folgende Beispiel, das den Fall einer Umverteilung zugunsten der verkaufswilligen Aktionäre behandelt und dabei von dem letzten Einwand abstrahiert:

Beispiel V–10: Anteilsverkauf durch Altaktionäre als dominante Strategie

Angenommen sei, dass für die betrachtete Unternehmung zwei Aktien existieren, die von den beiden Aktionären *A* und *B* gehalten werden. Da *A* und *B* die von GROSSMAN/HART (1980) aufgezeigte Trittbrettfahrerproblematik kennen, legen sie in der Unternehmenssatzung fest, dass derjenige Aktionär, der im Falle eines Übernahmeversuchs seinen Anteil *im Gegensatz zum anderen Aktionär* nicht verkauft, einen Wertabschlag in Höhe von 5 \$ auf seinen Anteil hinzunehmen hat. Vorgesehen wird ferner, dass dieser Abschlag von 5 \$ dem Kaufpreis für den Anteil des anderen Aktionärs zugeschlagen wird. Schließlich sei davon ausgegangen, dass der Aktienmarkt unmittelbar auf ein Übernahmeangebot reagiert und den Aktienkurs des unterbewerteten Unternehmens sofort auf den korrekten Wert revidiert.[157] Angenommen sei nun, dass der korrekte Aktienwert des Unternehmens bei 45 \$ liege, während der derzeitige Kurs unter dem aktuellen Topmanagement 37 \$ beträgt, und dass in dieser Situation ein Aufkäufer den Aktionären anbietet, ihre Aktie jeweils für x \$ zu kaufen. Die Entscheidungssituation für *A* und *B*, die beide über die Strategien „Verkaufen“ (= *V*) und „Nicht verkaufen“ (= *NV*) verfügen, lässt sich anhand des Matrixspiels in Abbildung V.4 verdeutlichen.

		B: *NV*	*B*: *V*
A	*NV*	45 , 45	40 , $x + 5$
	V	$x + 5$, 40	x , x

Abbildung V.4: Interdependente Verkaufsentscheidungen von *A* und *B*

[156] Vgl. zu einer genaueren Diskussion WENGER/HECKER/KNOESEL (1997).

[157] Antizipiert der Aufkäufer jedoch, dass das Geschäft nicht zustande kommt, wird er den beiden Aktionären kein Übernahmeangebot unterbreiten, so dass auch kein Signal für den Aktienmarkt erzeugt wird, das den Kurs der Aktie entsprechend steigen lässt.

Verkaufen beide ihre Aktien nicht, so profitieren sie davon, dass der Aktienmarkt auf das Übernahmesignal reagiert und ihre Aktien nunmehr korrekt mit 45 $ bewertet.[158] Entscheiden sich beide Aktionäre für den Verkauf der Aktien, so erhalten sie jeweils den Kaufpreis x vom Aufkäufer. Entscheidet sich ein Aktionär hingegen für *NV* und der andere für *V*, so beträgt der Aktienwert des *NV*-Aktionärs ex post aufgrund der Unternehmenssatzung 45 – 5 = 40, und der *V*-Aktionär erhält $x + 5$. Abbildung V.4 verdeutlicht, dass der Aufkäufer durch einen Kaufpreis x, der zwischen 40 $ und 45 $ liegt, die Wahl von *V* bei jedem Aktionär als dominante Strategie implementieren und zudem einen positiven Gewinn aus dem Übernahmegeschäft erzielen kann. Aufgrund der Unternehmenssatzung würde der Aufkäufer hier die Kontrolle über das Unternehmen erlangen und das ineffiziente Topmanagement auswechseln.

Schließlich könnten Übernahmedrohungen durch ***Abwehrmaßnahmen des Topmanagements*** in ihrer Funktion als Disziplinierungsinstrument leiden.[159] *Zum einen* könnten Topmanager ***präventive Maßnahmen*** ergreifen, die erst im Falle eines Übernahmeangebots wirksam werden und beispielsweise beim Aufkäufer derartig hohe Kosten verursachen würden, dass dieser von einem Übernahmeversuch absieht. Denkbar wären z.B. so genannte *goldene Fallschirme (golden parachutes)*, die den Topmanagern im Arbeitsvertrag in Form exorbitant hoher Abfindungszahlungen zugesichert werden, falls sie im Zuge einer Unternehmensübernahme ihren Arbeitsplatz verlieren.[160] Da die Topmanager ihre Vergütung nicht selbst festlegen, sondern dieses formal durch das Kontrollorgan der Unternehmung (board of directors/Aufsichtsrat) bzw. durch die Anteilseigner geschieht, stellt sich allerdings die Frage, wie solch eine Abfindungsvereinbarung zustande kommen kann. Eine Erklärung könnte darin bestehen, dass risikoaverse Topmanager gegen die Folgen eines unverschuldeten Arbeitsplatzverlustes versichert werden wollen.[161] Zudem könnte für einen Schutz des Topmanagements die Überlegung sprechen, dass hierdurch der Bruch impliziter Vereinbarungen zwischen dem Topmanagement und der Belegschaft oder anderen Ver-

---

[158] Hiergegen mag einzuwenden sein, dass bei der Wahl von *NV* durch *A* und *B* das Übernahmegeschäft nicht zustande kommt und die unterbewerteten Unternehmensressourcen weiterhin der Verfügungsgewalt eines ineffizienten Topmanagements unterliegen. Die empirischen Befunde zeigen jedoch, dass der Aktienmarkt oftmals bereits nach erfolgtem Übernahmeangebot eine Höherbewertung der Anteile des Zielunternehmens vornimmt. Im hier betrachteten Beispiel könnte alternativ auch angenommen werden, dass der Aktienmarkt im Falle einer erfolglosen Unternehmensübernahme weniger stark auf das Übernahmesignal reagiert und den bisherigen Aktienkurs von 37 $ z.B. nur auf 43 $ revidiert. Die folgenden Überlegungen würden bei dann entsprechend angepassten Matrixeintragungen analog gelten.

[159] Vgl. Stiglitz (1985), S. 138–139; Prowse (1994), S. 64. Vorstellbar ist letztlich ein ganzer Katalog von Abwehrmaßnahmen; vgl. zu einem Überblick z.B. Menichetti (1990).

[160] Zur Bedeutung goldener Fallschirme in der Praxis vgl. z.B. die empirischen Untersuchungen von Davidson/Pilger/Szakmary (1998); Lefanowicz/Robinson/Smith (2000).

[161] Solch eine Risikokompensation könnte allerdings bereits im Rahmen des laufenden Topmanagergehaltes stattfinden (vgl. dazu auch Agrawal/Knoeber 1998), so dass sich hieraus kein zwingendes Argument für goldene Fallschirme ableiten lässt.

tragspartnern der Unternehmung verhindert wird.[162] Die Antizipation möglicher Brüche impliziter Vereinbarungen könnte dazu führen, dass der Marktwert der Unternehmung sinkt, was wiederum nicht im Interesse der Anteilseigner sein kann.[163] Letztlich könnten goldene Fallschirme sogar im Interesse der Anteilseigner sein, um einen Widerstand des Topmanagements gegen eine Übernahme zu verhindern, sofern die Anteilseigner befürchten müssen, dass durch den Widerstand hohe Effizienzverluste für das Unternehmen entstehen.[164] Als weitere präventive Maßnahme könnte das Topmanagement des Zielunternehmens auch *Aktien des „eigenen" Unternehmens aufkaufen.*[165] Hierdurch wird der Kurs der Aktie in die Höhe getrieben,[166] was einen Übernahmeversuch aus Sicht des Aufkäufers teurer werden lässt. Zudem sinkt die Anzahl der auf dem Markt frei verfügbaren Aktien für potentielle Aufkäufer.[167] Wie das folgende Beispiel zeigt, ist

---

[162] Betrachtet sei z.B. die langfristige Vertragsbeziehung zwischen dem Topmanagement und der Belegschaft, die auch verschiedene implizite Bestandteile enthält (u.a. implizite Entlohnungs- und Beförderungsversprechen für die Zukunft gegenüber der Belegschaft als Gegenleistung für außerordentliche Arbeitsanstrengungen oder betriebsspezifische Humankapitalinvestitionen). Wird das Topmanagement ausgewechselt und damit einer der Vertragspartner, so ist das neue Topmanagement nicht mehr an die impliziten Vereinbarungen gebunden, d.h. es kann zu einem „Vertrauensbruch" (breach of trust) kommen. Die Bedeutung von „breach of trust" für Übernahmen hat sowohl auf theoretischer als auch auf empirischer Ebene eine breite Diskussion hervorgebracht; vgl. KNOEBER (1986), S. 159–160; SHLEIFER/SUMMERS (1988); SCHNITZER (1995); GOKHALE/GROSHEN/NEUMARK (1995); OSANO (1996); NEUMARK/SHARPE (1996); BRUSCO (1996); GARVEY/GASTON (2001).

[163] Antizipieren die Arbeitnehmer z.B., dass ihre impliziten Beförderungszusagen gefährdet sind, so könnte dies in einer Unterinvestition in ihr betriebsspezifisches Humankapital und/oder ihre Anstrengungen münden. Wird dies wiederum vom Aktienmarkt antizipiert, so kommt es beim betrachteten Unternehmen zu einem entsprechenden Kursverlust.

[164] In diesem Sinne könnte die Abfindung des Vorstandsvorsitzenden Klaus Esser (als nicht-präventive Maßnahme) von Mannesmann in Höhe von 60 Millionen DM bei der feindlichen Übernahme durch Vodafone im Jahr 2000 interpretiert werden. Trotz der exorbitant hohen Abfindung erscheint der Betrag angesichts des Kaufpreises für Mannesmann in Höhe von etwa 190 Milliarden Euro fast schon vernachlässigbar gering.

[165] In diesem Sinne mag zum Teil auch der im November 1998 angekündigte Aktienrückkauf der Schering AG zu beurteilen sein: „Die kurstreibende Rückkaufaktion wird den Wert der Aktien erhöhen und es zugleich potentiellen Übernehmern erschweren, das Pharmaunternehmen oder wesentliche Anteile daran zu erwerben" (O.V. 1998c). Zu einem geplanten massiven Aktienrückkauf bei Volvo als Schutzmaßnahme vor einer feindlichen Übernahme vgl. O.V. (1999b).

[166] Ein Kursanstieg infolge eines Aktienrückkaufs kann vor allem darauf zurückzuführen sein, dass der Rückkauf eine Unterbewertung der Aktien signalisiert und in entsprechenden Marktreaktionen mündet; vgl. PERSONS (1997); O.V. (1999n). Eine Übernahme kann sich auch dadurch für den Aufkäufer verteuern, dass im Rahmen des Aktienrückkaufs zunächst die Aktionäre mit geringen Reservationswerten ihre Anteile verkaufen und für den Aufkäufer daher nur die Aktionäre verbleiben, die einen vergleichsweise hohen Preis für ihre Anteile fordern; vgl. BAGWELL (1991). Zu einem Überblick über Aktienrückkäufe und asymmetrische Informationsverteilung vgl. NEKAT/NIPPEL (2006).

[167] Vgl. MENICHETTI (1990), S. 522. Auf der anderen Seite muss der Aufkäufer dann aber auch weniger Aktien erwerben, um die Stimmrechtsmehrheit zu erlangen. Daher wäre die

der Rückkauf eigener Aktien bei genauerer Betrachtung nicht eindeutig der Klasse der präventiven Abwehrmaßnahmen zuzuordnen und kann zudem mit einer ganzen Reihe weiterer Abwehrmaßnahmen kombiniert werden:

Beispiel V–11: Feindliche Übernahme von Telecom Italia durch Olivetti

Die „Übernahmeschlacht" zwischen dem ehemaligen öffentlichen Unternehmen Telecom Italia und dem Unternehmen Olivetti aus dem Jahr 1999 belegt, dass vom Topmanagement gegebenenfalls auch ein ganzes Bündel von Abwehrstrategien ergriffen werden kann.[168] Zur Abwehr eines feindlichen Übernahmeangebots durch Olivetti plante Telecom-Italia-Chef Franco Bernabè zunächst einmal dreierlei Maßnahmen: Zum einen beabsichtigte er eine Fusion der Telecom Italia mit dem Mobilfunk-Tochterunternehmen TIM (Telecom Italia Mobil), an dem die Telecom Italia zu der Zeit 60 % der Anteile hielt. Zum anderen sollten die bisher stimmrechtslosen Telecom-Sparaktien in stimmberechtigte Stammaktien umgewandelt werden. Schließlich ist ein Aktienrückkauf in Höhe von bis zu 10 % des Kapitals geplant gewesen. Die drei Abwehrmaßnahmen zielten darauf ab, den Wert der Telecom-Italia-Aktie in die Höhe zu treiben bzw. den Erwerb der Stimmrechtsmehrheit für Olivetti zu erschweren. Zudem würde die Attraktivität der Telecom Italia als Übernahmeobjekt sinken, da der bisher relativ niedrige Verschuldungsgrad drastisch erhöht würde, indem für die Finanzierung der Abwehrmaßnahmen hohe Kredite aufgenommen werden müssten (u.a. ein Kredit in Höhe von 10 Milliarden Euro bei einem internationalen Bankenkonsortium).

Die von Bernabè geplanten Abwehrmaßnahmen scheiterten jedoch daran, dass an der entscheidenden Hauptversammlung am 10. und 11. April 1999 keine beschlussfähige Anzahl an Aktionären teilnahm.[169] Trotz dieses Rückschlags setzte Bernabè bereits am 11. April seinen Abwehrkampf gegen Olivetti fort: Er richtete sich in ganzseitigen Zeitungsanzeigen an die Aktionäre von Telecom Italia, ihre Anteile nicht an Olivetti zu verkaufen. Zusätzlich wurden in den Medien erste Spekulationen laut, Bernabè plane die Fusion mit einem der anderen privatisierten europäischen Telefongesellschaften. Diese Abwehrstrategie, d.h. der Zusammenschluss mit einem so genannten weißen Ritter (white knight) würde dazu führen, dass das durch die Fusion entstehende Unternehmen zu groß und damit zu teuer würde, um weiterhin noch als Übernahmekandidat in Frage zu kommen.[170] Die Spekulationen um einen weißen Ritter bestätigten sich durch die Bekanntgabe der geplanten Fusion der Telecom Italia mit der Deutschen Telekom. Eine offizielle Bestätigung der Fusionspläne erfolgte am 22. April 1999 auf einer Pressekonferenz in London. Allerdings zeigten sich schon in dieser Phase erste Probleme. Neben allgemeinen kartellrechtlichen Bedenken wurde von italienischer Seite her eine vollständige Restprivatisierung der Deutschen Telekom gefordert.[171]

Abwehrmaßnahme „Aktienrückkauf" noch wirkungsvoller, wenn ein nicht unerheblicher Teil der ausgegebenen, noch verbliebenen Aktien faktisch nicht frei auf dem Markt gehandelt wird und zudem die Aktien von einer dritten, dem Topmanagement freundlich gesinnten Partei (einem so genannten *weißen Ritter* bzw. *white knight*) erworben würden.

[168] Vgl. O.V. (1999a).

[169] Vgl. O.V. (1999e); KNIPPER (1999). Für eine Annahme der vorgeschlagenen Abwehrstrategien wären mindestens 30 % der Aktionäre erforderlich gewesen. Die geringe Anteilseignerpräsenz bei der Hauptversammlung kann u.a. mit dem in Abschnitt V.3.2.2 erläuterten Public-good-Problem erklärt werden, zusammen mit der Tatsache, dass das italienische Aktienrecht ein Depotstimmrecht nicht erlaubt.

[170] Die ursprüngliche Abwehridee mit Hilfe eines weißen Ritters geht nicht von einer Fusion aus, sondern davon, dass das Zielunternehmen statt vom Aufkäufer von einem „freundlich gesinnten" Unternehmen übernommen wird.

[171] Vgl. O.V. (1999f), (1999g).

Am 30. April 1999 erfolgte schließlich das öffentliche Übernahmeangebot durch Olivetti. Darin wurde den Telecom-Italia-Aktionären angeboten, ihre Anteile bis zum 22. Mai 1999 für 11,5 Euro pro Aktie zu verkaufen.[172] Schon einen Tag zuvor wurde in der Presse verlautbart, dass die Unternehmensleitung von Telecom Italia den bevorstehenden Übernahmeversuch formell ablehne.[173] Diese Ablehnung hatte jedoch keine materiellen Konsequenzen, sondern unterstrich lediglich den Charakter der beabsichtigten Übernahme als hostile takeover. In diese Phase des Übernahmekampfes fielen weitere Mitteilungen über Bedenken der italienischen Regierung gegenüber einer möglichen Fusion der Telecom Italia mit der Deutschen Telekom.[174] Reine Zusicherungen der deutschen Regierung, die Restprivatisierung der Deutschen Telekom in Zukunft vorzunehmen, reichten danach der italienischen Regierung nicht aus, die immer noch die Möglichkeit besaß, ein Veto gegen die Fusion einzulegen. Ein letzter Abwehrversuch gegen die Übernahme durch Olivetti wurde von Bernabè am 11. Mai 1999 unternommen. Um die (Klein-)Aktionäre auf seine Seite zu bringen, beschloss er zusammen mit der übrigen Unternehmensleitung von Telecom Italia, der Hauptversammlung eine deutliche Dividendenerhöhung vorzuschlagen.[175]

Die letztendliche Entscheidung über die Zukunft von Telecom Italia – und damit auch über die weitere Karriere von Franco Bernabè als Telecom-Italia-Chef – fiel mit Ablauf des Übernahmeangebots von Olivetti am 22. Mai 1999.[176] Olivetti-Chef Roberto Colaninno hatte es geschafft, etwa 51 % der Telecom-Italia-Aktien für 30 Milliarden Euro aufzukaufen. Damit war der Übernahmeversuch von Olivetti erfolgreich. Bernabè und seine Kollegen kamen einer Ablösung zuvor und erklärten ihren Rücktritt.[177]

Zum anderen könnten Topmanager aber auch erst ***bei Bekanntwerden eines Übernahmeangebots Maßnahmen ergreifen***, die eine feindliche Unternehmensübernahme erschweren. Denkbar wäre beispielsweise der *Verkauf von Kronjuwelen* (*crown jewels*) in Form besonders erfolgreicher oder innovativer Unternehmensteile. Dies würde die Attraktivität des Unternehmens aus Sicht des Aufkäufers verringern und könnte somit zu einer Rücknahme des Kaufangebots durch den Aufkäufer führen. Als extreme Abwehrmaßnahme könnte das Topmanagement auch im Gegenzug *den Aktionären des aufkaufenden Unternehmens ein Übernahmeangebot unterbreiten, um dieses zu übernehmen* (*pacman*). Insgesamt würden präventive wie auch kurzfristige Abwehrmaßnahmen des Topmanagements dazu führen, dass die Übernahmebereitschaft potentieller Aufkäufer sinkt und damit auch die Disziplinierungswirkung von Übernahmedrohungen. Empirische Ergebnisse zeigen allerdings, dass den Abwehrmaßnahmen des Topmanagements nur eine untergeordnete Bedeutung für die Erklärung erfolgreicher bzw. erfolgloser Unternehmensübernahmen zukommt.[178]

---

[172] Vgl. o.V. (1999h).
[173] Vgl. o.V. (1999i).
[174] Vgl. o.V. (1999j).
[175] Vgl. o.V. (1999k).
[176] Vgl. o.V. (1999l).
[177] Vgl. o.V. (1999m).
[178] Vgl. COMMENT/SCHWERT (1993) zitiert nach PROWSE (1994), S. 64–65.

Abschließend lässt sich festhalten, dass Übernahmedrohungen nur eine begrenzte Disziplinierungswirkung besitzen. In Deutschland spielen Übernahmen nur eine sehr untergeordnete Rolle.[179] In den USA sind Übernahmen zwar nicht unüblich, jedoch zeigen die obigen Argumente, dass selbst bei einem existierenden Markt für Unternehmenskontrolle Übernahmedrohungen als Disziplinierungsinstrument erheblichen Problemen unterworfen sind. Da die Finanzierung von Unternehmensübernahmen ein beträchtliches Volumen an Kapital erfordert, ist der Markt für Unternehmenskontrolle zudem auch allgemeinen konjunkturellen Einflüssen unterworfen.[180] Letztlich unterstreichen die Free-cash-flow-Hypothese von JENSEN (1986) und die Hybris-Hypothese von ROLL (1986), dass Übernahmen immer dann eine ambivalente Bedeutung zukommt, wenn es sich bei dem Aufkäufer auch wiederum um eine Publikumsgesellschaft handelt.

V.3.3.5 Banken und die Kontrolle von Topmanagern

Der Bankensektor unterliegt in den USA anderen Regulierungsvorschriften als in Deutschland.[181] Während Banken in Deutschland als so genannte ***Universalbanken*** eine Vielzahl von Kredit- und Finanzdienstleistungen anbieten dürfen, überregional tätig sind, große Eigenkapitalpositionen an anderen Unternehmen halten, eine aktive Managerkontrolle über ihren Aktienbesitz ausüben können und dabei auch die Depotstimmrechte von Kleinaktionären wahrnehmen dürfen, ist dies den US-amerikanischen Banken gesetzlich untersagt bzw. war lange Zeit untersagt.[182] Beispielsweise gestattet in den USA der Bank Holding Act den Banken höchstens einen passiven Aktienbesitz von 5 % an Unternehmen außerhalb des Bankensektors und verbietet ansonsten, dass Banken zugleich als Kreditgeber und Anteilseigner fungieren. Der Glass Steagall Act schrieb bis 1999 für die USA das so genannte ***Trennbankensystem*** vor. Danach durften sich Banken entweder als commercial banks dem Einlagen- und Kreditgeschäft widmen oder aber als investment banks dem Wertpapierhandel. Beide Finanzdienstleistungen durften aber nicht gleichzeitig angeboten werden. Die Ausübung von Depotstimmrechten wird durch US-amerikanische Börsengesetze verboten. Die Nutzung der Stimmrechte von Aktienfonds verstößt gegen die Bestimmungen des Investment Company Act. Der McFadden Act untersagte bis 1994 einer Bank in den USA, landesweit tätig zu werden. Zulässig war lediglich die Eröffnung neuer Filialen im selben Bundesstaat. Da die Vorschriften des Glass Steagall Act und des McFadden Act faktisch immer mehr unterlaufen wurden (z.B. durch die Gründung von Bankholdings), entschloss sich der amerikanische

---

[179] „Hostile takeovers are almost non-existent" (PROWSE 1994, S. 54).
[180] Vgl. PROWSE (1994), S. 65.
[181] Vgl. ROE (1993).
[182] Vgl. ROE (1993), S. 333–347; PROWSE (1994), S. 16–24.

Gesetzgeber dazu, auch formal die Restriktionen für den Bankensektor zu lockern. 1994 löste der Riegle-Neal Interstate Banking and Branching Efficiency Act den McFadden Act von 1927 ab, wodurch nun auch Bankgeschäfte und Filialen über die Grenzen des Bundesstaates hinweg erlaubt waren. Der Gramm-Leach-Bliley Act setzte 1999 den Glass Steagall Act außer Kraft und erlaubte fortan, dass durch so genannte financial holding companies sowohl Bank- und Versicherungsgeschäfte als auch Einlagen-, Kredit- und Wertpapiergeschäfte gleichzeitig getätigt werden dürfen. Durch die immer noch stärkere Regulierung des Bankensektors in den USA im Vergleich zu Deutschland kann den deutschen Banken insgesamt ein höheres Maß an Kontroll- und Disziplinierungsmöglichkeiten zugesprochen werden.[183] Im Folgenden soll daher nun von den gesetzlichen Bestimmungen abstrahiert bzw. von den deutschen Rechtsvorschriften ausgegangen werden, um die potentiellen Kontrollanreize und -möglichkeiten von Banken zu diskutieren.

Je nach Höhe des vergebenen Kredites dürften Banken einen nicht unerheblichen ***Kontrollanreiz*** bezüglich des Topmanagements der Schuldnerunternehmen haben. Banken sind vor allem daran interessiert, dass die Zins- und Tilgungszahlungen regelmäßig geleistet werden und dass das Topmanagement nicht zu riskante Investitionsprojekte wählt.[184] Hält die Bank zudem noch Aktien des Schuldnerunternehmens, so erhöhen sich entsprechend die Kontrollanreize für die Bank, weil der potentielle Schaden durch ein Fehlverhalten des Topmanagements nun noch größer sein kann. Zu bedenken ist jedoch, dass Banken selbst wiederum Großunternehmen sind und damit im Prinzip der gleichen Agency-Problematik unterliegen wie das ursprünglich betrachtete Großunternehmen mit seinem Topmanagement.

Banken verfügen formal – gerade in Deutschland – über sehr wirkungsvolle ***Kontroll- und Disziplinierungsmöglichkeiten***. Zum einen besteht für Banken als Fremdkapitalgeber die Möglichkeit, ihre *im Kreditvertrag zugesicherten Rechte bei Bedarf auch gerichtlich durchzusetzen*.[185] Während für Banken auf diese Weise gerichtlich einklagbare Ansprüche auf Zins- und Tilgungszahlungen existieren, können z.B. die Anteilseigner die Zahlung einer bestimmten Dividendenhöhe nicht per Gerichtsbeschluss erzwingen.

---

[183] ROE (1993), S. 347, weist zudem darauf hin, dass in den USA aufgrund der Größenrelation zwischen den Unternehmen des Banken- und des Nichtbankensektors selbst dann kein höheres Aktivitätsniveau hinsichtlich der Managerkontrolle zu erwarten wäre, wenn die Vielzahl der amerikanischen Gesetze nicht existierte. Zu bedenken ist dabei jedoch, dass zum Teil gerade die gesetzlichen Bestimmungen einem Wachstum der Banken entgegenwirken.

[184] Vgl. STIGLITZ (1985), S. 143–144, (1996), S. 78; PROWSE (1994), S. 12.

[185] Vgl. STIGLITZ (1985), S. 141, (1996), S. 78.

Zum anderen könnten Banken über entsprechende *Vorkehrungen im Kreditvertrag* dafür sorgen, dass ihnen zusätzliche Informationsrechte eingeräumt werden.[186] Sehr riskante Investitionsprojekte können über den Kreditvertrag ausgeschlossen werden, indem lediglich eine zweckbestimmte Kreditvergabe erfolgt.

Ferner ist eine Managerdisziplinierung dadurch möglich, dass die Bank *ausstehende Kredite nicht verlängert oder aber keine weiteren Kredite vergibt*, wenn sie von einem Fehlverhalten des Topmanagements überzeugt ist.[187] Solch ein Vertrauensentzug könnte zudem eine Signalwirkung für den gesamten Bankensektor haben, so dass das Topmanagement fortan erhebliche Probleme hätte, weitere Kredite zu bisher gewährten Konditionen zu erhalten. Voraussetzung für alle drei genannten Aktionsmöglichkeiten der Banken ist jedoch, dass die Unternehmen in bedeutendem Maße auf Fremdkapital angewiesen sind, was zumindest für Deutschland nicht mehr der Fall ist.[188]

Erhebliche Kontroll- und Disziplinierungsmöglichkeiten erhalten Banken in Deutschland durch die *Wahrnehmung von Stimmrechten in der Hauptversammlung sowie eine Mitwirkung im Aufsichtsrat.* Banken haben oftmals durch den eigenen Aktienbesitz, durch die Kontrolle über Investmentfonds und durch die Wahrnehmung von Depotstimmrechten[189] einen dominanten Einfluss auf Entscheidungen der Hauptversammlung.[190] Allein schon durch die Depotstimmrechte verfügen Banken bereits häufig über bis zu 20 % der Anteile an einer Unternehmung.[191] Insgesamt beträgt der stimmberechtigte Anteil von Banken an Großunternehmen in Deutschland zwischen 20 % und 40 % des Eigenkapitals.[192] Hieraus folgt zunächst einmal, dass Banken das formale Disziplinierungsinstrumentarium der Hauptversammlung (z.B. Entscheidungen über die Entlastung des Vorstands sowie über Kapitalerhöhungen) zur Verfügung steht. Dadurch besteht indirekt auch ein erheblicher Bankeneinfluss auf die Zusammensetzung des Aufsichtsrats, deren Kapitalvertreter von der Hauptversammlung bestimmt werden. Es verwundert daher auch nicht, dass in 96 von 100 der größten deutschen Unternehmen Bankenvertreter im Aufsichtsrat zu finden sind und in 14 Fällen sogar

---

[186] Vgl. STIGLITZ (1985), S. 141.

[187] Vgl. STIGLITZ (1985), S. 141, (1996), S. 226; PROWSE (1994), S. 12.

[188] In Deutschland ist in den letzten Jahren die Verschuldung bei Banken deutlich zurückgegangen. Vgl. WENGER (1992), S. 95; ROE (1993), S. 338.

[189] Zu einer Wahrnehmung von *Depotstimmrechten* kommt es, wenn Aktionäre nicht selbst ihre Stimmrechte ausüben wollen – was vor dem Hintergrund des in Unterabschnitt V.3.2.2 genannten Kosten-Nutzen-Kalküls zumindest für Kleinaktionäre individuell rational erscheint –, sondern stattdessen das Kreditinstitut, bei dem sie ihr Wertpapierdepot halten, als Stimmrechtsvertreter bevollmächtigen. Vgl. zu einer kritischen Auseinandersetzung mit Depotstimmrechten in Deutschland WENGER (1992); KNOLL (1996).

[190] Vgl. ROE (1993), S. 336–339.

[191] Vgl. ROE (1993), S. 337.

[192] Vgl. ROE (1993), S. 336.

den Vorsitz im Aufsichtsrat führen.[193] Damit haben Banken ebenfalls Zugriff auf das formale Disziplinierungsinstrumentarium des Aufsichtsrats (z.B. anreizkompatible Entlohnung, Entlassung) zur Kontrolle des Topmanagements.

Zudem dürfte der ***Informationsstand der Banken*** durch die Kreditbeziehung sowie die Partizipation in Hauptversammlung und Aufsichtsrat erheblich besser sein als die Informationsstände der bisher betrachteten Institutionen der Managerkontrolle. Hinzu kommt, dass die Banken auf das Humankapital der bei ihnen beschäftigten Analysespezialisten zurückgreifen können.

Fasst man die bisherigen Ausführungen dieses Unterabschnitts zusammen, so könnte man zu dem Ergebnis gelangen, dass Banken – zumindest in Deutschland oder innerhalb eines vergleichbaren rechtlichen Rahmens – eine der am besten geeigneten Institutionen der Managerkontrolle darstellen:[194] Durch ihre nicht unerheblichen Eigenkapital- und Fremdkapitalanteile besteht für Banken zunächst einmal ein hoher Kontrollanreiz. Die aufgezeigten Möglichkeiten, insbesondere der Einfluss über die Hauptversammlung und den Aufsichtsrat, eröffnen den deutschen Banken wirkungsvolle Kontroll- und Disziplinierungsmöglichkeiten. Dadurch, dass Banken Eigen- wie auch Fremdkapital an Großunternehmen halten, entschärft sich zudem der prinzipielle Interessenkonflikt zwischen Eigenkapital- und Fremdkapitalgebern,[195] wonach erstere vorwiegend an einer Maximierung des Unternehmenswertes und letztere an einer Sicherung ihrer Kredite interessiert sind, was oftmals in Widerspruch geraten kann.[196]

Trotz dieser sehr positiven Einschätzung der Banken als Institution der Managerkontrolle[197] ist dennoch zweierlei zu bedenken: ***Zum einen*** sind Banken in der Regel ***selbst wieder Publikumsgesellschaften***. Ohne weitere Vorkehrungen ist analog zur ursprünglichen Agency-Problematik nicht unbedingt davon auszugehen, dass Bankenvertreter grundsätzlich im Interesse ihrer Aktionäre entscheiden, wenn sie in der Hauptversammlung sowie im Aufsichtsrat von Großunternehmen mitwirken.[198] ***Zum anderen*** besteht selbst dann, wenn dieses Meta-Agency-Problem vernachlässigbar ist, immer noch das Problem, dass Banken mit anderen Interessengruppen ***Kollusionen*** eingehen könnten, um sich auf Kosten der (anderen) Anteilseigner Vorteile zu verschaffen. Insbesondere könnte sich für Banken eine Kollusion mit dem – eigentlich zu kontrollierenden – Top-

---

[193] Vgl. ROE (1993), S. 336–337.

[194] Vgl. STIGLITZ (1985), (1996), S. 77–79, 226–228; ROE (1993); PROWSE (1994), S. 12.

[195] Vgl. STIGLITZ (1985), S. 148; PROWSE (1994), S. 12; MOERLAND (1995), S. 31. Zu einem Rechenbeispiel vgl. BREUER (1998), S. 188–189.

[196] Vgl. u.a. Beispiel V–3 in Unterabschnitt V.2.1.

[197] Zu einem entsprechenden empirischen Befund vgl. CABLE (1985), aber auch die kritischen Anmerkungen von WENGER (1992), S. 95–96.

[198] Vgl. ROE (1993), S. 364.

management zu Lasten der (anderen) Anteilseigner als vorteilhaft erweisen. Günstige Voraussetzungen für eine gewinnbringende Kollusion bestehen für Banken vor allem dann, wenn sie hauptsächlich als Fremd- und nur geringfügig als Eigenkapitalgeber fungieren, aufgrund beträchtlicher Depotstimmrechte jedoch trotzdem einen erheblichen Einfluss in der Hauptversammlung sowie über den Aufsichtsrat erhalten.[199] Beispielsweise könnte das Topmanagement im Rahmen einer Kollusion mit den betreffenden Banken Kreditverträge zu überhöhten Fremdkapitalzinsen abschließen und dadurch einen Teil des free cash flow von den Aktionären zu den Banken umlenken.[200] Im Gegenzug könnte das Topmanagement von den Banken gegen disziplinierende Eingriffe geschützt werden, wenn es Teile des free cash flow für ineffiziente Unternehmensaufkäufe oder Investitionsausgaben mit Konsumcharakter verwendet. Auf diese Weise könnten sich die Banken und das Topmanagement den free cash flow zu Lasten der Aktionäre aufteilen. Im Endergebnis würde damit die von JENSEN (1986) vorgeschlagene Lösung zum Free-cash-flow-Problem – die Substitution von Eigen- durch Fremdkapital – faktisch pervertiert werden. Eine Kollusion zwischen Topmanagement und Banken könnte sich auch dahingehend für die Beteiligten lohnen, dass das Topmanagement einen Teil des free cash flow für eine zusätzliche Absicherung der Bankenkredite (z.B. über Rücklagen) verwendet und den restlichen Teil – unter dem Schutz der Banken – für Investitionsausgaben mit Konsumcharakter.

Verbindet man beide kritischen Argumente – das Meta-Agency- sowie das Kollusionsproblem – miteinander, so ließe dies auf ***systematische Defizite der Managerkontrolle in Deutschland*** schließen. Die deutsche Gesellschaft zerfiele danach grob in zwei Teile:[201] (1) vergleichsweise schlecht informierte und mit

---

[199] Zu einer kritischen Auseinandersetzung mit dem Depotstimmrecht vgl. allgemein WENGER (1992).

[200] Vgl. ROE (1993), S. 339, 349. Vor dem Hintergrund dieser Überlegung lässt sich gegebenenfalls auch ein Teil der empirischen Befunde von SCHMID (1996) interpretieren. Seine Ergebnisse belegen u.a. einen signifikant positiven Einfluss der Höhe und Konzentration der Eigenkapitalbeteiligung von Banken auf die Höhe der Fremdkapitalzinsen. Dabei ist zu beachten, dass mit der Höhe der Eigenkapitalbeteiligung einer Bank nicht nur ihre Opportunitätskosten aus einer Kollusion mit dem Topmanagement zu Lasten der Anteilseigner steigen, sondern auch ihre Kollusionsmöglichkeiten.

[201] Vgl. WENGER (1996b); BURY/SCHMIDT (1996); WENGER/KASERER (1998b). Zur These über systematische Probleme in Deutschland vgl. auch die Financial Times: „The control exercised by bankers, auditors, and Germany's two-tier board system has proven woefully inadequate" (Financial Times vom 29.5.96, S. 14, zitiert nach WENGER/KASERER 1998a, S. 501). Zumindest ist aufgrund der personellen Verflechtungen – z.B. Topmanager im Aufsichtsrat eines Großunternehmens des Banken- oder Nichtbankensektors sind zugleich Vorstandsmitglieder bei einem anderen Großunternehmen – nicht unbedingt zu erwarten, dass Topmanager als Aufsichtsratsmitglieder wirkungsvolle Kontroll- und Anreizsysteme implementieren, die dann später zu ihrer eigenen Disziplinierung als Vorstandsmitglieder eingesetzt werden könnten; vgl. WINTER (1996), S. 30.

faktisch nur geringen Sanktionsmöglichkeiten ausgestattete Kleinaktionäre und Interessengruppen sowie (2) die Gruppe der Topmanager, welche durch personelle Verflechtungen untereinander und mit anderen einflussreichen Entscheidungsträgern hauptsächlich der Sicherung ihrer individuellen Interessen Sorge tragen. Die Frage nach systematischen Defiziten ist letztlich nur empirisch zu beantworten. Zahlreiche Fallbeispiele sprechen für derartige Defizite. Für ein endgültiges Ergebnis sind jedoch die Befunde einer umfassenden empirischen Untersuchung abzuwarten.

V.4 Zwischenfazit

Die Diskussion der verschiedenen möglichen Institutionen der Managerkontrolle hat gezeigt, dass sowohl in den USA als auch in Deutschland keine Institution existiert, die ***isoliert betrachtet*** eine wirkungsvolle Disziplinierung des Topmanagements gewährleistet. Zum Teil ist ein Kontrollanreiz bei der entsprechenden Institution zwar gegeben, aber es fehlen Kontroll- und Disziplinierungsmöglichkeiten sowie die für eine effektive Kontrolle nötigen Informationen. Zum Teil gilt die umgekehrte Konstellation, d.h. eine Institution zeichnet sich durch erhebliche formale Kontroll- und Disziplinierungsrechte aus, verspürt jedoch keine hinreichenden Kontrollanreize. Selbst im Falle der Banken, die in Deutschland die wohl besten Ausgangsvoraussetzungen für eine effektive Managerkontrolle besitzen, ist vor dem Hintergrund der obigen Ausführungen nicht unbedingt davon auszugehen, dass ihr Einfluss zu einer Maximierung des Unternehmenswertes führt.

Trotz dieses ernüchternden Gesamtergebnisses wäre es weit gefehlt, von einem uneingeschränkten diskretionären Entscheidungsspielraum auf Seiten des Topmanagements auszugehen. Ihre Disziplinierung erfolgt nicht über eine einzelne Institution, sondern vielmehr über ein ganzes ***Institutionengeflecht***. Erst durch das Zusammenwirken der unterschiedlichen Institutionen kann erreicht werden, dass Topmanager das Ziel der Unternehmenswertmaximierung nicht zu sehr aus den Augen verlieren.[202] Voraussetzung für ein wirkungsvolles Institutionengeflecht ist allerdings, dass zwischen den einzelnen Institutionen keine zu starken Trittbrettfahrerprobleme bezüglich der Managerkontrolle herrschen.

In den verschiedenen Ländern haben sich sehr unterschiedliche Institutionengeflechte herausgebildet.[203] Während beispielsweise in den USA und Großbri-

[202] Zu Komplementaritäten zwischen den verschiedenen Instrumenten der Managerkontrolle vgl. HACKETHAL/TYRELL (1998); HEINRICH (2002).

[203] Vgl. zu einer synoptischen Gegenüberstellung PROWSE (1994), S. 17–18, 52. Nach Einschätzung von HACKETHAL/SCHMIDT/TYRELL (2002, 2003) bewegt sich das deutsche Corporate-governance-System jedoch aufgrund der zunehmenden Internationalisierung der

tannien eine Managerkontrolle eher über ***Märkte und marktorientierte Institutionen*** (z.B. Markt für Unternehmenskontrolle, externer Managermarkt) erfolgt, nehmen in Deutschland und Japan eher ***unternehmensinterne Institutionen und Kontrollen über Netzwerkstrukturen*** (z.B. japanische Keiretsu, die um eine so genannte „main bank" gebildet werden) eine Vorreiterrolle ein.[204] Welcher Typ von Institutionengeflecht den wirkungsvolleren darstellt, ist vor dem Hintergrund der einschlägigen Fachliteratur schwierig zu entscheiden, zumal einzelne Autoren dazu neigen, in Kenntnis der eigenen nationalen Probleme mit dem jeweils anderen System zu liebäugeln. Denkbar ist, dass eine Mischung aus verschiedenen Systemen die beste Antwort auf Probleme der Managerkontrolle darstellt. Nicht unsinnig erscheint es einerseits, die faktisch sehr starke Machtstellung des CEO durch eine strengere Gewaltenteilung nach deutschem Vorbild zu ersetzen. Andererseits erscheint es aber auch nicht unsinnig, die Rolle des freien Aktienmarktes in Deutschland zu stärken (z.B. durch die Begrenzung des Aktienbesitzes von Unternehmen an anderen Unternehmen). Im Zuge dessen könnte zudem die Existenz von Investment- und Pensionsfonds nach amerikanischem Vorbild[205] gefördert werden, die mit anderen institutionellen Anlegern – auch bei der Managerkontrolle – konkurrieren, zumal die Effizienz von Fondsmanagern anhand der erzielten Ergebnisse erheblich leichter als die der anderen Topmanager zu beurteilen ist, was wiederum eine einfachere Implementation geeigneter Anreizsysteme ermöglicht.[206]

Zumindest haben die Ausführungen dieses Kapitels sowie die von Kapitel III und IV gezeigt, dass die Publikumsgesellschaft nicht hinreichend unproblematisch erscheint, um als alleinige Alternative zu reinen Vertragsbeziehungen auf Märkten zu existieren. Es ist daher auch nicht weiter verwunderlich, dass ein Blick in die Realität ein breites Spektrum alternativer Organisationsformen zum Vorschein bringt, die vor dem Hintergrund der in Kapitel II diskutierten Gegebenheiten – die Existenz positiver Transaktionskosten sowie mögliche Funktionsschwächen von Märkten – mit der Organisationsform „Publikumsgesellschaft" auf den verschiedenen Märkten konkurrieren. Auf diese alternativen Organisationsformen soll nun exemplarisch in Kapitel VI näher eingegangen werden.

Märkte immer mehr auf das angloamerikanische System zu. Zur Diskussion der Konvergenz beider Systeme vgl. auch AUDRETSCH/WEIGAND (2001), S. 123–128.

[204] Vgl. ROE (1993); PROWSE (1994); MOERLAND (1995). Zur corporate governance in Japan vgl. speziell LEARMOUNT (2002).

[205] Zur hohen Bedeutung der Investmentfonds in den USA im Hinblick auf eine Disziplinierung des Topmanagements vgl. BROWN (1998).

[206] Vgl. hierzu auch WAGNER (1997), S. 495. Vgl. zur Diskussion relativer Anreizsysteme für Fondsmanager EICHBERGER/GRANT/KING (1999); BROWN/HARLOW/STARKS (1996); JAMES/ISAAC (1998).

Lektürevorschläge zu Kapitel V

Stellvertretend für die Managermodelle sei der wegweisende Beitrag von JENSEN/MECKLING (1976) genannt, welcher quasi den Beginn der Entstehung der modernen Agency-Theorie im Zusammenhang mit Publikumsgesellschaften markiert.

Eine Diskussion der Institutionen der Managerkontrolle ist lediglich im Rahmen der jeweils gegebenen Kontextbedingungen eines Landes möglich. Für die USA sei hierzu auf STIGLITZ (1985), (1996) sowie PROWSE (1994) verwiesen. Für Deutschland ist ein Rückgriff auf die Arbeiten von WENGER und seinen Mitarbeitern empfehlenswert, u.a. WENGER (1987), (1992), (1996b); WENGER/KASERER (1998a), (1998b); WENGER/KNOLL/KNOESEL (1995) – nicht nur wegen des hohen Unterhaltungswertes, sondern auch wegen der gravierenden realen Probleme mit dem deutschen System der Managerkontrolle, auf die gezielt aufmerksam gemacht wird.

Zusammenfassung

1. Publikumsgesellschaften zeichnen sich durch eine strikte Trennung von Eigentum (Aktionäre) und Unternehmensführung (Topmanagement) aus. Da Aktionäre und Topmanager zumindest partiell unterschiedliche Interessen haben, muss befürchtet werden, dass Topmanager bestehende Entscheidungsspielräume opportunistisch zu Lasten der Aktionäre ausnutzen.

2. Mögliche Anteilseigner-Manager-Konflikte werden bereits von den Managermodellen diskutiert (z.B. Orientierung des Topmanagements am Umsatz und am Wachstum der Unternehmung, ein Übermaß an Investitionsausgaben mit Konsumcharakter sowie an Personalausgaben für Stabmitarbeiter). Weitere potentielle Konflikte stellen Leistungszurückhaltung, Risikokonflikte, Zeitpräferenzkonflikte und zusätzliche Wachstumskonflikte (z.B. in Form der Free-cash-flow-Hypothese) dar.

3. Entscheidend für eine effektive Managerkontrolle zur Lösung dieser Konflikte sind sowohl hinreichende Kontrollanreize als auch hinreichende Kontroll- und Disziplinierungsmöglichkeiten auf Seiten der betreffenden Kontrollinstitution. Denkbar sind neben dem offiziellen Kontrollorgan, dem Aufsichtsrat bzw. board of directors, eine Reihe unternehmensinterner und -externer Institutionen der Managerkontrolle.

4. Letztlich ist zu vermuten, dass eine effektive Managerkontrolle nicht von einer einzelnen Kontrollinstitution geleistet wird, sondern höchstens von einem Geflecht aus verschiedenen Institutionen, die sich gegenseitig ergänzen. In der Praxis haben sich im internationalen Vergleich grob zwei Typen von Institutionengeflechten herausgebildet – marktorientierte Kontrollstrukturen (z.B. in den

USA und Großbritannien) sowie netzwerkorientierte Kontrollstrukturen (z.B. in Japan und Deutschland).

Schlüsselbegriffe

Agency-Kosten
Aktienoptionsprogramme
Anteilseigner-Manager-Konflikte
Banken
board of directors
chief executive officer (CEO)
Investitionen mit Konsumcharakter
Managerkontrolle
Managermodelle
Publikumsgesellschaft
Shareholder-value-Ansatz
Unternehmensübernahme

Kapitel VI

Alternative Organisationsformen

Die bisherigen Ausführungen gingen in der Regel implizit oder auch explizit von einer Großunternehmung (in Form der Publikumsgesellschaft) als Untersuchungsobjekt aus. Die Ergebnisse in Kapitel II haben jedoch bereits verdeutlicht, dass im Prinzip verschiedene Typen von Institutionen und Organisationen denkbar sind, durch die Transaktionskostenvorteile erzielt oder Funktionsschwächen von Märkten kompensiert bzw. ausgenutzt werden können.[1] Zudem haben die Kapitel III bis V verschiedene Organisations- und Managementprobleme aufgezeigt, welche die Effizienz von Publikumsgesellschaften mindern. Es ist daher zu vermuten, dass alternative Organisationsformen in bestimmten Kontexten gegenüber der Publikumsgesellschaft möglicherweise Effizienzvorteile aufweisen. Vor dem Hintergrund dieser Überlegung ließe sich dann auch erklären, warum im Laufe der Zeit eine Vielfalt alternativer Organisationsformen entstanden ist und sich dauerhaft unter Marktbedingungen bewährt hat.

Im Folgenden kann nicht auf sämtliche dieser Organisationsformen eingegangen werden. Es soll jedoch exemplarisch anhand ausgewählter Typen von Organisationen gezeigt werden, (a) inwiefern alternative Organisationsformen unter den Bedingungen der Neuen Institutionenökonomik spezifische Vorteile besitzen können und (b) wo deren Grenzen bzw. Nachteile zu sehen sind. Letzteres wiederum hilft zu erklären, warum empirisch betrachtet diese alternativen Organisationsformen nur begrenzt Verbreitung gefunden haben. Zunächst einmal soll in Abschnitt VI.1 in knapper Form die Einzelunternehmung behandelt werden. Abschnitt VI.2 ist anschließend der Diskussion von Partnerschaften gewidmet. Abschnitt VI.3 beschäftigt sich mit Genossenschaften und Abschnitt VI.4 mit Franchising. Den Abschluss dieses Kapitels bilden ein Zwischenfazit in Abschnitt VI.5 sowie ein Exkurs, der die Besonderheiten überlappender Generationen von Organisationsmitgliedern in Partnerschaften, Genossenschaften und Franchisesystemen diskutiert.

[1] Vgl. auch schon die verschiedenen von ALCHIAN/DEMSETZ (1972) diskutierten Organisationsformen.

VI.1 Einzelunternehmen

Einzelunternehmen sind dadurch gekennzeichnet, dass eine Person alleiniger Eigentümer des Unternehmens ist und für dessen Verbindlichkeiten auch mit dem Privatvermögen einzustehen hat. Da es hier im Gegensatz zur Publikumsgesellschaft nicht zu einer Trennung von Eigentum und Unternehmensführung kommt, sind Einzelunternehmen auch nicht durch die in Kapitel V diskutierten Managementprobleme belastet. Im Gegenteil, da der Einzelunternehmer selbst die Geschäfte führt und auch mit dem Privatvermögen haftet, entstehen starke Anreize für eine effiziente Unternehmensführung. Allerdings können auch in Einzelunternehmen einige der in Kapitel III und IV aufgezeigten Organisationsprobleme auftreten, sofern im Unternehmen noch andere Personen beschäftigt sind. Zumindest können Delegationsprobleme (vgl. Abschnitt III.3) und kontraproduktive Beeinflussungsaktivitäten (vgl. Abschnitt III.6) nicht ausgeschlossen werden, wenn wenigstens ein Arbeitnehmer beim betrachteten Einzelunternehmer beschäftigt ist.

Trotz der im Vergleich zur Publikumsgesellschaft bestehenden Anreizvorteile der Einzelunternehmung gibt es doch verschiedene Gründe, welche die nur begrenzte Verbreitung von Einzelunternehmen erklären können. Beispielsweise werden Umfang und Komplexität der Geschäftstätigkeit des Einzelunternehmens durch die begrenzte zeitliche Verfügbarkeit sowie die eingeschränkte Rationalität des Einzelunternehmers limitiert, dem die gesamte Unternehmensleitung obliegt. Zudem existiert kein externes Eigenkapital, und dem Einzelunternehmer stehen oftmals aufgrund geringer materieller Sicherheiten sowie asymmetrisch verteilter Informationen über das Potential des Unternehmers nur in sehr eingeschränktem Maße externe Fremdfinanzierungsmöglichkeiten zur Verfügung.[2] Beide Punkte führen dazu, dass üblicherweise das Leistungsspektrum des Unternehmens sehr begrenzt ist. Denkbar ist im Einzelfall allerdings, dass die Organisationsform „Einzelunternehmen“ nur von transitorischer Bedeutung ist. Beispielsweise könnte ein Einzelunternehmen aufgrund erfolgreicher Unternehmenspolitik wachsen und zur Deckung des zusätzlichen Finanzierungsbedarfs auch außenstehende Eigenkapitalgeber aufnehmen. Dieses könnte jedoch mögliche Folgeprobleme nach sich ziehen, beispielsweise Trittbrettfahrer- oder Mehrprinzipaleprobleme zwischen dem ursprünglichen Einzelunternehmer und den externen Eigenkapitalgebern.[3]

---

[2] Vorteile bei der Kreditvergabe ergeben sich gegenüber anderen Gesellschaftsformen jedoch dadurch, dass der Einzelunternehmer unbeschränkt haftet.

[3] Vgl. Unterabschnitt VI.1.1. Ursprüngliche Einzelunternehmen könnten durch die Aufnahme externer Eigenkapitalgeber beispielsweise zu BGB-Gesellschaften, Offenen Handelsgesellschaften, Kommanditgesellschaften oder Gesellschaften mit beschränkter Haftung werden. Die grundsätzlichen Organisationsprobleme dieser Gesellschaften sind im Prinzip mit

Auf eine weitergehende Diskussion von Einzelunternehmen soll an dieser Stelle verzichtet werden, da Managementprobleme definitionsgemäß nicht auftreten können und mögliche Organisationsprobleme bereits detailliert in Kapitel III und IV behandelt wurden.

VI.2 Partnerschaften

Eine Partnerschaft ist die typische Organisationsform, in der sich ***Freiberufler*** (z.B. Ärzte, Rechtsanwälte, Architekten, Krankengymnasten) zusammenschließen.[4] Besonderes Kennzeichen der Partnerschaft ist, dass die Freiberufler nicht nur als Partner die Eigentümer der Unternehmung darstellen und daher persönlich, unbeschränkt und gesamtschuldnerisch für die Verbindlichkeiten der Unternehmung haften, sondern auch zugleich einen wesentlichen Teil der Belegschaft bilden. Im Folgenden sollen die Gründe für die Existenz von Partnerschaften (Unterabschnitt VI.2.1) sowie Erklärungsansätze für ihre typische Mikrostruktur[5] (Unterabschnitt VI.2.2) diskutiert werden.[6]

VI.2.1 Gründe für die Existenz von Partnerschaften

Die folgenden *vier Aspekte* basieren alle auf der Ausgangsüberlegung, warum es sich für Freiberufler unter den (Second-best-)Bedingungen der Neuen Institutionenökonomik lohnen kann, statt eines Einzelunternehmens oder einer anderen Organisationsform (z.B. GmbH) eine Partnerschaft zu gründen.

Für solch einen Zusammenschluss zur Partnerschaft könnten zum einen ***Risikovorteile*** gegenüber der Organisationsform „Einzelunternehmen" sprechen.[7] Risikovorteile lassen sich vor allem dann realisieren, wenn die Partner auf verschiedenen Marktsegmenten tätig sind, so dass ihre Ergebnisrisiken nur wenig

---

denen von Einzelunternehmen und Publikumsgesellschaften identisch und wurden bereits in Kapitel III und IV behandelt. Hinzu kommen mögliche Mehrprinzipaleprobleme (einschließlich Koordinations- und Trittbrettfahrerproblemen) zwischen den verschiedenen Eigenkapitalgebern bzw. Gesellschaftern. Diese könnten in unterschiedlicher Form auftreten, je nachdem, ob alle oder nur einige der Gesellschafter an der Leitung der Gesellschaft beteiligt sind.

[4] Zu den Merkmalen von Partnerschaften in Deutschland vgl. die empirischen Ergebnisse von STEINER (1999). Zu einer umfassenden ökonomischen Analyse von Partnerschaften vgl. STEINER (2000). Spezialaspekte wie strategisches Mismatching von Partnern werden im Folgenden nicht behandelt; vgl. stattdessen KRÄKEL (2001b), (2003b).

[5] Diese orientiert sich vorwiegend an Partnerschaften mit einer vergleichsweise kleinen Anzahl an Partnern und nicht an großen Wirtschaftsprüfungsgesellschaften oder Consultingfirmen, zumal diese oftmals auch als Kapitalgesellschaft geführt werden.

[6] Vgl. zu den folgenden Ausführungen KRÄKEL (2000a) sowie die dort zitierte Literatur.

[7] Vgl. GILSON/MNOOKIN (1985), S. 321–329.

(positiv) miteinander korrelieren – idealtypisch: stochastisch unabhängig sind[8] –, und zwischen den Partnern eine effiziente Risikoaufteilung erfolgt.[9] Beispiele für solche risikoreduzierenden Partnerschaften können Gemeinschaftspraxen zwischen Ärzten sein, die sich auf unterschiedliche Fachgebiete spezialisiert haben (z.B. Orthopäde, HNO-Arzt, Neurologe) sowie Gemeinschaftskanzleien zwischen Rechtsanwälten mit unterschiedlichen Schwerpunkten (z.B. Arbeitsrecht, Familienrecht, Strafrecht). Risikovorteile ergeben sich letztlich auf zweierlei Weise. ***Zum einen*** bilden die Partner einen ***gemeinsamen Risikopool***, durch den ein Versicherungseffekt erzielt wird.[10] Das Marktergebnis bzw. der Gewinn eines Freiberuflers ist üblicherweise stochastischen Einflüssen (z.B. exogenen Nachfrageschwankungen) unterworfen. Schließen sich mehrere Freiberufler, deren Gewinnrisiken stochastisch unabhängig sind, zu einer Partnerschaft zusammen, bei der die einzelnen Gewinne zu einem Partnerschaftsgewinn zusammengefasst werden, so entsteht dadurch ein Versicherungseffekt, dass sich positive und negative stochastische Einflüsse im Durchschnitt (teilweise) ausgleichen können. Jeder Freiberufler profitiert als Partner von diesem Vorteil, da er nicht mehr seinen individuellen Gewinn erhält, sondern einen Anteil am Partnerschaftsgewinn, und der Partnerschaftsgewinn insgesamt geringeren stochastischen Einflüssen unterliegt als der eigene individuelle Gewinn. Hierdurch können bereits dann schon Risikokosten in Form von Risikoprämien eingespart werden, wenn alle Partner den gleichen Grad an Risikoaversion aufweisen.

Zum anderen entsteht ein zusätzlicher Risikovorteil, wenn die Partner unterschiedlich stark risikoavers sind und untereinander ***Risikoarbitrage*** betreiben.[11] Sehr risikoaverse Partner würden dabei einen vergleichsweise hohen Fixbetrag (vorab) erhalten und dafür einen relativ geringen Prozentsatz am unsicheren Partnerschaftsgewinn, weniger risikoaverse Partner hingegen einen geringen Fixbetrag in Kombination mit einem hohen Prozentsatz am Partnerschaftsgewinn. Entscheidende Voraussetzung für beide Formen von Risikovorteilen ist, dass die Ergebnisrisiken der Partner möglichst wenig positiv miteinander korrelieren.[12] Das folgende Beispiel beschäftigt sich mit dem erstgenannten Risikovorteil:[13]

---

[8] Noch wünschenswerter wäre zwar eine negative Korrelation zwischen den Ergebnisrisiken, was jedoch im Zusammenhang mit Freiberuflern in der Realität kaum auftreten dürfte.

[9] Vgl. RICKETTS (2002), S. 107–108; MILGROM/ROBERTS (1992), S. 212–213, 416–418; LANG/GORDON (1995).

[10] Dieser Vorteil eines gemeinsamen Risikopools ist analog zu dem von Versicherungsunternehmen zu sehen.

[11] In diesem Fall wird ein Partner einen umso geringeren (höheren) Anteil an den Ergebnisrisiken aller Partner tragen, je höher (niedriger) sein Grad an Risikoaversion ist. Ein monetärer Ausgleich zwischen den Partnern erfolgt dann über entsprechende Transferzahlungen.

[12] Diese Voraussetzung ist jedoch nicht immer gegeben, da Freiberufler oftmals auf stark regulierten Märkten agieren und die Regulierungsvorschriften auch dann alle Partner gleichermaßen betreffen können, wenn sie unterschiedliche Marktsegmente bearbeiten. Ein typi-

Beispiel VI–1: Risikovorteil einer Partnerschaft

Es sei angenommen, dass ein Freiberufler wie auch eine Partnerschaft aus verschiedenen Freiberuflern genau dann dauerhaft am Markt überlebensfähig ist, wenn pro Periode mindestens ein Kunde akquiriert wird. Die Wahrscheinlichkeit, dass ein Freiberufler in einer Periode einen Kunden erfolgreich einwirbt, betrage $p \in (0, 1)$. Ob ein Freiberufler einen Kunden hat oder nicht, beeinflusse nicht die Erfolgswahrscheinlichkeit eines anderen Freiberuflers. Die Zufallsereignisse „Akquise eines Kunden" der verschiedenen Freiberufler sind also stochastisch unabhängig. Schließt sich ein Freiberufler nicht mit anderen Kollegen zu einer Partnerschaft zusammen, so beträgt demnach seine Überlebenswahrscheinlichkeit am Markt gleich p. Schließen sich hingegen zwei Freiberufler zu einer Partnerschaft zusammen, so beträgt ihre gemeinsame Überlebenswahrscheinlichkeit

$$(1-p)\cdot p + p\cdot(1-p) + p^2 = p\cdot(2-p) > p. \qquad \text{(VI.1)}$$

Durch den Zusammenschluss zu einer Partnerschaft erzielen die Freiberufler eine Art Versicherungseffekt. Dieser Effekt wird größer, je mehr Freiberufler sich zusammenschließen:[14] Besteht eine Partnerschaft aus $n > 2$ Freiberuflern, so lautet die Überlebenswahrscheinlichkeit[15]

$$1 - \Pr\{\text{kein Partner hat einen Kunden}\}. \qquad \text{(VI.2)}$$

Aufgrund der Annahme stochastischer Unabhängigkeit ergibt sich

$$\begin{aligned} &1 - \Pr\{\text{Partner 1 hat keinen Kunden} \wedge \text{Partner 2 hat keinen Kunden} \wedge \\ &\quad \ldots\ldots \wedge \text{Partner } n \text{ hat keinen Kunden}\} \\ &= 1 - \prod_{i=1}^{n} \Pr\{\text{Partner } i \text{ hat keinen Kunden}\}. \end{aligned} \qquad \text{(VI.3)}$$

Da jeder Freiberufler die gleiche individuelle Wahrscheinlichkeit p für einen Kunden besitzt, folgt hieraus für die Überlebenswahrscheinlichkeit der Partnerschaft:

$$1 - \prod_{i=1}^{n} \Pr\{\text{Partner } i \text{ hat keinen Kunden}\} = 1 - (1-p)^n. \qquad \text{(VI.4)}$$

Diese Wahrscheinlichkeit steigt in n und strebt für $n \to \infty$ gegen 1.

Für den Zusammenschluss von Freiberuflern zu einer Partnerschaft könnten auch ***Informations- und Kooperationsvorteile*** sprechen.[16] Diese Vorteile ergeben sich dadurch, dass (i) eine Partnerschaft als dauerhafter Zusammenschluss ausgerichtet ist und (ii) die Partner in der Regel über gleiche oder sich ergänzende Qualifikationen verfügen. Aus (i) folgt zunächst einmal, dass die Partner durch ihre Zusammenarbeit und das gegenseitige Beobachten der jeweiligen Leistungen

---

sches Beispiel bilden mögliche Gesundheitsreformen, die die Ergebnisse bzw. Umsätze unterschiedlicher Ärzte gleichermaßen beeinflussen.

[13] Zu einem Beispiel zum zweitgenannten Risikovorteil vgl. MILGROM/ROBERTS (1992), S. 212–213.

[14] Die Intuition über das Gesetz der großen Zahlen ist die gleiche wie in Unterabschnitt II.2.4 zu stochastisch bedingten steigenden Skalenerträgen.

[15] $\Pr\{\cdot\}$ steht für die Eintrittswahrscheinlichkeit des Ereignisses „·".

[16] Vgl. FAMA/JENSEN (1983), S. 315–316; MILGROM/ROBERTS (1992), S. 523. Vgl. hierzu auch MILLER (1997).

laufend zusätzliche Informationen über einander erhalten. Diese Zusatzinformationen wirken möglichen Hidden-action- und Hidden-information-Problemen zwischen den Partnern entgegen, da unter den gegebenen Bedingungen ein Verbergen von Leistungszurückhaltung und/oder mangelnden Talenteigenschaften nur schwer möglich ist.[17] Auch bei symmetrischer Qualitätsunsicherheit unter den Partnern – d.h. jeder Partner kennt nur eine Wahrscheinlichkeitsverteilung über sein eigenes Talent sowie das der anderen Partner – sind laufende Zusatzinformationen über die jeweiligen Arbeitsleistungen bzw. -ergebnisse der anderen Partner von Vorteil, weil hierdurch Unsicherheit abgebaut wird und das Talent im Laufe der Zeit immer besser erkennbar wird.[18] Aus Punkt (i) lässt sich zudem eine erhöhte Kooperationsbereitschaft zwischen den Partnern ableiten, da ein erkanntes unkooperatives Verhalten (z.B. Leistungszurückhaltung) eines Partners dauerhaft von den anderen Partnern sanktioniert werden kann, indem diese dem unkooperativen Partner fortan ihre Unterstützung entziehen.[19] Punkt (ii) führt ebenfalls zu Informations- und Kooperationsvorteilen. Die gleichen oder sich ergänzenden Qualifikationen bewirken, dass die Partner ihre beruflichen Fähigkeiten vergleichsweise gut einschätzen können. Bei schlechten Leistungsergebnissen lässt sich auf diese Weise beispielsweise gut beurteilen, ob der betreffende Partner nicht in der Lage oder aber nicht bereit war, ein besseres Ergebnis zu erzielen.[20] Im letzteren Fall könnten die übrigen Partner wiederum entsprechende Sanktionsmaßnahmen ergreifen.

Durch bestimmte Partnerschaften können zudem ***Verbundvorteile*** realisiert werden. *Angebotsseitige Verbundvorteile* können sich z.B. bei der Planung und Durchführung größerer Projekte ergeben. Ein typisches Beispiel wäre ein Bauprojekt, das von einem Architektenbüro geleitet und durchgeführt wird, welches aus Bauingenieuren und Architekten besteht, die sich gegenseitig ergänzen und als Team über eine subadditive Kostenfunktion verfügen. Diese Subadditivität kann zum einen die Produktionskosten betreffen, welche beim Architektenbüro durch die Zusammenarbeit der verschiedenen Partner insgesamt geringer sein können als im Falle unabhängiger Freiberufler.[21] Zum anderen kann möglicher-

---

[17] Vgl. hierzu auch die allgemeine Argumentation über die Vorteilhaftigkeit von Unternehmen bei asymmetrisch verteilten Informationen auf Märkten in Unterabschnitt II.2.2.

[18] Vgl. hierzu das Career-concerns-Modell von HOLMSTRÖM (1982a) in Abschnitt III.7. Hier nahm die Präzision über das unbekannte Talent des Agenten im Zeitablauf immer mehr zu bzw. die Varianz immer mehr ab.

[19] Vgl. zu den Implikationen von Punkt (i) auch die genaueren Ausführungen zu Mehrperiodenmodellen in Unterabschnitt III.1.3.2.

[20] Z.B. mag ein verlorener Rechtsstreit eines Rechtsanwalts auf ein mangelndes Fachwissen oder auf eine mangelhafte Vorbereitung (oder auf unverschuldete Umstände) zurückzuführen sein. Eine genaue Ursachenanalyse dürfte für die anderen Partner vergleichsweise gut möglich sein, sofern es sich bei diesen ebenfalls um Rechtsanwälte handelt.

[21] Z.B. indem innerhalb des Architektenbüros die einzelnen Freiberufler untereinander Vorarbeiten leisten und zudem überflüssige Doppelarbeiten vermieden werden.

weise durch das Architektenbüro auch eine Einsparung von Transaktions- und Koordinationskosten bei der Durchführung eines Bauprojekts erreicht werden. Denkbar sind zudem *nachfrageseitige Verbundvorteile*, die z.B. in Form von eingesparten Suchkosten bei den Kunden erzielt werden. Beispielsweise lassen sich nachfrageseitige Verbundvorteile von Gemeinschaftspraxen realisieren, in denen einer der Partner Allgemeinmediziner ist und Patienten im Falle einer Überweisung an die entsprechenden Fachärzte innerhalb der Partnerschaft weiter vermittelt. Ein anderes Beispiel kann in der Möglichkeit gegenseitiger Urlaubsvertretungen in Gemeinschaftspraxen sowie -kanzleien gesehen werden, wodurch auch wiederum auf Kundenseite Transaktionskosten eingespart werden. Hiervon profitiert dann ebenfalls die Partnerschaft und zwar in Form besserer Kundenakquisition.

Schließlich können Freiberufler durch den Zusammenschluss zur Partnerschaft oftmals auch ***Größenvorteile*** erzielen. Größenvorteile sind häufig technologisch durch Unteilbarkeiten bei den Produktionsfaktoren bedingt. Im Zusammenhang mit Partnerschaften können Größenvorteile vor allem durch eine gemeinsame Ressourcennutzung mehrerer Freiberufler realisiert werden. Beispiele hierfür sind gemeinsam genutzte Büro- und Praxisräume, die gemeinsame Nutzung eines Sekretariats bzw. einer Anmeldung sowie die gemeinsame Nutzung teurer Instrumente (z.B. Nutzung eines Lasergerätes durch mehrere Augenärzte), deren Anschaffung sich erst bei einem häufigen Einsatz rechnet.

Abschließend lässt sich festhalten, dass die vier Gründe für die Existenz von Partnerschaften vermutlich nicht gleichrangig sind. Verbundvorteile und Größenvorteile allein vermögen die Gründung von Partnerschaften nur schwer zu erklären. Beispielsweise lassen sich die erwähnten nachfrageseitigen Verbundvorteile von Gemeinschaftspraxen ebenso von unabhängigen Ärzten nutzen, die ihre Praxen in so genannten Ärztehäusern bzw. -zentren örtlich zusammenlegen sowie ihre Patienten im Urlaubsfall an einen Stellvertreter verweisen. Beides ist empirisch häufig zu beobachten. Auch Größenvorteile stellen in der Regel kein zwingendes Argument für die Gründung einer Partnerschaft dar. Beispielsweise lassen sich gemeinsame Ressourcen wie ein Sekretariat für Verwaltungsaufgaben oder teure medizinische Geräte auch rein vertraglich geregelt von mehreren unabhängigen Ärzten gemeinsam nutzen, ohne dass hierfür eine Partnerschaft gegründet werden muss. Beides lässt sich wiederum durchaus in der Praxis beobachten (z.B. ebenso die Nutzung der Dienstleistungen einer ärztlichen Verrechnungsstelle durch verschiedene unabhängige Ärzte).

Von größerer Bedeutung dürften hingegen die beiden zuerst behandelten Gründe sein – Risikovorteile sowie Informations- und Kooperationsvorteile. Diese beiden Vorteile sind nicht nur allgemeinerer Natur als die erwähnten Verbund- und Größenvorteile, die jeweils nur in speziellen Einzelfällen realisierbar sind, sie ergänzen sich zudem. Die Nutzung von Risikovorteilen birgt die Gefahr von Trittbrettfahrerverhalten in sich.[22] Führen alle Partner ihre individuellen Gewinne zu einem Partnerschaftsgewinn zusammen, der anschließend anhand eines vorab bestimmten Schlüssels (z.B. gleichmäßig auf alle Partner) und nicht individuell leistungsabhängig verteilt wird, so ergeben sich hieraus bei den einzelnen Partnern Anreize für eine Leistungszurückhaltung.[23] Genau dagegen können jedoch die oben beschriebenen Informations- und Kooperationsvorteile wirken. Entscheidend ist hierbei allerdings die Frage, ob die Partner die Informations- und Kooperationsvorteile auch tatsächlich nutzen. Im Prinzip erzeugt ein Partner mit einer Kontrolle und gegebenenfalls Sanktionierung der anderen Partner – d.h. mit der Nutzung von Informations- und Kooperationsvorteilen – positive externe Effekte für die gesamte Partnerschaft. Daher ist zu vermuten, dass auch wiederum Trittbrettfahrerprobleme die wirkungsvolle Anwendung bestehender Informations- und Kooperationsvorteile verhindern könnten. Dieser Gefahr wird jedoch durch entsprechende Kontrollanreize der Partner entgegengewirkt, die sich aus der gegenseitigen Haftung und dem gemeinsamen Interesse an einer Aufrechterhaltung der Reputation der Partnerschaft ableiten lassen. Auf diese Anreize soll im folgenden Unterabschnitt VI.2.2 noch genauer eingegangen werden. Insgesamt führen die Informations- und Kooperationsvorteile zu vergleichsweise niedrigen Kontroll- und Sanktions***kosten***[24] bei den Partnern sowie die Haftungs- und Reputationsaspekte zu entsprechenden Kontroll- und Sanktions***anreizen***, was zusammen eine effektive gegenseitige Kontrolle unter den Partnern bewirken kann, welche letztlich die bestehenden Risikovorteile ergänzt.[25]

VI.2.2 Mikrostruktur von Partnerschaften

Die Ausführungen des vorausgegangenen Unterabschnitts VI.2.1 haben gezeigt, dass sich Partnerschaften analog zur Unternehmung aus Kapitel II über Transak-

---

[22] Zum Trittbrettfahrerproblem in Partnerschaften vgl. LEIBOWITZ/TOLLISON (1980).

[23] Vgl. im Zusammenhang mit Teamarbeit Abschnitt IV.2 sowie zu den grundsätzlichen Gegenläufigkeiten zwischen effizienter Risikoverteilung und Anreizgestaltung (im Prinzipal-Agent-Modell) Unterabschnitt II.2.2.

[24] Die Sanktionierung eines unkooperativen Partners durch den Entzug der eigenen Hilfsbereitschaft mag zwar zu weiteren Gewinneinbußen für die Partnerschaft führen, nicht jedoch zu zusätzlichen Anstrengungen beim sanktionierenden Partner, sondern entlastet ihn sogar (er spart das Arbeitsleid für eine Unterstützung des betreffenden Partners).

[25] Noch wirksamer wird die gegenseitige Kontrolle bei einer relativ geringen Anzahl an Partnern. Vgl. zu diesem Kleingruppeneffekt Unterabschnitt VI.2.2. Kleingruppeneffekte führen letztlich dazu, dass Reputationsaspekte im Zusammenhang mit Partnerschaften hier als anreizfördernd eingestuft werden, während in Franchisesystemen, die üblicherweise aus relativ vielen Mitgliedern bestehen, Reputationsaspekte als Teil eines doppelseitigen Opportunismusproblems behandelt werden; vgl. dazu Unterabschnitt VI.4.2.

tionskostenvorteile sowie eine Kompensation oder Ausnutzung von Marktschwächen rekonstruieren lassen. In diesem Unterabschnitt soll nun diskutiert werden, inwiefern sich die typischen Details von Partnerschaften, ihre Mikrostruktur, erklären lassen. Den Ausgangspunkt bildet hierbei die Überlegung, dass unter den Second-best-Bedingungen der Neuen Institutionenökonomik eine Partnerschaft als Substitut für Marktbeziehungen üblicherweise auch nur Second-best-Charakter hat. Die typische Mikrostruktur von Partnerschaften lässt sich dann dahingehend erklären, dass durch sie die eigenen internen Probleme von Partnerschaften relativ gut gelöst werden können.

Vor allem in US-amerikanischen Partnerschaften (speziell in Rechtsanwaltskanzleien) findet man häufig die so genannte ***Up-or-out-Regel*** zur Aufnahme neuer Partner.[26] Diese Regel sieht vor, dass Anwärter auf einen Partnerstatus zunächst einmal als einfache Angestellte beschäftigt werden. Zugleich wird jedoch ein zukünftiger Zeitpunkt als Ende einer Art Bewährungsphase festgelegt, zu dem sich die bisherigen Partner entscheiden *müssen*, den Anwärter entweder zum Partner zu befördern („up") oder aber ihn zu entlassen („out"). Die dritte potentielle Möglichkeit – die Weiterbeschäftigung unter dem bisherigen Angestelltenstatus – wird von der Regel strikt ausgeschlossen. Durch die Up-or-out-Regel lassen sich insbesondere ***doppelseitige Opportunismusprobleme*** zwischen den Partnern und dem Anwärter verhindern:[27] Während der Bewährungsphase erhalten die Partner in der Regel zuverlässige Informationen über das Talent und die Leistungsbereitschaft des Anwärters, die jedoch oftmals nicht-kontrahierbar und/ oder dem Anwärter selbst nicht zugänglich sind. In solch einem Fall besteht die potentielle Gefahr, dass die Partner dauerhaft von den Fähigkeiten eines guten Anwärters Gebrauch machen wollen, ohne ihn entsprechend zu entlohnen. Dies wäre möglich, indem die Partner auch außerordentlich talentierten Anwärtern lediglich ein durchschnittliches Potential bescheinigen und diese bei ihrem Angestelltenstatus belassen. Antizipieren Anwärter solch einen Opportunismus der Partner, so werden sie während der Bewährungsphase ihre Leistung zurückhalten, also shirking betreiben. Dieser doppelseitige Opportunismus wird durch die Up-or-out-Regel verhindert, welche die Partner dazu zwingt, die Leistungen und das Talent guter Anwärter zu honorieren. Handelt es sich bei einem Anwärter um ein großes Talent, so werden sich die Partner aus Eigeninteresse für die

---

[26] Vgl. KAHN/HUBERMAN (1988); GILSON/MNOOKIN (1989); WALDMAN (1990); O'FLAHERTY/SIOW (1995). Die empirischen Befunde der Autoren belegen allerdings eine rückläufige Tendenz für die Verwendung der Up-or-out-Regel. Zur Anwendung der Up-or-out-Regel in deutschen Partnerschaften vgl. STEINER (2001).

[27] Vgl. MILGROM/ROBERTS (1992), S. 379–382. Vgl. zu doppelseitigen Opportunismusproblemen auch Abschnitt III.2.

Alternative „up“ entscheiden, ansonsten für die Alternative „out“.[28] Eine dauerhafte Ausbeutung außerordentlicher Talente unter den Anwärtern ist unter der Up-or-out-Regel nicht möglich. Haben sich die Partner über die Up-or-out-Regel gegen eigenes opportunistisches Verhalten selbst gebunden, so wird auch der Opportunismusgefahr auf Seiten der Anwärter entgegengewirkt, die nun ein Interesse haben, über entsprechend hohe Leistungen die Partner von ihrem Talent zu überzeugen und so in die Partnerschaft aufgenommen zu werden.[29]

Vielfach ist in realen Partnerschaften zu beobachten, dass vor allem ***junge Partner mit überdurchschnittlich anstrengenden Tätigkeiten betraut*** werden. Diese Beobachtung lässt sich mit Hilfe des Overlapping-generations-Modell (OLG-Modell) von CRÉMER (1986) erklären.[30] Nach diesem Modell setzt sich eine Partnerschaft aus verschiedenen „Generationen“ von Partnern zusammen, die durch jeweils unterschiedliche Restverweilzeiten in der Partnerschaft gekennzeichnet sind. Jeder Partner präferiert aufgrund des Arbeitsleids eine möglichst geringe Leistungsanstrengung. Eine mögliche Leistungszurückhaltung bei den jungen Partnern kann nach CRÉMER (1986) nun dadurch verhindert werden, dass gerade ihnen die anstrengendsten Tätigkeiten zugewiesen werden, während die älteren Partner weniger hart arbeiten müssen. Im Kern dieses „somewhat paradoxical result“ (CRÉMER 1986, S. 43) steht die Überlegung, dass die anstrengendsten Tätigkeiten zugleich auch diejenigen Arbeiten sind, die der Partnerschaft den größten Gewinn erbringen.[31] Die Vorteile aus einer Leistungszurückhaltung bemessen sich für die jungen Partner primär anhand der Gewinne, die von den übrigen Partnern erwirtschaftet werden und an denen die jungen Partner in Höhe ihrer jeweiligen Partnerschaftsanteile partizipieren. Würden nun die älteren Partner mit anstrengenden und damit auch gewinnbringenden Tätigkeiten betraut werden, so sparen junge Partner durch eine Leistungszurückhaltung nicht

---

[28] Zu bedenken ist dabei jedoch, dass mit der Aufnahme eines neuen Partners der Partnerschaftsgewinn nunmehr auf eine größere Anzahl an Köpfen aufgeteilt wird. Genau genommen lohnt sich die Aufnahme nur dann, wenn das große Talent des neuen Partners mindestens einen Ausgleich hierfür sowie für ein möglicherweise verschärftes Trittbrettfahrerproblem zwischen den Partnern garantiert.

[29] Zu einem anderen Vorteil der Up-or-out-Regel, dem regelmäßigen Räumen von Screeningplätzen, vgl. O'FLAHERTY/SIOW (1992).

[30] Ein alternativer Erklärungsansatz wäre über eine modifizierte Variante des OLG-Modells von BRENNAN/KLIEMT (1994) denkbar.

[31] Dies trifft oftmals für Partnerschaften aus Ärzten zu, da mit der Anzahl der Patienten auch der Gewinn steigt. Bei Rechtsanwaltskanzleien allerdings ist der vermutete Zusammenhang zwischen Anstrengung und Gewinn nicht zwingend. Beispielsweise ist hier eine Arbeitsteilung vorstellbar, bei der die Seniorpartner aufgrund ihres Bekanntheitsgrades die lukrativen Fälle akquirieren, was mit einem durchschnittlichen Anstrengungsniveau verbunden ist, während die Juniorpartner mit der sehr zeitaufwendigen Vorbereitung und Bearbeitung der Fälle betraut werden. Eine hohe Anstrengung sei daher hier mit einer hohen Anzahl an betreuten Mandanten, Kunden oder Patienten gleichzusetzen.

nur Arbeitsleid ein, sondern partizipieren auch noch an den hohen Erfolgen der anderen Partner. Werden hingegen den jungen Partnern die anstrengenden, gewinnbringenden Tätigkeiten und den älteren Partnern die leichten, wenig profitablen Aufgaben zugewiesen, so sind die direkten Opportunismusgewinne für junge Partner nur vergleichsweise gering. Zudem kann eine hohe Anstrengung von den älteren Partnern auch nicht erwartet werden, da sie sich unmittelbar vor dem Ausscheiden aus der Partnerschaft befinden (so genannte Endspieleffekte). Da nun jeder junge Partner später zur Generation der älteren Partner gehört, findet später eine entsprechende Entschädigung für die hohen Anstrengungen als junger Partner statt, indem man von den hohen Anstrengungen der nachrückenden Partner profitiert. Man wird sich als junger Partner daher besonders anstrengen, um die zukünftige Existenz der Partnerschaft und damit zukünftige Privilegien als Seniorpartner nicht zu gefährden.

Reduziert man eine Partnerschaft auf ihre OLG-Struktur, dann lässt sich die Existenz von Partnerschaften auch damit begründen, dass über sie die Kooperationsbereitschaft von Freiberuflern trotz nicht-kontrahierbarer Leistungen sichergestellt werden kann.[32] Dieser Aspekt ist von allgemeiner Bedeutung – u.a. auch für Genossenschaften und Franchisesysteme. Er soll daher noch einmal vertiefend in einem Exkurs am Ende dieses Kapitels aufgegriffen werden.[33]

Partnerschaften setzen sich oftmals aus einer ***relativ kleinen Anzahl an Freiberuflern*** zusammen, die sich häufig schon ***seit längerer Zeit persönlich kennen***.[34] Beide Aspekte verstärken die in Unterabschnitt VI.2.1 genannten Informations- und Kooperationsvorteile. Durch die persönliche Bekanntschaft zwischen den Partnern bereits vor der Gründung der Partnerschaft (z.B. durch die gemeinsame Studienzeit) können einige der extrafunktionalen Merkmale wie Verlässlichkeit und Belastbarkeit gegenseitig relativ gut eingeschätzt werden. Dieses wiederum wirkt Hidden-information-Problemen zwischen den Partnern entgegen. Die kleine Anzahl an Partnern führt zu einer Entschärfung des Trittbrettfahrerproblems, das üblicherweise bei Teamarbeit herrscht.[35] Je kleiner die Partnerschaft ist, desto weniger lohnt sich die eigene Leistungszurückhaltung für einen Partner und desto mehr zahlt sich eine gegenseitige Kontrolle und gegebenenfalls Sanktionierung der Partner untereinander aus. Aufgrund der engen persönlichen Beziehung zwischen Partnern, die sich schon vor der Partnerschafts-

---

[32] Das OLG-Modell von CRÉMER (1986) gehört zur Klasse der nicht-kooperativen Spiele, deren konstitutives Merkmal darin besteht, dass vereinbarte Strategien bzw. Leistungen nicht vertraglich geregelt werden können und daher self-enforcing sein müssen.

[33] Der Exkurs beschäftigt sich zum Schluss zudem noch einmal genauer mit der Beobachtung, dass jungen Partnern die anstrengendsten Tätigkeiten zugewiesen werden.

[34] Vgl. ALCHIAN/DEMSETZ (1972), S. 790.

[35] Vgl. ALCHIAN/DEMSETZ (1972), S. 790. Vgl. in diesem Zusammenhang auch die ausführlichen Ausführungen in Unterabschnitt III.3.2, einschließlich der Überlegungen zu gegenseitiger Kontrolle und Gruppendruck.

gründung privat gekannt haben, können zusätzliche Disziplinierungseffekte über eine soziale Ächtung sowie Schuld- und Schamgefühle im Falle unkooperativen Verhaltens entstehen.[36]

Des Weiteren ist zu beobachten, dass in Partnerschaften der ***gemeinsame Gewinn oftmals nicht gleichmäßig auf alle Partner verteilt*** wird.[37] Stattdessen wird häufig eine Verteilung anhand der Seniorität der Partner vorgenommen, wobei der Gewinnanteil als unsicherer Teil der Entlohnung eines Partners mit zunehmender Seniorität steigt. Diese Beobachtung lässt sich *zum einen* über die in Unterabschnitt VI.2.1 behandelten Risikovorteile erklären.[38] Ausgegangen sei im Gegensatz zu Beispiel VI–1 dabei von einer abnehmenden absoluten Risikoaversion bei den Partnern, d.h. die Risikoaversion eines Partners sinkt mit zunehmendem Vermögen. Geht man nun davon aus, dass ältere Partner infolge ihrer bisherigen Karriere über ein höheres Vermögen verfügen als jüngere Partner, so ist die obige Beobachtung über eine effiziente Risikoallokation zwischen den Partnern zu erklären. Danach erhalten jüngere Partner einen relativ hohen Fixanteil und einen geringen Anteil am mit Risiko behafteten Gewinn der Partnerschaft, ältere Partner hingegen eher einen niedrigen Fix- und einen hohen Gewinnanteil. *Zum anderen* lässt sich ein höherer Gewinnanteil für Seniorpartner damit erklären, dass diese im Vergleich zu den übrigen Partnern durch ihre langjährige Tätigkeit bereits erheblich mehr in die Reputation der Partnerschaft investiert haben und nun entsprechend hoch dafür kompensiert werden.[39] Als *drittes* ist zu bedenken, dass durch eine gleichmäßige Ausschüttung des gemeinsamen Gewinns auf alle Partner nicht der individuelle Leistungsbeitrag des einzelnen Partners berücksichtigt wird. Dies könnte dazu führen, dass sehr gute Partner zu anderen Partnerschaften wechseln, die die individuellen Erfolge der einzelnen Partner stärker honorieren. Dieses Argument vermag jedoch nicht zu erklären, warum gerade die Seniorpartner vergleichsweise hohe Gewinnanteile erhalten. Ein *weiterer* Erklärungsansatz für eine ungleiche Gewinnverteilung stammt von FARRELL/SCOTCHMER (1988). Nach FARRELL und SCOTCHMER würde eine gleichmäßige Gewinnverteilung zu ineffizient kleinen Partnerschaften führen, da zwischen Freiberuflern üblicherweise Heterogenität hinsichtlich ihrer Leistungsfähigkeit herrscht.[40] Bei heterogenen Freiberuflern erfolgt eine Auf-

---

[36] Vgl. KANDEL/LAZEAR (1992), S. 808.

[37] Vgl. hierzu auch den Befund von STEINER (1999), S. 21, insbesondere zu großen deutschen Partnerschaften.

[38] Vgl. MILGROM/ROBERTS (1992), S. 418.

[39] Vgl. CARR/MATHEWSON (1990).

[40] SHERSTYUK (1998) diskutiert ergänzend das Problem, wonach sehr fähige Partner bei einer gleichmäßigen Gewinnaufteilung und bestehenden Komplementaritäten zwischen den Partnern nur gewillt sind, ebenso fähige Freiberufler als neue Partner aufzunehmen, was bei der Existenz externer Effekte zwischen den Partnern gesellschaftlich möglicherweise nicht wünschenswert ist.

nahme zusätzlicher Partner nach fallender Leistungsfähigkeit (d.h. es werden zuerst die leistungsfähigsten Freiberufler aufgenommen, danach die etwas weniger leistungsfähigen usw.). Da bei einer gleichmäßigen Gewinnverteilung die Entlohnung jedoch nicht nach fallender Leistungsfähigkeit vorgenommen wird, würden bei einer bestimmten Größe der Partnerschaft die bisherigen, vergleichsweise guten Partner eine zusätzliche Aufnahme weiterer Partner ablehnen, um diese relativ schlechten Freiberufler nicht einkommensmäßig subventionieren zu müssen. Die alteingesessenen Partner nehmen daher eine ineffizient kleine Partnerschaft in Kauf, wenn dadurch ihr individueller Gewinnanteil größer ist als bei einer effizienten Partnerschaftsgröße. Die umgekehrte Lösung bestände darin, für die Partnerschaft eine effiziente Größe zu wählen und dafür aber auf eine gleichmäßige Gewinnverteilung zu verzichten. Einen *letzten* Erklärungsansatz für die obige Beobachtung liefert schließlich das OLG-Modell von BRENNAN/KLIEMT (1994). In diesem Modell erhält die älteste Generation an Partnern einen höheren Gewinnanteil als die anderen Generationen, damit ein Abbruch der Kooperation älterer Partner kurz vor dem Ausscheiden aus der Partnerschaft verhindert werden kann.[41]

Ein typisches Merkmal von Partnerschaften ist schließlich die ***persönliche, gesamtschuldnerische und unbeschränkte Haftung*** der Partner für die Verbindlichkeiten der Partnerschaft.[42] Durch diese Form der gegenseitigen Haftung für Fehlentscheidungen der jeweils anderen Partner entstehen sehr starke *Kontroll- und Sanktionsanreize* innerhalb der Partnerschaft. Diese werden bei einer geringen Anzahl an Partnern nur wenig über Trittbrettfahrerprobleme bei den Kontrollanstrengungen wieder ausgehebelt.[43] *Zum einen* bestehen erhebliche Anreize, bereits bei der Aufnahme neuer Partner das Leistungspotential der Partnerschaftsanwärter sorgfältig zu prüfen, zumal eine Aufnahme als Partner nachträglich nur schwer bzw. nur unter sehr hohen Kosten zu revidieren ist. Diese Überprüfung könnte z.B. mit der Up-or-out-Regel kombiniert werden, indem Anwärter bis zur Aufnahmeentscheidung im Angestelltenverhältnis bei der Partnerschaft beschäftigt werden, währenddessen sie einen gezielten Screening-Prozess durchlaufen.[44] *Zum anderen* bestehen durch die gegenseitige Haftung auch entsprechend hohe Anreize, die Leistungen der jeweils anderen Partner bei der laufenden Arbeit gewissenhaft zu kontrollieren. Insgesamt bindet sich ein Freiberuf-

---

[41] Hierbei handelt es sich wiederum um so genannte Endspieleffekte, die bereits eine zentrale Rolle im OLG-Modell von CRÉMER (1986) spielten. Vgl. bei BRENNAN/KLIEMT (1994) insbesondere S. 559–565.

[42] Vgl. MILGROM/ROBERTS (1992), S. 522–523.

[43] Eine geringe Anzahl an Partnern wurde oben als drittes typisches Kennzeichen von Partnerschaften genannt.

[44] Oftmals werden den Anwärtern erfahrene Partner als eine Art Mentoren zur Seite gestellt, die jedoch nicht nur eine Betreuungs- und Trainings-, sondern ebenso eine Screeningfunktion wahrnehmen können. Zu screening vgl. Unterabschnitt II.2.2.

ler durch seine Aufnahme in die Partnerschaft – verbunden mit dem Erwerb von Gewinnansprüchen an die Partnerschaft – quasi selbst, Hidden-information-Probleme bei der Aufnahme zukünftiger Partner sowie Hidden-action-Probleme bei der täglichen Arbeit möglichst gut zu lösen.[45] Diese Form der Selbstbindung wiederum kann als deutliches ***Qualitätssignal*** für die Außenbeziehungen der Partnerschaft gewertet werden, deren Kunden hierdurch eine entsprechende Sicherheit hinsichtlich der Zuverlässigkeit und Qualität der versprochenen Leistungen vermittelt wird. Solche Qualitätssignale sind gerade für die Kunden im freiberuflichen Dienstleistungssektor bedeutsam, da vor allem hier aufgrund des Expertencharakters von Freiberuflern Hidden-action- und Hidden-information-Probleme anzutreffen sind. Kennzeichnend für diese Einschätzung mag u.a. sein, dass als typisches Beispiel für eine Prinzipal-Agent-Beziehung in der informationsökonomischen Literatur die Beziehung zwischen Patient und Arzt diskutiert wird.[46]

Ein gewisses Substitut für die Anreizwirkung gegenseitiger Haftung stellt die ***Reputation*** einer Partnerschaft dar. Zur Erlangung einer hohen Reputation sind Freiberufler und daher auch Partnerschaften oftmals vor allem auf „Mund-zu-Mund-Propaganda" zufriedener Kunden angewiesen, durch die Informationen über entsprechend gute Leistungen verbreitet wird. Hat eine Partnerschaft erst einmal eine hohe Reputation erworben, so ergeben sich für die Partner auch ohne eine gegenseitige Haftung erhebliche Anreize für eine gegenseitige Kontrolle und Sanktionierung, da sie die bestehende Reputation aufrechterhalten wollen.[47]

Mit dem folgenden Beispiel sollen abschließend mögliche Implikationen diskutiert werden, die speziell von der Haftungsregulierung in Deutschland für die ***Rechtsform „Partnerschaft"*** ausgehen:[48]

Beispiel VI–2: Das Partnerschaftsgesellschaftsgesetz (PartGG) vom 25.7.1994 (geändert am 22.7.1998)

Der deutsche Gesetzgeber hat mit dem PartGG einen ersten Versuch unternommen, eine eigens auf Freiberufler zugeschnittene Organisationsform zu entwickeln. Herzstück des PartGG ist die in § 8 Absatz 2 vorgesehene Haftungsbeschränkung auf einzelne oder mehrere Partner, die so genannte ***Haftungskonzentration***.[49] Der Gesetzgeber sieht hierbei folgendes vor: „Waren nur einzelne Partner mit der Bearbeitung eines Auftrags befasst, so haften nur sie gemäß Absatz 1 für

---

[45] Ein Freiberufler leistet mit seinem erworbenen Partnerschaftsanteil eine Art Pfand, das er nur dann wieder zurück erhält, wenn der Anteil durch opportunistisches Verhalten nicht an Wert verliert, sondern beim Verkauf an einen Nachfolger mindestens den ursprünglich gezahlten Kaufpreis erreicht; vgl. hierzu KREPS (1990b), S. 108–111.

[46] Vgl. z.B. ARROW (1985a), S. 38.

[47] Implizit angenommen wird damit, dass die schlechte Leistung eines Partners nicht ausschließlich ihm selbst, sondern durch negative „Mund-zu-Mund-Propaganda" auch der gesamten Partnerschaft schadet.

[48] Vgl. KRÄKEL (2000a).

[49] Vgl. LENZ (1994), S. 744; MEILICKE et al. (1995), S. 208; FEDDERSEN/MEYER-LANDRUT (1995), S. 78, zur älteren Fassung des § 8 Absatz 2.

berufliche Fehler neben der Partnerschaft; ausgenommen sind Bearbeitungsbeiträge von untergeordneter Bedeutung" (§ 8 Absatz 2 PartGG).[50] Diese Haftungskonzentration erschien dem Gesetzgeber sinnvoll, da Kunden, Mandanten oder Patienten oftmals von einem bestimmten Freiberufler persönlich betreut werden und dieser Freiberufler seine Entscheidungen unabhängig von den anderen Partnern trifft.[51] Auch im Falle größerer Partnerschaften mit mehreren Niederlassungen, die örtlich voneinander getrennt sind, erscheint eine Haftungsbeschränkung – zumindest jeweils auf die Partner einer bestimmten Niederlassung – nahe liegend.[52] Letztlich bewirkt eine Haftungskonzentration höhere individuelle Leistungsanreize bzw. ein verringertes Trittbrettfahrerproblem beim einzelnen Partner.[53] Trotz dieser Argumente ist jedoch folgendes zu bedenken: Nach Unterabschnitt VI.2.1 besteht ein wesentlicher Grund für die Existenz von Partnerschaften in spezifischen Informations- und Kooperationsvorteilen. Deren Nutzung wird durch die Selbstbindung der Partner über eine wechselseitig uneingeschränkte Haftung gesichert. Sieht man an dieser Stelle einmal von der Anreizwirkung durch Reputationsaspekte ab, so werden infolge der Haftungskonzentration die Anreize für eine Nutzung der Informations- und Kooperationsvorteile jedoch weitgehend außer Kraft gesetzt. Dieses wiederum erzeugt ein entsprechend negatives Qualitätssignal für Partnerschaften auf dem Markt. Denkbar ist letztlich, dass es aufgrund der vom Gesetzgeber vorgesehenen Haftungskonzentration zu einem ***separierenden Gleichgewicht*** unter denjenigen Freiberuflern kommt, die sich zu einem Gemeinschaftsunternehmen in Form einer BGB-Gesellschaft – der traditionellen Rechtsform für Freiberufler – oder in Form einer Partnerschaft zusammenschließen. Freiberufler ***hoher Qualität***, die über herausragende berufsfachliche Kenntnisse sowie herausragende extrafunktionale Merkmale verfügen und infolgedessen nur ein relativ geringes Arbeitsleid durch die gegenseitige Kontrolle zu tragen haben, werden sich für die Mitgliedschaft in einer BGB-Gesellschaft entschließen, bei der eine gegenseitige uneingeschränkte Haftung besteht. Freiberufler ***niedriger Qualität***, die ein erhebliches Arbeitsleid bei der Wahrnehmung gegenseitiger Kontrolle zu tragen hätten, entscheiden sich hingegen aus Eigeninteresse für eine Partnerschaft, bei der eine Haftungskonzentration gemäß PartGG gilt. Durch diese Form von Selbsteinordnung könnten letztlich die Kunden, welche üblicherweise nicht die individuelle Qualität von Freiberuflern zu beurteilen vermögen, wertvolle Informationen über die Güte der nachzufragenden Leistung erhalten. Folgt man der bisherigen Argumentation über die Selbsteinordnung, so ist davon auszugehen, dass die vom Gesetzgeber neu geschaffene Rechtsform „Partnerschaft" von guten und sehr guten Freiberuflern tendenziell eher nicht gewählt wird[54] und dass der Zusammenschluss dieser Freiberufler zu einer BGB-Gesellschaft gegenüber der Betätigung als Einzelunternehmer zu einem „Signalisierungsvorteil" führt. Würden sich gute und sehr gute Freiberufler als Einzelunternehmer selbständig

---

[50] Dieser Paragraph wurde im Rahmen der Gesetzesänderung vom 22.7.1998 umformuliert. Gemäß der alten Fassung vom 25.7.1994 hatten die Partner noch ein Wahlrecht bei der Ausübung der Haftungskonzentration.

[51] Vgl. LENZ (1994), S. 741; MEILICKE et al. (1995), S. 5; FEDDERSEN/MEYER-LANDRUT (1995), S. 79.

[52] Vgl. MILGROM/ROBERTS (1992), S. 522; FEDDERSEN/MEYER-LANDRUT (1995), S. 132; SEIBERT (1995), S. 479.

[53] Vgl. hierzu auch GAYNOR/GERTLER (1995).

[54] Interessanterweise zeigen die Befunde von STEINER (1999), S. 24–31, – dessen Untersuchung noch auf der alten Fassung des PartGG beruhte, die ein Wahlrecht für die Haftungskonzentration vorsah –, dass die überwiegende Anzahl der befragten Partnerschaften (68 % von 89 befragten Partnerschaften, die auf einen entsprechenden Fragebogen geantwortet hatten) keine Haftungskonzentration vornimmt. Vergleichsweise hoch ist hingegen der Anteil der interprofessionellen Partnerschaften (75 % in dieser Kategorie), die von einer Haftungskonzentration Gebrauch machen. Interessant ist auch, dass etwa 45 % der Partnerschaften in der Signalwirkung einen entscheidenden Grund sehen, um auf eine Haftungskonzentration zu verzichten.

machen, so hätten sie ohne glaubhafte Signalisierungsmöglichkeiten lediglich mit einer durchschnittlichen Bezahlung bzw. einer durchschnittlichen Kundennachfrage zu rechnen.[55]

Insgesamt lässt sich festhalten, dass Partnerschaften gegenüber anderen Organisationsformen wie der Publikumsgesellschaft und der Einzelunternehmung spezifische Vorteile aufweisen. Diese resultieren u.a. daraus, dass in Partnerschaften ***keine Trennung zwischen Eigentum und Unternehmensleitung*** erfolgt, wodurch die in Publikumsgesellschaften bestehenden Agency-Probleme zwischen Topmanagement und Aktionären vermieden werden. Komparative Vorteile der Partnerschaft gegenüber der Einzelunternehmung können vor allem darin gesehen werden, dass die in hierarchisch strukturierten Einzelunternehmen noch bestehenden (vertikalen und horizontalen) Organisationsprobleme in Partnerschaften weitestgehend entfallen, da hier hauptsächlich ***nur eine Hierarchieebene*** existiert – die Ebene der gegenseitig haftenden Partner. Wie das Beispiel VI–2 gezeigt hat, können gute und sehr gute Freiberufler bei einem Zusammenschluss durch die Wahl einer entsprechenden Rechtsform gegenüber einer Betätigung als Einzelunternehmer zusätzliche Vorteile in Form einer Informationsaufdeckung erzielen. Trotz der genannten Vorteile sind Partnerschaften nur vergleichsweise wenig verbreitet. Dieses ergibt sich zum einen aus der Doppelfunktion der Partner, die zugleich Eigentümer und Kernbelegschaft sind, was die Organisationsform „Partnerschaft" zwangsläufig auf die Menge der Freiberufler beschränkt. Zum anderen stehen Partnerschaften vor einem grundsätzlichen Dilemma: Zur Realisierung von Risiko- und Größenvorteilen (vgl. Unterabschnitt VI.2.1) müssten Partnerschaften möglichst viele Partner aufnehmen, was jedoch erheblich zu Lasten der Informations- und Kooperationsvorteile infolge zunehmender Trittbrettfahrerprobleme ginge. Sollen hauptsächlich Risiko- und Größenvorteile erzielt werden, eignet sich tendenziell eher die Organisationsform der Publikumsgesellschaft.

VI.3 Genossenschaften

Unter einer Genossenschaft ist eine Organisationsform zu verstehen, deren Zweck die gemeinschaftliche Unterstützung der wirtschaftlichen Ziele der einzelnen Eigentümer bzw. Organisationsmitglieder (Genossen) ist.[56] Die Genossen selbst sind Einzelunternehmen oder rechtlich selbständige Kleinbetriebe. Genossenschaften sehen einen freien Mitgliederwechsel vor und weisen daher eine im Zeitablauf variable Eigentümerstruktur auf. Eine Genossenschaft besitzt drei

[55] Allerdings besteht für Freiberufler in der Regel eine Pflicht zum Abschluss einer Berufshaftpflichtversicherung, mit der zumindest ein Teil der Kundenrisiken aufgefangen wird.
[56] Vgl. BACKHAUS/PLINKE (1986), S. 53.

Organe – den *Vorstand* für die Geschäftsführung, den *Aufsichtsrat* für die Kontrolle der Geschäftsführung sowie die *Generalversammlung*, die aus allen Genossen besteht, welche unabhängig von der Höhe ihrer Kapitalbeteiligung jeweils genau eine Stimme besitzen. Die Generalversammlung verfügt über weitreichende Kompetenzen. Sie wählt Vorstand und Aufsichtsrat, nimmt Statutenänderungen vor, bestimmt über die Gewinnverteilung sowie über die Entlastung von Vorstand und Aufsichtsrat. Im Prinzip lassen sich zwei Typen von Genossenschaften unterscheiden: *Beschaffungsgenossenschaften* (z.B. Baugenossenschaften, Kreditgenossenschaften, landwirtschaftliche Maschinengenossenschaften) sowie *Verwertungsgenossenschaften* (z.B. Molkereigenossenschaften, Winzergenossenschaften, Fischereigenossenschaften).

In Deutschland gibt es in etwa 8.000 Genossenschaften mit rund 20 Millionen Mitgliedern und 428.000 Beschäftigten.[57] Hierzu gehören cirka 1.500 Kreditgenossenschaften (vor allem Volksbanken, Raiffeisenbanken, Sparda-Banken, Post-Spar- und Darlehnsvereine, Beamtenbanken, kirchliche Kreditgenossenschaften), rund 3.500 ländliche Genossenschaften (Bezugs- und Absatzgenossenschaften, Molkereigenossenschaften, Obst- und Gemüsegenossenschaften, Winzergenossenschaften, Vieh- und Fleischgenossenschaften), etwa 1.280 gewerbliche Genossenschaften (Handelsgenossenschaften, Handwerkergenossenschaften, Genossenschaften freier Berufe, Verkehrsgenossenschaften), 55 Konsumgenossenschaften privater Haushalte sowie etwa 1.990 Wohnungsgenossenschaften. Die Anzahl der Genossenschaften hat in Deutschland im Laufe der letzten Jahre zwar abgenommen, was aber nicht unbedingt Rückschlüsse auf eine verringerte Bedeutung des Genossenschaftswesens zulässt, sondern vielmehr über Konzentrationsprozesse – vor allem bei den Kreditgenossenschaften – zu erklären ist.[58]

Im Folgenden soll zunächst einmal vor dem Hintergrund der Neuen Institutionenökonomik[59] den Gründen für die Existenz von Genossenschaften nachgegangen werden (Unterabschnitt VI.3.1).[60] Anschließend soll diskutiert werden, worin Nachteile und damit auch Grenzen für die Verbreitung der Organisationsform „Genossenschaft“ zu sehen sind (Unterabschnitt VI.3.2).

---

[57] Vgl. STAPPEL/HENNINGSEN (2003).

[58] Vgl. O.V. (1998b), STAPPEL/HENNINGSEN (2003). Jeweils aktuelle Statistiken können der homepage des Deutschen Genossenschafts- und Raiffeisenverbandes e.V. entnommen werden: http://www.dgrv.de.

[59] Dies schließt beispielsweise die Berücksichtigung steuerlicher Aspekte aus, die allein auf die nationale Gesetzgebung in einem bestimmten Land zurückzuführen sind.

[60] Unterabschnitt VI.3.1 konzentriert sich auf diejenigen Gründe, die hauptsächlich in der Literatur zu finden sind. Diese ließen sich gegebenenfalls durch weitere Argumente ergänzen. So zeigen ALBÆK/SCHULTZ (1998), dass Genossenschaften im Wettbewerb mit einem gewinnmaximierenden Unternehmen Vorteile aufgrund strategischer Selbstbindung aufweisen können.

VI.3.1 Gründe für die Existenz von Genossenschaften

Genossenschaften lassen sich zum einen dadurch rekonstruieren, dass sie als hybride Organisationsform[61] die ***gleichzeitige Nutzung von Zentralisierungs- und Dezentralisierungsvorteilen*** erlauben.[62] Analog zu Partnerschaften können auch über Genossenschaften ***Zentralisierungs- bzw. Größenvorteile*** genutzt werden: Einzelne Kleinbetriebe sind oftmals nicht in der Lage, bestimmte kapitalintensive Produktionsfaktoren anzuschaffen, da ihnen nur in begrenztem Maße Kapital zur Verfügung steht und/oder sich die Anschaffung des Produktionsfaktors erst bei intensiver Nutzung durch mehrere Kleinbetriebe rechnet. Als Lösung könnten sich daher mehrere gleichartige Kleinbetriebe zu einer Genossenschaft zusammenschließen, über die dann der gewünschte Produktionsfaktor gemeinschaftlich angeschafft und genutzt wird. Beispiele hierfür finden sich sowohl bei den Beschaffungs- als auch bei den Verwertungsgenossenschaften. Deutlich wird dieses z.B. anhand von landwirtschaftlichen Kleinbetrieben, die zur gemeinsamen Nutzung von Mähdreschern sowie anderen landwirtschaftlichen Maschinen eine Genossenschaft gründen und/oder zur gemeinsamen Verwertung von Milch eine Genossenschaftsmolkerei bauen. Ein weiteres Beispiel stellen Winzergenossenschaften dar, zu denen sich einzelne Winzer zusammenschließen, um Größenvorteile beim Keltern und beim Vertrieb von Wein zu realisieren. Zentralisierungs- bzw. Größenvorteile könnten sich zudem in Form von größerer Marktmacht ergeben, beispielsweise wenn sich viele kleine Nachfrager zu einer Genossenschaft zusammenschließen und dann als großer Marktteilnehmer günstigere Konditionen (z.B. Preisnachlässe) erzielen.[63] Beispiele hierfür sind Verbrauchergenossenschaften sowie Einkaufsgenossenschaften von Handwerkern oder Händlern. Zugleich können durch Genossenschaften aber auch ***Dezentralisierungsvorteile*** genutzt werden. Die einzelnen Genossen selbst sind wiederum Kleinbetriebe bzw. Einzelunternehmen, die ihre Geschäfte auf eigene Rechnung betreiben und für die daher erhebliche Leistungsanreize sowie Anreize für effiziente Entscheidungen bestehen. Insgesamt können damit auf Genossenschaftsebene entscheidende Größenvorteile erzielt werden, ohne dass dadurch auf der Ebene der Kleinbetriebe die ursprünglichen Anreizeffekte des kapitalistischen Unternehmertums in Mitleidenschaft gezogen werden.

---

[61] Hybride Organisationsformen bilden das Kontinuum denkbarer Organisationen, die sich zwischen dem Markt und der Publikumsgesellschaft ansiedeln lassen.

[62] Vgl. BONUS (1986), S. 311–312, (1987), S. 18, 31. Gemeint sind hiermit „Vorteile von Größe und Kleinheit“ (BONUS 1987, S. 18), nicht der Gegensatz „Central vs. Peripheral“ im Sinne von BONUS (1986), S. 328. Vgl. speziell zu einer Diskussion der Vorteile von Winzergenossenschaften SÄLZER (1998).

[63] Vgl. HANSMANN (1988), S. 284–285; MILGROM/ROBERTS (1992), S. 562–563.

Zum anderen könnte die Existenz von Genossenschaften auch über eine ***Verhinderung negativer externer Effekte*** erklärt werden.[64] Bei einem überregionalen Vertrieb von Erzeugnissen mit unmittelbarem Regionalbezug (z.B. Frankenwein) ist es möglich, dass durch die unterdurchschnittliche Qualität der Erzeugnisse eines einzelnen Produzenten auch die zukünftigen Absatzchancen der anderen Produzenten derselben Region sinken. Zur Sicherung einer einheitlich hohen Qualität bei allen Produzenten einer Region und damit zur Verhinderung negativer externe Effekte im Verkauf könnte möglicherweise eine Genossenschaft gegründet werden, der fortan die Qualitätssicherung obliegt. Beispielsweise ist vorstellbar, dass ein norddeutscher Konsument, der nicht zwischen einzelnen Winzern zu differenzieren vermag, zum ersten Mal einen Frankenwein probiert und hierbei an eine Flasche minderer Qualität gerät. Nicht auszuschließen ist dann, dass dieser Konsument in Zukunft sämtlichem Frankenwein skeptisch begegnet und möglicherweise auch anderen Konsumenten vom Kauf abrät. Eine mögliche Lösung für dieses Problem könnte nun darin bestehen, dass von den regionalen Winzern eine Winzergenossenschaft gegründet wird, welche eine hohe Qualität garantiert (z.B. auch optisch für die Konsumenten durch ein Genossenschaftssiegel auf den Weinflaschen) und durch entsprechende Qualitätskontrollen negative externe Effekte zwischen den Winzern verhindert.[65]

Der dritte Grund für die Existenz von Genossenschaften betrifft insbesondere Verwertungsgenossenschaften, durch die eine ***Sicherung von Quasi-Renten*** erfolgt.[66] Eine Quasi-Rente bezeichnet grob die Differenz aus dem Wert einer transaktionsspezifischen Investition in der aktuellen Verwendung abzüglich ihres Wertes in der nächstbesten Verwendung.[67] Bei lediglich unvollständig geregelten Transaktionsbeziehungen besteht die Gefahr, dass der Investor aufgrund seiner Abhängigkeit vom Transaktionspartner ausgebeutet wird, indem letzterer über Nachverhandlungen die Quasi-Rente des Investors abschöpft. Antizipiert dies wiederum der Investor, so wird er ceteris paribus erst gar nicht zu einer Investition bereit sein, wodurch es insgesamt zu einer Unterinvestition in transaktionsspezifische Ressourcen kommt. Solche transaktionsspezifischen Ressourcen findet man in Form spezifischen Sachkapitals und spezifischen Humankapitals vielfach bei Einzelunternehmen wie Landwirten, Winzern und Fischern. Beispiele für ***spezifisches Sachkapital*** bilden Melkmaschinen, Gerätschaften für die

[64] Vgl. zum Aufbau einer überregionalen Reputation auch BONUS (1986), S. 334.

[65] Nicht auszuschließen ist jedoch auch der umgekehrte Fall: Das Zusammenschütten der Weintrauben beim gemeinsamen Keltern könnte zu einem Trittbrettfahrerverhalten bei der Pflege der Rebstöcke und damit letztlich zu negativen externen Effekten führen. Diesen ließe sich durch die Winzergenossenschaft aber wiederum über entsprechende Kontrollen – sowohl beim Weinanbau auf den einzelnen Lagen als auch bei den gelieferten Trauben – entgegenwirken.

[66] Vgl. BONUS (1986), S. 325–326, 333–334, (1987), S. 17, 25.

[67] Zu Quasi-Renten und dem hiermit verbundenen Hold-up-Problem vgl. Abschnitt II.1.

Weinlese und Kelterei sowie Fischfanggerät, die jeweils nur einen geringen Alternativwert besitzen, d.h. mit einer hohen Quasi-Rente verbunden sind. Hinzu kommt ein spezifisches, implizites Wissen (***spezifisches Humankapital***) bei Landwirten, Winzern und Fischern (z.B. über den von ihnen bearbeiteten Boden oder die von ihnen bearbeiteten Fischfanggebiete, aber auch berufsspezifisches Wissen), welches für andere Tätigkeiten kaum von Wert und zudem nur schlecht auf andere Personen übertragbar ist. Als Folge ergibt sich eine sehr starke Abhängigkeit der Landwirte, Winzer und Fischer von der nachfolgenden Produktionsstufe, die ihre Naturerzeugnisse weiterverarbeitet, d.h. von der regionalen Molkerei, der Kelterei[68] und der Fischfabrik. Da allerdings auch die von der nachfolgenden Produktionsstufe eingesetzten Maschinen einen nicht unbeträchtlichen Spezifitätsgrad aufwiesen, entsteht streng genommen eine bilaterale Abhängigkeit zwischen den beiden Produktionsstufen. Jedoch dürfte die Abhängigkeit der liefernden Landwirte, Winzer und Fischer aufgrund der leichten Verderblichkeit ihrer Erzeugnisse sowie höherer Wechselkosten zu einem anderen Transaktionspartner außerhalb der Region größer sein als die ihrer Transaktionspartner. Für Landwirte, Winzer und Fischer stellt sich daher die Frage, auf welche Weise sie mögliche ***Hold-up-Gefahren*** verhindern und somit ihre jeweilige Quasi-Rente sichern können. Die Standardlösung des Transaktionskostenansatzes bestände in einer vertikalen Integration, bei der ein Transaktionspartner auf der einen Produktionsstufe den anderen Transaktionspartner auf der vor- oder nachgelagerten Produktionsstufe aufkauft bzw. beide Transaktionspartner fusionieren. Für den einzelnen Landwirt beispielsweise stellt sich dabei jedoch das Problem, dass sich der Erwerb einer Molkerei erst dann lohnt, wenn auch die anderen Landwirte ihre Milch an die Molkerei liefern. Hierdurch wäre für diese dann aber die gleiche Hold-up-Gefahr wie bisher gegeben. Zudem ist der Erwerb oder Bau einer Molkerei in der Regel nicht von einem einzelnen Landwirt mit Eigen- und Fremdmitteln finanzierbar.[69] Ähnliche Überlegungen gelten auch für Winzer und Fischer, was sich bereits aus den eingangs diskutierten Zentralisierungs- bzw. Größenvorteilen ergibt.[70] Als Lösung könnten sich allerdings alle Kleinbetriebe (z.B. alle Landwirte einer Region) zusammenschließen und gemeinsam die Verfügungsrechte über den Transaktionspartner auf der nachgelagerten Produktionsstufe (z.B. der regionale Molkereibetrieb) erwerben. Hierbei

[68] Winzer keltern ihre Trauben zum Teil auch selbst, so dass hier weniger das eigentliche Keltern, sondern vielmehr der Vertrieb und der Aufbau eines überregionalen Markennamens im Vordergrund steht.

[69] Bzw. im Falle von Fremdkapital aufgrund asymmetrisch verteilter Informationen über die Bonität und das Erfolgspotential des Landwirts nur zu hohen Zinsen.

[70] Denkbar wäre jedoch z.B. eine vertikale Integration der Landwirte durch die Molkerei, was allerdings in der Realität schon daran scheitern dürfte, dass Landwirte oftmals auch Ackerbau betreiben, wodurch eine komplette Integration aus Transaktionskostengründen kaum zu rechtfertigen wäre.

erhielte jeder der Kleinbetriebe das gleiche Stimmrecht über die Nutzung der aufgekauften Ressource, damit die Sicherung der individuellen Quasi-Rente gewährleistet ist. Auf diese Weise entstünde die neue Organisationsform „Genossenschaft" (z.B. genossenschaftlicher Molkereibetrieb), die nicht primär ein eigenes Gewinnmaximierungsziel verfolgt, sondern stattdessen den Kleinbetrieben bzw. Genossen zur Sicherung des jederzeitigen Ressourcenzugangs (z.B. milchverarbeitende Maschinen) dient.

VI.3.2 Organisationsprobleme von Genossenschaften

Genossenschaften weisen durch ihre spezifische Verfügungsrechtsstruktur nicht nur besondere Vorteile, sondern auch eigene Organisationsprobleme auf. Zunächst einmal besteht die Gefahr, dass es zu einer ***Überbeanspruchung gemeinsamer Ressourcen*** der Genossenschaft kommt. Betrachtet sei beispielsweise eine landwirtschaftliche Maschinengenossenschaft. Bestehen hinsichtlich der Benutzung der Maschinen Gemeinschaftsrechte zwischen den Genossen, so darf jeder Genosse individuell auf die Maschinen zugreifen. Unter diesen Bedingungen ist jedoch nicht auszuschließen, dass der kumulierte Nutzungsgrad der Maschinen durch alle Genossen zusammen größer ist als der effiziente Nutzungsgrad. Es kommt zu einem Widerspruch zwischen der individuellen Rationalität des einzelnen Genossen und der kollektiven Rationalität der Genossenschaft, analog zu der in Unterabschnitt II.2.3 beschriebenen Tragödie der Allmende (tragedy of the commons):[71] Da der einzelne Genosse lediglich in Höhe seines Anteils an der Genossenschaft die Kosten seiner Maschinennutzung trägt, jedoch individuell die vollen Erträge aus der Nutzung erhält, besteht eine große Gefahr, dass es bei gleichem individuellen Kalkül jedes Genossen auf der kollektiven Ebene zu einer Überbeanspruchung der Genossenschaftsressourcen kommt. Zumindest sind negative externe Effekte zwischen den Genossen in der Regel nicht zu verhindern. Ein Beispiel hierfür bildet ein Landwirt, der sich am frühen Morgen sicherheitshalber den Mähdrescher der Genossenschaft ausleiht, weil er eventuell am späten Nachmittag mit dem Einbringen seiner Ernte beginnen will, während andere Genossen den Mähdrescher schon tagsüber gebraucht hätten. Diese Art von Problemen verschärft sich noch dadurch, dass zu einer knapp bemessenen Erntezeit jeder der Landwirte die gleichen Maschinen der Genossenschaft benötigt. Ein Teil der Probleme lässt sich allerdings lösen, indem Gemeinschaftsrechte von der Genossenschaft in Kollektivrechte umgewandelt werden.[72] Diese Lösung ist für all diejenigen Genossenschaftsressourcen möglich, für die im Prinzip auch private Verfügungsrechte formulierbar und durchsetzbar sind.

---

[71] Vgl. auch das Überfischungsbeispiel in RICKETTS (2002), S. 96–98.

[72] Vgl. zur Unterscheidung zwischen Gemeinschaftsrechten und Kollektivrechten Unterabschnitt II.2.3.

Ein Beispiel für solch eine Ressource stellt der bereits erwähnte Mähdrescher dar, für dessen Nutzung durch die einzelnen Genossen von der Genossenschaft über eine kollektive Entscheidung ein zeitlicher Nutzungsplan festgelegt werden kann.

Vor allem in großen Genossenschaften könnten sich erhebliche ***Trittbrettfahrerprobleme*** ergeben.[73] Diese betreffen sowohl die Kontrolle des Managements bzw. Vorstands durch die einzelnen Genossen als auch die gegenseitige (Qualitäts-)Kontrolle der Genossen untereinander. Gerade bei einer großen Mitgliederzahl könnten die individuellen Kontrollkosten eines Genossen im Vergleich zu seinen individuellen Kontrollerträgen dafür sprechen, selbst keine Kontrolle vorzunehmen und stattdessen von den Kontrollaktivitäten anderer Genossen zu profitieren. Trittbrettfahrerprobleme könnten sogar die Arbeitsanstrengungen der einzelnen Genossen betreffen, was die in Unterabschnitt VI.3.1 erläuterten Dezentralisierungsvorteile unterminieren würde. Betrachtet sei dazu das Beispiel einer Winzergenossenschaft, bei der zusätzlich in dem Sinne eine ***Mehraktionenproblematik*** vorliege, als jeder einzelne Winzer über seinen Arbeitseinsatz (z.B. hinsichtlich der Pflege der Rebstöcke) und andere Entscheidungen (z.B. über die Abstände zwischen den Rebstöcken) sowohl die Quantität als auch die Qualität seiner Weintrauben beeinflusst.[74] Werden in der genossenschaftlichen Kelterei die Trauben zum Keltern zusammengeschüttet und jedem Genossen ein Gewinnanteil in Höhe der von ihm eingebrachten Traubenmenge zugesichert, so besteht die Gefahr, dass sich einzelne Genossen als Trittbrettfahrer verhalten und ihren Arbeitsanstrengungen hauptsächlich der Quantität und nicht der Qualität der Trauben widmen. Auch ohne diese Mehraktionenproblematik ist ein Trittbrettfahrerverhalten denkbar. Dies betrifft vor allem diejenigen Fälle, in denen der gemeinsam erzielte Gewinn aus dem Weinverkauf anhand leistungsunabhängiger Messgrößen (z.B. gleichmäßig auf alle Köpfe oder aber in Relation zum eingebrachten Kapitalanteil) auf die Genossen verteilt wird.

Allerdings stehen die Genossenschaften derartigen Trittbrettfahrerproblemen nicht hilflos gegenüber. Zum einen sind die individuellen Leistungen der Genossen oftmals vergleichsweise gut messbar. Dieses gilt sogar für die Qualitätsdimension der Winzerleistungen, da die Weinlage des Winzers (und damit auch eine mögliche Substitution zwischen Qualität und Quantität beim Anbau der Trauben) sowie die Qualität der gelieferten Trauben vor dem gemeinsamen Keltern überprüft werden können. Auf Grundlage der gelieferten Traubenqualität lassen sich dann auch entsprechende Anreizschemata entwickeln, wie das folgende Beispiel zeigt:

---

[73] Vgl. MILGROM/ROBERTS (1992), S. 563. Vgl. auch analog die Probleme der Arbeiterselbstverwaltungen (labor managed firms).

[74] Vgl. zur Mehraktionenproblematik Unterabschnitt III.1.3.4.

Beispiel VI–3: Qualitätsorientierte Auszahlungssysteme bei Winzergenossenschaften

Seit etwa 1910 hat sich in sämtlichen deutschen Winzergenossenschaften durchgesetzt, die Auszahlung an die Winzer von der Qualität der gelieferten Trauben abhängig zu machen.[75] Gemessen wird die Traubenqualität dabei anhand von Oechslegraden, einem (objektiven!) Maß für das spezifische Gewicht bzw. den Zuckergehalt des Traubenmostes. Den Ausgangspunkt für qualitätsorientierte Auszahlungssysteme bildet die von der Genossenschaft festgelegte Standardqualität. Die Qualität der gelieferten Trauben wird mit dieser Standardqualität verglichen. Bei einer Unterschreitung der Standardqualität muss der liefernde Winzer entsprechende Qualitätsabschläge bei seiner Auszahlung hinnehmen, im Falle einer Überschreitung erzielt er hingegen Qualitätszuschläge. Die Standardqualität kann auf unterschiedliche Weise festgelegt werden. Beispielsweise lässt sich hierfür die Durchschnittsqualität der gelieferten Trauben verwenden und zwischen den einzelnen Winzern eine Art relativer Leistungsvergleich auf Grundlage der Traubenqualität durchführen. Sofern sich der relative Leistungsvergleich auf diejenigen Winzer bezieht, die Trauben der gleichen Rebsorte auf der gleichen Weinlage anbauen, können stochastische Umwelteinflüsse (z.B. Wetter) herausgefiltert werden, wodurch Risikokosten eingespart werden und die individuelle Traubenqualität nunmehr weitestgehend die individuellen Anstrengungen des betreffenden Winzers widerspiegelt.[76]

SÄLZER (1998, S. 230–231) beschreibt beispielhaft das qualitätsabhängige Auszahlungssystem der unterfränkischen Winzergenossenschaft Thüngersheim eG für die Rebsorte „Kerner“. Hierbei werden grob zwei Klassen von Wein unterschieden – Qualitätswein (84° Oechsle bis 105° Oechsle) und Prädikatswein (106° Oechsle bis 116° Oechsle). Eine Auszahlung „DM pro Kilogramm (kg)“ erfolgt zwar differenzierter nach dem jeweiligen Oechslegrad, man erkennt jedoch, dass die Auszahlungsdifferenzen innerhalb der beiden Klassen „Qualitätswein“ und „Prädikatswein“ vergleichsweise gering ausfallen, zwischen den beiden Klassen dagegen beträchtlich sind. Die Auszahlungen im Qualitätsweinbereich betragen 1,72 DM/kg bis 3,11 DM/kg, während sich die Auszahlungen im Prädikatsweinbereich auf das Intervall 5,34 DM/kg bis 6,72 DM/kg erstrecken. Durch die deutlichen Auszahlungsunterschiede zwischen den zwei Weinklassen werden insbesondere Leistungsanreize bei den Winzern induziert, Prädikatswein zu erzeugen, auf dessen Verwertung und Vermarktung das Hauptaugenmerk der betrachteten Winzergenossenschaft liegt.

Zum anderen könnten einzelne Genossen durch entsprechende Vorkehrungen in den Statuten der Genossenschaft von einem opportunistischen Verhalten abgeschreckt werden. Insbesondere könnte in den Statuten vorgesehen werden, dass ein Genosse bei einem aufgedeckten Trittbrettfahrerverhalten per Kollektiventscheidung aus der Genossenschaft ausgeschlossen werden kann, was aufgrund der ursprünglichen Abhängigkeitsproblematik von der nachfolgenden Produktionsstufe erhebliche Sanktionswirkungen entfalten würde. Z.B. müsste ein ausgeschlossener Winzer nicht nur eine eigene Kelterei, sondern auch ein eigenes Vertriebssystem sowie einen eigenen Markennamen neu aufbauen. Bestehen bleibt insgesamt jedoch das Problem, dass bei einer entsprechend hohen Mitgliederzahl die Wahrnehmung von Kontroll- und Sanktionsrechten infolge der bestehenden

---

[75] Vgl. zu den folgenden Ausführungen SÄLZER (1998), S. 226–231.

[76] Vgl. zu diesem großen Vorteil relativer Leistungsvergleiche bzw. -turniere Unterabschnitt III.2.4.

Public-good-Problematik nicht sichergestellt ist, worunter dann aber auch die Abschreckungswirkung angedrohter Sanktionen leidet.

Probleme könnten sich in Genossenschaften auch aufgrund ***hoher Gegenwartspräferenzen*** bei einzelnen Genossen ergeben.[77] Genossenschaften zeichnen sich definitionsgemäß durch eine variable Mitgliederstruktur aus, d.h. sie erlauben den freien Zu- und Abgang von Mitgliedern. Sofern für die Mitglieder nicht im Rahmen einer Verwertungsgenossenschaft die dauerhafte Sicherung von Quasi-Renten im Vordergrund steht, ist es denkbar, dass einzelne Genossen nur eine kurzzeitige Mitgliedschaft anstreben, um hierdurch einen zeitweiligen Vorteil zu erlangen (z.B. durch die Mitgliedschaft in einer Beschaffungsgenossenschaft die Überwindung eines temporären Lieferengpasses). Solche Genossen mit einer hohen Gegenwartspräferenz würden jedoch beispielsweise gegen jedes Investitionsprojekt stimmen, das sich erst bei einer dauerhaften Mitgliedschaft auszahlt. Umgekehrt würden diese Genossen jeder Kapitalverwendung zustimmen, die ausschließlich zu kurzfristig hohen Rückflüssen führt, selbst wenn dadurch die langfristige Existenz der Genossenschaft bedroht wäre. Auch wenn Genossen mit einer hohen Gegenwartspräferenz nicht unbedingt die Stimmenmehrheit bei Entscheidungen in der Generalversammlung auf sich vereinigen, so kann dennoch nicht ausgeschlossen werden, dass es infolge unterschiedlicher Zeitpräferenzen unter den Genossen zu kollektiv ineffizienten Entscheidungen kommt.

Verallgemeinert man das Problem unterschiedlicher Zeitpräferenzen, so folgt hieraus die übergeordnete Problematik ***heterogener Ziele*** unter den Genossen.[78] Die Mitglieder einer Genossenschaft weisen zwar in der Regel einen hohen Homogenitätsgrad auf, da sie üblicherweise der gleichen Branche entstammen und sich zum gleichen Zweck (z.B. Nutzung von Größenvorteilen, Sicherung von Quasi-Renten) zusammengeschlossen haben. Dennoch können sie durchaus unterschiedliche Ziele verfolgen. Beispielsweise können die Anteile von Viehwirtschaft und Ackerbau bei Landwirten sowie die Anteile verschiedener Rebsorten bei Winzern deutlich differieren.[79] Entsprechend unterschiedlich sind dann auch die Interessen der Genossen hinsichtlich der Investitionsentscheidungen der Genossenschaft. Z.B. würden in einer landwirtschaftlichen Maschinengenossenschaft Großbauern bzw. Landwirte mit überwiegend Ackerbau eher für eine Erhöhung der Kapitaleinlagen zur Neuanschaffung eines weiteren Mähdreschers

---

[77] Vgl. MILGROM/ROBERTS (1992), S. 563. Eine *hohe Gegenwartspräferenz* liegt dann vor, wenn ein Akteur gegenwärtigem Einkommen im Vergleich zu zukünftigem Einkommen einen sehr hohen Nutzen zuordnet. Der Akteur diskontiert daher zukünftiges Einkommen mit einem sehr hohen subjektiven Zinssatz ab.

[78] Vgl. MILGROM/ROBERTS (1992), S. 563.

[79] Bzw. die Anbauflächen der verschiedenen Landwirte oder Winzer unterscheiden sich jeweils deutlich in der Größe.

plädieren als Kleinbauern bzw. Landwirte mit nur wenig Ackerbau. Ein anderes Beispiel bilden Mitglieder einer Winzergenossenschaft, von denen einige überwiegend Silvaner und andere überwiegend Müller-Thurgau anbauen. Während die „Silvaner-Fraktion" in der Generalversammlung für eine stärkere Vermarktung von Silvanerwein eintreten würde, präferierte die „Müller-Thurgau-Fraktion" eher höhere Werbeausgaben für die Vermarktung ihrer Rebsorte. Allgemein ergibt sich eine ***Mehrprinzipaleproblematik***, wie sie in Unterabschnitt III.1.3.5 über Varianten von Prinzipal-Agent-Modellen bereits erläutert wurde. Jeder der Genossen (= Prinzipale) wird versuchen, den Vorstand der Genossenschaft (= Agent) dahingehend zu beeinflussen, dass er den individuellen Interessen des jeweiligen Genossen die höchste Priorität einräumt. Derartige Beeinflussungsaktivitäten könnten von dem Versprechen, die Wiederwahl des Vorstands zu unterstützen, über Bestechung bis hin zu Erpressung, dem Vorstand mittels fingierter Gründe die Entlastung in der Generalversammlung zu versagen, reichen. Denkbar wären schließlich auch ***Koalitionen*** verschiedener Genossen zu Lasten der übrigen Genossen. Über solche Koalitionen könnten Minderheiten ihre individuellen Interessen durch ein strategisches Abstimmungsverhalten in der Generalversammlung – z.B. über Stimmentausch (logrolling) bei verschiedenen Tagesordnungspunkten – gegebenenfalls auch gegen ursprünglich bestehende Mehrheiten durchsetzen.

Insgesamt kann festgehalten werden, dass Genossenschaften in bestimmten Branchen (z.B. in der Landwirtschaft) spezifische Vorteile besitzen und dort die überlegene Organisationsform bilden. In anderen Branchen stehen Genossenschaften in direkter Konkurrenz zu weiteren Organisationsformen – so z.B. Winzergenossenschaften zu unabhängigen Winzern (Einzelunternehmern) oder Kreditgenossenschaften[80] zu Banken, die als Publikumsgesellschaften organisiert sind. Hier bleibt abzuwarten, welche Organisationsform sich dauerhaft durchsetzen wird oder ob die verschiedenen Organisationsformen auf Dauer nebeneinander Bestand haben werden. Analog zu dem für Partnerschaften aufgezeigten Dilemma existiert auch bei Genossenschaften ein grundsätzlicher Konflikt zwischen der Realisierung von Größenvorteilen durch zusätzliches Wachstum und möglichen Effizienzeinbußen durch zunehmende Kontroll- bzw. Trittbrettfahrerprobleme. Wo Genossenschaften aus Konkurrenzgründen wachsen müssen, um im Wettbewerb gegen große Publikumsgesellschaften bestehen zu können,[81] ist mutmaßlich mit der Entstehung vergleichbarer Agency-Probleme auch in Genossenschaften zu rechnen, die letztlich die originären Vorteile der Genossen-

[80] Vgl. zur historischen Entstehung der Raiffeisenbanken BONUS (1986), S. 315–319, (1987), S. 7–16.

[81] Vgl. BONUS (1987), S. 6. Wachstums- und Konzentrationsprozesse bei Genossenschaften lassen sich zumindest in Deutschland beobachten; vgl. O.V. (1998b).

schaftsidee überkompensieren können.[82] Solange Genossenschaften jedoch eine kritische Größe nicht überschreiten, dürfte gerade ihre doppelseitige Kontrollstruktur dafür sorgen, dass die Anreizprobleme nicht überhand nehmen. Deutlich wird dies insbesondere bei Winzer-, Molkerei- und Fischereigenossenschaften. Hier unterliegt das angestellte Management einerseits der Kontrolle der Genossen als Prinzipale. Andererseits ist jedoch das Management (von den Genossen) dazu beauftragt worden, als Prinzipal über die Qualität derjenigen Erzeugnisse (Weintrauben, Milch, Fische) zu wachen, die von den Genossen quasi als Agenten geliefert werden. Hierbei ergeben sich starke Parallelen zum ALCHIAN/DEMSETZ-Unternehmer aus Unterabschnitt II.2.3.1. Dieser wurde von den Teammitgliedern „engagiert" (hier: das Management von den Genossen), damit er die Teammitglieder kontrolliert und gegebenenfalls auch sanktioniert. Eine vergleichbare Selbstbindung durch das Management wäre im Falle der Genossenschaften vor allem dann gegeben, wenn das Management aus Anreizgründen – analog zum ALCHIAN/DEMSETZ-Unternehmer – im erheblichen Maße an den Residualrückflüssen des Genossenschaftsbetriebs partizipiert.[83]

VI.4 Franchising

Eine außergewöhnliche Organisationsform stellt das Franchising dar.[84] Hierbei wird zunächst von einem Unternehmen, dem ***Franchisegeber***, ein bestimmtes Produkt bzw. eine bestimmte Dienstleistung entwickelt. Der Franchisegeber verkauft dann an andere Akteure, die ***Franchisenehmer***, Lizenzen, welche die Franchisenehmer berechtigen, innerhalb lokaler Grenzen das Produkt bzw. die Dienstleistung zu vermarkten. Da der Franchisegeber und die Franchisenehmer rechtlich selbständige Unternehmen sind, stellt Franchising eine Art Kooperationsbeziehung dar. Diese wird nicht durch einen einfachen Kauf bzw. Mietvertrag – Tausch einer (zeitlich begrenzten) Lizenz gegen Geld – geregelt, sondern durch einen komplexen Franchisevertrag, der die Verteilung der Verfügungsrechte zwischen Franchisegeber und -nehmer festlegt. Zum einen erhält der Franchisenehmer mit der Lizenz nicht nur das Recht, den Markennamen des Franchisegebers zu nutzen, sondern oftmals auch weitere Leistungen des Fran-

[82] Vgl. BONUS (1986), S. 335.

[83] Eine Eigentumsübernahme durch das Management (z.B. Management kauft Molkereibetrieb) wie im Falle von ALCHIAN/DEMSETZ (1972) durch den klassischen Unternehmer ist hier aufgrund der in Unterabschnitt VI.3.1 erläuterten Hold-up-Problematik allerdings nicht ratsam.

[84] Vgl. zur Beschreibung von Franchising u.a. RUBIN (1978), S. 224–225; MILGROM/ROBERTS (1992), S. 563–564; PICOT (1995), S. 39–40; NEUS (2011), S. 285–290, sowie zu einer einführenden Diskussion S. 249–252; POSSELT (1999), S. 349–350.

chisegebers. Hierzu können die Unterstützung beim Aufbau des Franchisebetriebes,[85] durch den das Produkt bzw. die Dienstleistung verkauft wird, Aus- und Weiterbildungsmaßnahmen, gegebenenfalls die Lieferung von Produktionsfaktoren[86] und diverse Serviceleistungen gehören. Zum anderen erhält der Franchisegeber weitreichende Verfügungsrechte hinsichtlich der Geschäftsführung des Franchisenehmers. Der Franchisegeber legt die Qualitätsstandards für das zu verkaufende Produkt bzw. die zu verkaufende Dienstleistung fest, entscheidet über das äußere Erscheinungsbild des Franchisebetriebes sowie über Lagerbestände und Öffnungszeiten und führt regelmäßige Kontrollen beim Franchisenehmer durch (z.B. Hygienekontrollen und Kontrolle der Essensqualität bei Fastfood-Restaurants). Im Franchisevertrag werden zudem die Zahlungsmodalitäten geregelt. Üblicherweise zahlt der Franchisenehmer eine ***einmalige Franchisegebühr*** (franchise fee) zu Beginn und eine bestimmte ***prozentuale Erfolgsbeteiligung*** (z.B. am Umsatz) (royalty rate bzw. *laufende Lizenzgebühr*) in jeder Periode der Vertragsbeziehung an den Franchisegeber.[87] Schließlich enthalten Franchiseverträge noch eine Auflösungsklausel, durch die der Franchisegeber die Kooperationsbeziehung einseitig aufkündigen kann.[88]

Franchising ist seit etwa drei Jahrzehnten auch in Deutschland weit verbreitet.[89] Zurzeit existieren mehr als 900 Franchisesysteme mit etwa 121.000 Einzelbetrieben in Deutschland. Die 664.000 Beschäftigten erbringen einen jährlichen Umsatz von 62,5 Milliarden €. Bereits 1990 gab es in Deutschland ungefähr 200 Franchisesysteme, von denen 48,1 % auf den (Einzel-)Handel, 36,3 % auf den Dienstleistungssektor (davon ungefähr 40 % im Bereich Gastronomie und Hotellerie) und 15,6 % auf das verarbeitende Gewerbe entfielen.[90] Seitdem hat die Franchiseidee in Deutschland immer mehr Zuspruch gefunden:[91] 1991 waren es 310 und 1994 sogar 500 Franchisesysteme, welche sich aus 20.000 Betrieben zusammensetzten und insgesamt einen Umsatz von 23 Milliarden DM erzielten. 1998 gab es nach Angaben des Deutschen Franchise-Verbandes 33.000 Fran-

---

[85] Diese Unterstützung kann finanzieller Art sein. Insbesondere sind jedoch Beratungs- und Managementleistungen des Franchisegebers gemeint, die den Franchisenehmer in die Lage versetzen, seinen Betrieb eigenständig erfolgreich zu führen.

[86] Vgl. hierzu auch Beispiel II–1 aus Kapitel II. Hier wurden von Coca-Cola und Pepsi-Cola die entsprechenden Softdrinkkonzentrate an ihre jeweiligen Franchisenehmer geliefert.

[87] Aufgrund dieses linearen Zahlungsschemas lassen sich die Anreizwirkungen von Franchiseverträgen unmittelbar über das LEN-Modell aus Unterabschnitt II.2.2.3 diskutieren; vgl. z.B. LAFONTAINE/SLADE (1998); HEMPELMANN (2000).

[88] Im Franchisevertrag werden oftmals noch weitere Rechte spezifiziert (z.B. Verkauf der Lizenz durch den Franchisenehmer), auf die im weiteren Verlauf zum Teil noch genauer eingegangen wird.

[89] Vgl. ROHLFING/STURM (2009).

[90] Vgl. ORTHMANN (1990), S. 58, 81, zitiert nach ALTMANN (1996), S. 15–16.

[91] Vgl. DEUTSCHER FRANCHISE-VERBAND (1995), S. 2, zitiert nach ALTMANN (1996), S. 16.

chisenehmer (die Zuwachsrate bezogen auf 1997 betrug 17 %) mit einem Gesamtumsatz von 36 Milliarden DM.[92] Im Jahr 2004 wurde die Anzahl der Franchisesysteme mit 845 beziffert, die Zahl der Franchisenehmer auf 45.000 mit insgesamt etwa 406.000 Beschäftigten und einem Gesamtumsatz von ca. 28 Milliarden €.[93] Die Verteilung über die Branchen sah wie folgt aus: 50 % der Franchisegeber sind dem Dienstleistungsbereich zuzuordnen, 29 % dem Handel, 14 % dem Gastgewerbe und 7 % dem Handwerk. Gemessen an der Anzahl der Franchisebetriebe sind die fünf größten Franchisesysteme in Deutschland – in dieser Reihenfolge – TUI/First, Foto Quelle, McDonald's, Studienkreis und Kamps Bakeries.

Im Folgenden sollen zunächst einmal die Gründe aufgezeigt werden, die aus Sicht der Beteiligten für die Entstehung von Franchisesystemen sprechen (Unterabschnitt VI.4.1). Anschließend soll – analog zur Argumentation über Partnerschaften in Abschnitt VI.2 – anhand interner Probleme zwischen Franchisegeber und -nehmern die typische Mikrostruktur von Franchisesystemen erklärt werden (Unterabschnitt VI.4.2).

VI.4.1 Gründe für die Existenz von Franchising

Als traditionelle Erklärung für Franchising findet man in der Literatur den Verweis auf ***Kapitalknappheit beim Franchisegeber***, wodurch dieser nicht in der Lage ist, kurzfristig ein eigenes Vertriebssystem in Form von Unternehmensfilialen aufzubauen.[94] Diese Erklärung basiert auf der Vorstellung von Kapitalmarktunvollkommenheiten, aufgrund derer eine schnelle und kostengünstige Kreditfinanzierung für den Franchisegeber nicht möglich ist.[95] Stattdessen trägt der Franchisegeber nur einen geringfügigen Anteil an der Investition in die Vertriebsstätte, während der Franchisenehmer den Hauptteil an der Investition leistet. Langfristig ist jedoch durchaus ein eigenes Vertriebssystem vom Franchisegeber geplant, um die Renten abzuschöpfen, die das von ihm entwickelte Produkt bzw. die von ihm entwickelte Dienstleistung auf dem Markt erzeugt. Die traditionelle Erklärung über Kapitalknappheit bzw. Finanzierungsprobleme des

---

[92] Vgl. TRIMBORN (1999).

[93] Vgl. zu den folgenden Angaben http://www.franchisestarter.de/88.0.html#c143.

[94] Vgl. zu Darstellung und Kritik dieses Erklärungsansatzes u.a. RUBIN (1978), S. 225–226; RICKETTS (2002), S. 229–230; NORTON (1988), S. 199–200; PICOT (1995), S. 44–45.

[95] Kostenvorteile könnten sich im Rahmen einer Franchisefinanzierung dadurch ergeben, dass Franchisenehmer in der Regel aus dem Ort stammen, für die die Franchiselizenz vergeben wird, und aufgrund dezentraler Informationsvorteile oftmals die Gewinnaussichten der Vertriebsstätte besser beurteilen können als eine Bank. Hiergegen könnten jedoch fehlende Fachkenntnisse auf Seiten des Franchisenehmers sprechen sowie die Tatsache, dass lokale Banken vor Ort über mindestens genau so gute Informationen verfügen wie der Franchisenehmer.

Franchisegebers ist jedoch sowohl theoretisch als auch empirisch angreifbar.[96] Bereits RUBIN (1978) hat darauf hingewiesen, dass die ***Franchiselösung finanzierungstheoretisch gerade nicht vorteilhaft*** ist. Franchisenehmer sind üblicherweise risikoaverse Akteure. Aufgrund dessen könnte vom Franchisegeber eine kostengünstigere Finanzierung realisiert werden, indem nicht lokale Franchiselizenzen, sondern Anteile am gesamten Franchisesystem verkauft werden. Ein Franchisesystem, bestehend aus einer Vielzahl lokaler Franchisebetriebe, bildet eine Art Portfolio, das bis zu einem gewissen Grad diversifiziert und daher mit einem nur relativ geringen Risiko verbunden ist. Eine einzelne lokale Franchiselizenz hingegen birgt aufgrund fehlender Diversifikation ein sehr hohes Erfolgsrisiko. Ein risikoaverser Akteur wäre daher nur dann bereit, solch eine Lizenz zu übernehmen, wenn er im Gegenzug einen sehr hohen Anteil am Erfolg selbst behält und nicht dem Franchisegeber für die Lizenz zu entrichten hat. M.a.W. könnte der Franchisegeber Kosten in Form von Risikoprämien einsparen, wenn er statt einzelner Franchiselizenzen Anteile am gesamten Franchisesystem verkauft. Empirisch lässt sich zunächst einmal einwenden, dass sich Franchisegeber in der Realität eher für eine Filial- als eine Franchiselösung entscheiden, wenn die Gründung einer Vertriebsstätte mit einem hohen Finanzierungsaufwand verbunden ist.[97] Dieser Befund korrespondiert zu der Überlegung, dass sich gerade bei Kapitalmarktunvollkommenheiten Franchisegeber als vergleichsweise große Unternehmen zu besseren Konditionen verschulden können als potentielle Franchisenehmer, die oftmals einzelne Personen ohne wesentliche materielle Sicherheiten sind. Zudem zeigen empirische Befunde, dass sich Franchisegeber häufig zu einem nicht unwesentlichen Anteil selbst an der Finanzierung eines Franchisebetriebs beteiligen.[98] Nach dem traditionellen Knappheitsargument müsste die Beteiligungsquote des Franchisegebers jedoch streng genommen bei Null liegen. Schließlich ist auch der letzte Punkt des Knappheitsarguments empirisch nicht haltbar:[99] Franchisegeber kaufen ihre Franchisenehmer in der Regel nicht auf oder bauen ein weitreichendes Filialsystem auf, sobald sich die von ihnen entwickelte Produkt- bzw. Dienstleistungsidee hinreichend auf dem Markt bewährt und zu entsprechenden finanziellen Rückflüssen geführt hat.

---

[96] Vgl. NORTON (1995).

[97] Vgl. BRICKLEY/DARK/WEISBACH (1991), S. 31, 35.

[98] Vgl. LAFONTAINE (1992), S. 267; KAUFMANN/LAFONTAINE (1994), S. 441.

[99] Vgl. CAVES/MURPHY (1976); MARTIN (1988); LAFONTAINE (1992), S. 267, mit Verweis auf HUNT (1973). Das Beispiel II–1 aus Kapitel II zeigt am Fall von Coca-Cola und Pepsi-Cola jedoch, dass solch eine Substitution von Franchising durch ein eigenes Vertriebssystem im Einzelfall durchaus denkbar ist.

Ein anderer Grund für die Existenz von Franchising könnte in der besseren ***Nutzung dezentralen, impliziten Wissens*** bestehen.[100] Franchiselizenzen werden häufig an Ortsansässige vergeben, die über die lokalen Besonderheiten und den spezifischen Umgang mit einzelnen, individuellen Nachfragern ein Wissen aufgebaut haben, das Ortsfremden nicht bekannt und auf diese auch nicht transferierbar ist. Trifft diese These vom dezentralen, impliziten Wissen zu, so lässt sich hierdurch dennoch nicht Franchising begründen. Dieselbe Person könnte statt als Franchisenehmer ebenso als Filialleiter des Franchisegebers in derselben Vertriebsstätte arbeiten, wodurch dessen Wissensstand gleichermaßen genutzt würde. Zu vermuten ist daher, dass die Vorteilhaftigkeit von Franchising nicht im dezentralen Wissen an sich, sondern eher in den Besonderheiten der Organisationsform zu suchen ist, beispielsweise darin, dass durch Franchising stärkere Anreize geschaffen werden, vom dezentralen Wissen Gebrauch zu machen, als durch ein Filialsystem.

Ein dritter Grund für die Entstehung von Franchising basiert auf ***Kontrollproblemen*** von Unternehmen mit externen Vertriebsstätten.[101] Hiernach empfiehlt sich der Verzicht auf eine eigene Filiale immer dann, wenn die betreffende Vertriebsstätte geografisch so weit vom Mutterunternehmen entfernt ist, dass eine effektive Kontrolle nicht oder nur zu prohibitiv hohen Kosten möglich ist. Eine bessere Alternative wäre statt dessen die Vergabe einer Franchiselizenz für die betreffende Vertriebsstätte, verbunden mit einer hinreichend niedrigen prozentualen Erfolgsbeteiligung des Franchisegebers, so dass für den Franchisenehmer entsprechend hohe Leistungsanreize entstehen, da er nun zum größten Teil selbst die Konsequenzen seines Handelns zu tragen hat. Um dennoch einen beträchtlichen Gewinn zu erzielen, müsste der Franchisegeber eine dementsprechend hohe einmalige Franchisegebühr zu Beginn der Vertragsbeziehung vom Franchisenehmer einfordern. Gegen diese Kontrollthese ließe sich zwar einwenden, dass sich auch bei einem Filialbetrieb direkte Kontrollen durch ein geeignetes Anreizsystem substituieren lassen, jedoch könnte infolge der großen geographischen Entfernung auch die Implementation solch eines Anreizsystems mit erheblichen Problemen verbunden sein (z.B. bei der Festlegung geeigneter Sollgrößen oder der Ermittlung der Entlohnungsbemessungsgrundlagen für Filialleiter). Kontrollprobleme werden als Erklärungsansatz für die Entstehung von Franchising empirisch weitestgehend bestätigt.[102] Als Variante zur Argumentati-

---

[100] Vgl. MINKLER (1992); PICOT (1995), S. 51–52.

[101] Vgl. RUBIN (1978), S. 226; NORTON (1988), S. 202; PICOT (1995), S. 52; MACHO-STADLER/PÉREZ-CASTRILLO (1998).

[102] Vgl. NORTON (1988), S. 209–211; BRICKLEY/DARK/WEISBACH (1991), S. 31. Bestätigt wird das Kontrollargument auch durch das empirische Ergebnis von NORTON (1988), S. 209–211, wonach Franchising insbesondere in arbeitsintensiven Branchen wie Handel und

on über Kontrollprobleme kann der Erklärungsansatz von MANESS (1996) gesehen werden, der auf die Überlegungen der Theorie unvollständiger Verträge zurückgreift. Nach der Ansicht von MANESS bestehen oftmals erhebliche Kontrahierungsprobleme hinsichtlich der Kosten einer Vertriebsstätte. MANESS (1996) kommt zu dem Ergebnis, dass derjenige Akteur – das Mutterunternehmen oder ein Franchisenehmer – das Eigentum an der Vertriebsstätte erwerben sollte, der die Kosten am besten kontrollieren und daher auch minimieren kann. Aus diesem Grund würden Supermarktketten oftmals als Filialsysteme geführt. Deren Kosten bestehen hauptsächlich in der Lagerhaltung, welche sich zentral vom Mutterunternehmen kontrollieren und steuern lässt. In anderen Branchen lassen sich die verursachten Kosten hingegen nur direkt vor Ort vom Leiter der Vertriebsstätte kontrollieren, so dass sich hier eher die Verwendung von Franchising anbietet, wobei sich die prozentuale Erfolgsbeteiligung des Franchisegebers dann auf die Umsätze und nicht auf die Gewinne des Franchisenehmers bezieht.[103]

Schließlich lässt sich die Entstehung von Franchising auch dadurch erklären, dass – analog zu Genossenschaften – durch Franchisesysteme ***gleichzeitig Zentralisierungs- und Dezentralisierungsvorteile*** genutzt werden können.[104] Zum einen werden durch den Franchisegeber ***Zentralisierungs- bzw. Größenvorteile*** realisiert, indem das von ihm entwickelte Produkt bzw. die von ihm entwickelte Dienstleistung durch die Vergabe von Franchiselizenzen überregional im großen Umfang vermarktet wird.[105] Hierbei baut der Franchisegeber mit seinem Markennamen zunächst einmal eine Reputation für eine bestimmte Produktqualität auf. Dieses führt zu einem Abbau von Qualitätsunsicherheit und damit auch zu einer Einsparung von Transaktionskosten auf Seiten der Nachfrager. Deutlich wird dies beispielsweise anhand einer Fast-food-Kette, die als Franchisesystem geführt wird. Unabhängig davon, in welchem Land oder in welcher Stadt ein Nachfrager einen Betrieb dieser Fast-food-Kette betritt, kann er von der gleichen Qualität bei den angebotenen Speisen und Getränken ausgehen, wodurch er Suchkosten bzw. Anbahnungskosten einspart. Dieser Transaktionskostenvorteil kann wiederum vom Franchisesystem in Form einer hohen Kundenbindung und/ oder in Form vergleichsweise hoher Preise genutzt werden.[106] Durch die überre-

---

Dienstleistungen anzutreffen ist, da Kontrollprobleme üblicherweise mit der Anzahl der in den Leistungserstellungsprozess eingebundenen Personen steigen.

[103] Der Hinweis, dass sich die prozentuale Erfolgsbeteiligung eher auf Umsätze beziehen lässt, da Kosten oftmals schwer vom Franchisegeber ermittelbar sind, findet sich bereits schon bei RUBIN (1978), S. 229.

[104] Vgl. RUBIN (1978), S. 231; BONUS (1986), S. 332–333, (1987), S. 33–36; PICOT (1995), S. 48.

[105] Zur Bedeutung von Größenvorteilen vgl. auch BROWN JR. (1998).

[106] Vergleichsweise hohe Preise lassen sich auch mittels Risikoüberlegungen begründen: Sind die Kunden risikoavers und wird durch Qualitätsstandards für die Produkte Qualitäts-

gionale Vergabe von Franchiselizenzen lassen sich nun hierbei Größenvorteile nutzen. Zum anderen werden auch dadurch Größenvorteile erzielt, dass das (systemspezifische) Fachwissen des Franchisegebers durch die zentrale Aus- und Weiterbildung der Franchisenehmer im großen Umfang weitergegeben und genutzt wird. Größenvorteile entstehen zudem durch die zentral vom Franchisegeber durchgeführten Werbemaßnahmen und die zentrale Festlegung sowie Änderung von Produktstandards durch den Franchisegeber. Letzteres führt zu einer Einsparung von Verhandlungskosten, welche im Fall bilateraler Verhandlungen zwischen dem Franchisegeber und sämtlichen rechtlich selbständigen Franchisenehmern ansonsten in großem Ausmaß realisiert würden.[107] ***Dezentralisierungsvorteile*** ergeben sich vor allem aus der rechtlichen Selbständigkeit der Franchisenehmer. Da die Franchisebetriebe Eigentum der jeweiligen Franchisenehmer sind und somit auch die erzielten Gewinne hauptsächlich den Franchisenehmern zufließen, bestehen für diese erhebliche Leistungsanreize, das Produkt bzw. die Dienstleistung des Franchisegebers möglichst gewinnbringend zu vermarkten. Letztlich ergeben sich hierdurch auch entsprechende Anreize für die Franchisenehmer, ihr dezentrales, implizites Wissen gewinnmaximierend einzusetzen.[108]

Die bisherigen Ausführungen dieses Abschnitts haben gezeigt, warum einzelne Marktakteure ein Interesse daran haben könnten, sich kollektiv zur Organisationsform „Franchisesystem" zusammenzuschließen. Der Nachweis eines kollektiven Vorteils für die Akteure reicht jedoch streng genommen nicht aus, um die dauerhafte Existenz von Franchising zu begründen, da u.a. opportunistisches Verhalten hinsichtlich der Verteilung des gemeinsam erwirtschafteten Vorteils (internes rent seeking) die Stabilität von Franchiseverträgen gefährden könnte. Im folgenden Unterabschnitt soll nun gezeigt werden, auf welche Weise die spezifische Mikrostruktur von Franchisesystemen die Einhaltung der Franchisevereinbarungen zwischen den Beteiligten sicherstellt.

VI.4.2 Mikrostruktur von Franchisesystemen

Im vorangegangenen Unterabschnitt konnte gezeigt werden, auf welche Weise sich die Existenz von Franchising unter den Annahmen der Neuen Institutionenökonomik (z.B. positive Transaktionskosten, asymmetrisch verteilte Informationen, die Möglichkeit zur Realisierung von Größen- bzw. Skalenvorteilen) erklä-

---

unsicherheit abgebaut, so sind die Kunden bereit, einen Teil der eingesparten Risiko- bzw. Versicherungsprämie in Form relativ hoher Produktpreise an die Fast-food-Kette abzugeben.

[107] Vgl. MILGROM/ROBERTS (1992), S. 565.

[108] Genau genommen ergeben sich hier die skizzierten Dezentralisierungsvorteile aus der Synthese der beiden zuvor behandelten Gründe für die Entstehung von Franchising.

ren lässt. Unter diesen Annahmen ist jedoch davon auszugehen, dass zwischen den Beteiligten eines Franchisesystems – d.h. zwischen den Franchisenehmern und dem Franchisegeber, aber auch unter den Franchisenehmern – Organisationsprobleme nicht ohne weiteres ausgeschlossen werden können. Im Folgenden soll daher zunächst der Frage nachgegangen werden, welche Organisationsprobleme zwischen den Beteiligten denkbar sind. Die typische Mikrostruktur von Franchisesystemen lässt sich dann als eine Art beste Antwort auf die potentiellen Organisationsprobleme rekonstruieren.

VI.4.2.1 Organisationsprobleme

Das Hauptproblem von Franchising besteht in der Gefahr von ***doppelseitigem Opportunismus*** durch Franchisenehmer und -geber.[109] ***Franchisenehmer*** haben über verschiedene Aktivitäten zu entscheiden, die sowohl den Gewinn des Franchisebetriebes als auch die Reputation bzw. den Markennamen des Franchisegebers beeinflussen. Zu diesen Aktivitäten zählen u.a. die Verkaufsbemühungen, Anstrengungen zur Kostenreduktion sowie die Bemühungen des Franchisenehmers, die vom Franchisegeber gesetzten Qualitätsstandards zu erfüllen. Anreize für Verkaufsbemühungen und Anstrengungen zur Kostenreduktion ergeben sich primär aus dem Eigentum des Franchisenehmers am Franchisebetrieb, so dass hier mutmaßlich nur von einer geringen Opportunismusgefahr auszugehen ist. Ein erhebliches Opportunismusproblem könnte jedoch im Zusammenhang mit der Einhaltung vorgegebener Qualitätsstandards entstehen. Für den einzelnen Franchisenehmer könnte es rational sein, auf der einen Seite eigene Anstrengungen zur Aufrechterhaltung der Qualitätsstandards zu unterlassen und auf der anderen Seite bei den Verkäufen vom Markennamen zu profitieren, der sich über die Investitionen des Franchisegebers in seine Reputation sowie die Einhaltung der Qualitätsstandards durch die anderen Franchisenehmer ergibt. Er selbst hätte durch ein derartiges Trittbrettfahrerverhalten einen direkten Vorteil in Form eingesparter Kosten bzw. eingesparten Arbeitsleids. Der Schaden, der hieraus für das gesamte Franchisesystem folgt – Reputationsverluste hinsichtlich des zu verkaufenden Produkts bzw. der zu verkaufenden Dienstleistung –, trägt der betreffende Franchisenehmer jedoch nur in begrenztem Maße. Die Gefahr solch eines opportunistischen Verhaltens ist ceteris paribus um so größer, je weniger Stammkundschaft bzw. je mehr einmalige Kundenkontakte der Franchisenehmer

[109] Vgl. RUBIN (1978), S. 228; BONUS (1986), S. 333, (1987), S. 34; WILLIAMSON (1990), S. 206; MILGROM/ROBERTS (1992), S. 564–565; LAFONTAINE (1992); BHATTACHARYYA/ LAFONTAINE (1995); PICOT (1995), S. 49–51; DNES (1996). Zu einer möglichen vertragstheoretischen Lösung vgl. GUPTA/ROMANO (1998). Denkbar sind sowohl opportunistische Verhaltensweisen, die sich aus Nicht-Kontrahierbarkeiten ergeben, als auch reine Hidden-action-Probleme. Da beide Aspekte zum Teil ineinander verschwimmen, soll im Folgenden auf eine explizite Unterscheidung verzichtet werden.

hat, da dann die individuell zu tragenden Kosten aus seinem Verhalten nur sehr gering sind.[110]

Das opportunistische Verhalten des Franchisenehmers hat letztlich zweierlei Auswirkungen.[111] Zum einen fügt der betreffende Franchisenehmer durch sein Trittbrettfahrerverhalten den anderen Franchisenehmern einen Schaden zu: Ein Kunde, der die Qualität des betrachteten Franchisenehmers erfahren hat, revidiert seine Qualitätserwartungen hinsichtlich sämtlicher Franchisenehmer und wird möglicherweise in Zukunft nicht mehr die Produkte bzw. Dienstleistungen des Franchisesystems nachfragen. Zum anderen ergeben sich auch negative externe Effekte für den Franchisegeber. Durch das opportunistische Verhalten des Franchisenehmers wird die Reputation des Franchisegebers geschädigt, wodurch der Wert seines Markennamens und damit auch der Wert zukünftig zu verkaufender Franchiselizenzen sinkt. Insgesamt kann Opportunismus bei der Einhaltung der Qualitätsstandards dazu führen, dass die Funktionsfähigkeit des gesamten Franchisesystems gefährdet ist: Das oben skizzierte Trittbrettfahrerkalkül trifft im Prinzip für jeden Franchisenehmer zu. Dies wiederum ist von allen Marktakteuren antizipierbar, wodurch für die Konsumenten die Kaufanreize sinken, da die Hauptfunktion „garantierte Standardqualität“ nicht mehr vom Franchisesystem geleistet wird. Hierdurch sinkt jedoch der Wert der Franchiselizenzen und damit letztlich auch der ursprüngliche Anreiz für Franchisegeber, ein neues Produkt bzw. eine neue Dienstleistung zu entwickeln.

Auch auf Seiten des ***Franchisegebers*** ist die Möglichkeit opportunistischen Verhaltens nicht ohne weiteres auszuschließen. Der Franchisegeber könnte beispielsweise dadurch Kosten einsparen, dass er die Franchisenehmer nur unzureichend ausbildet, die Intensität seiner diversen Serviceleistungen verringert und seine Werbeaktivitäten reduziert. Außer einem unmittelbaren Kostenvorteil könnte der Franchisegeber möglicherweise auch den Zusatzvorteil erzielen, dass Franchisenehmer infolge der schlechten Leistungen des Franchisegebers zu einer Geschäftsaufgabe gezwungen sind und letzterer zu einem günstigen Preis den Franchisebetrieb aufkaufen kann. Opportunistisches Verhalten lohnt sich für den Franchisegeber vor allem dann, wenn das von ihm entwickelte Produkt das Ende seines Produktlebenszyklus erreicht hat oder wenn das Produkt zwar neu entwickelt, aus Sicht des Franchisegebers aber nur sehr begrenzt marktfähig ist. In

[110] Vgl. BRICKLEY/SMITH/ZIMMERMAN (1997), S. 370. Die Autoren sehen eine Bestätigung ihrer These in der Beobachtung, dass der Anteil eigener Filialen am Vertriebssystem eines Franchisegebers bei Fast-food-Ketten (30 %) deutlich höher ist als der Filialanteil an Tankstellen-Ketten mit eigenem Reparaturservice (13 %). Ingesamt ergibt sich jedoch kein eindeutiger empirischer Befund zur obigen These über wiederholte Kundenkontakte; vgl. BRICKLEY/DARK/WEISBACH (1991).

[111] Es lassen sich daher streng genommen zwei Typen von negativen externen Effekten unterscheiden – *horizontale Externalitäten* gegenüber den anderen Franchisenehmern sowie *vertikale Externalitäten* gegenüber dem Franchisegeber; vgl. DNES (1996), S. 300.

diesen beiden Fällen wären die eigenen möglichen Kosten des Franchisegebers durch Opportunismus nur relativ gering.

Als zweites sind ***doppelseitige Hidden-information-Probleme*** in Franchisebeziehungen nicht auszuschließen. Zum einen existieren potentielle ***Informationsdefizite auf Seiten des Franchisegebers***.[112] Dieser kann in der Regel nicht genau beurteilen, ob Bewerber um eine Franchiselizenz über hinreichende berufliche Fähigkeiten sowie extrafunktionale Merkmale wie Ausdauer und Belastbarkeit verfügen, um die Geschäfte des Franchisebetriebs erfolgreich führen zu können. Umgekehrt sind auch ***Informationsdefizite auf Seiten der Franchisenehmer*** möglich.[113] Gerade bei neuen Franchisesystemen können Bewerber um eine Franchiselizenz nicht genau den „Typ" des Franchisegebers beurteilen. Denkbar ist, dass der Franchisegeber ein sehr innovatives, Erfolg versprechendes Produkt entwickelt hat. Denkbar ist jedoch auch, dass der Franchisegeber bewusst die Verkaufschancen seines Produktes übertrieben gut darstellt, um sich kurzfristig über hohe einmalige Franchisegebühren auf Kosten der Franchisenehmer zu bereichern.[114] Die mögliche Folge solch eines doppelseitigen Hidden-information-Problems könnte eine adverse Selektion sowohl auf der Seite der Franchisenehmer als auch auf der der Franchisegeber sein, so dass Franchisesysteme gar nicht zustande kommen oder lediglich Franchisesysteme sehr schlechter Qualität entstehen.[115]

VI.4.2.2 Die Mikrostruktur als Lösung der Organisationsprobleme

Vor dem Hintergrund der aufgezeigten Hauptprobleme von Franchising – doppelseitiger Opportunismus sowie doppelseitige Hidden-information-Probleme – lässt sich nun die typische Mikrostruktur von Franchisesystemen rekonstruieren. Zunächst einmal lässt sich bei vielen realen Franchisesystemen beobachten, dass ***sowohl vom Franchisegeber als auch vom Franchisenehmer systemspezifische Investitionen*** getätigt werden.[116] Beispielsweise sind der vom Franchisegeber erworbene Markenname sowie das hiermit verbundene produktspezifische Wissen hochgradig systemspezifisch. Systemspezifische Investitionen werden auch dadurch vom Franchisegeber getätigt, dass er sich an der Finanzierung der Ver-

---

[112] Vgl. RUBIN (1978), S. 228; NORTON (1988), S. 204–205; DNES (1992), S. 497–501, (1993), S. 392.

[113] Vgl. GALLINI/LUTZ (1992); LAFONTAINE (1993).

[114] Der Anteil dieser schlechten Qualitäten unter den Franchisegebern mit unseriösen Franchisekonzepten wird vom Deutschen Franchise Institut (Nürnberg) auf 30 % geschätzt; vgl. TRIMBORN (1999).

[115] Zum Begriff der adversen Selektion vgl. Unterabschnitt II.2.2.

[116] Vgl. u.a. KLEIN/CRAWFORD/ALCHIAN (1978); BONUS (1986), S. 333; MILGROM/ROBERTS (1992), S. 564; DNES (1993); ALTMANN (1996), S. 29–32.

triebsstätte[117] des Franchisenehmers und an der Finanzierung dessen produktspezifischen Humankapitals (z.B. durch Aus- und Weiterbildungskurse) beteiligt. Auch vom Franchisenehmer werden verschiedene systemspezifische Investitionen unternommen, u.a. trägt er den vom Franchisegeber nicht finanzierten Teil der Investition in die Vertriebsstätte, verwendet Zeit und Geld für spezifische Trainingseinheiten des Franchisegebers und baut gegebenenfalls eine eigene lokale Stammkundschaft auf. Systemspezifische Investitionen von Franchisegeber und Franchisenehmer erfüllen mehrere Zwecke.

Zum einen wird ***dem doppelseitigen Opportunismusproblem entgegengewirkt***, da durch die Investitionen für beide Seiten systembezogene Quasi-Renten entstehen, die im Prinzip keiner der Beteiligten gefährden möchte.[118] Franchisegeber und Franchisenehmer tauschen quasi Unterpfänder bzw. „Geiseln" aus, die jeder der Beteiligten nur dann zurückerhält, wenn das Franchisesystem nicht durch opportunistisches Verhalten geschädigt wird. Hierdurch entstehen nicht nur Anreize für ein eigenes systemkonformes Verhalten, sondern auch gegenseitige Kontrollanreize für Franchisegeber und Franchisenehmer, möglicherweise sogar Anreize für eine gegenseitige Kontrolle und Gruppendruck der Franchisenehmer untereinander.[119] Systemspezifische Investitionen des *Franchisenehmers* können auch im Verbund mit der prozentualen Erfolgsbeteiligung des Franchisegebers zu einer wirkungsvollen Gegenmaßnahme gegen doppelseitigen Opportunismus führen, indem Substitutionseffekte genutzt werden.[120] Leistungsanreize für den Franchisenehmer können sowohl durch systemspezifische Investitionen als auch über die prozentuale Erfolgsbeteiligung erzeugt werden. Zu beachten sind dabei allerdings die Gegenläufigkeiten, die mit der prozentualen Erfolgsbeteiligung als Verteilungsparameter zwischen Franchisenehmer und -geber verbunden sind: Je kleiner (größer) die prozentuale Erfolgsbeteiligung des Franchisegebers ist, desto größer (kleiner) sind die Leistungsanreize für den Fran-

---

[117] Immobilien erscheinen zwar auf den ersten Blick nicht unbedingt systemspezifisch, bei genauerer Betrachtung wird jedoch deutlich, dass die Vertriebsstätten in der Regel erst durch sehr aufwendige Umbauarbeiten anderweitig verwendbar sind, da sowohl die äußere Häuserfront als auch das Inventar auf den Wiedererkennungseffekt von Kunden aufgebaut und dadurch zwangsläufig systemspezifisch sind. Vgl. z.B. MILGROM/ROBERTS (1992), S. 564–565, zu McDonald's.

[118] Vgl. WILLIAMSON (1990), S. 206–207; PICOT (1995), S. 50; WIMMER/GAREN (1997). ALTMANN (1996), S. 33, weist jedoch darauf hin, dass hiermit noch nicht sämtliche Opportunismusprobleme gelöst sind, da die Beteiligten oftmals nicht in gleichem Umfang investieren und zudem die Investitionen unterschiedlich systemspezifisch sind (z.B. könnte der Franchisegeber den Betrieb eines Franchisenehmers als eigene Filiale weiterverwenden).

[119] Vgl. zum letzten Teilaspekt PICOT (1995), S. 50–51.

[120] Vgl. hierzu sowie zu einer empirischen Bestätigung der These WIMMER/GAREN (1997). Dieser Befund stützt zudem den Grundtenor von PICOT (1995), wonach „Franchising als System komplementärer Vertragselemente" interpretiert werden kann. Vgl. zur Komplementaritätsthese auch POSSELT (1999), S. 365–370.

chisenehmer und desto kleiner (größer) sind die Leistungsanreize für den Franchisegeber. Bei hohen systemspezifischen Investitionen des Franchisenehmers entstehen für diesen bereits hinreichend hohe Leistungsanreize, so dass die prozentuale Erfolgsbeteiligung allein für eine Anreizgestaltung des Franchisegebers verwendet werden kann. Auf diese Weise wird auf beiden Seiten gleichermaßen opportunistischem Verhalten entgegengewirkt. Diese Überlegung wird von WIMMER/GAREN (1997) auch empirisch bestätigt, die einen positiven Zusammenhang zwischen der Höhe der Franchisenehmerinvestitionen und der Höhe der prozentualen Erfolgsbeteiligung des Franchisegebers belegen.

Zum anderen können systemspezifische Investitionen auch zu einer ***Informationsaufdeckung*** und damit zu einer Abschwächung oder gar Lösung des doppelseitigen Hidden-information-Problems führen. Auf der einen Seite wird ein Franchisenehmer nur dann bereit sein, zu einem nicht unbeträchtlichen Ausmaß systemspezifische Investitionen zu tätigen, wenn er aufgrund seiner (überdurchschnittlichen) Fähigkeiten davon ausgeht, dauerhaft seine Franchiselizenz vom Franchisegeber verlängert zu bekommen.[121] Auf der anderen Seite wird ein Franchisegeber beim Neuaufbau eines Franchisesystems nur dann zu einer entsprechend hohen Beteiligung bei der Finanzierung der Franchisebetriebe bereit sein, wenn er dem von ihm entwickelten Produkt gute Marktchancen einräumt.

Typisch für Franchisebeziehungen ist auch das ***lineare Zahlungsschema***, das aus einer einmaligen Franchisegebühr des Franchisenehmers bei der Aufnahme der Vertragsbeziehung sowie einer prozentualen Erfolgsbeteiligung besteht, welche pro Periode vom Franchisenehmer an den Franchisegeber zu entrichten ist.[122] Auch das lineare Zahlungsschema erfüllt zweierlei Zwecke. ***Zum einen*** dient es der ***Anreizgestaltung*** und damit der Abschwächung der doppelseitigen Opportunismusgefahr.[123] Der Franchisenehmer erhält in der Regel den größten Anteil am Umsatz, d.h. er zahlt nur eine relativ geringe prozentuale Erfolgsbeteiligung an den Franchisegeber.[124] Dadurch werden für ihn erhebliche Verkaufsanreize gestaltet. Sofern er in der Lage ist, eine Stammkundschaft aufzubauen, ent-

---

[121] Vgl. MILGROM/ROBERTS (1992), S. 564; DNES (1992), S. 497–501, (1993), S. 392.

[122] Sei α die einmalige Franchisegebühr und β die prozentuale Erfolgsbeteiligung des Franchisegebers am Umsatz y des Franchisenehmers, so lautet das lineare Zahlungsschema an den Franchisegeber $\alpha + \beta \cdot y$. Zur Optimalität linearer Zahlungsschemata in Franchiseverträgen vgl. BHATTACHARYYA/LAFONTAINE (1995).

[123] Vgl. RUBIN (1978), S. 227–229; BRICKLEY/DARK/WEISBACH (1991), S. 29; DNES (1993), S. 382–386; PICOT (1995), S. 51; BRICKLEY (2002).

[124] DNES (1993) untersuchte die Verträge von 15 Franchisesystemen aus Großbritannien. Danach machen 10 der 15 Systeme Gebrauch von einer prozentualen Erfolgsbeteiligung des Franchisegebers, die zwischen 4 % und 12,5 % liegt; vgl. DNES (1993), S. 383. LAFONTAINE (1992) diskutiert die Zahlungsmodalitäten US-amerikanischer Franchisesysteme. Nach ihren Daten schwanken die Mittelwerte für die prozentuale Erfolgsbeteiligung des Franchisegebers für die unterschiedlichen Branchen zwischen 0,3 % (Wäschereien) und 9,2 % (Autowerkstätten); vgl. LAFONTAINE (1992), S. 271.

stehen zusätzlich auch Anreize für eine Einhaltung der vom Franchisegeber festgelegten Qualitätsstandards. Analog zu dem aus der Prinzipal-Agent-Theorie bekannten trade off zwischen Anreizgestaltung und effizienter Risikoverteilung hat diese Form der Anreizgestaltung bei risikoaversen Franchisenehmern allerdings den „Preis", dass aufgrund fehlender Diversifikationsmöglichkeiten des Franchisenehmers eine äußerst ungünstige Risikoverteilung in Kauf genommen wird. Trotz einer relativ geringen prozentualen Erfolgsbeteiligung entstehen auch für den Franchisegeber Anreize, seinen versprochenen Leistungen (z.B. Service, Werbung) nachzukommen, da über alle Franchiselizenzen summiert beträchtliche umsatzabhängige Zahlungen an den Franchisegeber fließen.

Zum anderen kann das lineare Anreizschema auch vom Franchisegeber so gestaltet werden, dass es eine ***Selbsteinordnung*** der Bewerber für eine Franchiselizenz bewirkt:[125] Fähige und wenig risikoaverse Bewerber werden Franchiseverträge mit einer relativ hohen einmaligen Franchisegebühr und einer geringen prozentualen Erfolgsbeteiligung des Franchisegebers akzeptieren, während weniger fähige und stark risikoaverse Bewerber den angebotenen Vertrag nicht akzeptieren und ihre Bewerbung um eine Franchiselizenz zurückziehen werden. Durch diese Form der Selbsteinordnung könnten zumindest die anfänglich bestehenden Informationsdefizite des Franchisegebers zum Teil abgebaut werden. Das folgende Beispiel setzt sich abschließend mit der einmaligen Franchisegebühr und der prozentualen Erfolgsbeteiligung bei McDonald's auseinander:

Beispiel VI–4: Ex-ante- und Ex-post-Renten bei McDonald's

Eines der bekanntesten Franchisesysteme stellt die Fast-food-Kette „McDonald's" dar. 1992 beispielswiese war McDonald's sowohl gemessen am Umsatz als auch an der Anzahl der Betriebsstätten die bedeutendste Restaurantkette in Deutschland.[126] KAUFMANN/LAFONTAINE (1994) untersuchten die Zahlungsmodalitäten von McDonald's-Franchiseverträgen in den USA. Der empirische Befund der beiden Autoren zeigt, dass sowohl zum Ex-ante-Zeitpunkt, d.h. bei der Aufnahme einer neuen Franchisebeziehung, als auch zum Ex-post-Zeitpunkt, d.h. während einer Franchisebeziehung, für die Franchisenehmer positive Renten bestehen. ***Ex-post-Renten*** erzeugen beim Franchisenehmer erhebliche Anreize, die vom Franchisegeber festgelegten Qualitätsstandards einzuhalten, da die Nichteinhaltung der Standards dazu führen würde, dass die Lizenz des Franchisenehmers nicht mehr verlängert bzw. gekündigt wird, sobald das opportunistische Verhalten vom Franchisegeber entdeckt wird. Die Disziplinierungswirkung für den Franchisenehmer entsteht dadurch, dass – analog zu Effizienzlöhnen – der Franchisenehmer hohe Opportunitätskosten in Form entgangener zukünftiger Renten realisiert, wenn er infolge seines Fehlverhaltens seine Lizenz verliert. Nach KAUFMANN und LAFONTAINE ergänzen die Disziplinierungswirkungen der Ex-post-Renten die Leistungsanreize, die über die prozentuale Erfolgsbeteiligung des Franchisegebers beim Franchisenehmer erzeugt werden, so dass sich insgesamt ein

---

[125] Vgl. NORTON (1988), S. 205; DNES (1992), S. 497–501, in Kombination mit systemspezifischen Investitionen, wodurch insgesamt auch Opportunismus des Franchisegebers verhindert wird; PICOT (1995), S. 46.

[126] Vgl. hierzu sowie zu weiteren Details über McDonald's die Beschreibung von KUNKEL (1994), S. 50–54.

effizienter Anreizmix ergibt. ***Ex-ante-Renten*** lassen sich über die eingeschränkten Verschuldungsmöglichkeiten von Franchisenehmern erklären, zusammen mit der Überlegung, dass die Abschöpfung sämtlicher Ex-post-Renten durch die Erhebung einer entsprechend hohen einmaligen Franchisegebühr die zuvor beschriebenen Anreize von Ex-post-Renten eliminierte: Bei entsprechendem Informationsstand könnte der Franchisegeber theoretisch zum Ex-ante-Zeitpunkt den Barwert sämtlicher Nettorückflüsse bzw. Renten berechnen, die der Franchisenehmer über seine Lizenz erwirtschaften wird, und eine Franchisegebühr in Höhe dieses Barwerts fordern. Der Franchisegeber würde dadurch zwar sämtliche Renten des von ihm entwickelten Produkts extrahieren. Zum einen wäre eine einmalige Franchisegebühr in Höhe des berechneten Barwerts jedoch vom Franchisenehmer mutmaßlich nicht zahlbar, da solch eine Zahlung seinen Kreditrahmen sprengte. Zum anderen führte eine vollständige Extrahierung der Renten dazu, dass der Franchisegeber über die Androhung, die Franchiselizenz im Falle eines aufgedeckten Fehlverhaltens wieder einzuziehen, keine Disziplinierungswirkung mehr erzielen könnte. Der Befund von KAUFMANN und LAFONTAINE zeigt, dass bei McDonald's auch noch auf eine andere Weise Anreize für Franchisenehmer gestaltet werden: Franchisenehmer müssen 40 % des Gründungskapitals für ihren Franchisebetrieb selbst aufbringen, wobei das typische äußere und innere Erscheinungsbild von McDonald's-Restaurants dazu führt, dass es sich hierbei um eine systemspezifische Investition handelt. Positive Leistungsanreize bei McDonald's entstehen schließlich auch dadurch, dass erfolgreiche Franchisenehmer weitere Franchiselizenzen erwerben dürfen und dabei statt 40 % lediglich noch 25 % des Gründungskapitals zu tragen haben.

Zur typischen Mikrostruktur von Franchisesystemen zählt ebenfalls die Beobachtung, dass Franchisegeber ***parallel zu Franchisebetrieben auch eigene Filialen*** betreiben.[127] Diese Beobachtung lässt sich zunächst einmal vor dem Hintergrund der bestehenden Anreizproblematik erklären. In Unterabschnitt VI.4.1 wurde festgestellt, dass sich Franchising bei geographisch weit entfernten Vertriebsstätten aufgrund prohibitiv hoher Kontrollkosten anbietet. Umgekehrt lässt sich argumentieren, dass diejenigen Vertriebsstätten weiterhin als Filialen geführt werden, die nicht zu weit vom Mutterunternehmen entfernt sind und sich dadurch besser kontrollieren lassen. Ein anderer Erklärungsansatz stammt von GALLINI/LUTZ (1992). Die beiden Autorinnen argumentieren, dass gerade bei neuen Franchisesystemen die Franchisegeber über die Qualität ihres Produktes und dessen Erfolgsaussichten auf dem Markt in der Regel besser informiert sind als potentielle Franchisenehmer. Vor dem Hintergrund dieser asymmetrischen Informationsverteilung könnte eine deutliche Beteiligung des Franchisegebers am Erfolgsrisiko des Franchisesystems von potentiellen Franchisenehmern als glaubwürdiges Signal für eine hohe Qualität bzw. hohe Erfolgsaussichten des Produkts gewertet werden. Eine solche Beteiligung am Erfolgsrisiko ließe sich dadurch erreichen, dass der Franchisegeber auch eigene Filialen gründet und zudem eine vergleichsweise hohe prozentuale Erfolgsbeteiligung (sowie entsprechend niedrige einmalige Franchisegebühren) vorsieht. Franchisegeber hoher Qualität hätten keine Einwände gegen die Gründung eigener Filialen, zumal sie

---

127 Vgl. BAI/TAO (2000); SESHADRI (2002); CHAKRABARTY/CHAUDHURI/SPELL (2002). Nach BRICKLEY/ DARK/WEISBACH (1991), S. 28, sind im Durchschnitt 20 % der Vertriebsstätten im Eigentum von Franchisegebern.

mit ihrem Produkt dadurch direkt einen Teil der zukünftigen außerordentlichen Gewinne abschöpfen könnten. Franchisegeber niedriger Qualität hingegen würden aus Eigeninteresse von Filialgründungen absehen, so dass die Signalisierung mittels Filialen (und einer hohen prozentualen Erfolgsbeteiligung des Franchisegebers) letztlich zu einer Separierung der unterschiedlichen Typen von Franchisegebern führte. Dieser Signaling-Ansatz von GALLINI und LUTZ wurde von LAFONTAINE (1993) empirisch getestet. LAFONTAINE kommt hierbei allerdings zu dem Ergebnis, dass der Signaling-Ansatz nicht anhand der Daten bestätigt werden kann. Die Autorin bietet zudem verschiedene Erklärungen für ihren Befund: Zum einen lässt sich argumentieren, dass mit dem Zahlungsschema bereits den Opportunismusproblemen zwischen Franchisegeber und -nehmer begegnet werden soll und die prozentuale Erfolgsbeteiligung des Franchisegebers nur schwerlich zugleich eine Signalisierungsfunktion wahrnehmen kann.[128] Zum anderen existieren alternative Signalisierungsmöglichkeiten für Franchisegeber – beispielsweise durch eine Mitgliedschaft in der International Franchise Association, welche an die Erfüllung bestimmter Gütekriterien geknüpft ist. Schließlich weist LAFONTAINE (1993) darauf hin, dass für potentielle Franchisenehmer vor allem die zukünftige Entwicklung des Markennamens des Produkts wichtig ist. Informationen hierüber können nach LAFONTAINE jedoch nicht von Signalen geliefert werden, die lediglich die gegenwärtigen Profitabilitätserwartungen des Franchisegebers widerspiegeln. Entscheidend sei es vielmehr, über ein geeignetes Zahlungsschema Anreize zu gestalten, die einen zukünftigen Franchisegeberopportunismus (z.B. Unterinvestition in Werbung) verhindern und dadurch wiederum die zukünftigen Erfolgsaussichten des Produkts sicherstellen. Möglicherweise ergibt sich jedoch vor dem Hintergrund bestehender Opportunismusprobleme auf Seiten der Franchisenehmer ein weiterer Erklärungsansatz für die Existenz eigener Filialen des Franchisegebers. Dadurch, dass die Franchisenehmer alle das gleiche Produkt vermarkten, lassen sich vom Franchisegeber relative Leistungswettbewerbe (Turniere) zwischen den Franchisebetrieben vornehmen, die bei geeigneter Festlegung der zu erringenden Turnierpreise zusätzliche Anreize unter den Franchisenehmern induzieren.[129] Gegebenenfalls könnte die gewünschte Anreizwirkung noch erhöht werden, indem eigene (z.B. als profit centers geführte) Filialen als weitere Wettbewerber hierbei zugelassen werden.

Ein weiteres typisches Charakteristikum von Franchisesystemen kann darin gesehen werden, dass ***Franchiselizenzen von Franchisenehmern weiterverkauft werden dürfen***, sofern der Franchisegeber solch einer Transaktion zu-

[128] Die optimale Gestaltung des linearen Zahlungsschemas für Anreizzwecke würde streng genommen bestenfalls zufällig mit der optimalen Gestaltung für Signalisierungszwecke übereinstimmen.

[129] Vgl. PICOT (1995), S. 51.

stimmt.[130] Diese Verkaufsoption wird für Franchisenehmer insbesondere dann bedeutsam, wenn für die Franchiselizenz eine relativ lange Laufzeit vorgesehen ist und der Franchisenehmer daher nur über den Weiterverkauf der Lizenz die bestehende Franchisebeziehung einseitig auflösen kann. Da der Franchisenehmer den Weiterverkaufspreis einbehält, entstehen für ihn entsprechend hohe Anreize, der Reputation des Franchiseproduktes nicht zu sehr zu schaden. Negative externe Effekte durch die Nichteinhaltung vorgegebener Qualitätsstandards würden infolge der Verkaufsoption zum Teil vom Franchisenehmer selbst internalisiert werden, weil die Reputationsverluste nun nicht nur den zukünftigen Wert der Franchiselizenzen für den Franchisegeber, sondern zugleich auch den Weiterverkaufswert der eigenen Lizenz des Franchisenehmers minderten.[131] Das Vetorecht des Franchisegebers für den Weiterverkauf sichert diesem schließlich wichtige Screeningmöglichkeiten, welche gewährleisten, dass weiterhin nur Franchisenehmer hoher Qualität in das Franchisesystem aufgenommen werden.

In Franchiseverträgen werden dem Franchisegeber üblicherweise ***weitreichende Kontrollrechte gegenüber dem Franchisenehmer*** eingeräumt sowie das Recht, ***dem Franchisenehmer jederzeit die Lizenz zu entziehen***.[132] Hierdurch kann der Franchisegeber wirkungsvoll Hidden-action- und Hidden-information-Problemen seitens der Franchisenehmer begegnen. Falls ein Franchisenehmer dauerhaft versucht, den Markennamen des Franchisegebers opportunistisch auszunutzen, ohne selbst den versprochenen Gegenleistungen hinreichend nachzukommen, könnte dies vom Franchisegeber über Outputkontrollen (z.B. Testkunden bei Fast-food-Restaurants) aufgedeckt werden. Zudem könnte der Franchisegeber auch ex post nachprüfen, ob er irrtümlicherweise an einen Franchisenehmer niedriger Qualität eine Lizenz vergeben hat. In beiden Fällen stellt das jederzeitige Entzugsrecht der Franchiselizenz sicher, dass der Franchisegeber kostengünstig seine einmal getroffene Lizenzentscheidung revidieren kann (z.B. ohne weitere Opportunitätskosten der Zeit).

In Unterabschnitt VI.4.2.1 wurde allerdings darauf hingewiesen, dass zwischen Franchisegeber und Franchisenehmer ein doppelseitiges Opportunismusproblem besteht. Der Franchisegeber könnte beispielsweise die eben beschriebenen Kontroll- und Kündigungsrechte opportunistisch nutzen, um sich den großenteils systemspezifischen Franchisebetrieb des Franchisenehmers zu einem sehr niedrigen Kaufpreis anzueignen. Denkbar ist, dass der Franchisegeber ohne gerechtfertigten Anlass die Franchiselizenz einseitig aufkündigt, um anschließend die spezifische Vertriebsstätte günstig zu kaufen und als eigene Filiale wei-

---

[130] Vgl. hierzu und zu den folgenden Implikationen BRICKLEY/DARK/WEISBACH (1991), S. 29; PICOT (1995), S. 50.

[131] Ein anderer Teil des verursachten Reputationsverlustes wird – wie oben näher erläutert – von den übrigen Franchisenehmern getragen.

[132] Vgl. RUBIN (1978), S. 228; MILGROM/ROBERTS (1992), S. 564–565.

ter zu betreiben. Dieses mögliche Problem wird in Franchiseverträgen oftmals dadurch gelöst, dass konkrete ***Rückkaufklauseln*** aufgenommen werden, die den Franchisenehmer schützen, z.B. indem der Verkauf zu „fairen Marktpreisen" zu erfolgen hat.

Zusammenfassend lässt sich festhalten, dass Franchising neben Partnerschaften und Genossenschaften als weitere hybride Organisationsform zwischen Markt und Hierarchie spezifische Vorzüge aufweist, wie z.B. die Kombination von Zentralisierungs- und Dezentralisierungsvorteilen. Die Sicherung dieser Vorzüge gegenüber eigenen internen Organisationsproblemen wird durch ein spezielles Geflecht aus komplementären Bestimmungen garantiert,[133] die sich im Franchisevertrag wieder finden. Trotz seiner Vorzüge ist Franchising in der Realität jedoch nur begrenzt verbreitet. Dieses lässt sich zum einen über die doppelseitigen Opportunismus- und Hidden-information-Probleme zwischen Franchisenehmer und Franchisegeber erklären, die sich trotz der Bestimmungen des Franchisevertrages mutmaßlich nicht perfekt lösen lassen. Zum anderen ist auch zu bedenken, dass Franchising von seiner Grundidee her nur einen sehr eingeschränkten Anwendungsbereich besitzt. Grundvoraussetzung für Franchising ist, dass ein neues Produkt bzw. eine neue Dienstleistung entwickelt wird und für die Vermarktung Lizenzen an andere Marktakteure vergeben werden. Bezogen auf seinen Anwendungsbereich konkurriert Franchising daher weniger mit alternativen Organisationsformen wie der Publikumsgesellschaft, der Einzelunternehmung, der Partnerschaft oder der Genossenschaft, sondern vielmehr mit der Option, ein eigenes Filialsystem für den Vertrieb aufzubauen.

VI.5 Zwischenfazit

Den Ausgangspunkt dieses Kapitels bildete die Überlegung, dass die Publikumsgesellschaft eine geeignete Alternative zur Abwicklung von Transaktionen über Märkte bilden kann, Organisations- und Managementprobleme jedoch ihre Effizienz beeinträchtigen. Daher verwundert es nicht, dass sich in der Realität auch die Existenz anderer Organisationsformen beobachten lässt. Exemplarisch wurden in diesem Kapitel die Einzelunternehmung, die Partnerschaft, die Genossenschaft und das Franchising diskutiert. Neben diesen alternativen Organisationsformen existieren jedoch noch weitere Organisationsformen, beispielsweise diverse Formen von Unternehmenskooperationen (z.B. strategische Allianzen, joint ventures, Keiretsus, Chaebols), Non-profit-Organisationen und virtuelle

---

[133] Zu Komplementaritäten zwischen den verschiedenen Anreizinstrumenten vgl. BRICKLEY (1999).

Unternehmen. Eine vollständige Diskussion alternativer Organisationsformen konnte mit diesem Kapitel daher nicht geleistet werden, was allerdings auch nicht das erklärte Ziel war. Mit Kapitel VI sollte nur die Grundidee der so genannten *komparativen Institutionenanalyse* skizziert werden, wonach aus Sicht der Neuen Institutionenökonomik durchaus unterschiedliche Formen von Institutionen und Organisationen denkbar sind, die allerdings untereinander in einem ständigen Konkurrenzverhältnis stehen. Langfristig werden sich dabei diejenigen Institutionen und Organisationen durchsetzen, die die größten Nettoerfolge aufzuweisen haben. Eine lediglich exemplarische Behandlung alternativer Organisationsformen lässt sich gerade im Rahmen eines solchen evolutorischen Ansatzes rechtfertigen: Nicht auszuschließen ist, dass sich in der Zukunft (z.B. aufgrund sich ändernder Rahmenbedingungen) neue Organisationsformen entwickeln, die weitaus leistungsfähiger sind als die bisher bekannten. Allerdings ist auch der umgekehrte Fall denkbar, dass quasi „ausgestorbene" Organisationsformen eine Renaissance erleben. Ein Beispiel hierfür bildet das Verlagssystem,[134] welches im Laufe der Industriellen Revolution untergegangen ist, in der heutigen Zeit aufgrund technologischer Entwicklungen und der geringeren Bedeutung von Vorteilen der Massenproduktion in einigen Branchen jedoch wieder entdeckt wird.[135] Der Versuch einer vollständigen Behandlung sämtlicher Organisationsformen, verbunden mit einem in sich geschlossenen Effizienzvergleich untereinander, erscheint daher nicht nur unangemessen, sondern auch kaum möglich.

[134] Beim *Verlagssystem* war der zentrale Akteur der so genannte Verleger, der für den Einkauf und die Bereitstellung der Materialen für die Produktion zuständig war. Diese Materialien (z.B. Stoffe) wurden zusammen mit einem Produktionsauftrag an Kleinstbetriebe (z.B. kleine Nähbetriebe) bzw. Einzelpersonen (z.B. Hausfrauen) vergeben, die hieraus die entsprechenden Erzeugnisse fertigten. Der Verleger holte anschließend die Erzeugnisse von den Kleinstbetrieben bzw. Einzelpersonen ab und übernahm den Verkauf der Ware.

[135] Vgl. z.B. zu Wertschöpfungspartnerschaften (als eine Art moderne Variante des Verlagssystems) in der mittelitalienischen Textilindustrie JOHNSTON/LAWRENCE (1989).

Exkurs: Überlappende Generationen von Organisationsmitgliedern

In diesem Exkurs soll abschließend ein grundsätzliches Problem diskutiert werden, welches Partnerschaften, Genossenschaften und Franchisesystemen gemeinsam ist, nämlich ***Opportunismus in Form von Trittbrettfahrerverhalten aufgrund nicht-kontrahierbarer Interaktionsbeziehungen***. Sowohl die Partner einer Partnerschaft als auch die Genossen einer Genossenschaft als auch die Franchisenehmer eines Franchisesystems sind untereinander auf eine gegenseitige Kooperation angewiesen, ohne dass diese über vertragliche Regelungen vollständig durchgesetzt werden kann. Die sich hieraus ergebenden Trittbrettfahrerprobleme sind in Kapitel VI ausgiebig behandelt worden: z.B. geringe Leistungs- und Kontrollanstrengungen bei Partnern, die Überbeanspruchung von Gemeinschaftsressourcen sowie fehlende Kontrollanreize hinsichtlich des Vorstands bei Genossen, der Verzicht auf eine Einhaltung vorgegebener Qualitätsstandards bei Franchisenehmern. Die Interaktionsbeziehungen sind daher so zwischen den jeweiligen Organisationsmitgliedern zu gestalten, dass eine gemeinsame Kooperation sich selbst durchsetzend (self-enforcing) ist.[136] Im Sinne der nicht-kooperativen Spieltheorie muss sich mit anderen Worten kooperatives Verhalten, d.h. der Verzicht auf Trittbrettfahrertum, als (teilspielperfektes) NASH-Gleichgewicht ergeben.

Wie aus den Ergebnissen der nicht-kooperativen Spieltheorie (u.a. aus den Folk-Theoremen für das Gefangenendilemma) bekannt ist, hat die ***dauerhafte Wiederholung einer Trittbrettfahrersituation*** zur Folge, dass nun über die Androhung glaubhafter Sanktionen (in Form eines dauerhaften Kooperationsentzugs) die einzelnen Organisationsmitglieder tendenziell eher zu einer Kooperation bereit sind. Da Organisationen als Mehr-Personen-Zusammenschlüsse definiert wurden, in denen ***dieselben Mitglieder dauerhaft*** interagieren, scheint die Trittbrettfahrerproblematik bereits durch die Gründung von Organisationen nur noch von untergeordneter Bedeutung zu sein. Unglücklicherweise entfaltet sich die kooperationsfördernde Wirkung wiederholter Interaktion jedoch erst bei einem offenen Zeithorizont (d.h. der Zeitpunkt der letzten Wiederholung ist allen Beteiligten unbekannt), und die Mitglieder von Organisationen verfügen gerade ***nicht*** über solch einen Zeithorizont. Selbst wenn über organisatorische Maßnahmen ein Organisationsmitglied für die gesamte Zeit seiner beruflichen Tätigkeit an eine bestimmte Organisation gebunden werden kann, so ist dennoch allen Beteiligten bekannt, zu welchem Zeitpunkt das Mitglied aus Altersgründen aus

---

[136] Soweit vertragliche Regelungen zur Anreizgestaltung möglich sind, lässt sich die bestehende Trittbrettfahrerproblematik allerdings zum Teil einschränken; vgl. dazu die entsprechenden Ausführungen in den obigen Abschnitten dieses Kapitels.

der Organisation ausscheiden wird. Bei bekanntem Zeitpunkt der letzten Wiederholung der Interaktionssituation ergibt sich über Rückwärtsinduktion jedoch, dass dann in keiner Periode mit einer Kooperation gerechnet werden kann. Zumindest kurz vor dem Ausscheiden kann bei einem Organisationsmitglied kaum ein kooperatives Verhalten erwartet werden,[137] da ein Trittbrettfahrerverhalten von den anderen Organisationsmitgliedern nur noch kurze Zeit sanktionierbar ist.

Bei genauerer Betrachtung zeigt sich allerdings, dass Organisationsmitglieder zwar lediglich eine begrenzte, ex ante oftmals bekannte Zeit der Organisation angehören,[138] jedoch üblicherweise unterschiedlichen Alters sind und daher auch unterschiedliche Restverweilzeiten in der Organisation aufweisen. Spieltheoretisch ergibt sich hierdurch ein Modell mit überlappenden Generationen (**o**ver**l**apping **g**enerations) an Spielern, ein so genanntes OLG-Modell.[139] Im Folgenden soll nun anhand des OLG-Modells von CRÉMER (1986) gezeigt werden, dass trotz der begrenzten Verweildauer jedes einzelnen Organisationsmitglieds innerhalb einer Partnerschaft, einer Genossenschaft oder eines Franchisesystems dennoch ***stabile Kooperationsstrukturen*** aufrechterhalten werden können. Möglich wird dieses ***gerade durch die Existenz überlappender Generationen*** an Organisationsmitgliedern, so dass man zu der Einschätzung kommen kann: „But it is worth emphasising that our account predicts the emergence of 'firms' of a kind even where there are *no* technical advantages in team production, *no* transactions cost advantages in non-market coordination, and *no* risk aversion among the relevant parties: the relevant public good provided is simply the coalitional structure itself" (BRENNAN/KLIEMT 1994, S. 569).[140] ***Demnach kann der kollektive Vorteil einer Organisationsform allein schon in der OLG-Struktur ihrer Mitglieder bestehen, durch die eine Kooperation in nicht-kontrahierbaren Interaktionssituationen erzielt wird.***

Stabile Kooperationsstrukturen im OLG-Modell von CRÉMER

Im OLG-Modell von CRÉMER (1986) wird eine Organisation mit n ($n \geq 3$) risikoneutralen Mitgliedern betrachtet. Mitglied i ($i = 1,\dots,n$) leistet eine Arbeitsanstrengung e_i, die es anhand der individuellen Nutzenfunktion

---

[137] Es kommt zu den bereits mehrfach erwähnten Endspieleffekten älterer Organisationsmitglieder.

[138] Zumindest ist der Zeitpunkt bekannt, zu dem ein Organisationsmitglied aus Altersgründen aus der Organisation ausscheiden wird.

[139] Vgl. zur Grundidee bereits SAMUELSON (1958). Zu einer umfassenden Diskussion von OLG-Modellen vgl. LOHMANN (1999).

[140] Die beiden Autoren sehen in Partnerschaften und Franchisesystemen typische Anwendungsfälle für ihr OLG-Argument. Neben den bereits genannten Arbeiten von CRÉMER (1986) und BRENNAN/KLIEMT (1994) existieren noch verschiedene weitere Texte zu OLG-Modellen; vgl. hierzu LOHMANN (1998) sowie die dort zitierte Literatur.

$$u_i(e_1,\ldots,e_n)=w\left(\sum_{j=1}^{n}e_j\right)-c(e_i)\qquad(1)$$

wählt. $w(\cdot)$ beschreibt hierbei das Einkommen des i, welches von den Anstrengungen aller Organisationsmitglieder abhängt (z.B. kann es sich bei $w(\cdot)$ um den n-ten Anteil des Organisationsgewinns handeln, welcher wiederum von den Leistungsanstrengungen jedes Organisationsmitglieds abhängt). $c(\cdot)$ bezeichnet das von i empfundene Arbeitsleid, das hierbei in monetären Werten angegeben sei. Angenommen sei, dass Nicht-Kooperieren im Sinne von $e_i=0$ die dominante Strategie jedes einzelnen Organisationsmitglieds ist. Bezeichne y das kollektive Anstrengungsniveau der anderen Organisationsmitglieder, so gelte:

$$w(y)-c(0)>w(y+e_i)-c(e_i),\qquad \forall y,\forall i,e_i>0.\qquad(2)$$

Die Ungleichung (2) beschreibt damit eine äußerst prekäre Interaktionsbeziehung zwischen den Organisationsmitgliedern, vergleichbar mit der des Gefangenendilemmas: Gemäß individueller Rationalität müsste sich jedes Organisationsmitglied für $e_i=0$ entscheiden, wodurch dann allerdings die betrachtete Organisation auf Dauer nicht mehr überlebensfähig wäre. Die Funktionen $w(\cdot)$ und $c(\cdot)$ seien differenzierbar und monoton steigend; $c(\cdot)$ verlaufe konvex zum Ursprung. Ferner gelte:

$$w(0)=c(0)=0\ .\qquad(3)$$

Als Referenzlösung sei zunächst die ***kooperative Lösung*** betrachtet, bei der alle n Organisationsmitglieder miteinander kooperieren und gemäß kollektiver Rationalität über ihre Wahl von $e_i\,(i=1,\ldots,n)$ den Nettoerfolg der Organisation maximieren. Diese kooperative Lösung $(e_1^*,\ldots,e_i^*,\ldots,e_n^*)$ ergibt sich damit wie folgt:

$$(e_1^*,\ldots,e_i^*,\ldots,e_n^*)=\underset{e_1,\ldots,e_n\geq 0}{\operatorname{argmax}}\sum_{i=1}^{n}\left[w\left(\sum_{j=1}^{n}e_j\right)-c(e_i)\right].\qquad(4)$$

Aufgrund der Konvexität von $c(\cdot)$ muss für die Lösung gelten, dass die Anstrengung jedes Organisationsmitglieds identisch ist, d.h. $e_1^*=\cdots=e_i^*=\cdots=e_n^*=e^*$.[141] Die Bedingung (4) lässt sich damit folgendermaßen schreiben:

[141] Da das Arbeitsleid *pro* Organisationsmitglied überproportional ansteigt, ist es kollektiv rational, eine optimale Gesamtmenge an Arbeit gleichmäßig auf alle Mitglieder zu verteilen.

$$e^{*} = \underset{e \geq 0}{\operatorname{argmax}} \{ n \cdot (w(n \cdot e) - c(e)) \} \ . \tag{5}$$

Im Vergleich zu dieser kooperativen Lösung sind auch andere Lösungen denkbar, bei denen nicht alle n, sondern nur $m < n$ Organisationsmitglieder den Nettoerfolg der Organisation maximieren wollen, während die übrigen $n-m$ Mitglieder eine Anstrengung in Höhe von $e_i = 0$ wählen.[142] Eine solche Lösung $(e_1^{*m},...,e_m^{*m},0,...,0)$ sei im Folgenden als ***m-kooperative Lösung*** bezeichnet. Aufgrund der Konvexität von $c(\cdot)$ würde hier jedes der m kooperierenden Mitglieder die gleiche Anstrengung $e_1^{*m} = \cdots = e_m^{*m} =: e^{*m}$ wählen, so dass sich die m-kooperative Lösung als $(e^{*m},...,e^{*m},0,...,0)$ schreiben lässt.

Bevor jedoch auf konkrete Lösungen eingegangen werden kann, muss zunächst das OLG-Modell von CRÉMER vollständig beschrieben werden. Zur Vereinfachung sei angenommen, dass im betrachteten Modell von den Akteuren keine Diskontierung vorgenommen wird, obwohl es sich um eine mehrperiodige Interaktionsbeziehung handelt. Die Organisation verfüge über ein unendliches Leben bzw. es existiere ex ante kein Zeitpunkt, für den eine Auflösung der Organisation geplant ist. Die Organisationsmitglieder selbst verfügen hingegen nur über ein endliches betriebliches Leben. Dieses betrage n Perioden. Ferner sei angenommen, dass in jeder Periode in der Organisation genau n Organisationsmitglieder beschäftigt sind, die alle ein unterschiedliches Alter haben, d.h. es existiert ein Mitglied, das sich in der ersten Periode seines betrieblichen Lebens befindet, eines, das sich in der zweiten Periode befindet, …, und eines, das sich in der n-ten Periode befindet und damit am Ende der betrachteten Periode aus der Organisation ausscheidet. Insgesamt ergibt sich damit die in Abbildung VI.1 skizzierte OLG-Struktur für die Organisation.[143]

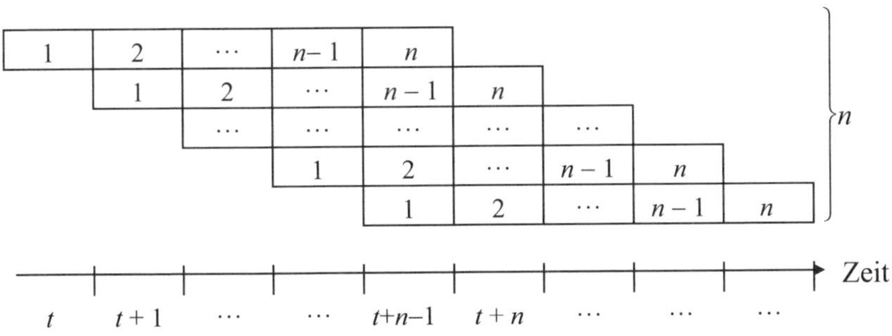

Abbildung VI.1: OLG-Struktur der Organisationsmitglieder im CRÉMER-Modell

[142] Dies entspräche einer *vertikalen* Betrachtung in der folgenden Abbildung VI.1.
[143] t bezeichne hierbei den Zeitindex einer beliebigen Periode.

Betrachtet sei beispielsweise dasjenige Organisationsmitglied, das zu Beginn von Periode t in die Organisation aufgenommen wird (oberste Zeile). Dieses Mitglied hat nach der Periode t das betriebliche Alter 1 erreicht, nach der Periode $t+1$ das Alter 2 usw. Am Ende der Periode $t+n-1$, also nach insgesamt n Perioden, hat das Mitglied sein betriebliches Leben beendet und scheidet aus der Organisation aus. In jeder beliebigen Periode sind in der Organisation alle n Altersstufen genau einmal vertreten. Da in der Abbildung VI.1 der Übersichtlichkeit halber nicht sämtliche ausscheidenden und neu hinzukommenden Organisationsmitglieder skizziert sind, wird dieses lediglich anhand der Periode $t+n-1$ deutlich: Geht man vom Zeitstrahl in der Periode $t+n-1$ senkrecht nach oben, so sieht man, dass von jeder Altersgeneration genau ein Mitglied existiert.[144]

Angenommen sei im Folgenden, dass jedes Mitglied seine Arbeitsanstrengung e_i zu Beginn jeder Periode wählt, ohne jeweils die Entscheidungen der $n-1$ übrigen Mitglieder zu kennen, d.h. die Mitglieder wählen ihre Anstrengungen je Periode simultan. Erst nach Beendigung jeder Periode erfährt jedes Mitglied die Anstrengungen der jeweils anderen Mitglieder. Ferner sei angenommen, dass jedes Mitglied seine Anstrengung lediglich in Abhängigkeit von den Anstrengungen der anderen Mitglieder aus der Vorperiode sowie in Abhängigkeit von seinem jeweiligen Alter wählt. CRÉMER (1986) schränkt die Menge der möglichen Strategien sogar noch weiter ein. Betrachtet sei dazu der n-dimensionale Vektor $\boldsymbol{e} = (e_1,\ldots, e_\tau,\ldots, e_n)$, wobei e_τ ($\tau = 1,\ldots, n$) für die Arbeitsanstrengung eines Organisationsmitglieds mit Alter τ stehe. Vor dem Hintergrund der Abbildung VI.1 lässt sich $\boldsymbol{e}$ dann auf zweierlei Weise interpretieren: ***Vertikal betrachtet*** verkörpert $\boldsymbol{e}$ die Anstrengungen der gesamten Organisation in einer bestimmten Periode, ***horizontal betrachtet*** verkörpert $\boldsymbol{e}$ die Anstrengungen eines bestimmten Organisationsmitglieds über dessen gesamte betriebliche Karriere. Ganz allgemein lässt sich $\boldsymbol{e}$ auch als ein bestimmter ***Verhaltensplan*** interpretieren, auf den sich die Organisationsmitglieder zunächst einmal kollektiv einigen.[145] Unter Rückgriff auf den Vektor $\boldsymbol{e}$ wird die Menge der möglichen Strategien von CRÉMER (1986, S. 39) nun auf die Menge der ***Trigger-Strategien*** beschränkt: Hierbei einigen sich die Mitglieder der Organisation zunächst auf einen bestimmten Verhaltensplan $\boldsymbol{e}$, durch den die Anstrengung jedes Mitglieds der Altersstufe τ ($\tau = 1,\ldots, n$) in einer beliebigen Betrachtungsperiode beschrieben wird. Jedes Organisationsmitglied τ wählt dann je Periode t eine von zwei Möglichkeiten. (i) Hat sich jedes der anderen Mitglieder in der Vorperiode $t-1$

---

[144] Nicht weiter diskutiert werden soll das Problem der Altersstruktur bei der Gründung der Organisation. Im Folgenden wird lediglich ein beliebiger Zeitabschnitt während des unendlichen Lebens der Organisation herausgegriffen.

[145] Ausgesagt sei hiermit allerdings noch nichts darüber, ob sich die individuellen Mitglieder auch an diesen kollektiven Plan halten.

an den Verhaltensplan ***e*** gehalten, so wählt das betrachtete Mitglied mit Alter τ ($\tau = 1,..., n$) in der Periode t die vereinbarte Anstrengung e_τ. (ii) Ist in Periode $t-1$ hingegen eines der anderen Mitglieder von dem Plan ***e*** abgewichen, dann wählt das betrachtete Mitglied in t eine Anstrengung in Höhe von Null. In diesem Fall wird das Mitglied aufgrund der obigen Bedingung (2) allerdings nie mehr zu einer Kooperation mit positiven Anstrengungen bereit sein. Da diese Überlegung für alle Mitglieder zutrifft, wird die gesamte Kooperation durch das einmalige Trittbrettfahrerverhalten eines einzelnen Organisationsmitglieds unweigerlich für immer zusammenbrechen.

Im Prinzip hat jedes Organisationsmitglied pro Periode damit zwischen zwei Möglichkeiten zu wählen. Es kann sich für ***Kooperation*** entscheiden (d.h. Einhalten des Plans ***e***),[146] wodurch dauerhaft je Periode ***e*** von der Organisation realisiert wird, sofern sich auch die anderen Mitglieder für Kooperation entschieden haben. Oder das Mitglied entscheidet sich für ***Nicht-Kooperation*** (d.h. Nichteinhalten des Plans ***e***), wodurch es sich über eine Anstrengung in Höhe von Null zwar einen kurzfristigen Vorteil verschaffen könnte,[147] danach jedoch aufgrund von (ii) die Kooperation sofort zusammenbrechen und jedes Mitglied i ($i = 1, ..., n$) infolge von (2) fortan nur noch $e_i = 0$ wählen würde. Angenommen sei, dass sich jedes der Organisationsmitglieder für diejenige der beiden Möglichkeiten entscheidet, die seinen Lebenszeitnutzen über die n Perioden hinweg maximiert. Entscheidet sich jedes Mitglied aus Eigeninteresse für Kooperation, so ergibt sich ein ***stationäres Gleichgewicht***, bei dem in jeder Periode von der Organisation ***e*** realisiert wird.

Die ökonomische Bedeutung der OLG-Struktur für die betrachtete Organisation wird dann besonders deutlich, wenn man zum Vergleich dasjenige Ergebnis heranzieht, das ***ohne die OLG-Struktur*** erzielt würde: Da jedes Organisationsmitglied den Zeitpunkt seines Ausscheidens kennt, kann es zunächst einmal über seinen Arbeitseinsatz in der letzten Periode (d.h. in der n-ten Periode) entscheiden. Gemäß der Bedingung (2), wonach ein Trittbrettfahrerverhalten die dominante Strategie eines individuellen Organisationsmitglieds ist, würde das betrachtete Mitglied eine Arbeitsanstrengung in Höhe von Null wählen. Über Rückwärtsinduktion könnte nun die Anstrengung für die ($n-1$)-te Periode ermittelt werden, für die sich ebenfalls gemäß Bedingung (2) eine optimale Anstrengung in Höhe von Null ergäbe. Über Rückwärtsinduktion gelangt man letztlich zu dem Ergebnis, dass auch in den ersten $n-2$ Perioden infolge von (2) keine positive Anstrengung gewählt wird. Insgesamt lässt sich damit festhalten, dass ohne die Beachtung der OLG-Struktur keine Kooperation in der Organisation

[146] Bisher war mit Kooperation implizit eine positive Arbeitsanstrengung gemeint. Der hier definierte Kooperationsbegriff ist damit allgemeiner gefasst.

[147] Gemeint ist ein individueller Vorteil in Form eingesparten Arbeitsleids.

zustande käme, d.h. jedes Organisationsmitglied wählte in jeder Periode seine dominante Arbeitsanstrengung in Höhe von Null.

Mit der OLG-Struktur hingegen lässt sich – unter ansonsten identischen Modellannahmen – ein ganz anderes Ergebnis erzielen. Infolge der Endspielproblematik kann zwar nicht verhindert werden, dass die Mitglieder in der letzten Periode vor ihrem Ausscheiden keine positive Anstrengung mehr wählen, da sie nicht mehr von den anderen sanktioniert werden können. Unter den n–1 jüngeren Generationen hingegen lässt sich eine stabile Kooperationsstruktur erzeugen, bei der jedes der n–1 Mitglieder eine positive Arbeitsanstrengung wählt:[148]

Ergebnis 1: *Betrachtet sei die* $(n–1)$*-kooperative Lösung* $(e^{*n-1}, e^{*n-1},\ldots, e^{*n-1}, 0)$*, die von den Organisationsmitgliedern als kollektiver Verhaltensplan gewählt wird.*[149] *Sofern* $w((n-1)\cdot e^{*n-1}) - c(e^{*n-1}) \geq 0$ *gilt, kann die* $(n-1)$*-kooperative Lösung als stationäres Gleichgewicht und als teilspielperfektes Gleichgewicht erreicht werden.*

Beweis: Dass sich das Organisationsmitglied der Generation $\tau = n$ an die im Verhaltensplan vereinbarte Komponente $e_n = 0$ hält, folgt unmittelbar aus der Bedingung (2), wonach dieses Verhalten eine dominante Strategie darstellt. Für jede der übrigen Generationen $\tau \leq n-1$ stellt sich hingegen folgende Überlegung: Die $(n-1)$-kooperative Lösung führt zunächst einmal dazu, dass der Lebenszeitnutzen jedes Organisationsmitglieds maximiert wird.[150] Dennoch könnte sich für ein Organisationsmitglied in einer bestimmten Periode ein individueller Anreiz ergeben, vom Verhaltensplan abzuweichen und sich als Trittbrettfahrer zu betätigen. Ein Abweichen vom kollektiven Verhaltensplan wäre dann individuell rational, wenn das betreffende Mitglied (der Generation) τ hierdurch einen Netto-Vorteil erzielen würde. Dieser Netto-Vorteil beträgt

$$\left[w\left((n-2)e^{*n-1}\right)\right] - \left[(n-\tau+1)\cdot w\left((n-1)e^{*n-1}\right) - (n-\tau)\cdot c\left(e^{*n-1}\right)\right]. \quad (6)$$

Die erste eckige Klammer beschreibt den Bruttovorteil aus dem Abweichen. In der Periode, in der das Mitglied abweicht, realisiert es dadurch einen beachtlichen Vorteil, dass außer ihm und dem ältesten Mitglied alle anderen n–2 Mitglieder die Anstrengung e^{*n-1} wählen. Danach bricht aufgrund der Trigger-

---

[148] Vgl. CRÉMER (1986), S. 40, 46–48.

[149] Hierbei wird von den Organisationsmitgliedern also ein Verhaltensplan festgelegt, bei dem in jeder Periode die n–1 jüngsten Generationen diejenigen Anstrengungen wählen, die zusammen den Nettoerfolg der Organisation maximieren, während die jeweils älteste Generation keine positive Anstrengung leistet. Zugleich entscheidet jedes Organisationsmitglied in jeder Periode gemäß der oben erläuterten Trigger-Strategie.

[150] Diese Aussage folgt aus einer horizontalen Interpretation der $(n–1)$-kooperativen Lösung in Abbildung VI.1.

Strategien jedoch die Kooperation sofort zusammen, so dass das Mitglied fortan nur noch einen Nutzen in Höhe von Null erzielt. Die zweite eckige Klammer beschreibt die Opportunitätskosten in Form entgangener Kooperationsgewinne, die der Abweichler in Kauf zu nehmen hat. Dem Abweichler mit Alter τ entgehen zunächst einmal die Einkommen aus den verbleibenden $n-(\tau-1)=$ $n-\tau+1$ Perioden, in denen er gemäß Verhaltensplan jeweils $w\left((n-1)e^{*n-1}\right)$ ausgezahlt bekäme. Hiervon abzuziehen ist jedoch noch das Arbeitsleid infolge der Anstrengung e^{*n-1}, d.h. $c\left(e^{*n-1}\right)$. Da der Abweichler im Alter von n gemäß Verhaltensplan jedoch keine positive Anstrengung mehr zu leisten hätte, fällt lediglich in $(n-\tau)$ der noch verbleibenden Perioden ein positives Arbeitsleid an. Der Netto-Vorteil (6) lässt sich zu folgendem Ausdruck umformen:

$$(n-\tau)\cdot\left[c\left(e^{*n-1}\right)-w\left((n-1)e^{*n-1}\right)\right]+\left[w\left((n-2)e^{*n-1}\right)-w\left((n-1)e^{*n-1}\right)\right] \quad (7)$$

Der erste der beiden Summanden ist nicht-positiv, da $n>\tau$ und gemäß der Zusatzbedingung im obigen Ergebnis $c\left(e^{*n-1}\right)\leq w\left((n-1)e^{*n-1}\right)$ gilt. Der zweite Summand ist negativ, da $w(\cdot)$ eine monoton steigende Funktion ist. Insgesamt ist gemäß (7) damit der Netto-Vorteil eines Abweichlers mit Alter $\tau\leq n-1$ negativ, so dass sich für keines der Organisationsmitglieder ein Abweichen vom Verhaltensplan lohnt und die $(n-1)$-kooperative Lösung unter der gegebenen Zusatzbedingung damit ein stationäres Gleichgewicht bildet. Zugleich stellt die $(n-1)$-kooperative Lösung in Verbindung mit der Trigger-Strategie auch ein teilspielperfektes Gleichgewicht dar: In der Periode $\tau=n$ wählt ein Mitglied aufgrund von Bedingung (2) eine Anstrengung von Null. Im nächsten Teilspiel, bestehend aus den Perioden n und $\tau=n-1$, weicht das Mitglied in $\tau=n-1$ aufgrund von (6) bzw. (7) nicht von der $(n-1)$-kooperativen Lösung ab und wählt in $\tau=n$ wiederum eine Anstrengung von Null. Da gemäß Bedingung (6) die Opportunitätskosten eines Abweichlers mit fallendem τ steigen, wird ein Mitglied auch in jedem Teilspiel, das in der Periode $\tau\leq n-2$ beginnt, nicht von der $(n-1)$-kooperativen Lösung abweichen. □

Ergebnis 1 zeigt, dass ***mit der OLG-Struktur*** eine dauerhafte Kooperation in Organisationen möglich wird, obwohl jedes Organisationsmitglied selbst nur ein endliches betriebliches Leben hat. Erreicht wird diese Kooperation dadurch, dass die Organisationsmitglieder unterschiedlichen Alters sind und jedes Mitglied später einmal in der letzten Periode vor seinem Ausscheiden von den Anstrengungen der anderen Mitglieder profitieren darf, ohne selbst etwas leisten zu müssen. Weicht ein Mitglied jedoch irgendwann von der $(n-1)$-kooperativen Lösung ab, so verspielt es genau diesen zugelassenen Endspielvorteil. Wichtig ist auch, dass die Mitglieder unterschiedlichen Alters sind. Wären alle z.B. gleichaltrig, so gäbe es in der letzten Periode vor ihrem Ausscheiden niemanden, von dessen Anstrengungen sie profitieren könnten. Zusammenfassend lässt sich festhalten, dass einer Organisation – insbesondere in Form der Partnerschaft, der Genossenschaft oder des Franchising – aus Sicht der Neuen Institutionenökonomik selbst dann ein kollektiver Vorteil zukommen kann, wenn die Organisation gegenüber dem Markt keine Transaktionskosten-, Informations- oder Skalenvorteile aufweist. Der kollektive Vorteil der Organisation besteht dann darin, dass über die OLG-Struktur der Organisation ein Trittbrettfahrerverhalten infolge nicht-kontrahierbarer Interaktionssituationen verhindert wird.[151]

Diskussion des CRÉMER-Modells

Den Abschluss dieses Exkurses soll eine ***kritische Diskussion*** des CRÉMER-Modells bilden. Eine ***erste Kritik*** könnte an der obigen Zusatzbedingung $w\left((n-1)e^{*n-1}\right)-c\left(e^{*n-1}\right)\geq 0$ des Ergebnisses 1 ansetzen. Diese Zusatzbedingung stellt jedoch inhaltlich eher eine Art Minimalanforderung dar, wonach es besser ist, eines der n–1 jüngeren Mitglieder in einer kooperierenden Organisation zu sein als ein Mitglied einer Organisation, in der zu keinem Zeitpunkt Kooperation existiert. Im letzten Fall wäre es streng genommen sogar überflüssig, überhaupt eine Organisation zu gründen.[152]

Als ***zweites*** könnten die Modellannahmen kritisiert werden. CRÉMER (1986) verzichtet beispielsweise auf Diskontierung und geht davon aus, dass in jeder Periode genau ein Vertreter jeder Generation Mitglied der Organisation ist.[153] Beide Annahmen unterstützen die Möglichkeit dauerhafter Kooperation.[154] Hebt man sie auf, so wird Kooperation tendenziell unwahrscheinlicher bzw. Kooperation erfordert restriktivere Zusatzbedingungen.[155]

Unbefriedigend erscheint zudem, dass nicht über organisatorische Maßnahmen die Endspieleffekte in der letzten Periode verhindert werden können. Lösungsansätze, die solchen Endspieleffekten entgegenwirken, bieten die Modelle von KREPS (1990b, S. 108–111) und BRENNAN/KLIEMT (1994), die hierzu die

---

[151] Diese Aussage ist streng genommen nicht ganz korrekt: Im betrachteten Modell ist ein Trittbrettfahrerverhalten der ältesten Generation ein fester Bestandteil der Lösung.

[152] Man hätte das Modell auch so formulieren können, dass jedes Organisationsmitglied über einen Reservationsnutzen in Höhe von Null verfügt – eine Standardannahme vieler Modelle –, wodurch dann die Zusatzbedingung automatisch erfüllt sein muss, wenn es zur Bildung einer Organisation kommt.

[153] Kritisieren ließe sich auch das Fehlen von Unsicherheit sowie die Behandlung von Zeit als diskrete Variable; vgl. CRÉMER (1986), S. 45–46.

[154] Führt man z.B. Diskontierung ein, so sinken die Opportunitätskosten für ein Abweichen von der (n–1)-kooperativen Lösung, da zukünftige Einkommen nun weniger stark gewichtet werden.

[155] Vgl. CRÉMER (1986), S. 41–42.

Außenbeziehungen der betrachteten Organisation mit ihren Transaktionspartnern heranziehen. Im Modell von KREPS (1990b, S. 108–111) kauft sich eine Person beim Eintritt in die Organisation quasi ein und muss beim Austritt aus der Organisation den ***erworbenen Anteil an seinen Nachfolger verkaufen***. Um den Marktwert seines Anteils für den späteren Verkauf nicht zu gefährden, wird jedes Organisationsmitglied in keiner Periode, auch nicht im Endspiel, zum Trittbrettfahrer. Diese Art der Lösung korrespondiert gut mit den stilisierten Fakten über Partnerschaften und Franchising, bei denen Partner einen Anteil an der Partnerschaft bzw. Franchisenehmer eine Lizenz erwerben, welche von diesen beim Ausscheiden jeweils an ihren Nachfolger weiterveräußert werden. Im Modell von BRENNAN/KLIEMT (1994) werden Endspieleffekte dadurch gelöst, dass dem ältesten Organisationsmitglied am Ende der letzten Periode von den anderen Mitgliedern eine ***Abfindung*** gezahlt wird, wenn es auf ein Trittbrettfahrerverhalten verzichtet hat. Bei dieser Lösung sichert eine erweiterte Trigger-Strategie des Transaktionspartners (z.B. Kunde, Mandant) der betrachteten Organisation, dass die Abfindung auch tatsächlich gezahlt wird, wodurch die Absprache über einen Verzicht auf Endspieleffekte erst stabil wird. Die Abfindungslösung ist beispielsweise für Partnerschaften in der Realität durchaus beobachtbar.[156] Sie ließe sich zudem sogar in modifizierter Form in das CRÉMER-Modell hineininterpretieren: Jedes Organisationsmitglied scheidet dabei effektiv schon nach der $(n-1)$-ten Periode aus und erhält in der n-ten Periode eine Abfindung in Höhe von $w\left((n-1)e^{*n-1}\right)$.

Als letztes ließe sich am CRÉMER-Modell kritisieren, dass es nur unzureichend die in Partnerschaften oft beobachtbare Praxis erklären kann, dass ***den jungen Partnern die anstrengendsten und den älteren Partnern die am wenigsten anstrengenden Tätigkeiten zugewiesen werden***. Das obige Ergebnis 1 besagt lediglich, dass den ältesten Partnern Aufgaben zugewiesen werden, bei denen sie gar keine Anstrengung zu leisten haben. Betrachtet werden kann aber folgende Variante des CRÉMER-Modells:[157] Gegeben sei eine Partnerschaft, bestehend aus drei Partnern unterschiedlichen Alters, die im Folgenden als junger, mittlerer und alter Partner bezeichnet werden. Jeder Partner hat ein betriebliches Leben von drei Perioden, in denen er nacheinander als junger, mittlerer und alter Partner agiert. Angenommen sei ferner, dass es in der Partnerschaft drei unterschiedliche Tätigkeiten gibt, die mit I, II und III bezeichnet werden sollen. e_i (i = I, II, III) soll diejenige Arbeitsanstrengung beschreiben, die von dem Partner mit der Tätigkeit i geleistet wird. Der Nutzen des Partners mit der Tätigkeit i betrage in der betreffenden Periode

[156] Vgl. STEINER (1999), S. 36–38.
[157] Vgl. CRÉMER (1986), S. 42–45.

$$w(\lambda_{\mathrm{I}} e_{\mathrm{I}} + \lambda_{\mathrm{II}} e_{\mathrm{II}} + \lambda_{\mathrm{III}} e_{\mathrm{III}}) - c(e_i), \tag{8}$$

wobei $\lambda_{\mathrm{I}} > \lambda_{\mathrm{II}} > \lambda_{\mathrm{III}}$ erfüllt sein soll. Damit sei Tätigkeit I die produktivste und Tätigkeit III die am wenigsten produktive Tätigkeit.[158] Angenommen sei, dass $w(\cdot)$ konkav und $c(\cdot)$ konvex verlaufe. Vor dem Hintergrund dieser Modellvariante soll nun die Frage diskutiert werden, welchem Typ von Partner – jung, mittel, alt – welche Tätigkeit – I, II oder III – zugewiesen werden sollte. Betrachtet sei dazu die 2-kooperative Lösung $(e_{\mathrm{I}}^*, e_{\mathrm{II}}^*, 0)$, die die Anstrengungen innerhalb der Partnerschaft in einer bestimmten Periode beschreibt und sich über

$$(e_{\mathrm{I}}^*, e_{\mathrm{II}}^*) = \arg\max_{e_{\mathrm{I}}, e_{\mathrm{II}}} \left[3 \cdot w(\lambda_{\mathrm{I}} e_{\mathrm{I}} + \lambda_{\mathrm{II}} e_{\mathrm{II}}) - c(e_{\mathrm{I}}) - c(e_{\mathrm{II}})\right] \tag{9}$$

definieren lässt.[159] Da die Tätigkeit III am wenigsten produktiv ist, wird sie dem ältesten Partner zugeordnet, der hierbei eine Arbeitsanstrengung in Höhe von $e_{\mathrm{III}}^* = 0$ zu leisten hat. Gemäß Bedingung (9) werden für die Tätigkeiten I und II diejenigen Anstrengungen geleistet, die den Lebenszeitnutzen eines jeden Partners maximieren.[160] Offen bleibt jedoch noch die Frage, ob dem jungen Partner die Tätigkeit I und dem mittleren Partner die Tätigkeit II zugewiesen werden sollte oder umgekehrt. Betrachtet seien zunächst einmal die notwendigen (und hinreichenden) Bedingungen für e_{I}^* und e_{II}^* mit e_{I}^*, $e_{\mathrm{II}}^* > 0$:

$$3\lambda_{\mathrm{I}} w'(\lambda_{\mathrm{I}} e_{\mathrm{I}}^* + \lambda_{\mathrm{II}} e_{\mathrm{II}}^*) = c'(e_{\mathrm{I}}^*) \tag{10}$$

$$3\lambda_{\mathrm{II}} w'(\lambda_{\mathrm{I}} e_{\mathrm{I}}^* + \lambda_{\mathrm{II}} e_{\mathrm{II}}^*) = c'(e_{\mathrm{II}}^*). \tag{11}$$

Der Vergleich der Bedingung (10) mit der Bedingung (11) zeigt, dass infolge von $\lambda_{\mathrm{I}} > \lambda_{\mathrm{II}}$ auch $c'(e_{\mathrm{I}}^*) > c'(e_{\mathrm{II}}^*)$ gelten muss. Dieses führt aufgrund der Konvexität von $c(\cdot)$ zu

$$e_{\mathrm{I}}^* > e_{\mathrm{II}}^*, \tag{12}$$

d.h. die Tätigkeit I ist die anstrengendste von den dreien, da auf ihr die höchste Arbeitsleistung vom betreffenden Partner zu erbringen ist.

---

158 λ_i (i = I, II, III) lässt sich auch als Grenzproduktivität der Arbeit für die Tätigkeit *i* beschreiben.

159 Hierbei wird die 2-kooperative Lösung *vertikal* im Sinne der Abbildung VI.1 interpretiert; d.h. die erste Komponente steht nicht zwingend für den jungen Partner und die zweite Komponente nicht zwingend für den mittleren Partner.

160 Dabei wird die 2-kooperative Lösung *horizontal* im Sinne der Abbildung VI.1 interpretiert.

Zwei Möglichkeiten stehen nun zur Wahl: **(A)** Der junge Partner bekommt die anstrengendste Tätigkeit I und der mittlere Partner die weniger anstrengende Tätigkeit II, oder **(B)** es wird die umgekehrte Allokation der zwei Tätigkeiten auf die Partner vorgenommen. Da hier von einer Diskontierung abgesehen wird, hat diese Wahl zwischen (A) und (B) keinen Einfluss auf den Lebenszeitnutzen eines Partners. Jedoch kann sich ein entscheidender Einfluss auf die Stabilität der 2-kooperativen Lösung ergeben. Sei mit $\left(e_{\mathrm{I}}^{*}, e_{\mathrm{II}}^{*}, 0\right)_{\mathrm{A}}$ die 2-kooperative Lösung unter der Möglichkeit (A) bezeichnet und mit $\left(e_{\mathrm{II}}^{*}, e_{\mathrm{I}}^{*}, 0\right)_{\mathrm{B}}$ die 2-kooperative Lösung unter der Möglichkeit (B), so lässt sich das folgende Ergebnis herleiten:

Ergebnis 2: *Sofern* $w\left(\lambda_{\mathrm{I}} e_{\mathrm{I}}^{*}\right) - c\left(e_{\mathrm{I}}^{*}\right) < w\left(\lambda_{\mathrm{II}} e_{\mathrm{II}}^{*}\right) - c\left(e_{\mathrm{II}}^{*}\right)$ *gilt, ist* $\left(e_{\mathrm{I}}^{*}, e_{\mathrm{II}}^{*}, 0\right)_{\mathrm{A}}$ *leichter als Gleichgewicht erreichbar als* $\left(e_{\mathrm{II}}^{*}, e_{\mathrm{I}}^{*}, 0\right)_{\mathrm{B}}$.

Beweis: Betrachtet sei als erstes die ***Möglichkeit (A)***. Damit unter (A) die 2-kooperative Lösung ein Gleichgewicht bildet, müssen die folgenden beiden Ungleichungen erfüllt sein:

$$w\left(\lambda_{\mathrm{I}} e_{\mathrm{I}}^{*}\right) \leq 2w\left(\lambda_{\mathrm{I}} e_{\mathrm{I}}^{*} + \lambda_{\mathrm{II}} e_{\mathrm{II}}^{*}\right) - c\left(e_{\mathrm{II}}^{*}\right) \tag{13}$$

$$w\left(\lambda_{\mathrm{II}} e_{\mathrm{II}}^{*}\right) \leq 3w\left(\lambda_{\mathrm{I}} e_{\mathrm{I}}^{*} + \lambda_{\mathrm{II}} e_{\mathrm{II}}^{*}\right) - c\left(e_{\mathrm{I}}^{*}\right) - c\left(e_{\mathrm{II}}^{*}\right) . \tag{14}$$

Bedingung (13) verhindert ein Abweichen des mittleren Partners, wobei auf der linken Seite der Ungleichung der Bruttovorteil des mittleren Partners aus Trittbrettfahrerverhalten steht, der sich über die Anstrengung des jungen Partners auf der Tätigkeit I ergibt.[161] Die rechte Seite hingegen beschreibt den verbleibenden Lebenszeitnutzen des mittleren Partners beim Nicht-Abweichen von der 2-kooperativen Lösung. In diesem Fall würde er als mittlerer und später als alter Partner in den verbleibenden Perioden jeweils ein Einkommen in Höhe von $w\left(\lambda_{\mathrm{I}} e_{\mathrm{I}}^{*} + \lambda_{\mathrm{II}} e_{\mathrm{II}}^{*}\right)$ erhalten, wobei er als mittlerer Partner allerdings noch das Arbeitsleid $c\left(e_{\mathrm{II}}^{*}\right)$ zu tragen hat. Bedingung (14) verhindert hingegen das Abweichen des jungen Partners von der 2-kooperativen Lösung. Sie unterscheidet sich dadurch von der Bedingung (13), dass der junge Partner eine andere Tätigkeit (i = I) wahrnimmt und noch insgesamt drei Perioden in der Partnerschaft verbleibt.

Als zweites sei die ***Möglichkeit (B)*** betrachtet. Für ein Gleichgewicht müssen dann folgende zwei Bedingungen gelten:

---

[161] Dieser Bruttovorteil ist mit dem verbleibenden Lebenszeitnutzen des mittleren Partners identisch, da wie im vorherigen Modell von CRÉMER von Trigger-Strategien und $w(0) = c(0) = 0$ ausgegangen wird.

$$w(\lambda_{II}e_{II}^*) \leq 2w(\lambda_I e_I^* + \lambda_{II}e_{II}^*) - c(e_I^*) \tag{15}$$

$$w(\lambda_I e_I^*) \leq 3w(\lambda_I e_I^* + \lambda_{II}e_{II}^*) - c(e_I^*) - c(e_{II}^*). \tag{16}$$

Analog zu den Bedingungen (13) und (14) verhindert (15) ein Abweichen des mittleren Partners und (16) ein Abweichen des jungen Partners von der 2-kooperativen Lösung. Die Möglichkeit (A) ist dann leichter als Gleichgewicht erreichbar als die Möglichkeit (B), wenn die Bedingungen (15) und (16) strenger als (13) und (14) sind, d.h. wenn die Gültigkeit von (15) und (16) die von (13) und (14) impliziert. Beim Vergleich zwischen (14) und (16) fällt zunächst einmal auf, dass die rechten Seiten der Ungleichungen identisch sind.[162] Weil nun $\lambda_I > \lambda_{II}$, gemäß Bedingung (12) die Relation $e_I^* > e_{II}^*$ gilt und $w(\cdot)$ zudem eine monoton steigende Funktion ist, impliziert die Gültigkeit von (16) unmittelbar auch die Gültigkeit der Bedingung (14). Der Vergleich zwischen (13) und (15) fällt hingegen nicht so eindeutig aus. Hierauf deutet allein schon die Bedingung (13) bei isolierter Betrachtung hin: Einerseits ist der Brutto-Vorteil des mittleren Partners aus einem Trittbrettfahrerverhalten relativ groß $\left(w(\lambda_I e_I^*)\right)$, andererseits erscheint aber auch Kooperieren nicht unattraktiv, da das Arbeitsleid in diesem Fall nur vergleichsweise gering ist $\left(c(e_{II}^*)\right)$. Insgesamt impliziert die Gültigkeit von (15) diejenige von (13), wenn $w(\lambda_{II}e_{II}^*) + c(e_I^*) > w(\lambda_I e_I^*) + c(e_{II}^*)$, was aufgrund der Zusatzbedingung in Ergebnis 2 erfüllt ist. □

Das Ergebnis 2 zeigt, dass es unter der genannten Zusatzbedingung rational ist, die jüngsten Partner innerhalb einer Partnerschaft mit den anstrengendsten Tätigkeiten zu betrauen, um deren Kooperationsbereitschaft zu gewährleisten. Dieses Ergebnis klingt zwar auf den ersten Eindruck paradox, es wird jedoch anhand des Vergleichs zwischen (14) und (16) deutlich: Die linken Seiten der beiden Ungleichungen zeigen, dass sich der Brutto-Vorteil aus Trittbrettfahrerverhalten für den jungen Partner anhand der Tätigkeit und der Anstrengungen des mittleren Partners bemisst, von dessen Leistungen er unmittelbar profitiert. Wird dem jungen Partner nun die anstrengendste und zugleich produktivste Tätigkeit zugewiesen und dem mittleren Partner die weniger anstrengende und weniger produktive Tätigkeit (Möglichkeit (A)), so ist der Trittbrettfahreranreiz für den jungen Partner relativ gering im Vergleich zur Möglichkeit (B). Dieses intuitiv plausible Argument lässt sich jedoch nicht beliebig verallgemeinern, worauf

[162] Dieses folgt unmittelbar daraus, dass auf Diskontierung verzichtet wird, so dass die fehlende Diskontierung auch für diese Variante des CRÉMER-Modells eine kritische Annahme ist.

auch CRÉMER (1986, S. 44) selbst hinweist. Für das Ergebnis 2 wurde dazu noch die Zusatzbedingung $w(\lambda_{I}e_{I}^{*})-c(e_{I}^{*})<w(\lambda_{II}e_{II}^{*})-c(e_{II}^{*})$ benötigt. Inhaltlich verlangt diese Zusatzbedingung, dass der Nutzen eines Partners auf der anstrengendsten Tätigkeit geringer ist als auf der weniger anstrengenden Tätigkeit. Dieses klingt nicht unplausibel. Formt man die Zusatzbedingung um, so erhält man beispielsweise $w(\lambda_{I}e_{I}^{*})-w(\lambda_{II}e_{II}^{*})<c(e_{I}^{*})-c(e_{II}^{*})$. Diese Ungleichung lässt sich dahingehend interpretieren, dass der relative Trittbrettfahrervorteil des mittleren Partners bei der Möglichkeit (A) im Vergleich zur Möglichkeit (B) geringer sein muss als der relative Kooperationsvorteil in Form verhältnismäßig niedrigen Arbeitsleids.

Insgesamt haben die Ausführungen dieses Exkurses gezeigt, dass OLG-Strukturen von zentraler Bedeutung für Organisationen sein können. Genau genommen stellen sie – neben Leistungsturnieren und Organisationskultur – einen weiteren Lösungsansatz für mögliche (Kooperations-)Probleme aus nicht-kontrahierbaren Interaktionssituationen dar. Da OLG-Strukturen ein typisches Kennzeichen bestimmter Organisationsformen (z.B. Partnerschaften, Genossenschaften, Franchising) sind, bilden sie zudem einen eigenen neoinstitutionalistischen Erklärungsansatz für die Entstehung von Organisationen zur Kompensation von Marktschwächen in Form von Nicht-Kontrahierbarkeiten.

Lektürevorschläge zu Kapitel VI

Partnerschaften sind im deutschsprachigen Raum bisher kaum ökonomisch diskutiert worden. Im englischsprachigen Raum hingegen finden sich – sogar in juristischen Fachzeitschriften – ökonomische Beiträge zu Freiberuflern, die sich zu einer Partnerschaft zusammenschließen. Verwiesen sei hier auf LEIBOWITZ/ TOLLISON (1980), GILSON/MNOOKIN (1985) und GAYNOR/ GERTLER (1995).

Eine ökonomische Analyse von Genossenschaften findet sich bei BONUS (1986) sowie umfassender in SÄLZER (1998).

Zu Franchising existiert eine umfangreiche Literatur. Für einen Überblick ist der Beitrag von DNES (1996) empfehlenswert.

OLG-Strukturen bestehen üblicherweise in allen drei genannten Organisationsformen. Einen Einstieg in die allgemeine OLG-Problematik vermitteln die Beiträge von CRÉMER (1986) und BRENNAN/KLIEMT (1994). Für einen umfassenden Überblick sollte auf LOHMANN (1998), (1999) zurückgegriffen werden.

Zusammenfassung

1. Freiberufler können durch einen Zusammenschluss zu einer Partnerschaft Risikovorteile, Informations- und Kooperationsvorteile, Verbundvorteile und Größenvorteile realisieren. Die Größe einer Partnerschaft wirkt sich als ambivalent aus. Einerseits sinken aufgrund von Trittbrettfahrerproblemen mit zunehmender Größe die Informations- und Kooperationsvorteile, andererseits steigen die übrigen genannten Vorteile. Reputationsaspekte sowie eine gegenseitige, unbeschränkte Haftung können den Trittbrettfahrerproblemen jedoch entgegenwirken.

2. Genossenschaften entstehen insbesondere zur gleichzeitigen Nutzung von Zentralisierungs- und Dezentralisierungsvorteilen, zur Verhinderung negativer externer Effekte sowie zur Sicherung von Quasi-Renten. Allerdings sind auch Genossenschaften nicht frei von Problemen. Hierzu zählen vor allem die mögliche Überbeanspruchung gemeinsamer Ressourcen, hohe Gegenwartspräferenzen einzelner Genossen sowie Trittbrettfahrer- und Mehrprinzipaleprobleme.

3. Auch Franchising weist als hybride Organisationsform aus Markt- und Hierarchieelementen entscheidende Zentralisierungs- und Dezentralisierungsvorteile zugleich auf. Zudem können gegebenenfalls durch Franchising Kontrollprobleme eines Filialsystems vermieden und dezentrales, implizites Wissen besser genutzt werden. Als schädlich könnten sich jedoch doppelseitige Opportunismus- sowie doppelseitige Hidden-information-Probleme erweisen. Hiergegen wirkt allerdings die spezifische Mikrostruktur von Franchisesystemen.

4. Überlappende Generationsstrukturen bzw. OLG-Strukturen zwischen den Organisationsmitgliedern finden sich in allen drei hier behandelten Organisationsformen. Üblicherweise sind OLG-Strukturen in allen Organisationen im Sinne der Neuen Institutionenökonomik zu finden. OLG-Strukturen vermögen selbst bei endlichem betrieblichen Leben und nicht-kontrahierbaren Leistungen der einzelnen Organisationsmitglieder eine dauerhafte Kooperation zwischen den Mitgliedern aufrechtzuerhalten. Bei genauerer Betrachtung kann daher bereits der Zusammenschluss von Einzelakteuren unterschiedlichen Alters zu einer Organisation einen kollektiven Vorteil (Sicherung von Kooperationsrenten) bewirken, welcher die Entstehung dieser Organisation rechtfertigt.

Schlüsselbegriffe

Dezentralisierungsvorteile
doppelseitiger Opportunismus
Haftung
Informationsprobleme
Reputation
Selbsteinordnung
Signalisierung
Trittbrettfahrerprobleme
überlappende Generationen (OLG)
Zentralisierungsvorteil

Kapitel VII

Schlussbemerkungen

Den Ausgangspunkt dieses Buches bildete die Überlegung, dass Organisationen im Sinne der Neuen Institutionenökonomik – z.B. Unternehmen in Form von Mehr-Personen-Zusammenschlüssen – dann entstehen können, wenn die Null-Transaktionskosten-Annahme der Neoklassik aufgehoben wird bzw. wenn Märkte Funktionsschwächen aufweisen. Unter diesen Bedingungen ergeben sich allerdings oftmals auch innerhalb von Organisationen Handlungsspielräume für ein opportunistisches Verhalten zwischen den Organisationsmitgliedern. Den Hintergrund möglicher Opportunismusprobleme in Organisationen bildet üblicherweise ein ***Widerspruch zwischen kollektiver und individueller Rationalität***, wie schon das Beispiel des Gefangenendilemmas zeigt, auf das des Öfteren zurückgegriffen wurde: Die einzelnen Akteure schließen sich zu einer Organisation zusammen, um einen gemeinsamen Vorteil zu realisieren (= ***kollektive Rationalität***). Wenn es jedoch um die Aufteilung dieses gemeinsamen Vorteils auf die einzelnen Organisationsmitglieder geht, dann verhält sich jeder Akteur als individueller Nutzenmaximierer (= ***individuelle Rationalität***) und schreckt dabei möglicherweise auch nicht vor opportunistischem Verhalten zu Lasten der anderen Organisationsmitglieder zurück (z.B. Trittbrettfahrerverhalten), was letztlich den gemeinsamen Vorteil schmälert. Problematisch ist zudem, dass beide Aspekte – der ***Effizienzaspekt*** gemäß kollektiver Rationalität sowie der ***Verteilungsaspekt*** gemäß individueller Rationalität – unmittelbar ineinander greifen. Befürchtet ein Organisationsmitglied opportunistisches Verhalten der anderen Mitglieder (z.B. in Form von internem rent seeking), so wirkt sich dies entsprechend nachteilig auf seine Bereitschaft aus, einen Beitrag zur Realisierung des gemeinsamen Vorteils zu leisten. Entscheidend für die Organisationsmitglieder ist es daher, durch eine geeignete Organisationsgestaltung (z.B. über Anreizsysteme) zu verhindern, dass Opportunismusprobleme überhand nehmen oder die potentielle Opportunismusgefahr die Kooperationsbereitschaft sämtlicher Organisationsmitglieder lähmt.

Es lassen sich vor allem zwei Klassen potentieller Opportunismusprobleme unterscheiden. Zum einen können die ***Informationen zwischen den Organisationsmitgliedern asymmetrisch verteilt*** sein, wodurch sich für einzelne Mitglieder Möglichkeiten ergeben, ihre Informationsvorteile auf Kosten der anderen Mitglieder auszunutzen. Zum anderen können die Informationen zwischen den Organisationsmitgliedern zwar symmetrisch verteilt sein, aber dennoch Situationen entstehen, die nicht vertraglich geregelt werden können, da die Durchsetzungskosten vor einer dritten Partei prohibitiv hoch wären (so genannte ***nicht-kontrahierbare Interaktionssituationen*** oder ***Nicht-Kontrahierbarkeiten***).

Für die *erste Klasse* von Problemen sind bereits seit längerer Zeit Lösungen innerhalb der Informationsökonomie entwickelt worden. So helfen beispielsweise ***ergebnisabhängige Anreizsysteme*** bei der Lösung oder zumindest Abschwächung von ***Hidden-action***-Problemen. Problematisch sind hierbei jedoch die Gegenläufigkeiten zwischen Anreizgestaltung und effizienter Risikoverteilung im Falle unterschiedlich risikoaverser Organisationsmitglieder. Diese Gegenläufigkeiten tauchen nicht nur in Publikumsgesellschaften auf, sondern auch in anderen Organisationsformen, wie u.a. das Beispiel der Partnerschaften gezeigt hat. Für ***Hidden-information***-Probleme existieren bereits verschiedene Lösungen (z.B. Selbstselektionsmechanismen). Einige von ihnen wurden im Rahmen dieser Arbeit diskutiert wie beispielsweise ***Informationsaufdeckungsmechanismen*** vom GROVES/LOEB-Typ.

Auch für die *zweite Klasse* von Problemen – Nicht-Kontrahierbarkeiten – findet man in der Literatur diverse Lösungsansätze, die methodisch (definitionsgemäß) auf Gleichgewichtskonzepte der nicht-kooperativen Spieltheorie zurückgreifen. Denkbar sind Lösungen über ***sich selbst durchsetzende implizite Vereinbarungen (self-enforcing contracts)***, die oftmals Reputationsüberlegungen bei dauerhafter Interaktion miteinbeziehen. Ein Akteur wird sich dabei an die implizite Vereinbarung halten, wenn ihm durch den Bruch der Vereinbarung hinreichend hohe Renten bzw. Quasi-Renten aus zukünftigen Interaktionssituationen entgehen. Sofern derartige Lösungen problemlos funktionieren, sind Organisationen – zumindest zur Lösung von Nicht-Kontrahierbarkeiten – streng genommen überflüssig, da reine Vertragsbeziehungen auf Märkten zur Regelung von Tauschprozessen ausreichen. Teilweise führt jedoch erst der Zusammenschluss verschiedener Akteure in Form einer Organisation zu Renten bzw. Quasi-Renten, die ein Akteur beim Bruch einer impliziten Vereinbarung zu verlieren droht, indem er aus der Organisation ausgeschlossen wird. In diesem Fall wäre die Gründung einer Organisation selbst bei der Möglichkeit von sich selbst durchsetzenden Vereinbarungen von Vorteil. Beispielsweise wurde in diesem Zusammenhang in Abschnitt IV.7 auf die ökonomische Bedeutung von ***Organisationskultur*** eingegangen, die genau auf der Überlegung sich selbst durchsetzender Vereinbarungen basiert. Allerdings ist auch zu bedenken, dass wiederum die Existenz interner Renten bzw. Quasi-Renten den Anlass für interne Rent-seeking-Aktivitäten bilden kann, die

Gründung einer Organisation also üblicherweise mit Folgeproblemen verbunden ist.

Neben Organisationskultur gibt es noch weitere Organisationslösungen für Nicht-Kontrahierbarkeiten. Hierzu zählen u.a. ***Effizienzlöhne*** (Unterabschnitt III.2.3), ***OLG-Strukturen*** (Exkurs zu Kapitel VI) und insbesondere ***relative Leistungsturniere***. Auf letztere wurde in den vergangenen Kapiteln besonders ausführlich eingegangen. Dies hatte vor allem zweierlei Gründe. Zum einen finden sich Turnierlösungen faktisch in jedem Unternehmen, wenn auch in unterschiedlicher Ausprägung, wie die Ausführungen zu Beförderungsturnieren und bonus pools gezeigt haben. Beispielsweise sind ***Beförderungsturniere*** quasi in jedem hierarchisch strukturierten Unternehmen anzutreffen. Zum anderen helfen relative Leistungsturniere nicht nur aufgrund ihrer Selbstbindungseigenschaft bei der Lösung von Kontrahierbarkeitsproblemen, sondern können auch als Anreizinstrumente bei Hidden-action-Problemen sowie als Selbstselektionsmechanismen bei Hidden-information-Problemen hilfreich sein. Dennoch lassen sich Turnierlösungen nicht als „Universallösung" gegen sämtliche Organisationsprobleme bezeichnen, da sie nicht in jeder Situation einsetzbar sind und zudem eigene Schwächen (z.B. horizontale Kollusionen, Sabotage) aufweisen können. Die Ausführungen haben jedoch gezeigt, dass diese potentiellen Schwächen keinen grundsätzlichen Einwand gegen die Verwendung von Turnierlösungen darstellen und zudem durch geeignete organisatorische Maßnahmen zum Teil entschärft werden können.

Im Laufe der Zeit haben sich viele verschiedene Organisationsformen entwickelt. Eine dieser Organisationsformen hat eine weite Verbreitung gefunden – die ***Publikumsgesellschaft***. Diese Organisationsform ist von besonderer Brisanz, da die eigentlichen Organisationsgründer, die sich ursprünglich zur Realisierung eines gemeinsamen Vorteils zusammengeschlossen haben, üblicherweise nicht mehr Mitglieder der Organisation sind. Dies liegt insbesondere daran, dass der Lebenszyklus erfolgreicher Unternehmen länger sein kann als das betriebliche Leben eines Individuums oder dass erfolgreiche Unternehmen stark gewachsen sind. Selbst wenn die ursprünglichen Unternehmensgründer noch als Unternehmensleitung tätig sind und (z.B. aus Gründen des Unternehmenswachstums) externe Eigenkapitalgeber als Miteigentümer aufnehmen, stellen sich zusätzliche Probleme ein (vgl. z.B. das Managermodell von JENSEN/MECKLING (1976) in Unterabschnitt V.1.1.4). Neben den üblichen Organisationsproblemen ergeben sich bei der Publikumsgesellschaft ***Managementprobleme***, die direkt aus der Trennung von Eigentum und Unternehmensführung resultieren. Da bei einer Publikumsgesellschaft die Eigentümer der Unternehmung einzelne (Klein-)Aktionäre sind, die nicht an der Unternehmensführung beteiligt sind, haben diese erhebliche Informationsdefizite hinsichtlich der unternehmensinternen Vorgänge sowie hinsichtlich der Unternehmenspolitik des von ihnen eingesetzten Topmanagements. Diese Management- oder Agency-Probleme sind auch deshalb von besonderer Brisanz, weil die betrachteten Agenten, die Topmanager, Schlüsselpositionen im Unternehmen bekleiden und ihre Entscheidungen daher weitreichende Konsequenzen für die Aktionäre nach sich ziehen. Aufgrund des erheblichen Potentials an Managementproblemen ließe sich sogar über die Möglichkeit einer „Eclipse of the Public Corporation“ (JENSEN 1989) nachdenken. Jedoch stehen den Aktionären ***unternehmensinterne und -externe Institutionen der Managerkontrolle*** zur Verfügung, die die Opportunismusspielräume zumindest einschränken können. Außerdem könnten auch die Vertragspartner des Unternehmens (z.B. Kreditgeber, Belegschaft) ein Interesse daran haben, das Topmanagement zu kontrollieren, da ihre vertraglichen Ansprüche durch ein Fehlverhalten des Topmanagements in Gefahr geraten. Zu beachten ist dabei allerdings, dass diese Vertragspartner wiederum eigene Interessen verfolgen könnten, die nicht unbedingt mit denen der Aktionäre harmonieren. Nicht auszuschließen sind beispielsweise kontraproduktive Koalitionen zwischen einzelnen Vertragspartnern und dem Topmanagement zu Lasten der Aktionäre. Oftmals sind zudem die Vertragspartner selbst wiederum Publikumsgesellschaften, für die ebenso entsprechende Managementprobleme bestehen könnten.

Vor dem Hintergrund dieser Überlegungen ist die Frage nach der Zukunft der Publikumsgesellschaften sicherlich nicht ganz unberechtigt. Jedoch könnte sich diese Frage erübrigen, indem sich die Publikumsgesellschaften über wechselseitige Beteiligungen faktisch verselbständigen und einer Effizienzkontrolle damit weitgehend entziehen. Übrig bliebe dann noch eine gegenseitige Disziplinierung verschiedener Managementteams, die gegebenenfalls im Rahmen der bestehenden Beteiligungen an jeweils anderen Unternehmen untereinander einen Effizienzdruck erzeugen, um hinreichende finanzielle Mittel zu erlangen, die der Befriedigung eigener Interessen (z.B. Investitionen mit Konsumcharakter) dienen. Letztlich bleibt abzuwarten, welche Organisationsformen sich im Laufe der Zeit neu entwickeln und/oder (wieder) untergehen werden. Die Neue Institutionenökonomik bietet – wie exemplarisch Kapitel VI gezeigt hat – jedenfalls eine ökonomische Grundlage, über die nicht nur einzelne Organisationen, sondern auch eine Vielfalt verschiedener Organisationsformen, die nebeneinander auf Märkten existieren, erklärt und diskutiert werden können.

Literaturverzeichnis

ADAMS, M. (1999), „Cross Holdings in Germany“, *Journal of Institutional and Theoretical Economics*, 155, 80–109.

ADDISON, J.T. und WAGNER, J. (1997), „The Impact of German Works Councils on Profitability and Innovation: New Evidence from Micro Data“, *Jahrbücher für Nationalökonomie und Statistik*, 216, 1–20.

AGRAWAL, A. und KNOEBER, C.R. (1998), „Managerial Compensation and the Threat of Takeover“, *Journal of Financial Economics*, 47, 219–239.

AGRAWAL, A. und WALKING, R.A. (1994), „Executive Careers and Compensation Surrounding Takeover Bids“, *Journal of Finance*, 49, 985–1014.

AKERLOF, G.A. (1970), „The Market for ‚Lemons': Quality Uncertainty and the Market Mechanism“, *Quarterly Journal of Economics*, 84, 488–500.

AKERLOF, G.A. (1976), „The Economics of Caste and of the Rat Race and other Woeful Tales“, *Quarterly Journal of Economics*, 90, 599–617.

ALBÆK, S. und SCHULTZ, C. (1998), „On the Relative Advantage of Cooperatives“ *Economics Letters*, 59, 397–401.

ALCHIAN, A.A. und DEMSETZ, H. (1972), „Production, Information Costs, and Economic Organization“, *American Economic Review*, 62, 777–795.

ALLES, M. und DATAR, S. (1998), „Strategic Transfer Pricing“, *Management Science*, 44, 451–461.

AL-NAJJAR, N.I. (1995), „Incomplete Contracts and the Governance of Complex Contractual Relationships“, *American Economic Review, Papers and Proceedings*, 85, 432–436.

ALTMANN, F.W. (1996), *Stabilität vertraglicher Kooperationsverhältnisse im Franchising*, Frankfurt am Main et al.

ANCTIL, R. M. und DUTTA, S. (1999), „Negotiated Transfer Pricing and Divisional vs. Firm-Wide Performance Evaluation“, *Accounting Review*, 74, 87–104.

ANDOLFATTO, D. und NOSAL, E. (1997), „Optimal Team Contracts“, *Canadian Journal of Economics*, 30, 385–396.

ANG, J.S., COLE, R.A. und LIN, J.W. (2000), „Agency Costs and Ownership Structure“, *Journal of Finance*, 55, 81–106.

AOKI, M. (1994a), „The Contingent Governance of Teams: Analysis of Institutional Complementarity“, *International Economic Review*, 35, 657–676.

AOKI, M. (1994b), „The Japanese Firm as a System of Attributes: A Survey and Research Agenda“, in Aoki, M. und Dore, R., Hrsg., *The Japanese Firm*, Oxford, 11–40.

ARON, D.J. (1988), „Ability, Moral Hazard, Firm Size, and Diversification“, *RAND Journal of Economics*, 19, 72–87.

ARROW, K.J. (1969), „The Organization of Economic Activity: Issues Pertinent to the Choice of Market versus Nonmarket Allocation“, in Joint Economic Committee, Hrsg., *The Analysis and Evaluation of Public Expenditures: The PBB-System*, Washington, 47–63.

ARROW, K.J. (1970), *Essays in the Theory of Risk-Bearing*, Amsterdam.

ARROW, K.J. (1985a), „The Economics of Agency“, in Pratt, J.W. und Zeckhauser, R.J., Hrsg., *Principals and Agents: The Structure of Business*, Boston, 37–51.

ARROW, K.J. (1985b), „The Potentials and Limits of the Market in Resource Allocation“, in Feiwel, G.R., Hrsg., *Issues in Contemporary Microeconomics and Welfare*, Hong Kong, 107–124.

ARROW, K.J. und HAHN, F. (1971), *General Competitive Analysis*, San Francisco.

ARYA, A.,FELLINGHAM, J. und GLOVER, J. (1997), „Teams, Repeated Tasks, and Implicit Incentives“, *Journal of Accounting and Economics*, 23, 7–30.

ASHENFELTER, O. (1989), „How Auctions Work for Wine and Art“, *Journal of Economic Perspectives*, 3:3, 23–36.

AUDRETSCH, D.B. und WEIGAND, J. (2001), „Corporate Governance“, in Jost, P.-J., Hrsg., *Die Spieltheorie in der Betriebswirtschaftslehre*, Stuttgart, 83–134.

AUMANN, R.J. (1981), „Survey of Repeated Games“, in Aumann, R.J. et al., Hrsg., *Essays in Game Theory and Mathematical Economics in Honor of Oskar Morgenstern*, Mannheim et al., 11–42.

AURIOL, E., FRIEBEL, G. und PECHLIVANOS, L. (2002), „Career Concerns in Teams“, *Journal of Labor Economics*, 20, 289–307.

AVERY, C. und ZEMSKY, P. (1998), „Multidimensional Uncertainty and Herd Behavior in Financial Markets“, *American Economic Review*, 88, 724–748.

BAC, M. (1996a), „Corruption and Supervision Costs in Hierarchies“, *Journal of Comparative Economics*, 22, 99–118.

BAC, M. (1996b), „Corruption, Supervision, and the Structure of Hierarchies“, *Journal of Law, Economics, and Organization*, 12, 277–298.

BACKES-GELLNER, U., LAZEAR, E.P. und WOLFF, B. (2001), *Personalökonomik*, Stuttgart.

BACKES-GELLNER, U. und PULL, K. (1999), „Betriebliche Sozialpolitik und Maximierung des Shareholder Value: ein Widerspruch?“, *Zeitschrift für Betriebswirtschaft*, 69, 51–70.

BACKHAUS, K. und PLINKE, W. (1986), *Rechtseinflüsse auf betriebswirtschaftliche Entscheidungen*, Stuttgart et al.

BÄSTLEIN, H.M. (1997), *Zur Feindlichkeit öffentlicher Übernahmeangebote*, Frankfurt am Main.

BAGWELL, L.S. (1991), „Share Repurchase and Takeover Deterrence“, *RAND Journal of Economics*, 22, 72–88.

BAGWELL, L.S. und ZECHNER, J. (1993), „Influence Costs and Capital Structure“, *Journal of Finance*, 48, 975–1008.

BAI, C. und TAO, Z. (2000), „Contract Mixing in Franchising as a Mechanism for Public-Good Provision“, *Journal of Economis and Management Strategy*, 9, 85–113.

BAIMAN, S.,EVANS, J. und NAGARAJAN, N. (1991), „Collusion in Auditing“, *Journal of Accounting Research*, 29, 1–18.

BAKER, G.P. (1992), „Incentive Contracts and Performance Measurement“, *Journal of Political Economy*, 100, 598–614.

BAKER, G.P. (2002), „Distortion and Risk in Optimal Incentive Contracts“, *Journal of Human Resources*, 37, 728–751.

BAKER, G.P., GIBBS, M. und HOLMSTRÖM, B. (1993), „Hierarchies and Compensation“, *European Economic Review*, 37, 366–378.

BAKER, G.P., GIBBS, M. und HOLMSTRÖM, B. (1994), „The Wage Policy of a Firm“, *Quarterly Journal of Economics*, 109, 921–955.

BALDENIUS, T. und REICHELSTEIN, S. (1998), „Alternative Verfahren zur Bestimmung innerbetrieblicher Verrechnungspreise“, *Zeitschrift für betriebswirtschaftliche Forschung*, 50, 236–259

BALDENIUS, T., REICHELSTEIN, S. und SAHAY, S.A. (1999), „Negotiated versus Cost-Based Transfer Pricing“, *Review of Accounting Studies*, 4, 67–91.

BALIGA, S. (1999), „Monitoring and Collusion with "Soft" Information“, *Journal of Law, Economics, and Organization*, 15, 434–440.

BALLWIESER, W. (1987), „Auditing in an Agency Setting“, in Bamberg, G. und Spremann, K., Hrsg., *Agency Theory, Information, and Incentives*, Heidelberg et al., 327–346.

BALLWIESER, W. (1991), „Das Rechnungswesen im Lichte ökonomischer Theorie“, in Ordelheide, D., Rudolph, B. und Büsselmann, E., Hrsg., *Betriebswirtschaftslehre und Ökonomische Theorie*, Stuttgart, 97–124.

BALLWIESER, W. und SCHMIDT, R.H. (1981), „Unternehmensverfassung, Unternehmensziele und Finanztheorie", in Bohr, K., Drukarczyk, J. und Drumm, H.-J., Hrsg., *Unternehmensverfassung als Problem der Betriebswirtschaftslehre*, Berlin, 645–682.

BAMBERG, G. und COENENBERG, A.G. (1996), *Betriebswirtschaftliche Entscheidungslehre*, 9. Auflage, München.

BAMBERG, G. und LOCAREK, H. (1992), „Groves-Schemata zur Lösung von Anreizproblemen bei der Budgetierung", in Spremann, K., und Zur, E., Hrsg., *Controlling*, Wiesbaden, 657–670.

BAMBERG, G. und SPREMANN, K. (1981), „Implications of Constant Risk Aversion", *Zeitschrift für Operations Research*, 25, 205–224.

BAMBERG, G. und TROST, R. (1998), „Informationsasymmetrie und Moral Hazard bei Investitionsentscheidungen", in Runzheimer, B. und Barkovic, D., Hrsg., *Investitionsentscheidungen in der Praxis*, Wiesbaden, 209–220.

BANERJEE, A.V. (1992), „A Simple Model of Herd Behavior", *Quarterly Journal of Economics*, 107, 797–817.

BARDSLEY, P. (2001), „Multi-Task Agency: A Combinatorial Model", *Journal of Economic Behavior and Organization*, 44, 233–248.

BARON, D.P. und BESANKO, D. (1984), „Regulation and Information in a Continuing Relationship", *Information Economics and Policy*, 1, 267–302.

BARON, J.N. und KREPS, D.M. (1999), *Strategic Human Resources*, New York et al.

BARRON, J.M. und PAULSON GJERDE, K. (1997), „Peer Pressure in an Agency Relationship", *Journal of Labor Economics*, 15, 234–254.

BARUA, A., LEE, C.-H. S. und WHINSTON, A.B. (1995), „Incentives and Computing Systems for Team-based Organizations", *Organisation Science*, 6, 487–504.

BAUER, M. (2004), „Abschlussprüfung und Beratung", *Wirtschaftswissenschaftliches Studium*, 33, 178–185.

BAUMOL, W.J. (1959), *Business Behavior, Value and Growth*, New York.

BAUMOL, W.J. und FABIAN, T. (1964), „Decomposition, Pricing for Decentralization and External Economies", *Management Science*, 11, 1–32.

BEBCHUK, L. (1982a), „The Case for Facilitating Competing Tender Offers", *Harvard Law Review*, 95, 1028–1056.

BEBCHUK, L. (1982b), „The Case for Facilitating Competing Tender Offers: A Reply and Extension", *Stanford Law Review*, 35, 23–50.

BEBCHUK, L. (1986), „The Case for Facilitating Competing Tender Offers: A Last (?) Reply", *Journal of Law, Economics, and Organization*, 2, 253–271.

BECHT, M. und RÖELL, A. (1999), „Blockholdings in Europe: An International Comparison", *European Economic Review*, 43, 1049–1056.

BECKER, B.E. und HUSELID, M.A. (1992), „The Incentive Effects of Tournament Compensation Systems", *Administrative Science Quarterly*, 37, 336–350.

BECKER, G.S. (1962), „Investment in Human Capital: A Theoretical Analysis", *Journal of Political Economy, Supplement*, 70, 9–49.

BECKER, G.S. und STIGLER, G.J. (1974), „Law Enforcement, Malfeasance, and Compensation of Enforcers", *Journal of Legal Studies*, 3, 1–18.

BECKMANN, M. (1999), *Ökonomische Analyse deutscher Auktionen*, Wiesbaden.

BECKMANN, M., KRÄKEL, M. und SCHAUENBERG, B. (1997), „Der deutsche Auktionsmarkt: Ergebnisse einer empirischen Studie", *Zeitschrift für Betriebswirtschaft*, 67, 41–65.

BELLMANN, L. und KOHAUT, S. (1995), „Effektiv- und Tariflöhne in der Bundesrepublik Deutschland: Eine empirische Analyse auf der Basis des IAB-Betriebspanels", in Gerlach, K. und Schettkat, R., Hrsg., *Determinanten der Lohnbildung*, Berlin, 72–93.

BENOIT, J.-P. und KRISHNA, V. (1985), „Finitely Repeated Games", *Econometrica*, 53, 905–922.

BERKOVITCH, E., BRADLEY, M. und KHANNA, N. (1989), „Tender Offer Auctions, Resistance Strategies, and Social Welfare", *Journal of Law, Economics, and Organization*, 5, 395–412.

BERLE, A.A. und MEANS, G.C. (1932), *The Modern Corporation and Private Property*, New York.

BERNHEIM, B.D. und WHINSTON, M.D. (1986), „Common Agency“, *Econometrica*, 54, 923–942.

BERNHEIM, B.D., PELEG, B. und WHINSTON, M.D. (1987), „Coalition-Proof Nash Equilibria – I. Concepts“, *Journal of Economic Theory*, 42, 1–12.

BETHEL, J.E. und LIEBESKIND, J. (1993), „The Effects of Ownership Structure on Corporate Restructuring“, *Strategic Management Journal , Special Issue*, 14, 15–31.

BHATTACHARYYA, S. und LAFONTAINE, F. (1995), „Double-Sided Moral Hazard and the Nature of Share Contracts“, *RAND Journal of Economics*, 26, 761–781.

BIKHCHANDANI, S., HIRSHLEIFER, D. und WELCH, I. (1992), „A Theory of Fashion, Custom, and Cultural Change“, *Journal of Political Economy*, 100, 992–1026.

BIKHCHANDANI, S., HIRSHLEIFER, D. und WELCH, I. (1998), „Learning from the Behavior of Others: Conformity, Fads, and Informational Cascades“, *Journal of Economic Perspectives*, 12:3, 151–170.

BLEICHER, K. (1992), „Corporation, Organisation der“, in Frese, E., Hrsg., *Handwörterbuch der Organisation*, 3. Auflage, Stuttgart, 441–454.

BÖCKING, H.-J. und ORTH, C. (1998), „Kann das ‚Gesetz zur Kontrolle und Transparenz im Unternehmensbereich (KonTraG)' einen Beitrag zur Verringerung der Erwartungslücke leisten? – Eine Würdigung auf Basis von Rechnungslegung und Kapitalmarkt“, *Die Wirtschaftsprüfung*, 51, 351–364.

BOHNE, M. und KNOLL. L. (1999), „Vergütung deutscher Vorstände vor dem Aufkommen der Optionsentlohnung: Eine empirische Untersuchung“, in Backes-Gellner, U., Kräkel, M. und Grund, C., Hrsg., *Entlohnung und Arbeitszeitgestaltung im Rahmen betrieblicher Personalpolitik*, München und Mering, 37–53.

BONUS, H. (1986), „The Cooperative Association as a Business Enterprise: A Study in the Economics of Transactions“, *Journal of Institutional and Theoretical Economics*, 142, 310–339.

BONUS, H. (1987), *Die Genossenschaft als modernes Unternehmenskonzept*, Genossenschaftswissenschaftliche Beiträge, Vorträge Heft 10, Münster.

BORLAND, J. (1992), „Career Concerns: Incentives and Endogenous Learning in Labour Markets“, *Journal of Economic Surveys*, 6, 251–270.

BOSSERT, W. und STEHLING, F. (1990), *Theorie kollektiver Entscheidungen*, Berlin et al.

BOYES, W.J. und HAPPEL, S.K. (1989), „Auctions as an Allocation Mechanism in Academia: The Case of Faculty Offices“, *Journal of Economic Perspectives*, 3:3, 37–40.

BRANDENBURGER, A.M. und NALEBUFF, B.J. (1996), *Co-opetition*, New York.

BRANDENBURGER, A.M. und POLAK, B. (1996), „When Managers Cover their Posteriors: Making the Decisions the Market Wants to See“, *RAND Journal of Economics*, 27, 523–541.

BRENNAN, G. und KLIEMT, H. (1994), „Finite Lives and Social Institutions“, *Kyklos*, 47, 551–571.

BRETON, A. und WINTROBE, R. (1982), *The Logic of Bureaucratic Conduct*, Cambridge.

BREUER, W. (1998), *Finanzierungstheorie*, Wiesbaden.

BRICKLEY, J.A. (1999), „Incentive Conflicts and Contractual Restraints: Evidence from Franchising“, *Journal of Law and Economics*, 42, 745–774.

BRICKLEY, J.A. (2002), „Royalty Rates and Upfront Fees in Share Contracts: Evidence from Franchising“, *Journal of Law, Economics, and Organization*, 18, 511–535.

BRICKLEY, J.A., DARK, F.H. und WEISBACH, M.S. (1991), „An Agency Perspective on Franchising“, *Financial Management*, 20, 27–35.

BRICKLEY, J.A., SMITH, C.W. und ZIMMERMAN, J.L. (1997), *Managerial Economics and Organizational Architecture*, Boston, Mass.

BROWN, C. und MEDOFF, J.L. (1989), „The Employer Size-Wage Effect“, *Journal of Political Economy*, 97, 1027–1059.

BROWN, C. (1998), „Rise of the Institutional Equity Funds: Implications for Managerialism", *Journal of Economic Issues*, 32, 803–821.

BROWN, K.C., HARLOW, W.V. und STARKS, L.T. (1996), „Of Tournaments and Temptations: An Analysis of Managerial Incentives in the Mutual Fund Industry", *Journal of Finance*, 51, 85–110.

BROWN JR., W.O. (1998), „Transaction Costs, Corporate Hierarchies, and the Theory of Franchising", *Journal of Economic Behavior and Organization*, 36, 319–329.

BRUNELLO, G., ARIGA, K., NISHIYAMA, Y. und OHKUSA, Y. (1995), „Recent Changes in the Internal Structure of Wages and Employment in Japan", *Journal of the Japanese and International Economies*, 9, 105–129.

BRUSCO, S. (1996), „Bankruptcy, Takeovers, and Wage Contracts", *Journal of Economics and Management Strategy*, 5, 515–534.

BUDDE, J. (2009), „Information in Tournaments under Limited Liability", *Journal of Mathematical Economics*, 45, 59–72.

BUDDE, J., GÖX, R.F. und LUHMER, A. (1998), „Absprachen beim Groves-Mechanismus", *Zeitschrift für betriebswirtschaftliche Forschung*, 50, 3–20.

BÜHNER, R. und TUSCHKE, A. (1997), „Zur Kritik am Shareholder Value – eine ökonomische Analyse", *Betriebswirtschaftliche Forschung und Praxis*, 49, 499–516.

BULL, C., SCHOTTER, A. und WEIGELT, K. (1987), „Tournaments and Piece Rates: An Experimental Study", *Journal of Political Economy*, 95, 1–33.

BURROUGH, B. und HELYAR, J. (1990), *Barbarians at the Gate – The Fall of RJR Nabisco*, New York.

BURY, H.M. und SCHMIDT, T. (1996), *Das Bankenkartell*, München.

CABLE, J. (1985), „Capital Market Information and Industrial Performance: The Role of West German Banks", *Economic Journal*, 95, 118–132.

CALVO, G.A. (1987), „The Economics of Supervision", in Nalbantian, H.R., Hrsg., *Incentives, Cooperation, and Risk Sharing*, Totowa, 87–103.

CALVO, G.A. und WELLISZ, S. (1978), „Supervision, Loss of Control, and the Optimum Size of the Firm", *Journal of Political Economy*, 86, 943–952.

CALVO, G.A. und WELLISZ, S. (1979), „Hierarchy, Ability, and Income Distribution", *Journal of Political Economy*, 87, 991–1010.

CAMPBELL, D.E. (1995), *Incentives*, New York.

CARMICHAEL, H.L. (1989), „Self-Enforcing Contracts, Shirking, and Life Cycle Incentives", *Journal of Economic Perspectives*, 3:4, 65–83.

CARMICHAEL, H.L. und MACLEOD, W.B. (2000), „Worker Cooperation and the Ratchet Effect", *Journal of Labor Economics*, 18, 1–19.

CARR, J. und MATHEWSON, F. (1990), „The Economics of Law Firms: A Study in the Legal Organization of the Firm", *Journal of Law and Economics*, 33, 307–330.

CARSTENSEN, V. (1992), „Hierarchien: Status und Entlohnung", *Jahrbücher für Nationalökonomie und Statistik*, 210, 445–456.

CAVES, R. und MURPHY, W.F. II (1976), „Franchising: Firms, Markets and Intangible Assets", *Southern Economic Journal*, 43, 527–586.

CHAKRABARTY, A., CHAUDHURI, A. und SPELL, C. (2002), „Information Structure and Contractual Choice in Franchising", *Journal of Institutional and Theoretical Economics*, 158, 638-663.

CHAKRAVORTI, B., SHARKEY, W.W., SPIEGEL, Y. und WILKIE, S. (1995), „Auctioning the Airwaves: The Contest for Broadband PCS Spectrum", *Journal of Economics and Management Strategy*, 4, 345–373.

CHANDLER, A.D. (1962), *Strategy and Structure*, Cambridge, Mass.

CHANDLER, A.D. (1977), *The Visible Hand.* Cambridge, Mass.

CHANDLER, A.D. (1990), *Scale and Scope: The Dynamics of Industrial Capitalism*, Cambridge, Mass. et al.

CHE, Y.-K. und YOO, S.-W. (2001), „Optimal Incentives for Teams“, *American Economic Review*, 91, 525–541.

CHEN, K.-P. (2003): „Sabotage in Promotion Tournaments“, *Journal of Law, Economics, and Organization*, 19, 119–140.

CHIANG, S.-C. und CHIANG, S.-H. (1990a), „Sharing the Cost of Investment in General Training“, *Australian Economic Papers*, 29, 266–272.

CHIANG, S.-H. und CHIANG, S.-C. (1990b), „General Human Capital as a Shared Investment under Asymmetric Information“, *Canadian Journal of Economics*, 23, 175–188.

CHOI, J.P. (1997), „Herd Behavior, the ‚Penguin Effect‘, and the Suppression of Informational Diffusion: An Analysis of Informational Externalities and Payoff Interdependency“, *RAND Journal of Economics*, 28, 407–425.

COASE, R.H. (1937), „The Nature of the Firm“, *Economica*, 4, 386–405.

COASE, R.H. (1960), „The Problem of Social Cost“, *Journal of Law and Economics*, 3, 1–44.

COLES, M. und MALCOMSON, J.M. (1989), „Contract Theory and Incentive Compatibility“, in Hey, J.D., Hrsg., *Current Issues in Microeconomics*, Hong Kong, 127–151.

COLOMBO, M.G. und DELMASTRO, M. (2002), „The Determinants of Organizational Change and Structural Inertia: Technological and Organizational Factors“, *Journal of Economics and Management Strategy*, 11, 595–635.

COMMENT, R. und SCHWERT, G.W. (1993), *Poison or Placebo?: Evidence on the Deterrent and Wealth Effects of Modern Antitakeover Measures*. NBER Working Paper No. 4316.

CONYON, M.J. (1997), „Corporate Governance and Executive Compensation“, *International Journal of Industrial Organization*, 15, 493–509.

CORTS, K.S. (2001), „The Strategic Effects of Vertical Market Structure: Common Agency and Divisionalization in the US Motion Picture Industry“, *Journal of Economics and Management Strategy*, 10, 509–528.

COSH, A. und HUGHES, A. (1997), „Executive Remuneration, Executive Dismissal and Institutional Shareholdings“, *International Journal of Industrial Organization*, 15, 469–492.

CRAMTON, P.C. (1995), „Money out of Thin Air: The Nationwide Narrowband PCS Auction“, *Journal of Economics and Management Strategy*, 4, 267–343.

CRAMTON, P.C. und SCHWARTZ, A. (1991), „Using Auction Theory to Inform Takeover Regulation“, *Journal of Law, Economics, and Organization*, 7, 27–53.

CRÉMER, J. (1986), „Cooperation in Ongoing Organizations“, *Quarterly Journal of Economics*, 101, 33–49.

CRÉMER, J. (1993), „Corporate Culture and Shared Knowledge“, *Industrial and Corporate Change*, 2, 351–386.

CRÉMER, J. (1995), „Comment on Edward P. Lazear, ‚Corporate Culture and the Diffusion of Values‘“, in Siebert, H., Hrsg., *Trends in Business Organization: Do Participation and Cooperation Increase Competitiveness?*, Tübingen, 134–140.

DAIDO, K. (2004), “Risk-Averse Agents with Peer Pressure”, *Applied Economics Letters*, 11, 383 386.

DANTZIG, G.B. und WOLFE, P. (1961), „The Decomposition Algorithm for Linear Programs“, *Econometrica*, 29, 767–778.

DAVIDSON, W.N. III, PILGER, T. und SZAKMARY, A. (1998), „Golden Parachutes, Board and Committee Composition, and Shareholder Wealth“, *Financial Review*, 33, 17–32.

DAWID, H. und KOPEL, M. (2003), „A Comparison of Exit and Voice Relationships under Common Uncertainty“, *Journal of Economics and Management Strategy*, 12, 531–555.

DEAN, J. (1951), *Capital Budgeting*, New York.

DEANGELO, L.E. (1981), „Auditor Independence, ‚Low Balling‘, and Disclosure Regulation“, *Journal of Accounting and Economics*, 3, 113–127.

DEBONDT, W.F.M. und THOMPSON, H.E. (1992), „Is Economic Efficiency the Driving Force behind Mergers?“, *Managerial and Decision Economics*, 13, 31–44.

DEBREU, G. (1959), *Theory of Value*, New York.

DEGROOT, M.H. (1970), *Optimal Statistical Decisions*, New York.

DEMOUGIN, D. und FLUET, C. (2003), *Inequity Aversion in Tournaments*. Mimeo.

DEMOUGIN, D. und JOST, P.-J. (2001), „Theoretische Grundlagen der Prinzipal-Agenten-Theorie“, in Jost, P.-J., Hrsg., *Die Prinzipal-Agenten-Theorie in der Betriebswirtschaftslehre*, Stuttgart, 45–81.

DEMSKI, J.S. (2003), „Corporate Conflicts of Interest“, *Journal of Economic Perspectives*, 17:2, 51–72.

DEMSKI, J.S. und SAPPINGTON, D.E.M. (1987), „Delegated Expertise“, *Journal of Accounting Research*, 25, 68–89.

DEWATRIPONT, M., JEWITT, I. und TIROLE, J. (1999a), „The Economics of Career Concerns, Part I: Comparing Information Structures“, *Review of Economic Studies*, 66, 183–198.

DEWATRIPONT, M., JEWITT, I. und TIROLE, J. (1999b), „The Economics of Career Concerns, Part II: Application to Missions and Accountability of Government Agencies“, *Review of Economic Studies*, 66, 199–217.

DEWATRIPONT, M., JEWITT, I. und TIROLE, J. (2000), „Multitask Agency Problems: Focus and Task Clustering“, *European Economic Review*, 44, 869–877.

DEUTSCHER FRANCHISE-VERBAND (1995), *Franchise-Telex*, München.

DICK, U. und DULZ, K. (1994), *Zwischenbericht Mobbing-Telefon für den Zeitraum 23.8.1993 – 22.2.1994*. AOK, Hamburg.

DIXIT, A., GROSSMAN, G.M. und HELPMAN, E. (1997), „Common Agency and Coordination: General Theory and Application to Government Policy Making“, *Journal of Political Economy*, 105, 752–769.

DNES, A.W. (1992), „Unfair Contractual Practices and Hostages in Franchise Contracts“, *Journal of Institutional and Theoretical Economics*, 148, 484–504.

DNES, A.W. (1993), „A Case-Study Analysis of Franchise Contracts“, *Journal of Legal Studies*, 22, 367–393.

DNES, A.W. (1996), „The Economic Analysis of Franchise Contracts“, *Journal of Institutional and Theoretical Economics*, 152, 297–324.

DRAGO, R. und GARVEY. G.T. (1998), „Incentives for Helping on the Job: Theory and Evidence“, *Journal of Labor Economics*, 16, 1–25.

DRAGO, R., GARVEY, G.T. und TURNBULL, G.K. (1996), „A Collective Tournament“, *Economics Letters*, 50, 223–227.

DRAGO, R. und TURNBULL, G.K. (1988a), „The Incentive Effects of Tournaments with Positive Externalities among Workers“, *Southern Economic Journal*, 55, 100–106.

DRAGO, R. und TURNBULL, G.K. (1988b), „Individual versus Group Piece Rates under Team Technologies“, *Journal of the Japanese and International Economies*, 2, 1–10.

DRAGO, R. und TURNBULL, G.K. (1991), „Competition and Cooperation in the Workplace“, *Journal of Economic Behavior and Organization*, 15, 347–364.

DRUMM, H.J. (1972), „Theorie und Praxis der Lenkung durch Preise“, *Zeitschrift für betriebswirtschaftliche Forschung*, 24, 253–267.

DYE, R.A. (1984), „The Trouble with Tournaments“, *Economic Inquiry*, 22, 147–149.

DYE, R.A. (1992), „Relative Performance Evaluation and Project Selection“, *Journal of Accounting Research*, 30, 27–52.

EASTERBROOK, F.H. und FISCHEL, D.R. (1981), „The Proper Role of a Target’s Management in Responding to a Tender Offer”, *Harvard Law Review*, 94, 1161–1204.

EASTERBROOK, F.H. und FISCHEL, D.R. (1982), „Auctions and Sunk Costs in Tender Offers”, *Stanford Law Review*, 35, 1–21.

EBERLEIN, M. und GRUND, C. (2006), „Ungleichheitsaversion in Prinzipal-Agenten-Beziehungen“, *Journal für Betriebswirtschaft*, 56, 133–153.

ECKARDSTEIN, D. VON (1987), „Unter welchen Voraussetzungen können partizipative Organisationsformen als personalpolitische Innovation gelten?“, in Dichtl, E. et al., Hrsg., *Innovation und Wettbewerbsfähigkeit*, Wiesbaden, 115–135.

EDLIN, A. und REICHELSTEIN, S. (1995), „Specific Investment under Negotiated Transfer Pricing. An Efficiency Result“, *Accounting Review*, 70, 275–291.

EDWARDS, J. und NIBLER, M. (2000), „Corporate Governance in Germany: The Role of Banks and Ownership Concentration“, *Economic Policy*, 31, 239–267.

EICHBERGER, J., GRANT, S. und KING, S.P. (1999), „On Relative Performance Contracts and Fund Manager's Incentives“, *European Economic Review* 43, 135–161.

EMMONS, W.R. und SCHMID, F.A. (1998), „Universal Banking, Control Rights, and Corporate Finance in Germany“, *Federal Reserve Bank of St. Louis*, 80:4, 19–42.

ENDO, K. (1994), „*Satei* (Personal Assessment) and Interworker Competition in Japanese Firms“, *Industrial Relations*, 33, 70–82.

ESWARAN, M. und KOTWAL, A. (1984), „The Moral Hazard of Budget-Breaking“, *RAND Journal of Economics*, 15, 578–581.

EWERHART, C. und SCHMITZ, P.W. (1997), „Der Lock-in-Effekt und das Hold-up-Problem“, *Wirtschaftswissenschaftliches Studium*, 26, 361–363.

EWERHART, C. und SCHMITZ, P.W. (2000), „Yes Men, Integrity, and the Optimal Design of Incentive Contracts“, *Journal of Economic Behavior and Organization*, 43, 115–125.

EWERT, R. (1990), *Wirtschaftsprüfung und asymmetrische Information*, Berlin et al.

EWERT, R., FEESS, E. und NELL, M. (2000), „Prüfungsqualität, Dritthaftung und Versicherung“, *Betriebswirtschaftliche Forschung und Praxis*, 52, 572–593.

EWERT, R. und STEFANI, U. (2001), „Wirtschaftsprüfung“, in Jost, P.-J., Hrsg., *Die Spieltheorie in der Betriebswirtschaftslehre*, Stuttgart, 175–217.

EWERT, R. und WAGENHOFER, A. (1997), *Interne Unternehmensrechnung*, 3. Auflage, Berlin et al.

EYMANN, A. und MENICHETTI, M.J. (1991), „Die Regulierung des Marktes für Unternehmen in den Europäischen Gemeinschaften“, *Zeitschrift für betriebswirtschaftliche Forschung*, 43, 1070–1086.

FABELLA, R.F. (2000), „Generalized Sharing, Membership Size and Pareto Efficiency in Teams“, *Theory and Decision*, 48, 47–60.

FAMA, E.F. (1980), „Agency Problems and the Theory of the Firm“, *Journal of Political Economy*, 88, 288–307.

FAMA, E.F. und JENSEN, M.C. (1983), „Separation of Ownership and Control“, *Journal of Law and Economics*, 26, 301–325.

FARRELL, J. und SCOTCHMER, S. (1988), „Partnerships“, *Quarterly Journal of Economics*, 103, 279–297.

FAURE-GRIMAUD, A., LAFFONT, J.-J. und MARTIMORT, D. (1999), „The Endogenous Transaction Costs of Delegated Auditing“, *European Economic Review*, 43, 1039–1048.

FAURE-GRIMAUD, A., LAFFONT, J.-J. und MARTIMORT, D. (2000), „A Theory of Supervision with Endogenous Transaction Costs“, *Annals of Economics and Finance*, 1, 231–263.

FAURE-GRIMAUD, A., LAFFONT, J.-J. und MARTIMORT, D. (2003), „Collusion, Delegation and Supervision with Soft Information“, *Review of Economic Studies*, 70, 253–279.

FEDDERSEN, D. und MEYER-LANDRUT, A. (1995), *Partnerschaftsgesellschaftsgesetz. Kommentar und Mustervertrag*, Wiesbaden.

FEHR, E. und SCHMIDT, K. (1999), „A Theory of Fairness, Competition, and Cooperation“, *Quarterly Journal of Economics*, 114, 817–868.

FELLI, L. und VILLAS-BOAS, J.M. (2000), „Renegotiation and Collusion in Organizations“, *Journal of Economics and Management Strategy*, 9, 453–483.

FELTHAM, G.A. und XIE, J. (1994), „Performance Measure Congruity and Diversity in Multi-Task Principal/Agent Relations“, *Accounting Review*, 69, 429–453.

FERSHTMAN, C. (1985), „Managerial Incentives as a Strategic Variable in Duopolistic Environment“, *International Journal of Industrial Organization*, 3, 245–253.

FERSHTMAN, C. und JUDD, K.L. (1987), „Equilibrium Incentives in Oligopoly“, *American Economic Review*, 77, 927–940.

FÖHR, S. (1991), *Ökonomische Analyse der internen Organisation*, Wiesbaden.

FÖHR, S. (1994), „Fundamentale Transformation“, *Wirtschaftswissenschaftliches Studium*, 23, 455–459.

FÖHR, S. (1995), „Personalberatung als Institution: Make or Buy-Entscheidungen im Personalbereich“, *Zeitschrift für Personalforschung*, 9, 135–162.

FÖHR, S. (1997), *Organisation und Gleichgewicht*, Wiesbaden.

FÖHR, S. und LENZ, H. (1992), „Unternehmenskultur und ökonomische Theorie“, in Staehle, W.H. und Conrad, P., Hrsg., *Managementforschung 2*, Berlin und New York, 111–162.

FRANKE, G. (1984), „Investitionspolitik, betriebliche“, in Grochla, E. und Wittmann, W., Hrsg., *Handwörterbuch der Betriebswirtschaft*, Teil 1: A-L, 4. Auflage, Stuttgart, 1996–2004.

FRANKS, J.R., HARRIS, R.S. und MAYER, C. (1988), „Means of Payment in Takeovers: Results for the United Kingdom and the United States“, in Auerbach, A., Hrsg., *Corporate Takeovers: Causes and Consequences*, Chicago und London, 221–258.

FRANKS, J. und MAYER, C. (2001), „Ownership and Control of German Corporations“, *Review of Financial Studies*, 14, 943–977.

FRANZ, W. (1996), *Arbeitsmarktökonomik*, 3. Auflage, Berlin et al.

FRASCATORE, M.R. (1998), „Collusion in a Three-Tier Hierarchy: Credible Beliefs and Pure Self-Interest“, *Journal of Economic Behavior and Organization*, 34, 459–475.

FREEMAN, R.B. und LAZEAR, E.P. (1995), „An Economic Analysis of Works Councils“, in Rogers, J. und Streeck, W., Hrsg., *Works Councils*, Chicago und London, 27–50.

FREIXAS, X., GUESNERIE, R. und TIROLE, J. (1985), „Planning under Incomplete Information and the Ratchet Effect“, *Review of Economic Studies*, 52, 173–191.

FREY, B.S. (1990a), „Institutions Matter. The Comparative Analysis of Institutions“, *European Economic Review*, 34, 443–449.

FREY, B.S. (1990b), *Ökonomie ist Sozialwissenschaft*, München.

FREY, B.S. und EICHENBERGER, R. (1989a), „Zur Bedeutung entscheidungstheoretischer Anomalien für die Ökonomik“, *Jahrbücher für Nationalökonomie und Statistik*, 206, 81–101.

FREY, B.S. und EICHENBERGER, R. (1989b), „Anomalies and Institutions“, *Journal of Institutional and Theoretical Economics*, 145, 423–437.

FRICK, B. (1997), *Mitbestimmung und Personalfluktuation*. München und Mering.

FRICK, B. und SADOWSKI, D. (1995), „Works Councils, Unions, and Firm Performance“, in Buttler, F., Franz, W., Schettkat R. und Soskice D., Hrsg., *Institutional Frameworks and Labor Market Performance*, London und New York, 46–81.

FRIEBEL, G. und RAITH, M. (2004): „Abuse of Authority and Hierarchical Communication“, *RAND Journal of Economics*, 35, 224–244.

FROMME, H. (2004a), „Gerling streicht Betriebsrenten zusammen“, *Financial Times Deutschland*, vom 7.1.04.

FROMME, H. (2004b), „Gerling-Konzern verteidigt Rentenkürzung“, *Financial Times Deutschland*, vom 9.1.04.

FUDENBERG, D. und MASKIN, E.S. (1986), „The Folk Theorem in Repeated Games with Discounting or with Incomplete Information“, *Econometrica*, 54, 533–554.

FUDENBERG, D. und TIROLE, J. (1989), „Noncooperative Game Theory for Industrial Organization: An Introduction and Overview“, in Schmalensee, R. und Willig, R.D., Hrsg., *Handbook of Industrial Organization*, Volume 1, Amsterdam et al., 261–327.

FUDENBERG, D., HOLMSTRÖM, B. und MILGROM, P.R. (1990), „Short-Term Contracts and Long-Term Agency Relationships“, *Journal of Economic Theory*, 51, 1–31.

GALLINI, N.T. und LUTZ, N.A. (1992), „Dual Distribution and Royalty Fees in Franchising“, *Journal of Law, Economics, and Organization* 8, 471–501.

GARVEY, T. und GASTON, N. (2001), „Implicit Labour Contracts Under Threat? The Spectre of Shareholder Intervention“, *Journal of Economics*, 42, 119–140.

GAYNOR, M. und GERTLER, P. (1995), „Moral Hazard and Risk Spreading in Partnerships“, *RAND Journal of Economics*, 26, 591–613.

GENDA, Y. (1998), „Japan: Wage Differentials and Changes since the 1980s“, in Tachibanaki, T., Hrsg., *Wage Differentials*, London.

GERLACH, K. und HÜBLER, O. (1985), „Lohnstruktur, Arbeitsmarktprozesse und Leistungsintensität in Effizienzlohnmodellen“, in Buttler, F., Kühl, J. und Rahmann, B., Hrsg., *Staat und Beschäftigung. Beiträge zur Arbeitsmarkt- und Berufsforschung*, 19, Nürnberg, 249–290.

GERLACH, K. und HÜBLER, O. (1995), „Betriebsgröße und Einkommen. Erklärungen, Entwicklungstendenzen und Mobilitätseinflüsse“, in Steiner, V. und Bellmann, L., Hrsg., *Mikroökonomik des Arbeitsmarktes. Beiträge zur Arbeitsmarkt- und Berufsforschung*, 192, Nürnberg, 225–264.

GERLACH, K. und SCHMIDT, E.M. (1989), „Unternehmensgröße und Entlohnung“, *Mitteilungen aus der Arbeitsmarkt- und Berufsforschung*, 22, 355–373.

GERPOTT, T.J. (1994), „Abschied von der Spitze“, *Zeitschrift für betriebswirtschaftliche Forschung*, 46, 4–31.

GHEMAWAT, P. (1991), *Commitment. The Dynamic of Strategy*, New York.

GIBBARD, A. (1973), „Manipulation of Voting Schemes: A General Result“, *Econometrica*, 41, 587–601.

GIBBONS, R. und MURPHY, K.J. (1990), „Relative Performance Evaluation for Chief Executive Officers“, *Industrial and Labor Relations Review, Special Issue*, 43, 30-S–51-S.

GIBBONS, R. und MURPHY, K.J. (1992), „Optimal Incentive Contracts in the Presence of Career Concerns: Theory and Evidence“, *Journal of Political Economy*, 100, 468–505.

GILSON, R. (1982), „Seeking Competitive Bids versus Pure Passivity in Tender Offers“, *Stanford Law Review*, 35, 51–67.

GILSON, R. und MNOOKIN, R.H. (1985), „Sharing Among the Human Capitalists: An Economic Inquiry into the Corporate Law Firm and How Partners Split Profits“, *Stanford Law Review*, 37, 313–397.

GILSON, R. und MNOOKIN, R.H. (1989), „Coming of Age in a Corporate Law Firm: The Economics of Associate Career Patterns“, *Stanford Law Review*, 41, 567–595.

GOEL, A.M., NANDA, V. und NARAYANAN, M.P. (2004), „Career Concerns and Resource Allocation in Conglomerates“, *Review of Financial Studies*, 17, 99–128.

GÖTZ, T. (2000), *Managementkontrolle durch institutionelle Investoren in Deutschland und in den USA*, Lohmar und Köln.

GÖX, R.F. (1998), „Pretiale Lenkung als Instrument der Wettbewerbsstrategie“, *Zeitschrift für betriebswirtschaftliche Forschung*, 50, 260–288.

GÖX, R.F. (1999), *Strategische Transferpreispolitik im Dyopol*, Wiesbaden.

GÖX, R.F. (2000), „Strategic Transfer Pricing, Absorption Costing, and Observability“, *Management Accounting Research*, 11, 327–348.

GÖX, R.F., BUDDE, J. und SCHÖNDUBE, R. (2002), „Das lineare Agency Modell bei asymmetrischer Information über den Agentennutzen“, *Zeitschrift für Betriebswirtschaft*, 72, 65–79.

GOKHALE, J., GROSHEN, E.L. und NEUMARK, D. (1995), „Do Hostile Takeovers Reduce Extramarginal Wage Payments?“, *Review of Economics and Statistics*, 77, 470–485.

GOLDSTEIN, D. (2000), „Hostile Takeovers as Corporate Governance? Evidence from the 1980s“, *Review of Political Economy*, 12, 381–402.

GRADSTEIN, M. und KONRAD, K.A. (1999), „Orchestrating Rent Seeking Contests“, *Economic Journal*, 109, 536–545.

GRAZIANO, C. und LUPORINI, A. (2003), „Board Efficiency and Internal Corporate Control Mechanisms“, *Journal of Economics and Management Strategy*, 12, 495–530.

GREEN, J.R. und STOKEY, N.L. (1983), „A Comparison of Tournaments and Contracts“, *Journal of Political Economy*, 91, 349–364.

GRIGOLEIT, J., NIPPA, M. und STEGER, T. (2011), „Ökonomische Konsequenzen der Mitgliedschaft ehemaliger Vorstandsmitglieder im Aufsichtsrat: Eine empirische Analyse“, *Zeitschrift für betriebswirtschaftliche Forschung*, 63, 578–608.

GROH, C. (2005), „Wenn der Kollege zum Feind wird“, *General-Anzeiger*, vom 15.10.05.

GROSSMAN, S.J. und HART, O.D. (1980), „Takeover Bids, the Free-Rider Problem, and the Theory of the Corporation“, *Bell Journal of Economics*, 11, 42–64.

GROSSMAN, S.J. und HART, O.D. (1983), „An Analysis of the Principal-Agent Problem“, *Econometrica*, 51, 7–45.

GROSSMAN, S.J. und HART, O.D. (1986), „The Costs and Benefits of Ownership: A Theory of Vertical and Lateral Integration“, *Journal of Political Economy*, 94, 691–719.

GROVES, T. (1973), „Incentives in Teams“, *Econometrica*, 41, 617–631.

GROVES, T. und LOEB, M. (1976), „Reflections on ‚Social Costs and Benefits and the Transfer Pricing Problem'“, *Journal of Public Economics*, 5, 353–359.

GROVES, T. und LOEB, M. (1979), „Incentives in a Divisionalized Firm“, *Management Science*, 25, 221–230.

GRUND, C. und GÜRTLER (2005), „An Empirical Study on Risk Taking in Tournaments“, *Applied Economics Letters*, 12, 457–461.

GRUND, C. und KRÄKEL, M. (2001), „Interne Arbeitsmärkte und betriebliche Entgeltstrukturen – eine empirische Untersuchung“, *Zeitschrift für Betriebswirtschaft*, Ergänzungsheft 1, Personalmanagement, 1–25.

GRUND, C. und SLIWKA, D. (2005), „Envy and Compassion in Tournaments”, *Journal of Economics and Management Strategy*, 14, 187–207.

GÜRTLER, O. (2003a), *A Collective Tournament under (Un)limited Liability*, Universität Bonn. Mimeo.

GÜRTLER, O. (2003b), *How to Design Teams in Collective Tournaments*, Universität Bonn. Mimeo.

GÜRTLER, O. (2005), „Collective Contests with Externalities: Corrigendum“, *European Journal of Political Economy*, 21, 533–536.

GÜRTLER, O. (2008), „On Sabotage in Collective Tournaments“, *Journal of Mathematical Economics*, 44, 383–393.

GÜRTLER, O. (2010), „Collusion in Homogeneous and Heterogeneous Tournaments“, *Journal of Economics*, 100, 265–280.

GÜRTLER, O. und KRÄKEL, M. (2003), „Who Is Declared Dead Lives Longer“, *Applied Economics Letters*, 10, 995–997.

GÜRTLER, O. und KRÄKEL, M. (2010), „Optimal Tournament Contracts for Heterogeneous Workers“, *Journal of Economic Behavior and Organization*, (im Erscheinen)

GÜRTLER, O. und MÜNSTER, J. (2005), „Sabotage in Dynamic Tournaments“, *Journal of Mathematical Economics*, 46, 179–190.

GÜTH, W., SCHMITTBERGER, R. und SCHWARZE, B. (1983), „A Theoretical and Experimental Analysis of Bidding Behavior in Vickrey-Auction Games“, *Zeitschrift für die gesamte Staatswissenschaft*, 139, 269–288.

GUPTA, S. und ROMANO, R.E. (1998), „Monitoring the Principal with Multiple Agents“, *RAND Journal of Economics*, 29, 427–442.

HACKETHAL, A., SCHMIDT, R.H. und TYRELL, M. (2002), „The Convergence of Financial Systems in Europe“, *Schmalenbach Business Review*, Special Issue “Financial Markets and Institutions: Selected Studies”, 1-02, 7–53.

HACKETHAL, A., SCHMIDT, R.H. und TYRELL, M. (2003), „Corporate Governance in Germany: Transition to a Modern Capital-Market-Based System“, *Journal of Institutional and Theoretical Economics*, 159, 664–674.

HACKETHAL, A. und TYRELL, M. (1999), *Complementarity and Financial Systems*, Finance and Accounting Working Paper No. 11, Universität Frankfurt.

HALLOCK, K.F. (1999), „Dual Agency: Corporate Boards with Reciprocally Interlocking Relationships“, in Carpenter, J. und Yermack, D., Hrsg., *Executive Compensation and Shareholder Value*, New York et al., 55–75.

HANSMANN, H. (1988), „Ownership of the Firm“, *Journal of Law, Economics, and Organization*, 4, 267–303.

HARBRING, C. und IRLENBUSCH, B. (2003a), *Incentives in Tournaments with Endogenous Prize Selection*, Discussion Paper University of Bonn and University of Erfurt.

HARBRING, C. und IRLENBUSCH, B. (2003b), *On the Influence of Wage Compression on Sabotage*, Discussion Paper University of Bonn and University of Erfurt.

HARBRING, C., IRLENBUSCH, B., KRÄKEL, M. (2004), „Ökonomische Analyse der Professorenbesoldungsreform in Deutschland“, in Franz, W., Ramser, H.J. und Stadler, M., Hrsg., *Bildung*, Tübingen, 197–219.

HARBRING, C., IRLENBUSCH, B., KRÄKEL, M. und SELTEN, R. (2007), „Sabotage in Corporate Contests – An Experimental Analysis“, *International Journal of the Economics of Business*, 14, 367–392.

HARDIN, G. (1968), „The Tragedy of the Commons“, *Science*, 162, 1243–1248.

HARRIS, M. und RAVIV, A. (1981), „Allocation Mechanisms and the Design of Auctions“, *Econometrica*, 49, 1477–1499.

HART, O.D. (1983), „The Market Mechanism as an Incentive Scheme“, *Bell Journal of Economics*, 14, 366–382.

HART, O.D. (1989), „Incomplete Contracts“, in Eatwell, J., Milgate, M. und Newman, P., Hrsg., *The New Palgrave - Allocation, Information and Markets*, Hongkong, 163–179.

HART, O.D. (1991), „Incomplete Contracts and the Theory of the Firm“, in Williamson, O.E. und Winter, S.G., Hrsg., *The Nature of the Firm. Origins, Evolution, and Development*, New York, Oxford, 138–158.

HART, O.D. und MOORE, J. (1988), „Incomplete Contracts and Renegotiation“, *Econometrica*, 56, 755–785.

HASHIMOTO, M. (1981), „Firm-Specific Human Capital as a Shared Investment“, *American Economic Review*, 71, 475–482.

HAX, H. (1965), *Die Koordination von Entscheidungen*, Köln et al.

HEINRICH, R.P. (2002), *Complementarities in Corporate Governance*, Berlin et al.

HEMMER, T. (1993), „Risk-Free Incentive Contracts“, *Journal of Accounting and Economics*, 16, 448–473.

HEMMER, T. (1995), „On the Interrelation Between Production Technology, Job Design, and Incentives“, *Journal of Accounting and Economics*, 19, 209–245.

HEMPELMANN, B. (2000), *Optimales Franchising*, Heidelberg.

HERMALIN, B.E. (1993), „Managerial Preferences Concerning Risky Projects“, *Journal of Law, Economics, and Organization,* 9, 127–135.

HILLMAN, A.L. und RILEY, J.G. (1989), „Politically Contestable Rents and Transfers“, *Economics and Politics*, 1, 17–39.

HIRSHLEIFER, D. und THAKOR, A.V. (1998), „Corporate Control Through Board Dismissals and Takeovers“, *Journal of Economics and Management Strategy*, 7, 489–520.

HIRSHLEIFER, J. (1956), „On the Economics of Transfer Pricing“, *Journal of Business*, 29, 172–184.

HIRSHLEIFER, J. (2001), *The Dark Side of the Force*, Cambridge.

HOFMANN. C. und PFEIFFER, T. (2003), „Investitionsbudgetierung und Anreizprobleme: Ist der Groves-Mechanismus nur third-best?“, *Zeitschrift für Betriebswirtschaft*, 73, 559–582.

HOLLER, M.J. und ILLING, G. (1996), *Einführung in die Spieltheorie*, 3. Auflage, Berlin et al.

HOLMSTRÖM, B. (1982a), „Managerial Incentive Problems – A Dynamic Perspective“, in Walross B., Hrsg., *Essays in Economics and Management in Honor of Lars Wahlbeck*, Helsinki, 209–230.

HOLMSTRÖM, B. (1982b), „Moral Hazard in Teams“, *Bell Journal of Economics*, 13, 324–340.

HOLMSTRÖM, B. (1984), „On the Theory of Delegation“, in Boyer, M., Kihlstrom, R.E., Hrsg., *Bayesian Models in Economic Theory*, Amsterdam, 115–141.

HOLMSTRÖM, B. (1999), „Managerial Incentive Problems: A Dynamic Perspective“, *Review of Economic Studies*, 66, 169–182.

HOLMSTRÖM, B. und MILGROM, P.R. (1987), „Aggregation and Linearity in the Provision of Intertemporal Incentives“, *Econometrica*, 55, 303–328.

HOLMSTRÖM, B. und MILGROM, P.R. (1990), „Regulating Trade among Agents“, *Journal of Institutional and Theoretical Economics*, 146, 85–105.

HOLMSTRÖM, B. und MILGROM, P.R. (1991), „Multitask Principal-Agent Analyses: Incentive Contracts, Asset Ownership, and Job Design“, *Journal of Law, Economics, and Organization*, 7, 24–52.

HOLMSTRÖM, B. und NALEBUFF, B. (1992), „To the Raider Goes the Surplus? A Reexamination of the Free-Rider Problem“, *Journal of Economics and Management Strategy*, 1, 37–62.

HOLMSTRÖM, B. und RICART I COSTA, J. (1986), „Managerial Incentives and Capital Management“, *Quarterly Journal of Economics*, 101, 835–860.

HOLMSTRÖM, B. und TIROLE, J. (1991), „Transfer Pricing and Organizational Form“, *Journal of Law, Economics, and Organization*, 7, 201–228.

HOSIOS, A.J. und PETERS, M. (1993), „Self-Selection and Monitoring in Dynamic Incentive Problems with Incomplete Contracts“, *Review of Economic Studies*, 60, 149–174.

HULLE, C. VAN (1999), „Cross Holdings in Germany: Comment“, *Journal of Institutional and Theoretical Economics*, 155, 110–112.

HUNT, S. (1973), „The Trend Toward Company-Operated Units in Franchise Chains“, *Journal of Retailing*, 3–12.

HUTCHENS, R.M. (1989), „Seniority, Wages and Productivity: A Turbulent Decade“, *Journal of Economic Perspectives*, 3:4, 49–64.

HVIDE, H.K. (2002), „Tournament Rewards and Risk Taking“, *Journal of Labor Economics*, 20, 877–898.

ICKES, B.W. und SAMUELSON, L. (1987), „Job Transfers and Incentives in Complex Organizations: Thwarting the Ratchet Effect“, *RAND Journal of Economics*, 18, 275–286.

IMHOF, L. und KRÄKEL, M. (2014), „Bonus Pools and the Informativeness Principle“, *European Economic Review*, 66, 180–191.

INDERST, R., MÜLLER, H.M. und WÄRNERYD, K. (2003), *Distributional Conflict in Organizations*. Mimeo.

INNES, R. (1990), „Limited Liability and Incentive Contracting with Ex-ante Action Choices“, *Journal of Economic Theory*, 52, 45–67.

IRLENBUSCH, B. und SLIWKA, B. (2006), „Career Concerns in a Simple Experimental Labour Market“, *European Economic Review*, 50, 147–170.

ITO, T. (1992), *The Japanese Economy*, Cambridge, Mass. und London.

ITOH, H. (1991a), „Japanese Human Resource Management from the Viewpoint of Incentive Theory“, *Ricerche Economiche*, 45, 345–376.

ITOH, H. (1991b), „Incentives to Help in Multi-Agent Situations“, *Econometrica*, 59, 611–636.

ITOH, H. (1992), „Cooperation in Hierarchical Organizations: An Incentive Perspective“, *Journal of Law, Economics, and Organization*, 8, 321–345.

ITOH, H. (1993), „Coalitions, Incentives, and Risk Sharing“, *Journal of Economic Theory*, 60, 410–427.

ITOH, H. (1994), „Job Design, Delegation and Cooperation: A Principal-Agent Analysis“, *European Economic Review*, 38, 691–700.

ITOH, H. (2001), „Job Design and Incentives in Hierarchies with Team Production“, *Hitotsubashi Journal of Commerce and Management*, 36, 1–17.

JAMES, D. und ISAAC, R.M. (1998), *Asset Market Efficiency: The Effects of Tournament Incentives for Individuals*, Working Paper, Department of Economics, University of Arizona, Tucson.

JARRELL, G.A., BRICKLEY, J.A. und NETTER, J.M. (1988), „The Market for Corporate Control: The Empirical Evidence Since 1980“, *Journal of Economic Perspectives*, 2:1, 49–68.

JENNERGREN, L.P. (1980), „On the Design of Incentives in Business Firms – A Survey of Some Research“, *Management Science*, 26, 180–201.

JENNERGREN, L.P. (1982), „Entscheidungsprozesse und Schummeln in einem Planungsproblem von Hirshleifer: Eine Übersicht“, *Zeitschrift für Betriebswirtschaft*, 52, 370–380.

JENSEN, M.C. (1986), „Agency Costs of Free Cash Flow, Corporate Finance, and Takeovers“, *American Economic Review, Papers and Proceedings*, 76, 323–329.

JENSEN, M.C. (1989), „Eclipse of the Public Corporation“, *Harvard Business Review*, 67:5, 61–74.

JENSEN, M.C. und MECKLING, W.H. (1976), „Theory of the Firm: Managerial Behavior, Agency Costs and Ownership Structure“, *Journal of Financial Economics*, 3, 305–360.

JENSEN, M.C. und RUBACK, R.S. (1983), „The Market for Corporate Control: The Scientific Evidence“, *Journal of Financial Economics*, 11, 5–50.

JOHNSTON, R. und LAWRENCE, P.R. (1989), „Vertikale Integration II: Wertschöpfungs-Partnerschaften leisten mehr“, *HARVARDmanager*, 1/1989, 81–88.

JOSKOW, P.L. (1985), „Vertical Integration and Long-Term Contracts: The Case of Coal-Burning Electric Generating Plants“, *Journal of Law, Economics, and Organization*, 1, 33–79.

JOSKOW, P.L. (1988a), „Asset Specifity and the Structure of Vertical Relationships: Empirical Evidence“, *Journal of Law, Economics, and Organization*, 4, 95–117.

JOSKOW, P.L. (1988b), „Price Adjustment in Long-Term Contracts: The Case of Coal“, *Journal of Law and Economics*, 31, 47–83.

JOSKOW, P.L. (1990), „The Performance of Long-Term Contracts: Further Evidence from Coal Markets“, *RAND Journal of Economics*, 21, 251–274.

JOST, P.-J. (1998), *Strategisches Konfliktmanagement in Organisationen*, Wiesbaden.

JOST, P.-J. (2001), „Die Prinzipal-Agenten-Theorie im Unternehmenskontext“, in Jost, P.-J., Hrsg., *Die Prinzipal-Agenten-Theorie in der Betriebswirtschaftslehre*, Stuttgart, 11–43.

JOST, P.-J. und KRÄKEL, M. (2005), „Preemptive Behavior in Sequential-Move Tournaments with Heterogeneous Agents“, *Economics of Governance*, 245–252.

KAHN, C. und HUBERMAN, G. (1988), „Two-Sided Uncertainty and ‚Up-or-Out' Contracts“, *Journal of Labor Economics*, 6, 423–444.

KANDEL, E. und LAZEAR, E.P. (1992), „Peer Pressure and Partnerships“, *Journal of Political Economy*, 100, 801–817.

KANEMOTO, Y. und MACLEOD, W.B. (1989), „Optimal Labor Contracts with Non-Contractible Human Capital“, *Journal of the Japanese and International Economies*, 3, 385–402.

KANEMOTO, Y. und MACLEOD, W.B. (1991), „The Theory of Contracts and Labor Practices in Japan and the United States“, *Managerial and Decision Economics*, 12, 159–170.

KANEMOTO, Y. und MACLEOD, W.B. (1992a), „Firm Reputation and Self-Enforcing Labor Contracts“, *Journal of the Japanese and International Economies*, 6, 144–162.

KANEMOTO, Y. und MACLEOD, W.B. (1992b), „The Ratchet Effect and the Market for Secondhand Workers“, *Journal of Labor Economics*, 10, 85–98.

KANODIA, C., BUSHMAN, R. und DICKHAUT, J. (1989), „Escalation Errors and the Sunk Cost Effect: An Explanation Based on Reputation and Information Asymmetries“, *Journal of Accounting Research*, 27, 59–77.

KAPLAN, S.N. (1994), „Top Executives, Turnover, and Firm Performance in Germany“, *Journal of Law, Economics, and Organization*, 10, 142–159.

KAPP, K.W. (1988), *Soziale Kosten der Marktwirtschaft*, Frankfurt am Main.

KATZ, E. und ZIDERMAN, A. (1990), „Investment in General Training: The Role of Information and Labour Mobility“, *Economic Journal*, 100, 1147–1158.

KAUFMANN, P.J. und LAFONTAINE, F. (1994), „Costs of Control: The Source of Economic Rents for McDonald's Franchisees“, *Journal of Law and Economics*, 37, 417–453.

KEUCHEL, J. (2007), „Kurz und schmerzlos“, *Handelsblatt*, vom 18.1.2007, Nr. 13, 10.

KEUCHEL, J. und HOFMANN, J. (2007), „Hartz V oder das Projekt Demut“, *Handelsblatt*, vom 26.1.2007, Nr. 19, 9.

KHALIL, F. und LAWARRÉE, J. (1995), „Collusive Auditors“, *American Economic Review, Papers and Proceedings*, 85, 442–446.

KIESER, A. (1995), Hrsg., *Organisationstheorien*, 2. Auflage, Stuttgart et al.

KIESER, A. und KUBICEK, H. (1992) *Organisation*, 3. Auflage, Berlin und New York.

KIM, S.K. (1997), „Limited Liability and Bonus Contracts“, *Journal of Economics and Management Strategy*, 6, 899–913.

KLEIN, A. (1998), „Firm Performance and Board Committee Structure“, *Journal of Law and Economics*, 41, 275–303.

KLEIN, B., CRAWFORD, R.G. und ALCHIAN, A.A. (1978), „Vertical Integration, Appropriable Rents, and the Competitive Contracting Process“, *Journal of Law and Economics*, 21, 297–326.

KLIEMT, H. und SCHAUENBERG, B. (1982), „Zu M. Taylors Analysen des Gefangenendilemmas“, *Analyse und Kritik*, 4, 71–96.

KLOSE, W. (1992), „Individuelle und organisatorische Konsequenzen von Entscheidungsanomalien“, in Gaul et al., Hrsg., *Operations Research Proceedings 1991*, 600–607.

KLOSE, W. (1994), *Ökonomische Analyse von Entscheidungsanomalien,* Frankfurt am Main et al.

KNIPPER, H.-J. (1999), „Kampf um Telecom Italia geht weiter“, *Handelsblatt*, vom 12.4.99, Nr. 69, 2.

KNOEBER, C.R. (1986), „Golden Parachutes, Shark Repellents, and Hostile Tender Offers“, *American Economic Review*, 76, 155–167.

KNOLL, L. (1994), *Intertemporale Entlohnung und ökonomische Effizienz*, München.

KNOLL, L. (1996), *Depotstimmrecht der Banken – vertrauenswürdiges Arrangement oder Ende der Aktionärsherrschaft?*, Diskussionsbeiträge des Betriebswirtschaftlichen Instituts 12–1996, Universität Würzburg.

KNOLL, L. (1997), *Stock option-Programme in Deutschland*, Diskussionsbeiträge des Betriebswirtschaftlichen Instituts 17–1997, Universität Würzburg.

KNOLL, L. (1998), „Anreizkompatible Entlohnung: Pro und contra Stock options“, in Backes-Gellner, U., Kräkel, M. und Geil, L., Hrsg., *Quantitative und qualitative Personalanpassungsstrategien*, München und Mering, 95–117.

KNOLL, L., KNOESEL, J. und PROBST, U. (1997), „Aufsichtsratsvergütungen in Deutschland: Empirische Befunde“, *Zeitschrift für betriebswirtschaftliche Forschung*, 49, 236–254.

KOERBER, E. VON (1993), „Geschäftssegmentierung und Matrixstruktur im internationalen Großunternehmen – Das Beispiel ABB“, *Zeitschrift für betriebswirtschaftliche Forschung*, 45, 1060–1067.

KOFMAN, A.M. (1990), *Collusion, Reputation and Communication: Three Essays in Economic Theory*, Ph.D. Dissertation, University of California, Berkeley.

KOFMAN, F. und LAWARRÉE, J. (1993), „Collusion in Hierarchical Agency“, *Econometrica*, 61, 629–656.

KOFMAN, F. und LAWARRÉE, J. (1996a), „A Prisoner's Dilemma Model of Collusion Deterrence“, *Journal of Public Economics*, 59, 117–136.

KOFMAN, F. und LAWARRÉE, J. (1996b), „On the Optimality of Allowing Collusion“, *Journal of Public Economics*, 61, 383–407.

KONRAD, K.A. (2000), „Sabotage in Rent-seeking contests“, *Journal of Law, Economics and Organization*, 16, 155–165.

KONRAD, K.A. (2009), *Strategy and Dynamic in Contests*, New York.

KOPEL, M. (1998), „Zur verzerrten Performancemessung in Agency-Modellen“, *Zeitschrift für betriebswirtschaftliche Forschung*, 50, 531–550.

KRÄKEL, M. (1992), *Auktionstheorie und interne Organisation*, Wiesbaden.

KRÄKEL, M. (1993a), „Entlohnung als Instrument zur Informationsaufdeckung bei der Personalauswahl“, *Zeitschrift für Personalforschung*, 7, 489–512. Corrigenda in Heft 1/94, 102.

KRÄKEL, M. (1993b), *Auktionspreise als Verrechnungspreise: Die unternehmensinterne Allokation zentraler Ressourcen*, Diskussionsbeiträge des Betriebswirtschaftlichen Instituts 1–1993, Universität Würzburg.

KRÄKEL, M. (1993c), „Zur Regulierung öffentlicher Ausschreibungen“, *Jahrbuch für Sozialwissenschaft*, 44, 278–303.

KRÄKEL, M. (1994), „Frühstarteffekte in betrieblichen Karrieren“, *Zeitschrift für Personalforschung*, 8, 419–445.

KRÄKEL, M. (1995), „Beförderungsentscheidungen und verdeckte Spiele in Hierarchien“, *Zeitschrift für betriebswirtschaftliche Forschung*, 47, 25–42.

KRÄKEL, M. (1996), „Winner's curse-Effekt“, *Wirtschaftswissenschaftliches Studium*, 25, 462–464.

KRÄKEL, M. (1997a), „Rent-seeking in Organisationen – eine ökonomische Analyse sozial schädlichen Verhaltens“, *Zeitschrift für betriebswirtschaftliche Forschung*, 49, 535–555.

KRÄKEL, M. (1997b), „Zur Bedeutung unterschiedlicher Präferenzen in Leistungsturnieren“, in Kossbiel, H., Hrsg., *Modellgestützte Personalentscheidungen*, München und Mering, 129–144.

KRÄKEL, M. (1998a), „Stochastisch bedingte Skalenvorteile einer zentralen Personalabteilung bei der Einstellung neuer Mitarbeiter“, in Kossbiel, H., Hrsg., *Modellgestützte Personalentscheidungen 2*, München und Mering, 9–22.

KRÄKEL, M. (1998b), „Internes Benchmarking und relative Leistungsturniere“, *Zeitschrift für betriebswirtschaftliche Forschung*, 50, 1010–1027.

KRÄKEL, M. (1998c), „Zur Ambivalenz einer unternehmensinternen Verwendung von Wettbewerbsmechanismen – eine personalpolitische Diskussion am Beispiel relativer Leistungsturniere“, *Zeitschrift für Wirtschafts- und Sozialwissenschaften*, 118, 61–85.

KRÄKEL, M. (1998d), „Informationsökonomische Erklärungsansätze für Fehlbesetzungen im Topmanagement“, *Wirtschaftswissenschaftliches Studium*, 27, 580–584.

KRÄKEL, M. (1999a), „Grundprobleme der traditionellen Entgeltpolitik japanischer Großunternehmen“, in Backes-Gellner, U., Kräkel, M. und Grund, C., Hrsg., *Entlohnung und Arbeitszeitgestaltung im Rahmen betrieblicher Personalpolitik*, München und Mering, 77–103.

KRÄKEL, M. (1999b), *Ökonomische Analyse der betrieblichen Karrierepolitik*, 2. Auflage, München und Mering.

KRÄKEL, M. (2000a), „Ansätze zu einer ökonomischen Analyse von Partnerschaften“, *Betriebswirtschaftliche Forschung und Praxis*, 52, 417–430.

KRÄKEL, M. (2000b), „Relative Deprivation in Rank-Order Tournaments“, *Labour Economics*, 7, 385–407.

KRÄKEL, M. (2001a), „Innerbetriebliche Kooperation“, in Jost, P.-J., Hrsg., *Die Spieltheorie in der Betriebswirtschaftslehre*, Stuttgart, 351–375.

KRÄKEL, M. (2001b), „Strategic Mismatches in Sequential Contracting: The Case of Professional Partnerships", *Jahrbuch für Wirtschaftswissenschaften*, 52, 25–39.

KRÄKEL, M. (2002a), „Delegation and Strategic Incentives for Managers in Contests", *Managerial and Decision Economics*, 23, 461–470.

KRÄKEL, M. (2002b), „U-Type versus J-Type Tournaments", *Journal of the Institutional and Theoretical Economics*, 158, 614–637.

KRÄKEL, M. (2003a), „U-Type versus J-Type Tournaments as Alternative Solutions to the Unverifiability Problem", *Labour Economics*, 10, 359–380.

KRÄKEL, M. (2003b), „Strategic Mismatching and Competing Teams", *Journal of Economic Behavior and Organizations*, 50, 355–372.

KRÄKEL, M. (2004a), „R&D Spillovers and Strategic Delegation in Oligopolistic Contests", *Managerial and Decision Economics*, 25, 147–156.

KRÄKEL, M. (2004b), „Managerial versus Entrepreneurial Firms: The Benefits of Separating Ownership and Control", *Schmalenbach Business Review*, 56, 2–19.

KRÄKEL, M. (2004c), „Prinzipal-Agenten-Ansatz", erscheint in Schreyögg, G. und von Werder, A., Hrsg., *Handwörterbuch Unternehmensführung und Organisation*, 4. Auflage, Stuttgart.

KRÄKEL, M. (2005a), „Helping and Sabotaging in Tournaments", *International Game Theory Review*, 7, 211–228.

KRÄKEL, M. (2005b), „Strategic Delegation in Oligopolistic Tournaments", *Review of Economic Design*, 9, 377–396.

KRÄKEL, M. (2006a), *On the "Adverse Selection" of Organizations*, Bonn Econ Discussion Paper 15/2006.

KRÄKEL, M. (2006b), *Firm Size, Economic Situation and Influence Activities*, Bonn Econ Discussion Paper 16/2006.

KRÄKEL, M. (2006c), „Zur Reform der Professorenbesoldung in Deutschland", *Perspektiven der Wirtschaftspolitik*, 7, 105–126.

KRÄKEL, M. und SCHAUENBERG, B. (1994), „Rattenrennen und Beförderungen", *Wirtschaftswissenschaftliches Studium*, 23, 224–230.

KRÄKEL, M. und SLIWKA, D. (2001a), „Innerbetriebliche Aufgabenverteilung und Delegation", in Jost, P.-J., Hrsg., *Die Prinzipal-Agenten-Theorie in der Betriebswirtschaftslehre*, Stuttgart, 331–357.

KRÄKEL, M. und SLIWKA, D. (2001b), „Delegation, Spezialisierung und optimale Entlohnung", *Wirtschaftsstudium*, 30, 1344–1352.

KRÄKEL, M. und SLIWKA, D. (2004), „Risk Taking in Asymmetric Tournaments", *German Economic Review*, 5, 103–116.

KRAPP, M. (1999), „Anreizverträge bei Kollusionsgefahr", *Zeitschrift für Betriebswirtschaft*, 69, 211–232.

KRAPP, M. (2000), „Relative Leistungsbewertung im dynamischen Kontext – Eine Analyse der Kollusionsproblematik bei wiederholter Delegation", *Zeitschrift für betriebswirtschaftliche Forschung*, 52, 257–277.

KREPS, D.M. (1986), „Corporate Culture and Economic Theory", in Tsuchiya, M., Hrsg., *Technology Innovation and Business Strategy*, Tokyo, 90–143.

KREPS, D.M. (1990a), *A Course in Microeconomic Theory*, New York et al.

KREPS, D.M. (1990b), „Corporate Culture and Economic Theory", in Alt, J.E. und Shepsle, K.A., Hrsg., *Perspectives on Positive Political Economy*, Cambridge et al., 90–143.

KREPS, D.M., MILGROM, P.R., ROBERTS, J. und WILSON, R. (1982), „Rational Cooperation in the Finitely Repeated Prisoner's Dilemma", *Journal of Economic Theory*, 27, 245–252.

KUNKEL, M. (1994), *Franchising und asymmetrische Information,* Wiesbaden.

KUNZ, A.H. und PFEIFFER, T. (1999), „Investitionsbudgetierung und implizite Verträge: Wie resistent ist der Groves-Mechanismus bei dynamischer Interaktion?", *Zeitschrift für betriebswirtschafltiche Forschung*, 51, 203–223.

LAFFONT, J.-J. (1988), „Hidden Gaming in Hierarchies: Facts and Models“, *Economic Record, Supplement*, 64, 295–306.

LAFFONT, J.-J. (1990), „Analysis of Hidden Gaming in a Three-Level Hierarchy“, *Journal of Law, Economics, and Organization*, 6, 301–324.

LAFFONT, J.-J. und MARTIMORT, D. (1997), „Collusion under Asymmetric Information“, *Econometrica*, 65, 875–911.

LAFFONT, J.-J. und MARTIMORT, D. (1998), „Collusion and Delegation“, *RAND Journal of Economics*, 29, 280–305.

LAFFONT, J.-J. und MARTIMORT, D. (2002), *The Theory of Incentives*, Princeton und Oxford.

LAFFONT, J.-J. und MELEU, M. (1997), „Reciprocal Supervision, Collusion and Organizational Design“, *Scandinavian Journal of Economics*, 99, 519–540.

LAFFONT, J.-J. und ROCHET, J.-C. (1997), „Collusion in Organizations“, *Scandinavian Journal of Economics*, 99, 485–495.

LAFFONT, J.-J. und TIROLE, J. (1988), „The Dynamics of Incentive Contracts“, *Econometrica*, 56, 1153–1175.

LAFONTAINE, F. (1992), „Agency Theory and Franchising: Some Empirical Results“, *RAND Journal of Economics,* 23, 263–282.

LAFONTAINE, F. (1993), „Contractual Arrangements as Signalling Devices: Evidence from Franchising“, *Journal of Law, Economics, and Organization* , 9, 256–289.

LAFONTAINE, F. und SLADE, M.E. (1998), *Incentive Contracting and the Franchise Decision.* Mimeo.

LAMBERT, R. (1983), „Long Term Contracts and Moral Hazard“, *Bell Journal of Economics*, 14, 441–452.

LANG, K und GORDON, P.-J. (1995), „Partnerships as Insurance Devices: Theory and Evidence“, *RAND Journal of Economics*, 26, 614–629.

LAUSTEN, M. (2002), „CEO Turnover, Firm Performance and Corporate Governance: Empirical Evidence on Danish Firms“, *International Journal of Industrial Organization*, 20, 391–414.

LAUX, H. (1972), „Anreizsysteme bei unsicheren Erwartungen“, *Zeitschrift für betriebswirtschaftliche Forschung*, 24, 784–803.

LAUX, H. (1979a), *Grundfragen der Organisation. Delegation, Anreiz und Kontrolle*, Berlin et al.

LAUX, H. (1979b), *Der Einsatz von Entscheidungsgremien – Grundprobleme der Organisationslehre in entscheidungstheoretischer Sicht*, Berlin et al.

LAUX, H. (1982), *Entscheidungstheorie II*, Berlin et al.

LAUX, H. (1984), „Pretiale Lenkung“, in Grochla, E. und Wittmann, W., Hrsg., *Handwörterbuch der Betriebswirtschaft*, 4. Auflage, 3058–3068.

LAUX, H. (1989), „Die Steuerung von Entscheidungsprozessen bei Informationsasymmetrie und Zielkonflikt als Gegenstand der neueren betriebswirtschaftlichen Organisationstheorie“, *Zeitschrift für Wirtschafts- und Sozialwissenschaften*, 109, 513–583.

LAUX, H. (1990), *Risiko, Anreiz und Kontrolle: Principal-Agent-Theorie. Einführung und Verbindung mit dem Delegationswert-Konzept*, Berlin et al.

LAUX, H. (1995), *Erfolgssteuerung und Organisation 1*, Berlin et al.

LAUX, H. (1998), *Entscheidungstheorie*, 4. Auflage, Berlin et al.

LAUX, H. und LIERMANN, F. (1997), *Grundlagen der Organisation*, Berlin et al.

LAWLER, E.E. III. (1990), *Strategic Pay*, San Francisco und Oxford.

LAZEAR, E.P. (1989), „Pay Equality and Industrial Politics“, *Journal of Political Economy*, 97, 561–580.

LAZEAR, E.P. (1995a), *Personnel Economics*, Cambridge, Mass. und London.

LAZEAR, E.P. (1995b), „Corporate Culture and the Diffusion of Values“, in Siebert, H., Hrsg., *Trends in Business Organization: Do Participation and Cooperation Increase Competitiveness?*, Tübingen, 89–133.

LAZEAR, E.P. (1998), *Personnel Economics for Managers*, New York et al.

LAZEAR E.P. und ROSEN, S. (1981), „Rank-Order Tournaments as Optimum Labor Contracts“, *Journal of Political Economy*, 89, 841–864.

LEARMOUNT, S. (2002), *Corporate Governance*, Oxford und New York.

LEE, S. (1993): „Inter-Group Competition for a Pure Private Rent“, *Quarterly Review of Economics and Finance*, 33, 261–266.

LEE, S. (1995): „Endogenous Sharing Rules in Collective-Group Rent-Seeking“, *Public Choice*, 85, 31–44.

LEE, S. und KANG, J.H. (1998): „Collective Contests with Externalities“, *European Journal of Political Economy*, 14, 727–738.

LEIBOWITZ, A. und TOLLISON, R. (1980), „Free Riding, Shirking, and Team Production in Legal Partnerships“, *Economic Inquiry*, 18, 380–394.

LENZ, H. (1991), „Der Low-balling-Effekt und die Unabhängigkeit des handelsrechtlichen Abschlußprüfers“, *Wirtschaftswissenschaftliches Studium*, 20, 181–184.

LENZ, H. (1993), *Die Wahl des handelsrechtlichen Abschlußprüfers – eine theoretische und empirische Analyse*, Habilitationsschrift des Fachbereichs Wirtschaftswissenschaft, Freie Universität Berlin.

LENZ, T. (1994), „Die Partnerschaft – alternative Gesellschaftsform für Freiberufler?“, *Monatsschrift für Deutsches Recht*, 48, 741–746.

LEFANOWICZ, C.E., ROBINSON, J.R. und SMITH, R. (2000), „Golden Parachutes and Managerial Incentives in Corporate Acquisitions: Evidence from the 1980s and 1990s“, *Journal of Corporate Finance*, 6, 215–239.

LEWIS, T.R. und SAPPINGTON, D.E.M. (1993), „Ignorance in Agency Problems“, *Journal of Economic Theory*, 61, 169–183.

LEYENS, P.C. (2006), *Information des Aufsichtsrats*, Tübingen.

LITWACK, J.M. (1993), „Coordination, Incentives, and the Ratchet Effect“, *RAND Journal of Economics*, 24, 271–285.

LOEB, M. und MAGAT, W.A. (1978a), „Success Indicators in the Soviet Union: The Problem of Incentives and Efficient Allocations“, *American Economic Review*, 68, 173–181.

LOEB, M. und MAGAT, W.A. (1978b), „Soviet Success Indicators and the Evaluation of Divisional Management“, *Journal of Accounting Research*, 16, 103–121.

LOHMANN, C. (1998), „Kooperation überlappender Managergenerationen in Langzeitprojekten“, in Backes-Gellner, U., Kräkel, M. und Geil, L., Hrsg., *Quantitative und qualitative Personalanpassungsstrategien*, München und Mering, 57–93.

LOHMANN, C. (1999), *Organisation dauerhafter Kooperation*, München und Mering.

MACDONALD, G.M. (1982), „A Market Equilibrium Theory of Job Assignment and Sequential Accumulation of Information“, *American Economic Review*, 72, 1038–1055.

MACDONALD, G.M. (1988a), „The Economics of Rising Stars“, *American Economic Review*, 78, 155–166.

MACDONALD, G.M. (1988b), „Job Mobility in Market Equilibrium“, *Review of Economic Studies*, 55, 153–168.

MACHLUP, F. (1967), „Theories of the Firm: Marginalist, Behavioral, Managerial“, *American Economic Review*, 57, 1–33.

MACHO-STADLER, I . und PÉREZ-CASTRILLO, J.D. (1993), „Moral Hazard with Several Agents“, *International Journal of Industrial Organization*, 11, 73–100.

MACHO-STADLER, I. und PÉREZ-CASTRILLO, J.D. (1997), *An Introduction to the Economics of Information*, Oxford.

MACHO-STADLER, I. und PÉREZ-CASTILLO, J.D. (1998), „Centralized and Dezentralized Contracts in a Moral Hazard Environment“, *Journal of Industrial Economics*, 46, 489–510.

MALCOMSON, J.M. (1984), „Work Incentives, Hierarchy, and Internal Labor Markets“, *Journal of Political Economy*, 92, 486–507.

MALCOMSON, J.M. (1986), „Rank-Order Contracts for a Principal with Many Agents“, *Review of Economic Studies*, 53, 807–817.

MALCOMSON, J.M. und SPINNEWYN, F. (1988), „The Multiperiod Principal-Agent Problem“, *Review of Economic Studies*, 55, 391–408.

MANESS, R. (1996), „Incomplete Contracts and the Choice Between Vertical Integration and Franchising“, *Journal of Economic Behavior and Organization*, 31, 101–115.

MANNE, H.G. (1965), „Mergers and the Market for Corporate Control“, *Journal of Political Economy*, 73, 110–120.

MARIOTTI, S. und CAINARCA, G.C. (1986), „The Evolution of Transaction Governance in the Textile-Clothing Industry“, *Journal of Economic Behavior and Organization*, 7, 351–374.

MARRIS, R. (1963), „A Model of the ‚Managerial Enterprise'“, *Quarterly Journal of Economics*, 77, 185–209.

MARRIS, R. (1964), *The Economic Theory of ‚Managerial' Capitalism*, London.

MARTIMORT, D. (1997), „A Theory of Bureaucratization Based on Reciprocity and Collusive Behavior“, *Scandinavian Journal of Economics*, 99, 555–579.

MARTIMORT, D. und STOLE, L. (2002), „The Revelation and Delegation Principles in Common Agency Games“, *Econometrica*, 70, 1659–1673.

MARTIN, K.J. und MCCONNELL, J.J. (1991), „Corporate Performance, Corporate Takeovers and Management Turnover“, *Journal of Finance*, 46, 671–688.

MARTIN, R.E. (1988), „Franchising and Risk Management“, *American Economic Review*, 78, 954–968.

MARTYNOVA, M. und RENNEBOOG, L. (2006), „Mergers and Acquisitions in Europe“, erscheint in Renneboog, L., Hrsg., *Advances in Corporate Finance and Asset Pricing*, Amsterdam.

MAS-COLELL, A., WHINSTON, M.D. und GREEN, J.R. (1995), *Microeconomic Theory*, New York et al.

MASKIN, E. UND TIROLE, J. (1999), „Unforeseen Contingencies and Incomplete Contracts“, *Review of Economic Studies*, 66, 83–114.

MCAFEE, R.P. und MCMILLAN, J. (1991), „Optimal Contracts for Teams“, *International Economic Review*, 32, 561–577.

MCKEE, M. und WINTROBE, R. (1993), „The Decline of Organizations and the Rise of Administrators“, *Journal of Public Economics*, 51, 309–327.

MCLAUGHLIN, K.J. (1988), „Aspects of Tournament Models: A Survey“, *Research in Labor Economics*, 9, 225–256.

MCLEAN, B. und ELKIND, P. (2003), *Smartest Guys in the Room: The Amazing Rise and Scandalous Fall of Enron*, Portfolio.

MCMILLAN, J. (1994), „Selling Spectrum Rights“, *Journal of Economic Perspectives*, 8:3, 145–162.

MEILICKE, W., HOFFMANN, J., WESTPHALEN, F. VON und LENZ, T. (1995), *Partnerschaftsgesellschaftsgesetz*. München.

MELUMAD, N.D. und REICHELSTEIN, S. (1987), „Centralization Versus Delegation and the Value of Communication“, *Journal of Accounting Research, Supplement*, 25, 1–18.

MELUMAD, N.D., MOOKHERJEE, D. REICHELSTEIN, S. (1997), „Contract Complexity, Incentives, and the Value of Delegation“, *Journal of Economics and Management Strategy*, 6, 257–289.

MELUMAD, N.D., MOOKHERJEE, D. und REICHELSTEIN, S. (1995), „Hierarchical Decentralization of Incentive Contracts“, *RAND Journal of Economics*, 26, 654–672.

MENICHETTI, M.J. (1990), „Verteidigungsstrategien des Managements bei Unternehmensübernahmen in den USA“, *Wirtschaftswissenschaftliches Studium*, 19, 521–524.

MEYER, M.A. (1994), „The Dynamics of Learning with Team Production: Implications for Task Assignment“, *Quarterly Journal of Economics*, 109, 1157–1184.

MEYER, M.A. (1995), „Cooperation and Competition in Organizations: A Dynamic Perspective“, *European Economic Review*, 39, 709–722.

MEYER, M.A., MILGROM, P.R. und ROBERTS, J. (1992), „Organizational Prospects, Influence Costs, and Ownership Changes", *Journal of Economics and Management Strategy*, 1, 9–35.

MEYER, M.A., OLSEN, T.E. und TORSVIK, G. (1996), „Limited Intertemporal Commitment and Job Design", *Journal of Economic Behavior and Organization*, 31, 401–417.

MEYER, M.A. und VICKERS, J. (1997), „Performance Comparison and Dynamic Incentives", *Journal of Political Economy*, 105, 547–581.

MEZZETTI, C. (1997), „Common Agency with Horizontally Differentiated Principals", *RAND Journal of Economics*, 28, 323–345.

MIKKELSON, W.H. und PARTCH, M.M. (1997), „The Decline of Takeovers and Disciplinary Managerial Turnover", *Financial Economics*, 44, 205–228.

MILBOURN, T.T., SHOCKLEY, R.L. und THAKOR, A.V. (2001), „Managerial Career Concerns and Investments in Information", *RAND Journal of Economics*, 32, 334–351.

MILGROM, P.R. (1981), „Good News and Bad News: Representation Theorems and Applications", *Bell Journal of Economics*, 12, 380–391.

MILGROM, P.R. (1988), „Employment Contracts, Influence Activities, and Efficient Organization Design", *Journal of Political Economy*, 96, 42–60.

MILGROM, P.R. und ROBERTS, J. (1988), „An Economic Approach to Influence Activities in Organizations", *American Journal of Sociology, Supplement*, 94, , S-154–S-179.

MILGROM, P.R. und ROBERTS, J. (1990), „Bargaining Costs, Influence Costs, and the Organization of Economic Activity", in Alt, J. und Shepsle, K., Hrsg., *Perspectives on Positive Political Economy*, Cambridge, 57–89, 234–240.

MILGROM, P.R. und ROBERTS, J. (1992), *Economics, Organization and Management*, Englewood Cliffs.

MILGROM, P.R. und ROBERTS, J. (1994), „Complementarities and Systems: Understanding Japanese Economic Organization", *Estudios Economicos*, 9, 3–42.

MILGROM, P.R. und ROBERTS, J. (1995a), „Continuous Adjustment and Fundamental Change in Business Strategy and Organization", in Siebert, H., Hrsg., *Trends in Business Organization: Do Participation and Cooperation Increase Competitiveness?*, Tübingen, 231–258.

MILGROM, P.R. und ROBERTS, J. (1995b), „Complementarities and Fit: Strategy, Structure, and Organizational Change in Manufacturing", *Journal of Accounting and Economics*, 19, 179–208.

MILGROM, P.R. und ROBERTS, J. (1996), „Coalition-Proofness and Correlation with Arbitrary Communication Possibilities", *Games and Economic Behavior*, 17, 113–128.

MILLER, N.H. (1997), „Efficiency in Partnerships with Joint Monitoring", *Journal of Economic Theory*, 77, 285–299.

MINKLER, A.P. (1992), „Why Firms Franchise: A Search Cost Theory", *Journal of Institutional and Theoretical Economics*, 148, 240–259.

MIYAZAKI, H. (1977), „The Rat Race and Internal Labor Markets", *Bell Journal of Economics*, 8, 394–418.

MOERLAND, P.W. (1995), „Alternative Disciplinary Mechanisms in Different Corporate Systems", *Journal of Economic Behavior and Organization*, 26, 17–34.

MOLL, V. (1987), *The Japanese Bonus-System: Its Workings and Adjustment to the Business Cycle*, Fakultät für Ostasienwissenschaften der Ruhr-Universität Bochum, Bochumer Jahrbuch zur Ostasienforschung, Band 10, 213–257.

MONTEVERDE, K. und TEECE, D.J. (1982), „Supplier Switching Costs and Vertical Integration in the Automobile Industry", *Bell Journal of* Economics, 13, 206–213.

MOOD, A.M., GRAYBILL, F.A. und BOES, D.C. (1974), *Introduction to the Theory of Statistics*, 3. Auflage, Auckland et al.

MORCK, R., SHLEIFER, A. und VISHNY, R.W. (1989), „Alternative Mechanisms for Corporate Control", *American Economic Review*, 79, 842–852.

MORENO, D. und WOODERS, J. (1996), „Coalition-Proof Equilibrium“, *Games and Economic Behavior*, 17, 80–112.

MUELLER, D.C. und YUN, S.L. (1997), „Managerial Discretion and Managerial Compensation“, *International Journal of Industrial Organization*, 15, 441–454.

MÜLLER, H.M. und WÄRNERYD, K. (2001), „Inside Versus Outside Ownership: A Political Theory of the Firm“, *RAND Journal of Economics*, 32, 527–541.

MÜNSTER, J. (2004), *Selection Tournaments, Sabotage, and Participation*. Mimeo.

MURIS, T.J., SCHEFFMAN, D.T. und SPILLER, P.T. (1992), „Strategy and Transaction Costs: The Organization of Distribution in the Carbonated Soft Drink Industry“, *Journal of Economics and Management Strategy*, 1, 83–128.

MURPHY, K.J. (1992), „Performance Measurement and Appraisal: Motivating Managers to Identify and Reward Performance”, in Bruns, W.J. Jr., Hrsg., *Performance Measurement, Evaluation, and Incentives*, Boston (Mass.), 37–62.

MURPHY, K.J. (1997), „Executive Compensation and the Modern Industrial Revolution“, *International Journal of Industrial Organization*, 15, 417–425.

MURPHY, K.J. (1999), „Executive Compensation“, in Ashenfelter, O. und Card, D., Hrsg., *Handbook of Labor Economics*, Volume 3, North Holland, 2485–2563.

MYERSON, R. und SATTERTHWAITE, M.A. (1983), „Efficient Mechanisms for Bilateral Trading“, *Journal of Economic Theory*, 29, 265–281.

NALEBUFF, B.S. und STIGLITZ, J.E. (1983), „Prizes and Incentives: Towards a General Theory of Compensation and Competition“, *Bell Journal of Economics*, 14, 21–43.

NANDEIBAM, S. (2001), „Sharing Rules in Teams“, *Journal of Economic Theory,* 107, 407–420.

NARAYANAN, M.P. (1985a), „Managerial Incentives for Short-term Results“, *Journal of Finance*, 40, 1469–1484.

NARAYANAN, M.P. (1985b), „Observability and the Payback Criterion“, *Journal of Business*, 58, 309–323.

NEKAT, K. und NIPPEL, P. (2006), „Aktienrückkäufe und asymmetrische Informationsverteilung“, *Wirtschaftswissenschaftliches Studium*, 35, 25–30.

NELSON, P. (1970), „Information and Consumer Behavior“, *Journal of Political Economy*, 78, 311–329.

NEUBERGER, O. (1994), *Mobbing: Übel mitspielen in Organisationen*, München und Mering.

NEUMANN, M. (1987), *Theoretische Volkswirtschaftslehre II. Produktion, Nachfrage und Allokation*. 2. Auflage, München.

NEUMARK, D. und SHARPE, S.A. (1996), „Rents and Quasi Rents in the Wage Structure: Evidence from Hostile Takeovers“, *Industrial Relations*, 35, 145–179.

NEUS, W. (1997), „Verrechnungspreise – Rekonstruktion des Marktes innerhalb der Unternehmung?“, *Die* Betriebswirtschaft, 57, 38–47.

NEUS, W. (2011), *Einführung in die Betriebswirtschaftslehre aus institutionenökonomischer Sicht*, 7. Auflage, Tübingen.

NIEDL, K. (1995), *Mobbing/Bullying am Arbeitsplatz*, Munchen und Mering.

NITZAN, S. (1991): „Collective Rent Dissipation“, *Economic Journal*, 101, 1522–1534.

NOHEL, T. und TARHAN, V. (1998), „Share Repurchases and Firm Performance: New Evidence on the Agency Costs of Free Cash Flow“, *Journal of Financial Economics*, 49, 187–222.

NORTH, D.C. (1988), *Theorie des institutionellen Wandels*, Tübingen.

NORTH, D.C. (1992), *Institutionen, institutioneller Wandel und Wirtschaftsleistung*, Tübingen.

NORTON, S.W. (1988), „An Empirical Look at Franchising as an Organizational Form“, *Journal of Business*, 61, 197–218.

NORTON, S.W. (1995), „Is Franchising a Capital Structure Issue?“, *Journal of Corporate Finance*, 2, 75–101.

NOSAL, E. (1992), „Renegotiating Incomplete Contracts“, *RAND Journal of Economics*, 23, 20–28.

NTI, K.O. (1998): „Effort and Performance in Group Contests“, *European Journal of Political Economy*, 14, 769–781.

NURMI, H. (1983), „Voting Procedures: A Summary Analysis“, *British Journal of Political Science*, 13, 181–208.

NYBORG, K.G. (1999), „Cross Holdings in Germany: Comment“, *Journal of Institutional and Theoretical Economics*, 155, 113–118.

O.V. (1998a), „Aktienoptionspläne kommen groß in Mode“, *Die Welt*, vom 3.6.1998.

O.V. (1998b), „Weniger Genossenschaften erzielten mehr Umsatz“, *General-Anzeiger*, vom 4.3.1998, 24.

O.V. (1998c), „Aktienrückkauf bringt Kursschub“, *Handelsblatt*, vom 12.11.1998, Nr. 219, 17.

O.V. (1999a), „Telecom Italia geht zum Gegenangriff über“, *Handelsblatt*, vom 12./13.3.1999, Nr. 50, 1.

O.V. (1999b), „Volvo will sich vor feindlicher Übernahme schützen“, *Handelsblatt*, vom 9.3.1999, Nr. 47, 1.

O.V. (1999c), „Hypo-Manager sollen sich bereichert haben“, *General-Anzeiger*, vom 15.3.99, 21.

O.V. (1999d), „Aufsichtsratschef der HypoVereinsbank tritt ab“, *General-Anzeiger*, vom 22.3.99, 19.

O.V. (1999e), „Olivetti hat nun freie Bahn“, *Handelsblatt*, vom 12.4.99, Nr. 69, 1.

O.V. (1999f), „Europas neuer Telekomriese setzt auf Expansion“, *Handelsblatt*, vom 23./24.4.99, Nr. 78, 1.

O.V. (1999g), „Olivetti hat gute Karten im Fusionspoker“, *Handelsblatt*, vom 26.4.99, Nr. 79, 1.

O.V. (1999h), „Am Freitag startet Olivettis Angebot“, *Handelsblatt*, vom 26.4.99, Nr. 79, 16.

O.V. (1999i), „Telecom Italia lehnt Olivetti-Angebot ab“, *Handelsblatt*, vom 29.4.99, Nr. 82, 13.

O.V. (1999j), „Telekomallianz mit Paris zerbricht“, *Handelsblatt*, vom 30.4./1.5.99, Nr. 83, 1.

O.V. (1999k), „Höhere Dividende soll Aktionäre an Telecom Italia binden“, *Handelsblatt*, vom 12.5.99, Nr. 91, 21.

O.V. (1999l), „Olivetti sticht Deutsche Telekom bei Übernahme in Italien aus“, *Handelsblatt*, vom 25.5.99, Nr. 98, 1.

O.V. (1999m), „Machtwechsel bei der Telecom Italia“, *General-Anzeiger*, vom 26.5.99, 21.

O.V. (1999n), „Aktienrückkauf nur eine Modeerscheinung?“, *Handelsblatt*, vom 4./5.6.99, Nr. 105, 14.

O.V. (2004a), „Commerzbank steht mit Rentenkürzung allein“, *Handelsblatt*, vom 7.1.04, 18.

O.V. (2004b), „Commerzbank-Chef räumt Fehler ein“, *Handelsblatt*, vom 8.1.04, Nr. 5, 1.

O.V. (2004c), „Die italienische Rochade“, *Handelsblatt*, vom 8.1.04, Nr. 5, 1.

O'FLAHERTY, B. und SIOW, A. (1992), „On the Job Screening, Up or Out Rules, and Firm Growth“, *Canadian Journal of Economics*, 25, 346–368.

O'FLAHERTY, B. und SIOW, A. (1995), „Up-or-Out Rules in the Market for Lawyers“, *Journal of Labor Economics*, 13, 709–735.

O'KEEFE, M., VISCUSI, W.K. und ZECKHAUSER, R.J. (1984), „Economic Contests: Comparative Reward Schemes“, *Journal of Labor Economics*, 2, 27–56.

ODLE, C.J. und GORMAN, R.F. (1986), „Collusion Among Many Agents“, *Journal of Economics and Business*, 38, 57–64.

OECHSLER, W.A. (1997), *Personal und Arbeit*, 6. Auflage, München et al.

OKUNO, M. (1984), „Corporate Loyalty and Bonus Payments. An Analysis of Work Incentives in Japan“, in Aoki, M., Hrsg., *The Economic Analysis of the Japanese Firm*, Amsterdam, 387–411.

OLSEN, T.E. und TORSVIK, G. (1998), „Collusion and Renegotiation in Hierarchies: A Case of Beneficial Corruption“, *International Economic Review*, 39, 413–438.

ORLÉAN, A. (1995), „Bayesian Interactions and Collective Dynamics of Opinion: Herd Behavior and Mimetic Contagion“, *Journal of Economic Behavior and Organization*, 28, 257–274.

ORTEGA, J. (2003), „Power in the Firm and Managerial Career Concerns“, *Journal of Economics and Management Strategy*, 12, 1–29.

ORTHMANN, C. (1990), *Umfang, Struktur und Ausprägung des Franchising in der Bundesrepublik Deutschland*, Deutsches Franchise-Institut, München.

OSANO, H. (1996), „Breach of Contracts and Renegotiation in Corporate Takeovers“, *Japanese Economic Review*, 47, 346–367.

PALLEY, T.I. (1995), „Safety in Numbers: A Model of Managerial Herd Behavior“, *Journal of Economic Behavior and Organization*, 28, 443–450.

PALLEY, T.I. (1997), „Managerial Turnover and the Theory of Short-Termism“, *Journal of Economic Behavior and Organization*, 32, 547–557.

PARK, E.-S. (1995), „Incentive Contracting under Limited Liability “, *Journal of Economics and Management Strategy*, 4, 477–490.

PAWLOWSKI, P. (1988), „Aus Kollegen werden Konkurrenten“, in Redaktion Psychologie heute, Hrsg., *Arbeit: Die seelischen Kosten*, 27–34.

PERRI, T.J. (1994), „Influence Activity and Executive Compensation“, *Journal of Economic Behavior and Organization*, 24, 169–181.

PERSONS, J.C. (1997), „Heterogeneous Shareholders and Signaling with Share Repurchases“, *Journal of Corporate Finance*, 3, 221–249.

PFAFF, D. und LEUZ, C. (1995), „Groves-Schemata – Ein geeignetes Instrument zur Steuerung der Ressourcenallokation in Unternehmen?“, *Zeitschrift für betriebswirtschaftliche Forschung*, 47, 659–690.

PFEIFFER, T. (2002), „Kostenbasierte oder verhandlungsorientierte Verrechnungspreise? Weiterführende Überlegungen zur Leistungsfähigkeit der Verfahren“, *Zeitschrift für Betriebswirtschaft*, 72, 1269–1296.

PFEIFFER, T. (2003), *Corporate-Governance-Strukturen interner Märkte*, Wiesbaden.

PICOT, A. (1993), „Organisation“, in Bitz, M., Dellmann, K., Domsch, M. und Egner, H., Hrsg., *Vahlens Kompendium der Betriebswirtschaftslehre*, Band 2, 3. Auflage, München, 101–174.

PICOT, A. (1995), „Der Einfluß wettbewerblicher Rahmenbedingungen auf die Organisationsstrukturen am Beispiel des Franchising“, in Wagner, H. und Jäger, W., Hrsg., *Stabilität und Effizienz hybrider Organisationsformen*, Kooperations- und Genossenschaftswissenschaftliche Beiträge, Band 36, Münster, 39–61.

PICOT, A. und FRANCK, E. (1993), „Vertikale Integration“, in Hauschildt, J. und Grün, O., Hrsg., *Ergebnisse empirischer betriebswirtschaftlicher Forschung: Zu einer Realtheorie der Unternehmung*, Stuttgart, 179–219.

PICOT, A., DIETL, H. und FRANCK, E. (1997), *Organisation*, Stuttgart.

PITCHFORD, R. (1998), „Moral Hazard and Limited Liability: The Real Effects of Contract Bargaining“, *Economics Letters*, 61, 251–259.

PORTER, M.E. (1988), *Wettbewerbsstrategie*, 5. Auflage, Frankfurt am Main und New York.

PORTER, M.E. (1989), *Wettbewerbsvorteile*, Frankfurt am Main und New York.

PORTISCH, W. (1997), *Überwachung und Berichterstattung des Aufsichtsrats im Stakeholder-Agency-Modell*, Frankfurt am Main et al.

POSSELT, T. (1998), „Das Design vertraglicher Vertriebsbeziehungen am Beispiel Franchising“, *Zeitschrift für Betriebswirtschaft*, 69, 347–375.

PRATT, J.W. (1964), „Risk Aversion in the Small and in the Large“, *Econometrica*, 32, 122–136.

PRENDERGAST, C. (1993a), „The Role of Promotion in Inducing Specific Human Capital Acquisition“, *Quarterly Journal of Economics*, 108, 523–534.

PRENDERGAST, C. (1993b), „A Theory of "Yes Men"", *American Economic Review*, 83, 757–770.

PRENDERGAST, C.J. (1995), „A Theory of Responsibility in Organizations", *Journal of Labor Economics*, 13, 387–400.

PRENDERGAST, C.J. (1999), „The Provision of Incentives in Firms", *Journal of Economic Literature*, 37, 7–63.

PRENDERGAST, C.J. und TOPEL, R.H. (1993), „Discretion and Bias in Performance Evaluation", *European Economic Review*, 37, 355–365.

PROWSE, S. (1994), *Corporate Governance in an International Perspective*, BIS Economic Papers No. 41, Basel.

RADNER, R. (1981), „Monitoring Cooperative Agreements in a Repeated Principal-Agent Relationship", *Econometrica*, 49, 1127–1148.

RADNER, R. (1985), „Repeated Principal-Agent Games with Discounting", *Econometrica*, 53, 1173–1198.

RAJAN, M.V. und REICHELSTEIN, S. (2006), „Subjective Performance Indicators and Discretionary Bonus Pools", *Journal of Accounting Research*, 44, 585–618.

RAMAKRISHNAN, R.T.S. und THAKOR, A.V. (1991), „Cooperation versus Competition in Agency", *Journal of Law, Economics, and Organization*, 7, 248–283.

RASMUSEN, E. (1987), „Moral Hazard in Risk-Averse Teams", *RAND Journal of Economics*, 18, 428–435.

RASSENTI, S.J., SMITH, V.L. und BULFIN, L. (1982), „A Combinatorial Auction Mechanism for Airport Time Slot Allocation", *Bell Journal of Economics*, 13, 402–417.

RAU-BREDOW, H. (1997), „Agency-Theorie mit mehreren Aktionen", *Die Betriebswirtschaft*, 57, 437–440.

RAY, I. (1996), „Coalition-Proof Correlated Equilibrium: A Definition", *Games and Economic Behavior*, 17, 56–79.

REBICK, M.E. (1993), „The Persistence of Firm-Size Earnings Differentials and Labor Market Segmentation in Japan", *Journal of the Japanese and International Economies*, 7, 132–156.

REY, P. und SALANIE, B. (1990), „Long Term, Short Term and Renegotiation", *Econometrica*, 58, 597–619.

RICHTER, R. (1998), „Neue Institutionenökonomik", *Zeitschrift für Wirtschafts- und Sozialwissenschaften*, Band 256, Beiheft 6, hrsg. von G. Krause-Junk, 323–355.

RICHTER, R. und FURUBOTN, E. (2010), *Neue Institutionenökonomik*, 4. Auflage, Tübingen.

RICKETTS, M. (2002), *The Economics of Business Enterprise*, 3. Auflage, New York et al.

RIECK, C. (1993), *Spieltheorie: Einführung für Wirtschafts- und Sozialwissenschaftler*, Wiesbaden.

RILEY, J.G. (1979), „Informational Equilibrium", *Econometrica*, 47, 331–359.

RILEY, J.G. (2001), „Silver Signals: Twenty-Five Years of Screening and Signaling", *Journal of Economic Literature*, 39, 432–478.

RIORDAN, M.H. und SAPPINGTON, D.E.M. (1987), „Information, Incentives, and Organizational Mode", *Quarterly Journal of Economics*, 102, 243–263.

ROB, R. und ZEMSKY, P. (2002), „Social Capital, Corporate Culture, and Incentive Intensity, *RAND Journal of Economics*, 33, 243–257.

ROE, M.J. (1993), „Einige Unterschiede bei der Leitung von Unternehmen in Deutschland und Amerika", in Ott, C. und Schäfer, H.-B., Hrsg., *Ökonomische Analyse des Unternehmensrechts*, Heidelberg, 333–370.

ROGERSON, W. (1985), „Repeated Moral Hazard", *Econometrica*, 53, 69–76.

ROHLFING, A. und STURM, P. (2009), „Empirical Analysis of Contractual Relations and Organizational Structure in Franchising – Evidence from Germany", GEABA Discussion Paper 09-25.

ROLL, R. (1986), „The Hubris Hypothesis of Corporate Takeovers“, *Journal of Business*, 59, 197–216.

RONEN, J. (1974), „Social Costs and Benefits and the Transfer Pricing Problem“, *Journal of Public Economics*, 3, 71–82.

RONEN, J.und MCKINNEY, G. III (1970), „Transfer Pricing for Divisional Autonomy“, *Journal of Accounting Research*, 8, 99–112.

ROSE, D.C. (1992), „Bankruptcy Risk, Firm-Specific Managerial Human Capital and Diversification“, *Review of Industrial Organization*, 7, 65–73.

ROSE, D.C. (1997), „Do Firms Diversify Because Managers Shirk? A Reinterpretation of the Principal-Agent Model of Diversification“, *Review of Industrial Organization*, 12, 389–398.

ROSEN, S. (1982), „Authority, Control, and the Distribution of Earnings“, *Bell Journal of Economics*, 13, 311–323.

ROSEN, S. (1986), „Prizes and Incentives in Elimination Tournaments“, *American Economic Review*, 76, 701–715.

ROSEN, S. (1988), „Promotions, Elections and Other Contests“, *Journal of Institutional and Theoretical Economics*, 144, 73–90.

ROSENSTEIN, S. und WYATT, J.G. (1997), „Inside Directors, Board Effectiveness, and Shareholder Wealth“, *Journal of Financial Economics* , 44, 229–250.

ROSS, S.A. (1973), „The Economic Theory of Agency: The Principal's Problem“, *American Economic Review*, 63, 134–139.

ROTHSCHILD, M. und STIGLITZ, J.E. (1976), „Equilibrium in Competitive Insurance Markets: An Essay on the Economics of Imperfect Information“, *Quarterly Journal of Economics*, 80, 629–649.

RUBIN, P.H. (1978), „The Theory of the Firm and the Structure of the Franchise Contract“, *Journal of Law and Economics*, 21, 223–233.

SADOWSKI, D. (2002), *Personalökonomik und Arbeitspolitik*, Stuttgart.

SADOWSKI, D. und PULL, K. (1997), „Betriebliche Sozialpolitik politisch gesehen: Erfolgsorientierte vs. verständigungsorientierte Rhetorik in Praxis und Empirie“, *Die Betriebswirtschaft*, 57, 149–166.

SÄLZER, G. (1998), *Die Effizienz deutscher Winzergenossenschaften*, Dissertation, Universität Würzburg.

SAH, R.K. und STIGLITZ, J.E. (1986), „The Architecture of Economic Systems: Hierarchies and Polyarchies“, *American Economic* Review, 76, 716–727.

SAH, R.K.und STIGLITZ, J.E. (1985), „Human Fallibility and Economic Organization“, *American Economic Review, Papers and Proceedings*, 75, 292–297.

SALOP, J. und SALOP, S. (1976), „Self-Selection and Turnover in the Labor Market“, *Quarterly Journal of Economics*, 90, 619–627.

SAMUELSON, P.A. (1958), „An Exact Consumption-Loan Model of Interest with or without the Social Contrivance of Money“, *Journal of Political Economy*, 66, 467–482.

SAPPINGTON, D.E.M. (1991), „Incentives in Principal-Agent Relationships“, *Journal of Economic Perspectives*, 5:2, 45–66.

SATTERTHWAITE, M.A. (1975), „Strategy-Proofness and Arrow's Conditions: Existence and Correspondence Theorems for Voting Procedures and Social Welfare Functions“, *Journal of Economic Theory*, 10, 187–217.

SCHAEFER, S. (1998), „Influence Costs, Structural Inertia, and Organizational Change“, *Journal of Economics and Management Strategy*, 7, 237–263.

SCHARFSTEIN, D.S. (1988), „Product-Market Competition and Managerial Slack“, *RAND Journal of Economics*, 19, 147–155.

SCHARFSTEIN, D.S. und STEIN, J.C. (1990), „Herd Behavior and Investment“, *American Economic Review*, 80, 465–479.

SCHAUENBERG, B. (1978), *Zur Logik kollektiver Entscheidungen*, Wiesbaden.

SCHAUENBERG, B. (1991), „Organisationsprobleme bei dauerhafter Kooperation“, in Ordelheide, D., Rudolph, B. und Büsselmann, E., Hrsg., *Betriebswirtschaftslehre und Ökonomische Theorie*, Stuttgart, 329–356.

SCHAUENBERG, B. (1992a), „Entscheidungsregeln, kollektive“, in Frese, E., Hrsg., *Handwörterbuch der Organisation*, 3. Auflage, Stuttgart, 566–575.

SCHAUENBERG, B. (1992b), „Die Hare-Regel und das IOC“, *Zeitschrift für betriebswirtschaftliche Forschung*, 44, 426–444.

SCHAUENBERG, B. (1993), „Theorien der Unternehmung“, in Wittmann, W., Kern, W., Köhler, R., Küpper, H.-U., und von Wysocki, K., Hrsg., *Handwörterbuch der Betriebswirtschaft*, 5. Auflage, 4167–4182.

SCHAUENBERG, B. (1996), „Personalwirtschaftslehre und ökonomische Theorien“, in Weber, W., Hrsg., *Grundlagen der Personalwirtschaft*, Wiesbaden, 341–372.

SCHAUENBERG, B. (1998), „Gegenstand und Methoden der Betriebswirtschaftslehre“, in Bitz, M., Dellmann, K., Domsch, M. und Wagner, F.W., Hrsg., *Vahlens Kompendium der Betriebswirtschaftslehre*, Band 1, 4. Auflage, München, 1–56.

SCHAUENBERG, B. und FÖHR, S. (1995), „Institutionelle Ökonomie“, in Corsten, H. und Reiß, M., Hrsg., *Handbuch Unternehmensführung*, Wiesbaden, 187–196.

SCHAUENBERG, B. und SCHMIDT, R.H. (1983), „Vorarbeiten zu einer Theorie der Unternehmung als Institution“, in Kapler, E., Hrsg., *Rekonstruktion der BWL als ökonomische Theorie*, Spardorf, 247–276.

SCHERER, F.M. (1988), „Corporate Takeovers: The Efficiency Arguments“, *Journal of Economic Perspectives*, 2:1, 69–82.

SCHILLER, U. (2000), „Strategische Selbstbindung durch Verrechnungspreise“, *Zeitschrift für betriebswirtschaftliche Forschung*, Sonderheft 45, 1–21.

SCHILS, R. (1998), *Entrepreneurship and Economic Activity*, Dissertation, Universität Bonn.

SCHMALENBACH, E. (1908/09), „Über Verrechnungspreise“, *Zeitschrift für handelswirtschaftliche Forschung*, 3, 165–185.

SCHMALENBACH, E. (1947/48), *Pretiale Wirtschaftslenkung*, Bremen.

SCHMEIDLER, D. und SONNENSCHEIN, H. (1978), „Two Proofs of the Gibbard-Satterthwaite Theorem on the Possibility of a Strategy-Proof Social Choice Function“, in Gottinger, H.-W. und Leinfellner, W., Hrsg., *Decision Theory and Social Ethics. Issues in Social Choice*, Dordrecht, 227–234.

SCHMID, F.A. (1996), „Beteiligungen deutscher Geschäftsbanken und Corporate Performance“, *Zeitschrift für Wirtschafts- und Sozialwissenschaften*, 116, 273–310.

SCHMID, F.A. (1997), „Vorstandsbezüge, Aufsichtsratsvergütung und Aktionärsstruktur“, *Zeitschrift für Betriebswirtschaft*, 67, 67–83.

SCHMID, F.A. und SEGER, F. (1998), „Arbeitnehmermitbestimmung, Allokation von Entscheidungsrechten und Shareholder Value“, *Zeitschrift für Betriebswirtschaft*, 68, 453–473.

SCHMIDT, R.H. und TERBERGER, E. (1996), *Grundzüge der Investitions- und Finanzierungstheorie*, 3. Auflage, Wiesbaden.

SCHNEDLER, W. (2004), *The Value of Signals in Hidden Action Models*, Heidelberg.

SCHNEIDER, D. (1993), *Betriebswirtschaftslehre. 1. Grundlagen*, München.

SCHNITZER, M. (1995), „‚Breach of Trust‘ in Takeovers and the Optimal Corporate Charter“, *Journal of Industrial Economics*, 43, 229–259.

SCHÖTTNER, A. (2005), „Precision in U-type and J-type Tournaments”, *Schmalenbach Business Review* 57, 167–192.

SCHWALBACH, J. (2001), „Strategic Change, Multi-Task Managers and Executive Compensation“, *Schmalenbach Business Review*, 53, 102 116.

SCHWALBACH, J. und GRAßHOFF, U. (1997), „Managervergütung und Unternehmenserfolg“, *Zeitschrift für Betriebswirtschaft*, 67, 203–217.

SCHWARTZ, A. (1986a), „Search Theory and the Tender Offer Auction", *Journal of Law, Economics, and Organization*, 2, 229–253.

SCHWARTZ, A. (1986b), „Bebchuk on Minimum Offer Periods", *Journal of Law, Economics, and Organization*, 2, 271–277.

SCHWARTZ, A. (1989), „Defensive Tactics and Optimal Search", *Journal of Law, Economics, and Organization*, 5, 413–424.

SCHWEIZER, U. (1996), „Vertragstheorie", in Börsch-Supan, A., von Hagen, J. und Welfens, P.J.J., Hrsg., *Springer Handbuch der Volkswirtschaftslehre*, Band 1, Berlin et al., 230–268.

SCHWEIZER, U. (1999), *Vertragstheorie*, Tübingen.

SCOTT, W.R. (1992), *Organizations*, 3. Auflage, Englewood Cliffs.

SEIBERT, U. (1995), „Die Partnerschaftsgesellschaft als neue Rechtsformalternative für Freie Berufe – Ein Überblick", *Betriebswirtschaftliche Forschung und Praxis*, 47, 473–480.

SELTEN, R. (1965), „Spieltheoretische Behandlung eines Oligopolmodells mit Nachfrageträgheit", *Zeitschrift für die gesamte Staatswissenschaft*, 12, 301–324.

SESHADRI, S. (2002), „Outlet Ownership in Franchising Systems: An Agency Based Approach", *Managerial and Decision Economics*, 23, 355–369.

SHAPIRO, C. und STIGLITZ, J.E. (1984), „Equilibrium Unemployment as a Worker Discipline Device", *American Economic Review*, 74, 433–444.

SHERSTYUK, K. (1998), „Efficiency in Partnership Structures", *Journal of Economic Behavior and Organization*, 36, 331–346.

SHILLER, R.J. (1995), „Conversation, Information, and Herd Behavior", *American Economic Review, Papers and Proceedings*, 85, 181–185.

SHLEIFER, A. und SUMMERS, L.H. (1988), „Breach of Trust in Hostile Takeovers", in Auerbach, A., Hrsg., *Corporate Takeovers: Causes and Consequences*, Chicago und London, 33–56.

SHLEIFER, A. und VISHNY, R.W. (1986), „Large Shareholders and Corporate Control", *Journal of Political Economy*, 94, 461–488.

SHLEIFER, A. und VISHNY, R.W. (1988), „Value Maximization and the Acquisition Process", *Journal of Economic Perspectives*, 2:1, 7–20.

SHLEIFER, A. und VISHNY, R.W. (1990), „Equilibrium Short Horizons of Investors and Firms", *American Economic Review*, 80, 148–153.

SIQUEIRA, K. (2001), „Common Agency and Partial Cooperation", *Journal of Public Economic Theory*, 3, 309–339.

SKLIVAS, S.D. (1987), „The Strategic Choice of Managerial Incentives", *RAND Journal of Economics*, 18, 452–458.

SLADE, M.E. (1996), „Multitask Agency and Contract Choice: An Empirical Exploration", *International Economic Review*, 37, 465–486.

SLIWKA, D. (1999), *On Incentives and the Decentralization of Decisions in Organizations*, Dissertation, Universität Bonn.

SLIWKA, D. (2000), „Job Enlargement oder Spezialisierung? Das Prinzip der ähnlichen Kompensation und die optimale Aufgabenverteilung in Organisationen", in Backes-Gellner, U., Kräkel, M., Schauenberg, B. und Steiner, G., Hrsg., *Flexibilisierungstendenzen in der betrieblichen Personalpolitik*, München und Mering, 67–83.

SLIWKA, D. (2001a), „"Never Change a Winning Team" – Team-Entlohnung und implizite Kooperation", *Zeitschrift für betriebswirtschaftliche Forschung*, 53, 777–797.

SLIWKA, D. (2001b), „On the Costs and Benefits of Delegation in Organizations", *Journal of Institutional and Theoretical Economics*, 157, 568–590.

SLIWKA, D. (2002), „On the Use of Nonfinancial Performance Measures in Management Compensation", *Journal of Economics and Management Strategy*, 11, 487–511.

SLIWKA, D. (2003), „Organizational Structure and Innovative Activity", *Economics of Governance*, 4, 187–214.

SPAGNOLO, G. (1999), „Social Relations and Cooperation in Organizations“, *Journal of Economic Behavior and Organization*, 38, 1–25.

SPAHN H.-P. (1987), „Sind ‚effiziente' Löhne zu hoch für die Vollbeschäftigung?“, *Jahrbücher für Nationalökonomie und Statistik*, 203, 225–243.

SPECKBACHER, G. (1998), „Das Shareholder Value-Konzept im Lichte der Corporate Governance-Debatte“, *Wirtschaftswissenschaftliches Studium*, 27, 95–97.

SPENCE, A.M. (1973), „Job Market Signaling“, *Quarterly Journal of Economics*, 87, 355–374.

SPENCE, A.M. (1974), *Market Signaling*, Cambridge, Mass.

SPENCE, A.M. (1975), „The Economics of Internal Organization: An Introduction“, *Bell Journal of Economics*, 6, 163–172.

SPIER, K.E. (1992), „Incomplete Contracts and Signalling“, *RAND Journal of Economics*, 23, 432–443.

SPREMANN, K. (1987), „Agent and Principal“, in Bamberg, G. und Spremann, K., Hrsg. *Agency Theory, Information, and Incentives*, Berlin et al., 3–37.

SPREMANN, K. (1990), „Asymmetrische Information“, *Zeitschrift für Betriebswirtschaft*, 60, 561–586.

STADLER, M. (2003), „Leistungsorientierte Besoldung von Hochschullehrern auf der Grundlage objektiv messbarer Kriterien?“ *Wirtschaftswissenschaftliches Studium*, 32, 334–339.

STAPPEL, M. und HENNINGSEN, E. (2003), *Die deutschen Genossenschaften 2003*, Wiesbaden.

STEFANI, U. (2002), *Abschlussprüfung, Unabhängigkeit und strategische Interdependenzen*, Stuttgart.

STEIN, J.C. (1989), „Efficient Capital Markets, Inefficient Firms, in a Model of Myopic Corporate Behavior“, *Quarterly Journal of Economics*, 104, 655–669.

STEIN, J.C. (1997), „Internal Capital Markets and the Competition for Corporate Resources“, *Journal of Finance*, 52, 111–133.

STEINER, G. (1999), *Empirische Untersuchung von Partnerschaftsgesellschaften*, Forschungsbericht, Betriebswirtschaftliche Abteilung II, Universität Bonn.

STEINER, G. (2000), *Ökonomische Analyse von Partnerschaften*, München und Mering.

STEINER, G. (2001), „Beförderungs- und Austrittsregeln in Partnerschaften: Theoretische Überlegungen und empirische Befunde“, *Zeitschrift für Betriebswirtschaft*, Ergänzungsheft 1, Personalmanagement, 27–50.

STELZER, J. (1992), „Mobbing. Terror im Büro“, *!Forbes*, Heft 10, 76–79.

STIGLITZ, J.E. (1985), „Credit Markets and the Control of Capital“, *Journal of Money, Credit, and Banking*, 17, 133–152.

STIGLITZ, J.E. (1987), „The Causes and Consequences of the Dependence of Quality on Price“, *Journal of Economic Literature*, 25, 1–48.

STIGLITZ, J.E. (1996), *Whither Socialism?*, Cambridge, Mass.

STRAUSZ, R. (1997a), „Collusion and Renegotiation in a Principal-Supervisor-Agent Relationship“, *Scandinavian Journal of Economics*, 99, 497–518.

STRAUSZ, R. (1997b), „Delegation of Monitoring in a Principal-Agent Relationship“, *Review of Economic Studies*, 64, 337–357.

STURN, R. (1993), „Postsocialist Privatization and Agency-Related Property: From Coase to Locke“, *European Journal of the History of Economic Thought*, 1, 63–86.

SUMMER, M. (1998), „Does Mandatory Rotation Enhance Auditor Independence?“, *Zeitschrift für Wirtschafts- und Sozialwissenschaften*, 118, 327–359.

TEGTMEIER, S. (1998), *Die Vergütung von Vorstandsmitgliedern in Publikumsaktiengesellschaften: Eine vergleichende Untersuchung zum deutschen, englischen und US-amerikanischen Recht*, Frankfurt am Main et al.

THOMAS, W. (2003), „The Rise and Fall of Enron“, *Journal of Accountancy*, 193, 41–48.

THOMPSON, P.H., KIRKHAM und K.L. und DIXON, J. (1985), „Warning: The Fast Track May Be Hazardous to Organizational Health“, *Organizational Dynamics*, 14, 21–33.

TIROLE, J. (1986), „Hierarchies and Bureaucracies: On the Role of Collusion in Organization“, *Journal of Law, Economics, and Organization*, 2, 181–214.

TIROLE, J. (1988), *The Theory of Industrial Organization*, Cambridge, Mass.

TIROLE, J. (1992), „Collusion and the Theory of Organizations“, in Laffont, J.-J., Hrsg., *Advances in Economic Theory*, Sixth World Congress, Band 2, 152–213.

TIROLE, J. (1999), „Incomplete Contracts: Where Do We Stand?“, *Econometrica*, 67, 741–781.

TIROLE, J. (2001), „Corporate Governance“, *Econometrica*, 69, 1–35.

TIROLE, J. (2006), *The Theory of Corporate Finance*, Princeton University Press.

TOWNSEND, R.M. (1982), „Optimal Multiperiod Contracts and the Gain from Enduring Relationship under Private Information“, *Journal of Political Economy*, 90, 1166–1186.

TRIMBORN, M. (1999), „Trügerischer Traum von der Selbständigkeit“, *General-Anzeiger*, vom 26.2.1999, 23.

TULLOCK, G. (1980), „Efficient Rent Seeking“, in Buchanan, J.M., Tollison, R.D. und Tullock, G., Hrsg., *Toward a Theory of the Rent-Seeking Society*, College Station, 97–112.

VAFAI, K. (2004), „Delegation and Opportunism“, *Journal of Institutional and Theoretical Economics*, 160, 498–521.

VAFAI, K. (2005), „Collusion and Organization Design“, *Economica*, 72, 17–37.

VAN DER VEEN, T.D. (1995), „Optimal Contracts for Teams: A Note on the Results of McAfee and McMillan“, *International Economic Review*, 36, 1051–1056.

VARIAN, H.R. (1992), *Microeconomic Analysis*, 3. Auflage, New York und London.

VICKERS, J. (1985), „Delegation and the Theory of the Firm“, *Economic Journal, Supplement*, 95, 138–147.

VICKREY, W. (1961), „Counterspeculation, Auctions, and Competitive Sealed Tenders“, *Journal of Finance*, 16, 8–37.

VILLADSEN, B. (1995), „Communication and Delegation in Collusive Agencies“, *Journal of Accounting and Economics*, 19, 315–344.

WAGENHOFER, A. (1992), „Verrechnungspreise zur Koordination bei Informationsasymmetrie“, in Spremann, K. und Zur, E., Hrsg., *Controlling*, Wiesbaden, 637–656.

WAGENHOFER, A. (1996), „Anreizsysteme in Agency-Modellen mit mehreren Aktionen“, *Die Betriebswirtschaft*, 56, 155–165.

WAGENHOFER, A. und RIEGLER, C. (1999), „Gewinnabhängige Managemententlohnung und Investitionsanreize“, *Betriebswirtschaftliche Forschung und Praxis*, 51, 70–90.

WAGNER, F.W. (1997), „Shareholder Value: Eine neue Runde im Konflikt zwischen Kapitalmarkt und Unternehmensinteresse“, *Betriebswirtschaftliche Forschung und Praxis*, 49, 473–498.

WALDMAN, M. (1990), „Up-or-Out Contracts: A Signaling Perspective“, *Journal of Labor Economics*, 8, 230–250.

WALLER, W.S. und BISHOP, R.A. (1990), „An Experimental Study of Incentive Pay Scheme, Communication, and Intrafirm Resource Allocation“, *Accounting Review*, 65, 812–836.

WEBER, R.J. (1983), „Multiple-Object Auctions“, in Engelbrecht-Wiggans, R., Shubik, M. und Stark, R.M., Hrsg., *Auctions, Bidding, and Contracting: Uses and Theory*, New York, 165–191.

WEIGELT, K., DUKERICH, J. und SCHOTTER, A. (1989), „Reactions to Discrimination in an Incentive Pay Compensation Scheme: A Game-Theoretic Approach“, *Organizational Behavior and Human Decision Processes*, 44, 26–44.

WEITZMAN, M.L. (1976), „The New Soviet Incentive Model“, *Bell Journal of Economics*, 7, 251–257.

WENGER, E. (1987), „Managementanreize und Kapitalallokation“, *Jahrbuch für Neue Politische Ökonomie*, 6, 217–240.

WENGER, E. (1992), „Universalbankensystem und Depotstimmrecht", in Gröner, H., Hrsg., *Der Markt für Unternehmenskontrollen*, Berlin.

WENGER, E. (1995), „Markt für Unternehmenskontrolle", in Gerke, W. und Steiner, M., Hrsg., *Handwörterbuch des Bank- und Finanzwesens*, Stuttgart, 1409–1419.

WENGER, E. (1996a), „Die Organisation des Aufsichtsrats als Problem der politischen Ökonomie", *Wirtschaftsdienst*, 1996/IV, 175–180.

WENGER, E. (1996b), „Kapitalmarktrecht als Resultat deformierter Anreizstrukturen", in Sadowski, D., Czap, H. und Wächter, H., Hrsg., *Regulierung und Unternehmenspolitik*, Wiesbaden, 419–458.

WENGER, E. (1997), „Stellungnahme zur Aktienrechtsreform 1997", *Die Aktiengesellschaft, Sonderheft August 1997*, 42, 57–64.

WENGER, E. und HECKER, R. (1995), „Übernahme- und Abfindungsregeln am deutschen Aktienmarkt", *ifo-Studien*, 41, 51–87.

WENGER, E., HECKER, R. und KNOESEL, J. (1997), „Abfindungsregeln und Minderheitenschutz bei börsennotierten Kapitalgesellschaften", in Gahlen, B., Hesse, H. und Ramser, H.J., Hrsg., *Finanzmärkte*, Tübingen, 93–145.

WENGER, E. und KASERER, C. (1998a), „German Banks and Corporate Governance: A Critical View", in Hopt, K.J., Kanda, H., Roe, M.J., Wymeersch, E. und Prygge, S., Hrsg., *Comparative Corporate Governance – The State of the Art and Emerging Research –*, Oxford, 499–536.

WENGER, E. und KASERER, C. (1998b), „The German System of Corporate Governance – A Model Which Should not be Imitated", in Black, S.W. und Moersch, M., Hrsg., *Competition and Convergence in Financial Markets*, Amsterdam et al., 41–78.

WENGER, E. und KNOLL, L. (1999a), „Shareholder Value", in Korff, W. et al., Hrsg., *Handbuch der Wirtschaftsethik*, Band 4: Ausgewählte Handlungsfelder, Gütersloh, 433–454.

WENGER, E. und KNOLL, L. (1999b), „Aktienkursgebundene Management-Anreize: Erkenntnisse der Theorie und Defizite der Praxis", *Betriebswirtschaftliche Forschung und Praxis*, 51, 565–591.

WENGER, E., KNOLL, L. und KASERER, C. (1999), „Stock options", *Wirtschaftswissenschaftliches Studium*, 28, 35–38.

WENGER, E., KNOLL, L. und KNOESEL, J. (1995), „Der systematische Besuch von Hauptversammlungen im Rahmen der betriebswirtschaftlichen Hochschulausbildung", in Elschen, R., Siegel, T. und Wagner, F.W., Hrsg., *Unternehmenstheorie und Besteuerung*, Wiesbaden, 749–774.

WESSELS, J.H. (1997), „Collusion and Budget Distortions in Hierarchical Organizations", in Picot, A. und Schlicht, E., Hrsg., *Firms, Markets, and Contracts, Heidelberg*, 109–125.

WIELENBERG, S. (2000), „Negotiated Transfer Pricing, Specific Investment, and Optimal Capacity Choice", *Review of Accounting Studies*, 5, 197–216.

WILLIAMSON, O.E. (1963), „Managerial Discretion and Business Behavior", *American Economic Review*, 53, 1030–1057.

WILLIAMSON, O.E. (1964), *The Economics of Discretionary Behavior: Managerial Objectives in a Theory of the Firm*, London.

WILLIAMSON, O.E. (1971), „The Vertical Integration of Production: Market Failure Considerations", *American Economic Review, Papers and Proceedings*, 61, 112–123

WILLIAMSON, O.E. (1979), „ Transaction-Cost Economics: The Governance of Contractual Relations", *Journal of Law and Economics*, 22, 233–261.

WILLIAMSON, O.E. (1990), *Die ökonomischen Institutionen des Kapitalismus*, Tübingen.

WILSON, C. (1977), „A Model of Insurance Markets with Incomplete Information", *Journal of Economic Theory*, 16, 167–207.

WIMMER, B.S. und GAREN, J.E. (1997), „Moral Hazard, Asset Specificity, Implicit Bonding, and Compensation: The Case of Franchising", *Economic Inquiry*, 35, 544–554.

WINTER, S. (1996a), *Prinzipien der Gestaltung von Managementanreizsystemen*, Wiesbaden.
WINTER, S. (1996b), „Relative Leistungsbewertung – Ein Überblick zum Stand von Theorie und Empirie", *Zeitschrift für betriebswirtschaftliche Forschung*, 48, 898–926.
WINTER, S. (1997), „Tournaments und Beförderungsanreize", *Zeitschrift für Betriebswirtschaft*, Ergänzungsheft 3, Personal, 129–144.
WINTROBE, R. und BRETON, A. (1986), „Organizational Structure and Productivity", *American Economic Review*, 76, 530–538.
WOLFF, G. (1993), „Mobbing: Psychoterror im Unternehmen", *Personalwirtschaft*, Heft 6, 41–44.
WOLFSTETTER, E. (1999), *Topics in Microeconomics*, Cambridge.
XU, P. (1997), „Executive Salaries as Tournament Prizes and Executive Bonuses as Managerial Incentives in Japan", *Journal of the Japanese and International Economies*, 11, 319–346.
YANG, Y.L. (1995), „Degree of Supervision, Moral Hazard, and Hierarchical Control", *Journal of Economic Behavior and Organization*, 26, 93–105.
ZIMMERMAN, J.L. (1979), „The Costs and Benefits of Cost Allocations", *Accounting Review*, 54, 504–521.
ZWIEBEL, J. (1995), „Corporate Conservatism and Relative Compensation", *Journal of Political Economy*, 103, 1–25.

Sachverzeichnis

Die *kursiv* gesetzten Seitenzahlen geben an, auf welchen Seiten das betreffende Stichwort ausführlicher behandelt wird

Neue ökonomische Grundrisse

Eine neue Generation von Ökonomik-Lehrbüchern

Begründet von Rudolf Richter
Herausgegeben von Jürgen Eichberger und Werner Neus

Die moderne ökonomische Analyse sieht wirtschaftliches Handeln eingebettet in historisch gewachsene und politisch geformte institutionelle Rahmenbedingungen. Die neoklassische Lehre der vollständigen Konkurrenz bildet dabei einen Kontrapunkt zu den verschiedenen Ausprägungen der modernen Institutionenökonomik. Informationsökonomik und Spieltheorie bieten neue Analysemethoden, die bei der Ökonomischen Analyse des Rechts, in Public Choice und in der Verfassungsökonomik Anwendungen finden. Die Neue Institutionenökonomik bezieht beschränkt rationale Verhaltensweisen der wirtschaftlichen Akteure explizit in die Analyse mit ein. Die Bedeutung der institutionellen Rahmenbedingungen für die Ergebnisse wirtschaftlichen Handelns wird dadurch erkennbar.

Die Reihe Neue ökonomische Grundrisse umfaßt Lehrbücher, die die Sichtweise der modernen Institutionenökonomik berücksichtigen. Sie eröffnet den Studenten der Wirtschaftswissenschaften, Volks- wie Betriebswirten, einen neuen Zugang zum ökonomischen Wissen in allen Bereichen der Lehre.

Alle Bände der Reihe haben eine anonyme Begutachtung auf inhaltliche und didaktische Eignung erfahren. Die Grundlagentexte und einige der weiterführenden Texte enthalten in jedem Kapitel Lektürevorschläge, Merkpunkte und Schlüsselbegriffe und am Ende des Bandes ein Glossar wichtiger Begriffe. Alle Bände haben ein Literaturverzeichnis und Register. Neue ökonomische Grundrisse sind fadengeheftete Broschuren: flexibel, gut aufklappend und lange haltbar.

Grundlagentexte der Neuen ökonomischen Grundrisse:

Makroökonomik
Eine Einführung in die Theorie der Güter-, Arbeits- und Finanzmärkte
von Lutz **Arnold** (Regensburg), 4. Auflage 2012

Grundzüge der Mikroökonomik
von Jürgen **Eichberger** (Heidelberg), 1. Auflage 2004

Ökonomik
Eine Einführung
von Karl **Homann** (München) und Andreas **Suchanek** (Ingolstadt), 2. Auflage 2005

Einführung in die Betriebswirtschaftslehre
aus institutionenökonomischer Sicht
von Werner **Neus** (Tübingen), 8. Auflage 2013

Weiterführende Texte der *Neuen ökonomischen Grundrisse:*

Grundlagen der Wirtschaftspolitik
von Friedrich **Breyer** (Konstanz) und Martin **Kolmar** (Mainz), 4. Auflage 2014

Öffentliche Finanzen: Ausgabenpolitik
von Giacomo **Corneo** (Berlin), 4. Auflage 2012

Internationale Makroökonomik
von Philipp **Harms** (Aachen), 1. Auflage 2008

Geldtheorie und Geldpolitik
von Oliver **Holtemöller** (Aachen), 1. Auflage 2008

Öffentliche Finanzen: Einnahmenpolitik
von Christian **Keuschnigg** (St. Gallen), 1. Auflage 2005

Organisation und Management
von Matthias **Kräkel** (Bonn), 6. Auflage 2015

Neue Institutionenökonomik
Eine Einführung und kritische Würdigung
von Rudolf **Richter** (Saarbrücken) und Eirik G. **Furubotn** (Texas A&M University), 4. Auflage 2010

Unternehmensfinanzierung und Kapitalmarkt
von Bernd **Rudolph** (München), 1. Auflage 2006

Gesundheitsökonomik
von Matthias Graf von der **Schulenburg** und Wolfgang **Greiner** (beide Hannover), 3. Auflage 2013

Wettbewerbspolitik
von Norbert **Schulz** (Würzburg), 1. Auflage 2003

Vertragstheorie
von Urs **Schweizer** (Bonn), 1. Auflage 1999

Spieltheorie und Schuldrecht
von Urs **Schweizer** (Bonn), 1. Auflage 2015

Die Reihe wird laufend ausgebaut. Neuestes unter ***www.mohr.de***